U0263104

本丛书名由中国科学院院士母国光先生题写

光学与光子学丛书

光学与光子学丛书

硅光子设计
——从器件到系统

〔加〕L. 赫罗斯托夫斯基　〔美〕 M. 霍克伯格　著

郑　煜　蒋连琼　郜飘飘　严一雄　译

科　学　出　版　社

北　京

图字号：01-2019-0977

内 容 简 介

硅光子技术在电信通信、数据中心、高性能计算、传感、航空航天等领域的广泛应用，特别是随着 CMOS (互补金属氧化物半导体)技术的持续发展，光子技术与电子技术的融合有望最终取代电子技术。

本书详细地介绍了硅光子技术，从光无源器件到光有源器件，从功能结构设计到芯片制造，从制造到测试，从器件回路到系统回路，从理论分析计算到仿真等，涵盖器件结构原理、设计、制造、封测、仿真等全流程，结合大量实例详细说明硅光子从器件到系统各个环节的关键要素，并辅以仿真计算源代码供学习和参考。本书共四篇，第 1 篇介绍硅光子发展及其应用，包括硅光子研究现状、技术挑战和发展机遇；第 2 篇介绍光无源器件，包括光学材料和光波导、基本功能结构和光输入/输出结构；第 3 篇介绍光有源器件，包括光调制器、探测器和激光光源；第 4 篇介绍系统设计，包括硅光子回路模型、设计工具、制造、封测和硅光子系统。

本书可作为光电子相关专业的大学本科及研究生教材，亦可供跨学科从事硅光子研究的研究生参考，亦可供相关专业研究院、工程技术人员参考。

图书在版编目(CIP)数据

硅光子设计：从器件到系统/(加)卢卡斯·赫罗斯托夫斯基(Lukas Chrostowski), (美)迈克尔·霍克伯格(Michael Hochberg)著；郑煜等译. —北京：科学出版社，2021. 6

(光学与光子学丛书)

书名原文：Silicon Photonics Design: From Devices to Systems

ISBN 978-7-03-068523-0

Ⅰ. ①硅… Ⅱ.①卢… ②迈… ③郑… Ⅲ. ①硅-光子-研究 Ⅳ. ①O613.72 ②O572.31

中国版本图书馆 CIP 数据核字 (2021) 第 060504 号

责任编辑：赵敬伟 田轶静 赵 颖／责任校对：彭珍珍

责任印制：赵 博／封面设计：无极书装

科学出版社 出版

北京东黄城根北街 16 号

邮政编码：100717

http://www.sciencep.com

三河市春园印刷有限公司印刷

科学出版社发行 各地新华书店经销

*

2021 年 6 月第 一 版 开本：720 × 1000 1/16

2024 年 8 月第四次印刷 印张：28 插页：4

字数：565 000

定价：218.00 元

(如有印装质量问题，我社负责调换)

译 者 序

中南大学机电工程学院高性能复杂制造国家重点实验室是国内为数不多的有专门从事光电子器件设计和封装团队的实验室。2011 年团队完成了国家自然科学基金重点项目“阵列波导器件封装制造原理与关键技术”(50735007) 后，准备进一步研究微纳光波导芯片与光纤耦合的原理，以开发相关自动化的封装设备，却发现无光芯片可用于实验测试，故而萌生了自己设计和制造光芯片的想法。团队成员基本都是机械工程专业背景，凭借前期项目研究的基础开始了光芯片的设计，困难重重，无从下手。2016 年偶然看到了 Lukas Chrostowski 和 Michael Hochberg 撰写的这本书 *Silicon Photonics Design: From Devices to Systems*，该书浅显易懂且附带了大量的源代码，可以很快上手。另一方面，在此之前，团队在学院开设了有关光电子器件方面本硕课程，但一直没有找到一本合适的教材，见到此书后，便有意想将其作为教材来使用，故而想将其翻译成中文。

本书由中南大学郑煜教授 (第 1 章、第 2 章、第 9 章)、蒋连琼博士生 (第 3~5 章)、郜飘飘博士生 (第 6~8 章)、严一雄博士生 (第 12 章、第 13 章)、黄琳女士 (第 10 章、第 11 章) 翻译，黄祖源、李超、李云明、胡红禄、岳江涛硕士生参与了部分文本的初译，最后由郑煜教授和黄琳女士通校了全书。

限于译者水平，译文中可能会存在一些疏漏之处，恳请读者不吝赐教，以便有机会再版时加以更正。

郑煜

2020 年 10 月 8 日

原　书　序

硅光子设计

从硅光子器件设计与仿真到制造与测试，该书为硅光子工程方面的学生提供了进行业界设计所需的一切入门知识。

获得实际的理解和经验

深入讨论真实世界和制造挑战的问题和关键，确保学生在未来的工作中完全具备设计复杂的集成片上硅光子系统的能力。

缩短设计时间和研发成本

采用循序渐进的教程、简单的实例和图文并茂的源代码片段，引导学生掌握硅光子设计的各个方面，并为研发和完善关键技能提供一个实用的框架。

业界领先的专业知识

本书提供了如何构建工艺设计套件 (Process Design Kit，PDK) 的指导，以及如何最好地利用目前可用的各类 PDK，让学生能够理解复杂片上光子系统的设计过程。

同时提供在线资源以支援学生的学习，这对研究硅光子的高年级本科生和研究生，以及科研院所和生产企业从事新的硅光子系统开发和制造的技术人员而言，是一个非常完美的学习包。

Lukas Chrostowski 是不列颠哥伦比亚大学电子和计算机工程系副教授，是 NSERC(National Science and Engineering Research Council，加拿大自然科学与工程技术研究理事会) CREATE(Collaborative Research and Training Experience，合作研究和培训经验计划)Si-EPIC(Silicon Electronic-Photonic Integrated Circuit，硅电–光子集成回路) 培训项目主任，自 2008 年以来一直在教授硅光子课程和举办研讨会，2014 年荣获 Killiam 教学奖。

Michael Hochberg 是纽约曼哈顿 Coriant 先进构架与战略总监，在不列颠哥伦比亚大学担任访问学者。他曾在华盛顿大学、特拉华大学、新加坡国立大学担任教职，并曾任 OpSIS(Optoelectronic System In Silicon，硅上光电系统集成) 晶圆代工厂服务总监。他也是 Simulant、Luxtera 等公司的联合创始人，在 2009 年荣获美国青年科学家总统奖。

光子技术在人类历史上已经创造了非常惊人的成就，但即使是简单的系统也面临着挑战，这使得它成为少数需要专门实验室的研究领域。

硅光子学使得光子系统设计可以进一步简化，由此产生的设计可由高度演化的硅制造设备来制造。

本书利用硅光子系统实例，提供了一个从器件工作的物理原理到制造和测试的完整指南，可使非专业人员获得信息技术中最重要的下一步。

Carver Mead, 加州理工学院

本书涵盖了硅光子的设计、版图、仿真、硅芯片制造过程的一切，这些硅光子芯片可用来对光信号进行处理、探测和调制。本书的重点在于硅光子芯片的实践方面，这意味着对硅光子芯片设计者来说，与其他书相比本书是完全不同的，而且坦率地说，它更有用。我强烈地向有设计经验的设计者和那些希望在硅光子芯片设计这个新领域中快速上手的人推荐《硅光子设计》这本书。

R. Jacob Baker, 内华达大学

无论是对商业还是学术研究机构的人员，以及任何对硅基光路应用感兴趣的人，《硅光子设计》这本书都是必不可少的。作者洞悉了硅光子所有的基本要素，同时确保了本书的可阅读性。将如此多的工作实例和详细的基本物理描述相结合，这是一种值得称赞的做法。

A. P. Knights, 麦克马斯特大学

原书前言

有关硅光子学的学术文献非常丰富，以至于人们可能会问是否需要在这一领域再出一本书。从 Yariv 和 Yeh[1] 到 Sze 和 Ng[2]，再到 Siegman[3] 及 Snyder 和 Love[4] 等一系列具有里程碑式的著作中，均可以找到光波导、调制器、激光器和光电探测器的基本原理的详细介绍，更具体地说，Hunsperger[5]、Coldren 等 [6]、Kaminow 等 [7] 的著作中对集成光子学理论进行了全面的阐述。近几年来，有几本优秀的著作介绍了硅光子学领域的最新进展，并讨论了各种器件的设计注意事项 [8−15]。

那么，我们的目的是什么呢？我们的目标不是复制任何现有文献中的方法，而是提供一个以实用、实例为导向的硅光子器件和系统的设计实践。该书的目标类似于 Mead 和 Conway 在其里程碑式的关于 VLSI(Very Large Scale Integration, 超大规模集成电路)[16] 的著作中所做的事情：处理尽可能少的器件物理学，聚焦硅光子晶圆制造工艺中考虑实际设计因素来建立真实有用的片上系统。

为了做到这一点，我们将重点放在一系列的实例上，这些实例均是我们自己在实验室中使用工具来实现的。对于任何给定的应用，并不意味这些工具是完美的，或者说是最佳的，仅是供我们使用的工具。无论是哪种方法，我们都会强调它们，并提供我们为什么选择该方法。硅光子领域是一个容易出错的领域，我们欢迎任何反馈以促进改正。

我们提供商用软件的教育版本入口。例如，本科生和研究生可通过大学教育 (CUE) 项目 [17] 获得 Lumerical FDTD 软件。同样，Mentor Graphics 公司也有一个高等教育项目 [18] 可提供课堂教学和大学研究使用。这些软件可在我们提供的硅光子指导课程中获得。

我们在每一章均提供了文献综述和相关的习题。

硅光子培训计划

本书是在作者主导的硅光子培训项目的基础上发展起来的，特别是 NSERC Si-EPIC 项目 (加拿大)[19] 和 OpSIS 研讨会 (美国)[20]。

以下是全球有关硅光子培训的计划：

- CMC Micro systems(微系统和纳米系统创造和应用中心)— 不列颠哥伦比亚大学硅纳米光子学课程 (加拿大)[21,22]，2007～

- OpSIS 研讨会 (美国)，2011～2014

  OpSIS 提供 5 天强化研讨会，已培养超过 100 名硅光子系统设计方面的研究人员和学生
- ePIXfab(欧洲硅基光子研究平台) Europractice(欧洲实作中心)[23]
- JSPS(The Japan Society for the Promotion of Science, 日本学术振兴会) 硅光子国际学校 (日本)[24]，2011
- 硅光子暑期学校 (St. Andrews，英国)[25]，2011
- 硅光子暑期学校 (北京大学，中国)[26]，2011～
- NSERC Si-EPIC 项目 (加拿大)[19]，2012～

  该项目提供每年 4 次研讨会/课程，每次都包括一个硅光子设计–制造–测试周期。研讨会的主题有：① 无源硅光子学；② 有源硅光子学；③ 光子学中的 CMOS 电子学；④ 系统集成和封装。
- Plat4M 硅光子暑期学校 (根特大学，根特，比利时)[27]，2014

Hochberg 的致谢

我要感谢 Lukas 在过去几年里为本书所做的一切工作。Lukas 是一个很有才华的教育者，他在课堂上和写作上都能把复杂的思想传达给学生，这一点使我印象深刻。这本书的绝大部分工作都是他做的，他和我的小组中的一些学生都给予了很多帮助。

我要感谢我和 Lukas 的研究生，以及 Tom Baehr-Hones 博士。其他人对本书的贡献致谢如下：

我要感谢 Gernot Pomrenke 过去几年对 OpSIS 项目的支持，感谢 Intel 公司的 Mario Paniccia 和 Justin Rattner 在项目启动过程中的帮助。使 OpSIS 项目成为可能的人有很多。特别地，Mentor Graphics 公司的 Juan Rey，Tektronix 公司的 Klaus Engenhardt 和 Stan Kaveckis，不列颠哥伦比亚大学的 Lukas Chrostowski，BAE Systems 公司的 Andy Pomerene、Stewart Ocheltree 和 Steve Danziger，Luxtera 公司的 Thierry Pinguet、Marek Tlalka 和 Chris Bergey，微电子研究所 (IME) 的 Andy Lim Eu-Jin、Jason Liow Tsung-Yang 和 Patrick Lo Guo-Qiang 都给予了我们极大的帮助。最后，我要感谢 Carver Mead 所付出的时间和富有成效的讨论。

Chrostowski 的致谢

我要感谢 Michael 和 Tom Baehr-Jones 在过去 15 年中在硅光子学领域的远见卓识和开拓性的努力。特别地，我、我的学生和世界各地的同事都非常感谢他

们领导的硅光子多项目晶圆代工服务。我很喜欢向 Michael 和他的团队学习硅光子学设计，我很赞赏 Michael 在教育硅光子学设计者和支持开发教学研讨会方面的意愿和努力。

我要感谢我的同事 Nicolas Jaeger 教授，我与他在研究和教育项目方面均有密切的合作，如硅光子研讨会和 Si-EPIC 项目等。他在导波光学、微波设计和高速测试等方面给了我巨大的技术见解。

我要感谢为本书作出贡献的众多学生和同事，包括 Michael 教授在不列颠哥伦比亚大学的课题组及其学生，以及通过合作和在硅光子学研讨会上与我交流的加拿大以及世界各地的学生。本书中描述的许多主题都是学员们在研讨会上提出的问题以及讨论的结果。我还要感谢本书的读者，特别是 Robert Boeck 和 Megan Chrostowski，他们在过去两年内提供了很多反馈意见。我要感谢同事们的深入讨论和合作，这些讨论和合作促成了本书中讨论的主题，包括：Lumerical Solutions 公司的 James Pond、Dylan McGuire、Jackson Klein、Todd Kleckner 和 Amy Liu，Mentor Graphics 公司的 Chris Cone、John Ferguson、Angela Wong 和 Kostas Adam，不列颠哥伦比亚大学的 Shahriar Mirabbasi、Sudip Shekhar 和 Han Yun 教授，麦吉尔大学的 David Plant 教授、Odile Liboiron-Ladouceur 教授和 Lawrence Chen 教授，麦克马斯特大学的 Andrew Knights 教授和 Edgar Huante-Cerón 教授，拉瓦尔大学的 Sophie Larochelle 教授和 Wei Shi 教授，华盛顿大学的 Dan Ratner 教授和 Richard Bojko 博士，法国国家研究中心的 Jose Azana 教授和 Maurizio Burla 博士，多伦多大学的 Joyce Poon 教授、Mo Mojahedi 教授和 Jan Nikas Caspers 教授。我要感谢我所提到的提供硅光子制造的工厂和服务机构，包括 CMC Microsystems、比利时微电子中心 (IMEC)、IME、OpSIS、BAE 系统公司和华盛顿大学。我要感谢 NSERC 提供的研究经费，特别是硅电光子集成回路 (Si-EPIC) 基金 CREATE 研究培训项目。

最后我要感谢我的妻子、孩子和父母对我的爱和支持。

贡　　献

我们要感谢本书内容的直接贡献者：Ari Novack——光探测理论和实验数据 (第 7 章)；Wei Shi——环型谐振器模型 (4.4 节)、pn 结模型 (6.2 节) 和微环调制器模型 (6.3 节)；Yun Wang 和 Li He——光纤光栅耦合器 (5.2 节)；Dylan McGuire——光调制器和探测器模型建立 (6.2.4 节和 7.5 节)；Amy Liu——光调制器编程脚本 (6.2.4 节)；Arghavan Arjmand——光电探测器编程脚本 (7.5 节)；Jonas Flueckiger——光子回路仿真 (第 9 章) 和自动化测试 (12.2 节)；Miguel Guillén Ángel Torres——定向耦合器 FDTD S 参数 (9.4 节)；Robert

Boeck——制造角分析 (11.1.2 节) 和定向耦合器 (4.1 节)；Dan Deptuck 和 Odile Liboiron-Ladouceur——测试设计和检查代码设计 (12.3 节)；Yang Liu 和 Ran Ding——波分复用发射器 (13.1 节)；Matt Streshinsky——马赫-曾德尔干涉调制器；Kyle Murray——寄生耦合 (4.1.7 节)；Chris Cone——工艺设计套件；Samantha Grist——SEM(Scanning Electron Microscope, 扫描电镜) 图像；Han Yun——测试构建和图表；以及 Nicolas Jaeger 和 Dan Deptuck——CMC-UBC 共同发起硅纳米光子制造研讨会和 Si-EPIC 研讨会内容，这些研讨会内容构成了本书的基础。

参 考 文 献

[1] Amnon Yariv and Pochi Yeh. Photonics: Optical Electronics in Modern Communications (The Oxford Series in Electrical and Computer Engineering). Oxford University Press, Inc., 2006 (cit. on p. xv).

[2] S. M. Sze and K. K. Ng. Physics of Semiconductor Devices. Wiley-Interscience, 2006 (cit. on p. xv).

[3] A. E. Siegman. Lasers University Science Books. Mill Valley, CA, 1986 (cit. on p. xv).

[4] A. W. Snyder and J. D. Love. Optical Waveguide Theory. Vol. 190. Springer, 1983 (cit. on p. xv).

[5] R. G. Hunsperger. Integrated Optics: Theory and Technology. Advanced texts in physics. Springer, 2009. ISBN: 9780387897745(cit. on p. xv).

[6] L. A. Coldren, S. W. Corzine, and M. L. Mashanovitch. Diode Lasers and Photonic Integrated Circuits. Wiley Series in Microwave and Optical Engineering. John Wiley & Sons, 2012. ISBN: 9781118148181 (cit. on p. xv).

[7] I. P. Kaminow, T. Li, and A. E. Willner. Optical Fiber Telecommunications V A: Components and Subsystems. Optics and Photonics. Academic Press, 2008. ISBN: 9780123741714 (cit. on p. xv).

[8] G. T. Reed and A. P. Knights. Silicon Photonics: an Introduction. JohnWiley & Sons, 2004. ISBN: 9780470870341 (cit. on p. xv).

[9] L. Pavesi and D. J. Lockwood. Silicon Photonics. Vol. 1. Springer, 2004 (cit. on p. xv).

[10] G. T. Reed and A. P. Knights. Silicon Photonics. Wiley Online Library, 2008 (cit. on p. xv).

[11] Lorenzo Pavesi and Gérard Guillot. Optical Interconnects: The Silicon Approach. 978-3-540-28910-4. Springer Berlin/Heidelberg, 2006 (cit. on p. xv).

[12] D. J. Lockwood and L. Pavesi. Silicon Photonics II: Components and Integration. Topics in Applied Physics vol. 2. Springer, 2010. ISBN: 9783642105050 (cit. on p. xv).

[13] B. Jalali and S. Fathpour. Silicon Photonics for Telecommunications and Biomedicine. Taylor & Francis Group, 2011. ISBN: 9781439806371 (cit. on p. xv).

[14] M. J. Deen and P.K. Basu. Silicon Photonics: Fundamentals and Devices. Vol. 43. Wiley, 2012 (cit. on p. xv).

[15] Laurent Vivien and Lorenzo Pavesi. Handbook of Silicon Photonics. CRC Press, 2013 (cit. on p. xv).

[16] C. Mead and L. Conway. Introduction to VLSI Systems. Addison-Wesley series in computer science. Addison-Wesley, 1980. ISBN: 9780201043587 (cit. on p. xv).

[17] Commitment to University Education – Lumerical Solutions. [Accessed 2014/04/14]. URL: https://www.lumerical.com/company/initiatives/cue.html (cit. on p. xv).

[18] Higher Education Program – Mentor Graphics. [Accessed 2014/04/14]. URL: http://www.mentor.com/company/higher_ed/ (cit. on p. xv).

[19] NSERC CREATE Silicon Electronic Photonic Integrated Circuits (Si-EPIC) program. [Accessed 2014/04/14]. URL: http://www.siepic.ubc.ca (cit. on p. xvi).

[20] Tom Baehr-Jones, Ran Ding, Ali Ayazi, et al. "A 25 Gb/s Silicon Photonics Platform". arXiv:1203.0767v1 (2012) (cit. on p. xvi).

[21] EECE 584 – Silicon Nanophotonics Fabrication – Microsystems and Nanotechnology Group (MiNa) UBC. [Accessed 2014/04/14]. URL: http://www.mina.ubc.ca/eece584 (cit. on p. xvi).

[22] Lukas Chrostowski, Nicolas Rouger, Dan Deptuck, and Nicolas A. F. Jaeger. "Silicon Nanophotonics Fabrication: an Innovative Graduate Course". (invited). Doha, Qatar: (invited), 2010. DOI: 10.1109/ICTEL.2010.5478599 (cit. on p. xvi).

[23] Amit Khanna, Youssef Drissi, Pieter Dumon, et al. "ePIX-fab: the silicon photonics platform". SPIE Microtechnologies. International Society for Optics and Photonics. 2013, 87670H–87670H (cit. on p. xvi).

[24] JSPS International Schooling on Si Photonics. [Accessed 2014/04/14]. URL: https://sites.google.com/site/coretocore2011 (cit. on p. xvi).

[25] Silicon Photonics Summer School. [Accessed 2014/04/14]. URL: http://www.standrews.ac.uk/microphotonics/spschool/index.php (cit. on p. xvi).

[26] 2014 Peking silicon photonics technology and application Summer School. [Accessed 2014/04/14]. URL: http://spm.pku.edu.cn/summerschool.html (cit. on p. xvi).

[27] plat4m Summer School Silicon Photonics 2014. [Accessed 2014/04/14]. URL: http://plat4mfp7.eu/spsummerschool (cit. on p. xvi).

贡 献 者

Arghavan Arjmand
Lumerical Solutions 公司，加拿大

Tom Baehr-Jones
特拉华大学，美国

Robert Boeck
不列颠哥伦比亚大学，加拿大

Chris Cone
Mentor Graphics 公司，美国

Dan Deptuck
CMC Microsystems，加拿大

Ran Ding
特拉华大学，美国

Jonas Flueckiger
不列颠哥伦比亚大学，加拿大

Samantha Grist
不列颠哥伦比亚大学，加拿大

Li He
明尼苏达大学，美国

Nicolas A. F. Jaeger
不列颠哥伦比亚大学，加拿大

Odile Liboiron-Ladouceur
麦吉尔大学，加拿大

Xu Wang
不列颠哥伦比亚大学，加拿大
Lumerical Solutions 公司，加拿大

Charlie Lin
特拉华大学，美国

Amy Liu
Lumerical Solutions 公司，加拿大

Yang Liu
特拉华大学，美国

Dylan McGuire
Lumerical Solutions 公司，加拿大

Kyle Murray
不列颠哥伦比亚大学，加拿大

Ari Novack
国立新加坡大学，新加坡

James Pond
Lumerical Solutions 公司，加拿大

Matt Streshinsky
国立新加坡大学，新加坡

Miguel Ángel Guillén Torres
不列颠哥伦比亚大学，加拿大

Yun Wang
不列颠哥伦比亚大学，加拿大

Han Yun
不列颠哥伦比亚大学，加拿大

Wei Shi
不列颠哥伦比亚大学，加拿大
拉瓦尔大学，加拿大

目　　录

第 1 篇　引　　言

第 2 篇 光无源器件

第 3 篇　光有源器件

第 4 篇　系统设计

第 1 篇
引　　言

第 1 章　无晶圆厂硅光子

1.1　引　　言

将光子器件和电子器件集成在同一衬底上使得通信与微系统技术发生了革命性的变化，在未来几年将出现通过将大规模光子集成与电子集成相结合的全新的片上系统 (System-on-Chip, SoC)。

电-光回路将在全球范围内发挥无处不在的作用，影响诸如移动设备 (智能手机、平板电脑) 的高速通信、计算机内部以及数据中心内部的光通信、传感器系统和医疗应用等领域。特别地，我们预计通信、数据中心和高性能计算等可能会最早受到这项技术的影响，这项技术最终将转移到更大容量、更短距离的消费应用程序中。

在 20 世纪 70 年代新兴的电子领域，施乐帕克研究中心 (Xerox PARC) 的 Lynn Conway 和加州理工学院的 Carver Mead 教授研发了一种电子设计方法学，并因此写了一本教材，教学生如何设计电子集成电路，并通过多项目晶圆 (Multi-Project Wafer, MPW) 的方式由 Intel 和惠普制造，即多个集成电路设计共享同一个制造过程 [1]。这些努力促成了一个名为金属氧化物半导体实施服务 (Metal Oxide Semicondutor Implementation Service, MOSIS) 的组织在 1981 年成立，该组织引入了由参与者分摊制造成本的模式。经由 MOSIS 可以提供相对较便宜的设计-构建-测试周期，并可持续培训开发，我们现在看到的无处不在的电子产品与成千上万的设计师有关。MOSIS 是基于已经投入生产的商业流程开始的，并将其开放给设计团队进行原型设计和研究。

微电子团队，特别是 CMOS 团队能长期取得成功的关键因素之一，就是采用这种由参与者分摊制造成本的模式。通过收取适当的成本，公开提供这些批量生产流程服务于研发。任何资金有限的人都可以立即进入大规模生产的流程中进行最前沿的、创造性的工作。培养工程师们使用生产工具和流程，然后让他们自由构建先进的电路，这些电路可以用有限的资金转化为无晶圆厂的集成电路 (Integrated Circuit，IC) 初创公司，这一直是无数成功企业的来源。我们很难过分地去强调这种模式与光子学 (以及大多数工程领域) 之间的差异，后者从研究到生产的过程中还存在着巨大的障碍。

目前，硅光电子学正处于与 20 世纪 70 年代电子学一样的早期发展阶段，但在芯片制造方面有一个重要的优势：现有的硅晶圆代工厂已经存在，可以生产高度可控的微电子用硅片 (图 1.1)。在微电子行业，硅光子制造的微加工基础设施已经存在。一些公司正在生产硅光子芯片，如 Luxtera 公司的硅光子芯片已在高性能计算机集群中使用 [2]。目前，我们正处于一个重要的变革中，学术界、学者和工业界都可以通过 ePIXfab[3]、IME[4−6]、CMC Microsystems[9] 等公司提供的多项目晶圆服务获得有源硅光子制造的机会。然而，目前面向大众可用的制造工艺都不符合生产标准，它们尚处于原型设计和研发中，仅支持非常有限的产量。由于商业用户不愿意依赖非生产验证的流程来进行产品开发，因此无法利用已有的商业化制造工艺，这是 OpSIS 成功的一个重大障碍，OpSIS 最近关闭了，原因是来自研究用户和资助者的资金不足以让这项工作继续进行下去，也不能开发出适合商业化使用的工艺。

图 1.1　8in SOI(绝缘衬上硅) 晶圆和集成光子器件、回路 [10]

译者注：1in=25.4mm

幸运的是，硅材料允许我们以一个相当有竞争力的性能水平来完成所有关键的光学功能，除了激光器之外，如图 1.2 所示。最近有很多关于在硅中单片集成激光的量子点和锗生长相关的工作正在进行，而且非常有趣 [7]。微电子行业继承

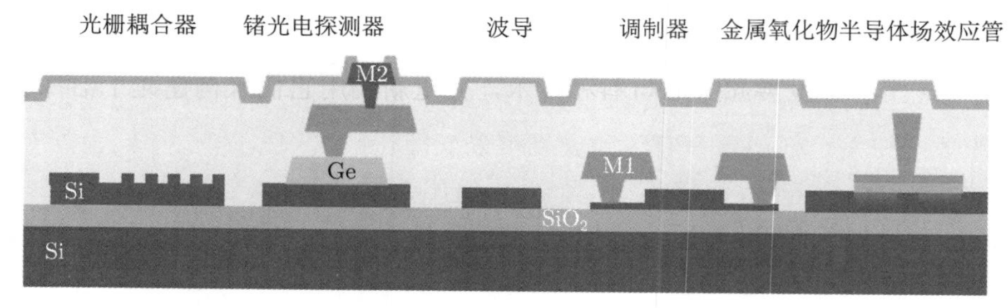

图 1.2　硅光子典型工艺，包括光栅耦合器、锗光电探测器、波导、调制器和金属氧化物半导体场效应管。注意：目前在硅光子学领域进行的大多数先进的工作并不采用与晶体管的单片集成，而是利用 3D 或 2.5D 集成 [10]

下来的键合技术，有可能以相对较低的成本键合激光器，如通过类似于 Intel 和 Aurrion 公司的前端集成，或通过成品激光芯片裸片键合 [8]。这些方法仍在研发中，但可以明确的是，在与硅平台集成的各种层面上，有几种实用的方法可用来制造廉价的激光光源。哪种方法最佳，还有待观察。

1.2 硅光子：下一个无晶圆厂半导体产业①

为制造微电子晶体管而发展起来的代工厂和制造工艺正在被重新设计，以用于制造硅光子芯片，使其可以进行发光、探测、调制等其他对光的操控。这在一定程度上有点违背直觉，因为微电子行业为了制造出最好的晶体管，在开发工具、工艺和设施上投入了数万亿美元的资金，却没有考虑到如何使这些工艺与光子学兼容 (CMOS 和 CCD 相机芯片等器件的工艺除外)。我们怎么会如此幸运地将这些功能直接用于光子学？

实际上，它们是不能直接拿来用的。试图将光子功能直接集成到 CMOS 或双极型硅晶圆中，而不做任何工艺上的改变，都会生产出性能不佳的器件。微电子工艺是为制造电子产品而设计的，因此它们不能用于具有竞争力的光子产品也是情理之中。即使可以，也不会有经济效益。与先进的微电子芯片 (16nm) 相比，硅光子芯片需要相对原始的制造工艺 (90nm)。从性能和经济角度来看，尝试将先进的微电子制造技术用于光子芯片制造是一个错误。

没有任何理由期望用于制造集成电路的工艺与制造控制光的器件的工艺是完全兼容的。但是，在过去的十年里，人们发现硅不仅是一种很好的电子材料，还是一种很好的光子材料。更令人惊叹的是，硅光子学团队已经开发出了可以利用现有的 CMOS 工艺的基础设施来构建复杂的光子回路的技术，信息可以实现从电域到光域的无缝传输。虽然用于制造集成电路的全部工艺流程不能被重复使用，但模块化的工艺步骤可以重新安排和重复使用，以开发独特的工艺流程来构建硅光子学。这不是一件小事，一些组织已证实，这是有可能的。

现在出现了一些充满生机与活力的公司和学术团体，他们使用过去 50 年来在硅微电子工业中发展起来的材料和技术，并重新利用它们来构建光子器件和光回路。这项工作特别引人注目的是，许多工作并不只是在单独的设施中使用相同的设备，而是使用与常规 CMOS 晶体管制造过程完全相同的工具和设施。值得注意的是，在这些设施中有一些限制因素：被证明与 CMOS 工艺不兼容的材料被禁用；工艺和回路设计必须保证制造时不会损害或污染工具；在先进的制造工艺中，CMOS 兼容制造设施中的掩模和工艺开发成本也可能非常高 [11]。但是，如

① M. Hochberg, N. C. Harris, R. Ding, et al. Silicon photonics: The next fabless semiconductor industry. IEEE Journal of Solid-State Circuits, 2013, 5(1): 48–58.

果能够直接利用建设现代化 CMOS 设施的数亿美元的投资来构建硅光子制造系统，那就意味着立即有了一条直接的、快速的商业化和大规模生产的途径。

1.2.1　光子学历史背景

到目前为止，无晶圆厂光子企业的机会很少。

从以往看，光子学的一个关键问题是，针对特定的应用，采用不同的材料。其工艺已经高度专业化。单个器件被单独封装，并通过光纤连接在一起。因此在通信系统中采用多种不同材料体系制造的芯片的情况并不少见。基于射频 (RF)CMOS 或双极工艺的高带宽电子器件 (如串行器和解串行器)、基于 FPGA(现场可编程门阵列) 或高比例 CMOS 的数字组件 (如控制回路)、基于玻璃扩散波导的光复用器 (如阵列波导光栅) 和无源器件、基于铌酸锂的调制器、基于磷化铟的激光器、基于锗的探测器以及基于 MEMS 的光开关，这些器件的制造工艺彼此不兼容。不同类型的器件只有采用相应的材料制作才能得到最佳的性能，这就意味着，在大多数情况下，光子器件是在特殊制造设备中生产的，产量极低。这就导致了器件的高成本，因为相较于微电子工业的规模，很少有光子器件称得上是真正高产量的。唯一能与之接近的是垂直腔面发射激光器 (VCSEL)(它是经由晶圆规模技术制造的，作为分立器件使用) 和无源光网络 (PON Network) 的组件 (同样，它是经由晶圆规模技术制造的直接调制激光器，但它们作为独立的分立器件使用)。

虽然分立光子器件之间可以通过标准光纤和连接器连接，但最终器件成本和损耗很大。一部分来自光电子封装工艺，通常需要亚微米级精度的五轴和六轴对准；一部分来自封装本身，器件封装通常是密封的，有时甚至还需镀金。同样，这也造成了光子元件和系统的高成本。

硅光子技术的巨大前景在于将多种功能集成到一个单一的封装中，并使用与制造先进微电子技术相同的制造设备的大部分或全部功能，作为单一芯片或芯片堆栈的一部分 (图 1.3 和图 1.4)。这样做将从根本上降低通过光纤传输数据的成本，并将为各种新的光子学应用创造机会，以极低的成本构建高复杂度系统。

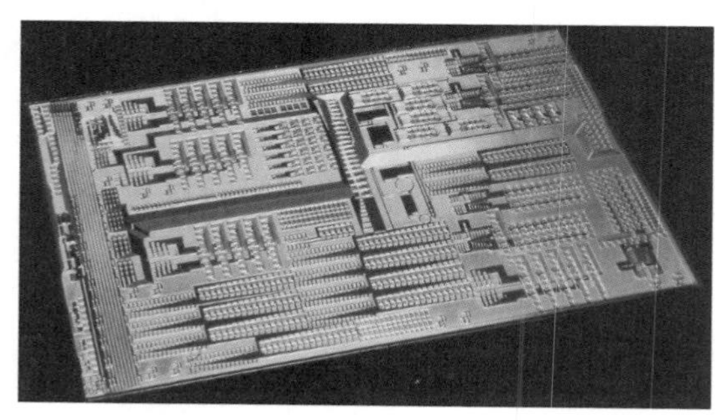

图 1.3　IME A*STAR(科学、技术和研究机构) 制造的 SOI 光子芯片

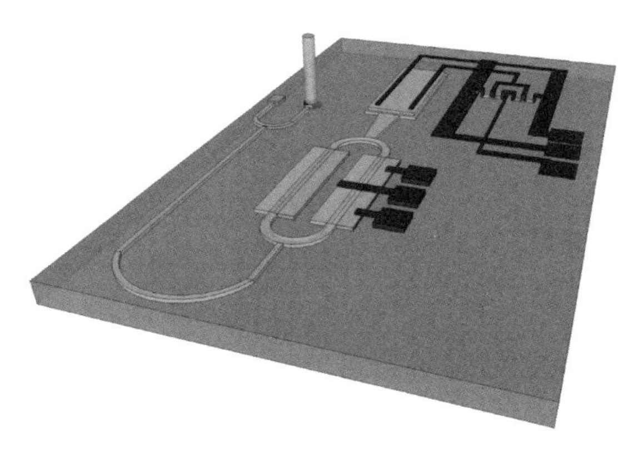

图 1.4 CMOS/光子回路的概念化。光通过片上激光或垂直光纤耦合到光栅耦合器，之后光经过调制进行传输，然后用光电探测器探测，并通过 CMOS 反相电路进行反相。目前，硅光子回路可以支持数百个或数千个这样的元件 [10]

1.3 硅光子应用

复杂的硅光子系统有很多应用，最常见的是数据通信，包括短距离的高带宽数字通信、长距离复杂调制方案和相干通信应用等。

除了数据通信之外，商业和学术界也在探索这项技术的大量新应用，包括：纳米光机械学和凝聚态物理学 [12]、生物传感 [13,14]、非线性光学 [15]、激光雷达系统 [16]、光学陀螺仪 [17,18]、射频集成光电子学 [19,20]、集成无线电收发器 [21]、相干通信 [22]、新型光源 [23,24]、激光降噪 [25]、气体传感器 [26]、超长波长集成光子学 [27]、高速微波信号处理 [20] 等。特别有前景的领域包括生物传感、成像、激光雷达 (LiDAR)、惯性传感、混合光子–射频集成电路 (RFIC) 和信号处理等。

1.3.1 数据通信

在不同类型的光子器件中硅光子器件最具竞争力，如下所述。我们认为在光通信领域做的最具变革性的工作就是创建集成平台，即将调制器、探测器、波导和其他元件集成在同一芯片上，并且实现彼此互连。在某些应用中，晶体管也包含在这些平台中，同时允许将放大器、串行化器和反馈装置全部集成到同一芯片上。

制造出可以用电子进行计算并以光来传输数据的芯片有很多显而易见的价值。硅光子学的早期应用绝大多数都是数字数据通信。这是由电子和光子之间物理上的根本差异所导致的，电子是费米子，而光子是玻色子。电子非常适合用来计算，因为任意两个电子都不能同时处在同一个地方，这意味着它们之间的相互作用非常强烈。因此，利用电子技术来制造大量的非线性开关器件——晶体管——是有可能的。

光子有着不同的特性：许多光子可以同时处在同一个地方，除非在非常特殊的情况下，否则它们不会相互作用。这就是为什么 [28] 单根光纤中有可能传输太比特每秒的数字信息：这不是通过创建单个的太比特带宽数据流来实现的。相反，目前典型的高带宽光纤传输系统利用各种技术来获取以 10Gbit/s、28Gbit/s 和 40Gbit/s 的传输速率传输大数据流，并将它们复用到单根光纤上。通信中通常使用这样一种技术，即波分复用技术，按光波长的不同分别进行调制，并将各波长的光合并到单根光纤中。其他一些技术，如利用相干技术将信息分别编码成相位、振幅和偏振，也已经广泛用于长途通信和城域网 [30]。事实上，可以将这些不同的方法结合起来，每个波长代表一个独立的数据流，也可以在相位、振幅和偏振方面对其进行调制，以便每个符号传输多个比特信息。因此，可以建立这样一种信息传输系统，使单根光纤传输太比特量级的数据而无需任何电子器件，以提供高于 28Gbit/s 或 40Gbit/s 的传输速率。

这些技术非常关键，因为长距离光纤数据传输受限于铺设光纤的费用：在陆地上获得通道的使用权和实际铺设光纤管道的费用是昂贵的；如果是跨海洋铺设，花费更是大得惊人 [31]。在这样的系统中，终端需要数百万美元的设备才能有效地利用现有的光纤，这在经济上也是合理的，因为铺设更多光纤的成本是非常高的。在过去的 50 年里，我们已经看到，由于光纤的损耗非常低，以及掺铒光纤放大器 [32] 的使用 (放大给定窗口中所有不同波长的光，1.5μm 附近)，光纤技术首先成为城市之间长距离传输数据的主要技术。随着时间推移，它开始在城域网链路中占主导地位，现在则可主导数据中心内相对较短距离的数据传输。在世界的许多地方，光纤到户是最主要的接入方式，尽管在美国它与数字用户线路 (DSL) 以及其他技术相竞争的情况并未证明这一点。随着带宽需求的不断增加 [33]，对通过光纤传输数据的更有效方式的需求一直在稳步增长。

数据通信市场的大趋势是，随着传输距离缩短，每部分的价格急剧下降，而数据量却在不断上升。毫不奇怪，硅光子技术的商业化已经致力于更高容量、更短距离的应用上，目标是数据中心和高性能计算。硅光子技术未来的应用将包括电路板之间的互连，USB(Universal Serial Bus，通用串行总线) 短距离互连，以及最终还将包括 CPU(Central Processing Unit，中央处理器) 核到核的互连 [34]，尽管片上核到核互连应用的情况仍然具有相当的推测性。

尽管还没有达到 CMOS 产业的规模，但硅光子技术已经开始成为一个重要的产业。集成光电子芯片的第一批商业产品最近已经投放市场 [35]，Intel 也宣布要将个人计算用的光数据通信格式标准化 [36]。Luxtera 公司宣布出售他们的第 100 万个硅光子数据通道 [37]，他们现在正在销售一种 100Gbit/s 的光缆 (4 ×

28Gbit/s)[38]，该产品是由得克萨斯州的 Freescale 公司 CMOS 代工厂制造的 [39]。众多初创公司和知名公司 (Kotura、Luxtera、Oracle、Genalyte、Lightwire/Cisco、APIC、Skorpios、TeraXion 等) 都在积极开发硅光子产品。许多美国顶级的防务公司在这个领域也有计划。此外，现在许多主要的半导体厂商都在积极规划硅光子项目。Intel(英特尔)、Samsung(三星)、IBM(国际商业机器公司)、ST(意法半导体) 等公司都公开宣布了在这一领域的活动。尽管有一些市场研究公司 [40] 做出了一些大胆的预测，声称到 2015 年该领域将产生 20 亿美元的年收入，这不同于文献 [11] 中作者的预测，即在 2020 年之前该领域将达到 10 亿美元的收入。

1.4 技术挑战与研究现状

1.4.1 波导与无源器件

在硅兼容系统中，已经开发了多种多样的波导几何形状，几乎任何比玻璃折射率高的透明材料都可以沉积在氧化硅衬底之上形成波导。然而，为了实现与 CMOS 工艺兼容性的目的，业界已经在几类几何形状波导上达成了共识。最常见的是基于 SOI(绝缘衬上硅) 晶圆的有源器件层制造的强限制波导，完全蚀刻到氧化层或部分蚀刻或限时部分蚀刻 [41,42](图 1.2 和图 3.4)。经过几年的努力，已将这些亚微米量级波导的损耗降低到可接受的水平，波导粗糙度会引起光场与侧壁的强相互作用，进而导致大的损耗 [43]。传输损耗可以通过工艺优化来平滑侧壁 [43] 或优化波导几何结构侧壁的模场强度 [44]。目前，基于边缘切割的强限制波导，典型损耗在 2 dB/cm 范围内 [45]。低损耗多模直波导与封闭的单模弯曲波导相结合是布线的最佳选择，传输损耗低至 0.026 dB/cm[46]。其他关键无源元件，如光栅耦合器等 [47](图 1.2、图 1.5 和图 1.6)、分布式布拉格光栅 [48]、交叉波导 [49] 和阵列波导光栅 (AWG)[50] 都已被证实损耗很低。最近，由氮化硅制成的可以在电介质后端工艺中形成的与 CMOS 兼容的波导已经出现，基于专门工艺，尽管考虑到高温生长的要求，这些波导的损耗非常低 (<0.1 dB/m)。这种工艺与前端有源器件的兼容性仍是一个悬而未决的问题 [51]。值得注意的是，虽然在弱限制硅波导方面已经做了大量工作 [52,53]，但在这些平台上创建兼容的高速调制器和检测器存在相当大的困难，这使得它们在大规模集成方面的应用前景很不理想。

硅光子学面临的挑战之一是芯片和光纤之间的耦合，为实现这一点，必须采用低成本高效益的封装方法 [54]。这通常使用边缘耦合或光栅耦合来实现，如图 1.5 所示，将在第 5 章中详细介绍。这两种方法都证明了可实现端口低于 1dB 的损耗 [54−56]。处理偏振问题也是一个挑战，因为硅光子波导默认是高度双折射的，

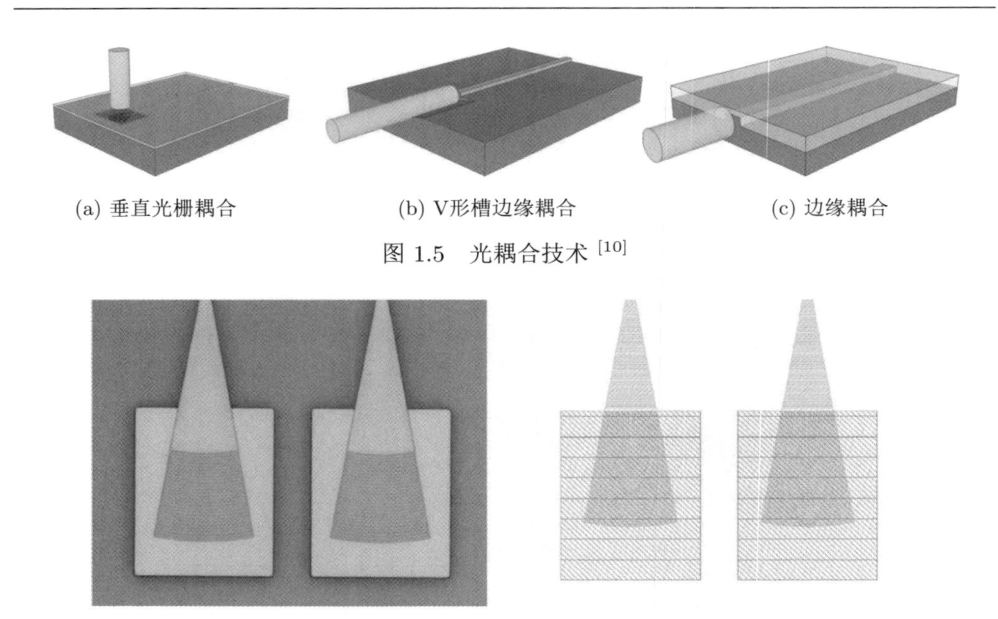

(a) 垂直光栅耦合　(b) V形槽边缘耦合　(c) 边缘耦合

图 1.5 光耦合技术 [10]

图 1.6 IME A*STAR 制造的光栅耦合器的光学显微图和版图 [10]

即波导中的光传播常数对于两种不同的偏振态是不同的。常用的方法是使用单一偏振态来构建回路，当需要两个偏振态时再进行复用，这就是偏振分束，需要利用偏振分束光栅耦合器 [57]、偏振分束器 [58]、分束器–旋转器 [59] 或其他相关组件。其他的方法，如通过方形波导消除双折射，已被报道，但这些方法增加了设计约束。

1.4.2 调制器

硅调制最常见的是基于等离子体色散效应 [60]，自由载流子浓度的变化可以诱导折射率的变化，进而对光进行调制。在单片集成器件中已经实现了几种不同的自由载流子浓度调控机制 [61]，其中，通常基于反向偏压 pn 结的载流子耗尽型器件被广泛用于实现高速调制。

自 Intel 公司的研究小组 [62] 展示了第一个 GHz 量级的硅调制器以来，调制器的性能都有了明显的提高。马赫–曾德尔干涉仪 (Mach-Zehnder Interferometer, MZI) 结构 [63] 是典型的振幅调制器。通过行波设计，高达 50Gbit/s 的数据传输速率已经在实验中得到证实 [64,65]。最近有报道称，在速率为 20Gbit/s 时，功耗可低至 200fJ/bit[66]。图 1.7(a) 是一个马赫–曾德尔调制器的例子。

谐振结构可用于大幅度减小器件的尺寸并进一步降低功耗，代价就是缩小了工作波长窗口和具有高热灵敏度。2005 年 Xu 等 [42] 首次报道的高速环形调制器已被证明调制速率可达 40Gbit/s[67]。最近有报道称，具有热调谐能力的高速环形

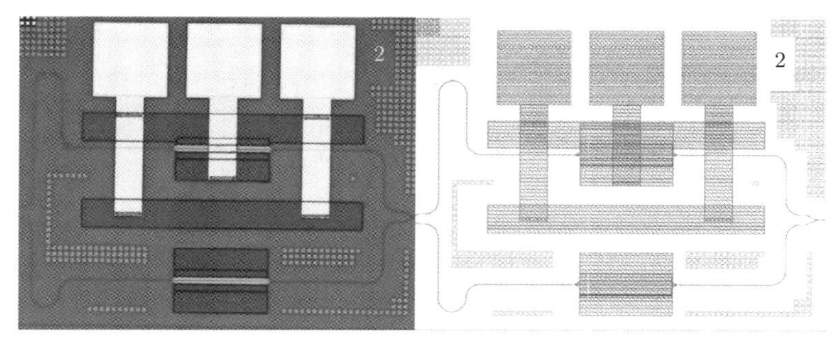

(a) 马赫-曾德尔调制器

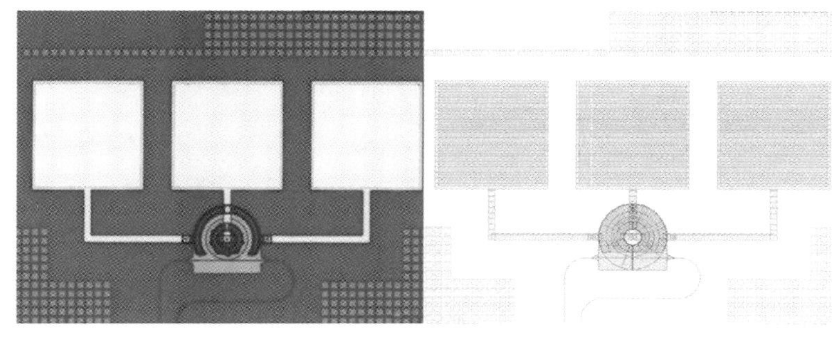

(b) 可调环形谐振调制器

图 1.7 IME A*STAR 制造的调制器的光学显微图及其版图 [10]

调制器在 25Gbit/s 的速率下功耗仅为 7fJ/bit[68]，如图 1.7(b) 所示，将在第 6 章中进行介绍。最近的发展包括通过耦合调制改变腔内光子寿命限制 [69]，以及使用环形调制器构建 WDM(Wavelength Division Multiplexing，波分复用) 发射机，将在 13.1 节中介绍。

除了纯硅方案外，还可以将其他材料集成到硅平台上，如通过键合 III-V 材料 [70]、外延生长锗 [71] 或包覆石墨烯 [72] 来构建高效电吸收调制器。基于化学工程的活性电光聚合物也被引入硅平台，以槽型波导 [73] 和光子晶体 [74] 来构建高效的移相器。通过后处理或通过各种封装方法将新材料集成到硅中，已被 CMOS 晶圆厂所接受，目前正在成为硅光子学中一个活跃的子领域。这些制造方法都具有挑战性，且很可能限于具有特定高端需求的专业应用。这方面可能的例外就是光源的直接整合，尽管目前对各种技术还没有定论。目前还不清楚是否有一种技术或经济上的迫切需要会推动光源同调制器、探测器和其他组件一样集成到同一芯片上。

1.4.3 光电探测器

在硅光子芯片的工作波长下，需要集成比硅更窄的带隙材料作为检测 (吸收) 介质。锗可以外延生长，可以吸收通信波长下的光 [75]。这对于与标准基础结构的兼容性而言是必要的，但对于短距离应用来说，不一定需要。因为在短距离应用中，链路的两端都可以定义，且不需要遵守互操作性标准。键合 III-V 材料也可用于光电探测器 [76]，这些材料集成在硅波导附近或直接连接到硅波导上，从而使导光可以渐变耦合或对接耦合到光电探测器。小截面的光电探测器可以降低器件电容和提高速率 [77]。目前最先进的锗光电二极管，在带宽为 120GHz 下响应可达 0.8A/W[77]。波长 1550nm，20GHz 带宽下响应为 1.05A/W[78]，相当于 84%的量子效率。图 1.8 是一个锗探测器的例子。在光电导器件中，已经实现了 2.4fF 的极低的光电探测器电容，估计的量子效率为 90%，带宽为 40GHz[79]。IBM 以超过 30GHz 的速率实现了 10dB 增益和改善噪声性能的低偏压雪崩型探测 [80]。探测器将在第 7 章中详细讨论。

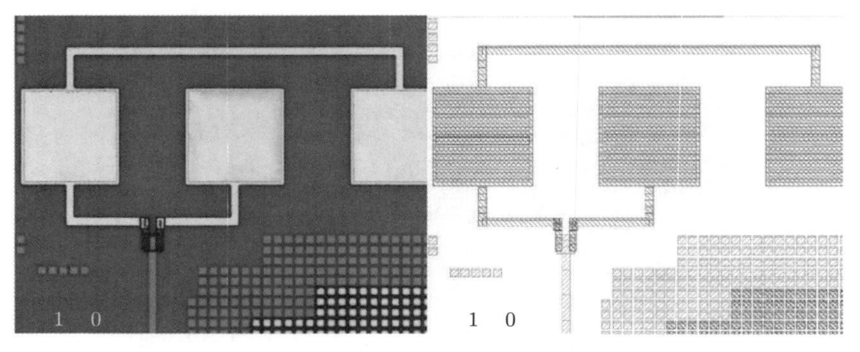

图 1.8　IME A*STAR 制造的光电探测器的光学显微图和版图 [10]

1.4.4　光源

硅光子平台的主要挑战之一是缺少片上光源。目前生产的硅光子芯片都是通过外部激光器耦合的。虽然边缘耦合和光栅耦合在耦合效率上都有了改进，但缺少片上光源限制了这些芯片的潜在应用。

目前已提出了多种技术来解决光源问题，这里只做简要介绍，详细讨论见第 8 章。利用键合 [81,82] 和外延生长 [24] 将 III-V 族材料转移到硅片上 (图 1.9(a)) 的混合集成硅激光器已被证实可行。然后，锗材料已被提出作为 CMOS 兼容的增益介质，尽管其光发射效率因其间接带隙而受到阻碍。锗材料间接带隙和直接带隙之间较小 (134meV) 的差异可以通过应变和 n 型重掺杂来克服 [83]，而就在最近，首次实现了在硅基上使用锗材料做增益介质的电致激光器 [23]。

目前市场上所有的产品都采用了更多的实现方式 (图 1.9(b) 和 (c))。这包括通过光纤连接到硅芯片上的片外光源，以及与硅光子芯片集成在一起的激光器。

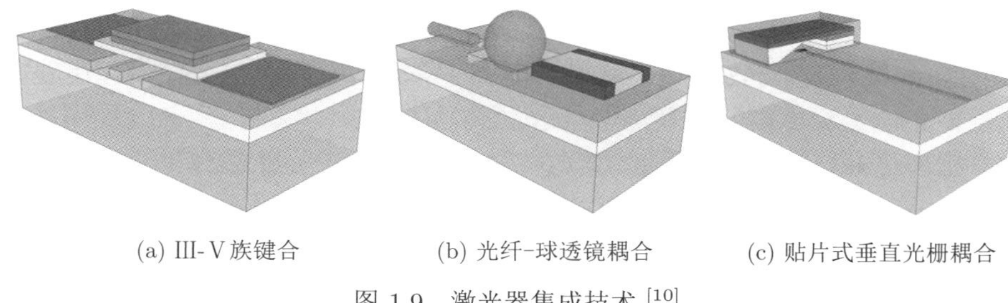

(a) III-V族键合　(b) 光纤-球透镜耦合　(c) 贴片式垂直光栅耦合

图 1.9 激光器集成技术 [10]

这类集成的技术是从微电子机械系统 (MEMS) 领域继承下来的，包括微封装技术，成本低且技术非常成熟。这类协同封装方式已在 Luxtera 公司的中等规模生产中得到了验证。

1.4.5 光–电集成方法

将电子器件与光子器件集成在一起，可以显著提高系统性能，降低成本，并为新系统提供大量的机会。集成方式通常分为两类：单芯片集成和多芯片集成。

1. 单芯片集成

Luxtera 公司作为单芯片光–电集成的先驱，在飞思卡尔开发了基于 130nm 的 CMOS 工艺的 CMOS-光子代工工艺，并将第一款硅光子产品推向市场 [35]，最近他们还与意法半导体公司合作开发了一个旨在实现键合集成的发展项目 [84]。在他们目前的工艺中，电子器件和光子器件在单个工艺流程中一起制造。这需要大量的工艺开发工作，在工艺流程中增加额外的层，以使现有的 CMOS 晶体管能够继续工作，同时加入锗材料用于光电探测器和硅蚀刻以支持波导的制造。另一种来自 IHP(Innovations for High Performance，高性能创新) 的工艺是将双极型晶体管与硅光子集成，从技术角度上看，这是一种很有前景的方法，尖端双极型晶体管是否能与硅光子集成而不影响性能，还有待观察；如果能，这可能是一项非常强大的技术。到目前为止，集成工作主要围绕着非尖端双极型晶体管进行。

前端集成的另一种方法是使用未改进的先进微电子工艺节点，如 45nm SOI CMOS 工艺，并尝试在设计规则的约束范围内集成光子器件 [85]。这种方法乍一看很有吸引力，但这些技术还处于发展的早期阶段，无法改进工艺所带来的限制，意味着波长被低比例的硅锗高度限制在硅吸收边缘附近。高速光电探测器和调制器在这些技术中尚未得到证实，我们认为这种方法在可预见的未来不会产生具有竞争力的商业产品。

2. 多芯片集成

另一方面，多芯片集成正在被研究和展示，其中电子和光子电路来自不同的制造工艺，并在电子和光子回路上相互键合 (图 1.10)。根据不同的应用，这些回路可以按照不同的顺序堆叠，例如，光子芯片在顶部、电子芯片在底部，反之亦然。已提出和展示的方法包括使用引线键合 [86]、倒装芯片凸点键合 (比引线键合更低的寄生电容和更高的密度)[87]、低电容铜柱互连，以及通硅孔 (TSV)[88]，这些方法密度更高、寄生效应更低。随着摩尔定律的不断改进，CMOS 工艺不断完善，有可能将每一代 CMOS 或 Bi-CMOS 快速地应用于廉价的硅光子晶圆上，从而获得光子学和电子学的最佳效益。光子学一般不需要制作非常小的结构 (典型的关键尺寸为 100nm 以上)，且器件尺寸又比晶体管大，因此经济效益较高。考虑到这些因素，倾向于将光子器件与最终产品中需要的任何先进电子器件分开制造。我们预计，这类键合工艺将在今后几年的硅光子研究和产品开发中占据突出地位。

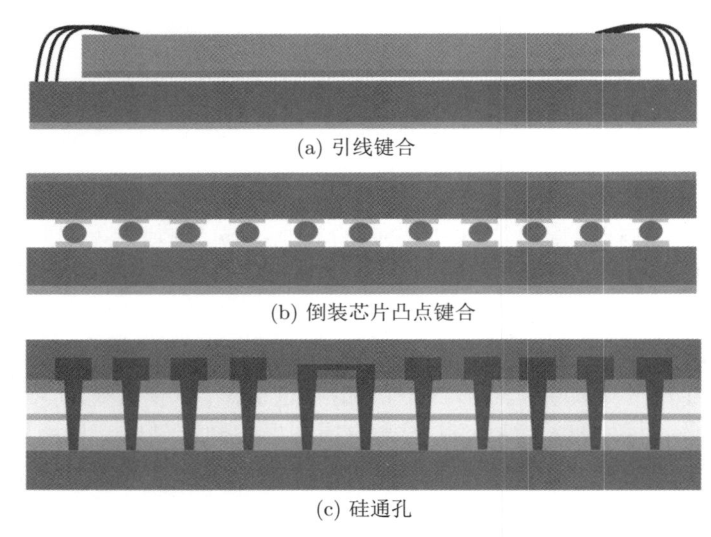

(a) 引线键合

(b) 倒装芯片凸点键合

(c) 硅通孔

图 1.10　电/光芯片–芯片键合 [10]

1.5　机　　遇

本节将介绍硅光子领域中五种截然不同的机遇。

1.5.1　器件工程

第一个机遇是器件工程，迄今为止它推动了该领域 90% 的工作——特别是在学术出版物方面。器件工程的核心是回答一个简单的问题：什么是可以用硅制造的最佳光子器件？

我们正处于硅基马赫–曾德尔调制器与铌酸锂调制器在许多应用中竞争的时刻，且硅调制器也在以显著的因素逐年提高。同样的道理，锗波导耦合光电探测器在近红外波段与其他非制冷光电探测器在技术上也有竞争力。业界损耗最低的光波导是氮化硅波导，它基本上与大规模光子集成相兼容。低损耗光纤耦合器、各种高性能无源光器件甚至是高效激光器都已经在硅系统中被证实，并与 III-V 材料协同封装。最近，更多的锗激光器也被展示，但迄今为止，发光效率限制了其竞争力。器件工程的大部分工作都集中在大学里完成，这是因为它们有明显的优势，即它们可以很快地完成仿真–制造–测试循环以进行原型设计。

器件级研究的本质是产生与现有的集成工艺不能完全兼容的结果。那些设计最新、最伟大的新晶体管的人可能一开始并不关心它是否适合现有的工艺流程。光子学领域也是如此，很自然地经历这样一个流程，新器件在特殊工艺中得到验证，随着时间的推移这些新器件会逐渐进入集成平台。

1.5.2 光子系统工程

第二个机遇是光子系统工程。一旦有了一个配套的基础设施，就可以提供稳定的制造工艺，并提供各种光子器件作为可访问的库元件，问题就变成了："我们可以用这些库元件来构建哪些有用的东西？" 显然，答案之一就是将单个器件简单地封装成分立元件，但这种方法并没有真正利用硅工艺的核心优势，即快速实现复杂的扩展。

在电子领域中，电路设计人员不需要是晶体管的物理学和制造方面的专家，相反，他们依靠在 SPICE(Simulation Program with Integrated Circuit Emphasis) 仿真电路模拟器或 VERILOG-A 等环境中实现现象学模型 (在电子工业中称为"紧促" 模型) 来模拟复杂系统。器件模型是由晶圆厂保证的，所以只有在设计上突破了极限并且需要一些不寻常的、特殊的东西时，才需要对器件模型内部进行观察。一般来说，器件物理学家为晶圆代工厂开发 PDK，很少有晶圆代工厂的用户会运行晶体管的内部所需的 TCAD(Technology Computer Aided Design，半导体工艺模拟以及器件仿真) 仿真。

硅光子晶圆代工服务商近期一个主要目标是为硅光子代工提供同样的基础设施。典型的硅光子代工服务商提供的设计工具包包含固定的设计，用于调制器和探测器等前沿光子学器件。希望用户能够使用这些器件作为构建高性能器件的起点，或将这些器件的副本作为包含大量元件的复杂系统的一部分 (图 1.11)。光子回路建模将在第 9 章中讨论。

在这一领域中，光电子集成是一个特别丰富的创新领域。一旦晶体管和光子元件可以在同一平台上使用，且它们之间具有低电容互连，就有可能制造出将以前分立器件功能融合在一起的尖端器件。Luxtera 公司已在这方面取得了一些成果，该公司由本书其中一位作者共同创办。

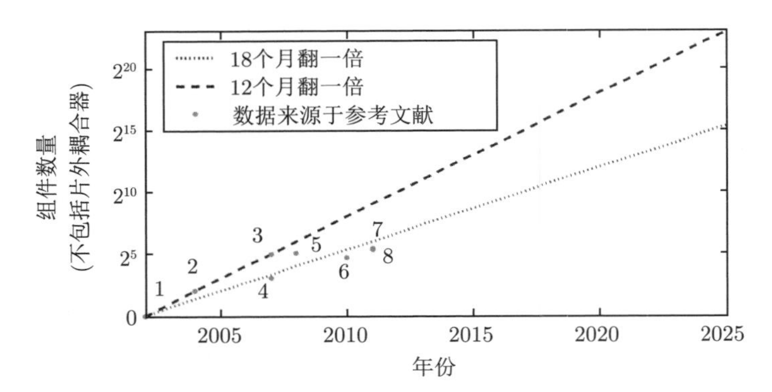

图 1.11 从硅光子系统设计的出版物中提取的器件数据图。1. Luxtera，第一个硅光子系统公司；2. Intel，第一个 CMOS 调制器；3. Kotura，VOA 阵列；4. Luxtera，40Gbit/s 光子芯片；5. Intel，200Gbit/s PIC；6. Intel，4 通道混合激光器的 WDM 器件；7. Alcatel-Lucent Bell 实验室，10×25Gbit/s 芯片；8. 加州大学戴维斯分校，快速可重构滤波器 [10]

转变：器件到系统

OpSIS-IME 多项目晶圆 (MPW) 运行中最激动人心的一个方面是，许多用户在看到功能齐全的器件设计库时，都会将工作重点放在构建集成系统上而不是修改库中的元件。这是该领域的一次重大变革，因为它意味着基本元件已经“足够好”，可以停止在器件层面上的迭代，从而将重点转向构建特定应用的光子集成回路 (ASPIC)。这对该领域来说是一个非常激动人心的时刻，因为我们可以将大部分精力集中在器件创新上，从而进入一个高速增长时期，这一时期的驱动力是构建复杂的芯片级系统。

器件创新将继续发挥重要作用，我们可以预计，在未来几年内，系统设计人员规模将比器件设计人员规模增长得更快。现在的生态系统是为了构建特定应用的光子集成回路，并有合理的机会让它们在第一次试产时至少达到开发原型的程度。这是一种新的能力，也是我们期待的一种能力，将引发无晶圆厂光子设计的快速发展。目前，制造业的转型仍然存在风险，未来几年的工作重点是通过开放生产工艺作为原型设计工具来实现直接从原型到生产的平稳过渡。

1.5.3 工具与支持性基础设施

第三个机遇是开发工具和支持性基础设施。硅光子学设计生态系统仍处于发展阶段。器件级仿真现在是一个非常成熟的领域，但更高层次的仿真刚刚开始出现。晶圆级自动化测试、设计规则检查、版图与原理图检查器和设计测试工具要么不存在，要么非常不成熟。如何对测试结构进行实验设计，以方便地提取非线性、功率处理、相干长度、SFDR(Spurious Free Dynamic Range，无杂散动态范围) 等关键的二阶参数，是目前尚未解决的问题。

1. 电–光协同设计

微电子领域最伟大的创新之一就是 PDK 的开发，使设计与制造几乎完全分离,并将两者之间的互动抽象化。硅光子领域在开发专用工具和设计流程方面投入了很多积极的工作,这些工具和设计流程可以确保第一次试产就成功,但这些工作相对来说还不成熟。Luxtera 是第一家基于 Cadence 环境开发先进的设计套件的公司，其中包括光子和电子元件的原理图与版图对照、设计规则检查、标准元件的统计角模型。许多公司已经开发出了专门的 TCAD 级的集成光子仿真工具 [89–92]，现有的热仿真和射频仿真工具 [93] 也经常被用于光子器件仿真。在光子系统仿真方面，常见的工具有 Optiwave 公司的 OptiSPICE[94]、VPItransmissionMaker 和 Lumerical INTERCONNECT[95]。这些设计工具将在第 2 章中详细介绍。

光电集成的主要优点之一是能够将热反馈和管理集成到器件级的光子芯片中。这样做有可能会极大地简化功能设计，因为几度的热变化可以从根本上改变光子器件的性能，特别是当它们利用片上谐振效应时。

2. DFM 和良率管理

创新的一个重要领域是制订面向制造的设计 (Design for Manufacturability, DFM) 规则和方法，以及设计正确的结构和程序来管理良率。为确保光子器件的产量，有哪些关键结构需要进行测试？在光刻系统如何实现光学邻近修正？如何将简单而廉价的测试映射到光子片系统的性能上？如何为特定产品选择合适的掩模技术，并预测其对性能的影响？在公开的文献中，关于这些问题的信息非常少，这将是今后几年待解决的关键问题。凭经验知道，即使不做任何关于良率控制的工作，制造出来的片内器件参数通常也会在相对严格的公差范围内 (电光 S 参数的公差为几个 dB)[6]。根据光器件制造工艺容差标准，这些数字是相当不错的，但不同片盒之间这个数据是不可能达到的。

1.5.4　基础科学

第四个机遇在基础科学领域。例如，由于硅的高场浓度和低损耗，在光力学和量子光学方面有很多真正令人激动的基础工作。在硅光子中引入聚合物、氧化钒、石墨烯、量子点等新材料以实现多种用途的工作正在持续进行，随着这些工艺在未来几年内被越来越多地应用，我们可以预期硅基光子学将成为探索基础材料科学和物理学的多领域平台，就像 VLSI 技术已被证明是整个科学和工程领域的一项使能技术一样。量子光学 [96] 和低温物理学方面的大量科学研究也正在进行中 [97]。此外，硅光子回路正在被用作激发网络建模工作的试验台，因为它能够快速地对新型开关和收发器进行原型设计 [34]。

1.5.5　工艺标准化与多项目晶圆发展

微电子行业的一项重要创新就是发展多项目晶圆，使得更广泛的群体可以享受先进的制造工艺。为研究和开发群体提供生产工艺一直是微电子行业无晶圆厂生态系统的一个关键部分。在过去的几十年里，MOSIS 一直是提供这些工艺的重要组织 [98]。

正如微电子行业的情况一样，一个通用的商业化、生产就绪的晶圆代工平台具有以下优势：

(1) 资源效率：无需内部洁净室和昂贵的工艺开发。

(2) 设计再利用：微电子行业通过重复使用被称为知识产权 (IP) 的核心组件，而不是为每个新设计 (在某些情况下超过 10 亿个晶体管) 设计晶体管系统 (如处理器) 而受益。同样的观念也可以让我们的设计群体开发元件库，这将促进系统级的研究和开发。

(3) 资源的可访问性：制造工艺和元件库可供广大光电设计人员和群体使用。

(4) 商业化的可转让性：允许工业界使用群体开发的元件和系统来设计新产品，这些新产品将由一个共同的代工厂制造。

(5) 鼓励协同设计：通过共同的目标、语言和制造工艺来促进协同设计。

1. ePIXfab 和 Europractice

从 2006 年开始，IMEC(根特大学微电子研究中心，位于比利时鲁汶) 和 CEA-Leti(法国格勒诺布尔) 通过 ePIXfab 公司提供了首批开放式的硅光子多项目晶圆服务 [3,99]。世界各地学者和工业用户都从硅光子制造中受益。最初，该制造工艺使用的是 193nm 深紫外光刻技术的无源硅光子工艺。2012 年，CEA-Leti 开始提供带加热器的制造工艺，以实现热光型硅光子器件的制造。随后，ePIXfab 进一步提供了两种制造服务：一是在 IMEC 制造调制器，另一个是在 CEA-Leti 制造探测器。2013 年，ePIXfab 公司宣布推出了一个完整的工艺平台 (无源器件、调制器、探测器)，在 IMEC 和 CEA-Leti 都能制造 [3]。ePIXfab 还提供 IHP GmbH(德国法兰克福的高性能微电子创新公司)、VTT(芬兰国家技术研究中心) 制造服务，此外，还在爱尔兰科克大学廷德尔国家研究所 (Tyndall National Institute) 提供封装服务。硅光子技术也可通过 Europractice 集成电路 [100] 提供服务。

2. IME

微电子研究所 (IME) 是新加坡科学、技术和研究机构 (A*STAR) 的成员。IME 从事硅光子的研究与开发，并将其制造工艺提供给全世界的学者和工业客户 [4]。IME 拥有广泛的制造能力和服务，使其客户可以根据自己的需求定制工艺，如它已被 OpSIS 和 CMC Microsystems 公司用于多项目晶圆。

3. OpSIS

OpSIS(Optoelectronic System In Silicon)[6]，由本书共同作者和 Thomas Baehr-Jones 领导，是美国特拉华大学运营的一家非营利性硅光子代工厂，并提供最先进的 PDK 设计服务。2012 年，它提供了第一个开放式的多项目晶圆，由新加坡 IME 制造，在单个平台上集成无源器件、调制器和探测器。

OpSIS 提供了高性能硅光子单元和设计工具，包括先进的 PDK，以及世界上性能最好的有源、无源和热光子器件。OpSIS 还为用户提供了一个服务和设备提供商的生态系统 (设计、仿真、制造和封装)，简化了硅光子器件和系统原型的开发和测试。OpSIS 组织证明光子多项目晶圆服务可以支持庞大的用户群体。在高峰期，OpSIS 有几百个活跃用户。到 2014 年，OpSIS 提供了 6 次多项目晶圆运行，由于 5 年期资金到期，该组织关闭。

4. CMC Microsystems

CMC Microsystems 是加拿大政府资助的微系统和纳米系统创造和应用中心，通过国家提供基础设施，促进卓越的研究和商业化途径 [101]。CMC Microsystems 支持使用国际硅光子和 CMOS 微电子器件制造的代工厂，获得封装技术和设计软件。在设计周期中 CMC 给予加拿大工业界和学术机构支持，包括提供诸如由 Si-EPIC 项目带来的研讨会等培训。

5. 其他组织

世界上还有其他一些组织参与硅光子的制造，包括提供多项目晶圆和/或提供制造机会。许多大学、组织、公司和研究所都参与了硅光子的研究，为硅光子领域的发展做出了巨大的贡献。虽然上面的名单并不详尽，但它表明了国际上有大量的代工厂、服务提供商、软件供应商、设计人员、公司、大学等。这个不断增长的名单为寻求开发硅光子系统的设计者提供了信心和多个制造服务的来源。

参 考 文 献

[1] Conway, L., “Reminiscences of the VLSI Revolution: How a Series of Failures Triggered a Paradigm Shift in Digital Design,” Solid-State Circuits Magazine, IEEE, vol.4, **4**, pp. 8–31, Dec. 2012, DOI: 10.1109/MSSC.2012.2215752 (cit. on p. 3).

[2] A. Mekis, S. Gloeckner, G. Masini, et al. “A grating-coupler-enabled CMOS photonics platform”. IEEE Journal of Selected Topics in Quantum Electronics **17**.3 (2011), pp. 597–608. DOI: 10.1109/JSTQE.2010.2086049 (cit. on p. 4).

[3] Amit Khanna, Youssef Drissi, Pieter Dumon, et al. “ePIX-fab: the silicon photonics platform”. SPIE Microtechnologies. International Society for Optics and Photonics (2013), 87670H–87670H (cit. on pp. 4, 21).

[4] Agency for Science, Technology and Research (A*STAR) Institute of Microelectronics (IME). [Accessed 2014/07/21]. URL: http://www.a-star.edu.sg/ime/ (cit. on pp. 4, 21).

[5] M. Hochberg and T. Baehr-Jones. "Towards fabless silicon photonics". Nature Photonics **4**.8 (2010), pp. 492–494 (cit. on p. 4).

[6] Tom Baehr-Jones, Ran Ding, Ali Ayazi, et al. "A 25 Gb/s silicon photonics platform". arXiv:1203.0767v1 (2012) (cit. on pp. 4, 20, 21).

[7] Liu, Alan Y., Chong Zhang, Justin Norman, et al. "High performance continuous wave 1.3 μm quantum dot lasers on silicon." Applied Physics Letters **104**.4 (2014): 041104. (cit. On p. 4).

[8] Peter De Dobbelaere, Ali Ayazi, Yuemeng Chi, et al. "Packaging of Silicon Photonics Systems". Optical Fiber Communication Conference. Optical Society of America. 2014, W3I.2 http://dx.DOI.org/10.1364/OFC.2014.W3I.2 (cit. on p. 4).

[9] CMC Microsystems - Fab: IME Silicon Photonics General-Purpose Fabrication Process. [Accessed 2014/07/21]. URL: https://www.cmc.ca/en/WhatWeOffer/Products/CMC-00200-03001.aspx (cit. on p. 4).

[10] M. Hochberg, N. C. Harris, R. Ding, et al. "Silicon photonics: the next fabless semiconductor industry". IEEE Solid-State Circuits Magazine **5**.1 (2013), pp. 48–58. DOI: 10.1109/MSSC.2012.2232791 (cit. on pp. 4, 5, 8, 11, 13, 14, 15, 16, 18).

[11] T. Baehr-Jones, T. Pinguet, P. L. Guo-Qiang, et al. "Myths and rumours of silicon photonics". Nature Photonics **6**.4 (2012), pp. 206–208 (cit. on pp. 6, 10).

[12] M. Li, W. H. P. Pernice, C. Xiong, T. Baehr-Jones, M. Hochberg, and H. X. Tang. "Harnessing optical forces in integrated photonic circuits". Nature 456.27 (2008), pp. 480–484 (cit. on p. 7).

[13] J. Hu, X. Sun, A. Agarwal, and L. Kimerling. "Design guidelines for optical resonator biochemical sensors". Journal Optics Society America B **26**(2009), pp. 1032–1041 (cit. on p. 7).

[14] Muzammil Iqbal, Martin A Gleeson, Bradley Spaugh, et al. "Label-free biosensor arrays based on silicon ring resonators and high-speed optical scanning instrumentation". IEEE Journal of Selected Topics in Quantum Electronics **16**.3 (2010), pp. 654–661 (cit. on p. 7).

[15] M. Foster, A. Turner, M. Lipson, and A. Gaeta. "Nonlinear optics in photonic nanowires". Optics Express **16**.2 (2008), pp. 1300–1320 (cit. on p. 7).

[16] J. K. Doylend, M. J. R. Heck, J. T. Bovington, et al. "Two-dimensional free-space beam steering with an optical phased array on silicon-on-insulator". Optics Express **19**.22 (2011), pp. 21 595–21 604 (cit. on p. 7).

[17] A. A. Trusov, I. P. Prikhodko, S. A. Zotov, A. R. Schofield, and A. M. Shkel. "Ultra-high Q silicon gyroscopes with interchangeable rate and whole angle modes of operation". Proc. IEEE Sensors **2010**(2010), pp. 864–867 (cit. on p. 7).

[18] M. Guilln-Torres, E. Cretu, N.A.F. Jaeger, and L. Chrostowski. "Ring resonator optical

gyroscopes – parameter optimization and robustness analysis". Journal of Lightwave Technology **30**.12 (2012), pp. 1802–1817 (cit. on p. 7).

[19] J. Capmany and D. Novak. "Microwave photonics combines two words". Nature Photonics **1**.6 (2007), pp. 319–330 (cit. on p. 7).

[20] Maurizio BURLa, Luis Romero Cortés, Ming Li, et al. "Integrated waveguide Bragg gratings for microwave photonics signal processing". Optics Express **21**.21 (2013), pp. 25 120–25 147. DOI: 10.1364/OE.21.025120 (cit. on pp. 7, 8).

[21] M. Ko, J. Youn, M. Lee, et al. "Silicon photonics-wireless interface IC for 60-GHz wireless link". IEEE Photonics Technology Letters **24**.13 (2012), pp. 1112–1114 (cit. on p. 7).

[22] C. R. Doerr, L. L. Buhl, Y. Baeyens, et al. "Packaged monolithic silicon 112-Gb/s coherent receiver". IEEE Photonics Technology Letters **23**.12 (2011), pp. 762–764 (cit. on p. 7).

[23] R. Camacho-Aguilera, Y. Cai, N. Patel, et al. "An electrically pumped germanium laser". Optics Express **20** (2012), pp. 11316–11320(cit. on pp. 7, 14).

[24] H. Y. Liu, T. Wang, Q. Jiang, et al. "Long-wavelength InAs/GaAs quantum-dot laser diode monolithically grown on Ge substrate". Nature Photonics **5**.7 (2011), pp. 416–419 (cit. On pp. 7, 14).

[25] Firooz Aflatouni and Hossein Hashemi. "Wideband tunable laser phase noise reduction using single sideband modulation in an electro-optical feed-forward scheme". Optics Letters **37**.2 (2012), pp. 196–198 (cit. on p. 7).

[26] R. B. Wehrspohn, S. L. Schweizer, T. Geppert, et al. "Chapter 12. Application of Photonic Crystals for Gas Detection and Sensing". Advances in Design, Fabrication, and Characterization, K. Busch, S. Lalkes, R. B. Wehrspohn, and H. Fall (eds.), in Photonic Crystals: Wiley-VCH Verlag GmbH, 2006 (cit. on p. 7).

[27] R. Soref. "Mid-infrared photonics in silicon and germanium". Nature Photonics **4**.8 (2010), pp. 495–497 (cit. on p. 7).

[28] John Senior. Optical Fiber Communications: Principles and Practice. Prentice Hall, 2008 (cit. on p. 9).

[29] C. A. Brackett. "Dense wavelength division multiplexing networks: principles and applications". IEEE Journal on Selected Areas in Communications **8**.6 (1990), pp. 948–964 (cit. on p. 9).

[30] G. Li. "Recent advances in coherent optical communication". Advances in Optics and Photonics **1** (2009), pp. 279–307 (cit. on p. 9).

[31] Neal Stephenson, "Mother Earth Mother Board",Wired, Issue **4**.12, December 1996. http://archive.wired.com/wired/archive/4.12/ffglass.html (cit. on p. 9).

[32] E. Desurvire. Erbium Doped Fiber Amplifiers: Principles and Applications. Wiley-Interscience, 1994 (cit. on p. 9).

[33] Nielsen's Law of Internet Bandwidth. [Accessed 2014/04/14]. URL: http://www.useit.com/alertbox/980405.html (cit. on p. 9).

[34] A. Shacham, K. Bergman, and L. P. Carloni. “Photonic networks-on-chip for future generations of chip multiprocessors”. IEEE Transactions on Computers **57**.9 (2008), pp. 1246–1260 (cit. on pp. 9, 20).

[35] Luxtera Introduces Industrys First 40G Optical Active Cable, Worlds First CMOS Photonics Product. [Accessed 2014/04/14]. URL: http://www.luxtera.com/2007081341 /luxtera-introduces-industry-s-first-40g-optical-active-cable-world-s-first-cmos- photonicsproduct.html (cit. on pp. 10, 15).

[36] Intel Silicon Photonics Research, [Accessed 2014/04/14]. URL: http://www.intel.com/ content/www/us/en/research/intel-labs-ces-2010-keynote-light-peak-future-io-video. html

[37] Luxtera Ships One-Millionth Silicon CMOS Photonics Enabled 10Gbit Channel. [Accessed 2014/04/14]. URL: http://www.luxtera.com/20120221252/luxtera-ships-onemillionth-silicon-cmos-photonics-enabled-10gbit-channel.html (cit. on p. 10).

[38] Luxtera Delivers Worlds First Single Chip 100Gbps Integrated Opto-Electronic Transceiver. [Accessed 2014/04/14]. URL: http://www.luxtera.com/20111108239/ luxteradelivers-world’s-first-single-chip-100gbps-integrated-opto-electronic-transceiver. html (cit. on p. 10).

[39] Luxtera Announces Production Status of Worlds First Commercial Silicon CMOS Photonics Fabrication Process. [Accessed 2014/04/14]. URL: http://www.luxtera.com/ 20090603183/luxtera-announces-production-status-of-worlds-1st-commercial-silicon-cmos-photonicsfabrication-process.html (cit. on p. 10).

[40] Silicon Photonics Market by Product & Applications 2020. [Accessed 2014/04/14]. URL: http://www.marketsandmarkets.com/Market-Reports/silicon-photonics-116.html (cit. on p. 10).

[41] P. Dumon, W. Bogaerts, V. Wiaux, et al. “Low-loss SOI photonic wires and ring resonators fabricated with deep UV lithography”. IEEE Photonics Technology Letters **16** (2004), pp. 1328–1330 (cit. on p. 10).

[42] Q. Xu, B. Schmidt, S. Pradhan, and M. Lipson. “Micrometre-scale silicon electro-optic modulator”. Nature **435** (2005), pp. 325–327 (cit. on pp. 10, 12).

[43] K. Lee, D. Lim, L. Kimerling, J. Shin, and F. Cerrina. “Fabrication of ultralow-loss Si/SiO_2 waveguides by roughness reduction”. Optics Letters **26** (2001), pp. 1888–1890 (cit. on p. 10).

[44] F. Grillot, L. Vivien, S. Laval, D. Pascal, and E. Cassan. “Size influence on the propagation loss induced by sidewall roughness in ultrasmall SOI waveguides”. IEEE Photonics Technology Letters **16**.7 (2004), pp. 1661–1663 (cit. on p. 10).

[45] ePIXfab – The silicon photonics platform – IMEC Standard Passives. [Accessed 2014/04 /14]. URL: http://www.epixfab.eu/technologies/49-imecpassive-general (cit. on p. 10).

[46] Guoliang Li, Jin Yao, Hiren Thacker, et al. “Ultralow-loss, high-density SOI optical waveguide routing for macrochip interconnects”. Optics Express **20**.11 (May 2012), pp. 12035–12039. DOI: 10.1364/OE.20.012035 (cit. on p. 10).

[47] N. Na, H. Frish, I. W. Hsieh, et al. "Efficient broadband silicon-on-insulator grating coupler with low backre-flection". Optics Letters **36**.11 (2011), pp. 2101–2103 (cit. on p. 10).

[48] XuWang,Wei Shi, Han Yun, et al. "Narrow-band waveguide Bragg gratings on SOI wafers with CMOS-compatible fabrication process". Optics Express **20**.14 (2012), pp. 15547–15558. DOI: 10.1364/OE.20.015547 (cit. on p. 10).

[49] W. Bogaerts, P. Dumon, D. Thourhout, and R. Baets. "Low-loss, low-crosstalk crossings for silicon-on-insulator nanophotonic waveguides". Optics Letters **32** (2007), pp. 2801–2803 (cit. on p. 10).

[50] X. Fu and D. Dai. "Ultra-small Si-nanowire-based 400 GHz-spacing 15×15 arrayed-waveguide grating router with microbends". Electronics Letters **47**.4 (2011), pp. 266–268 (cit. on p. 10).

[51] D. Dai, Z. Wang, J. Bauters, et al. "Low-loss Si_3N_4 arrayed-waveguide grating (de) multiplexer using nano-core optical waveguides". Optics Express **19** (2011), pp. 14 130–14 136 (cit. on p. 10).

[52] VTT Si Photonics Technology, [Accessed 2014/12/17] URL: http://www.epixfab.eu/technologies/vttsip (cit. on p. 10).

[53] G.T. Reed and A.P. Knights. Silicon photonics. Wiley Online Library, 2008 (cit. on p. 10).

[54] A. Mekis, S. Abdalla, D. Foltz, et al. "A CMOS photonics platform for high-speed optical interconnects". Photonics Conference (IPC). IEEE. 2012, pp. 356–357 (cit. on p. 11).

[55] R. Takei, M. Suzuki, E. Omoda, et al. "Silicon knife-edge taper waveguide for ultralow-loss spot-size converter fabricated by photolithography". Applied Physics Letters **102**.10 (2013), p. 101108 (cit. on p. 11).

[56] Wissem Sfar Zaoui, Andreas Kunze, Wolfgang Vogel, et al. "Bridging the gap between optical fibers and silicon photonic integrated circuits". Opt. Express **22**.2 (2014), pp. 1277–1286. DOI: 10.1364/OE.22.001277 (cit. on p. 11).

[57] Dirk Taillaert, Harold Chong, Peter I. Borel, et al. "A compact two-dimensional grating coupler used as a polarization splitter". Photonics Technology Letters, IEEE **15**.9 (2003), pp. 1249–1251 (cit. on p. 12).

[58] M. R. Watts, H. A. Haus, and E. P. Ippen. "Integrated mode-evolution-based polarization splitter". Optics Letters **30**.9 (2005), pp. 967–969 (cit. on p. 12).

[59] Daoxin Dai and John E Bowers. "Novel concept for ultracompact polarization splitter-rotator based on silicon nanowires". Optics Express **19**.11 (2011), pp. 10 940–10 949 (cit. on p. 12).

[60] R. Soref and B. Bennett. "Electrooptical effects in silicon". IEEE Journal of Quantum Electronics **23**.1 (1987), pp. 123–129 (cit. on p. 12).

[61] G. T. Reed, G.Mashanovich, F. Y. Gardes, and D. J. Thomson. "Silicon optical modulators". Nature Photonics **4**.8 (2010), pp. 518–526 (cit. on p. 12).

[62] A. Liu, R. Jones, L. Liao, et al. "A high-speed silicon optical modulator based on a metaloxide-semiconductor capacitor". Nature **427** (2004), pp. 615–618 (cit. on p. 12).

[63] G. V. Treyz. "Silicon Mach-Zehnder waveguide interferometers operating at 1.3 m". Electronics Letters **27** (1991), pp. 118–120 (cit. on p. 12).

[64] P. Dong, L. Chen, and Y. Chen. "High-speed low-voltage single-drive push-pull silicon Mach-Zehnder modulators". Optics Express **20** (2012), pp. 6163–6169 (cit. on p. 12).

[65] D. J. Thomson, F.Y. Gardes, J. M. Fedeli, et al. "50-Gb/s silicon optical modulator". IEEE Photonics Technology Letters **24**.4 (2012), pp. 234–236 (cit. on p. 12).

[66] T. Baehr-Jones, R. Ding, Y. Liu, et al. "Ultralow drive voltage silicon traveling-wave modulator". Optics Express **20**.11 (2012), pp. 12 014–12 020 (cit. on p. 12).

[67] Y. Hu, X. Xiao, H. Xu, et al. "High-speed silicon modulator based on cascaded microring resonators". Optics Express **20**.14 (2012), pp. 15079–15085 (cit. on p. 12).

[68] G. Li, X. Zheng, J. Yao, et al. "25Gb/s 1V-driving CMOS ring modulator with integrated thermal tuning". Optics Express **19** (2011), pp. 20435–20443 (cit. on p. 12).

[69] W. D. Sacher, W. M. J. Green, S. Assefa, et al. "Breaking the cavity linewidth limit of resonant optical modulators". arXiv preprint arXiv:1206.5337 (2012) (cit. on p. 12).

[70] Y. Tang, H. Chen, S. Jain, et al. "50 Gb/s hybrid silicon traveling-wave electroabsorption modulator". Optics Express **19** (2011), pp. 5811–5816 (cit. on p. 12).

[71] Y. Kuo, Y. Lee, Y. Ge, et al. "Strong quantum-confined Stark effect in germanium quantumwell structures on silicon". Nature **437** (2005), pp. 1334–1336 (cit. on p. 12).

[72] M. Liu, X. Yin, E. Ulin-Avila, et al. "A graphene-based broadband optical modulator". Nature **474**.7349 (2011), pp. 64–67 (cit. on p. 12).

[73] R. Ding, T. Baehr-Jones, Y. Liu, et al. "Demonstration of a low VπL modulator with GHz bandwidth based on electro-optic polymer-clad silicon slot waveguides". Optics Express **18** (2010), pp. 15618–15623 (cit. on p. 12).

[74] J. Brosi, C. Koos, L. Andreani, et al. "High-speed low-voltage electro-optic modulator with a polymer-infiltrated silicon photonic crystal waveguide". Optics Express **16** (2008), pp. 4177–4191 (cit. on p. 12).

[75] J. Wang and S. Lee. "Ge-photodetectors for Si-based optoelectronic integration". Sensors (Basel Switzerland) **11**.1 (2011), pp. 696–718 (cit. on p. 13).

[76] H. Park, A. Fang, R. Jones, et al. "A hybrid AlGaInAs-silicon evanescent waveguide photodetector". Optics Express **15** (2007), pp. 6044–6052 (cit. on p. 13).

[77] L. Vivien, A. Polzer, D. Marris-Morini, et al. "Zero-bias 40Gbit/s germanium waveguide photodetector on silicon". Optics Express **20** (2012), pp. 1096–1101. DOI: 10.1364/OE.20.001096 (cit. on p. 13).

[78] S. Liao, N. Feng, D. Feng, et al. "36 GHz submicron silicon waveguide germanium photodetector". Optics Express **19** (2011), pp. 10967–10972 (cit. on p. 13).

[79] L. Chen and M. Lipson. "Ultra-low capacitance and high speed germanium photodetectors on silicon". Optics Express **17** (2009), pp. 7901–7906 (cit. on p. 14).

[80] S. Assefa, F. Xia, and Y. A. Vlasov. "Reinventing germanium avalanche photodetector

for nanophotonic on-chip optical interconnects". Nature **464**.7285 (2010), pp. 80–84 (cit. on p. 14).

[81] A. Fang, H. Park, O. Cohen, et al. "Electrically pumped hybrid AlGaInAs-silicon evanescent laser". Optics Express **14** (2006), pp. 9203–9210 (cit. on p. 14).

[82] B. Ben Bakir, A. Descos, N. Olivier, et al. "Electrically driven hybrid Si/III–V Fabry–Perot lasers based on adiabatic mode transformers". Optics Express **19** (2011), pp. 10317–10325 (cit. on p. 14).

[83] J. Liu, X. Sun, D. Pan, et al. "Tensile-strained, n-type Ge as a gain medium for monolithic laser integration on Si". Optics Express **15** (2007), pp. 11272–11277 (cit. on p. 14).

[84] Luxtera and STMicroelectronics to Enable High-Volume Silicon Photonics Solutions. [Accessed 2014/04/14]. URL: http://web.archive.org/web/20140415052434/. http://www.st.com/web/en/press/en/t3279 (cit. on p. 15).

[85] J. Orcutt, B. Moss, C. Sun, et al. "Open foundry platform for high-performance electronicphotonic integration". Optics Express **20** (2012), pp. 12222–12232 (cit. on p. 16).

[86] B. Lee, C. Schow, A. Rylyakov, et al. "Demonstration of a digital CMOS driver codesigned and integrated with a broadband silicon photonic switch". Journal of Lightwave Technology **29** (2011), pp. 1136–1142 (cit. on p. 16).

[87] H. D. Thacker, Y. Luo, J. Shi, et al "Flip-chip integrated silicon photonic bridge chips for sub-picojoule per bit optical links". In IEEE Electronic Components and Technology Conference (2010), pp. 240–246 (cit. on p. 16).

[88] N. Sillon, A. Astier, H. Boutry, et al. "Enabling technologies for 3D integration: From packaging miniaturization to advanced stacked ICs". IEDM Tech. (2008), pp. 595–598 (cit. on p. 16).

[89] Lumerical Solutions Inc. – Innovative Photonic Design Tools. [Accessed 2014/04/14]. URL: http://www.lumerical.com/ (cit. on p. 19).

[90] Optiwave. URL: http://www.optiwave.com/ (cit. on p. 19).

[91] Photon Design. [Accessed 2014/04/14]. URL: http://www.photond.com/ (cit. on p. 19).

[92] RSoft Products - Synopsys Optical Solutions. [Accessed 2014/04/14]. URL: http://optics.synopsys.com/rsoft/ (cit. on p. 19).

[93] ANSYS HFSS. [Accessed 2014/04/14]. URL: http://www.ansys.com/Products/Simulation+Technology/Electronics/Signal+Integrity/ANSYS+HFSS (cit. on p. 19).

[94] OptiSPICE Archives – Optiwave. [Accessed 2014/04/14]. URL: http://optiwave.com/category/products/system-and-amplifier-design/optispice/# (cit. on p. 19).

[95] Lumerical INTERCONNECT – Photonic Integrated Circuit Design Tool. [Accessed 2014/04/14]. URL: http://www.lumerical.com/tcad-products/interconnect/ (cit. on p. 19).

[96] Nicholas C. Harris, Davide Grassani, Angelica Simbula, et al. An integrated source

of spectrally filtered correlated photons for large scale quantum photonic systems, arXiv:1409.8215 [quant-ph] (cit. on p. 20).

[97] M.K. Akhlaghi, E. Schelew and J.F. Young, "Waveguide Integrated Superconducting Single Photon Detectors Implemented as Coherent Perfect Absorbers" arXiv:1409.1962 [physics.ins-det], (5 Sep 2014). (cit. on p. 20).

[98] C. Tomovich. "MOSIS – A gateway to silicon". IEEE Circuits and Devices Magazine **4**.2 (1988), pp. 22–23 (cit. on p. 20).

[99] ePIXfab – The silicon photonics platform – MPW Technologies. [Accessed 2014/04/14]. URL: http://www.epixfab.eu/technologies (cit. on p. 21).

[100] Europractice Silicon Photonics Technologies. [Accessed 2014/07/21]. URL: http://www.europractice-ic.com/SiPhotonics_technology.php (cit. on p. 21).

[101] CMC Microsystems. [Accessed 2014/04/14]. URL: http://www.cmc.ca (cit. on p. 22).

第 2 章　硅光子建模与设计方法

在本章中，我们介绍了对硅光子器件和回路设计有用的仿真和设计工具。

硅光子系统的设计方法如图 2.1 所示。本书依照这幅插图自上而下的顺序介绍相关的内容。无源硅光子器件的设计在第 2 篇，即将在第 3~5 章中讨论，而有源器件设计在第 3 篇，即在第 6 和 7 章中讨论。模型综合在所有这些章节中都有介绍，并且在第 9 章中有更详细的描述，即光回路建模技术。回路建模主要集中在外部激励 (即电信号和光信号) 作用系统行为的预测。回路设计完成后，设计人员使用原理图并使用各种设计辅助工具在物理掩模版中布置元件，如第 10 章所述。然后进行验证，包括制造设计规则检查 (DRC) 和可制造性设计 (DFM)、版图与原理图比较 (LVS)、测试注意事项、光刻仿真和寄生参数提取。验证结果被反馈到回路进行仿真以预测系统响应，包括由物理实现 (如光刻效应、制造不均匀性、温度、波导长度和元件定位) 引起的影响。在此步骤中，回路仿真不仅要考虑外部激励，还要考虑制造工艺 (第 11 章) 和环境变化。设计方法参见文献 [1]。

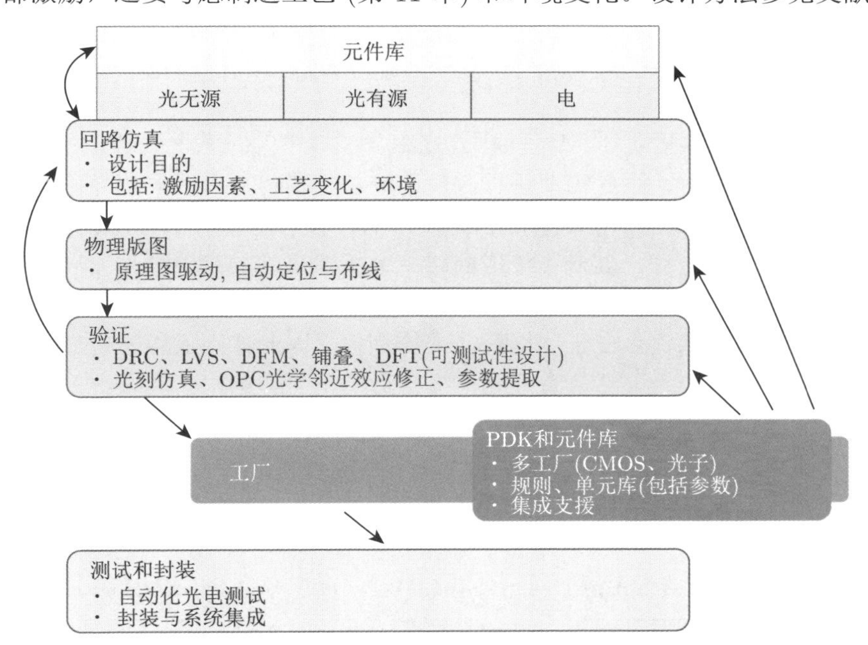

图 2.1　硅光子系统设计工作流程，从单个器件的仿真开始到回路仿真、验证、制造、测试和封装。工作流程由代工厂提供的设计规则和元件库提供支持

2.1 光波导模式求解

本征模式求解器 (或模式求解器) 是在特定频率下求解任意波导几何 (或三维几何) 的横截面中的光学模式。波导模式是沿波导传输而不改变形状的横向场分布形式，该解是时不变的，图 2.2(a) 给出了一个模场分布示例。

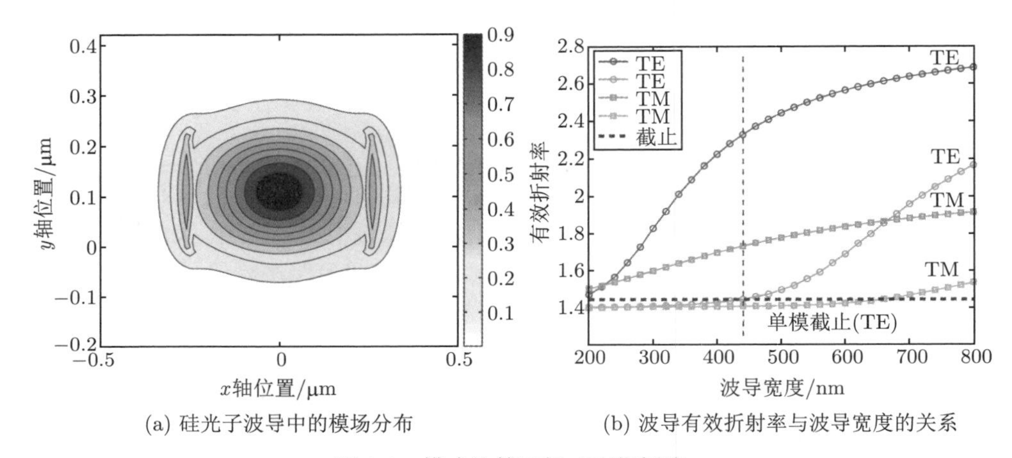

(a) 硅光子波导中的模场分布　　(b) 波导有效折射率与波导宽度的关系

图 2.2　模式计算示例 (后附彩图)

译者注: TE. 横电模；TM. 横磁模。TE 和 TM 各自对应的两条曲线代表不同阶次的模式，后文同

本征模式求解器确定了 Maxwell 方程组在频域中的时域谐振解，它们提供的是单一光学频率的解，因此需要进行大量的波长扫描仿真以研究波导色散。解决这个问题的方法有很多，包括有限元法 (FEM)、有限差分 (FD) 法、有效指数法 (EIM) 等各种近似方法。硅光子集成回路中大折射率差的高限制光波导利用全矢量仿真技术可以获得精确解是非常重要的，这在有限元法和有限差分法中都可应用。有限元求解器的优点在于网格是非结构化的，因此特别适用于研究非矩形结构，如圆形，网格更为灵活。有限元建模也适用于三维结构，如求解光子晶体等光学谐振器的谐振模式分布。有限差分技术特别适用于大折射率差结构，优点是网格与下面描述的时域有限差分法 (FDTD) 网格兼容。

本征模式求解工具有很多，包括开源代码，如 MATLAB 中的 WGMODES[2,3]；商业工具，包括 Lumerical MODE Solutions(2020 年被 ANSYS 收购)[4]、COMSOL Multiphysics[5]、Photon Design FIMMWAVE[6]、Synopsys RSoft FemSIM[7]、PhoeniX Software FieldDesigner(2018 年被 Synopsys 收购)[8]、JCMwave[9] 等。本征模式求解对于确定光子晶体和布拉格光栅等周期性结构中的能带结构也很有用，也可在如 MIT Photonic-Bands (MPB)[10] 和 Synopsys RSoft BandSOLVE[7]

等软件包中使用。本书使用 Lumerical MODE Solutions 进行模式计算，Lumerical MODE 使用具有稀疏矩阵技术的有限差分算法。

建模过程类似于 2.2.1 节中所述的 FDTD 的建模过程。简而言之，仿真步骤是：定义芯包层波导结构；指定材料；选择网格和精度；选择边界条件；指定波长或波长范围。然后将 Maxwell 方程组转化为求解矩阵特征值问题，以获得波导模式的有效折射率和模式分布 [11]。对于不同的几何形状，如图 2.2(b) 所示，可以重复仿真，如扫描波导的宽度。

本书实例全部采用模式计算来仿真：波导传播参数 (3.2 节)、波导弯曲辐射 (3.3.2 节)、定向耦合器中的耦合系数 (估计)(4.1.1 节)、布拉格光栅的反射系数 (4.5.2 节)、边缘耦合效率计算和优化的模式重叠 (5.3.1 节) 以及用于计算 pn 结相位调制器的有效折射率变化和相移，如环形调制器和行波调制器。

本书还使用一维问题——利用平板波导的“精确”解析解来计算其有效折射率，以设计光纤光栅耦合器 (5.2 节)。有效折射率法用于近似模式计算，如 pn 结移相器的设计 (6.2.2 节)。以上均是在 MATLAB 和掩模设计工具 Mentor Graphics Pyxis 中创建参数化设计来实现的。

2.2 光波传输

光子器件的设计通常需要了解光是如何在结构中传播的。对于均匀性波导的器件，上面介绍的模式求解器就足够了，因为模式在沿波导传播时不会改变。然而，大多数光子器件的结构在光传播方向有变化，会导致多次反射、干涉、散射和辐射、模式间相互作用以及模场分布的变化。目前解决波传播问题的技术有很多，针对特定的问题开发了许多方法，而其他一些方法更为通用。最通用和最精确的时域方法是 FDTD，FDTD 是硅光子学设计中的经典方法，在本书中被广泛使用。

2.2.1 三维时域有限差分法 (3D FDTD)

FDTD 技术是求解三维 Maxwell 方程 [12−15] 的一种数值方法，该方法特别适用于分析亚波长尺度特征的复杂结构与光的相互作用。FDTD 是对 Maxwell 方程的“精确”数值计算，随着体积空间离散化减小，即网格尺寸较小，其解可收敛到精确解。顾名思义，FDTD 在时域中运行，FDTD 模拟光脉冲 (几十到数百飞秒长) 的传播，其中包含宽光谱的波长分量。系统对这个短脉冲的响应通过傅里叶变换与传输谱相关。因此，单次模拟即可同时得到光学系统对宽范围波长的响应。它类似于脉冲响应 $h(t)$，表征一个线性时不变 (LTI) 系统，如电滤波器。FDTD 可以模拟分散和非线性的材料，甚至可以扩展到电子相互作用，如半导体激光器和光放大器中的相互作用 [16]。

3D FDTD 技术的缺点是计算密集 (计算量大)，主要原因是模拟时间步长是亚飞秒。但该算法可以很好地扩展到多处理器和计算集群仿真，从而可以利用额外的计算资源 [17,18]，如图形处理器 (GPU) 来提高模拟量和精度 [19]。

本书使用的 FDTD 工具是 Lumerical FDTD Solutions [17]，该工具可在宽光学带宽范围内高效准确地计算器件响应，包括考虑材料色散；能生成元件的散射参数 (S 参数)(9.4.2 节)，这对系统建模是很有用的。有几种可供选择的 FDTD 程序，包括 Synopsys RSoft FullWAVE[7]、Photon Design OmniSim[6]、MEEP[18,20]、PhoeniX Software OptoDesigner[8]、Acceleware FDTD[19] 等。

本书中使用 FDTD 工具来计算：弯曲波导 (3.3.1 节)、定向耦合器中的耦合系数 (4.1.4 节)、光刻平滑效应的布拉格光栅 (4.5.2 节)、光纤光栅耦合器 (5.2 节)、边缘耦合器 (5.3.1 节)、探测器的光场分布和光电流产生率 (7.5 节) 等。适用于 FDTD 设计的其他器件的示例，包括 Y 分支分束器、波导耦合结构和偏振分束旋转器。

FDTD 仿真通用流程如下：

(1) 光学材料定义，以确保它们适合于预期的模拟 (如适当地考虑材料的色散)。硅光子中典型材料包括硅、氧化硅、锗和金属。准确一致的材料模型对比较设计是很重要的，特别是如果模型是由团队设计人员创建的。材料可以通过图形用户界面 (GUI) 定义，也可以通过脚本定义，如代码 3.1 所示。

(2) 仿真结构，可以通过如图 2.3(a) 所示的 GUI 绘制而成，或代码 3.16 所示的脚本生成，包括定义硅衬底、氧化物下包层、硅波导和其他材料 (如探测器锗和电极金属等) 几何形状。结构几何可以被参数化，这对于优化设计是有用的。

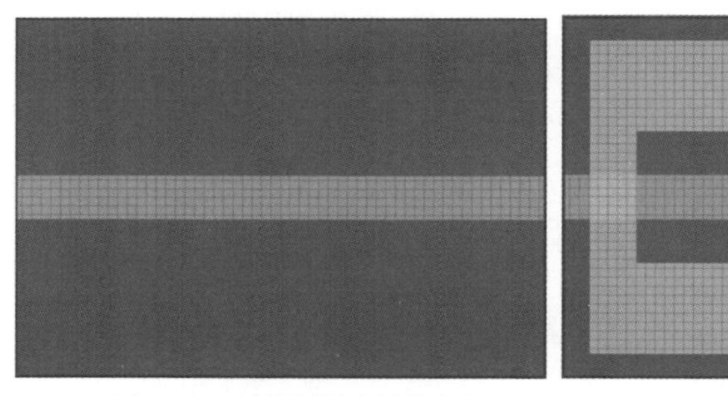
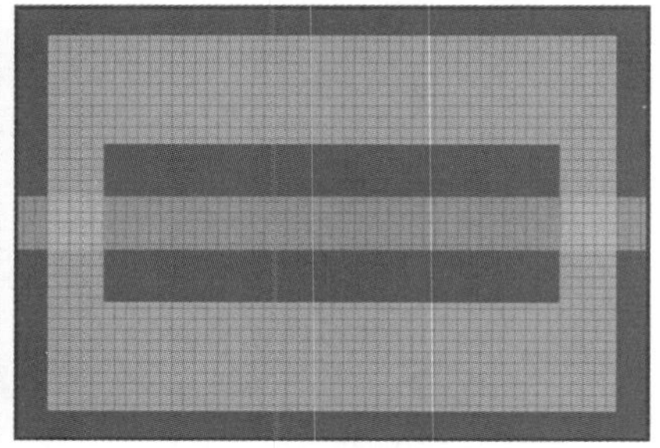

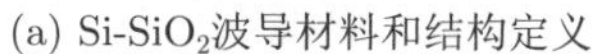
(a) Si-SiO_2波导材料和结构定义 (b) 仿真区域、网格和边界条件

图 2.3 光波导 FDTD 仿真构建

(3) 仿真区域定义，如图 2.3(b) 所示，见代码 3.17。传播方向上的仿真区域要略小于仿真结构，即波导延伸超过仿真边界。实际上，仿真只考虑了整个器件的一小部分。需要明确的仿真参数有：① 网格大小。网格大小是以最小波长划分

点数来定义的，先进的 FDTD 算法每波长可划分为 14~18 个点，可得到非常精确的结果，其中硅材料一般是 20~25nm 的网格大小 (请注意，经典的 FDTD 算法通常需要 1~10nm 的网格大小才能得到精确的结果)，如图 2.4(b) 所示。网格大小的选择对仿真时间有很大影响，因为仿真时间与 $1/\Delta x^4$ 成正比，其中 Δx 是网格尺寸。② 边界条件。完美匹配层 (PML) 是最常用的，可以吸收离开仿真区域的所有的光。然而，PML 由许多 (如 16) 层来实现，会增加计算时间。许多情况下，周期性或对称性可以简化问题；有些情况下，如果预期的光没有到达边界，则可以使用金属边界 (完美的反射器)。这些对于快速仿真和调试是非常有用的。③ 仿真模拟时间。对于预期光通过一次的结构，如定向耦合器、光栅耦合器、Y 分束器等，仿真时间通常由 $t = L/v_{\mathrm{g}}$ 来估算，其中 L 是传播长度，$v_{\mathrm{g}} = c/n_{\mathrm{g}}$ 是群速度，由波导的群折射率 n_{g} 决定，通过模式计算 (见 3.2.9 节) 得到。然而，一旦大部分光通过仿真区域后，仿真就会自动终止，因此通常会指定一个更长的时间让仿真自动终止。

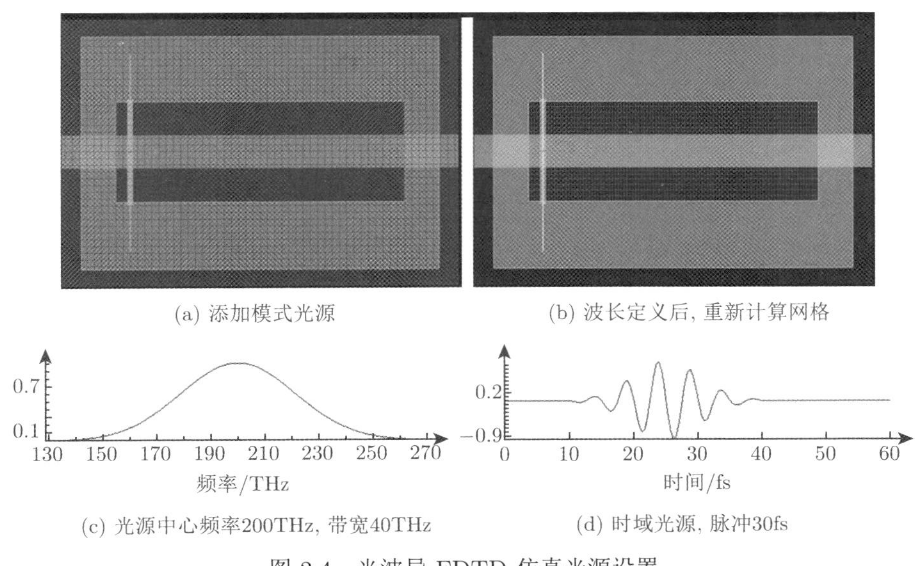

(a) 添加模式光源 (b) 波长定义后, 重新计算网格

(c) 光源中心频率200THz, 带宽40THz (d) 时域光源, 脉冲30fs

图 2.4 光波导 FDTD 仿真光源设置

(4) 添加光源。硅光子中最有用的光源是模式光源，借以注入波导，如图 2.4(a) 所示，见代码 3.17。通过计算波导的模式以选择合适的模式 (如基模 TE)，并将模场激发到波导中，需要指定中心波长 (或时域参数)，如 1550nm，以及光带宽 200nm。鉴于 FDTD 是时域方法，通常希望选择短脉冲长度，将其转换为宽光谱。最后，光源需要放置在仿真区域内远离边界的地方 (如远离 1~2 个网格点)。

(5) 添加监视器。监视器用于测量所选位置的光场量，包括 E 和 H。由于 FDTD 是时域仿真算法，因此基本的监视器是时域监视器。然而，对计算器件的频率响应和发射功率谱密度的响应进行归一化是很有用的，其结果采用频域场分布监视器监测。该监视器可以绘制光场分布图，或生成器件的光传输频谱。值得注意的是，光场分布数据是跟波长相关的，即单个 FDTD 仿真产生一系列波长范围内的光场分布。这对于研究波长相关 (定向耦合器) 和干涉 (如干涉器、谐振器) 现象是有用的。典型的感兴趣的位置包括单个点、线、面或整个 3D 区域。如图 2.5 所示，2D 监视器用于监测波导输出端的光场分布。场分布监视器对生成器件的光场俯视分布图也是很有用的，例如，有助于理解光的散射，也可生成视频。

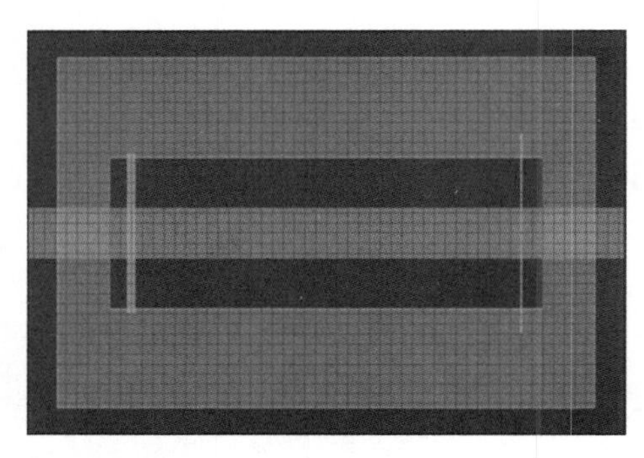

图 2.5 光波导 FDTD 仿真光场监测设置

(6) 收敛测试。在所有的数值计算方法中，都需要确定仿真计算的有效性。FDTD 复杂和模场计算在小尺寸网格限制下是准确的，但仅限于仿真边界不影响计算结果的程度。因此，需要通过减小网格尺寸和增加仿真区域等来测试仿真结果以确保结果稳定。这使得设计人员能够理解并限制仿真中的数值误差。模式和 FDTD 计算在 3.2.4 节有更详细的介绍。

(7) 仿真分析。基于波导模式和输出处的场分布，可以将输出场分解为本征模，这对研究高阶模态的分量激发是很有用的，例如，波导弯曲可以激发高阶模式，确定有多少光功率被传输到基本模式是很有意义的，代码 3.17 中使用模式扩展监视器来实现。这对生成器件的散射参数 (在 9.3.2 节中描述) 也是很有用的，无论是单模还是广义地包括许多模式和偏振。散射参数可用于链接多个 FDTD 仿真 [21] 或回路仿真 (9.5 节)。其他分析包括确定光学谐振器品质因子，其定义为

$$Q = 2\pi \frac{\text{所储能量}}{\text{每光学周期损耗能量}} \tag{2.1}$$

这是通过时域监测数据曲线拟合来实现的，斜率与能量衰减速率以及 Q 相关。

(8) 参数扫描通常在设计器件时执行，可以对各种几何参数、波长、偏振等执行许多仿真。优化算法，如遗传算法，也可用于全局优化设计，前提是设计人员在优化过程中能将性能表示为品质因子。

代码 3.16 和代码 3.17，以及本书中的其他示例有助于明确说明用于获取所示结果的仿真设置。

2.2.2 二维时域有限差分法 (2D FDTD)

通过将问题从 3D 降到 2D，可以显著提高 FDTD 仿真的速度。2D FDTD 最适宜处理的问题是其结构在某一维度上不变的那些问题，例如，具有直光栅的光纤光栅耦合器可以用无限长的光栅近似。该方法也可用于聚焦光栅耦合器，就这种光栅耦合器来说，完全双向仿真使用 2D FDTD 可以在几秒内完成，而 3D FDTD 则需要几分钟或几小时 (详见 5.2 节)。

2.2.3 其他传输仿真方法

考虑到 3D FDTD 在计算机资源方面的高要求和较长仿真时间，可以用替代方法，尽管是近似方法。

1. 2D FDTD 有效折射率法

这种方法也被称作 2.5D FDTD，非常适用于平面光子集成回路，该方法可用于基于脊/肋形波导的系统，甚至更复杂的几何形状，如光子晶体。2D FDTD 算法可用于平面、全方位、不需要任何假设 (如光轴方向传输)，可以有效地仿真诸如环形谐振器等结构。优势是可以很快地仿真数百微米尺寸的器件，可通过 Lumerical MODE Solutions [4,22] 来实现。在这种方法中，通过有效折射率法 [23–27] 将 3D 结构转换为 2D FDTD 仿真，其中有效折射率是用变分法 [26] 或互易法 [27] 求出的。该算法是基于有效折射率将 3D 几何结构压缩成 2D 几何结构进行求解的，得到的 2D 几何结构是光子集成回路的俯视图。该方法主要假设不同波导模式之间几乎不存在耦合。对于许多器件，如基于 SOI 的平板波导结构，一个很好的假设是认为每个 TE 和 TM 偏振都是单模的，具体而言，这适用于波长为 1550nm 且硅厚度小于 240nm 的硅片 (图 3.10)。

计算步骤如下：

(1) 确定芯层波导结构的垂直平板模式，且在所需的波长范围内。

(2) 网格划分，通过计算相应的 2D 有效折射率 (考虑垂直平板波导模式分布) 来进行第三维压缩。生成的有效材料也是色散的，其色散来自原材料的特性 (材料色散) 和平板波导几何形状 (波导色散)。然后将这些新材料拟合并用于 2D FDTD 仿真。

(3) 用新的有效材料代替原结构的材料进行 2D FDTD 仿真。

2.5D 与 3D 计算精度对比。

3D FDTD 严格地求解矢量 Maxwell 方程，因此其结果被认为是可靠的。在某些情况下，2.5D FDTD 方法的计算结果可能非常接近 3D FDTD 方法的计算结果。以 500nm×220nm 脊形波导为例说明，分别以这两种方法计算其有效折射率和群折射率，群折射率误差仅为 2.7%，见 3.2.5 节。环形谐振器中使用这种波导，该方法计算得到的在自由光谱范围 (FSR) 内的群折射率误差大致相同。与其他近似方法一样，该方法的优点是仿真时间短。结合遗传优化算法，该算法可用于通过执行大量仿真来优化几何结构，例如，该算法可用于设计低损耗耦合波导 [28]。然而，该方法不考虑 TE 和 TM 模式之间的耦合，因此不能用于计算如偏振旋转器的器件。

该方法的另一个缺点是存在辐射，如图 3.26 中的小半径弯曲波导，由于该算法仅在光保持与原平板波导模式大致相同的垂直场分布时起作用，故在此是不正确的，因为任何辐射模式将不具有相同的垂直场分布。因此，这种方法通常高估了弯曲波导的辐射损耗。

2. 光束传播法

光束传播法 (Beam Propagation Method，BPM) 是在 FDTD 软件和计算机快速发展之前流行的一种近似解法，允许作为 Maxwell 方程的“精确”解。它是为缓变波导结构而开发的，对具有小折射率差的结构进行傍轴近似 (小角度) 前向传播，结果为标量解。该算法已经扩展到广角传播，包含反射的前向和后向传播 (Synopsys RSoft BeamPROP [7])，结果为矢量解。该算法可用于设计如阵列波导光栅和马赫–曾德尔干涉仪等“子回路”元件。PhoeniX Software OptoDesigner [8]、Synopsys RSoft BeamPROP [7]、Optiwave 的 OptiBPM [29] 等软件中都有使用。

3. 本征模展开法

本征模展开法 (Eigenmode Expansion Method，EME) 通过将局域场分解为该位置的模式 (称为“超模”) 来考虑光的传播。在均匀介质 (如直波导、定向耦合器、多模干涉 (Multi-Mode Interference，MMI)) 中传播时，每个模式仅需乘以复传播常数即可单独传播。为连接到器件的下一部分，可使用散射参数。散射参数的使用本质是双向的，包括前向传播和后向传播。该算法对有限数量的模式都是准确的。当考虑到大量的模式时，可以实现大角度传播且具有任意精度。该算法非常适用于如 MMI 耦合器、锥波导、定向耦合器、光栅等结构，根特大学的开源项目 CAMFR[30] 中有使用，Photon Design 公司的 FIMMPROP[6]、Synopsys RSoft ModePROP[7]、Lumerical MODE 中都有使用。

4. 耦合模理论

耦合模理论 (Coupled Mode Theory，CMT) 是一种广泛使用的用于求解耦合器、光栅等光学结构的方法。该算法基于扰动，即假设系统具有一组被扰动的模式，如在定向耦合器中，分别计算每个波导的模式，将不同波导放在一起时，假设原始模式稍微受到扰动，那么它们之间就发生耦合。类似地，对于布拉格光栅，假设直波导中存在前向和后向传输模式，光栅引入的小扰动，会使前向和后向传输模式发生耦合。

5. 传输矩阵法

传输矩阵法 (Transfer Matrix Method，TMM) 是求解具有不同折射率分布的器件传输特性的一种简单而快速的方法，利用矩阵来描述通过介质截面和界面处的透射和反射情况。该算法为薄膜反射器、垂直腔面发射激光器 (VCSEL) 中的分布布拉格反射器等 1D 结构提供了精确的解。在硅光子中使用这种方法需要将结构近似为 1D 结构，如布拉格光栅，假定其结构在传输方向上具有变化的折射率，但横截面的几何形状不发生改变。TMM 可用的商业工具有 Synopsys RSoft GratingMOD[7] 和 Optiwave OptiGrating[29]。TMM 很容易在 MATLAB 中实现，本书中用于模拟布拉格光栅 (4.5.2 节)。

2.2.4 无源光器件

上述光波传输算法 (FDTD、EME 等) 适用于各种无源光学器件，以及 2.3 节中描述的有源器件。对于无源器件，可以作一些概述。具体来说，除非有磁场和磁性材料存在，否则线性时不变的无源器件或系统基本上是互易的 (如光隔离器)。互易的含义是一个光学元件的两个端口可以互换位置，且响应应该是相同的。这对于验证模型的仿真结果是有用的，即两种仿真 (如正反向仿真) 应该给出相同的结果。如理想 Y 分支 (见 4.2 节)，无论输入在左侧 (单个端口) 还是右侧 (两个端口中的一个)，总是会有 50%的插损。需要注意的是，在使用互易性时，输入端口和输出端口的模式要始终保持一致。也就是说，如果存在多个模式，简单地测量通过波导的总功率时，互易性不成立，如同反向操作 Y 分支的情况一样；相反，必须进行模态分解以测量波导中每种模式的功率。当存在几何对称时，在光学仿真中也是有用的，或者用于减小仿真区域，或者用于再次验证仿真。9.4.4 节中进一步介绍了构建无源光学元件的紧促模型的考虑因素，也就是说，要在生成满足互易性和无源性的 S 参数的背景下。

2.3 光电模型

有源硅光子器件，如调制器、探测器和激光器，需要对光学和光电两者进行仿真计算。光电仿真通常被称为 TCAD。对于调制器和探测器，仿真可以独立地划分为光学解决方案 (即模场，或使用 FDTD 法模拟场传输) 和电子解决方案 (如电子和空穴载流子密度与外加电压的函数关系)。因此，调制器的仿真包含电子模拟，其结果被引入并扰乱光学解决方案。在探测器中，则进行相反的操作。首先，光场在探测器中传输。场强，更确切地说是吸收的光，用于产生在整个探测器体积内离散化的光电流。这种空间分布的光电流被用于材料的电子仿真，以仿真如复合等效应，并确定探测器输出端的电压或电流。

CAD 中的电子材料仿真使用基于物理的半导体电子模型。这些工具自发地求解描述静电势的泊松方程组和描述自由载流子密度的漂移–扩散方程组。包括许多物理模型，如载流子复合 (间接复合、俄歇复合、受激辐射和自发辐射)、异质结 (如硅和锗之间) 载流子传输、电子能带结构、缺陷、陷阱、界面态、迁移率、温度依赖性等。此外，还可以考虑制造工艺，以获得真实的掺杂和应力分布。

这种类型的仿真可以在 Synopsys 公司的 Sentaurus Process 和 Sentaurus Device 模块 [31]、Silvaco 公司的 TCAD 工具 (如 Victory Process 和 Atlas)[32]、Crosslight 公司的 CSUPREM 和 PICS3D 软件以及 Lumerical DEVICE 软件中找到。

半导体激光器使用光学和电光模型进行仿真和设计，且自行求解，即光场分布和空间载流子密度相互关联，时变系统和偏置电流相关。3D 激光器的设计可以使用 Crosslight PICS3D 来完成 [33]。

本书重点介绍调制器和探测器的设计。使用在 MATLAB 中实现的简单分析模型来深入了解硅光子调制器的设计 (6.2.1 节)。Lumerical DEVICE [34] 用于更精确地进行 pn 结相位调制器设计和探测器仿真。

2.4 微波建模

高频应用的硅光子设计可能需要对金属线进行电磁仿真，特别是对于大型结构，如共面微波波导、片上电感器或片上电容的共面行波调制器。可供选择的工具有：用于平面回路设计软件如 SONNET[35]，用于全 3D 仿真的软件如 ANSYS HFSS[36] 和 Agilent Advanced Design System(ADS)[37]。HFSS 和 ADS 非常适合用于 RFIC 设计和 RF 封装。

2.5 热建模

由于硅的热光效应，硅光子回路对温度非常敏感 (3.1.1 节)。这对于制造热调谐器和相移器 (6.5.2 节) 都是有利的，但也存在问题，因为芯片温度在系统中不太可能是均匀的，特别是当与电子器件和许多热调谐器集成在一起时。因此，有两种情况需要热仿真计算。第一种是器件设计，设计人员希望借以优化热调谐的效率，商业热仿真工具有 ANSYS[38] 和 COMSOL[5]。本书使用 MATLAB 偏微

分工具箱 [39] 来求解稳态热方程。热仿真的结果可用于构建包含热调谐器的简化模型，如马赫–曾德尔或环形调制器。第二种是仿真计算电路级的温度分布，这对于理解热串扰和优化系统设计很有用。温度可以作为光子回路建模工具的一部分，如 2.6 节所述。

2.6 光子回路建模

为了设计出包含许多元件的硅光子回路，有几种方法和工具可供选择，其基本思路是为元件构建简单的模型，模拟的重点是整个回路的功能和性能。有许多方法可以用于仿真紧促模型、具有解析解的子系统 (如 1D 结构的薄膜滤波器)，或物理结构尺寸太大而不能通过数值方法有效处理的系统。对于后者，可以使用唯象 (现象) 模型，如参数化波导，来简化较大回路的模拟。所期望的仿真包括系统的频域响应 (光滤波器特性) 和时域仿真 (瞬态、眼图、误码率)。读者可能会对描述光电路建模方法的期刊论文感兴趣 [21,40,41]。

光回路建模可选择的方法有：编程语言 (如 MATLAB) 建立简单的回路模型 [42]；开源代码解决方案，如来自根特大学的基于 Python 的 Caphe[40,43]；EDA 环境中实现光学模型，如使用 VerilogA 的 Luxtera 方法 [44]；以及使用众多商业工具之一来模拟稳态响应，如作为 PhoeniX 软件流程自动化设计 [8] 的一部分的 ASPIC(Advanced Simulator for Photonic Integrated Circuit，光子集成电路高级模拟器)[45]；时域模拟工具，如 Photon Design PICWave[6] 和 Optiwave OptiSystem[29]；时域与频域回路响应分析工具，如 Synopsys 的 RSoft OptiSim 和 ModeSYS[7]、VPIsystems VPItransmissionMaker 和 VPIcomponentMaker Photonic Circuits[46]、Lumerical INTERCONNECT[47]、Caphe[40,43] 等。

光在光纤中的传输模型通常会考虑线性和非线性的脉冲传输，这对于理解色散、四波混频等是必要的。这通常通过求解薛定谔 (Schrödinger) 方程来实现，也可以在包含开源代码的 SSPROP[48] 和 Synopsys RSoft OptiSim[7] 等工具中实现。该方法也适用于非线性硅光子脉冲传输，FDTD 模拟亦可用于非线性光学组件的设计。

硅光子系统通常会有一个电子芯片。在许多情况下，这些可以单独设计，这使得设计者可以为每个芯片选择最好的工具。但是，有些系统需要将光子和电子进行协同仿真，如光电振荡器。这就导致了要么从完善的电子工具 (如 Cadence) 开始，在电子建模方法 (如 VHDL、Spice、VerilogA) 的约束下添加光学功能；要么从专注于光学模拟的工具开始，再添加电子建模功能。Luxtera 使用电子工具 VerilogA 在 Cadence 中实现 [44]。光子工具可使用 Synopsys RSoft OptiSim[7] 和 Optiwave OptiSPICE[29,49] 等。最后，未来可能会有第三种解决方案，即先进的

EDA 工具与先进的光子设计工具相结合，凭借 EDA 工具将其融合到光子模拟引擎，以进行“电子–光子”协同仿真。

本书中使用的光回路建模工具是 Lumerical INTERCONNECT[47]，这是一款光子集成回路设计软件包，可以用于设计、模拟和分析集成回路，也可以用于硅光子及其互连，如马赫–曾德尔调制器、耦合环形谐振器和阵列波导光栅等。INTERCONNECT 同时含有时域和频域仿真器。在时域中，仿真器计算每个元件以生成时域波形样本并双向传输，非常接近的组件之间的耦合可以允许模拟，如光学谐振器。频域仿真是利用散射数据来计算光路的整体响应，通过求解一个稀疏矩阵，可以表示光路连接的散射矩阵，每个散射矩阵代表一个独立元件的频率响应。可以使用实验数据、分析模型或唯象模型，或者数值计算的模型 (如通过 FDTD 或模式求解器) 来构建各个元件。

2.7 物 理 版 图

用于电子、微电子机械系统 (MEMS)、光子学和其他应用的物理掩模布版工具有很多。源码开放的有：KLayout[50] 注重基于多边形的图形编辑，而 Python[51] 或 MATLAB[52] 工具箱则使用脚本来实现基于多边形的布版；IPKISS[53] 在 Python 中提供脚本语言来创建组件和回路的参数化布版。创建版图的商业工具很多，包括 Cadence Virtuso Layout Suite[54]、Mentor Graphics Pyxis[55]、Synopsys IC Compiler[56]、Tanner LEdit[57]、LayoutEditor[58]、PhoeniX Software MaskEngineer[8]、WieWeb CleWin[59] 和 Design Workshop Technologies DW-2000[60]。正如第 10 章所述，设计流程的掩模布版方面还包括验证，含设计规则检查、光刻仿真、版图与原理图比较等。此处列出的几种工具提供了全面的解决方案。

本书中介绍的设计流程，特别是在 10.1 节，使用了 Mentor Graphics Pyxis 进行原理图提取和物理布版，用 Eldo 进行电子建模和设计 [61]，还用了其他几个 Mentor Graphics 的工具，包括用来进行物理验证、制造设计和 3D-IC 集成的 Calibre[62]。

2.8 软件工具集成

显然，对于硅光子集成回路设计人员来说，有许多软件包是可用的，也是必需的。这对设计人员本人和组织机构都构成了挑战。对于设计人员来说，挑战之一是需要学习和理解众多的工具；对于组织机构而言，这会导致管理这些工具和数据流的费用和操作难度增加。微电子行业多年来也一直面临着这个问题。这些问题在一定程度上可通过以下策略来解决：① 不同供应商工具之间的互操作性和数据交换，设计人员可针对具体应用来定制和优化设计流程；这点已得到了标准化组织的帮助。② 通用操作系统简化了不同工具之间的通信。EDA 领域一直由 Linux 操作系统主导。对于硅光子设计，终究还是需要电子和光子元件的协同设计，因此，选择在该平台上运行的工具是可取的。当然，许多厂商也在多个平台 (如 OSX 和 Windows) 上提供他们的工具，这对于需要完成特定任务 (如无源器件设计) 的设计人员来说是非常有用的，但最终还是希望所有的工具都能在同一平台上 (即 Linux) 安装。

完整的硅光子设计流程由 Luxtera、IPKISS[53] 和 PhoeniX 等几个团队开发。Luxtera 流程在 Linux 下的 Cadence 环境中运行。IPKISS 通过使用 Python 可在这三个平台上运行。IPKISS 还有一套独特的设计流程，可通过网络浏览器获得。最后，PhoeniX Software(已被 Synopsys 公司收购) 在 Windows 平台上运行。

为本书做出贡献的设计人员一直致力于最大限度地减少使用的工具数量，并确定一个有效的工作流程。虽然工具列表仍然很多，但在可能的情况下，尽可能多地使用一种工具来实现功能。如 FDTD 作为最通用的无源元件建模工具，可用于大多数光子器件设计，但这是以牺牲计算时间为代价的。同样的工具也可对掩模版图进行原理图提取、布版、设计规则检查、版图与原理图比较等。考虑到其中一个目标是光电子集成，我们选择使用来自主要供应商 Mentor Graphics 的一组基于 Linux 的电子设计自动化工具，以及来自 Lumerical Solutions 的兼容光回路和器件的建模软件，如图 2.6 所示。在同一台计算机和操作系统上安装所有

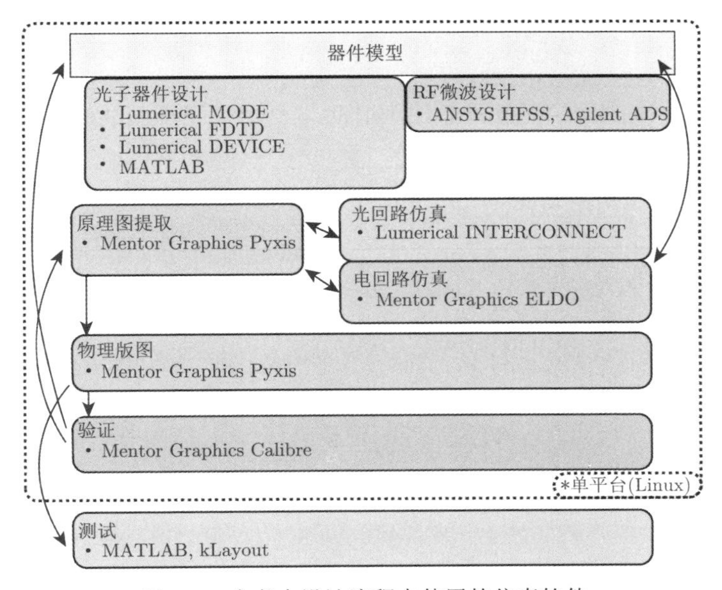

图 2.6　本书中设计流程中使用的仿真软件

工具简化了系统和软件管理 (如软件更新、版本控制) 和设计流程，所有工具都可以轻松地访问所有文件，实现与多个用户的协作设计，并提供了利用远程桌面 (如 VNC、NX) 实现多个位置的个人之间进行协作的简单方法。OpSIS 代工服务还提供对远程服务器的访问，为设计人员提供完整的设计环境，以帮助他们完成设计。服务器包括设计环境 (软件) 和过程设计套件。

参 考 文 献

[1] Lukas Chrostowski, Jonas Flueckiger, Charlie Lin, et al. “Design methodologies for silicon photonic integrated circuits”. Proc. SPIE, Smart Photonic and Optoelectronic Integrated Circuits XVI 8989 (2014), pp. 8989–9015 (cit. on p. 28).

[2] WGMODES — Photonics Research Laboratory. [Accessed 2014/04/14]. URL: http://www.photonics.umd.edu/software/wgmodes/ (cit. on p. 30).

[3] Arman B. Fallahkhair, Kai S. Li, and Thomas E. Murphy. “Vector finite difference modesolver for anisotropic dielectric waveguides”. Journal of Lightwave Technology **26**.11 (2008), pp. 1423–1431 (cit. on p. 30).

[4] MODE Solutions — Waveguide Mode Solver and Propagation Simulator. [Accessed 2014/04/14]. URL: http://www.lumerical.com/mode (cit. on pp. 30, 36).

[5] COMSOL Multiphysics. [Accessed 2014/04/14]. URL: http://www.comsol.com (cit. on pp. 30, 40).

[6] Photon Design. [Accessed 2014/04/14]. URL: http://www.photond.com/ (cit. on pp. 30, 32, 37, 40).

[7] RSoft Products — Synopsys Optical Solutions. [Accessed 2014/04/14]. URL: http://optics.synopsys.com/rsoft/ (cit. on pp. 30, 32, 37, 38, 40, 41).

[8] PhoeniX Software — Solutions for micro and nano technologies. [Accessed 2014/04/14]. URL: http://www.phoenixbv.com/ (cit. on pp. 30, 32, 37, 40, 42).

[9] JCMwave — Complete Finite Element Technology for Optical Simulations. [Accessed 2014/04/14]. URL: http://www.jcmwave.com/ (cit. on p. 30).

[10] MIT Photonic Bands — AbInitio. [Accessed 2014/04/14]. URL: http://ab-initio.mit.edu/wiki/index.php/MIT_Photonic_Bands (cit. on p. 30).

[11] Z. Zhu and T. Brown. “Full-vectorial finite-difference analysis of microstructured optical fibers”. Optics Express **10**.17 (2002), pp. 853–864 (cit. on p. 30).

[12] Computational Electrodynamics: The Finite-Difference Time-Domain Method. Third. Vol. ISBN: 1580538320. Artech House; 3rd edition, 2005 (cit. on p. 31).

[13] D. M. Sullivan. Electromagnetic Simulation Using the FDTD method. IEEE, 2000 (cit. on p. 31).

[14] K. S. Kunz and R. J. Luebbers. The Finite Difference Time Domain Method for Electromagnetics. CRC, 1993 (cit. on p. 31).

[15] S. D. Gedney. “Introduction to the Finite-difference Time-domain (FDTD) method for electromagnetics”. Synthesis Lectures on Computational Electromagnetics **6**.1 (2011), pp. 1–250 (cit. on p. 31).

[16] Shih-Hui Chang and Allen Taflove. "Finite-difference time-domain model of lasing action in a four-level two-electron atomic system". Optics Express **12**.16 (2004), pp. 3827–3833 (cit. on p. 31).

[17] FDTD Solutions — Lumerical's Nanophotonic FDTD Simulation Software. [Accessed 2014/04/14]. URL: http://www.lumerical.com/fdtd (cit. on p. 32).

[18] Meep — AbInitio. [Accessed 2014/04/14]. URL: http://ab-initio.mit.edu/wiki/index.php/Meep (cit. on p. 32).

[19] FDTD Solvers — Acceleware Ltd. [Accessed 2014/04/14]. URL: http://www.acceleware.com/fdtd-solvers (cit. on p. 32).

[20] Ardavan F. Oskooi, David Roundy, Mihai Ibanescu, et al. "MEEP: A flexible freesoftware package for electromagnetic simulations by the FDTD method". Computer Physics Communications **181**.3 (2010), pp. 687–702 (cit. on p. 32).

[21] Tsugumichi Shibata and Tatsuo Itoh. "Generalized-scattering-matrix modeling of waveguide circuits using FDTD field simulations". IEEE Transactions on Microwave Theory and Techniques **46**.11 (1998), pp. 1742–1751 (cit. on pp. 35, 40).

[22] Lumerical's 2.5D FDTD Propagation method. [Accessed 2014/04/14]. URL: https://www.lumerical.com/solutions/innovation/2.5d_fdtd_propagation_method.html (cit. on p. 36).

[23] R. M. Knox and P. P. Toulios. "Integrated circuits for the millimeter through optical frequency range". Proceedings of the Symposium on Submillimeter Waves. Vol. 20. Brooklyn, NY. 1970, pp. 497–515 (cit. on p. 36).

[24] J. Buus. "The effective index method and its application to semiconductor lasers". IEEE Journal of Quantum Electronics **18**.7 (1982), pp. 1083–1089 (cit. on p. 36).

[25] G. B. Hocker and W. K. Burns. "Mode dispersion in diffused channel waveguides by the effective index method". Applied Optics **16**.1 (1977), pp. 113–118 (cit. on p. 36).

[26] M. Hammer and O. V. Ivanova. "Effective index approximations of photonic crystal slabs: a 2-to-1-D assessment". Optical and Quantum Electronics **41**.4 (2009), pp. 267–283 (cit. on p. 36).

[27] A. W. Snyder and J. D. Love. Optical Waveguide Theory. Vol. 190. Springer, 1983 (cit. on p. 36).

[28] Yangjin Ma, Yi Zhang, Shuyu Yang, et al. "Ultralow loss single layer submicron silicon waveguide crossing for SOI optical interconnect". Optics Express **21**.24 (2013), pp. 29 374–29 382. DOI: 10.1364/OE.21.029374 (cit. on p. 37).

[29] Optiwave. URL: http://www.optiwave.com/ (cit. on pp. 37, 38, 40, 41).

[30] CAMFR Home Page. [Accessed 2014/04/14]. URL: http://camfr.sourceforge.net/ (cit. on p. 37).

[31] Synopsys TCAD. [Accessed 2014/04/14]. URL: http://www.synopsys.com/Tools/TCAD (cit. on p. 39).

[32] Silvaco TCAD. [Accessed 2014/04/14]. URL: http://www.silvaco.com/products/tcad.html (cit. on p. 39).

[33] Semiconductor TCAD Numerical Modeling and Simulation – Crosslight Software. [Accessed 2014/04/14]. URL: http://crosslight.com/products/pics3d.shtml (cit. on p. 39).

[34] Lumerical DEVICE – Optoelectronic TCAD Device Simulation Software. [Accessed 2014/04/14]. URL: http://www.lumerical.com/tcad-products/device/ (cit. on p. 39).

[35] EM Analysis and Simulation – High Frequency Electromagnetic Software Solutions – Sonnet Software. [Accessed 2014/04/14]. URL: http://www.sonnetsoftware.com (cit. on p. 39).

[36] ANSYS HFSS. [Accessed 2014/04/14]. URL: http://www.ansys.com/Products/Simulation +Technology/Electronics/Signal+Integrity/ANSYS+HFSS (cit. on p. 39).

[37] Advanced Design System (ADS) – Agilent. [Accessed 2014/04/14]. URL: http://www.home.agilent.com/en/pc-1297113/advanced-design-system-ads (cit. on p. 39).

[38] ANSYS Multiphysics. [Accessed 2014/04/14]. URL: http://www.ansys.com/Products/Simulation+Technology/Systems+&+Multiphysics/Multiphysics+Enabled+Products/ANSYS+Multiphysics (cit. on p. 40).

[39] PDE — Partial Differential Equation Toolbox — MATLAB. [Accessed 2014/04/14]. URL: http://www.mathworks.com/products/pde/ (cit. on p. 40).

[40] Martin Fiers, Thomas Van Vaerenbergh, Ken Caluwaerts, et al. "Time-domain and frequency-domain modeling of nonlinear optical components at the circuit-level using a node-based approach". Journal of the Optical Society of America B **29**.5 (2012), pp. 896–900. DOI: 10.1364/JOSAB.29.000896 (cit. on p. 40).

[41] Daniele Melati, Francesco Morichetti, Antonio Canciamilla, et al. "Validation of the building-block-based approach for the design of photonic integrated circuits". Journal of Lightwave Technology **30**.23 (2012), pp. 3610–3616 (cit. on p. 40).

[42] Marek S. Wartak. Computational Photonics: An Introduction with MATLAB. Cambridge University Press, 2013 (cit. on p. 40).

[43] Caphe — analysis of optical circuits in frequency and time domain. [Accessed 2014/04 /14]. URL: http://www.intec.ugent.be/caphe/ (cit. on p. 40).

[44] Thierry Pinguet, Steffen Gloeckner, Gianlorenzo Masini, and Attila Mekis. "CMOS photonics: a platform for optoelectronics integration". In Silicon Photonics II. David J. Lockwood and Lorenzo Pavesi (eds.). Vol. 119. Topics in Applied Physics. Springer Berlin Heidelberg, 2011, pp. 187–216. ISBN: 978-3-642-10505-0. DOI: 10.1007/978-3-642-10506-7_8 (cit. on pp. 40, 41).

[45] Aspic Design: Home Page. [Accessed 2014/04/14]. URL: http://www.aspicdesign.com/ (cit. on p. 40).

[46] VPIphotonics: Simulation Software and Design Services. [Accessed 2014/04/14]. URL: http://www.vpiphotonics.com (cit. on p. 40).

[47] Lumerical INTERCONNECT — Photonic Integrated Circuit Design Tool. [Accessed 2014/04/14]. URL: http://www.lumerical.com/tcad-products/interconnect/ (cit. on pp. 40, 41).

[48] SSPROP — Photonics Research Laboratory. [Accessed 2014/04/14]. URL: http://www.

photonics.umd.edu/software/ssprop/ (cit. on p. 41).

[49] Pavan Gunupudi, Tom Smy, Jackson Klein, and Z Jan Jakubczyk. "Self-consistent simulation of opto-electronic circuits using a modified nodal analysis formulation". IEEE Transactions on Advanced Packaging **33**.4 (2010), pp. 979–993 (cit. on p. 41).

[50] KLayout Layout Viewer and Editor. [Accessed 2014/04/14]. URL: http://www.klayout.de (cit. on p. 41).

[51] GDSII for Python — Gdspy 0.6 documentation. [Accessed 2014/04/14]. URL: http://gdspy.sourceforge.net (cit. on p. 41).

[52] GDS II Toolbox — Ulf's Cyber Attic. [Accessed 2014/04/14]. URL: https://sites.google.com/site/ulfgri/numerical/gdsii-toolbox (cit. on p. 41).

[53] IPKISS. [Accessed 2014/04/14]. URL: http://www.ipkiss.org (cit. on pp. 41, 42).

[54] Cadence Virtuoso Layout Suite. [Accessed 2014/04/14]. URL: http://www.cadence.com/products/cic/layoutsuite (cit. on p. 42).

[55] Custom IC Design — Mentor Graphics. [Accessed 2014/04/14]. URL: http://www.mentor.com/products/ic_nanometer_design/custom-ic-design (cit. on p. 42).

[56] Synopsys Physical Verification. [Accessed 2014/04/14]. URL: http://www.synopsys.com/Tools/Implementation/PhysicalImplementation (cit. on p. 42).

[57] Industry-leading Productivity for Analog, Mixed Signal and MEMS Layout from Tanner EDA. [Accessed 2014/04/14]. URL: http://www.tannereda.com/products/l-edit-pro (cit. on p. 42).

[58] LayoutEditor. [Accessed 2014/04/14]. URL: http://www.layouteditor.net (cit. on p. 42).

[59] WieWeb software—Layout Software. [Accessed 2014/04/14]. URL: http://www.wieweb.com/ns6/index.html (cit. on p. 42).

[60] Design Workshop Technologies. [Accessed 2014/04/14]. URL: http://www.designw.com (cit. on p. 42).

[61] Eldo Classic — Foundry Certified SPICE Accurate Circuit Simulation — Mentor Graphics. [Accessed 2014/04/14]. URL: http://www.mentor.com/products/ic_nanometer_design/analog-mixed-signal-verification/eldo/ (cit. on p. 42).

[62] Physical Verification — Mentor Graphics. [Accessed 2014/04/14]. URL: http://www.mentor.com/products/ic_nanometer_design/verification-signoff/physical-verification/ (cit. on p. 42).

第 2 篇
光无源器件

第 3 章　光学材料与光波导

本章介绍了硅光子晶圆衬底材料 SOI(Silicon-On-Insulator，绝缘衬上硅) 及其光学特性；介绍了两种类型光波导结构，即条形波导和脊形波导。计算获得了硅光子晶圆衬底 SOI 的光学模式 (平板模式)，获得了导波结构的光学模式，并得到了数值方法的计算精度。最后讨论了硅光子波导的传输损耗和 90° 弯曲损耗。

3.1　绝缘衬上硅

硅光子晶圆常用的衬底材料为 SOI，也是高性能集成电路所用晶圆衬底材料。典型 8 英寸 SOI 晶圆衬底由 725μm 厚的硅、2μm 厚的氧化硅 (埋氧层，也称 BOX) 和 220nm 厚的晶体硅构成，如图 3.1 所示。顶层晶体硅是硅光子光波导和器件的定义层，因此该层的材料属性对于光器件或者光电器件的设计就显得格外重要。

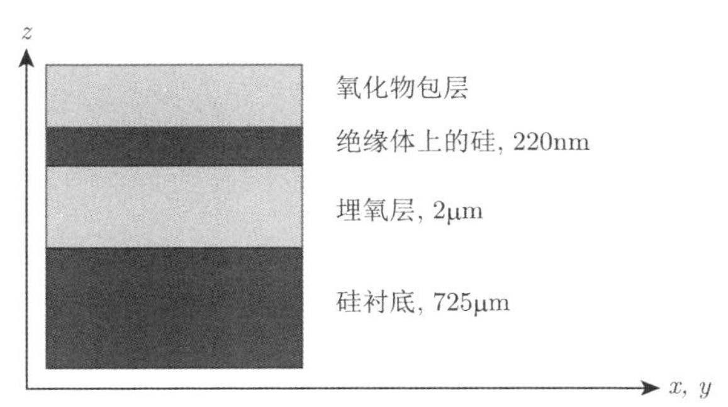

图 3.1　SOI 晶圆衬底截面图

本书中硅光子器件实例采用顶层硅厚度为 220nm 的 SOI 衬底制作，该材料自 2003 年就开始被使用 (如参考文献 [1])。有关顶层硅厚度的讨论见 3.2.4 节。顶层硅厚 220nm 的 SOI 衬底已成为多项目晶圆工厂和代工厂 (如 IMEC、LETI、IME，另见 1.5.5 节) 使用的标准厚度，同时其他厚度的顶层硅晶圆也在被其他工厂 (如 Luxtera、Kotura、Skorpios) 所使用。应该注意到最佳的顶层硅厚度与应用相关，220nm 厚顶层硅可能不是最佳的选择 [2]。

顶层硅厚度是一个重要的参数，其变化范围为 $-5\sim5$nm(见参考文献 [3],[4] 和 11.1 节有关非均匀性的讨论)，顶层硅通常是本征材料，轻度掺杂，浓度为

$1\times10^{15}\text{cm}^{-3}$。

3.1.1 硅

本节主要讨论光波波长、温度和硅折射率之间的关系，自由载流子的影响讨论见 6.1.1 节。

1. 硅——波长相关性

我们对设计各种波长的器件感兴趣，需要考虑硅和二氧化硅折射率的波长相关性，以正确描述色散效应。硅的波长相关性最简单的模型是 $-7.6\times10^{-5}\text{nm}^{-1}$ 的一阶相关性 [5]。为了更完整地描述，通常用 Sellmeier 方程来描述材料的折射率：

$$n^2(\lambda)=\epsilon+\frac{A}{\lambda^2}+\frac{B\lambda_1^2}{\lambda^2-\lambda_1^2} \tag{3.1}$$

然而该模型不能直接用于 FDTD 仿真计算，但可以使用 Lorentz 模型 [6]，

$$n^2(\lambda)=\epsilon+\frac{\epsilon_{\text{Lorentz}}\omega_0^2}{\omega_0^2-2\text{i}\delta_0 2\pi c/\lambda-\left(\dfrac{2\pi c}{\lambda}\right)^2} \tag{3.2}$$

Lorentz 模型的好处是在硅的基模 (见 2.1 节) 和 FDTD 计算 (见 2.2.1 节) 中都可以使用相同的材料模型，以保证仿真计算的一致性。在 1.15～1.8μm 波长范围内，选择适当的系数与硅数据相匹配 (来自 Palik 手册 [5])，即 $\epsilon=7.9874$，$\epsilon_{\text{Lorentz}}=3.6880$，$\omega_0=3.9328\times10^{15}$，$\delta_0=0$。该模型满足 Kramers-Kronig 关系，与 FDTD 仿真计算兼容。对于 $\delta_0\to0$，它也是无损的，实验数据和式 (3.2) 的曲线如图 3.2 所示。代码 3.1 给出了硅材料折射率与波长关系的 Lumerical 实现脚本。

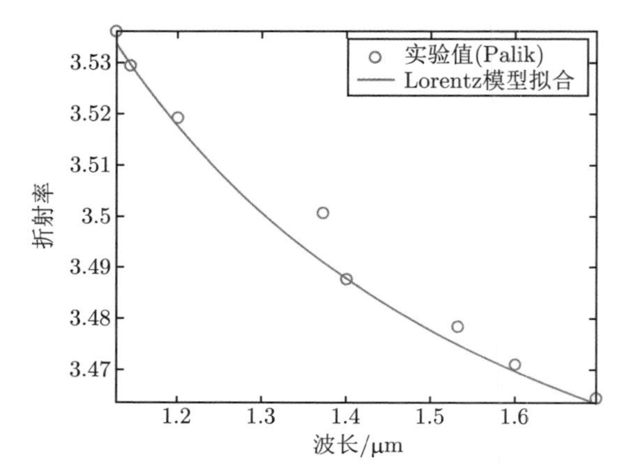

图 3.2　室温下 (T=300K) 硅折射率

2. 硅——温度相关性

硅折射率的改变是由于载流子和声子的分布函数的变化，以及温度引起的带隙收缩 [7]。正如我们看到的，温度的微小变化将改变光子器件 (如环形谐振器) 的传输光谱，这对热调谐器件是很有用的。

温度相关性可以近似地表示为 $\beta = (1/n) \cdot \mathrm{d}n/\mathrm{d}T$，对硅来说 $\beta = 5.2 \times 10^{-5}\mathrm{K}^{-1}$ [8−10]。在 1500nm 处，测得结果为 $\mathrm{d}n/\mathrm{d}T = 1.87 \times 10^{-4}\mathrm{K}^{-1}$ [11]。

3.1.2 氧化硅

氧化硅，即 SiO_2(又称玻璃或熔融石英)，在 1550nm 波长处的折射率几乎恒定在 1.444 左右 (材料色散比硅低 1/6 左右，即 $-1.2 \times 10^{-5}\mathrm{nm}^{-1}$)。氧化硅的温度相关性也比硅低 1/6.3[10]。此外，由于大部分光被限制在硅中，氧化硅的色散和温度相关性对硅光子回路的性能影响不大。当光存在于波导外，如在狭缝波导中或在薄波导中时，氧化硅色散对波导而言可能很重要。此情况下，可以使用图 3.3 中所示的模型。代码 3.1 给出了氧化硅材料折射率与波长关系的 Lumerical 实现代码。

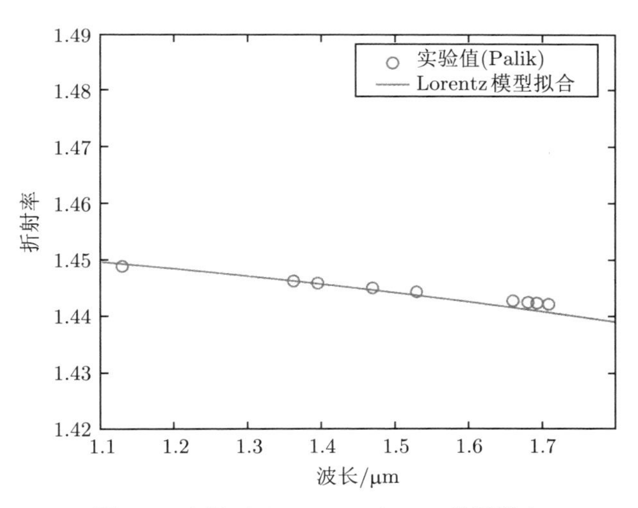

图 3.3 室温下 ($T = 300\mathrm{K}$)SiO_2 的折射率

然而，对于 FDTD 仿真，通常倾向于选择更简单的模型 (即收敛问题较少，仿真时间较短)，特别是恒定折射率模型 (在 1550nm 波长处，$n = 1.444$)。500nm× 220nm 条形波导的群折射率采用恒定折射率和采用色散模型引入的误差约为 0.1% 。因此，在 FDTD 和 MODE 仿真计算中通常采用恒定折射率模型。

3.2 光 波 导

硅光子学中常用的波导有多种类型，条形波导 (也称通道、光子线或凸波导)，如图 3.4(左) 所示，弯曲半径很小，通常用于布线；脊形波导 (也称条状脊形波导或脊凸波导)，如图 3.4(右) 所示，允许电连接，可用于电光器件，如调制器。这两种波导的传输损耗可小于 3dB/cm。

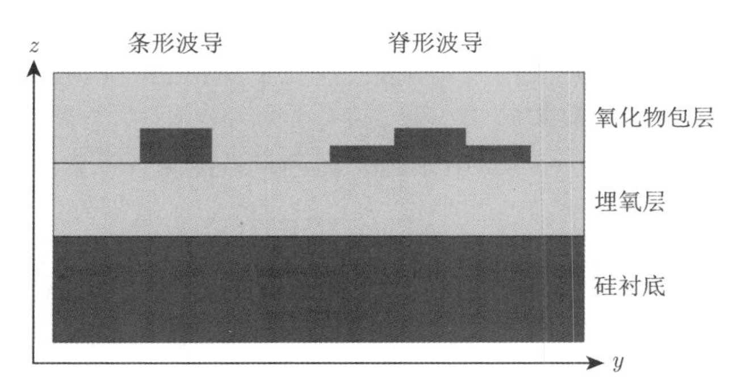

图 3.4 硅光子中常见的波导，(左) 条形波导，(右) 脊形波导

氧化硅包层用于器件保护，并允许在波导上方制作金属互连。制造的波导也可以没有包层，如用于实验室的片上芯片应用的倏逝场型传感器 [12−14]。

3.2.1 光波导设计

波导设计通常有以下步骤：

- 通过一维 (1D) 计算以确定晶圆平板波导 (图 3.1) 支撑的模 (具有适当的包层，如氧化硅)，可通过解析法 (3.2.2 节) 或数值法 (3.2.3 节) 进行计算。硅厚度是根据要求选择的，如只支持单一的 TE 和 TM 波导模。硅厚度通常受限于代工厂现有的条件，如 SOI 衬底顶层硅厚度为 220nm，或蚀刻的硅厚度为 90nm。
- 对于给定的厚度，还需继续寻找合适的波导宽度以满足要求，如只支持单一的 TE 和 TM 波导模，可使用有效折射率法 (EIM，3.2.5 节) 或全矢量 2D 法 (3.2.7 节) 来求解。
- 考虑波导的弯曲损耗、基板泄漏等问题。

3.2.2～3.2.10 节通过仿真计算重点介绍波导的特性，包括 3.2.9 节中的有效折射率、模场和群折射率。

3.2.2 一维平板光波导——分析方法

MATLAB 代码 3.2 可用于平板波导 TE 和 TM 波导模有效折射率的计算，本节实例可通过下面的命令来调用。

```
[n_te, n_tm] = wg_1D_analytic (1.55e-6, 0.22e-6, 1.444, 3.473, 1.444)
```

计算得到 TE 波导模的有效折射率为 2.845，TM 波导模的有效折射率为 2.051。请注意，此示例仅解决了波导在单一波长下的问题。如进行波长扫描，应考虑材料色散，模场分布可通过 MATLAB 代码 3.3 来计算。

在 5.2 节中，这种技术也被用于光纤光栅耦合器的设计。

3.2.3 光波导的数值建模

本节使用数值本征模求解器对波导进行建模。首先，绘制波导的几何形状，如图 3.4 和图 3.5 所示，代码 3.4 中可在 Lumerical MODE Solutions 中创建晶圆和波导的结构，将其解析为平板波导 (1D)，然后使用有效折射率法，最后使用全矢量 (2D) 法分析波导横截面 (2D)，材料模型的定义见代码 3.1。

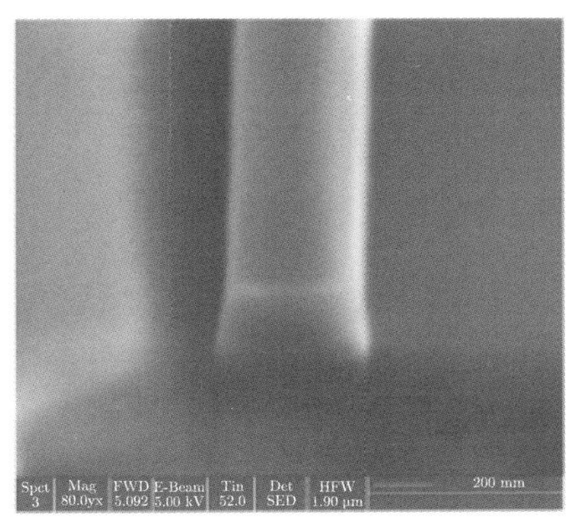

(a) 条形波导

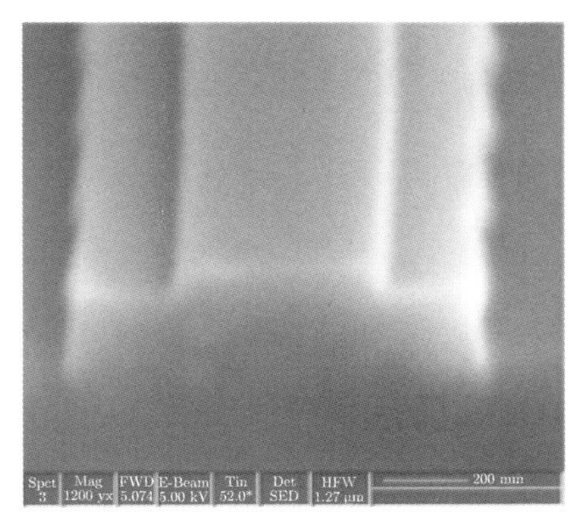

(b) 脊形波导

图 3.5 条形和脊形波导的 SEM 横截面图 [15]

3.2.4 一维平板波导——数值仿真

首先计算平面波导的模式，其结构如图 3.1 所示。第一步是在波导的横截面上设置一个 1D 本征模求解器，见代码 3.5。接下来，执行代码 3.6 计算，并绘制出模场分布图。

平板波导的前两种模如图 3.6(TE 偏振) 和图 3.7(TM 偏振) 所示，该几何模型在 1550nm 波长下只支持这两种模式。对数刻度对确保场分布已充分衰减以使仿真边界不影响结果是非常有用的，这些图还表明，场分布以不同的速率衰减，即对 TE 模式具有更强的约束。通常，具有较高有效折射率的模式能被更好地限制在波导内，且具有更快衰减的倏逝场尾部，包层中场分布的衰减可以近似为

$$E \propto \mathrm{e}^{-\frac{2\pi d}{\lambda}\sqrt{n_{\mathrm{eff}}^2-n_{\mathrm{c}}^2}} \tag{3.3}$$

式中，E 为距纤芯–包层界面距离 d 处的场强度；n_{eff} 为模式的有效折射率；n_{c} 为包层的折射率。

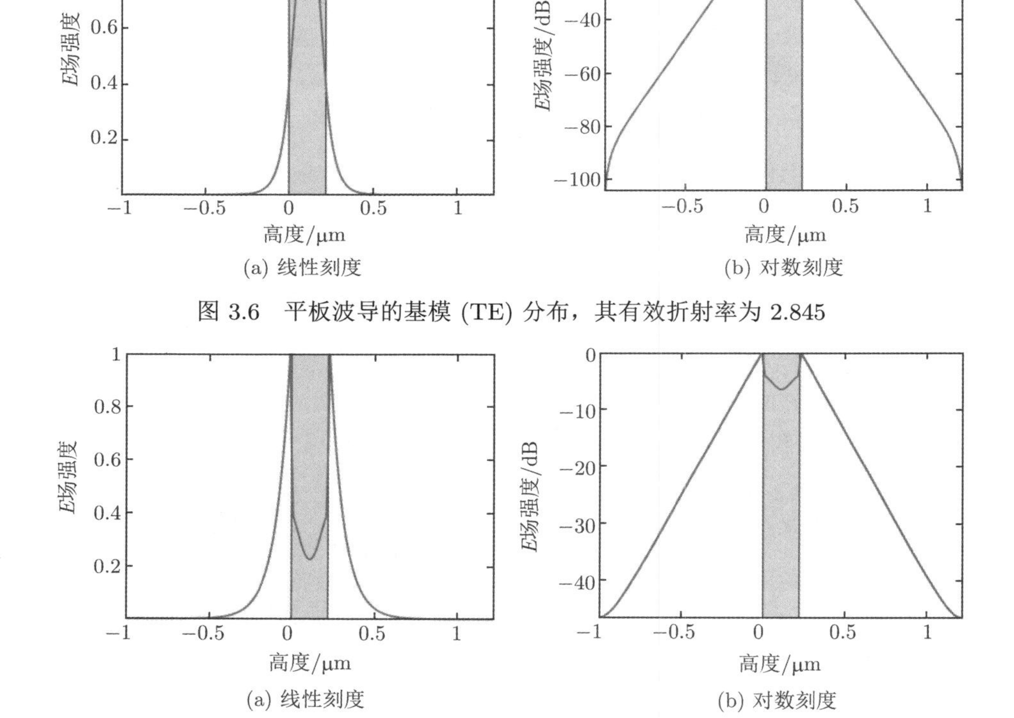

(a) 线性刻度　　(b) 对数刻度

图 3.6　平板波导的基模 (TE) 分布，其有效折射率为 2.845

(a) 线性刻度　　(b) 对数刻度

图 3.7　平板波导的二阶模 (TM) 分布，其有效折射率为 2.054

1. 收敛性测试

数值仿真计算时，收敛性测试是至关重要的，这样可以确保仿真不存在数值伪影。下面的例子中，我们将确保仿真边界不会干扰仿真结果。通过确保仿真中只有一个参数发生变化来进行收敛测试是最简单的，如仿真范围的参数扫描中，波导内相同位置的网格点应保持一致，下面继续讨论。

代码 3.7 计算了有效折射率与仿真范围之间的关系，结果如图 3.8(a) 所示。选择模式 #1 来计算 TE 模，选择模式 #2 来计算 TM 模。对于 TE 模式，大于

1300nm 的仿真范围，有效折射率收敛变化小于 0.0001，说明在波导上方和下方的 550nm 足以进行 TE 模的精确仿真计算。下面将利用这些信息来优化 3D FDTD 仿真，将此仿真范围与图 3.6 中的结果进行比较，以确定 E 场强度应衰减到其最大值的 10^{-6}，以确保边界不会干扰模式。由于 TM 模场分布具有较大的尾部 (这可以根据较低的有效折射率推断出来)，仿真会在较大的范围处收敛，因此该模式需要更大的仿真体积以进行精确仿真计算。此种情况下，TM 模需要 2000nm 的范围才能达到相同的精度。图 3.8(b) 给出了有效折射率差异的绝对值 (与 2000nm 结果相比)。随着仿真尺寸增加，误差值呈指数减小，其中对于 1600nm 的仿真范围，误差值 $\Delta n = 10^{-6}$。

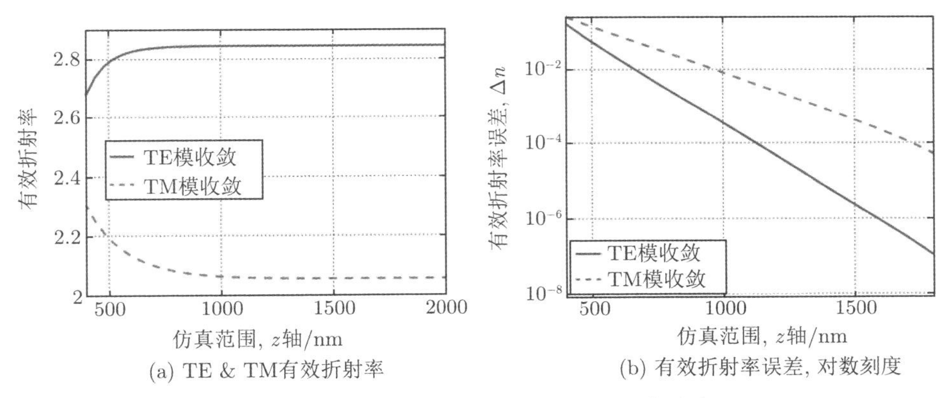

(a) TE & TM有效折射率　　(b) 有效折射率误差, 对数刻度

图 3.8 平板模式计算的收敛性测试 (改变仿真)

下面讨论网格精度对收敛性的影响。将仿真范围加大设为 2μm，给出 TE 模的结果。常规算法使用阶梯网格近似，除非将网格缩小到 1nm 或更小 (这通常不实际，因为它导致仿真时间过长)，否则会引入明显的误差，如图 3.9(a)(阶梯网格

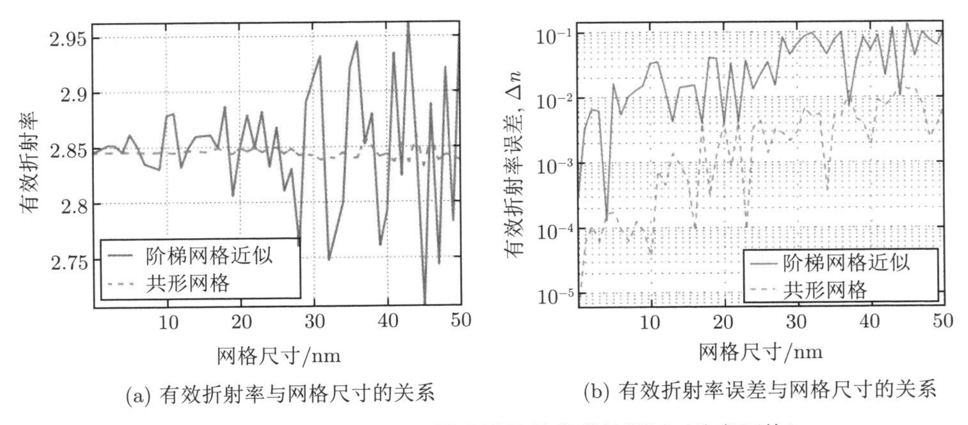

(a) 有效折射率与网格尺寸的关系　　(b) 有效折射率误差与网格尺寸的关系

图 3.9 对平板波导 TE 模式计算的收敛性测试 (改变网格)

近似) 和图 3.9(b)(阶梯网格近似) 所示。对于 10nm 的典型网格尺寸，阶梯网格近似引入的误差为 $\delta n_{\text{eff}}= 0.05$。为了提高精度，可以使用网格覆盖来增加感兴趣区域的网格点数，在每个材料界面上设置一个网格点也是可取的。

采用高级算法，如共形网格，可显著提高精度。实际上，20nm 共形网格与 1nm 阶梯网格近似具有相似的精度。使用共形网格，从图 3.9(b)(共形网格) 可发现 10nm 的网格导致大约 $\Delta n = 10^{-4}$ 的误差，20nm 的网格导致大约 $\Delta n = 10^{-3}$ 的误差。即使对诸如 40～50nm 的大网格，误差通常也小于 $\Delta n = 10^{-2}$。

这些仿真计算可通过代码 3.8 来实现，网格划分算法选择“网格细化”。

2. 参数扫描——平板波导厚度

接下来讨论平板波导有效折射率与平板波导厚度之间的关系。执行代码 3.9 进行仿真扫描，有效折射率以及偏振 (TE 与 TM) 结果如图 3.10 所示。注意，对

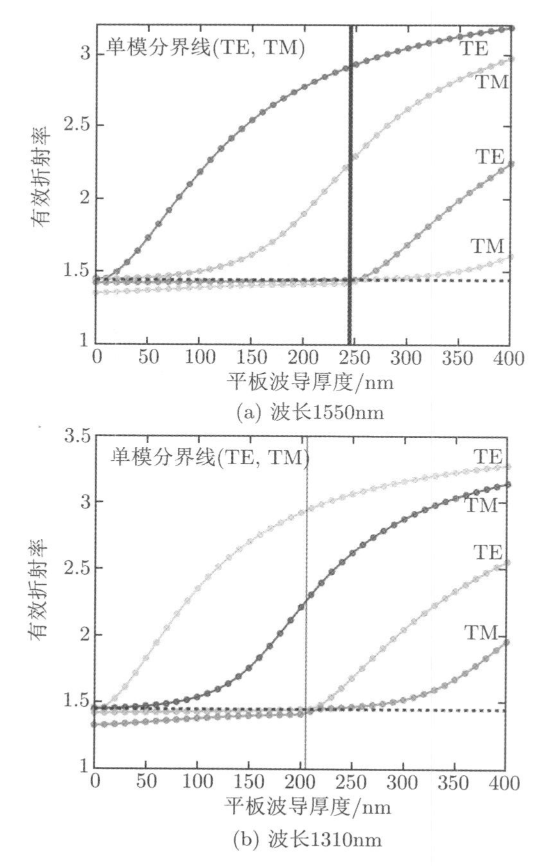

(a) 波长1550nm

(b) 波长1310nm

图 3.10 平板波导模式的有效折射率与平板波导厚度的关系

于 1D 波导结构，模式要么是纯 TE 模，要么是纯 TM 模。这与 2D 波导形成了鲜明的对比，2D 波导不存在纯 TE 或 TM 模，TE/TM 偏振分开标记，如图 3.10 所示，虚线是氧化硅的折射率，折射率低于此值的模式不被传输。

根据图 3.10 可知，在 1550nm 波长下，顶层硅厚度低于 240nm，平板以单 TE 和 TM 模式工作 (图中垂线分界，开始出现三阶高模)，这解释了为什么在 1550nm 波长下 SOI 的顶层硅厚度选择为 220nm。这些图可用于设计具有不同厚度、波长和偏振的波导。

3.2.5 有效折射率法

2D 波导横截面的有效折射率可使用有效折射率法求解 (见 2.2.3 节)，如图 3.4 所示。虽然全矢量 2D 求解法更准确 (3.2.7 节)，但有效折射率法可以更好地解释波导的工作原理，此外，该方法计算速度非常快，且易于实现，因此在 6.2.2 节中用于调制器的设计，并用于 2.5D FDTD 仿真计算 (2.2.3 节)。

为了计算类 TE 模，首先找到 1D 平板波导截面外 TE 模 (主要是 TE 模)，然后使用 1D 平板的有效折射率找到 1D 平面内的 TM 模。由于使用两个 1D 仿真来解决 2D 问题，因此偏振的改变是必要的。相对主场分量 (如类 TE 模式的平面内 E 场) 旋转参考坐标系；对类 TM 模，过程相反，首先求解平板的 TM 模，然后求解 TE 模。

如找到类 TE 模式，对平面外截面，首先计算平板波导的有效折射率，见代码 3.6；重复该过程，求解平面内的有效折射率。然后输入平板的有效折射率，最终结果是 2D 波导的有效折射率。使用平板波导 TE 模有效折射率 (2.845) 作为输入，目的是计算条形波导 TE 模式的有效折射率，见代码 3.10，得到波导有效折射率为 2.489 时的场分布，如图 3.11 所示。

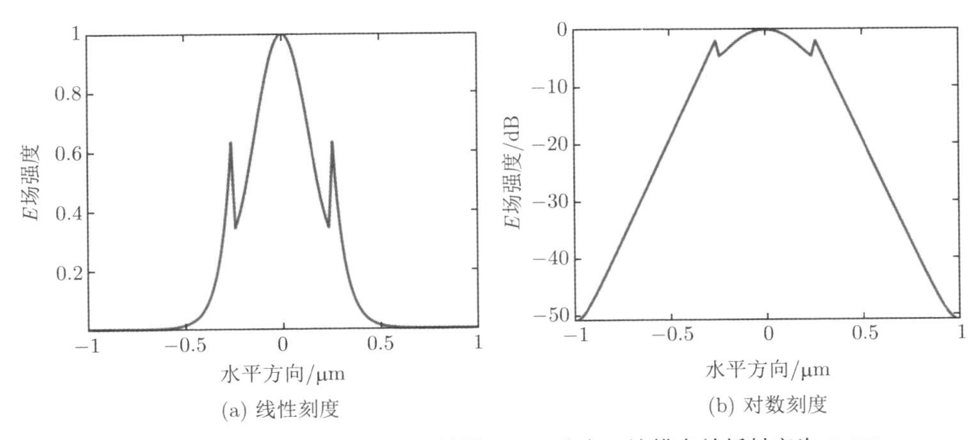

图 3.11 基于 EIM 求解的波导基模 (TE) 分布，该模有效折射率为 2.489

基于图 3.6(a) 和图 3.11(a) 中的模场分布可以构建光波导 2D 模场分布。有效折射率法中的内在假设是场可分离，类似于求解微分方程的“变量分离”方法。2D 场分布可写成

$$E(z,y)=E(z)\cdot E(y)$$

式中，$E(z)$ 和 $E(y)$ 分别为图 3.6(a) 和图 3.11(a) 中的场。得到的模场分布 $E(z,y)$ 如图 3.12(a) 所示。将有效折射率方法确定的模场分布与 3.2.7 节中的“精确”2D 有限元计算得到的模场分布进行差异性对比，结果如图 3.12(b) 所示。对条形波导，有效折射率和群折射率的误差为 $\Delta n_{\rm eff}\sim1.2\%$ 和 $\Delta n_{\rm g}\sim2.7\%$ 。

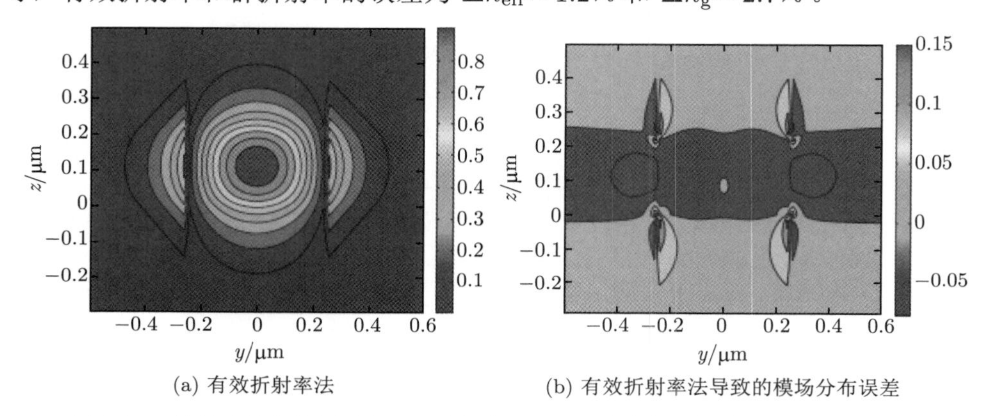

(a) 有效折射率法　　(b) 有效折射率法导致的模场分布误差

图 3.12　条形波导有效折射率法重建场分布与 2D 全矢量计算的对比 (后附彩图)

这个结果是非常有用的，因为可以将有效折射率与 2D FDTD 建模结合使用 (2.5D FDTD，见 2.2.3 节)，群折射率的误差仅为百分之几；采用该方法计算得到的谐振器 FSR 误差只有百分之几，但与全 3D 仿真计算相比，计算时间显著缩短，在执行大量优化时是非常有用的。

3.2.6　有效折射率法——解析法

类似地，可使用解析法找到 1D 场分布 (MATLAB 代码 3.3)，并使用有效折射率法构建 2D 场分布图。脊形波导模场分布如图 3.13 所示，计算代码见 3.11，该结果可用于 pn 结调制器的仿真计算。

3.2.7　光波导模场分布——2D 计算

接下来对波导 2D 横截面的模场分布进行精确计算。本节中，绘制波导，定义仿真参数，使用 2.1 节中介绍的全矢量方法进行模式求解，得到准 TE 和准 TM 模场的分布，并观察其电场强度、磁场强度和能量密度，如图 3.14～图 3.17 所示。图 3.15 显示了 x、y 和 z 三个方向场分量，可知该模场严格来说并不是 TE 模 (仅存在 E_y 分量)，而是三维矢量场分布。

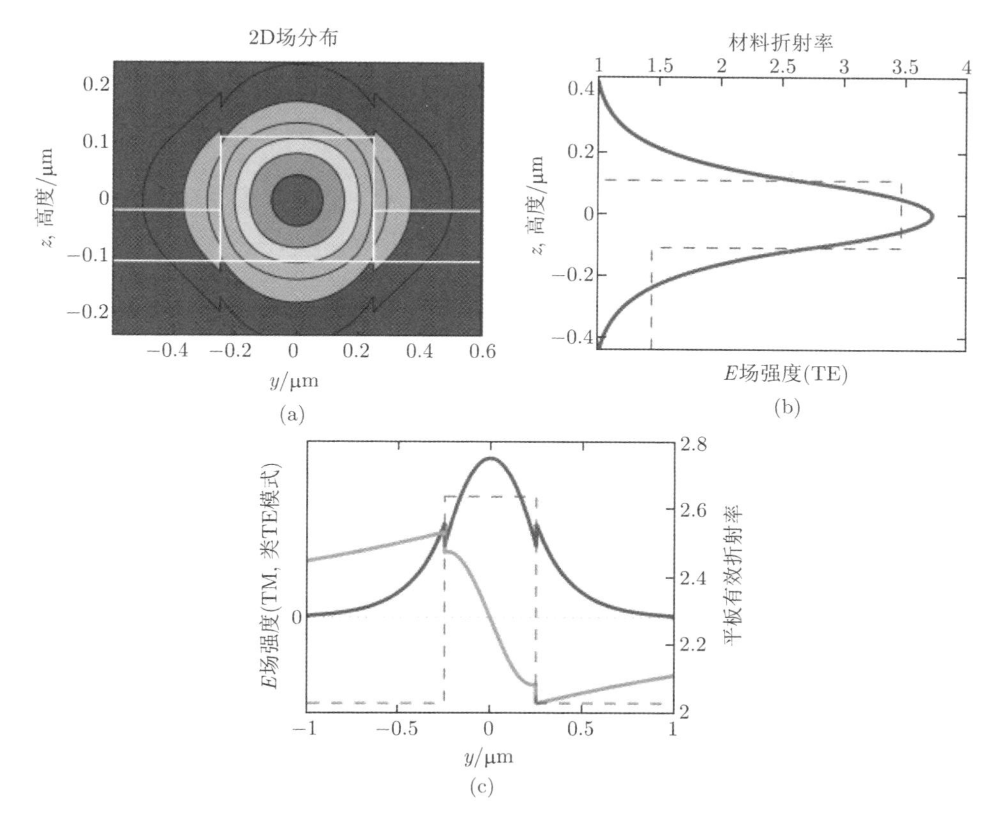

图 3.13 基于 MATLAB 的有效折射率法分析求解脊形波导 2D 波导场分布。(a) 脊形波导的几何结构与有效折射率法计算得到的基模 2D 场分布；(b) SOI 晶圆衬底上空气 - 氧化硅的折射率分布 (以虚线示出)，以及 220nm 波导垂直横截面 1D 场分布，此过程也被用于平板区域 (90nm) 计算；(c) 按步骤 1 计算出的平板有效折射率 (虚线所示)，波导的水平横截面中两个类 TE 波导模的 1D 场分布

继续使用之前介绍的材料 (代码 3.1) 和波导 (代码 3.4) 的 Lumerical 脚本进行计算分析。首先定义仿真参数并在波导的横截面中添加 2D 模式求解器，如代码

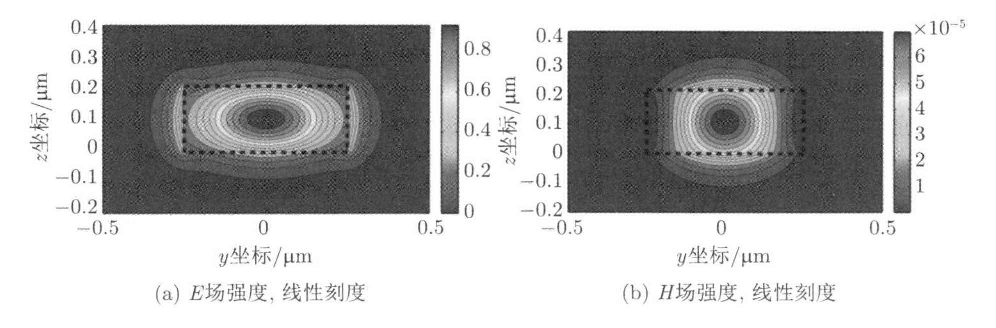

(a) E场强度, 线性刻度 (b) H场强度, 线性刻度

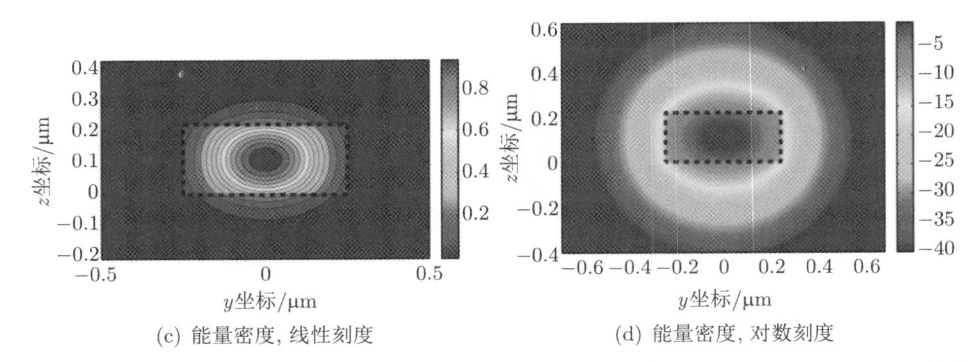

(c) 能量密度, 线性刻度　　(d) 能量密度, 对数刻度

图 3.14　波长为 1550nm 时，500nm×220nm 条形波导 TE(一阶模) 模场分布，有效折射率为 $n_{\text{eff}} = 2.443$(后附彩图)

3.12 所示。然后通过代码 3.13 计算模场分布，并绘制 E 场和 H 场强度以及能量密度。能量密度的绘制需要考虑波导色散，可通过脚本在两个略微失谐的频率上计算模式有效折射率，参见参考文献 [16]。

图 3.14～图 3.17 显示了波导中的前三个模场的结果。图 3.14 显示了基模场分布，具有类 TE 偏振，场和能量被强烈限制在波导内部，尽管大约有 10%的场是在包层中。这是大多数硅光子器件，即顶层硅厚度 220nm 的 SOI 晶圆上使用的模式。

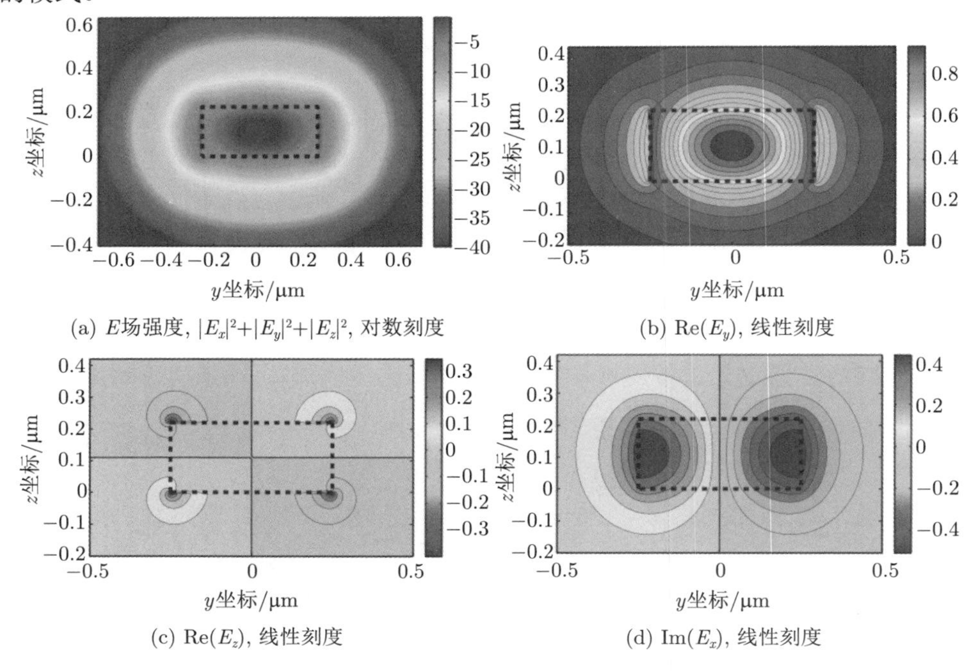

(a) E场强度, $|E_x|^2+|E_y|^2+|E_z|^2$, 对数刻度　　(b) $\mathrm{Re}(E_y)$, 线性刻度

(c) $\mathrm{Re}(E_z)$, 线性刻度　　(d) $\mathrm{Im}(E_x)$, 线性刻度

图 3.15　波长为 1550nm 时，500nm×220nm 条形波导 TE(一阶模) 模场分布 (后附彩图)

图 3.16 显示了二阶类 TM 模式，该模式可被很好地限制，对类 TM 器件很有用。一些研究人员使用了稍厚的硅，如 260nm [17,18] 厚的顶层硅，适用于专门针对类 TM 模器件的应用。

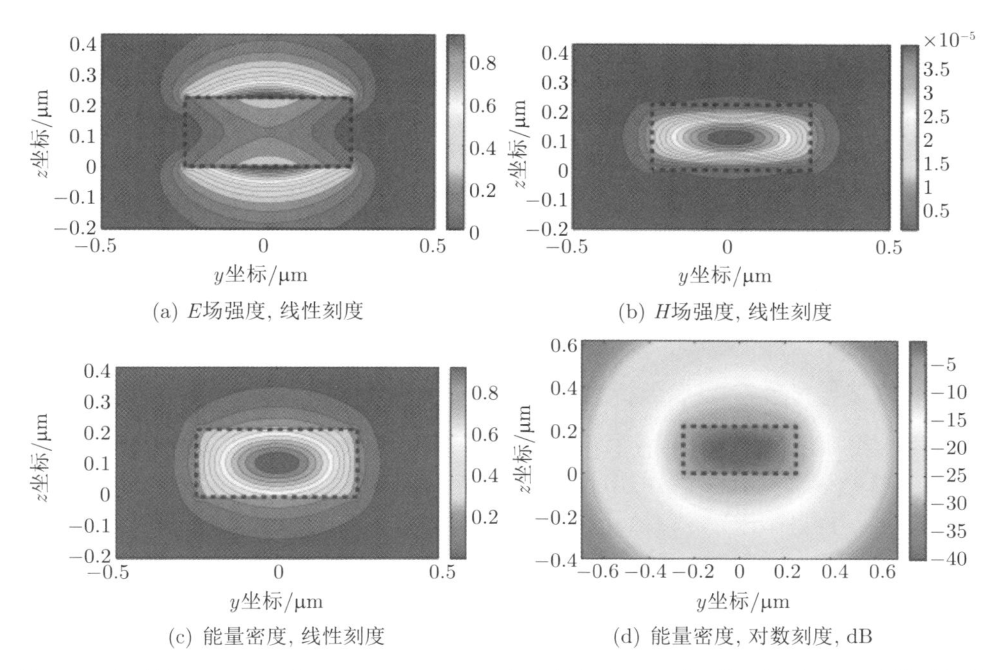

(a) E场强度, 线性刻度　(b) H场强度, 线性刻度

(c) 能量密度, 线性刻度　(d) 能量密度, 对数刻度, dB

图 3.16　波长为 1550nm 时，500nm×220nm 条形波导 TM(二阶模) 模场分布，有效折射率为 $n_{\mathrm{eff}} = 1.771$(后附彩图)

图 3.17 显示了三阶类 TE 模式，该模式的有效折射率接近于氧化硅的有效折射率，且在波导的边缘上存在明显的 E 场。这将引入明显的散射损耗，因此该模式光学损耗很大。因此可认为该波导的几何结构可有效地作为类 TE 模单模波导，如果需要更多的模式，可以选择更窄的波导，如 440nm，这将在 3.2.8 节中介绍。

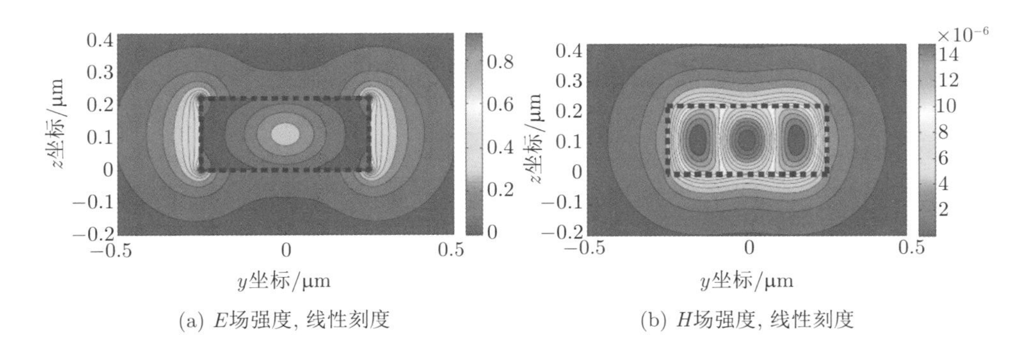

(a) E场强度, 线性刻度　(b) H场强度, 线性刻度

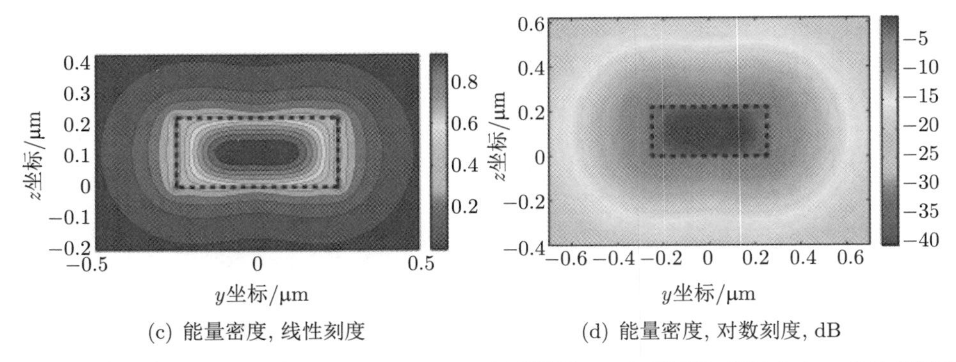

(c) 能量密度, 线性刻度　　(d) 能量密度, 对数刻度, dB

图 3.17　波长为 1550nm 时，500nm×220nm 条形波导 TE(三阶模) 模场分布，有效折射率为 n_{eff}= 1.493。该模几乎没有被引导，有效折射率接近氧化硅折射率。由于侧壁散射，有很高的光学损耗 (后附彩图)

3.2.8　光波导宽度——有效折射率

接下来，改变波导的宽度 (200～800nm)，见代码 3.14，使用全矢量 2D 模式计算。这样就可以确定波导的单模条件，所有模式的有效折射率 n_{eff} 都以矩阵的形式保存，并绘制出来。

波长为 1550nm 时，结果如图 3.18(a) 所示；波长为 1310nm 时，结果如图 3.18(b) 所示。

对于 1550nm 波长，仅虚线上方的模式可被传输。为了在 1550nm 波长获得单个类 TE 模，需要高为 220nm、宽为 440nm 的条形波导。此情况下，波导支持一个类 TE 模和一个类 TM 模。对于更宽的波导，会出现第二个类 TE 模，并且在宽度大于 660nm 时出现第二个类 TM 模。请注意，在宽度大约为 680nm 时，存在模

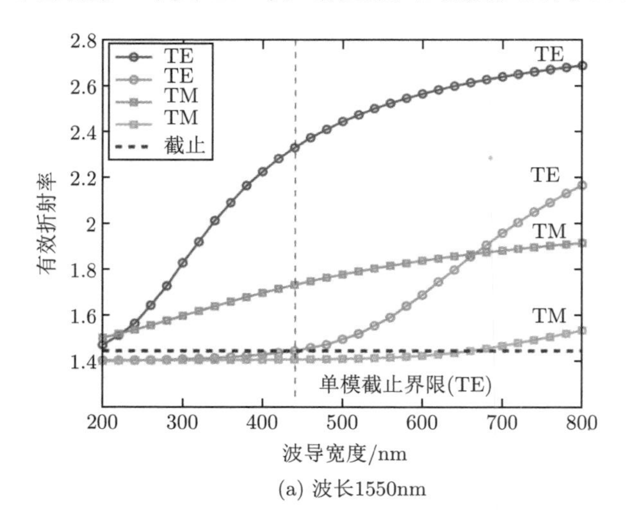

(a) 波长1550nm

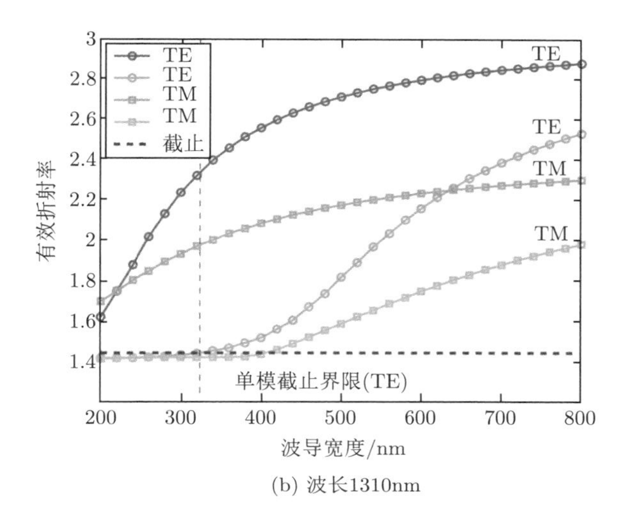

(b) 波长1310nm

图 3.18 顶层硅厚 220nm 时，波导模式的有效折射率随条形波导宽度的变化关系

式耦合：即在波导宽度小于 680nm 时，类 TM 模为该波导支持的第二模式，而当波导宽度大于 680nm 时，类 TE 模变成了该波导支持的第二模式，类 TM 模则变成了第三阶模式。与此同时，还记录了模式的偏振；要注意到，这些波导不是在纯 TE 或 TM 偏振下工作的，通常是以分数来描述偏振，1 代表纯 TE 模式。偏振分数如图 3.19 所示，可知基模 TE 的偏振分数通常在 0.95 和 1 之间 (几乎是纯 TE 模式)，而其他模式的偏振不是纯偏振。这种作用效果可以用于设计偏振转换器，由此当 TE 和 TM 偏振具有相近的有效折射率时会发生有效的混合，如在 680nm 处，第一个 TM 模式和第二个 TE 模式耦合，如图 3.18(a) 所示。

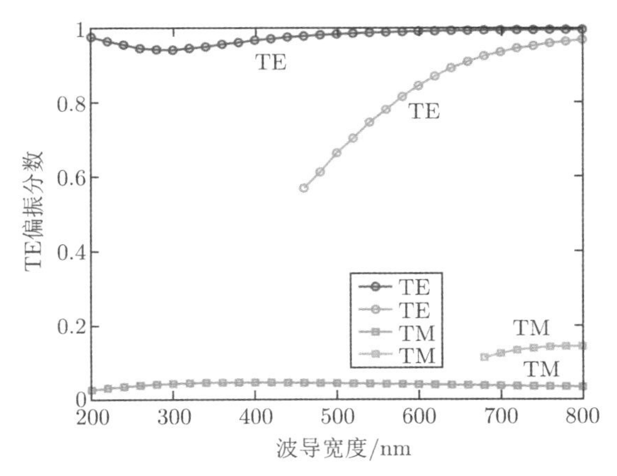

图 3.19 顶层硅厚 220nm 时，模式偏振分数 (相对于纯 TE 模式) 随条形波导宽度的变化关系

对于 1310nm 波长，220nm 厚度的顶层硅并不能完全实现单模，存在一些弱导的高阶模式。因此完全的单模工作是不可能的，这从图 3.10(b) 中的平板波导数据即可得知，此种情况下，单 TE 模式传输所需的厚度约为 205nm。因此上述提到的 4 个模式都可被传输。尽管如此，基模类 TE 模比其他模式受到更强的限制，因此仍然可以使用该波导几何结构设计在 1310nm 波长下工作的器件。

90nm 平板高度的脊形波导也被研究了，在波长为 1550nm 时结果如图 3.20 所示，该波导不支持任何 TM 模式，这种波导类型适用于电光器件 (如 pn 结调制器)，详见 6.2.2 节所述。

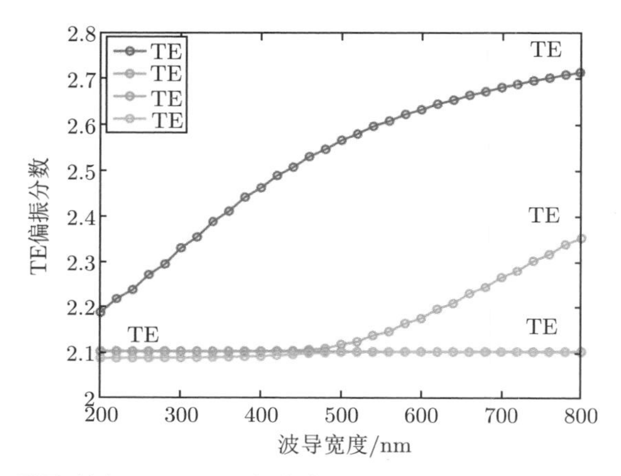

图 3.20　顶层硅厚 220nm、平板高度 90nm 时，波导模式的有效折射率随脊形波导宽度的变化关系

3.2.9　波长相关性

波导的有效折射率和群折射率的波长相关性可通过代码 3.15 实现，该代码执行波长扫描，有效折射率的结果如图 3.21(a) 所示。波导的有效折射率用于描述光的相速度 v_{p}；波导的群折射率则决定光脉冲的传播速度，即群速度 v_{g}。

$$v_{\mathrm{p}}(\lambda)=\frac{c}{n_{\mathrm{eff}}},\qquad v_{\mathrm{g}}(\lambda)=\frac{c}{n_{\mathrm{g}}} \tag{3.4}$$

群折射率是光子集成回路设计中的一个重要参数，决定了谐振器和干涉仪的模间隔 (FSR)。群折射率与有效折射率可由下式给出：

$$v_{\mathrm{g}}(\lambda)=n_{\mathrm{eff}}(\lambda)-\lambda\frac{\mathrm{d}n_{\mathrm{eff}}}{\mathrm{d}\lambda} \tag{3.5}$$

群折射率如图 3.21(b) 所示，将仿真计算得到的群折射率与从环形谐振器中提取的实验结果进行了比较，在以下情况下获得了良好的一致性：① 足够小的网格 (如

10nm) 来确保计算精度；② 同时考虑材料色散和波导色散。为正确预测出群折射率，既要考虑材料色散，又要考虑波导色散。群速度色散对于理解沿波导传播的光脉冲的传播是很重要的，也可通过对仿真结果进行求导来确定，这可以用色散参数来描述：

$$D(\lambda)=\frac{\mathrm{d}\dfrac{n_{\mathrm{g}}}{c}}{\mathrm{d}\lambda}=-\frac{\lambda}{c}\frac{\mathrm{d}^2 n_{\mathrm{eff}}}{\mathrm{d}\lambda^2} \tag{3.6}$$

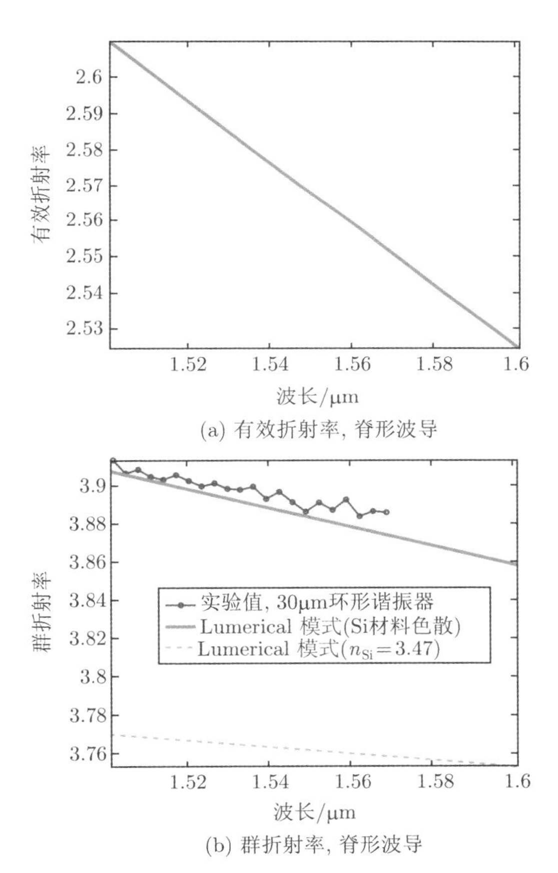

(a) 有效折射率, 脊形波导

(b) 群折射率, 脊形波导

图 3.21 顶层硅厚 220nm、平板高 90nm 的脊形波导的有效折射率和群折射率随波长的变化关系。与具有相同几何结构的实验结果 (见 4.4 节) 相比较

还进行了一些仿真以说明波导宽度对波导的波长相关性的影响。这里考虑类 TE 基模，550nm×220nm 条形波导的有效折射率和群折射率在不同的波导宽度下随波长的变化关系如图 3.22 所示，图 3.23 给出了具有 90nm 平板高度的脊形波导的有效折射率和群折射率在不同的波导宽度下随波长的变化关系。

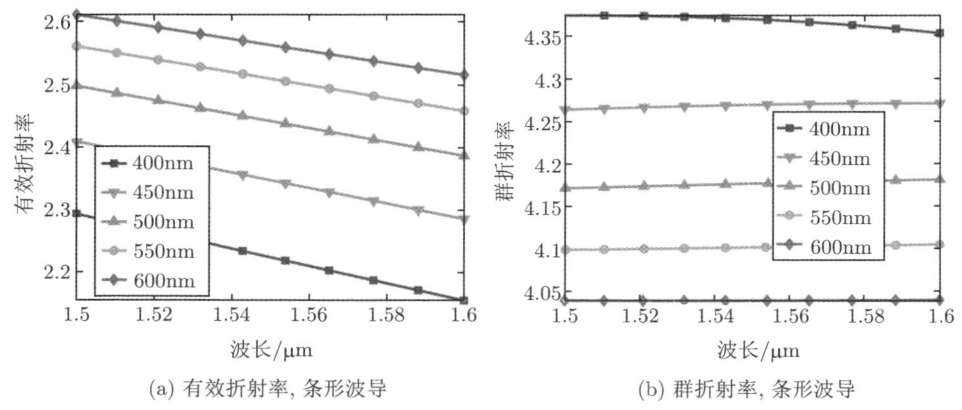

(a) 有效折射率, 条形波导　(b) 群折射率, 条形波导

图 3.22　顶层硅厚 220nm 时，不同波导宽度下条形波导的有效折射率和群折射率随波长的变化关系

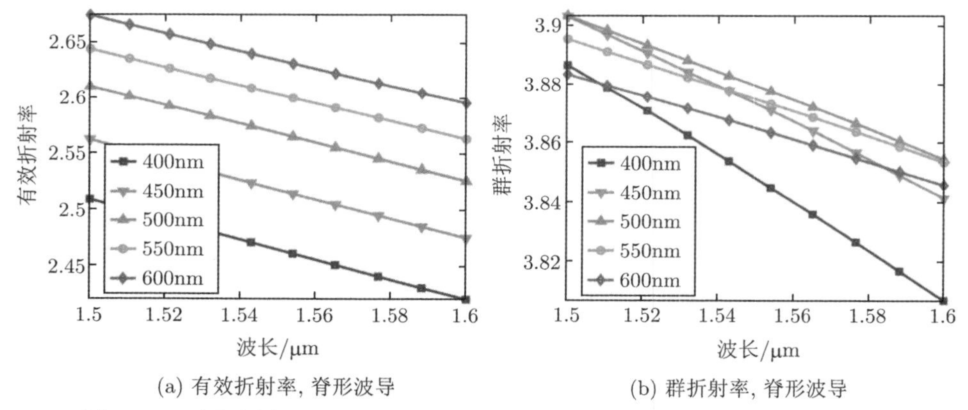

(a) 有效折射率, 脊形波导　(b) 群折射率, 脊形波导

图 3.23　顶层硅厚 220nm、平板高度 90nm 时，不同波导宽度下脊形波导的有效折射率和群折射率随波长的变化关系

3.2.10　光波导的紧促模型

对于器件 (如环形谐振器) 和系统设计，通常最好使用由现象学参数和拟合函数组成的紧促模型来描述波导的性能。如果对参数没有明显的物理依赖性，则可以使用泰勒级数展开式近似来拟合结果。

对于图 3.21 中的波导，波长相关的有效折射率可以简单地近似为

$$n_{\text{eff}}(\lambda) = 2.57 - 0.85(\lambda[\mu\text{m}] - 1.55) \tag{3.7}$$

可计算各种波长和温度下波导的有效折射率，即 $n_{\text{eff}}(\lambda, T_i)$，并使用二阶泰勒级数展开式来拟合波长为 λ 时波导的有效折射率，然后可以使用与温度相关的二阶泰勒级数展开式，高阶多项式表述如下 [19]：

$$n_{\text{eff}}(\lambda,T)=N_0(T)+N_1(T)\left(\frac{\lambda-\lambda_0}{\sigma_\lambda}\right)+N_2(T)\left(\frac{\lambda-\lambda_0}{\sigma_\lambda}\right)^2$$
$$\begin{cases} N_0(T)=n_0+n_1\left(\dfrac{T-T_0}{\sigma_T}\right)+n_2\left(\dfrac{T-T_0}{\sigma_T}\right)^2 \\ N_1(T)=n_3+n_4\left(\dfrac{T-T_0}{\sigma_T}\right)+n_5\left(\dfrac{T-T_0}{\sigma_T}\right)^2 \\ N_2(T)=n_6+n_7\left(\dfrac{T-T_0}{\sigma_T}\right)+n_8\left(\dfrac{T-T_0}{\sigma_T}\right)^2 \end{cases} \tag{3.8}$$

还可以包括许多与波导相关的参数，如波长、温度、顶层硅厚度、波导宽度、脊形波导平板高度、载流子浓度和光学非线性等。设计人员需要就给定问题的复杂性做出适当的选择。

在基于所需光谱响应的光栅光谱合成中，采用了一种考虑波长相关性和波导宽度的简化波导。该设计必然包括波导宽度的变化，简化波导需要考虑到这一点，这种方法将在 4.5.2 节中介绍。

3.2.11 光波导损耗

波导的损耗源于以下几个方面：

- 靠近金属时被吸收。如 500nm×220nm 条形波导的上方 600nm 处具有金属，测得有 (1.8±0.2)dB/cm 的附加损耗。
- 对于 500nm×220nm 的波导，侧壁散射损耗通常为 2～3dB/cm。可通过原子力显微镜 (AFM) 测量波导侧壁粗糙度。如参考文献 [20] 中，测得均方根粗糙度为 2.8nm。知道了粗糙度，就可以仿真计算波导的损耗 [21−24]。
- 无源结构的材料损耗通常可以忽略不计。如 6.1.1 节所述，这对掺杂硅具有重要意义。
- 如果波导未被适当钝化，表面态吸收也会导致传播损耗。未钝化的波导已被用于制造探测器 [25,26]。
- 波导侧壁粗糙度还会引入沿波导的反射以及和波长相关的相位扰动 [27]。

更宽的波导可以减少波导损耗，但是在单模应用中必须注意，因为这些波导是多模式的。因此，它们需要逐渐变细，以便从单模波导转换为多模宽波导。例如，参考文献 [28] 中，作者报道了 2μm 宽、250nm 高的脊形波导中损耗为 0.27dB/cm，这种波导非常适合于长距离传输，如片上芯片的全局布线。

波导的损耗通常以 dB/cm 表示，但也可以转换为吸收系数，单位为 m^{-1}，或者以复数折射率 $n+\mathrm{i}k$ 中的虚部系数 k 表示，

$$\alpha[\mathrm{m}^{-1}] = \frac{\alpha[\mathrm{dB/m}]}{10\log_{10}(e)} = \frac{\alpha[\mathrm{dB/m}]}{4.34} \tag{3.9a}$$

$$k = \frac{\lambda \cdot \alpha[\mathrm{dB/m}]}{4\pi \cdot 4.34} \tag{3.9b}$$

3.3 弯曲波导

硅光子中需要用到弯曲波导，如用于光信号路由和环形/跑道形谐振器等，因此须了解弯曲引入的光损耗是多少。本节使用 3D FDTD 对弯曲损耗进行仿真计算，基于本征模求解器来确定辐射损耗与模场不匹配导致的损耗的相对贡献量。最后与实验数据进行了对比。

弯曲波导有如下几种损耗机制：

(1) 散射损耗和衬底泄漏：短距离弯曲波导损耗很小，研究发现弯曲半径 $<$ 10μm 时损耗很小。

(2) 辐射损耗：高限制波导中，特别是条形波导中的 TE 模，辐射损耗通常很小；但对于弯曲半径 $<$5μm 的脊形波导的 TM 模，辐射损耗不容忽视。

(3) 模式失配损耗：这是弯曲损耗的最大来源。直波导和弯曲波导之间的模式不能完全重叠，导致在半径突变过渡区域 (固定弯曲半径的开始和结束) 发生散射。有几种减少模式失配损耗的方法：① 直波导相对弯曲波导横向偏移，以获得更好的模式重叠 [29]；② 连续而非突然地改变曲率，如对有效半径为 20μm 的 90° 弯曲，可将曲率从零变为 $1/15\mu\mathrm{m}^{-1}$，然后再回到零 [30]。这样做还有额外的好处，即弯曲不会激发波导中的更高阶模式。详见图 10.6～图 10.8。

这里有几个关于弯曲损耗的案例。对 500nm×220nm 的条形波导，IBM 公司测得当弯曲半径为 1μm 时，90° 的弯曲损耗约为 0.09dB；当弯曲半径为 2μm 时，90° 的弯曲损耗约为 0.02dB[29]。比利时微电子中心 (IMEC) 制造的 500nm×220nm 的条形波导，弯曲半径为 1μm 时，90° 弯曲损耗为 0.1dB；弯曲半径为 5μm 时，90° 弯曲损耗为 0.01dB[31]。结果表明，弯曲半径约为 10μm 时，弯曲损耗可降低到与波导传播损耗相等的程度 [31]。

本节实验结果是基于新加坡微电子研究院 (IME) 通过 OpSIS 代工制造的波导。光学测量采用多个测试结构，包括两个弯曲 (弯曲半径为 0.5～50μm 的条形波导和脊形波导)，其中光的输入–输出通过光纤光栅耦合器完成。条形波导的实验结果如图 3.24 所示，脊形波导的实验结果如图 3.25 所示。实验数据误差约 0.2dB(所以较大弯曲的数据不可靠)。注：半径是以波导中心为基准的。

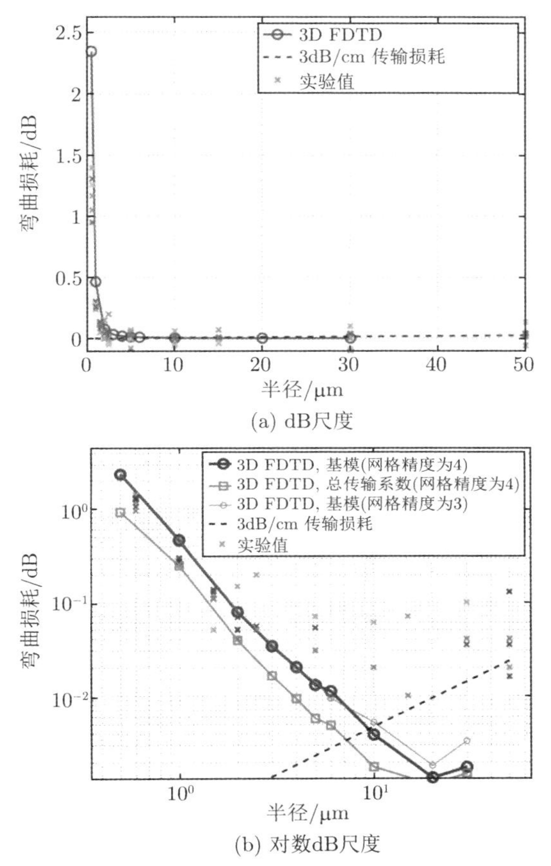

(a) dB尺度

(b) 对数dB尺度

图 3.24 500nm×220nm 的条形波导实验弯曲损耗与半径的关系，数据来自 OpSIS-IME[32] 和 3D FDTD 仿真

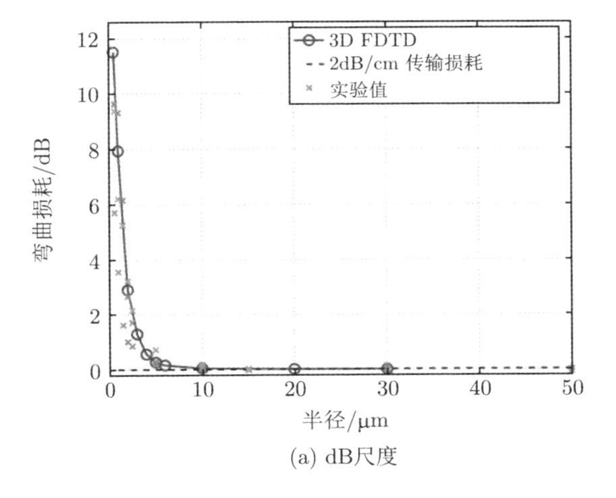

(a) dB尺度

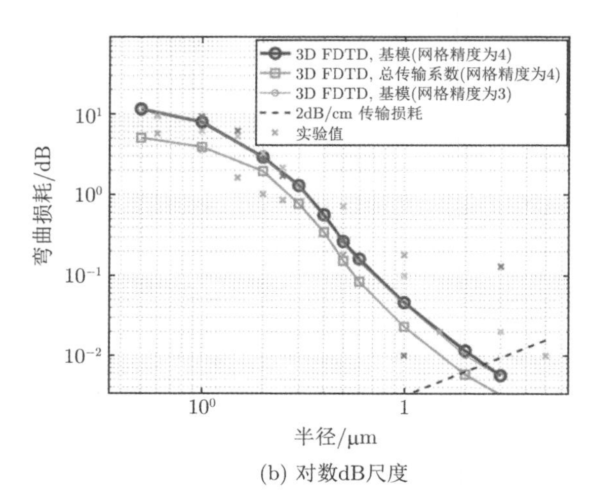

(b) 对数dB尺度

图 3.25 平板高 90nm 的 500nm×220nm 脊形波导实验弯曲损耗与半径的关系，数据来自 OpSIS-IME[32] 和 3D FDTD 仿真

3.3.1 弯曲波导 3D FDTD 仿真

弯曲损耗可以通过 3D FDTD 来仿真计算。代码 3.16 和代码 3.17 可实现输入、输出和弯曲波导的绘制、定义仿真区域和仿真参数、添加模式光源以及添加光功率监视器，包括一个模式扩展功率监视器，仅监测基模传输的功率，该代码还可选择创建一个仿真动画。

接下来分别对不同弯曲半径的波导进行 FDTD 仿真，见代码 3.18。网格精度设置为 3 和 4，光传输系数定义为输出与输入的光功率比值，计算并绘制出其随弯曲半径而变化的关系图。光传输系数可通过两种方法来测量。

(1) 总传输系数：这是对输出波导中所有光功率的测量，包括在基模中不被传输的功率，这种测量低估了器件的真实光学损耗，如图 3.24 和图 3.25 所示的“3D FDTD，总传输系数”。

(2) 基模传输：这是对输出波导的基模中光功率的测量。基本原理是较高阶模式在沿波导传播时将发生散射，或者被其他模式选择器件 (如光纤光栅耦合器、定向耦合器) 过滤，如参考文献 [33] 中所述，通过在 FDTD 计算的场和波导模式分布之间执行模式重叠计算来完成该测量，如图 3.24 和图 3.25 所示的“3D FDTD，基模”。

将条形波导的仿真结果与实验结果一起绘制在图 3.24 中，如图 3.24(b) 所示，弯曲半径较小时 (0.5 ~ 1μm)，仿真与实验结果吻合较好，其损耗很大；弯曲半径较大时，实验不确定度远大于预测的损耗。该图中包含了一条光散射损耗线，设定其损耗为 3dB/cm，使用此传输损耗线和 3D FDTD 仿真结果的交点，可预测当弯曲半径为 10μm 时这种常见的 90° 弯曲波导有最低损耗。

类似地，将脊形波导的仿真结果与实验结果绘制在图 3.25 中，如图 3.25(b) 所示，当弯曲半径达到 4μm 时仿真与实验结果吻合较好，损耗很大；弯曲半径较大时实验的不确定性大于预测损失。该图中包含了一条光散射损耗线，设定其损耗为 2dB/cm，可预测当弯曲半径为 25μm 时，这种常见的 90° 弯曲波导有最低损耗。

需要注意的是，dB/cm 的传输损耗和选择的值是基于直波导的传输损耗，弯曲波导具有更高的传输损耗 [34]。因此，最佳弯曲半径可能小于上述值。

接下来，创建动画来将弯曲波导中能量损失的位置可视化，如前面的代码，或者通过观察 E 场强度时间积分，有

$$|E|^2 = |E_x|^2 + |E_y|^2 + |E_z|^2 \tag{3.10}$$

代码 3.19 中在波导的横截面中增加了一个功率监视器，弯曲半径为 1μm 的条形波导的结果如图 3.26 所示，显示了弯曲波导中能量损耗的位置。

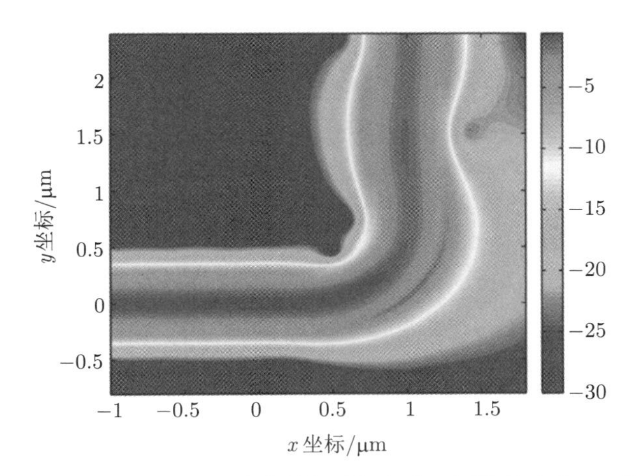

图 3.26 半径为 1μm 的 90° 弯曲的场时间积分，网格精度为 3(后附彩图)

3.3.2 本征模弯曲模拟

为理解损耗机理，可使用另一种工具——波导本征模式求解器 (2.1 节) 来计算弯曲波导的场分布。

代码 3.20 的第一部分计算直波导场分布以及不同弯曲半径下波导的场分布，场分布如图 3.27 所示，直波导和弯曲波导的场分布的差异清晰可见，并由此导致模场失配损耗。

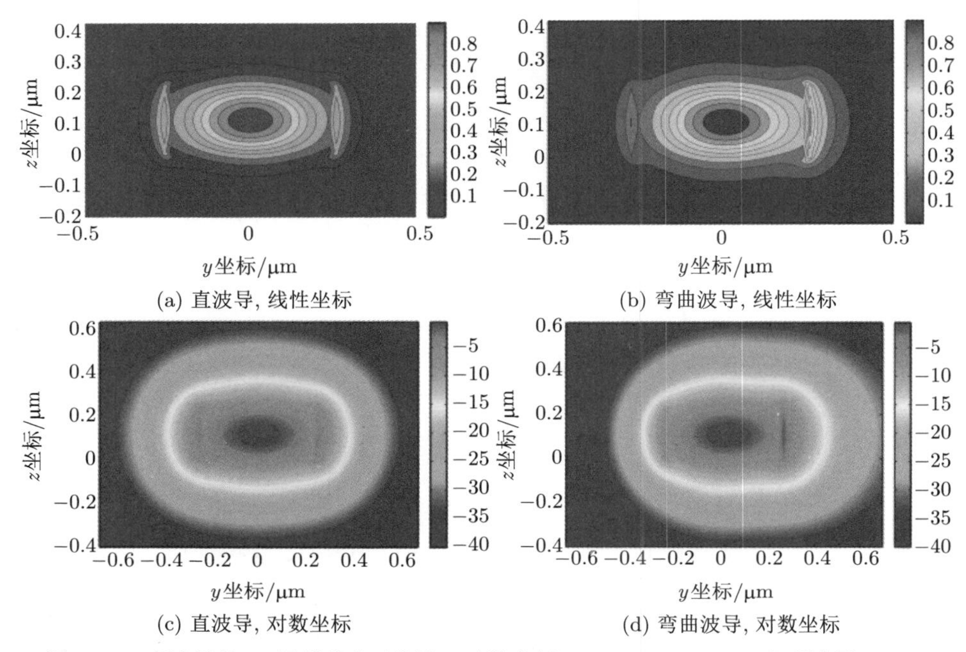

图 3.27 直波导的 E 场模分布 (线性、对数坐标)，500nm×220nm 条形波导 (a)(c) 和弯曲半径为 2μm 的相同波导 (b)(d)(后附彩图)

代码 3.20 的第二部分计算模场重叠积分，以确定从直波导耦合到弯曲波导的功率。有关该方法的详细介绍可参阅参考文献 [35]。半径小于 3μm 的弯曲波导的 MODE 计算在数值计算上具有一定的难度，因此只能得到 3μm 以上的结果。

条形波导和脊形波导的模式功率耦合计算的结果分别如图 3.28(a)、(b) 所示，

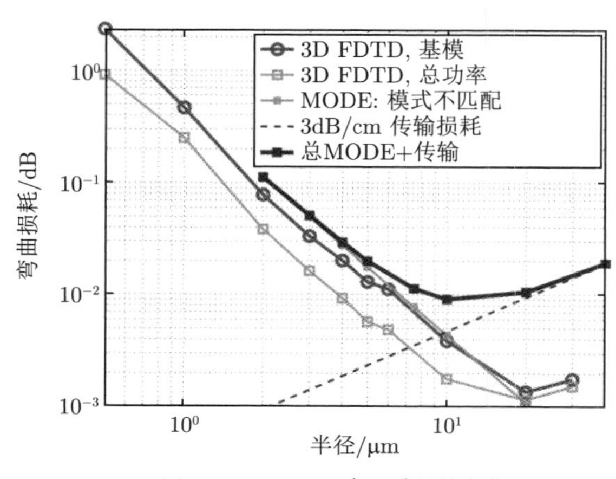

(a) 500nm×220nm条形波导的弯曲损耗

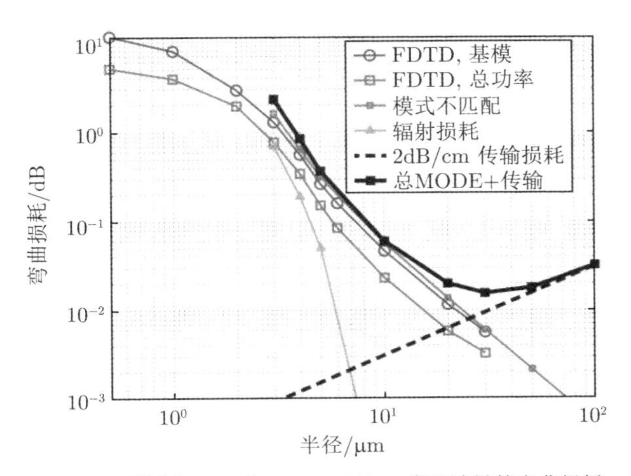

(b) 平板高90nm的500nm×220nm脊形波导的弯曲损耗

图 3.28　波导弯曲损耗与弯曲半径的仿真计算

对条形波导，辐射损耗可以忽略不计，通过仿真表明损耗来源于模式失配，但通过 MODE 计算所得的损耗要高于实验和 FDTD 仿真所得的结果；对脊形波导，模式失配损耗仍然超过辐射损耗，但对弯曲半径小于 4μm 的波导，辐射损耗明显增加。脊形波导 FDTD 仿真、实验和 MODE 计算所得的结果具有更好的一致性。

总之，3D FDTD 和本征模式求解技术非常适合估算波导中的弯曲损耗，仿真结果与实验结果吻合较好。

3.4 问　　题

3.1　求出以下波导中基模的 TE 模和 TM 模光的群速度和相速度：

- 平板波导，220nm 厚，波长为 1550nm；
- 狭缝波导，500nm 宽的条形波导，中间有 150nm 宽的全刻蚀间隙。

3.2　对于平板层厚度为 90nm 的脊形波导 TE 模，单模条件是什么？波导在支持多个模式之前的最大宽度是多少？硅波导在不支持模式之前的最小宽度是多少？

3.3　设计用于 1310nm 工作波长的单模 (TE/TM) 波导，硅厚度分别为 150nm 和 220nm。

3.4　阐述为什么条形波导的有效折射率通常随波长而减小。

3.5　阐述为什么条形波导的有效指数通常随着波导宽度的增加而增加。

3.6　阐述为什么条形波导的群折射率通常随着波导宽度的增加而减小 (如从 400nm 增加到 600nm)。

3.7　设计一种在 1550nm 处群速度色散为零的波导。

3.5 仿真代码

代码 3.1 Lumerical MODE 和 FDTD Solutions 中材料的定义; matericals.lsf

```
# materials.lsf - creates a dispersive material model in Lumerical.
matname = "Si (Silicon) - Dispersive & Lossless";
newmaterial = addmaterial("Lorentz");
setmaterial(newmaterial,"name",matname);
setmaterial(matname,"Permittivity",7.98737492);
setmaterial(matname,"Lorentz Linewidth",1e8);
setmaterial(matname,"Lorentz Resonance",3.93282466e+15);
setmaterial(matname,"Lorentz Permittivity",3.68799143);
setmaterial(matname,"color",[0.85, 0, 0, 1]); # red

matname = "Air (1)";
if (1) { newmaterial = addmaterial("Dielectric"); }
setmaterial(newmaterial,"name",matname);
setmaterial(matname,"Refractive Index",1);
setmaterial(matname,"color",[0.85, 0.85, 0, 1]);

matname = "SiO2 (Glass) - Dispersive & Lossless";
newmaterial = addmaterial("Lorentz");
setmaterial(newmaterial,"name",matname);
setmaterial(matname,"Permittivity",2.119881);
setmaterial(matname,"Lorentz Linewidth",1e10);
setmaterial(matname,"Lorentz Resonance",3.309238e+13);
setmaterial(matname,"Lorentz Permittivity", 49.43721);
setmaterial(matname,"color",[0.5, 0.5, 0.5, 1]); # grey

matname =  "SiO2  (Glass)  -  Const";
newmaterial = addmaterial("Dielectric");
setmaterial(newmaterial,"name",matname);
setmaterial(matname,"Permittivity",1.444^2);
setmaterial(matname,"color",[0.5, 0.5, 0.5, 1]); # grey
```

代码 3.2 MATLAB 分析计算 1D 光波导模式参数和有效折射率, 见 A. Yariv 和 P. Yeh 编著的第 6 版《光子: 现代通信中的光电子学》3.2 节, 式 (3.2-1)~ 式 (3.2-5)[36]; wg_1D_analytic.m

```
% wg_1D_analytic.m - Analytic solution of waveguide
% by Lumerical  Solutions, http://www.lumerical.com/mode_online_help/slab_wg.m
% modified  by  Lukas  Chrostowski, 2012
% See  Yariv  Photonics  book,  Chapter 3
% finds the TE and TM effective indices of a 3-layer waveguide
```

```
% usage:
% - get effective indices for supported modes:
% [nTE, nTM] = wg_1D_analytic2 (1.55e-6, 0.22e-6, 1.444, 3.47, 1.444)
% - TEparam,TMparam: h, q, p parameters of the mode.

function [nTE,nTM,TEparam,TMparam]=wg_1D_analytic (lambda, t, n1, n2, n3)
k0 = 2*pi/lambda;
b0 = linspace( max([n1 n3])*k0,  n2*k0,  1000);  %k0*n3  <  b  <  k0*n2
b0 = b0(1:end-1);
te0=TE_eq(b0,k0,n1,n2,n3,t);
tm0=TM_eq(b0,k0,n1,n2,n3,t);

%TE
intervals=(te0>=0)-(te0<0);
izeros=find(diff(intervals)<0);
X0=[b0(izeros); b0(izeros+1)]' ;
[nzeros,scrap]=size(X0);
for i=1:nzeros
    nTE(i)=fzero(@(x) TE_eq(x,k0,n1,n2,n3,t),X0(i,:))/k0;
    [TEparam(i,1),TEparam(i,2),TEparam(i,3),TEparam(i,4)]=TE_eq(nTE(i)*k0,k0,n1
         ,n2,n3,t);
end
nTE=nTE(end:-1:1);
TEparam=TEparam(end:-1:1,:);

%TM
intervals=(tm0>=0)-(tm0<0);
izeros=find(diff(intervals)<0);
X0=[b0(izeros); b0(izeros+1)]' ;
[nzeros,scrap]=size(X0);
for i=1:nzeros
    nTM(i)=fzero(@(x) TM_eq(x,k0,n1,n2,n3,t),X0(i,:))/k0;
    [TMparam(i,1),TMparam(i,2),TMparam(i,3),TMparam(i,4)]=TM_eq(nTM(i)*k0,k0,n1
         ,n2,n3,t);
end
if nzeros>0
    nTM=nTM(end:-1:1);
    TMparam=TMparam(end:-1:1,:);
else
    nTM=[];
end

function [te0,h0,q0,p0]=TE_eq(b0,k0,n1,n2,n3,t)
h0 = sqrt( (n2*k0)^2 - b0.^2 );
q0 = sqrt( b0.^2 - (n1*k0)^2 );
p0 = sqrt( b0.^2 - (n3*k0)^2 );
%the objective is to  find  zeroes  of  te0  and  tm0
```

```
teO = tan( h0*t ) - (p0+q0)./h0./(1-p0.*q0./h0.^2);

function [tm0,h0,q0,p0]=TM_eq(b0,k0,n1,n2,n3,t)
h0 = sqrt( (n2*k0)^2 - b0.^2 );
q0 = sqrt( b0.^2 - (n1*k0)^2 );
p0 = sqrt( b0.^2 - (n3*k0)^2 );
pbar0 = (n2/n3)^2*p0;
qbar0 = (n2/n1)^2*q0;
tm0 = tan( h0*t ) - h0.*(pbar0+qbar0)./(h0.^2-pbar0.*qbar0);
```

代码 3.3　MATLAB 分析计算 1D 光波导场分布，见 A. Yariv 和 P. Yeh 编著的第 6 版《光子：现代通信中的光电子学》3.2 节，式 (3.2-2)~ 式 (3.2-7)[36]；wg_1D_mode_profile.m

```
% wg_1D_mode_profile.m - Calculate the 1D mode profile of a waveguide
% by Lukas Chrostowski, 2012
% See Yariv Photonics book, Chapter 3.2
% - function returns mode profiles for TE and TM modes (E, H components)
% usage, e.g.:
% [x, TE_E, TE_H, TM_E, TM_H] = wg_1D_mode_profile (1.55e-6, 0.22e-6,
     1.444, 3.47, 1.444, 100, 4)
% plot (x, TE_E);

function [x, TE_E, TE_H, TM_E, TM_H]= wg_1D_mode_profile (lambda, t,
     n1, n2, n3, pts, M) [nTE,nTM,TEparam,TMparam]= wg_1D_analytic(lambda,t,
     n1,n2,n3);
x1=linspace( -M*t, -t/2, pts); x2=linspace( -t/2, t/2, pts);
x3=linspace( t/2, M*t, pts); x=[x1 x2 x3];
nx=[n1*ones(pts,1); n2*ones(pts,1); n3*ones(pts,1)]' ;
mu0=4*pi*1e-7; epsilon0=8.85e-12; eta=sqrt(mu0/epsilon0); c=3e8; %
     constants
for i=1:length(nTE)
    h=TEparam(i,2);q=TEparam(i,3); p=TEparam(i,4);
    beta = 2*pi*nTE(i)/lambda;
    C=2*h*sqrt ( 2*pi*c/lambda*mu0 / (beta * (t+1/q+1/p)*(h^2+q^2) ) ); %
        normalize to 1W
    % n1, n2, n3 regions
    TE_E(i,:)=C*[exp(q*(x1+t/2)), (cos(h*(x2+t/2))+q/h*sin(h*(x2+t/2))),
    (cos(h*t)+q/h*sin(h*t)).*exp(-p*(x3-t/2))];
end
TE_H=TE_E' .*(nx' *ones(1,length(nTE)))/eta;

for i=1:length(nTM)
    h=TMparam(i,2); q=TMparam(i,3);
    p=TMparam(i,4); qb=n2^2/n1^2*q;pb=n2^2/n3^2*p;
    beta = 2*pi*nTM(i)/lambda;
```

```
    temp=(qb^2+h^2)/qb^2 * (t/n2^2 + (q^2+h^2)/(qb^2+h^2)/n1^2/q + ( p^2+h^2)/(
         p^2+h^2)/n3^2/p) ;
    C=2*sqrt ( 2*pi*c/lambda*epsilon0 / (beta * temp )); % normalize to 1W
    TM_H(i,:)=C*[h/qb*exp(q*(x1+t/2)), (h/qb*cos(h*(x2+t/2))+sin(h*(x2+t/2))),
         (h/qb*cos(h*t)+sin(h*t)).*exp(-p*(x3-t/2))];
end
TM_E=TM_H' ./(nx' *ones(1,length(nTM)))*eta;
```

代码 3.4 Lumerical MODE Solutions 中 2D 光波导结构；wg_2D_draw.lsf

```
# wg_2D_draw.lsf - draw the waveguide geometry in Lumerical MODE newmode;
     newmode; redrawoff;

# define wafer and waveguide structure
thick_Clad = 2.0e-6;
thick_Si = 0.22e-6;
thick_BOX = 2.0e-6;
thick_Slab = 0;            # for strip waveguides
#  thick_Slab = 0.13e-6;  # for rib waveguides
width_ridge = 0.5e-6;      # width of the waveguide

# define materials
material_Clad = "SiO2 (Glass) - Const";
material_BOX = "SiO2 (Glass) - Const";
material_Si = "Si (Silicon) - Dispersive & Lossless";
materials;             # run script to add materials

# define simulation region
width_margin = 2.0e-6; # space to include on the side of the waveguide
height_margin = 1.0e-6; # space to include above and below the waveguide

# calculate simulation volume
# propagation in the x-axis direction;  z-axis  is  wafer-normal
Xmin = -2e-6; Xmax = 2e-6; # length of the waveguide
Zmin = -height_margin; Zmax = thick_Si + height_margin;
Y_span = 2*width_margin + width_ridge; Ymin = -Y_span/2; Ymax = -Ymin;

# draw cladding
addrect; set("name","Clad"); set("material", material_Clad);
set("y", 0);                     set("y span", Y_span+1e-6);
set("z  min",  0);               set("z  max",  thick_Clad);
set("x  min",  Xmin);            set("x  max",  Xmax);
set("override mesh order from material database",1);
set("mesh order",3); # similar to "send to back", put the cladding as a
     background.
set("alpha", 0.05);
```

```
# draw  buried oxide
addrect; set("name", "BOX"); set("material", material_BOX);
set("x  min", Xmin);            set("x  max", Xmax);
set("z  min", -thick_BOX);  set("z  max", 0);
set("y", 0);                    set("y span", Y_span+1e-6);
set("alpha", 0.05);

# draw silicon wafer
addrect; set("name", "Wafer"); set("material", material_Si);
set("x  min", Xmin);              set("x  max", Xmax);
set("z  max", -thick_BOX);     set("z  min", -thick_BOX-2e-6);
set("y", 0);                      set("y span", Y_span+1e-6);
set("alpha", 0.1);

# draw waveguide
addrect; set("name", "waveguide"); set("material",material_Si);
set("y", 0);                set("y span", width_ridge);
set("z  min", 0);       set("z  max", thick_Si);
set("x  min", Xmin);    set("x  max", Xmax);

# draw slab for rib waveguides
addrect; set("name", "slab"); set("material",material_Si);
if (thick_Slab==0) {
    set("y  min", 0);        set("y  max", 0);
} else {
    set("y", 0); set("y span", Y_span+1e-6);
}
set("z  min", 0);      set("z  max", thick_Slab);
set("x  min", Xmin);   set("x  max", Xmax);
set("alpha", 0.2);
```

代码 3.5　Lumerical MODE Solutions 中 1D 平板光波导仿真参数; wg_1D_slab.lsf

```
# wg_1D_slab.lsf - setup the Lumerical MODE 1D simulation

wg_2D_draw; # draw the waveguide

wavelength=1.55e-6;
meshsize = 10e-9; # mesh size

# add 1D mode solver (waveguide cross-section)
addfde;  set("solver  type","1D  Z:X  prop");
set("x", 0); set("y", 0);
set("z  max", Zmax);  set("z  min", Zmin);
set("wavelength", wavelength);
```

```
set("define z mesh by","maximum mesh step");
set("dz", meshsize);
modes=2; # modes to output
set("number of trial modes",modes);
```

代码 3.6 Lumerical MODE Solutions 中一维平板光波导模场分布计算；wg_1D_slab_mode.lsf

```
# wg_1D_slab_mode.lsf - calculate mode profiles in Lumerical MODE
wg_1D_slab;
# Draw waveguides and setup the simulation
n=findmodes;
# calculate the modes
for (m=1:modes) {
    neff=getdata ("FDE::data::mode"+num2str(m),"neff"); # display effective
        index z=getdata("FDE::data::mode1","z");
    E3=pinch(getelectric("FDE::data::mode"+num2str(m)));
    plot(z,E3); # plot the mode profile
}
```

代码 3.7 Lumerical MODE Solutions 中一维平板光波导计算区域收敛测试；wg_1D_slab_convergence_z.lsf

```
# wg_1D_slab_convergence_z.lsf - perform convergence test, Lumerical MODE

wg_1D_slab; # Draw waveguides and setup the simulation

zspan_list=[.4:0.2:2]*1e-6; # sweep for the simulation region
neff=matrix(length(zspan_list),2);  # initialize empty matrix
for (x=1:length(zspan_list)) {
    switchtolayout;
    select("MODE");
    set("z span", zspan_list(x));
    n=findmodes;
    neff(x,1)=getdata ("MODE::data::mode1","neff");
    neff(x,2)=getdata ("MODE::data::mode2","neff");
}
plot(zspan_list,real(neff));  legend(' Mode 1' ,' Mode 2' );
matlabsave (' out/wg_slab_convergence_z' );
```

代码 3.8 Lumerical MODE Solutions 中一维平板光波导计算网格收敛测试；wg_1D_slab_convergence_mesh.lsf

```
# wg_1D_slab_convergence_mesh.lsf - perform convergence test, Lumerical MODE
```

```
wg_1D_slab; # Draw waveguides and setup the simulation

mesh_list=[0.01;  0.1;  1:1:50]*1e-9;   # vary the mesh size
refine_list=[1,3];        # 1=Staircase, 3=Conformal mesh
neff=matrix(length(mesh_list),length(refine_list));
for (y=1:length(refine_list)) {
    switchtolayout; select ("MODE"); set ("z span",2e-6);
    set ("mesh refinement", refine_list(y));
    for (x=1:length(mesh_list)) {
        switchtolayout; select("MODE"); set("dz", mesh_list(x));
        n=findmodes;
        neff(x,y)=getdata ("MODE::data::mode1","neff");
    }
}
plot(mesh_list,real(neff)); legend("Staircase mesh","Conformal mesh");
matlabsave (' out/wg_slab_convergence_mesh' );
```

代码 3.9　Lumerical MODE Solutions 中一维平板光波导平板厚度扫描；wg_1D_slab_neff_sweep.lsf

```
# wg_1D_slab_neff_sweep.lsf - perform sweep mode calculations on the slab

wg_1D_slab; # Draw waveguides and setup the simulation

thick_Si_list = [0:.01:.4]*1e-6; # sweep waveguide thickness
mode_list=[1:4];

neff_slab = matrix (length(thick_Si_list), length(mode_list) );
TE_pol = matrix (length(thick_Si_list), length(mode_list) );

select("MODE");
set("number of trial modes",max(mode_list)+2);

for(kk=1:length(thick_Si_list))
{
   switchtolayout;
   setnamed(' waveguide' ,' z max' , thick_Si_list(kk));
   n=findmodes;
   for (m=1:length(mode_list))
   {
      neff_slab (kk,m) =abs( getdata ("MODE::data::mode"+num2str(m),"neff") );
      TE_pol(kk,m) = getdata("MODE::data::mode"+num2str(m),"TE polarization
           fraction");
      if ( TE_pol(kk,m) > 0.5 )
         { pol = "TE"; }  else  {  pol = "TM";  }
   }
}
```

```
plot ( thick_Si_list, neff_slab);
# matlabsave ("wg_mode_neff_sweep_slab"); # save the data for plotting in
    Matlab.
```

代码 3.10 光波导有效折射率法；wg_EIM.lsf

```
# wg_EIM.lsf - setup the Lumerical MODE 1D simulation for Effective index
    method

wg_2D_draw; # draw the waveguide

material_Si = "<Object defined dielectric>";
select("waveguide");
set("material",material_Si);
set("index", 2.845); # effective index taken from the TE slab mode
wavelength=1.55e-6;
meshsize = 10e-9; # mesh size

# add 1D mode solver (horizontal waveguide cross-section)
addfde;  set("solver  type","1D  Y:X  prop");
set("x", 0); set("z", 0.1e-6);
set("y  max",  1e-6);  set("y  min",  -1e-6);
set("wavelength", wavelength);
set("define  y  mesh  by","maximum  mesh  step");
set("dy", meshsize);
modes=2; # modes to output
set("number of trial modes",modes);

n=findmodes;    # calculate the modes
for (m=1:modes) {
    neff=getdata ("FDE::data::mode"+num2str(m),"neff"); # display effective
        index
    y=getdata("FDE::data::mode1","y");
    E3=pinch(getelectric("FDE::data::mode"+num2str(m)));
    plot(y,E3); # plot the mode profile
    matlabsave("wg_EIM"+num2str(m));
}
```

代码 3.11 MATLAB 使用代码 3.2 的有效折射率法分析计算 2D 光波导的场分布；wg_EIM_profile.lsf

```
% wg_EIM_profile.m - Effective Index Method - mode profile
% Lukas Chrostowski, 2012
% usage, e.g.:
% wg_EIM_profile (1.55e-6, 0.22e-6, 0.5e-6, 90e-9, 3.47, 1, 1.44, 100, 2)
```

```
function  wg_EIM_profile  (lambda,  t,  w,  t_slab,  n_core,  n_clad,  n_oxide,
       pts,  M)

% find TE (TM) modes of slab waveguide (waveguide core and slab portions):
[nTE,nTM]=wg_1D_analytic (lambda, t, n_oxide, n_core, n_clad);
if t_slab>0
    [nTE_slab,nTM_slab]=wg_1D_analytic (lambda, t_slab, n_oxide, n_core, n_clad
        );
else
    nTE_slab=n_clad; nTM_slab=n_clad;
end
[xslab,TE_Eslab,TE_Hslab,TM_Eslab,TM_Hslab]=wg_1D_mode_profile (lambda, t,
     n_oxide, n_core, n_clad,  pts,  M);

figure(1); clf; subplot (2,2,2); Fontsize=9;
plot(TE_Eslab/max(max(TE_Eslab)),xslab*1e9,' LineWidth' ,2);hold all;
ylabel(' Height [nm]' ,' FontSize' ,Fontsize);
xlabel(' E-field (TE)' ,' FontSize' ,Fontsize);
set(gca,' FontSize' ,Fontsize,' XTick' ,[]);
axis  tight;  a=axis;  axis  ([a(1)*1.1,  a(2)*1.1,  a(3),  a(4)]);
Ax1 = gca; Ax2 = axes(' Position' ,get(Ax1,' Position' ));
get(Ax1,' Position' );
nx=[n_oxide*ones(pts,1); n_core*ones(pts,1); n_clad*ones(pts,1)]' ;
plot (nx, xslab*1e9, ' LineWidth' ,0.5,' LineStyle' ,' --' ,' parent' ,Ax2);
a2=axis; axis ([a2(1), a2(2), a(3), a(4)]);
set(Ax2,' Color' ,' none' ,' XAxisLocation' ,' top' , ' YTick' ,[],' TickDir' ,
      ' in' );
set(gca,' YAxisLocation' ,' right' ); box off;
xlabel(' Material Index' ,' FontSize' ,Fontsize);
set(gca,' FontSize' ,Fontsize);

% TE-like modes of the etched waveguide (for fundamental slab mode)
% solve for the "TM" modes:
[nTE,nTM]=wg_1D_analytic  (lambda,  w,  nTE_slab(1),  nTE(1),  nTE_slab(1));
     neff_TEwg=nTM;
[xwg,TE_E_TEwg,TE_H_TEwg,TM_E_TEwg,TM_H_TEwg]=wg_1D_mode_profile (lambda,  w,
     nTE_slab(1), nTE(1),  nTE_slab(1),  pts,  M);
subplot (2,2,3);
plot  (xwg*1e9,  TM_E_TEwg/max(max(TM_E_TEwg)),  ' LineWidth' ,2,' LineStyle' ,
      ' -' );
xlabel(' Position [nm]' ,' FontSize' ,Fontsize);
ylabel(' E-field (TM, TE-like mode)' ,' FontSize' ,Fontsize);
set(gca,' FontSize' ,Fontsize,' YTick' ,[]);
axis  tight;  a=axis;  axis  ([a(1),  a(2),  a(3)*1.1,  a(4)*1.1]);
Ax1 = gca; Ax2 = axes(' Position' ,get(Ax1,' Position' ));
nx=[nTE_slab(1)*ones(pts,1); nTE(1)*ones(pts,1); nTE_slab(1)*ones(pts,1)]' ;
plot (xwg*1e9, nx, ' LineWidth' ,0.5,' LineStyle' ,' --' ,' parent' ,Ax2);
set(Ax2,' Color' ,' none' ,' YAxisLocation' ,' right' ); box off;
```

```
a2=axis; axis ([a(1), a(2), a2(3), a2(4)]);
ylabel(' Slab Effective Index' ,' FontSize' ,Fontsize);
set(gca,' FontSize' ,Fontsize);

% Plot the product of the two fields
subplot (2,2,1); Exy=TM_E_TEwg(:,1)*(TE_Eslab(1,:));
contourf(xwg*1e9,xslab*1e9,abs(Exy)/max(max(Exy))' );
xlabel (' X (nm)' ,' FontSize' ,Fontsize);
ylabel (' Y (nm)' ,' FontSize' ,Fontsize);
set (gca, ' FontSize' ,Fontsize);
A=axis;  axis([A(1)+0.4,  A(2)-0.4,  A(3)+.2,  A(4)-0.2]);
title(' Effective Index Method' );
% Draw the waveguide:
rectangle (' Position' ,[-w/2,-t/2,w,t]*1e9, ' LineWidth' ,1, ' EdgeColor' ,'
     white' )
if t_slab>0
   rectangle (' Position' ,[-M*w,-t/2,(M-0.5)*w, t_slab]*1e9, ' LineWidth' ,1,
        ' EdgeColor' ,' white' )
   rectangle (' Position' ,[w/2,-t/2,(M-0.5),t_slab]*1e9, ' LineWidth' ,1, '
        EdgeColor' ,' white' )
end

function draw_WG_vertical(M)
pP=get(gca,' Position' );pPw=pP(3);
pPc=pP(3)/2+pP(1); pP2=pPw/4/M;
annotation  (' line' ,[pPc-pP2,pPc-pP2], [pP(2),pP(4)+pP(2)],' LineStyle' ,' --
     ' );
annotation (' line' ,[pPc+pP2,pPc+pP2], [pP(2),pP(4)+pP(2)],' LineStyle' ,' --
     ' );
axis  tight;  a=axis;  axis  ([a(1),  a(2),  a(3)*1.1,  a(4)*1.1]);

function draw_WG_horiz(M)
pP=get(gca,' Position' );pPw=pP(4);
pPc=pP(4)/2+pP(2); pP2=pPw/4/M;
annotation  (' line' ,[pP(1),pP(3)+pP(1)], [pPc-pP2,pPc-pP2],' LineStyle' ,' --
     ' );
annotation (' line' ,[pP(1),pP(3)+pP(1)], [pPc+pP2,pPc+pP2],' LineStyle' ,' --
     ' );
axis  tight;  a=axis;  axis  ([a(1)*1.1,  a(2)*1.1,  a(3),  a(4)]);
```

代码 3.12 2D 光波导基模计算设置；wg__2D.lsf

```
# wg_2D.lsf - set up the mode profile simulation solver

wg_2D_draw; # run script to draw the waveguide

# define simulation parameters
```

```
wavelength = 1.55e-6;
meshsize   = 20e-9;        # maximum mesh size
modes      = 4;            # modes to output

# add 2D mode solver (waveguide cross-section)
addfde; set("solver type", "2D X normal");
set("x", 0);
set("y", 0);    set("y span", Y_span);
set("z max", Zmax); set("z min", Zmin);
set("wavelength", wavelength); set("solver type","2D X normal");
set("define y mesh by","maximum mesh step"); set("dy", meshsize);
set("define z mesh by","maximum mesh step"); set("dz", meshsize);
set("number of trial modes",modes);
```

代码 3.13　2D 光波导基模分布计算；wg_2D_mode_profile.lsf

```
# wg_2D_mode_profile.lsf - calculate the mode profiles of the waveguide

wg_2D;   # run the script to draw the waveguide and set up the simulation

# output filename
clad = substring(material_Clad, 1, (findstring(material_Clad,' '))-1);
?FILE = "out/wl" + num2str(wavelength*1e9) +"nm_" + clad + "-clad" + "_"+
     num2str(thick_Si*1e9) + "nm-wg_" + num2str(thick_Slab*1e9)+"nm-ridge";

# find the material dispersion (using 2 frequency points), for energy density
     calculation switchtolayout; set("wavelength", wavelength*(1 + .001) );
run; mesh;
f1 = getdata("FDE::data::material","f");
eps1 = pinch(getdata("FDE::data::material","index_x"))^2;
switchtolayout; set("wavelength", wavelength*(1 - .001) );
run; mesh;
f3 = getdata("FDE::data::material","f");
eps3 = pinch(getdata("FDE::data::material","index_x"))^2;
re_dwepsdw = real((f3*eps3-f1*eps1)/(f3-f1));

switchtolayout; set("wavelength", wavelength);
n=findmodes;
neff = matrix ( modes ); TE_pol = matrix (modes );
for (m=1:modes) {   # extract mode data
    neff(m) = abs( getdata ("FDE::data::mode"+num2str(m),"neff") );
    TE_pol(m) = getdata("FDE::data::mode"+num2str(m),"TE polarization fraction
         ");
    if ( TE_pol(m) > 0.5 ) # identify the TE-like or TM-like modes
       {    pol  =  "TE";  }     else     {     pol  =  "TM";  }
       z = getdata("FDE::data::mode"+num2str(m),"z");
       y = getdata("FDE::data::mode"+num2str(m),"y");
```

```
        E1 = pinch(getelectric("FDE::data::mode"+num2str(m)));
        H1 = pinch(getmagnetic("FDE::data::mode"+num2str(m)));
        W1 = 0.5*(re_dwepsdw*eps0*E1+mu0*H1);
    image(y,z,E1); # plot E-field intensity of mode
    setplot("title","mode"  +  num2str(m)  +  "("+pol+"):  "+"neff:"  +
        num2str(neff(m)));
    image(y,z,W1); # plot energy density of mode
    setplot("title","mode"  +  num2str(m)  +  "("+pol+"):"+"neff:"  + num2str(
        neff(m)));
    # matlabsave ( FILE + "_"+ num2str(m) );
}
```

代码 3.14　有限折射率与光波导的宽度关系 (2D 仿真);
wg_2D_neff_sweep_width.lsf

```
# wg_2D_neff_sweep_width.lsf - perform mode calculations on the waveguide

wg_2D;  # run the script to draw the waveguide and set up the simulation

modes=4;    # modes to output
set("number of trial modes",modes+2);

# define parameters to  sweep
width_ridge_list=[.2:.02:.8]*1e-6; # sweep waveguide width

neff = matrix (length(width_ridge_list), modes );
TE_pol = matrix (length(width_ridge_list), modes );

for(ii=1:length(width_ridge_list))
    { switchtolayout;
    setnamed("waveguide","y span", width_ridge_list(ii));
    setnamed("slab","z  max",  thick_Slab);
    n=findmodes;
    for (m=1:modes) { # extract mode data
        neff (ii,m) = abs( getdata ("FDE::data::mode"+num2str(m),"neff") );
        TE_pol(ii,m) = getdata("FDE::data::mode"+num2str(m),"TE polarization
            fraction");
    }
}
plot (width_ridge_list, neff (1:length(width_ridge_list), 1)); # plots the 1st
     mode.
plot (width_ridge_list, neff);
```

代码 3.15　有限折射率和群折射率与波长关系；wg_2D_neff_sweep_wavelength.lsf

```
# wg_2D_neff_sweep_wavelength.lsf - Calculate the wavelength dependence of
     waveguide’ s neff and ng

wg_2D; # draw waveguide

run; mesh;
setanalysis(’ wavelength’ ,1.6e-6);
findmodes; selectmode(1); # find the fundamental mode

setanalysis("track selected mode",1);
setanalysis("number of test modes",5);
setanalysis("detailed dispersion calculation",0); # This feature is useful for
     higher-order dispersion.
setanalysis(’ stop wavelength’ ,1.5e-6);
frequencysweep; # perform sweep of wavelength and plot
f=getdata("frequencysweep","f");
neff=getdata("frequencysweep","neff");
f_vg=getdata("frequencysweep","f_vg");
ng=c/getdata("frequencysweep","vg");
plot(c/f*1e6,neff,"Wavelength (um)", "Effective Index");
plot(c/f_vg*1e6,ng,"Wavelength (um)", "Group Index");
matlabsave (’ wg_2D_neff_sweep_wavelength.mat’ ,f, neff, f_vg, ng);
```

代码 3.16　弯曲光波导绘制；bend_draw.lsf

```
# bend_draw.lsf - Define simulation parameters, draw the bend
# input: variable "bend_radius" pre-defined

# define wafer structure
thick_Clad =  3e-6; thick_Si = 0.22e-6; thick_BOX = 2e-6;
thick_Slab = 0;                     # for strip waveguides
#thick_Slab = 0.09e-6; # for rib waveguides
width_ridge = 0.5e-6; # width of the waveguide

# define materials
material_Clad = "SiO2 (Glass) - Const";
material_BOX = "SiO2 (Glass) - Const";
material_Si = "Si (Silicon) - Dispersive & Lossless";
materials;  # run script to add materials

Extra=0.5e-6; thick_margin = 500e-9; width_margin=2e-6; length_input=1e-6;

Xmin = 0-width_ridge/2-width_margin; Xmax = bend_radius+length_input;
Zmin =-thick_margin; Zmax=thick_Si+thick_margin; Ymin = 0;
```

```
Ymax = bend_radius+width_ridge/2+width_margin+length_input/2;

addrect; set('name','Clad'); set("material", material_Clad);
set('y min', Ymin-Extra); set('y max', Ymax+Extra);
set('z min', 0);             set('z max', Zmax);
set('x min', Xmin-Extra); set('x max', Xmax+Extra);
set('alpha', 0.2);

addrect; set("name", "BOX"); set("material", material_BOX);
set('x min', Xmin-Extra); set('x max', Xmax+Extra);
set('z min', -thick_BOX); set('z max', 0);
set('y min', Ymin-Extra); set('y max', Ymax+Extra);
set('alpha', 0.3);

addrect; set("name", "slab"); set("material",material_Si);
set('y min', Ymin-Extra);  set('y max', Ymax+Extra);
set('z min', 0);           set('z max', thick_Slab);
set('x min', Xmin-Extra);  set('x max', Xmax+Extra);
set('alpha', 0.4);

addrect; set('name', 'input_wg'); set("material",material_Si);
set('x min', -width_ridge/2);  set('x max', width_ridge/2);
set('z min', 0);           set('z max', thick_Si);
set('y min', Ymin-2e-6);       set('y max', Ymin+length_input);

addrect; set('name', 'output_wg'); set("material",material_Si);
set('y', length_input+bend_radius); set('y span', width_ridge);
set('z min', 0);   set('z max', thick_Si);
set('x min', bend_radius); set('x max', bend_radius+length_input+2e-6);

addring; set('name', 'bend'); set("material",material_Si);
set('x', bend_radius);
set('y', length_input);
set('z min', 0); set('z max', thick_Si);
set('theta start', 90); set('theta stop', 180);
set('outer radius', bend_radius+0.5*width_ridge);
set('inner radius', bend_radius-0.5*width_ridge);
```

代码 3.17 弯曲光波导 3D FDTD 设置; bend_FDTD_setup.lsf

```
# bend_FDTD_setup.lsf - setup FDTD simulation for bend calculations

wavelength=1.55e-6;
Mode_Selection = 'fundamental TE mode';
Mesh_level=1; # Mesh of 3 is suitable for high accuracy

addfdtd;
```

```
set(' x  min' , Xmin); set(' x  max' , Xmax);
set(' y  min' , Ymin); set(' y  max' , Ymax);
set(' z  min' , Zmin); set(' z  max' , Zmax);
set(' mesh accuracy' , Mesh_level);

addmode;
set(' injection axis' , ' y-axis' );
set(' direction' , ' forward' );
set(' y' , Ymin+100e-9);
set(' x' , 0); set(' x span' , width_ridge+width_margin);
set(' z  min' , Zmin); set(' z  max' , Zmax);
set(' set wavelength' ,' true' );
set(' wavelength start' , wavelength);
set(' wavelength stop' ,wavelength);
set(' mode selection' , Mode_Selection);
updatesourcemode;

addpower; # Power monitor, output
set(' name' ,   ' transmission' );
set(' monitor type' , ' 2D X-normal' );
set(' y' , length_input+bend_radius);
set(' y span' , width_ridge +width_margin);
set(' z  min' , Zmin); set(' z  max' , Zmax);
set(' x' , Xmax-0.5e-6);

addmodeexpansion;
set(' name' , ' expansion' );
set(' monitor type' , ' 2D X-normal' );
set(' y' , length_input+bend_radius);
set(' y span' , width_ridge +width_margin);
set(' z  min' , Zmin); set(' z  max' , Zmax);
set(' x' , Xmax-0.3e-6); set(' frequency points' ,10);
set(' mode selection' , Mode_Selection); setexpansion(' T' ,' transmission' );

addpower; # Power monitor, input
set(' name' , ' input' );
set(' monitor  type' ,  ' 2D  Y-normal' );
set(' y' ,  Ymin+500e-9);  set(' x' ,  0); set(' x span' , width_ridge+
     width_margin);
set(' z  min' , Zmin); set(' z  max' , Zmax);

if (0) {
    addmovie;
    set(' name' , ' movie' ); set(' lockAspectRatio' , 1); set(' monitor type'
         , ' 2D  Z-normal' );
    set(' x  min' , Xmin); set(' x  max' , Xmax);
    set(' y  min' , Ymin); set(' y  max' , Ymax);
    set(' z' , 0.5*thick_Si);
```

```
}
```

代码 3.18 弯曲光波导 3D FDTD 仿真；bend_FDTD_radius_sweep.lsf

```
# bend_FDTD_radius_sweep.lsf - 3D-FDTD script to calculate the loss in a 90
     degree bend versus bend-radius, including mode expansion

bend_radius_sweep=[0.5,1,2,3,4,5,6,10,20,30]*1e-6; # bend radii to sweep

L=length(bend_radius_sweep); T=matrix(2,L);
for(ii=1:L)
{
    newproject; switchtolayout; redrawoff;
    selectall; delete;
    bend_radius = bend_radius_sweep(ii);
    bend_draw;  # draw the waveguides
    bend_FDTD_setup; # setup the FDTD simulations
    save(' bend_radius_' + num2str(ii));
    run;
        T_fund=getresult(' expansion' , ' expansion for T' );
        T_forward=T_fund.getattribute(' T forward' );
        T(1,ii)=T_forward;
        T(2,ii)=transmission(' transmission' ); # total output power in WG
        T(3,ii)=transmission(' input' ); # output power in fundamental mode
}
plot(bend_radius_sweep, -10*log10(T(1,1:ii)/T(3,1:ii)), -10*log10(T(2,1:ii)/T
     (3,1:ii)));
legend (' Transmission, in fundamental mode' , ' Transmission, total' );
matlabsave (' bend.mat' , bend_radius_sweep, T);
```

代码 3.19 基于 3D FDTD 仿真的弯曲光波导的电场强度分布；bend_FDTD_top_field.lsf

```
# bend_top_field.lsf - simulate a bend, observe the top-view field profile

bend_radius = 1e-6; # 1 micron bend radius
bend_draw;  # Call script to draw the bent waveguide
bend_FDTD_setup;    # setup the FDTD simulations

addpower; # Power monitor, top-view
set(' name' , ' top' );
set(' monitor type' , ' 2D Z-normal' );
set(' x min' , Xmin);
set(' x max' , Xmax);
set(' y min' , Ymin); set(' y max' , Ymax);
set(' z' , thick_Si/2); # cross-section through the middle of the waveguide
```

```
save(' ./out/bend_FDTD_top_field' );
run;

X=getdata(' top' ,' x' ); Y=getdata(' top' ,' y' );
I2=abs(getdata(' top' ,' Ex' ))^2 + abs(getdata(' top' ,' Ey' ))^2 + abs(
     getdata(' top' ,' Ez' ))^2;
image(X,Y,I2);  # E-field intensity image plot
image(X,Y,10*log10(I2)); # E-field intensity image plot
```

代码 3.20 弯曲光波导的模式分布和模式失配损耗计算；bend_MODE.lsf

```
# bend_MODE.lsf: script to:
# 1) calculate the mode profile in a waveguide with varying bend radius
# 2) calculate mode mismatch loss with straight waveguide and radiation
     loss vs. radius

# Example with default parameters requires 1.2 GB ram.

radii= [0, 100, 50, 30, 20, 10, 5, 4, 3]*1e-6;
# min radius as defined in:
# http://docs.lumerical.com/en/solvers_finite_difference_eigenmode_bend.html
wg_2D_draw; # run script to draw the waveguide

# define simulation parameters
wavelength = 1.55e-6;
# maximum mesh size; 40 gives reasonable results
meshsize    = 10e-9;
modes       = 4;    # modes to output

# add 2D mode solver (waveguide cross-section)
addfde; set("solver type", "2D X normal");
set("x", 0);
width_margin = 2e-6; # ensure it is big enough to accurately measure radiation
     loss via PMLs
height_margin = 0.5e-6;
Zmin = -height_margin; Zmax = thick_Si + height_margin;
set(' z max' , Zmax); set(' z min' , Zmin);
Y_span = 2*width_margin + width_ridge;
Ymin = -Y_span/2; Ymax = -Ymin;
set(' y' ,0); set(' y span' , Y_span);
set("wavelength", wavelength);
set("solver type","2D X normal"); set("y min bc","PML");
set("y max bc","PML"); # radiation loss
set("z min bc","metal");  set("z max bc","metal"); # faster
set("define y mesh by","maximum mesh step");
set("dy", meshsize);
```

```
set("define  z  mesh  by","maximum  mesh  step");
set("dz", meshsize);
set("number of trial modes",modes);
cleardcard; # Clears all the global d-cards.

# solve modes in the waveguide:
n=length(radii); Neff=matrix(n); LossdB_m=matrix(n);
LossPerBend=matrix(n); power_coupling=matrix(n);
for (i=1:n) {
   if (radii(i)==0) {
       setanalysis (' bent waveguide' , 0); # Cartesian
} else {
   setanalysis (' bent waveguide' , 1); # cylindrical
   setanalysis (' bend radius' , radii(i));
}
setanalysis (' number of trial modes' ,  4);
nn = findmodes;
if (nn>0) {
   Neff(i) = getdata(' FDE::data::mode1' ,' neff' );
   LossdB_m(i) = getdata(' FDE::data::mode1' ,' loss' ); # per m
   LossPerBend(i)  =  LossdB_m(i)  *  2*pi*radii(i)/4;
   copydcard( ' mode1' , ' radius'  + num2str(radii(i)) );

   # Perform mode-overlap calculations between the straight and bent waveguides
   if (radii(i)>0) {
      out = overlap(' ::radius0' ,' ::radius' +num2str(radii(i)));
      power_coupling(i)=out(2); # power coupling
}

# plot mode profile:
E3=pinch(getelectric(' FDE::data::mode1' )); y=getdata(' FDE::data::mode1' ,' y
     ' );
    z=getdata(' FDE::data::mode1' ,' z' );
    image(y,z,E3);
    exportfigure(' out/bend_mode_profile_radius' + num2str(radii(i)));
    matlabsave(' out/bend_mode_profile_radius' + num2str(radii(i)), y,z,E3);
    }
}
PropagationLoss=2 *100; # dB/cm *100 --- dB/m
LossMM=-10*log10( power_coupling(2:n)^2 ); # plot 2X couplings per 90 degree
     bend vs radius (^2 for two)
LossR=LossPerBend (2:n)-LossPerBend(1);
LossP=PropagationLoss*2*pi*radii(2:n)/4; # quarter turn
plot ( radii (2:n)*1e6, LossMM, LossR, LossP, LossMM+LossR+LossP, "Radius [
     micron]", "Loss [dB]"  ,"Bend  Loss",  "loglog,  plot  points");
legend (' Mode Mismatch Loss' , ' Radiation loss' ,' 2 dB/cm propagation loss'
     , ' Total Loss' );
matlabsave (' out/bend_MODE_profiles_coupling' , radii, power_coupling,
```

```
    LossPerBend);
```

参考文献

[1] Dirk Taillaert, Harold Chong, Peter I. Borel, et al. "A compact two-dimensional grating coupler used as a polarization splitter". IEEE Photonics Technology Letters **15**.9 (2003), pp. 1249–1251 (cit. on p. 49).

[2] Dan-Xia Xu, J. H. Schmid, G. T. Reed, et al. "Silicon Photonic Integration Platform – Have We Found The Sweet Spot?". IEEE Journal of Selected Topics in Quantum Electronics **20**.4 (2014), pp. 1–17. ISSN: 1077-260X. DOI: 10.1109/JSTQE.2014.2299634 (cit. on p. 49).

[3] W. A. Zortman, D. C. Trotter, and M. R. Watts. "Silicon photonics manufacturing". Optics Express **18** .23 (2010), pp. 23598–23607 (cit. on p. 49).

[4] A. V. Krishnamoorthy, Xuezhe Zheng, Guoliang Li, et al. "Exploiting CMO Smanufacturing to reduce tuning requirements for resonant optical devices". IEEE Photonics Journal 3.3 (2011), pp. 567–579. DOI: 10.1109/JPHOT.2011.2140367 (cit. on p. 49).

[5] Edward Palik. Handbook of Optical Constants of Solids. Elsevier, 1998 (cit. on p. 50).

[6] Kurt Oughstun and Natalie Cartwright. "On the Lorentz–Lorenz formula and the Lorentz model of dielectric dispersion". Optics Express **11** (2003), pp. 1541–1546 (cit. on p. 50).

[7] Lorenzo Pavesi and Gérard Guillot. Optical Interconnects: The Silicon Approach. 978-3-540-28910-4. Springer Berlin/Heidelberg, 2006 (cit. on p. 50).

[8] G. Cocorullo and I. Rendina. "Thermo-optical modulation at 1.5 μm in silicon etalon". Electronics Letters **28**.1 (1992), pp. 83–85. DOI: 10.1049/el:19920051 (cit. on p. 51).

[9] J. A. McCaulley, V. M. Donnelly, M. Vernon, and I. Taha. "Temperature dependence of the near-infrared refractive index of silicon, gallium arsenide, and indium phosphide". Physical Review B **49**.11 (1994), p. 7408 (cit. on p. 51).

[10] Pieter Dumon. "Ultra-compact integrated optical filters in silicon-on-insulator by means of wafer-scale technology". PhD thesis. Gent University, 2007 (cit. on p. 51).

[11] Bradley J. Frey, Douglas B. Leviton, and Timothy J. Madison. "Temperature-dependent refractive index of silicon and germanium". Proceedings SPIE. Vol. 6273. 2006, 62732J–62732J–10. DOI: 10.1117/12.672850 (cit. on p. 51).

[12] Muzammil Iqbal, Martin A. Gleeson, Bradley Spaugh, et al. "Label-free biosensor arrays based on silicon ring resonators and high-speed optical scanning instrumentation". IEEE Journal of Selected Topics in Quantum Electronics **16**.3 (2010), pp. 654–661 (cit. on p. 52).

[13] Lukas Chrostowski, Samantha Grist, Jonas Flueckiger, et al. "Silicon photonic resonator sensors and devices". Proceedings of SPIE Volume 8236; Laser Resonators, Microresonators, and Beam Control XIV (Jan. 2012) (cit. on p. 52).

[14] Xu Wang, Samantha Grist, Jonas Flueckiger, Nicolas A. F. Jaeger, and Lukas Chrostowski. "Silicon photonic slot waveguide Bragg gratings and resonators". Optics Express **21** (2013), pp. 19029–19039 (cit. on p. 52).

[15] Xu Wang. "Silicon photonic waveguide Bragg gratings". PhD thesis. University of British Columbia, 2013 (cit. on p. 54).

[16] Effective Mode Area – FDTD Solutions Knowledge Base. [Accessed 2014/04/14]. URL: http://docs.lumerical.com/en/fdtd/user_guide_effective_mode_area.html (cit. on p. 61).

[17] A. Densmore, D. X. Xu, P. Waldron, et al. "A silicon-on-insulator photonic wire based evanescent field sensor". IEEE Photonics Technology Letters **18**.23 (2006), pp. 2520–2522 (cit. on p. 61).

[18] D. X. Xu, A. Delge, J. H. Schmid, et al. "Selecting the polarization in silicon photonic wire components". Proceedings of SPIE. Vol. 8266 (2012), 82660G (cit. on p. 61).

[19] N. Rouger, L. Chrostowski, and R. Vafaei. "Temperature effects on silicon-on-insulator (SOI) racetrack resonators: a coupled analytic and 2-D finite difference approach". Journal of Lightwave Technology **28**.9 (2010), pp. 1380–1391. DOI: 10.1109/JLT.2010.2041528 (cit. on p. 68).

[20] K. P. Yap, J. Lapointe, B. Lamontagne, et al. "SOI waveguide fabrication process development using star coupler scattering loss measurements". Proceedings Device and Process Technologies for Microelectronics, MEMS, Photonics, and Nanotechnology IV, SPIE (2008), p. 680014 (cit. on p. 69).

[21] Dietrich Marcuse. Theory of Dielectric Optical Waveguides. Elsevier, 1974 (cit. on p. 69).

[22] F. P. Payne and J. P. R. Lacey. "A theoretical analysis of scattering loss from planar optical waveguides". Optical and Quantum Electronics **26**.10 (1994), pp. 977–986 (cit. on p. 69).

[23] Christopher G. Poulton, Christian Koos, Masafumi Fujii, et al. "Radiation modes and roughness loss in high index-contrast waveguides". IEEE Journal of Selected Topics in Quantum Electronics **12**.6 (2006), pp. 1306–1321 (cit. on p. 69).

[24] Frdric Grillot, Laurent Vivien, Suzanne Laval, and Eric Cassan. "Propagation loss in singlemode ultrasmall square silicon-on-insulator optical waveguides". Journal of Lightwave Technology **24**.2 (2006), p. 891 (cit. on p. 69).

[25] Tom Baehr-Jones, Michael Hochberg, and Axel Scherer. "Photodetection in silicon beyond the band edge with surface states". Optics Express **16**.3 (2008), pp. 1659–1668 (cit. on p. 69).

[26] Jason J. Ackert, Abdullah S. Karar, John C. Cartledge, Paul E. Jessop, and Andrew P. Knights. "Monolithic silicon waveguide photodiode utilizing surface-state absorption and operating at 10 Gb/s". Optics Express **22**.9 (2014), pp. 10710–10715 (cit. on p. 69).

[27] A. D. Simard, N. Ayotte, Y. Painchaud, S. Bedard, and S. LaRochelle. "Impact of

sidewall roughness on integrated Bragg gratings". Journal of Lightwave Technology **29**.24 (2011), pp. 3693–3704 (cit. on p. 69).

[28] Po Dong, Wei Qian, Shirong Liao, et al. "Low loss shallow-ridge silicon waveguides". Optics Express **18**.14 (2010), pp. 14474–14479 (cit. on p. 69).

[29] Yurii Vlasov and Sharee McNab. "Losses in single-mode silicon-on-insulator strip waveguides and bends". Optics Express **12**.8 (2004), pp. 1622–1631. DOI: 10.1364/OPEX.12.001622 (cit. on p. 70).

[30] Guoliang Li, Jin Yao, Hiren Thacker, et al. "Ultralow-loss, high-density SOI optical waveguide routing for macrochip interconnects". Optics Express **20**.11 (May 2012), pp. 12035–12039. DOI: 10.1364/OE.20.012035 (cit. on p. 70).

[31] Wim Bogaerts, Pieter Dumon, et al. "Compact wavelength-selective functions in siliconon-insulator photonic wires". IEEE Journal of Selected Topics in Quantum Electronics **12**.6 (2006) (cit. on p. 70).

[32] Tom Baehr-Jones, Ran Ding, Ali Ayazi, et al. "A 25 Gb/s silicon photonics platform". arXiv:1203.0767v1 (2012) (cit. on pp. 71, 72).

[33] Using Mode Expansion Monitors – FDTD Solutions Knowledge Base. [Accessed 2014/04/14]. URL: http://docs.lumerical.com/en/fdtd/user_guide_using_mode_expansion_monitors.html (cit. on p. 73).

[34] R. J. Bojko, J. Li, L. He, et al. "Electron beam lithography writing strategies for low loss, high confinement silicon optical waveguides". Journal of Vacuum Science & Technology B: Microelectronics and Nanometer Structures **29**.6 (2011), 06F309–06F309 (cit. on p. 73).

[35] Bent Waveguide Calculation–MODE Solutions Knowledge Base. [Accessed 2014/04/14]. URL: http://docs.lumerical.com/en/mode/usr_waveguide_bend.html (cit. on p. 75).

[36] Amnon Yariv and Pochi Yeh. Photonics: Optical Electronics in Modern Communications (The Oxford Series in Electrical and Computer Engineering). Oxford University Press, Inc., 2006 (cit. on pp. 77, 78).

第 4 章　光器件建模基础

本章介绍硅光子集成回路的基本元器件，具体来说，本章介绍了光的分束和合束的方法 (定向耦合器和 Y 支路)、马赫–曾德尔干涉仪、环形谐振器和布拉格光栅。

4.1　定向耦合器

定向耦合器是光子系统，是光纤系统中最常见的实现分光和合光的方式。定向耦合器由两个平行波导组成，其中耦合系数由耦合器的长度和两个波导之间的间距控制。在硅光子学中，定向耦合器可以使用任何类型的波导来实现，包括脊形波导和条形波导。本章重点介绍具有类 TE 偏振的脊形波导，因为这些波导随后将用于构建环形调制器 (条形波导定向耦合器在 4.1.6 节中有介绍)。图 4.1(a) 给出了定向耦合器的示意图。

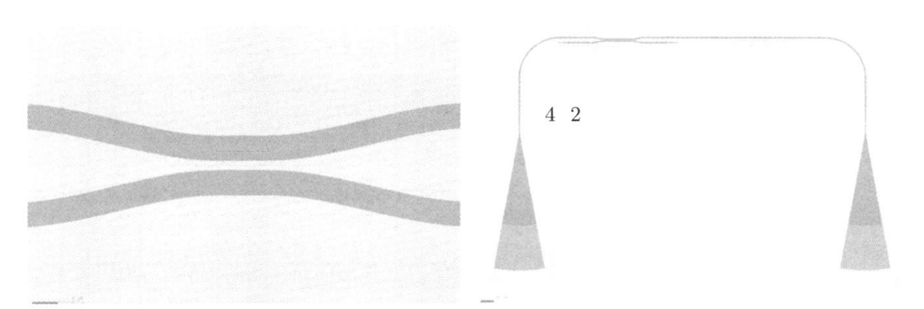

(a) 定向耦合器　　(b) 定向耦合器测试单元, 由输入输出光栅耦合器组成

图 4.1　定向耦合器的 GDS 版图 [1]；DC.gds

定向耦合器的性能可以使用耦合模理论 [2,3] 来分析，从一个波导耦合到另一个波导的功率比例可表示为

$$\kappa^2 = \frac{P_{\text{cross}}}{P_0} = \sin^2(C \cdot L) \tag{4.1}$$

式中，P_0 是输入光功率，P_{cross} 是通过定向耦合器耦合的功率，L 是耦合器的长度，C 是耦合系数。假设是无损耦合器 ($\kappa^2 + t^2 = 1$)，则原“直通”波导中剩余的功率的比例为

$$t^2 = \frac{P_{\text{through}}}{P_0} = \cos^2(C \cdot L) \tag{4.2}$$

为了获得耦合系数，使用基于耦合波导的前两个本征模的有效折射率 n_1 和 n_2 的"超模"来分析计算。这两种模式如图 4.2 所示，被称为对称模和反对称模。

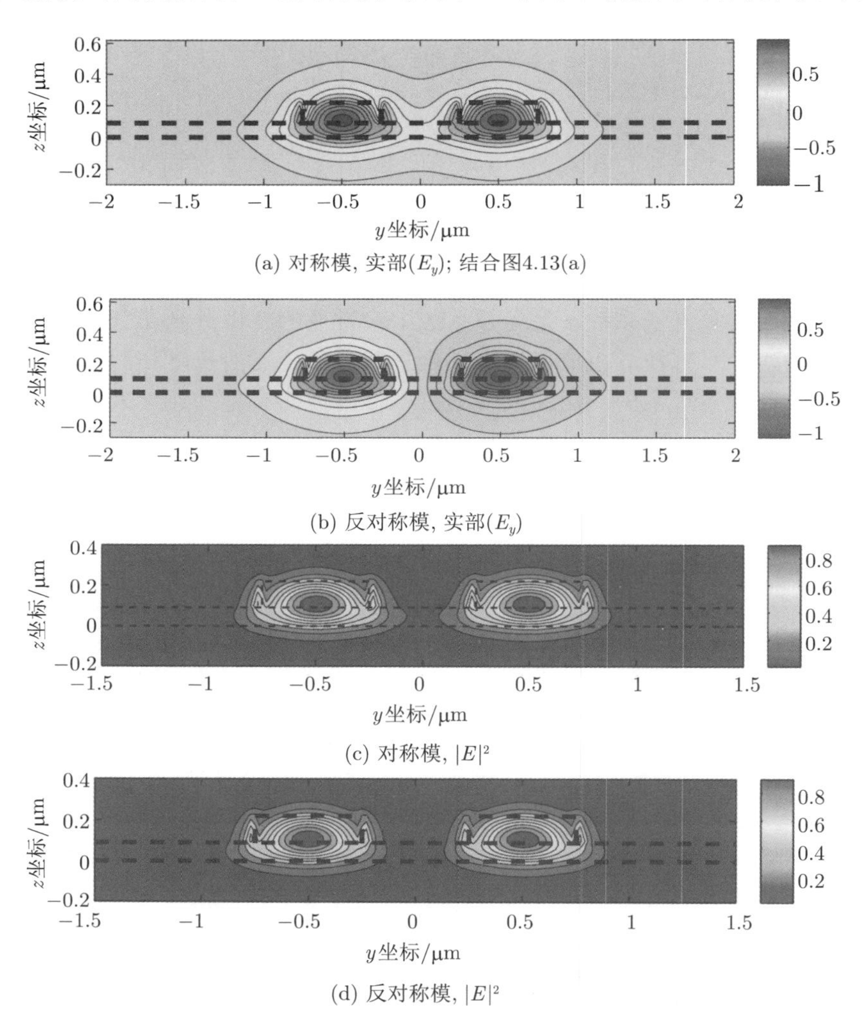

(a) 对称模, 实部(E_y); 结合图4.13(a)

(b) 反对称模, 实部(E_y)

(c) 对称模, $|E|^2$

(d) 反对称模, $|E|^2$

图 4.2　定向耦合器的两基模。实部 (E_y) 和电场强度 ($\lambda = 1550$nm，耦合间距 $g = 200$nm，90nm 厚平板的 500nm×220nm 波导) (后附彩图)

超模方法以及接下来的方法通常称为本征模展开法 (参见 2.2.3 节中的本征模展开法)，与传统的耦合模理论方法相比，这种方法更精确 (特别是对于具有强耦合的高折射率差的波导)，其耦合系数可通过微扰法找到 (参见 2.2.3 节中的耦

合模理论)。基于这两个超模可得到耦合系数

$$C = \frac{\pi \Delta n}{\lambda} \tag{4.3}$$

式中，Δn 是有效折射率之间的差值，即 $n_1 - n_2$。

耦合器原理可以通过两个模式 (图 4.2(a) 和 (b)) 的传输来解释，它们具有不同的传输常数：

$$\beta_1 = \frac{2\pi n_1}{\lambda} \tag{4.4a}$$

$$\beta_2 = \frac{2\pi n_2}{\lambda} \tag{4.4b}$$

当模式传输时，场强在两个波导之间振荡，如图 4.3 和图 4.6 所示。两个模式同相位时，光功率集中在第一根波导中；当两模式之间存在相位差 π 时，光功率集中在第二根波导中。这发生在称为耦合长度 (L_x) 的距离之后，有

$$\begin{gathered}\beta_1 L_x - \beta_2 L_x = \pi \\ L_x\left[\frac{2\pi n_1}{\lambda} - \frac{2\pi n_2}{\lambda}\right] = \pi \\ L_x = \frac{\lambda}{2\Delta n}\end{gathered} \tag{4.5}$$

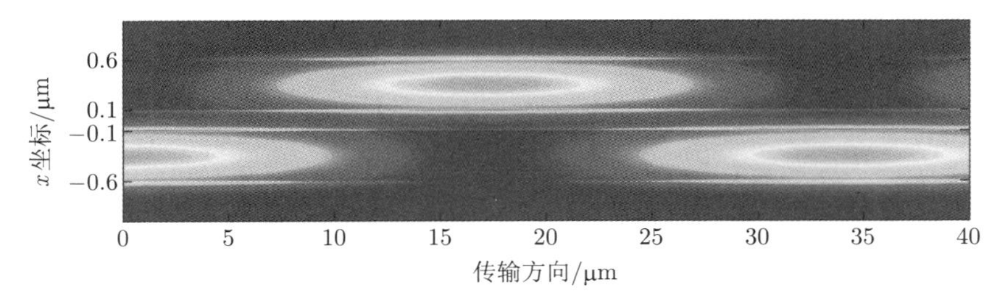

图 4.3 场沿定向耦合器传输。波导模式法求解模式，本征模扩展法计算模式传输

4.1.1 光波导模式求解方法

接下来使用本征模式求解器对定向耦合器进行数值仿真。首先通过代码 4.5 绘制波导的几何结构，接下来通过代码 4.6 计算模式分布，其结果如图 4.2 所示。

1. 耦合器间距相关性

接下来通过代码 4.7 求解耦合系数与间距的关系。耦合长度 L_x 如图 4.4 所示。结果表明，耦合系数与波导间距 g 有一定的相关性，遵循指数特性，

$$C = B \cdot e^{-A \cdot g} \tag{4.6}$$

式中，A 和 B 取决于耦合器的几何形状、波长等。

对图 4.4 中的耦合长度数据进行曲线拟合，同参考文献 [4]，截面 500nm×220nm、平板厚 90nm 的波导有

$$L_x = 10^{(0.0026084\times g[\text{nm}]+0.657049)}[\mu\text{m}] \tag{4.7}$$

例如，间距 $g = 200\text{nm}$ 的耦合器具有 $L_x = 15.1\mu\text{m}$ 的耦合长度。

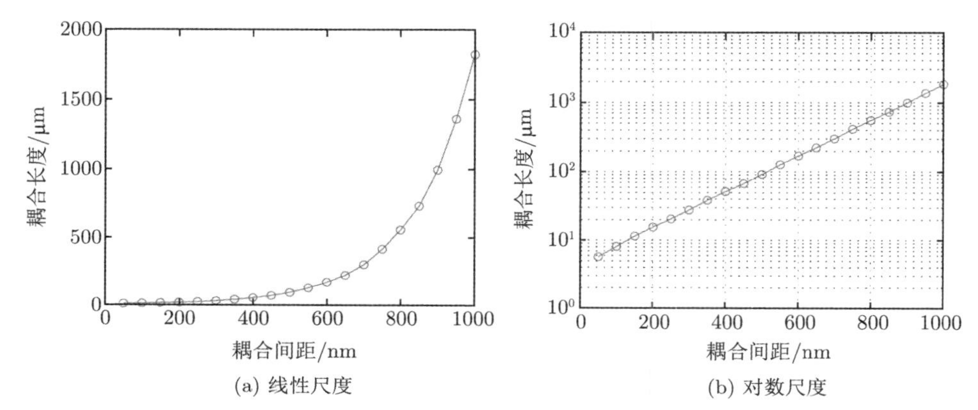

图 4.4　$\lambda = 1550\text{nm}$ 时，90nm 厚平板的 500nm×220nm 波导通过波导模式求解器 (网格尺寸为 20nm) 计算耦合长度 L_x 随间距的变化关系

将拟合方程 (4.7) 代入式 (4.1) 可计算任一定向耦合间距或耦合长度的场耦合系数 κ，

$$\begin{aligned}\kappa &= \left[\frac{P_{\text{Coupled}}}{P_0}\right]^{1/2} = \left|\sin\left(\frac{\pi\Delta n}{\lambda}\cdot L\right)\right| \\ &= \left|\sin\left(\frac{\pi}{2}\cdot\frac{z}{L_x}\right)\right|\end{aligned} \tag{4.8}$$

示例，图 4.5 给出了 5μm 和 15μm 长的耦合器的场耦合系数 κ 随间距的变化曲线。点线数据取自模式求解器计算出来的耦合长度值，实线取自式 (4.7) 的计算结果。对较大间距，拟合函数是最精确的；对小间距，场耦合系数略微偏离式 (4.7) 的指数形式。

图 4.5(a) 中，注意到耦合长度 15μm 的耦合器对 100nm 的间距几乎是零耦合，这是因为耦合长度为 8μm 时光通过了 (几乎) 一个完整的循环周期，其中 (几乎) 所有的功率都返回到输入波导。

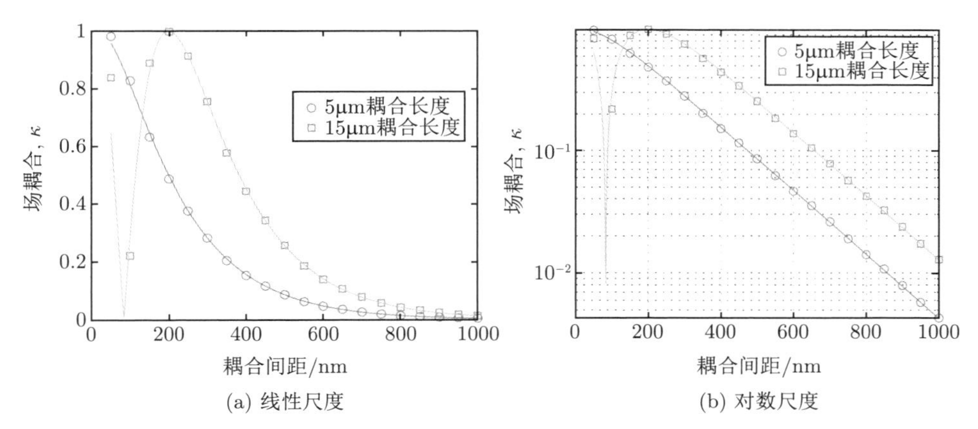

图 4.5 $\lambda = 1550$nm 时，90nm 厚平板的 500nm×220nm 波导耦合长度分别为 5μm 和 15μm，通过波导模式求解器 (网格精度为 20nm) 计算 κ 与耦合间距的关系

2. 耦合器耦合长度相关性

耦合器耦合长度相关性可以用式 (4.8) 求出，如图 4.6 所示。为设计具有目标耦合 (如 10%) 的耦合器，这些方程可用于确定器件的参数 (如 $g = 200$nm，L =3μm)。

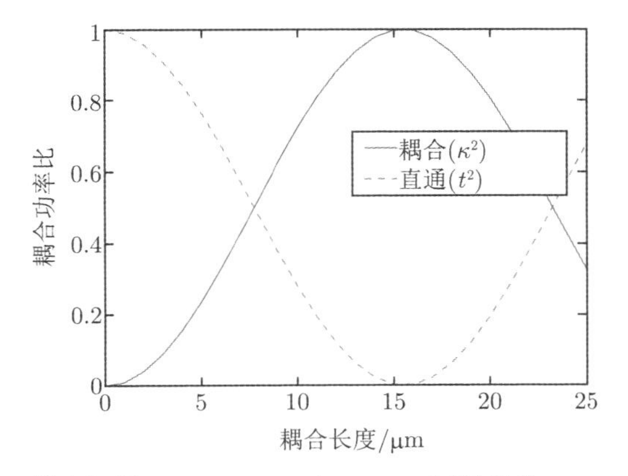

图 4.6 $\lambda = 1550$nm，耦合间距 $g = 200$nm 时，90nm 厚平板的 500nm×220nm 波导，使用波导模式求解器 (网格精度为 20nm) 计算 κ 随理想耦合器 (仅平行波导，无弯曲) 长度的变化关系

3. 波长相关性

接下来使用代码 4.8 求解波长相关性，其结果如图 4.7 所示。图 4.7(a) 显示了两个模的有效折射率，图 4.7(b) 给出了使用式 (4.5) 计算的耦合器的耦合长度，

另见图 4.8。

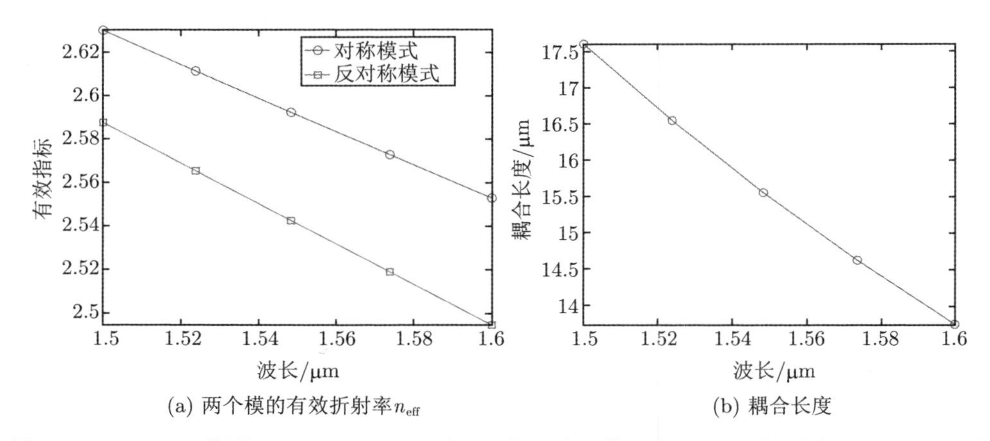

(a) 两个模的有效折射率 n_{eff}　　(b) 耦合长度

图 4.7　90nm 厚平板的 500nm×220nm 波导，使用波导模式求解器 (网格精度为 20nm) 计算定向耦合器的波长相关性

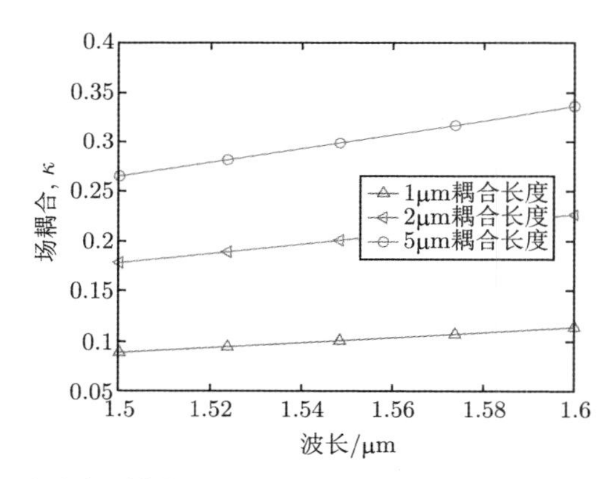

图 4.8　$g=200$nm 时用波导模式求解器计算出几个不同长度的耦合器的 κ 与波长的关系

4.1.2　相位

4.1.1 节只考虑了耦合系数 t 和 κ 的大小，本节确定耦合器的相位关系。首先从定向耦合器的对称 (图 4.2(a)) 和非对称 (图 4.2(b)) 模式的场分布开始讨论。图 4.9 分别为 “模 1” 和 “模 2”，两个波导分别标记为 “wg A” 和 “wg B”。基于本征模通过矢量求和法求出每个波导中的光场，

$$E_{\mathrm{wg\ A}}=\frac{1}{\sqrt{2}}(\mathrm{e}^{\mathrm{i}\beta_1 L}+\mathrm{e}^{\mathrm{i}\beta_2 L}) \tag{4.9a}$$

$$E_{\mathrm{wg\ B}}=\frac{1}{\sqrt{2}}(\mathrm{e}^{\mathrm{i}\beta_1 L}+\mathrm{e}^{\mathrm{i}\beta_2 L-\mathrm{i}\pi}) \tag{4.9b}$$

由于非对称“模 2”在“wg B”中具有负场分量，所以在“wg B”中引入了 π 相移。图 4.9 中的矢量说明了这一点。

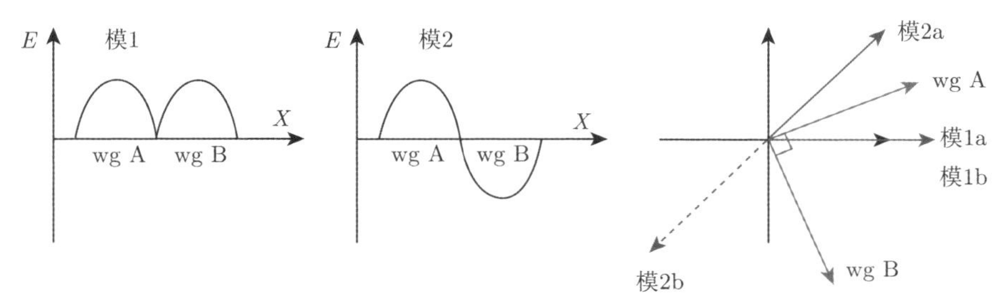

图 4.9 定向耦合器的两个本征模“模 1”和“模 2”。定向耦合器中两波导间的光相位关系：① 每个波导中的两个本征模的分量 (“模 1a”，“模 1b”，“模 2a”，“模 2b”) 和 ② 波导中的矢量和 (“wg A”和“wg B”)

可以求出每个波导内光的相位和相位差：

$$\angle E_{\mathrm{wg\ A}} = \frac{\beta_1 + \beta_2}{2} L \tag{4.10a}$$

$$\angle E_{\mathrm{wg\ B}} = \frac{\beta_1 + \beta_2}{2} L - \frac{\pi}{2} \tag{4.10b}$$

$$\angle E_{\mathrm{wg\ B}} - \angle E_{\mathrm{wg\ A}} = -\frac{\pi}{2} \tag{4.10c}$$

图 4.9 也显示出 t(“wg A”) 和 κ (“wg B”) 的相位差为 90°。

最后，相位可以包含在式 (4.1) 和 (4.2) 的耦合系数 t 和 κ 中，

$$t = |t|^2 \cdot \mathrm{e}^{\frac{\beta_1+\beta_2}{2} L} \tag{4.11a}$$

$$\kappa = |\kappa|^2 \cdot \mathrm{e}^{\mathrm{i}\frac{\beta_1+\beta_2}{2} L - \mathrm{i}\frac{\pi}{2}} \tag{4.11b}$$

光子回路建模中，定向耦合器的相位可以包含在定向耦合器的紧促模型中。另外，与 4.4.1 节中的环形谐振器模型一样，假设耦合器的平均传输常数与单个波导相同，也可分别考虑。在这种情况下，耦合系数变为

$$t = |t|^2 \tag{4.12a}$$

$$\kappa = |\kappa|^2 \cdot \mathrm{e}^{-\mathrm{i}\frac{\pi}{2}} = -\mathrm{i}\,|\kappa|^2 \tag{4.12b}$$

4.1.3 实验数据

为了能用实验方法测量出耦合系数、耦合长度以及弯曲对耦合的影响，其中一种方法是制作多个具有不同耦合长度的定向耦合器。以图 4.1(a) 中的定向耦合器作为基本单元，耦合长度 (图中长度为 1μm) 以 0.5μm 为步长，从 0μm 变化到 25μm。测量直通端口和耦合端口的光功率。使用自动探针台 (参见 12.2 节) 对晶圆上两独立晶条上的 100 个器件进行测量，每次测量进行两次以验证可重复性，光谱的测量范围是 1500~1570nm。通过调整光纤角度，将光栅耦合器响应的中心波长调整为 1550nm，将光功率分布在波长范围内进行积分，通过最大功率值进行归一化处理，数据如图 4.10 所示。对两端口的数据进行方程拟合，

$$\kappa^2 = \sin\left(\frac{\pi}{2L_x}\cdot[L + z_{\text{bend}}]\right)^2 \tag{4.13a}$$

$$t^2 = \cos\left(\frac{\pi}{2L_x}\cdot[L + z_{\text{bend}}]\right)^2 \tag{4.13b}$$

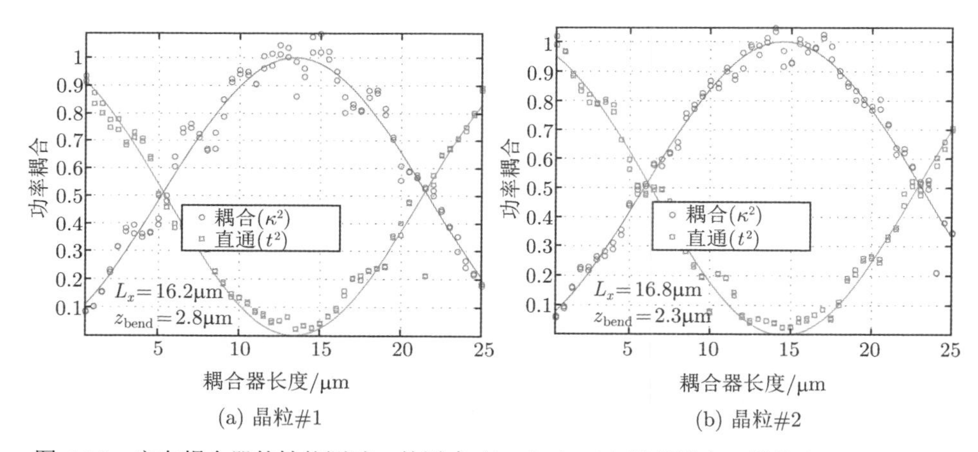

(a) 晶粒#1　　(b) 晶粒#2

图 4.10　定向耦合器的性能测试，并用式 (4.4a), (4.4b) 进行拟合。器件由 OpSIS-IME 制作 [1]

可通过参数 z_{bend} 来获取耦合长度 L_x 和弯曲对耦合的影响。z_{bend} 表示由非平行波导 (弯曲) 的耦合引入的有效附加的耦合器距离，可知耦合长度 L_x 在 16.2~16.8μm 范围内，z_{bend} 在 2.3~2.8μm 范围内。由模式计算得到的耦合长度为 15.5μm，如图 4.7(b) 所示，与实验数据相当。

4.1.4 FDTD 建模

4.1.1 节中的模型只考虑了耦合器的二维横截面，为了更准确地仿真定向耦合器，需要进行三维仿真，并准确地考虑以下情况：

- 模式不匹配或模式转换导致的光学损耗 [5]；
- 弯曲对耦合的贡献。

先前的研究已经确定了弯曲区域的耦合系数的近似值，如参考文献 [5] 的式 3。然而，对这里讨论的高折射率差的硅光子波导来说，这种近似是不精确的。因此，需要采用与实验相同的结构进行 3D FDTD 仿真，如图 4.1(a) 所示。通过代码 4.9 导入掩模版图文件 (GDS 格式) 并设置材料属性和硅层厚度，添加薄层 (氧化硅包层、衬底)，并添加 FDTD 仿真区域；在定向耦合器的两个波导之间添加网格覆盖区域，以提高仿真精度。

左上波导中添加模式光源并在每个输出波导中添加功率监视器来设置仿真，仅记录一个波长 (1550nm) 下通过波导传输的功率，见代码 4.10。

接下来，通过将设计分成两部分来参数化定向耦合器：左侧和右侧。将设计中心设置在 $x = 0$。以此为中间区域插入直波导段，并移动仿真的其他部分，见代码 4.10。

FDTD 的仿真结果如图 4.11 所示，图上包含实验数据与 3D FDTD 仿真结果的对比。

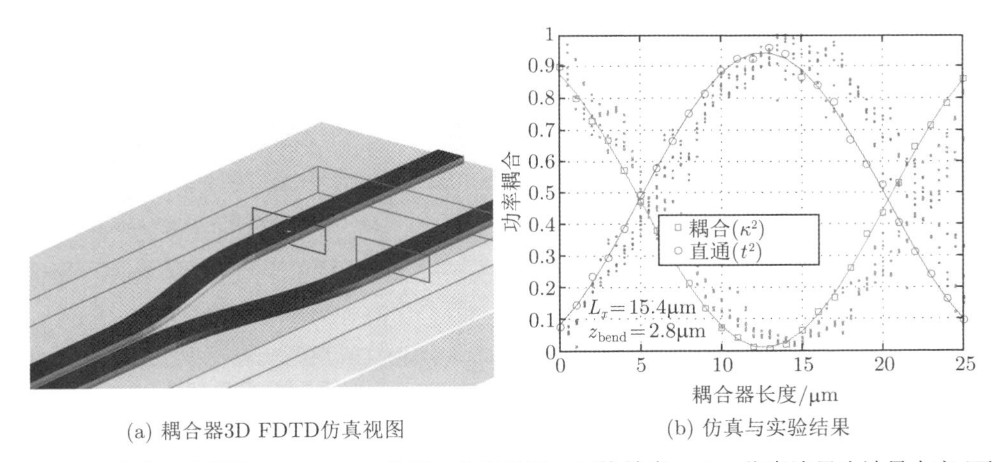

(a) 耦合器3D FDTD仿真视图　　(b) 仿真与实验结果

图 4.11　定向耦合器的 3D FDTD 仿真，仿真参数：网格精度 = 3；仿真边界为波导上方/下方 300nm；3 层 PML (完全匹配边界层) 和 3 层金属边界层

使用式 (4.13) 和上述方法，可知仿真得到的耦合长度是 $L_x = 15.5\mu m$，而 $z_{bend} = 2.8\mu m$。结果表明，实验测得的耦合长度略长于通过 FDTD 和本征模式法仿真得到的耦合长度，这种差异归因于制造的不确定性，即顶层硅厚度、波导宽度和侧壁角度 (见 11.1 节)；弯曲的影响结果与实验结果相符合 (在较大的实验不确定性范围内)。

FDTD 与模式求解器的比较

本节对比了定向耦合器 3D FDTD 仿真和模式求解器的结果，包括弯曲的影响。若以参数 z_{bend} 来表征弯曲对耦合的影响，z_{bend} 为 2.3~2.8μm (依实验所得，见图 4.10)，或 2.8μm (依 3D FDTD 仿真所得，见图 4.11)。由于弯曲效应，5μm 长的耦合器通过模式求解器得到的结果与 3D FDTD 仿真得到的结果不匹配，如图 4.12 所示。通过简单地将耦合器的长度增加到 2.7μm，就可以很好地将弯曲的影响纳入到参数化模型中 (式 (4.7) 和 (4.13))，如图 4.12 所示。此情况下，两仿真结果在 50~400nm 的范围内相一致。超过 400nm，3D FDTD 数据似乎达到了饱和，这很可能是定向耦合器的光学模式失配导致了插入损耗，这些结果与实验结果相一致。

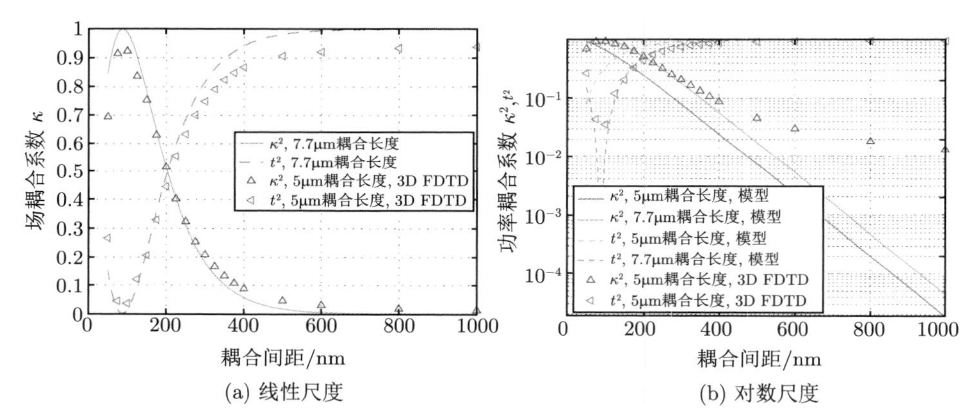

(a) 线性尺度　　　　(b) 对数尺度

图 4.12　κ^2、t^2 随耦合间距变化关系 (网格精度为 2，增加网格精度不影响结果)

4.1.5　制造敏感性

制造的不确定性，特别是光刻曝光、蚀刻和顶层硅厚度的变化，会导致波导宽度、耦合间距和厚度的变化。通常当波导宽度减小时，间距会增加；反之亦然。一种分析制造误差的敏感性的方法如下：

(1) 确定实现特定耦合的系列设计，如 $t = 0.95$，需对波导的几何形状、耦合长度和耦合间距进行选择。

(2) 仿真光刻中每个设计的变化，如波导宽度的变化 $\delta w = \pm 30\text{nm}$。请注意，波导宽度的改变同样会引起变化，但与耦合间距的改变所引起的变化相反。

(3) 绘制耦合效率与波导宽度变化 δw 的关系图，该图的斜率可以解释为对制造的敏感性。

从这种分析中可知，定向耦合器对制造的变化非常敏感，因此耦合系数随晶圆的不同而不同。

有关制造误差和不均匀性的更多讨论见 11.1 节。

4.1.6 条形波导

本节中介绍的分析方法可重复用于条形波导。这里使用波导模式求解法分析 500nm×220nm 波导的定向耦合器，结果如图 4.13 ~ 图 4.16 所示。可知，与脊形波导相比，条形波导具有较弱的耦合特性，这可以从场分布图中明显地观察出来，见图 4.13。参数相同的情况下，脊形波导的耦合长度和耦合系数约为条形波导的 2 倍。

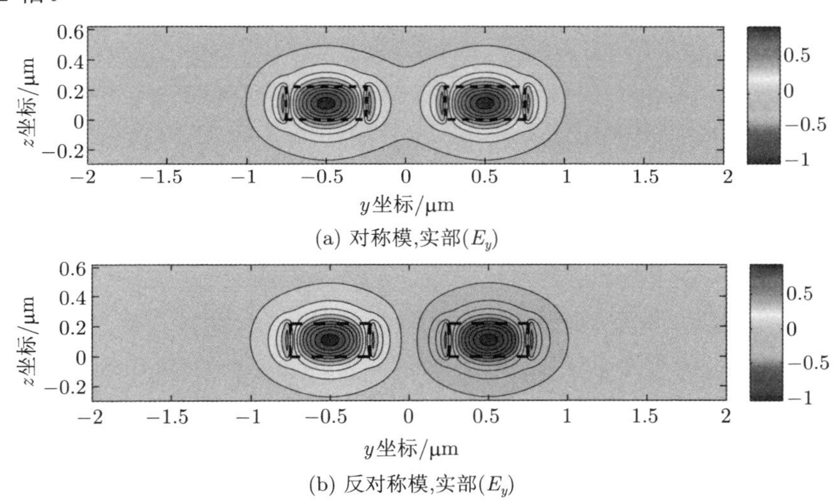

图 4.13 500nm×220nm 的条形波导定向耦合器的两基模，参见图 4.2(a) (后附彩图)

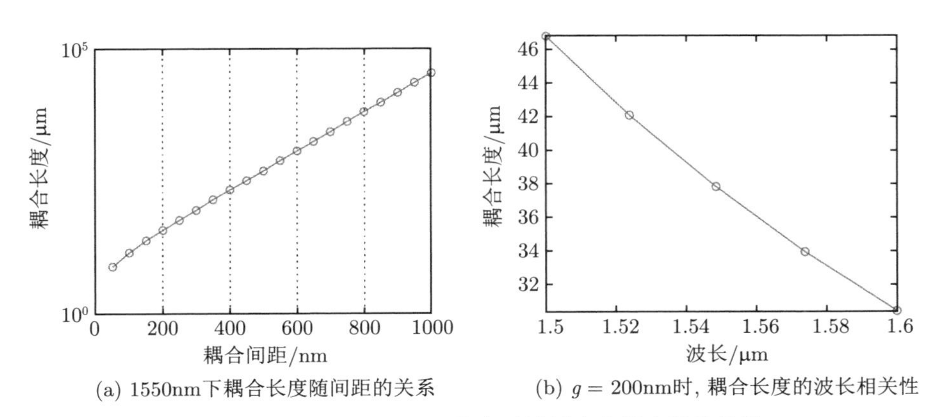

图 4.14 500nm×220nm 的条形波导定向耦合器的计算

类似于式 (4.7)，对图 4.14(a) 中的耦合长度数据进行拟合，有

$$L_x = 10^{(0.0037645g[\text{nm}]+0.799434)}[\mu\text{m}] \tag{4.14}$$

例如，间距 $g = 200\text{nm}$ 的耦合器的耦合长度 $L_x = 37.5\mu\text{m}$。

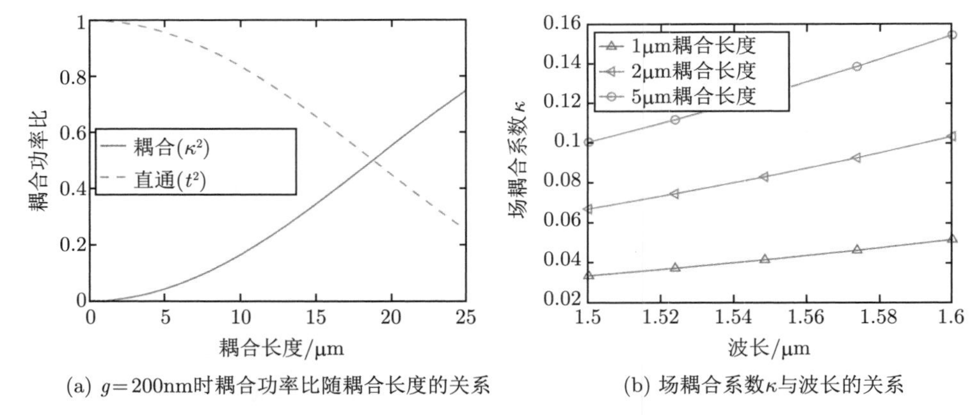

(a) g=200nm时耦合功率比随耦合长度的关系　　(b) 场耦合系数κ与波长的关系

图 4.15　500nm×220nm 条形波导定向耦合器计算

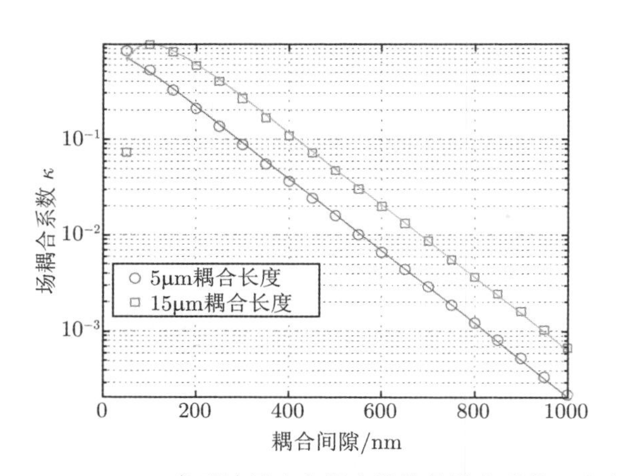

图 4.16　500nm×220nm 条形波导定向耦合器的场耦合系数 κ 与间距的关系

4.1.7　寄生耦合

芯片上波导的布置需要确定平行波导之间的光学串扰，如在 1cm 内设置最大串扰为 −50dB，此时脊形波导间最小间距为 2.3μm，这些结果可利用式 (4.7) 和 (4.13) 及耦合器长度的数值求解得到，如图 4.17(a) 所示。200nm 处 −10dB 线对应 3μm 的间距，与图 4.6 一致。实际上波导粗糙度引起的散射，会使波导之间产生额外的耦合。

条形波导之间的耦合较弱，所以通常采用条形波导进行光波导路由，波导之间的间距可以设置得更小些，如图 4.17(b) 所示，只需 1.6μm 的波导间距即可在 1cm 内获得小于 −50dB 的串扰。

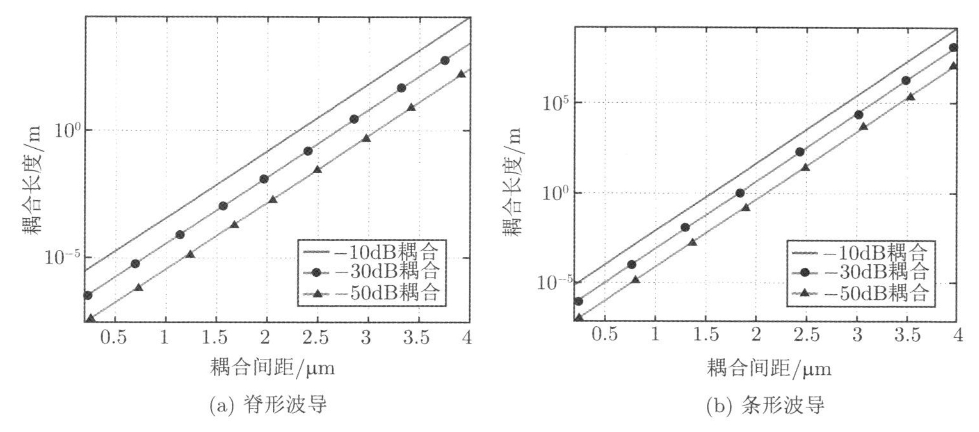

图 4.17 模式求解器计算的相同平行波导之间的寄生耦合/光学串扰。波导宽度为 500nm

$\Delta\beta$ 耦合

在布置大数量波导阵列且需提高布置密度时，可通过使波导具有不同的传输常数来减小寄生耦合，从而降低耦合系数 [6]。这可通过将两种不同宽度的波导交替排列来实现，如 400nm 和 500nm [6]。通过增加两个以上的波导几何形状的旋转，或在波导之间进行交替偏振 (在回路中使用 TE 和 TM 偏振)，可实现更为复杂的布置。

两个波导之间的耦合，在传输常数差为 $\Delta\beta$ 的情况下，式 (4.1) 中的耦合系数可用耦合模理论 (Coupled Mode Theory，CMT) 近似为 [2,7,8]

$$\kappa^2 = \frac{\sin^2(CL\sqrt{1+(\Delta\beta/2C)^2})}{1+(\Delta\beta/2C)^2} \tag{4.15}$$

该式结果如图 4.18(a) (CMT) 所示，宽度分别为 500nm 和 400nm 的两条形波导，其间距为 200nm，耦合系数 C 用超模和式 (4.3) 求出 (与 CMT 中的微扰方法相反)，可知最大耦合减少了一半。

然而，式 (4.15) 仅假定对称和不对称两种模式，这只适用于传输常数差很小和/或者波导之间间距很小的情况。对于高折射率差的波导，计算结果并不准确，需要采用全矢量法来解决这一问题，实现方法见代码 4.11，该方法基于 2.2.3 节中介绍的特征模式展开法 (EME)，计算得到发射波导 (波导 A) 的模场分布，以及 4.1.1 节中两波导系统的两个超模，并对发射波导和两个超模沿传输方向进行重叠积分计算，以确定随着位置的改变波导中光功率的变化情况。需要指出的是，除了引入重叠积分以确定在两个不同波导中的光传输比例之外，该方法与 4.1.1 节中的方法相同；相同波导中，功率在对称波导和非对称波导之间平均分配，因此没有必要进行重叠积分计算。

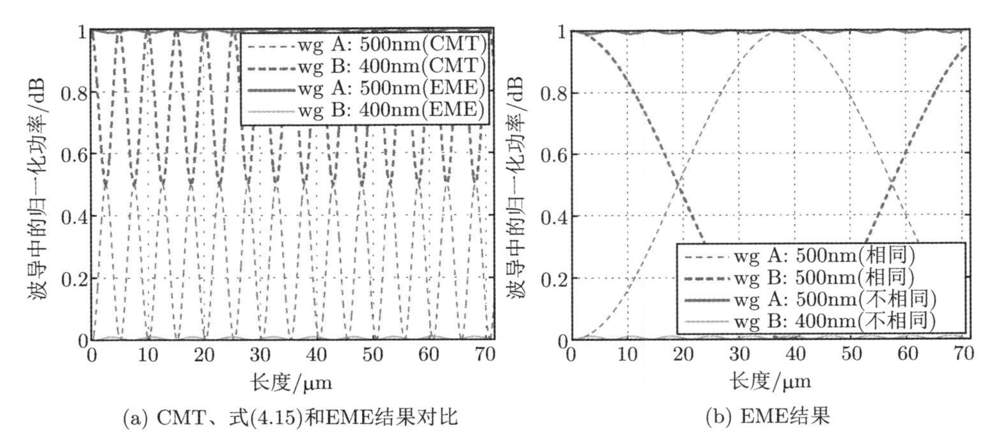

(a) CMT、式(4.15)和EME结果对比　　(b) EME结果

图 4.18　间隙为 200nm，不同 (500nm 和 400nm 宽) 条形波导间寄生耦合/光学串扰

图 4.18(a) 比较了耦合模式理论 (CMT) 与特征模式展开法 (EME) 的结果。CMT 大大高估了不同波导之间的光耦合，因此为获得正确的结果，需要使用全矢量法。

然后将结果与使用 4.1.1 节中求解相同波导的结果进行对比。如图 4.18(b) 所示，不同的波导具有更短的耦合长度，原因是超模具有更大的差异，导致耦合系数 C 要大得多。这是意料之中的，因为这种方法制造的波导具有不同的传输常数，当它们沿波导传输时两种模式之间更快地“跳动”。最重要的是，在相同波导情况下，波导之间的耦合最大值远小于 1，该情况下，最大耦合只有 1%。

图 4.19(a) 给出了以对数坐标绘制的结果，以便更好地观察 200nm 间距的不同波导中的弱耦合。当间距增加到 400nm 时，最大耦合下降到 0.03%(−35dB)，如图 4.19(b) 所示。对 600nm 的间距，预计在所有距离上的串扰抑制均小于 −50dB；这应该与相同波导中 1cm 长度所需的 1.6μm 间距进行比较。因此，为了获得与相同波导类似级别的串扰，需要三倍的间隔；因此不同的波导可以提高空间效率。

这些仿真可通过改变第二波导 (波导 B) 的宽度和波导之间的间距来重复实现，仿真结果如图 4.20 所示。波导 A 的宽度为 500nm，y 轴为波导 B 的宽度。该图对应波导宽度差为 $B-A$，范围为 −140∼300nm。x 轴对应于波导之间的间距，范围 200∼1000nm。寄生耦合值是在最坏的情况下，即在耦合长度处发生的。如图 2.20 所示，当波导尺寸相同时，波导之间存在强耦合。正如预期的那样，当波导尺寸相近且接近时，会发生最强耦合；相反，当波导尺寸不匹配且相距较远时，耦合最弱。该图可为芯片上波导间距设计提供有效指导。

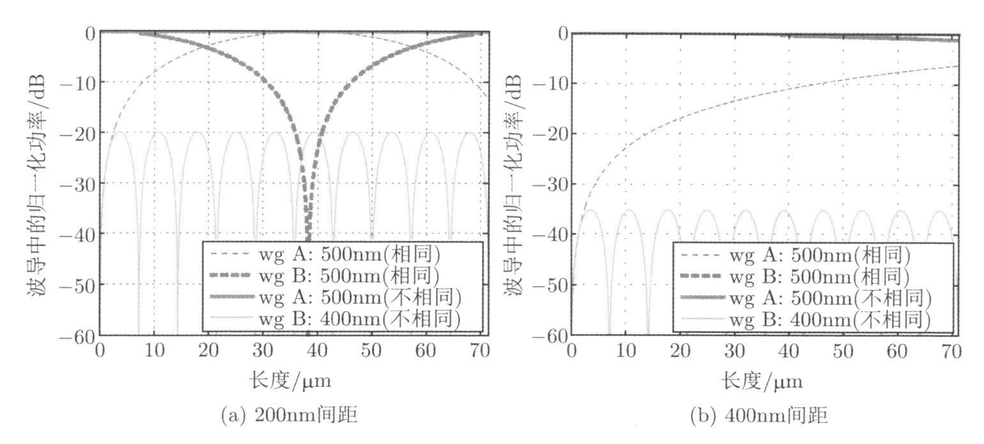

(a) 200nm间距 (b) 400nm间距

图 4.19 基于代码 4.11 计算得到的耦合/串扰结果

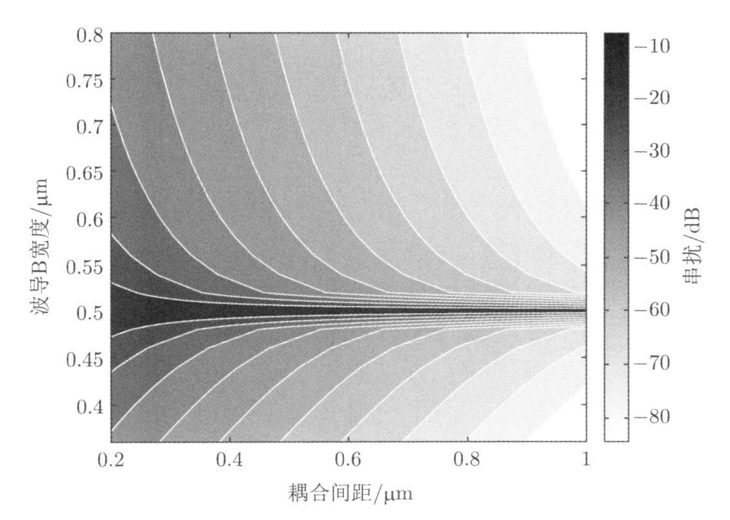

图 4.20 并行波导之间最坏情况下的寄生耦合，波导 A 的宽度为 500nm，y 轴为波导 B 的宽度。基于代码 4.11 计算得到

4.2 Y 分 支

Y 分支的作用是将来自一个波导的光平均分配到两个波导 (分束器) 或将来自两个波导的光合并到一个波导 (合束器)。图 4.21 是 Y 分支的示例图。分束功能很容易理解——对于一个输入光强度 I_i，光被平均分配，每个输出的强度为 $I_1 = I_2 = I_i\ /\ 2$。然而，合束器就不是这么简单了，这将在本节中进行说明。

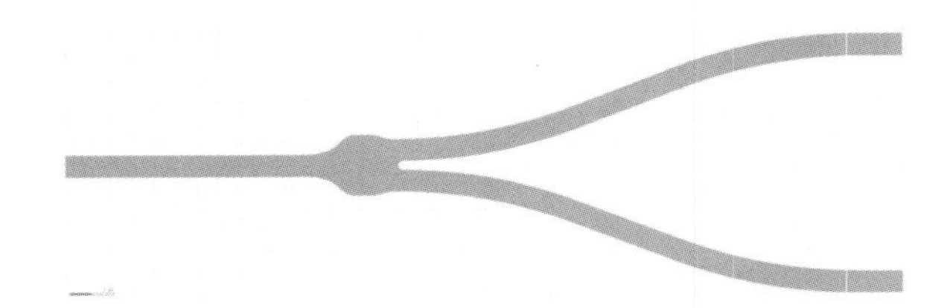

图 4.21　Y 分支合束器/分束器，GDS 版图文件 Y_Compact.gds；类似于参考文献 [9]

基于 50/50 分束比的形式描述了 Y 分支分束器/合束器的简单模型。最基本的一点是，不能把 Y 分支看作是一个三端口器件。从本征模式的角度来看，它实际上是一种具有多种输入模式和多种输出模式 (如 2×2) 的系统。输入波导中必须考虑 (至少) 两种模式：一是波导的基模，二是二阶模式或辐射模式。

对于分束器，若一开始的输入强度为 I_{i}，电场为 E_{i}，光被均等地分成两支路输出，则每路输出具有强度 $I_1 = I_2 = I_{\mathrm{i}}/2$，且电场 $E_1 = E_2 = E_{\mathrm{i}}/\sqrt{2}$ (因为 $I \propto |E|^2$)。

对于合束器，也适用于同样的方程，即一个波导中的光输入 I_1 在基模和二阶模 (或辐射模) 之间被平分。因此，合束端口处的光将是 $I_{\mathrm{i}} = I_1/2$，并且场将是 $E_{\mathrm{i}} = E_1/\sqrt{2}$。

因此，Y 支路在两个方向上的作用是 50%/50%的分束器。重要的一点是，不能用 Y 分支将两束非相干光结合起来以增加功率。另外需要注意的是，当使用合束器时，如果光仅存在于一个端口中，则输出功率将减至输入的 1/2。

实际上，Y 分支并不是完美的 50%/50%分束器，其具有附加损耗，需要使用 FDTD 来优化 Y 分支的几何形状。使用遗传算法，并沿器件的几个位置改变 Y 分支的宽度，可将 Y 分支的插入损耗优化到小于 0.3dB [9]，结果如图 4.21 所示。

Y 分支性能仿真可使用 2.5D 或 3D FDTD 算法，代码 4.12 提供了这样的一个算例，可实现任意一种方式求解。该代码加载 Y 分支的 GDS 版图文件，并执行多次仿真计算。该代码还可创建动画，这对结果可视化和理解损耗机制很有帮助。首先，光从分束器的输入端入射，结果如图 4.22 所示，可以看出光在两个端口之间均匀地分光，插入损耗略高于 3dB；插入损耗与预期的一样，为 50%，额外的损耗是由于器件的非理想性能。接下来，作为合束器的情况下执行三次仿真。第一次是光在合束器的单个端口上，结果如图 4.23 所示，输出端有两种模式被激发，即基模和二阶 TE 模式。插入损耗是通过模式重叠积分 (使用模式扩展监视器) 来确定基本模式的功率量来计算的。同样，插入损耗略高于 3dB。第二次仿真考虑了合成器中的两个同相输入，两个光源是相干的，因此在输出端口的基本模式中观察到了相长干涉，如图 4.24 所示，波导中的功率应接近 100%。与此对应的偏差称为器件的“附加损耗”，如图 4.23(b) 所示，附加损耗为波长的函数。最后一次仿真考虑了合束器中的两异相输入，在输出端口的基本模式中观察到了相消干涉，如图 4.25 所示，波导基模的功率应接近 0，即所有功率都进入二阶 TE 模式或进入辐射模式。

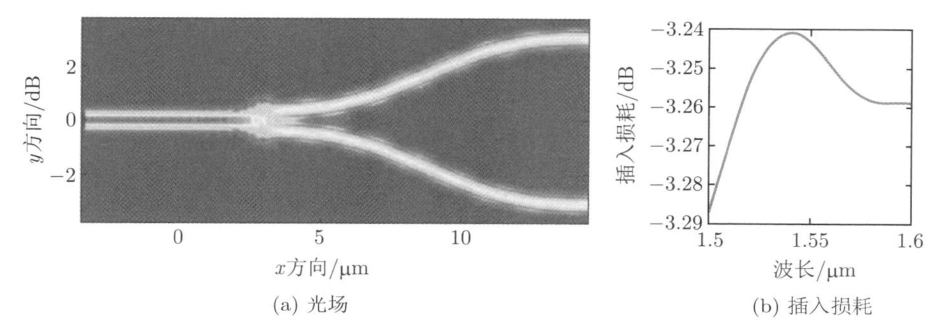

(a) 光场 (b) 插入损耗

图 4.22 Y 分支作为分束器仿真，见代码 4.12。器件结构如图 4.21 所示，类似于参考文献 [9]

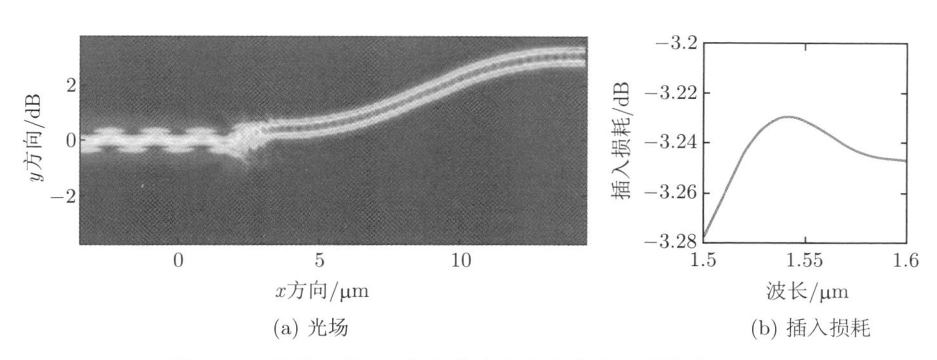

(a) 光场 (b) 插入损耗

图 4.23 单输入的 Y 分支作为合束器仿真，见代码 4.12

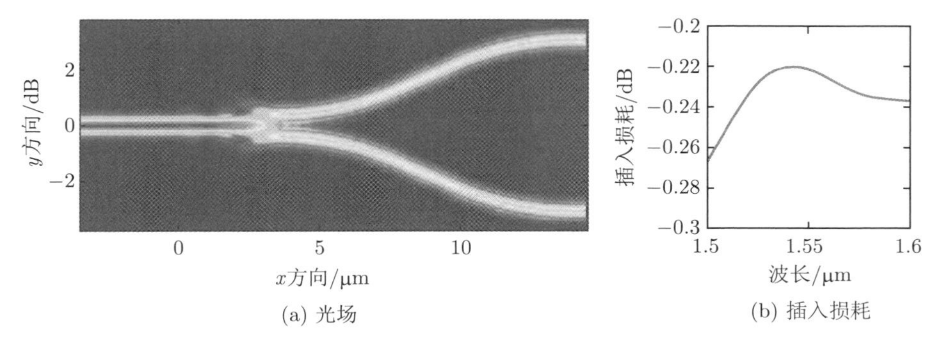

(a) 光场 (b) 插入损耗

图 4.24 Y 分支作为具有两个同相输入的合束器仿真，见代码 4.12

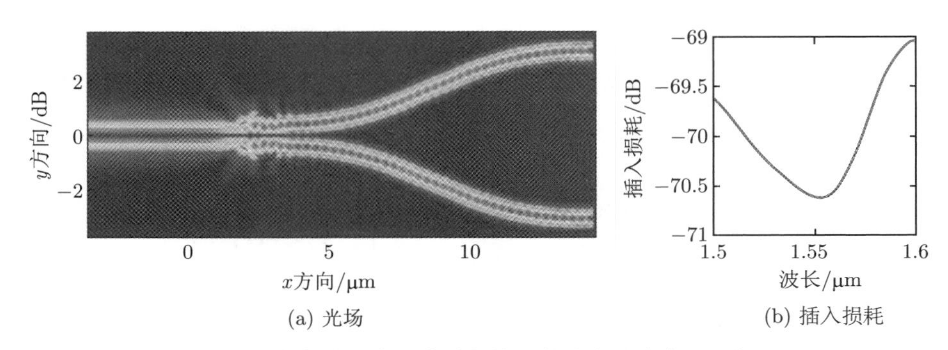

(a) 光场　　(b) 插入损耗

图 4.25　Y 分支作为具有两个异相输入的合束器仿真，见代码 4.12

通过对 Y 分支工作原理的理解，马赫–曾德尔干涉仪中相干光束的干涉问题将在 4.3 节中详细讨论。

4.3　马赫–曾德尔干涉仪

马赫–曾德尔干涉仪如图 4.26 所示，由一个输入分成两个分支 (这里指上波导和下波导)，然后合束组成。分束、合束可通过任何分束器、合束器来实现，包括 Y 分支和定向耦合器。

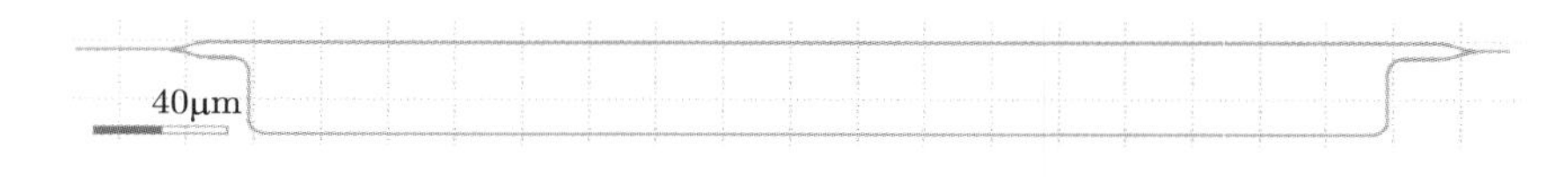

图 4.26　马赫–曾德尔干涉仪，版图示例

本节介绍了一种基于平面波自由空间分束器的干涉仪的简单模型，该模型适用于单模波导，即考虑每个波导内的总场强，并忽略波导内的场分布。

设输入光场强度为 $I_{\rm i}$，对应电场强度为 $E_{\rm i}$。在第一个 Y 分支 (分束器) 的输出端，上分支电场强度为 $E_1 = E_{\rm i}/\sqrt{2}$，下分支电场强度为 $E_2 = E_{\rm i}/\sqrt{2}$。光在上、下分支波导中的传输常数分别为 $\beta_1 = 2\pi n_1/\lambda$ 和 $\beta_2 = 2\pi n_2/\lambda$；上、下分支波导的长度分别为 L_1 和 $L_2 = L_1 + \Delta L$，其传输损耗分别为 α_1 和 α_2(至于强度，电场强度为 $\alpha/2$，见式 (3.9))，上、下分支波导的末端 (在合束器 Y 分支的输入处)，电场强度分别为

$$E_{\rm o1} = E_1{\rm e}^{-{\rm i}\beta_1 L_1 - \frac{\alpha_1}{2}L_1} = \frac{E_{\rm i}}{\sqrt{2}}{\rm e}^{-{\rm i}\beta_1 L_1 - \frac{\alpha_1}{2}L_1} \tag{4.16a}$$

$$E_{\rm o2} = E_2{\rm e}^{-{\rm i}\beta_2 L_2 - \frac{\alpha_2}{2}L_2} = \frac{E_{\rm i}}{\sqrt{2}}{\rm e}^{-{\rm i}\beta_2 L_2 - \frac{\alpha_2}{2}L_2} \tag{4.16b}$$

第二个 Y 分支 (合束器) 的输出端有

$$E_\mathrm{o} = \frac{1}{\sqrt{2}}(E_\mathrm{o1} + E_\mathrm{o2}) = \frac{E_\mathrm{i}}{2}\left(\mathrm{e}^{-\mathrm{i}\beta_1 L_1 - \frac{\alpha_1}{2}L_1} + \mathrm{e}^{-\mathrm{i}\beta_2 L_2 - \frac{\alpha_2}{2}L_2}\right) \tag{4.17}$$

因此输出的强度为

$$I_\mathrm{o} = \frac{I_\mathrm{i}}{4}\left|\mathrm{e}^{-\mathrm{i}\beta_1 L_1 - \frac{\alpha_1}{2}L_1} + \mathrm{e}^{-\mathrm{i}\beta_2 L_2 - \frac{\alpha_2}{2}L_2}\right|^2 \tag{4.18}$$

为了简单起见，假设总损耗可以忽略不计 (如果要考虑损耗，可以用式 (4.18) 估算)。此情况下，经过一些三角函数变换后，式 (4.18) 可简化为

$$\begin{aligned} I_\mathrm{o} &= \frac{I_\mathrm{i}}{4}\left[2\cos\left(\frac{\beta_1 L_1 - \beta_2 L_2}{2}\right)\right]^2 \\ &= I_\mathrm{i}\cos^2\left[\frac{\beta_1 L_1 - \beta_2 L_2}{2}\right] \\ &= \frac{I_\mathrm{i}}{2}[1 + \cos(\beta_1 L_1 - \beta_2 L_2)] \end{aligned} \tag{4.19}$$

因此，对于不平衡干涉仪 ($L_1 \neq L_2$)，干涉仪的输出是波长 (经由 β_1 和 β_2 表征) 的正弦变化函数，该周期被称为自由光谱范围 (FSR)，对于相同的波导，可由下式确定：

$$\mathrm{FSR[Hz]} = \frac{c}{n_\mathrm{g}\Delta L} \tag{4.20a}$$

$$\mathrm{FSR[m]} = \frac{\lambda^2}{n_\mathrm{g}\Delta L} \tag{4.20b}$$

式中，c 为真空中的光速，n_g 为波导的群折射率 (见式 (3.5))。该周期 (振荡) 是确定马赫–曾德尔干涉仪和调制器参数 (如群折射率和可调谐特性 (pm/V)) 的便捷方法。

式 (4.19) 中的光场强度也随波导的有效折射率 (n_1 和 n_2) 作正弦变化，有效折射率可通过热光效应 (3.1.1 节) 发生改变以实现热光开关功能 (6.6 节)，或者可通过等离子体色散效应 (6.1.1 节) 而发生改变以实现高速马赫–曾德尔调制器的调制功能等。

4.4 环形谐振器

环形谐振器又称为微环谐振器，或跑道谐振器，由一圈光波导组成，并与其他波导进行耦合。环形结构通常是环 (圆圈) 或跑道形状。通常情况下与一个或两个定向耦合器进行耦合。因此，环形谐振器结构有两种，即全通型和上下载型，如

图 4.27 所示。环形谐振腔可以是跑道形状，由两个 180° 圆形波导和两个直波导 (用作定向耦合器) 组成。有关环形谐振器的详细介绍，请参阅 Bogaerts 等的综述论文 [10]。

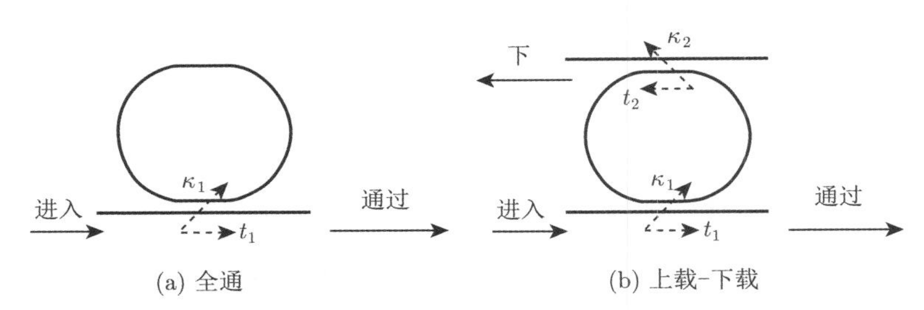

图 4.27　环形/跑道谐振器原理图

4.4.1　光传输函数

绕环一周的光路长度由式 (4.21) 给出，

$$L_{\mathrm{rt}} = 2\pi r + 2L_{\mathrm{c}} \tag{4.21}$$

式中，r 和 L_{c} 分别是弯曲半径和耦合器长度。当 $L_{\mathrm{c}} = 0$ 时，微环为点耦合，且谐振腔变成圆形。

全通型微环谐振器，如图 4.27(a) 所示，其直通 (Through) 端口的响应为

$$\frac{E_{\mathrm{thru}}}{E_{\mathrm{in}}} = \frac{-\sqrt{A} + t\mathrm{e}^{-\mathrm{i}\phi_{\mathrm{rt}}}}{-\sqrt{A}t^* + t\mathrm{e}^{-\mathrm{i}\phi_{\mathrm{rt}}}} \tag{4.22}$$

式中，t 是光场的直通耦合系数，* 是复共轭，ϕ_{rt} 和 A 分别是光场沿环一周后的相移和功率损耗，有

$$\phi_{\mathrm{rt}} = \beta L_{\mathrm{rt}} \tag{4.23a}$$

$$A = \mathrm{e}^{-\alpha L_{\mathrm{rt}}} \tag{4.23b}$$

注意，该模型在耦合器中传输的光所累积的相移也包括在 ϕ_{rt} 中，t 和 κ 是耦合点的耦合系数，且在直通端口耦合中没有相移 t，见式 (4.11a)。

上下载路滤波器，如图 4.27(b) 所示，有两个输出端口，即直通端口信号 E_{thru} 和下载端口信号 E_{drop}，

$$\frac{E_{\mathrm{thru}}}{E_{\mathrm{in}}} = \frac{t_1 - t_2^*\sqrt{A}\mathrm{e}^{\mathrm{i}\phi_{\mathrm{rt}}}}{1 - \sqrt{A}t_1^*t_2^*\mathrm{e}^{\mathrm{i}\phi_{\mathrm{rt}}}} \tag{4.24}$$

$$\frac{E_{\mathrm{drop}}}{E_{\mathrm{in}}} = \frac{-\kappa_1^*\kappa_2 A^{\frac{1}{4}}\mathrm{e}^{\mathrm{i}\phi_{\mathrm{rt}}/2}}{1 - \sqrt{A}t_1^*t_2^*\mathrm{e}^{\mathrm{i}\phi_{\mathrm{rt}}}} \tag{4.25}$$

式中，t_1、κ_1、t_2 和 κ_2 分别是输入端口和下载端口所在信道耦合器的直通系数和交叉耦合系数。对称设计时，它们各自相等，即 $t_1 = t_2 = t$ 和 $\kappa_1 = \kappa_2 = \kappa$。假设是无损耗耦合器 (即耦合器的光损耗被算入整个环形谐振腔的环路损耗)，t 和 κ 满足如下关系：

$$|\kappa|^2 + |t|^2 = 1 \tag{4.26}$$

微环谐振器的传输函数可通过 MATLAB 代码 6.4 来实现。

4.4.2 环形谐振器实验结果

本节介绍了一种制作的环形调制器的无源光学特性分析结果，该环形调制器如图 6.9 所示。环的半径为 15μm，采用宽度为 500nm、平板高度为 90nm 的脊形波导，双总线设计，其总线波导为直波导 (单总线器件如图 6.9 所示)，并有用作定向耦合器的小跑道部分 (0.1μm)。图 4.28(a) 是用一对光纤光栅耦合器 [11] 测得的直通端口的光谱图，使用峰值查找算法 [12] 识别谐振波长。FSR (λ) 定义为相邻谐振之间的波长差，如图 4.28(b) 所示，通常与波长有关。环形谐振器形式与马赫–曾德尔干涉仪相同，见式 (4.20)。基于 FSR，给出环形谐振器的腔长 L，可以求出波导的群折射率 n_{g}，

$$n_{\mathrm{g}} = \frac{\lambda^2}{L\Delta\lambda} \tag{4.27}$$

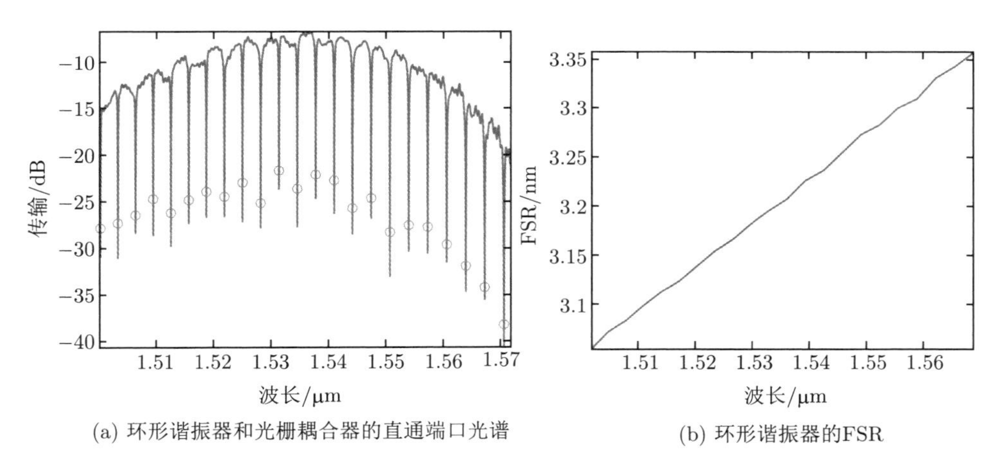

(a) 环形谐振器和光栅耦合器的直通端口光谱　　(b) 环形谐振器的FSR

图 4.28　环形调制器的光谱和 FSR 实验结果，器件由 OpSIS-IME 制造

绘制结果并与图 3.21(b) 中的波导模型进行比较。

关于环形谐振器的更多讨论，特别是应用于调制器方面的介绍，请参见 6.3 节。

4.5 布拉格光栅滤波器

布拉格光栅是实现波长选择功能的基本元件，已用于多种光学器件，如半导体激光器和光纤等。近年来，布拉格光栅在硅光波导中的集成越来越受到人们的关注。本节从均匀布拉格光栅开始介绍光栅理论、建模和设计方法。此外，还提供了有关设计和制造所涉及的一些实际问题和挑战。

4.5.1 布拉格光栅理论

在最简单的结构中，布拉格光栅是一种在光学模式传输方向上对有效折射率进行周期性调制的结构，如图 4.29 所示。这种调制通常通过改变折射率 (如材料交替) 或改变波导的物理尺寸来实现。在每个边界处，传输光都会发生反射，并且反射信号的相对相位由光栅周期和光的波长来确定。有效折射率的重复调制导致多次和分布式反射。反射信号仅在一个特定波长 (即布拉格波长) 附近的窄带中发生相长干涉。此范围内，光被强烈反射；其他波长处，多重反射产生相消干涉而互相抵消，从而实现光通过光栅进行传输。

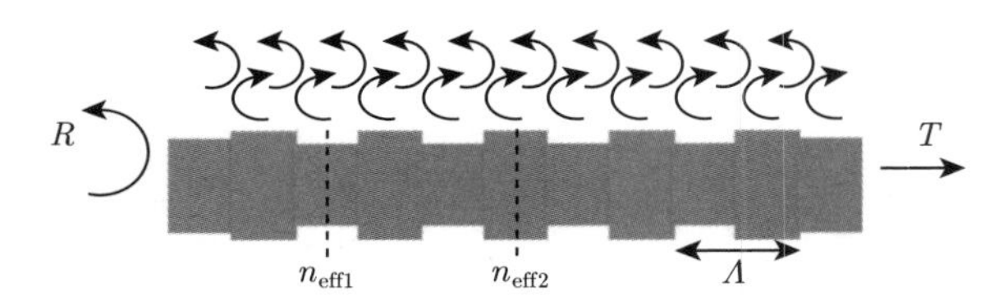

图 4.29 均匀布拉格光栅示意图，n_{eff1} 和 n_{eff2} 分别是光栅周期内低折射率和高折射率区域的有效折射率，Λ 是光栅的周期，R 和 T 是光栅的反射率和透射率。180° 箭头表示整个光栅的多个反射

图 4.30 是均匀布拉格光栅的典型传输光谱和反射响应。布拉格光栅光谱可以使用以下方程来分析，即耦合模式理论 (Coupled Mode Theory，CMT)，或数值方法，如 4.5.2 节中介绍的传递矩阵法 (Transfer Matrix Method，TMM) 来计算。

对比 CMT 和 TMM 两种方法，可得出以下结论。CMT 假定折射率扰动很小，因此对于大高折射率差而言，TMM 结果更准确；然而，即使对横截面宽 400nm 和 600nm 的条形波导光栅，在其阻带约为 80nm 的情况下，CMT 引入的误差也是非常小的，带宽仅被高估 0.3%。CMT 的计算速度也快得多——这里介绍的 CMT 代码比 TMM 代码执行快近 200 倍。TMM 的主要优点是它适用于折射率任意分布的情况，包括啁啾光栅、切趾光栅、相移腔等。然而，在两种情况下关键是要正确地确定光栅耦合系数。为了便于比较，图 4.30 中使用了相同的光栅耦合系数。

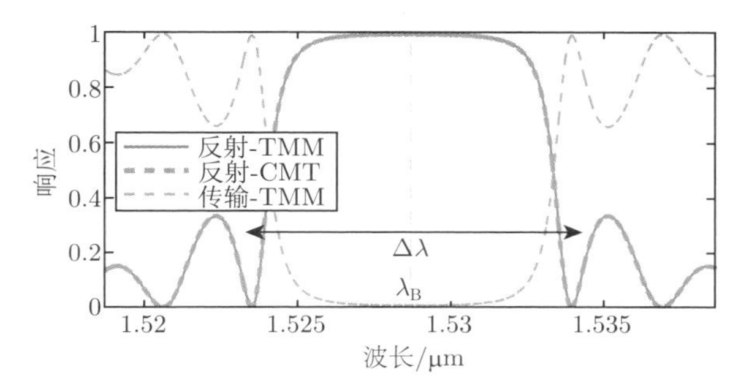

图 4.30 均匀布拉格光栅典型光谱响应。周期数 250，周期 310nm；500nm×220nm 的条形波导结构，$\Delta W = 10\text{nm}$ 波纹。光栅响应分别使用传递矩阵法 (TMM) ($\Delta n = 0.0323$) 和耦合模理论 (CMT) 计算

图 4.30 中的中心波长为 1529nm，称为布拉格波长，有

$$\lambda_{\mathrm{B}} = 2\Lambda n_{\mathrm{eff}} \tag{4.28}$$

式中，Λ 是光栅周期，n_{eff} 是平均有效折射率。基于耦合模理论 [13]，长度为 L 的均匀光栅的反射系数为

$$r = \frac{-\mathrm{i}\kappa \sinh(\gamma L)}{\gamma \cosh(\gamma L) + i\Delta\beta \sinh(\gamma L)} \tag{4.29}$$

式中，

$$\gamma^2 = \kappa^2 - \Delta\beta^2 \tag{4.30}$$

$\Delta\beta$ 是布拉格波长的传输常数偏移量，

$$\Delta\beta = \beta - \beta_0 \ll \beta_0 \tag{4.31}$$

κ 通常被定义为光栅的耦合系数，可以解释为每单位长度的反射量。

当 $\Delta\beta = 0$ 时，式 (4.29) 记为 $r = -\mathrm{i}\tanh(\kappa L)$，布拉格波长处的反射峰值功率，

$$R_{\mathrm{peak}} = \tanh^2(\kappa L) \tag{4.32}$$

带宽也是布拉格光栅的一个重要品质因数。谐振周围的第一对零点之间的带宽可以由式 (4.33) 确定 [13]

$$\Delta\lambda = \frac{\lambda_{\mathrm{B}}^2}{\pi n_{\mathrm{g}}} \sqrt{\kappa^2 + (\pi/L)^2} \tag{4.33}$$

式中，n_{g} 是群折射率。应该注意，这个值大于 3dB 带宽。

对于长光栅 (相对于光栅强度而言)，即 $\kappa \gg \pi/L$，式 (4.33) 可以简化为

$$\Delta\lambda = \frac{\lambda_{\mathrm{B}}^2 \cdot \kappa}{\pi n_{\mathrm{g}}} \tag{4.34}$$

请注意，图 4.30 中的例子是一个相对较短的光栅，带宽大于式 (4.34) 所预测的近似带宽，所以须使用式 (4.33)。

为了考虑光传输损耗，可用 $\Delta\beta - \mathrm{i}\alpha/2$ 代替 $\Delta\beta$ 来修正上述方程，其中 α 是式 (3.9) 中定义的强度损失系数。

光栅耦合系数

设计光栅的关键任务是确定光栅的耦合系数，可以通过以下几种方法来完成：① 微扰方法 (CMT)；② 基于反射系数；③ 基于菲涅耳方程和“平面波近似”求得的反射系数；④ 基于光栅的 3D 仿真，如使用 FDTD 或 EME 进行仿真；⑤ 通过 SEM 图像或计算光刻技术，结合制作平滑的 3D 仿真；⑥ 基于实验数据。

本节只讨论基于菲涅耳方程求反射系数的方法。对有效折射率呈阶梯式变化的光栅，如图 4.29 所示，

$$\Delta n = n_{\mathrm{eff2}} - n_{\mathrm{eff1}} \tag{4.35}$$

根据菲涅耳方程，每个界面的反射可写为 $\Delta n/2n_{\mathrm{eff}}$。每个光栅周期有两次反射，耦合系数为

$$\kappa = 2\frac{\Delta n}{2n_{\mathrm{eff}}}\frac{1}{\Lambda} = \frac{2\Delta n}{\lambda_{\mathrm{B}}} \tag{4.36}$$

该耦合系数适用于矩形光栅结构的情况。相似的方程也可找到，如有效折射率呈正弦变化的光栅 [13]。如果已知光栅是正弦型的，则有

$$\kappa_{\mathrm{sinusoidal}} = \frac{\pi\Delta n}{2\lambda_{\mathrm{B}}} \tag{4.37}$$

本章的其余部分将结合式 (4.36) 重点介绍矩形光栅。

4.5.2　布拉格光栅滤波器设计

本节将详细介绍几种布拉格光栅滤波器的设计方法。首先介绍了传递矩阵方法 (Transfer Matrix Method，TMM)，TMM 是一种数值方法，对于计算任意折射率分布的光栅响应非常有用，同时提供了 MATLAB 计算代码。然后建立物理结构 (波导几何) 和有效折射率之间的联系，这使得可以根据折射率分布设计物理结构，或者计算物理结构，如图 4.33 中的设计流程所示。还提供了对光栅形貌光刻的平滑处理方法，这可通过查找 4.5.4 节中的实验结果表，或者 4.5.4 节中的光刻仿真结果 [14] 来解决。本节中使用 FDTD 对光栅进行数值仿真，4.5.4 节讨论了其他制造注意事项。

1. 传递矩阵法

本节的目的是计算由任意折射率分布定义的光栅光谱，如图 4.31 所示。传输矩阵法 (TMM) 的详细介绍参看参考文献 [15]，所述如下：

(1) 计算因折射率不连续而产生的反射系数和透射系数，以及波导截面的传输系数。

(2) 将结果以矩阵的形式来表示，对单模系统而言，大小为 2×2。

(3) 将各矩阵相乘作为级联网络，以表示光栅。

(4) 提取整个光栅的透射和反射值。然后对每个波长进行重复计算。

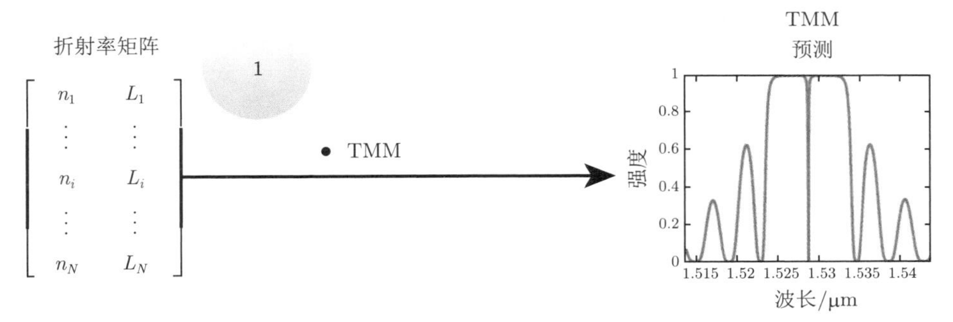

图 4.31 波导光栅建模

传递矩阵定义为

$$\begin{bmatrix} A_1 \\ B_1 \end{bmatrix} = \begin{bmatrix} T_{11} & T_{12} \\ T_{21} & T_{22} \end{bmatrix} \begin{bmatrix} A_2 \\ B_2 \end{bmatrix} \tag{4.38}$$

式中参数如图 4.32 所示。传递矩阵的概念与 9.3.2 节中介绍的散射参数矩阵类似且相关。

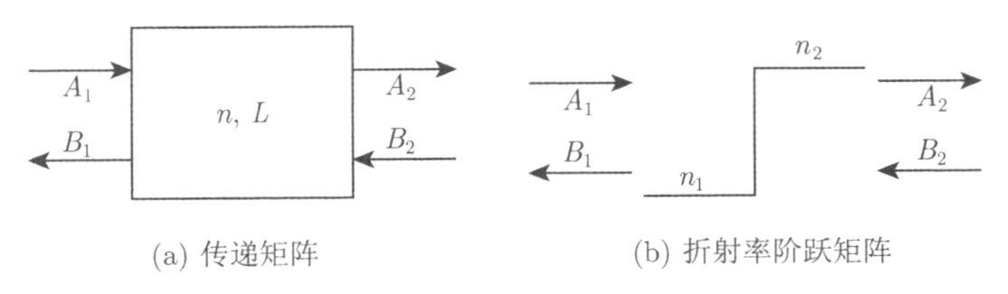

图 4.32 传递矩阵计算示意图

均匀段波导的传递矩阵，如图 4.32(a) 所示，为

$$T_{\mathrm{hw}} = \begin{bmatrix} \mathrm{e}^{\mathrm{j}\beta L} & 0 \\ 0 & \mathrm{e}^{-\mathrm{j}\beta L} \end{bmatrix} \tag{4.39}$$

式中，β 为场的复合传输常数，包括折射率和传输损耗，

$$\beta=\frac{2\pi n_{\mathrm{eff}}}{\lambda}-\mathrm{i}\frac{\alpha}{2}$$

式中，α 的定义见式 (3.9a)。波导部分 MATLAB 实现过程见代码 4.1。

代码 4.1　传递矩阵法——计算均匀截面波导的传递矩阵

```
function T_hw=TMM_HomoWG_Matrix(wavelength,l,neff,loss)
% Calculate the transfer matrix of a homogeneous waveguide.

% Complex propagation constant
beta=2*pi*neff./wavelength-1i*loss/2;

T_hw=zeros(2,2,length(neff));
T_hw(1,1,:)=exp(1i*beta*l);
T_hw(2,2,:)=exp(-1i*beta*l);
```

阶跃折射率 (图 4.32(b)) 的传递矩阵为

$$T_{\text{is-12}}=\begin{bmatrix}1/t & r/t\\ r/t & 1/t\end{bmatrix}=\begin{bmatrix}\dfrac{n_1+n_2}{2\sqrt{n_1n_2}} & \dfrac{n_1-n_2}{2\sqrt{n_1n_2}}\\ \dfrac{n_1-n_2}{2\sqrt{n_1n_2}} & \dfrac{n_1+n_2}{2\sqrt{n_1n_2}}\end{bmatrix}\tag{4.40}$$

式中，r 和 t 是反射系数，是基于菲涅耳系数得到的。这是该技术的关键近似值，因为菲涅耳系数是基于平面波的，故可以称为“平面波导近似”。也可以考虑采用更精确的方法来获得反射系数，如 3D FDTD 仿真计算。本节选用这种近似法，并进行调整以找到“有效的”或“制造的”的 Δn 值，如 4.4.5 节所述。

阶跃折射率分布 MATLAB 实现过程见代码 4.2。

代码 4.2　传递矩阵法——计算材料交界面的传递矩阵

```
function T_is=TMM_IndexStep_Matrix(n1,n2)
% Calculate the transfer matrix for a index step from n1 to n2.
T_is=zeros(2,2,length(n1));
a=(n1+n2)./(2*sqrt(n1.*n2));
b=(n1-n2)./(2*sqrt(n1.*n2));
%T_is=[a b; b a];
T_is(1,1,:)=a; T_is(1,2,:)=b;
T_is(2,1,:)=b; T_is(2,2,:)=a;
```

然后通过将各传递矩阵相乘来构建一个级联，用以表示布拉格光栅的一部分，

$$T_{\mathrm{p}}=T_{\text{hw-2}}T_{\text{is-21}}T_{\text{hw-1}}T_{\text{is-12}}\tag{4.41}$$

式中，附加的下标 1 和 2 代表有效折射率不同的区域，即低折射率段 (1) 和高折射率段 (2)。

然后构造具有 N 个周期的均匀的布拉格光栅，

$$T = \left(T_{\text{hw-2}} T_{\text{is-21}} T_{\text{hw-1}} T_{\text{is-12}}\right)^{N} \tag{4.42}$$

MATLAB 代码 4.3 示例中，考虑引入了相移的均匀布拉格光栅，即具有两个布拉格光栅反射器的一阶法布里–珀罗腔 (见 4.5.6 节)。传递矩阵为

$$T = [(T_{\text{p}})^{N}] T_{\text{hw-2}} [(T_{\text{p}})^{N}] T_{\text{hw-2}} \tag{4.43}$$

代码 4.3 传递矩阵法——计算由波导和材料交界面组成的波导布拉格光栅腔的传递矩阵，中心相移

```
function T=TMM_Grating_Matrix(wavelength, Period, NG, n1, n2, loss)
% Calculate the total transfer matrix of the gratings

l=Period/2;
T_hw1=TMM_HomoWG_Matrix(wavelength,l,n1,loss);
T_is12=TMM_IndexStep_Matrix(n1,n2);
T_hw2=TMM_HomoWG_Matrix(wavelength,l,n2,loss);
T_is21=TMM_IndexStep_Matrix(n2,n1);

q=length(wavelength);
Tp=zeros(2,2,q); T=Tp;
for i=1:length(wavelength)
   Tp(:,:,i)=T_hw2(:,:,i)*T_is21(:,:,i)*T_hw1(:,:,i)*T_is12(:,:,i);
   T(:,:,i)=Tp(:,:,i)^NG; % 1st order uniform Bragg grating

   % for an FP cavity, 1st order cavity, insert a high index region, n2.
   T(:,:,i)=Tp(:,:,i)^NG * (T_hw2(:,:,i))^1 * Tp(:,:,i)^NG * T_hw2(:,:,i);
end
```

然后以 n_2 截面构造器件的开始和结束段。相移段用高折射率材料 n_2 实现。

最后通过代码 4.4 在波长点的 1D 矩阵上执行计算，以生成透射光谱 T 和反射光谱 R。

代码 4.4 传递矩阵法——计算由代码 4.3 定义的光栅的反射和透射

```
function [R,T]=TMM_Grating_RT(wavelength, Period, NG, n1, n2, loss)
%Calculate the R and T versus wavelength

M=TMM_Grating_Matrix(wavelength, Period, NG, n1, n2, loss);
```

```
q=length(wavelength);
T=abs(ones(q,1)./squeeze(M(1,1,:))).^2;
R=abs(squeeze(M(2,1,:))./squeeze(M(1,1,:))).^2;
```

2. 光栅物理结构设计

然后建立物理结构 (波导几何结构) 和有效折射率之间的联系。本节所用光栅是基于条形波导构建的，截面尺寸为 500nm×220nm，带氧化物包层，其波导宽度的变化如图 4.42 所示。

设计方法如图 4.33 所示，使用本征模计算以确定光栅段的有效折射率。表 4.1 计算了波导的有效折射率与波长和波导宽度的关系，并进行了参数化。仿真结果如图 4.34 所示。

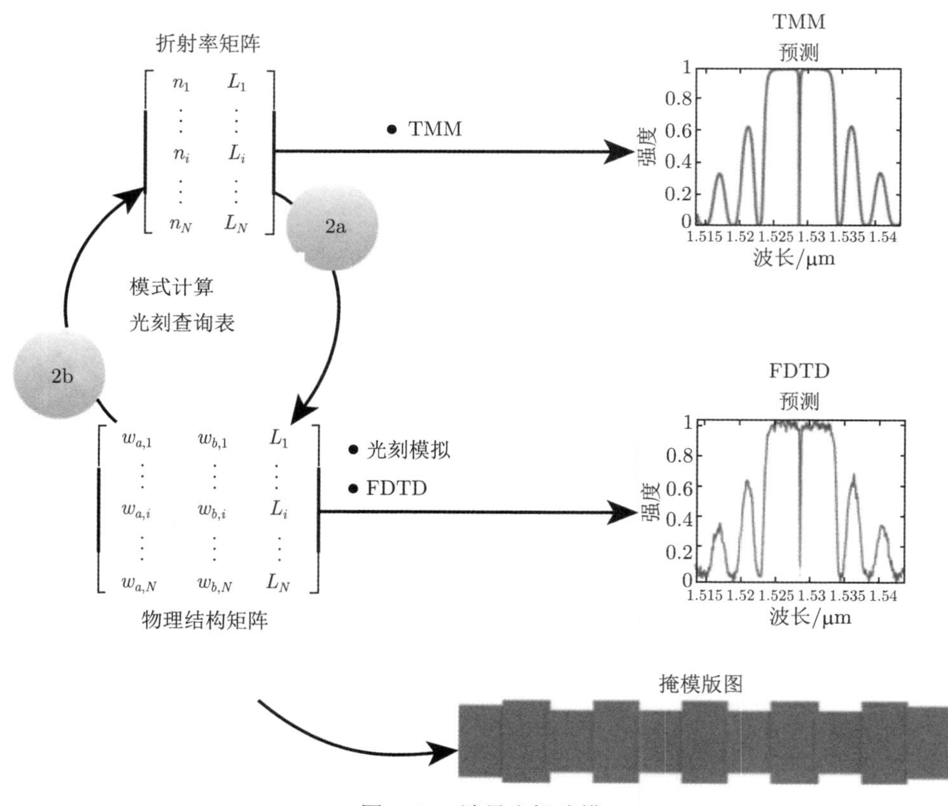

图 4.33 波导光栅建模

表 4.1 有效折射率与波导宽度、波长的曲线拟合参数

	条形波导，500nm×200nm，氧化物包层
λ_0	1.554
a_0	2.4379
a_1	1.1193
a_2	0.035
w_0	0.5
b_1	1.6142
b_2	−5.2487
b_3	10.4285

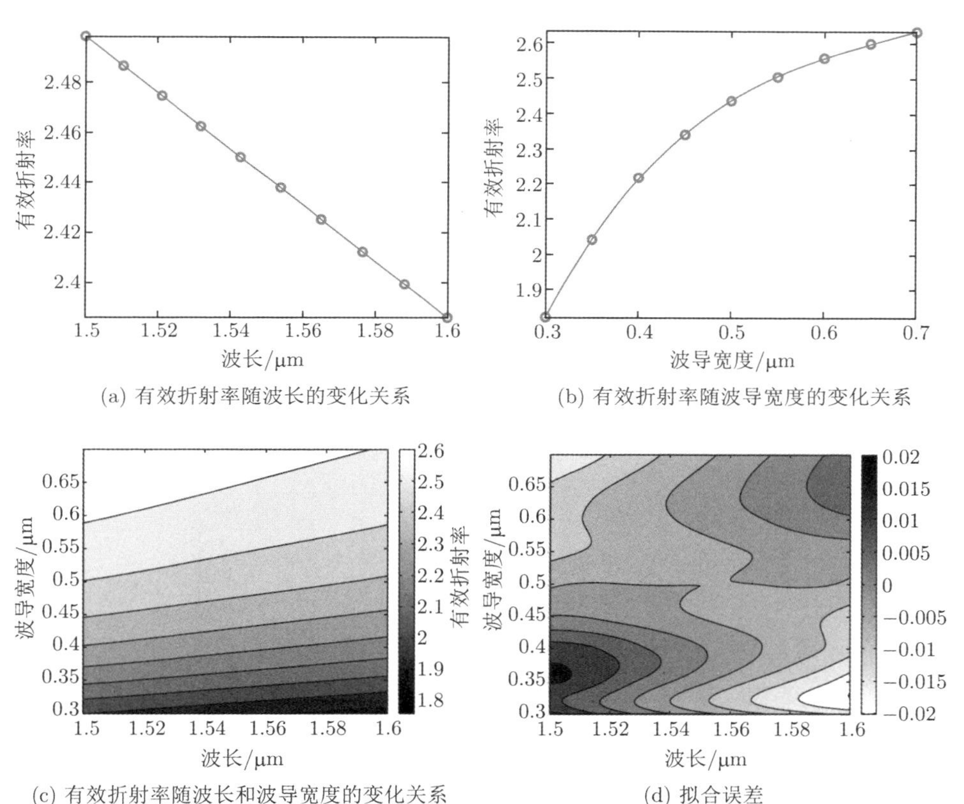

图 4.34 含氧化硅包层条形波导有效折射率的计算

对数据进行曲线拟合得到两个函数方程，每个函数方程对应一个变量，

$$\Delta n_{\text{eff-}\lambda}(\lambda) = a_0 - a_1(\lambda - \lambda_0) - a_2(\lambda - \lambda_0)^2 \tag{4.44}$$

式中，λ 以 μm 为单位。

$$\Delta n_{\text{eff-}w}(w) = b_1(w - w_0) + b_2(w - w_0)^2 + b_3(w - w_0)^3 \tag{4.45}$$

式中，w 是波导宽度，单位为 μm；$\Delta n_{\text{eff}}(w)$ 是给定波导宽度 w 的有效折射率相对于其在 λ_0 处的值的偏差。

考虑到有效折射率与两个变量相关，结果如图 4.34(c) 所示。假设波长和宽度的变化带来的影响是可分的，将这两部分作用加在一起，

$$n_{\text{eff}}(\lambda, w) = n_{\text{eff-}\lambda}(\lambda) + \Delta n_{\text{eff-}w}(w) \tag{4.46}$$

与仿真数据相比，此函数的结果误差如图 4.34(d) 所示，其中的数据是两者之间的差值，且在 ±0.02 范围内。

据此以折射率分布来设计布拉格光栅的物理结构，或仿真计算物理结构，如图 4.33 中的设计流程所示。代码 4.15 中的 MATLAB 程序定义了基于物理结构参数的光栅，即光栅周期、光栅周期数、波导平均宽度，假设具有 50/50 占空比的矩形形貌的 ± 宽度变化，以及传输损耗。定义仿真参数，波长范围和点数。然后，根据式 (4.46) 定义波导宽度和有效折射率之间的关系。然后结合波导色散求出布拉格波长，之后求出有效折射率。最后计算并绘制光栅光谱，如图 4.35 所示。

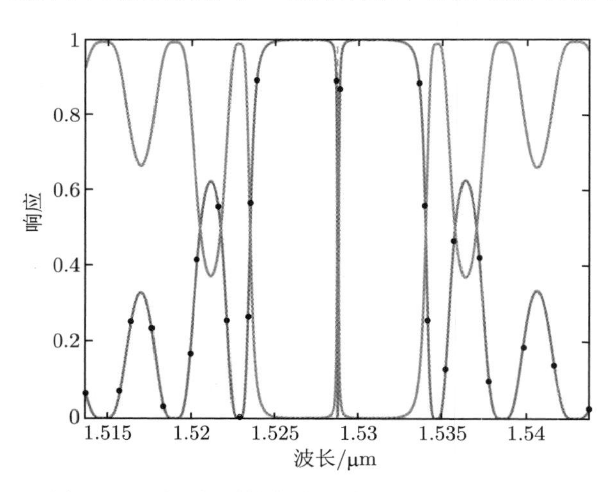

图 4.35 基于相移均匀布拉格光栅反射和透射谱

基于布拉格光栅实现法布里–珀罗腔的仿真结果如图 4.35 所示，空腔长仅为 $\Lambda/2$，此称为“相移”设计。

3. 基于 FDTD 的光栅建模

本节介绍使用 3D FDTD 仿真布拉格光栅的方法。给出的示例是条形波导光栅，光栅波纹宽度 50nm，周期 324nm，周期数 280，参数如图 4.42 所示。FDTD 中仿真计算周期性结构的主要挑战是确保网格具有与结构本身相同的周期性。网

格参数的选择以确保网格点与几何形状对齐，如图 4.36(a) 所示，可通过网格覆盖来实现，即 x 方向上的网格为周期的整数倍 $(324\text{nm}/8 = 40.5\text{nm})$。同理，$y$ 方向选取 50nm 的网格，以确保网格点与光栅结构匹配。

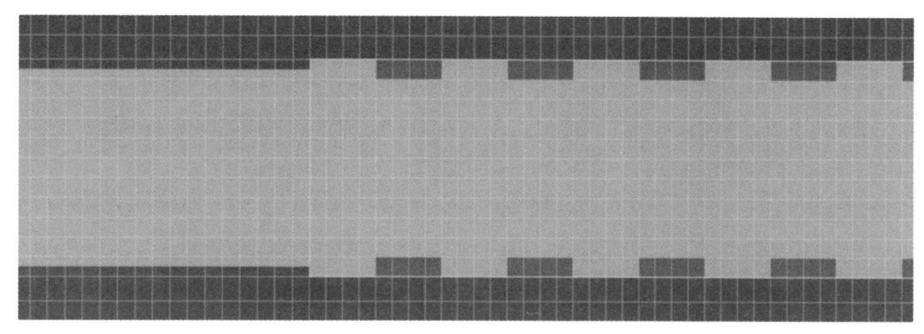

(a) 3D FDTD仿真, 包含网格

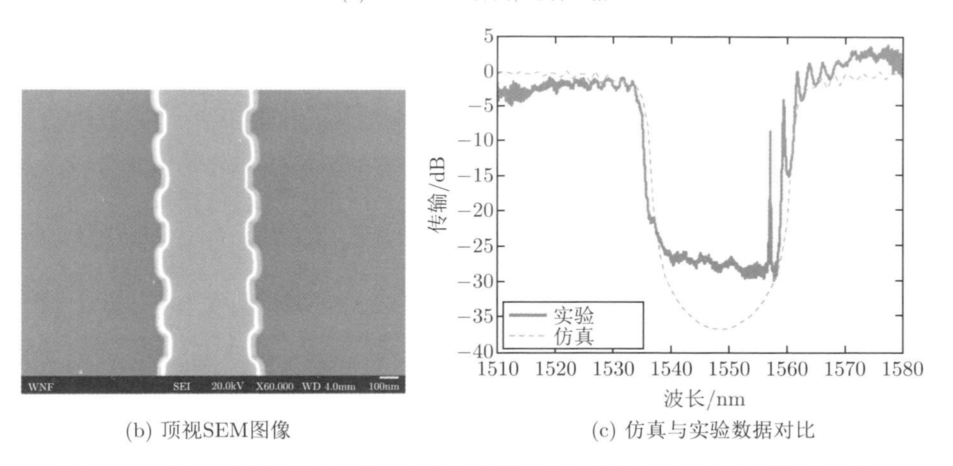

(b) 顶视SEM图像

(c) 仿真与实验数据对比

图 4.36 空气包层条形波导均匀布拉格光栅，仿真结果与电子束光刻结果对比

仿真脚本见代码 4.16，结果如图 4.36(c) 所示。为了进行对比，该器件还是采用电子束光刻技术 (参见 4.5.4 节) 进行制造，射距 6nm，器件的图像如图 4.36(b) 所示，光栅的带宽获得了极好的一致性。但是中心波长存在一定的差异，仿真结果相较于实验结果偏移了约 5nm。这种差异归因于制造的不确定性，即硅厚度、波导宽度和侧壁角度 (见 11.1 节)。

4.5.3 布拉格光栅滤波器实验

2001 年 Murphy 等 [16] 以 SOI 波导首次证实了集成布拉格光栅。光栅是通过对硅波导进行物理波纹处理来实现的，与光纤布拉格光栅的制造是不同的。光纤布拉格光栅是采用具有光敏性的光纤经强紫外 (UV) 线照射以在纤芯中形成折射率调制分布。

光栅波纹结构可以位于波导顶层 [16−18] 或侧壁，侧壁波纹结构可以在脊 [19] 或平板 [20] 上。顶层波纹结构通常具有固定的蚀刻深度，因此光栅耦合系数是恒定的；侧壁波纹结构的优点是可以较容易地控制波纹宽度，这对于制作复杂的光栅轮廓形状是非常重要的，如制作可抑制反射旁瓣的切趾光栅 [20]。除了使用物理波纹结构外，还有一些其他方法可以在硅中形成光栅，如离子注入布拉格光栅 [21]。

本节将讨论两种用于集成布拉格光栅的波导常见结构，即带有侧壁波纹结构的条形波导和脊形波导。

1. 条形波导光栅

图 4.37(a) 是条形波导的横截面图，光栅波纹结构位于波导侧壁，因此光栅和波导可以在一次光刻过程中定义。由于波导的几何形状和光学模式尺寸都很小，侧壁上的微扰会引起较大的光栅耦合系数，进而产生较大的带宽。实验证明带宽通常为几十纳米数量级 [23,24]。到目前为止，报道的最低带宽约为 0.8 nm [25]；研究人员在设计中使用了非常小的 10nm 波纹宽度，由于光刻的平滑效应，制造的波纹结构甚至更小。因此，直接在侧壁上制造这种小波纹是非常具有挑战性的。Tan 等展示了另一种概念，即通过在波导附近设置周期性圆柱体阵列来代替波导侧壁波纹结构，以实现类似的微小有效折射率扰动 [26]。据报道，使用这种方法产生的带宽大约为几纳米；但这种方法对制造误差仍然敏感，因为圆柱体仍然很小 (直径为 200nm) 并且是孤立的结构。

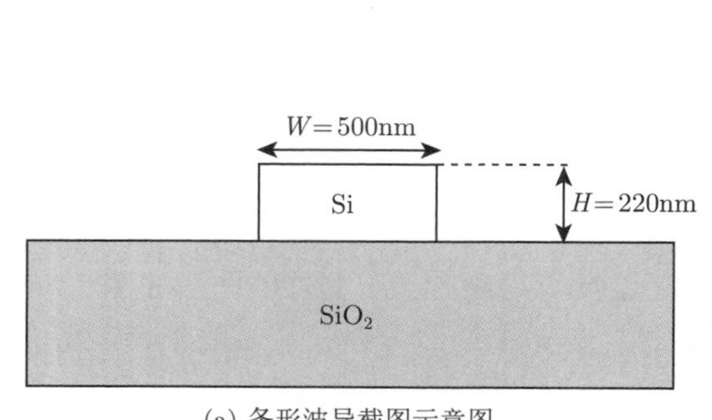

(a) 条形波导截图示意图

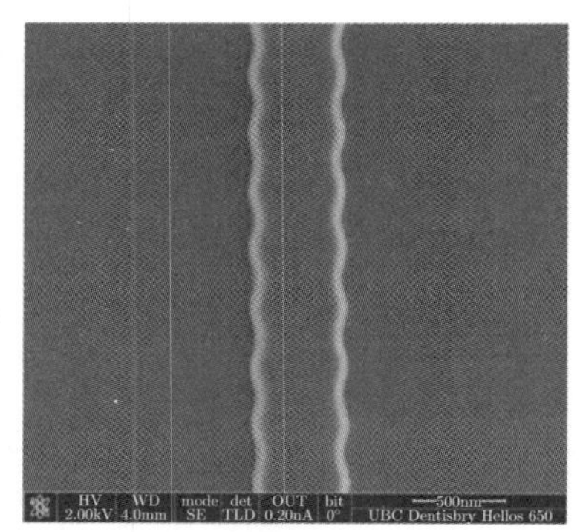

(b) 条形波导SEM俯视图

图 4.37　条形波导示意图和条形波导光栅的 SEM 图 [22]

图 4.37(b) 是制造的布拉格光栅的 SEM 俯视图。需要注意的是，如果在制造中使用光学光刻技术，那么实际制造的光栅会被重度平滑处理。在掩模设计中使用方形波纹，但制造出的波纹呈现圆形并且类似于正弦形状。因此为了获得所需

的带宽，应该考虑并补偿这种平滑效应。可通过在掩模设计中使用比在仿真中更大的波纹宽度来实现。如果没有根据已有经验和/或光刻仿真 [14] 得到的查询表，这是很难做到的，这将在 4.5.4 节中讨论。

图 4.38 是条形波导光栅的透射光谱测量结果，波纹宽度是设计值。随着波纹宽度的增加，耦合系数增加，带宽更宽。

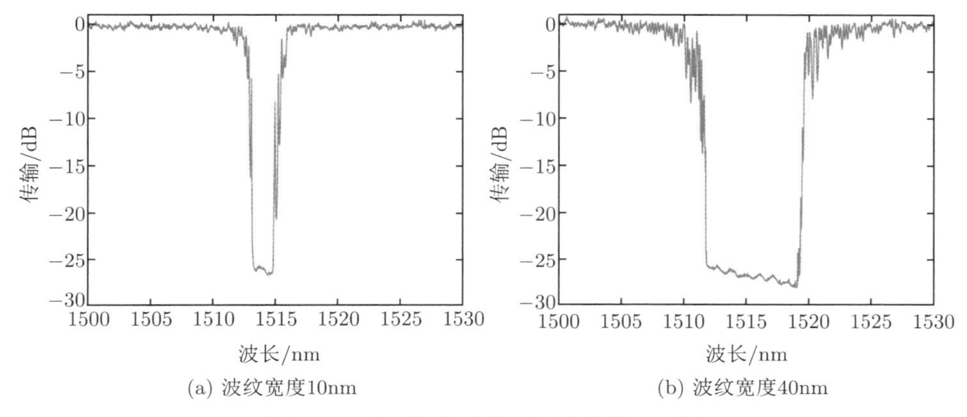

(a) 波纹宽度10nm　(b) 波纹宽度40nm

图 4.38 条形波导光栅透射光谱测量结果

2. 脊形波导光栅

如上所述，条形波导光栅具有相对较大的带宽，且制造容差小。然而，在许多应用场合需要窄带宽，如波分复用 (WDM) 通道滤波器。因此可选择使用脊形波导，其通常具有较大的横截面并允许更大的制造容差。图 4.39(a) 给出了文献 [27] 中的波导结构。光场主要被限制在脊下方，在脊和平板侧壁间光场的重叠积分很弱，如图 4.39(b) 所示。与条形波导光栅相比，光场重叠积分的减少使得引入较小的有效折射率微扰成为可能，从而可以实现较小的耦合系数和较窄的带宽。本节讨论了在脊形波导上形成光栅的两种结构，即脊侧壁波纹结构 [19] 或平板侧壁波纹结构 [20]。图 4.40 是制造的器件的 SEM 图。

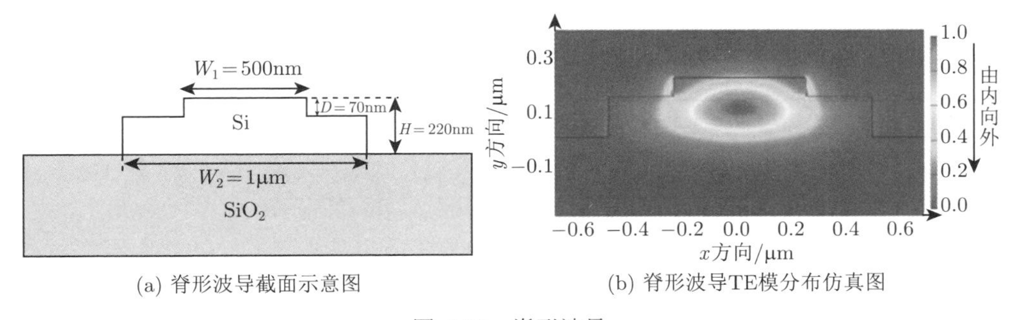

(a) 脊形波导截面示意图　(b) 脊形波导TE模分布仿真图

图 4.39 脊形波导

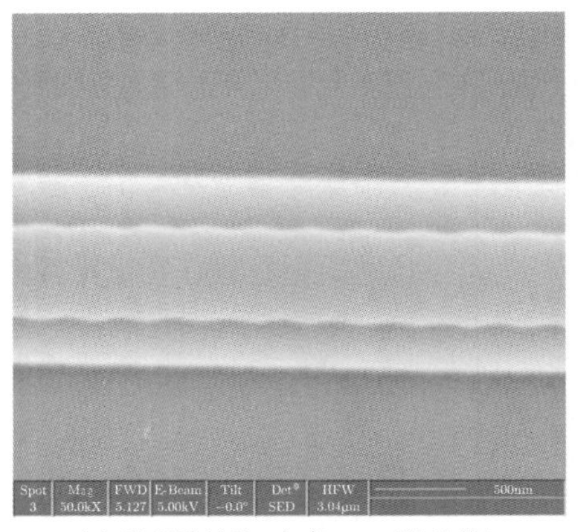

(a) 脊侧壁波纹, 宽度60nm(设计值)

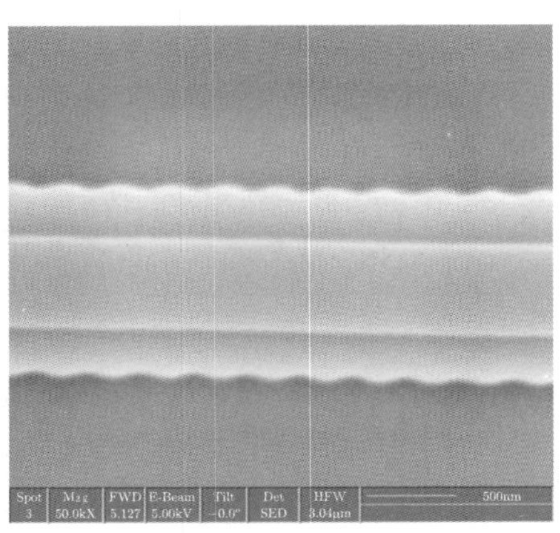

(b) 平面侧壁波纹, 宽度80nm(设计值)

图 4.40　脊形波导光栅 SEM 图

3. 光栅周期

基于布拉格条件，即式 (4.28)，预计布拉格波长将随着光栅周期的增加而增加。考虑到色散，波长偏移可表示为

$$\frac{\partial \lambda_{\mathrm{B}}}{\partial \Lambda} = 2\frac{n_{\mathrm{eff}}^2}{n_{\mathrm{g}}} = \frac{\lambda^2}{2\Lambda^2 n_{\mathrm{g}}} \tag{4.47}$$

这是通过实验观察到的结果。图 4.41 给出了周期分别为 320nm、325nm 和 330nm

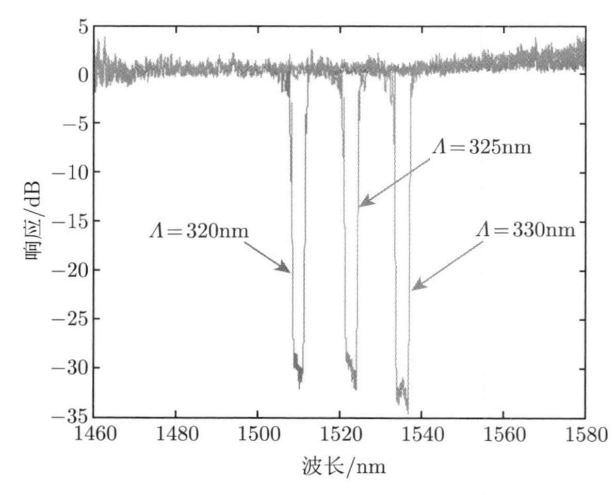

图 4.41　不同周期的光栅透射谱测量结果，随着光栅周期的增加，中心波长红移。固定参数：空气包层，$W = 500\mathrm{nm}$，$\Delta W = 20\mathrm{nm}$，$N = 1000$

的三个光栅的透射谱测量结果。实验布拉格波长以 $\partial\lambda/\partial\Lambda = 2.53$ 的速率偏移，这与式 (4.47) 计算得到的值 2.515 非常接近。这些数据和式 (4.47) 也可用于提取制造的波导的有效折射率和群折射率。

4.5.4 光栅制造的实证模型

本节总结了在条形波导和脊形波导侧壁设计有波纹结构的布拉格光栅的制造和仿真结果。本节的目的是使用一些仿真计算方法，如 4.5.2 节中介绍的传递矩阵法，为希望合成具有特定属性的光栅的设计者提供经验数据，如切趾光栅。均匀光栅及其几何参数，如图 4.42 所示。波导的宽度为 $W \pm \Delta W$。选择这种结构而不是选择仅凹进或仅凸起的结构是因为这种结构的平均有效折射率随着光栅强度的变化而近似恒定，这就意味着布拉格中心波长不会发生变化，这使得这些光栅能够用于切趾，即波纹宽度沿着光栅的长度而发生变化。

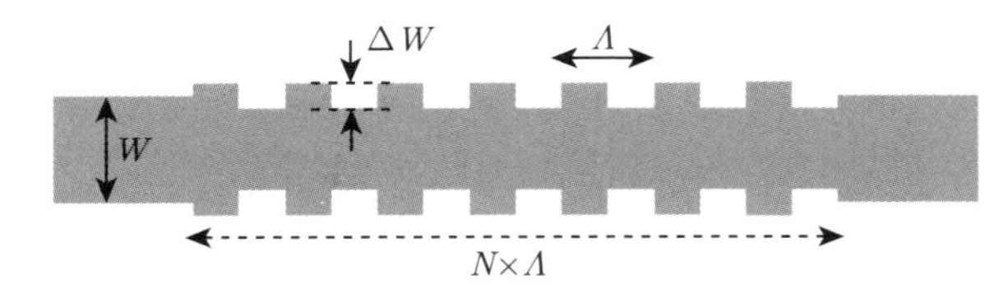

图 4.42 均匀布拉格光栅

使用多种制造设备和方法制造了多种光栅。在任何情况下，波导的厚度都为 220nm，宽度 $W = 500$nm，使用氧化物包层，波纹结构在侧壁。以下是光栅设计和制造所需考虑的问题。

- 193nm UV 光刻，在 IMEC (比利时微电子研究中心) 制造：条形波导和脊形波导。
  - 条形波导。
  - 脊形波导，宽 1000nm 和平板厚 150nm。波纹结构适用于：① 150nm 厚的平板且其平均宽度为 1000nm，② 波导脊 (蚀刻深度为 70nm)，且平均脊宽为 500nm。
- 248nm UV 光刻，在 IME (新加坡微电子研究所) 制造：条形波导。
- 电子束光刻，由华盛顿大学纳米加工中心 (WNF) 制造 [28]：条形波导。

提取的性能参数定义如下：

- $\Delta\lambda$：测量的布拉格带宽，由光谱中的第一个零点定义，如图 4.30 所示。
- κ：提取的光栅耦合系数 $[\mathrm{m}^{-1}]$。使用式 (4.33) 从实验结果中确定光栅耦合系数。n_g 表示仿真计算得到的群折射率。
- Δn：提取的调制折射率，$\Delta n = n_2 - n_1$。基于矩形光栅调制函数 (式 (4.36)) 定义。

图 4.43(a) 给出了光栅带宽 (第一零点) $\Delta\lambda$ 与波纹宽度的关系。对实验结果而言，它是从光谱中测量出来的；对于仿真而言，它是根据 Δn 值和假设光栅无限长的情况下确定的。该图对设计者预测光栅几何形状和选择不同的制造方式以获得多少光学带宽是有用的。为了获得亚纳米级带宽，如使用条形波导，则需要小于 10nm 的波纹宽度；如使用脊形波导的平板区域，则需要用 80nm 的波纹宽度。这意味着脊形波导光栅具有较大的制造容差。对脊形波导光栅而言，3dB 带宽范围为 0.4～0.8nm，这适用于许多窄带要求的应用，如 WDM 通道滤波器，尽管可能需要切趾来抑制旁瓣。

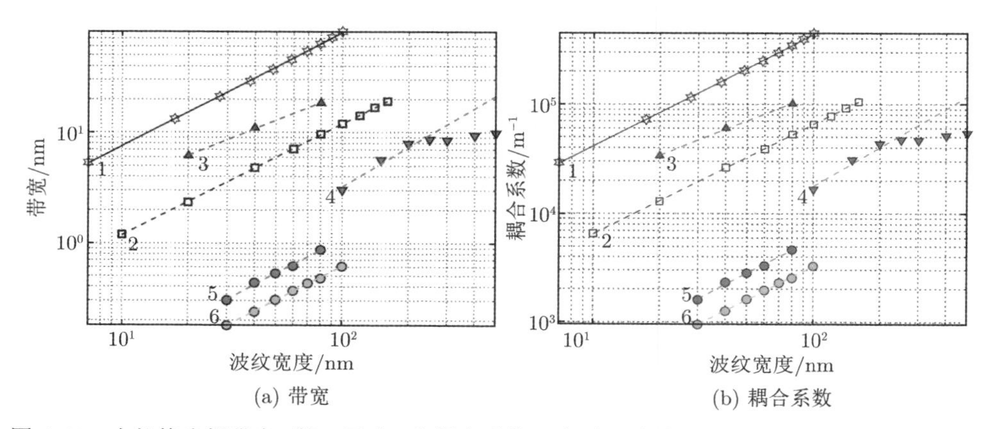

(a) 带宽 (b) 耦合系数

图 4.43 布拉格光栅带宽 (第一零点) 和耦合系数 κ 与波纹宽度 ΔW 的关系。1～4 为氧化物包层条形波导，500nm×220nm：1. 通过本征求解器计算，参数化使用式 (4.45)；2. 从使用 193nm 光刻制造的器件中提取；3. 从使用电子束光刻制造的器件中提取；4. 从使用 248nm 光刻制造的器件中提取。5 和 6 为氧化物包层脊形波导，500nm×220nm，宽 1000nm 和平板厚 150nm，使用 193nm 光刻制造：5. 波纹结构位于脊上；6. 波纹结构位于平板上

提取的光栅耦合系数 κ 如图 4.43(b) 所示，这对于基于耦合模理论设计光栅很有用。

图 4.43 和图 4.44 中的仿真结果基于波导本征模式求解法 (4.5.2 节) 求解，并假设由折射率差为 Δn 的矩形光栅进行调制。基于式 (4.36) 和式 (4.33) 求得光栅耦合系数 κ 和带宽 (第一零点) $\Delta\lambda$。将实验结果与波导有效折射率仿真结果进行对比，进而可使用传递矩阵方法设计光栅，使用图 4.44 中提供的 Δn 值。

为便于设计，图 4.44 中所示 Δn 与波纹宽度 ΔW 的结果，使用双对数坐标表达式进行拟合，

$$\log_{10}\Delta n = c_1 \cdot \log_{10}\Delta W + c_2 \tag{4.48}$$

或等效为

$$\Delta n = 10^{c_1 \cdot \log_{10} \Delta W + c_2} \tag{4.49}$$

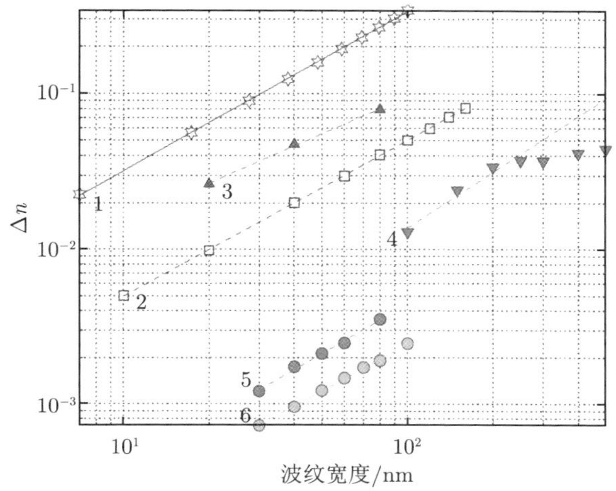

图 4.44 折射率差 Δn 与波纹宽度 Δw 的关系。1~4 为氧化物包层条形波导，500nm×220nm：1. 通过本征求解器计算，参数化使用式 (4.45)；2. 从使用 193nm 光刻制造的器件中提取；3. 从使用电子束光刻制造的器件中提取；4. 从使用 248nm 光刻制造的器件中提取。5 和 6 为氧化物包层脊形波导，500nm×220nm，宽 1000nm 和平板厚 150nm，使用 193nm 光刻制造：5. 波纹结构位于脊上；6. 波纹结构位于平板上

表 4.2 中给出了拟合系数。类似地，图 4.43 中的带宽 (第一个零点) BW 和耦合系数 κ 的结果也可进行曲线拟合，

$$\log_{10} \mathrm{BW} = c_1 \cdot \log_{10} \Delta W + c_3 \tag{4.50}$$

$$\log_{10} \kappa = c_1 \cdot \log_{10} \Delta W + c_4 \tag{4.51}$$

表 4.2 布拉格光栅设计、制造参数与拟合参数

#	1	2	3	4	5	6
波导	条形				脊形	
波纹	侧壁				脊形	平板
方法	TMM	193nm	EBL	248nm	193nm	193nm
拟合 slope, c_1	1.0217	1.0044	0.7954	1.1741	1.0557	1.0179
拟合 ΔN 偏移, c_2	−2.5160	−3.3097	−2.5997	−4.2332	−4.4667	−4.6447
拟合 BW 偏移, c_3	−0.1438	−0.1438	−0.2411	−1.8374	−2.0725	−2.2504
拟合 κ 偏移, c_4	3.5947	3.5947	3.4974	1.9011	1.6529	1.4750

本节结果表明，使用传递矩阵方法求解的平面波近似仿真和制造的器件之间存在很大的不匹配，这可归因为两个方面：① 光刻平滑，如本节所讨论的；

② 菲涅耳反射系数中使用的平面波近似。虽然这两个因素都对布拉格光栅的设计提出了巨大的挑战，但本节中给出的 Δn 和 κ 的经验模型可提高使用传递矩阵法或耦合模式理论设计光栅的速度。这些模型解释了不匹配的两个原因。另一种方法是仿真几何结构的光刻效应，然后对虚拟制造的器件进行 3D 仿真。这种方法涉及更多，包括光刻的经验模型，不太适用于光栅的设计。

1. 计算光刻模型

硅光子学制造的一个重要问题是，诸如布拉格光栅中的小特征，对制造缺陷极其敏感，如布拉格光栅中的波纹结构在原始掩模版图中通常被设计成方形的。然而，不出所料，制造后尖角变圆了，特别是在使用光学光刻时 [29]。因此，最初设计的 (模型) 器件与实际制造的器件之间存在显著的性能不匹配，具体而言，实验带宽通常比设计的窄得多 [29] (参见前面的 4.5.4 节和图 4.43(a))。

该问题的一个解决方案是将制造过程包括在设计流程中 [30,31] (基于制造的设计，DFM)。Mentor Graphics 提供了一种先进的光刻仿真工具，用于器件制造过程的深紫外 (DUV) 光刻仿真 [31]。光刻仿真后，可以对虚拟制造的器件进行重新仿真，以对即将得到的实验结果进行更好的预测 [14]。

光刻模型可以使用各种测试结构来构建，通常由 CMOS 代工厂提供。本示例使用设计有 40nm 矩形波纹结构的 500nm 条形波导光栅 (称为器件 A) 来构造，调整模型参数以使后光刻仿真结果与器件 A 的实验数据相匹配；所得模型参数可以用于其他所有器件。光学系统可使用传统的圆形光源，数值孔径 (NA) 和部分相干因子 (σ) 是决定波纹结构失真的关键参数；在仿真中设定 NA = 0.6 和 σ = 0.6。这些参数在光刻机技术规格定义的范围内。图 4.45 是器件 A 的光刻仿真结果，可知波纹结构平滑了很多，其有效幅值也减小了。

图 4.45 器件 A 光刻仿真：(a) 原始设计，(b) 仿真结果 [22]

布拉格光栅的仿真基于 3D FDTD，图 4.46 给出了器件 A 的透射光谱仿真结果，这既可用于制造的结构，也可用于虚拟制造的器件。将这些结果与器件的测量结果进行对比，可以清楚光学带宽的匹配情况。可以看出，原始设计具有约 23nm 的带宽；相比之下，光刻后仿真结果约为 8nm 的更窄带宽。注意，仿真中波导的厚度略微减少了几纳米，以匹配布拉格波长，这对带宽几乎没有影响。

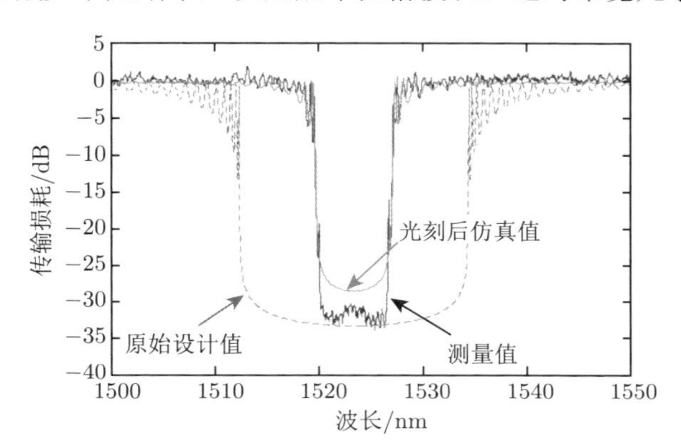

图 4.46 器件 A 的光谱对比 (透射率)。原始设计：使用图 4.45(a) 中的结构进行 3D FDTD 仿真；光刻后仿真：使用图 4.45(b) 中虚拟制造的结构进行 3D FDTD 仿真；测量：IMEC 193nm 光刻制造的器件 [22]

仿真计算和测量得到的带宽与设计的光栅波纹宽度的关系如图 4.47 所示，同样，光刻后仿真结果与测量值非常吻合，而原始设计的仿真结果与测量值之间的不匹配度很高。对 193nm 的光刻，根据经验，实际带宽比基于 FDTD 仿真的原始设计值小约 1/3。

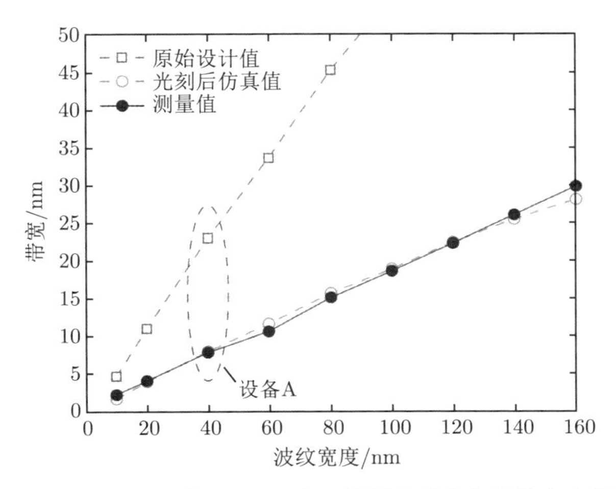

图 4.47 带空气包层的 500nm 条形波导的带宽与波纹宽度的关系

计算光刻技术可以应用于其他许多硅光子器件，尤其是对光刻畸变敏感的光子器件，如光子晶体。光子晶体微腔中，仿真的体孔小于设计的孔，因此，应对掩模中的体孔加偏置以获得所需的孔尺寸。由于光学邻近效应，边缘孔小于体孔 [32]，且微腔两侧孔位移引入了额外的畸变。因此，微腔旁边的孔需要进行不同的偏置处理，如果没有光刻仿真，这是不容易实现的。

2. 其他制造注意事项

接下来介绍布拉格光栅的其他注意事项。首先是关于制造长器件的挑战。由于制造的不均匀性，如 11.1 节所述，长器件 (>100μm) 存在宽度和厚度的波动 [33]，因此，非均匀性是光栅长度的限制因素，如图 11.1 所示，可以看到光谱和旁瓣的扩展。如 4.5.5 节所述，通过制造紧凑的光栅结构可以部分地缓解这个问题。然后需要考虑波导几何形状对光栅性能的影响，图 3.5 给出了制造的波导的倾斜截面 SEM 图 [25]。需要注意的是，其横截面轮廓不是完美的矩形，且具有略微倾斜的侧壁。此外，波导宽度和厚度也略微偏离设计值。这种几何缺陷将影响波导的有效折射率，通常会使布拉格波长偏离设计值。本节介绍的布拉格光栅通常仅提供单个布拉格波长，因此将布拉格波长与目标应用相匹配很关键。热调谐可提供有限的调整 (参见 4.5.5 节)，与环形谐振器形成对比，环形谐振器具有多种模式，可进行循环调谐 (参见 13.1 节)，即器件被加热到下一个相邻峰值与目标波长匹配。最后，栅格制造精度会限制啁啾光栅或切趾光栅的制造。特别地，在 ΔW 中引入的量化会导致可用光栅耦合系数的量化，光栅齿位置的量化会导致光谱的变化。

4.5.5 螺旋布拉格光栅

脊形波导布拉格光栅可以实现窄带宽，原因是其扰动非常微弱，需要非常长的光栅来获得高反射率。但是，从布版角度来看，这往往是不可取的，因为高长宽比使得很难将它们有效地集成在集成光子回路中。更重要的是，长布拉格光栅的性能更容易受厚度和宽度波动的影响，如 11.1 节所述。因此，在小范围内设计长布拉格光栅是很重要的 [34−36]，可采用螺旋式结构来实现，如图 4.48 和图 4.49 所示，设计实现了 0.26nm 窄带宽 [36] 布拉格光栅。

如图 4.48 所示，通过在脊形波导侧壁上设置波纹结构实现光栅。在脊的每一侧，光栅波纹宽度设计为 50nm。在整个螺旋结构中，一阶光栅的周期保持恒定，为 290.9nm。

图 4.49 给出了制造的器件的光学显微镜图。螺旋由一系列具有不同直径 (D) 的半圆组成，曲率半径在每个半圆上保持恒定，如图 4.49(b) 所示，中心的两个最小半圆 (即 S 形) 的直径 ($D_{\min}$) 为 20μm。两个相邻半圆之间的间距或螺距 (P) 为 5μm，以保证低串扰。注意，该值相对保守，还可以减小 (如减小到 3μm)，以进一步提高空间利用率。

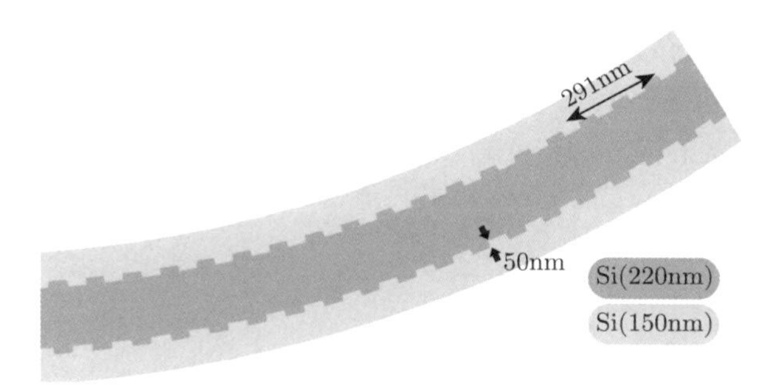

图 4.48 螺旋光栅的设计 [22]

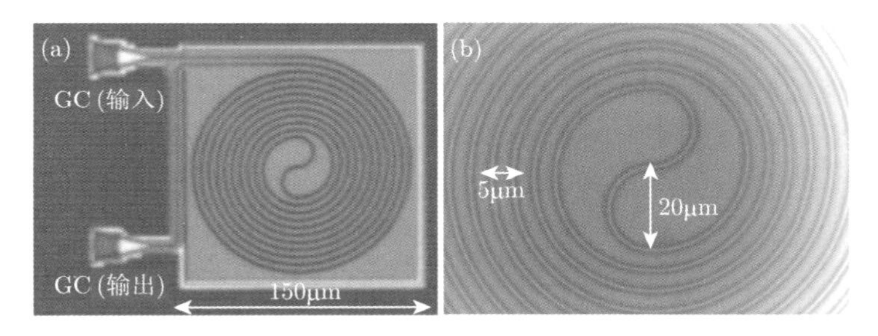

图 4.49 螺旋布拉格光栅的光学图片，$N = 10$。(a) 整体图；(b) 螺旋区域放大图

热敏感性

硅的热光系数较大，大多数硅光子器件对芯片上的温度变化高度敏感。本节研究了条形波导光栅的热敏感性。图 4.50 是条形波导光栅在不同温度下的透射光

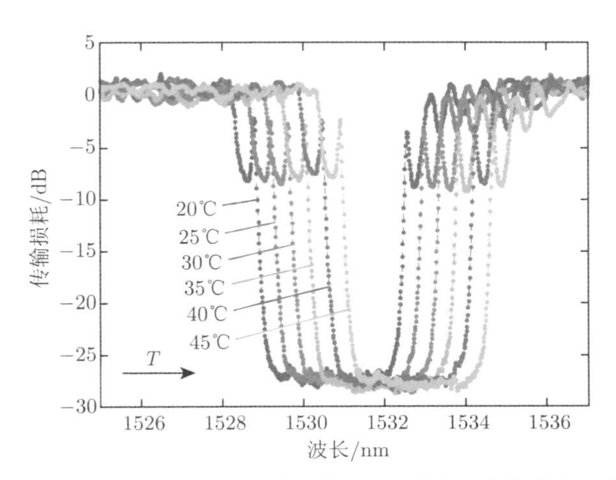

图 4.50 条形波导光栅在不同温度下的透射光谱，显示随着温度的升高而发生红移。设计参数：空气包层，$W = 500\text{nm}$，$\Delta W = 20\text{nm}$，$\Lambda = 330\text{nm}$，$N = 1000$ [22]

谱，随着温度升高，布拉格波长向更长的波长移动，其线性斜率约为 84pm/℃。

谐振器件 (如布拉格光栅、环形谐振器等) 的热调谐系数为

$$\frac{\mathrm{d}\lambda}{\mathrm{d}T}=\frac{\lambda}{n_{\mathrm{g}}}\frac{\mathrm{d}n_{\mathrm{eff}}}{\mathrm{d}T}=\frac{\lambda}{n_{\mathrm{g}}}\frac{\mathrm{d}n_{\mathrm{eff}}}{\mathrm{d}n}\frac{\mathrm{d}n}{\mathrm{d}T} \tag{4.52}$$

基于式 (4.52) 可求得布拉格波长的热光相关系数约为 80pm/℃，这与测量结果非常一致。

4.5.6 相移布拉格光栅

布拉格光栅的一个应用是构造谐振器或腔，这对激光器 (第 8 章) 的制造，窄带光学滤波器或倏逝场传感器是非常有用的 [37]。图 4.51 给出了基于条形波导布拉格光栅制造的一阶光学谐振腔，该腔是通过在两个相同的光栅之间引入相移实现的，传输窗口具有非常窄的洛伦兹线形。图 4.52 给出了相移光栅响应，从图中可知 FWHM 线宽约为 8μm(即 1GHz)，对应的品质因数 Q 为 $1.9{\times}10^5$。相移的位置和大小决定了中心波长和传输窗口的尖锐度。本例中，相移位于光栅的正中心，谐振峰最为尖锐，相移长度等于光栅周期，因此在布拉格光栅反射带的中心附近总存在一个谐振峰。如果相移的长度非常长 (如 500Λ)，则可以在禁带 [38] 内产生多个谐振峰，这在激光器设计中可以产生多模式操作。长光栅对确定波导参数 (有效群折射率、传输损耗等) 也是很有用的 [38]。

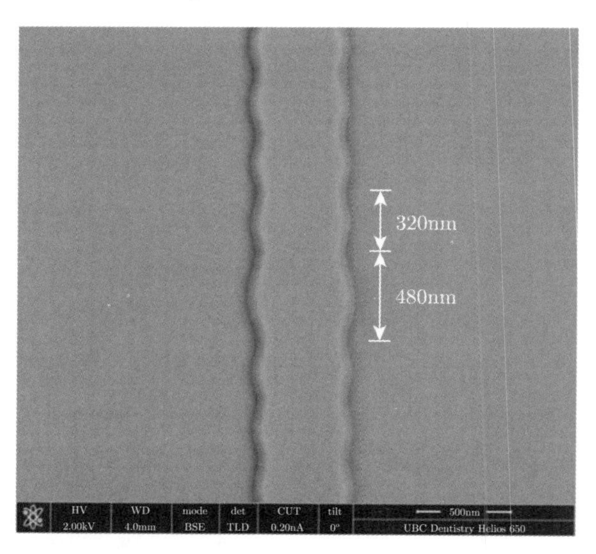

图 4.51 条形波导相移光栅的 SEM 图。设计参数：W = 500nm，ΔW= 80nm，Λ = 320nm。注意：可通过测量光栅槽间距来识别中心区域中的相移。相移间距 480nm，相当于光栅周期 (320nm) 的 1.5 倍 [22]

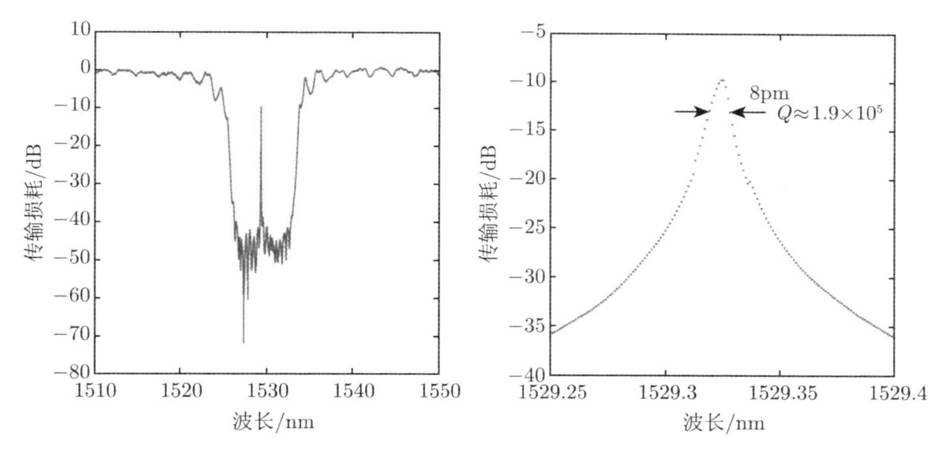

图 4.52 相移布拉格光栅腔，品质因数为 1.9×10^5。设计参数：空气包层，$W=500\text{nm}$，$\Delta W=40\text{nm}$，$N=300$，$\Lambda=330\text{nm}$ [22]

4.5.7 多周期布拉格光栅

条形波导有两个侧壁，脊形波导有四个侧壁，因此可以在每一个侧壁上放置独立的光栅面形，得到的光谱将是各个设计的叠加。图 4.53 给出了双周期光栅的

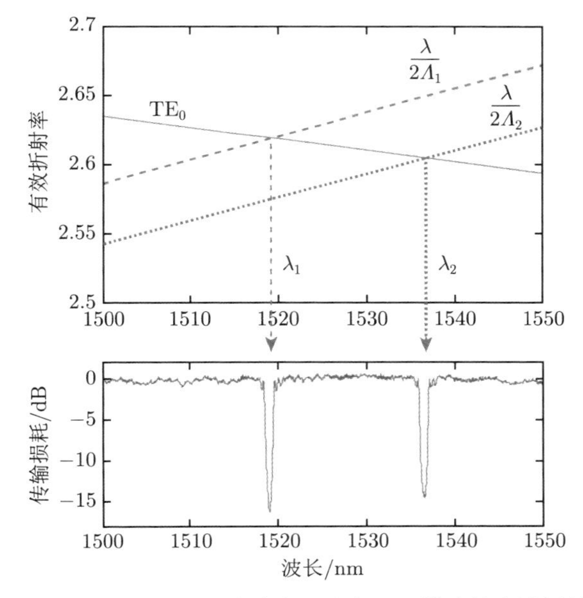

图 4.53 双周期光栅仿真与测试结果。实线表示基本 TE 模式的有效折射率；细虚线和粗虚线分别对应于周期为 Λ_1 和 Λ_2 的有效折射率；交叉点对应于两个布拉格波长 [22]

仿真与测试结果。图 4.54 为使用脊形波导设计的四周期布拉格光栅的示意图，光栅周期分别为 $\Lambda_1 = 285\text{nm}$、$\Lambda_2 = 290\text{nm}$、$\Lambda_3 = 295\text{nm}$ 和 $\Lambda_4 = 300\text{nm}$。脊和平板上的光栅波纹宽度分别为 $\Delta W_{\text{rib}} = 80\text{nm}$ (对于 Λ_2 和 Λ_3) 和 $\Delta W_{\text{slab}} = 100\text{nm}$ (对于 Λ_1 和 Λ_4)，光栅长度为 580μm，其他设计参数 $L = 2035\Lambda_1$、$2000\Lambda_2$、$1966\Lambda_3$ 和 $1933\Lambda_4$。

图 4.54　四周期脊形波导光栅的示意图 (未按比例)。设计参数：$\Lambda_1 = 285\text{nm}$、$\Lambda_2 = 290\text{nm}$、$\Lambda_3 = 295\text{nm}$、$\Lambda_4 = 300\text{nm}$、$\Delta W_{\text{rib}} = 80\text{nm}$、$\Delta W_{\text{slab}} = 100\text{nm}$，光栅长度为 580μm [22]

图 4.55 给出了所制造器件光谱响应实测结果，从图中可以清楚地观察到四个布拉格波长，每个波长对应一个光栅周期。请注意，每个波导仅一侧对光栅有影响，因此耦合系数减小了 1/2。总之，这种多周期光栅概念提高了设计的灵活性，并允许更多的光学功能自定义。

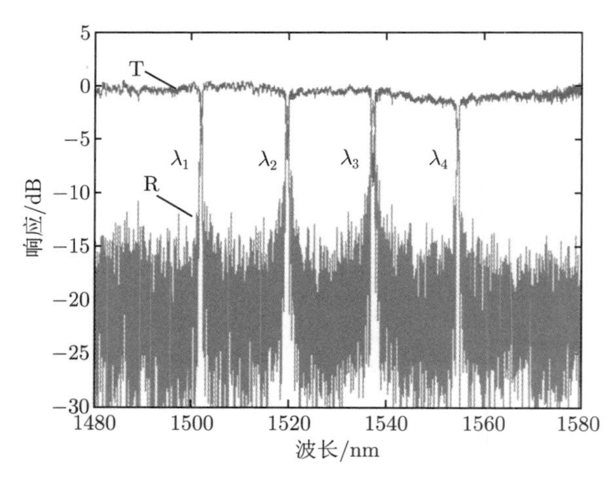

图 4.55　四周期脊形波导光栅光谱响应测试，λ_1、λ_2、λ_3、λ_4 分别对应于 Λ_1、Λ_2、Λ_3 和 Λ_4 [22]

4.5.8　基于光栅的定向耦合器

如图 4.56 所示，可以在定向耦合器内构建光栅来代替单波导。定向耦合器被设计成具有不同波导宽度的结构 (见 4.1.7 节)，使得两者相位失配，从而在传

统的正向传输方向上几乎没有耦合。用光栅来实现波导之间的耦合，特别地，将式 (4.28) 中的布拉格条件修改为

$$\lambda_{\mathrm{D}} = \Lambda(n_1 - n_2) \tag{4.53}$$

式中，λ_{D} 是向后耦合到第二波导中的光的布拉格波长。

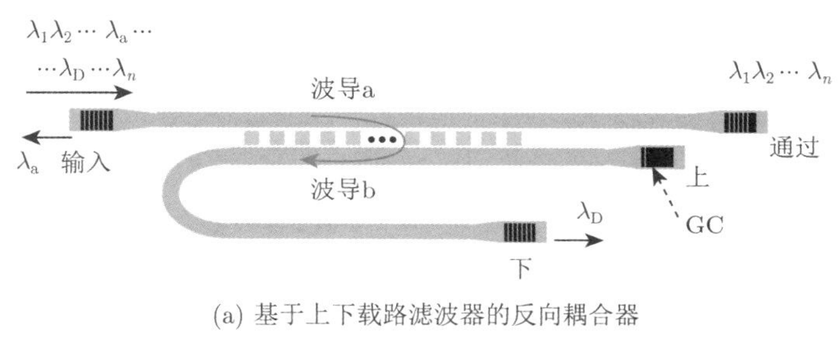

(a) 基于上下载路滤波器的反向耦合器

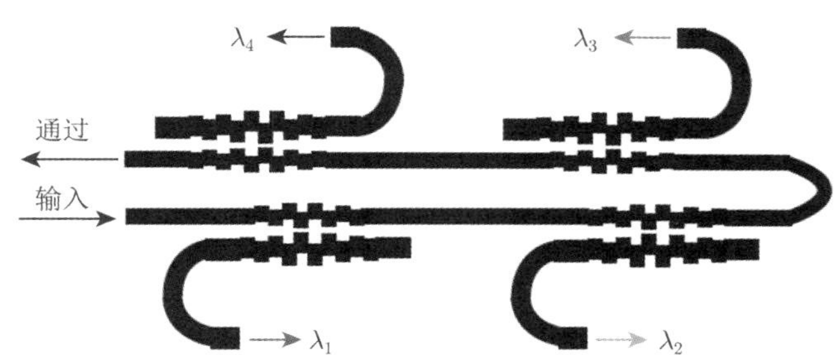

(b) 基于切趾反向耦合器的CWDM解复用器

图 4.56　1 和 4 通道反向耦合器示意图 [39]

这种结构的优点是布拉格光栅不再是二端口器件，而是四端口器件，如图 4.56 所示。二端口反射信号被引入到下载端口，当用于光学滤波时，不再需要光环形器或隔离器。它还有第四个端口，作为“上载”端口，因此该器件还可用作光分插复用器。

该器件可以被设计为在较大光学带宽下提供单通道滤波。为获得较大的带宽，必须在波导中使用“抗反射”设计，以消除布拉格反射，如式 (4.28) 所示。通过在波导的两侧分别放置不同的光栅来实现，类似于 4.5.7 节。此情况下，两个光栅相移 180° 以完全抵消布拉格背向反射 [40]。

最后，可通过级联多个反向耦合器以实现多通道 WDM 分插复用器，如图 4.57 所示。文献 [39]，[41] 介绍了有关这些光栅器件的更多详细信息。

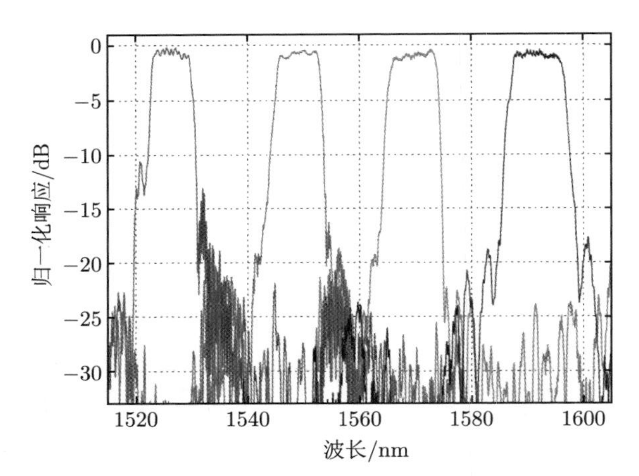

图 4.57　应用于粗波分复用 (CWDM) 设计的四通道反向耦合滤波器的透射光谱 [39]

4.6　问　　题

4.1　基于定向耦合器设计一个工作在 1550nm 波长下的 1%功率分配器。

4.2　设计一个马赫–曾德尔干涉仪，400nm 条形波导结构，工作波长为 1310nm 时，FSR 为 10nm。

4.3　设计一个处于临界耦合的基于微环谐振器的全通滤波器，FSR 为 1nm。设计环形调制器的过程中，假设波导传输损耗为 10dB/cm (见 6.2.2 节)。

4.4　设计一个 FSR 为 1nm，品质因数为 5000 的基于微环谐振器的上/下载路滤波器。假设波导传播损耗为 10dB/cm。

4.5　设计一个均匀布拉格光栅，中心波长为 1550nm (第一个零点)，带宽为 5nm，峰值反射率为 99%。带氧化物包层的条形波导，采用 193nm 光刻技术和电子束光刻技术对其进行设计。

4.7　仿 真 代 码

代码 4.5　Lumerical MODE Solutions 中建立定向耦合器几何模型的代码；DC_wg_draw.lsf

```
# DC_wg_draw.lsf - draw the directional coupler waveguide geometry
new(1);

# define wafer and waveguide structure
thick_Clad = 2.0e-6;
thick_Si = 0.22e-6;
thick_BOX = 2.0e-6;
```

```
#thick_Slab = 0; # for strip waveguides
thick_Slab = 0.09e-6; # for strip-loaded ridge waveguides
width_ridge = 0.5e-6; # width of the waveguide
gap = 100e-9; # Directional coupler gap

# define materials
material_Clad = "SiO2 (Glass) - Palik";
# material_Clad = "H2O (Water) - Palik"; material_Clad = "Air (1)";
material_BOX = "SiO2 (Glass) - Palik";
material_Si = "Si (Silicon) - Dispersive & Lossless";
materials; # run script to add materials

# define simulation region
width_margin = 2.5e-6; # space to include on the side of the waveguide
height_margin = 0.5e-6; # space to include above and below the waveguide

# calculate simulation volume
# propagation in the x-axis direction; z-axis is wafer-normal
Xmin = -2e-6; Xmax = 2e-6; # length of the waveguide
Zmin = -height_margin; Zmax = thick_Si + height_margin;
Y_span = 2*width_margin + width_ridge; Ymin = -Y_span/2; Ymax = -Ymin;

# draw cladding
addrect; set("name","Clad"); set("material", material_Clad);
set("y", 0); set("y span", Y_span+1e-6);
set("z min", 0); set("z max", thick_Clad);
set("x min", Xmin); set("x max", Xmax);
set("override mesh order from material database",1);
set("mesh order",3); # similar to "send to back", put the cladding as a
    background.
set("alpha", 0.05);

# draw buried oxide
addrect; set("name", "BOX"); set("material", material_BOX);
set("x min", Xmin); set("x max", Xmax);
set("z min", -thick_BOX); set("z max", 0);
set("y", 0); set("y span", Y_span+1e-6);
set("alpha", 0.05);

# draw silicon wafer
addrect; set("name", "Wafer"); set("material", material_Si);
set("x min", Xmin); set("x max", Xmax);
set("z max", -thick_BOX); set("z min", -thick_BOX-2e-6);
set("y", 0); set("y span", Y_span+1e-6);
set("alpha", 0.1);

# draw waveguide 1
addrect; set("name", "waveguide1"); set("material",material_Si);
```

```
set("y", -width_ridge/2-gap/2); set("y span", width_ridge);
set("z min", 0); set("z max", thick_Si);
set("x min", Xmin); set("x max", Xmax);

# draw waveguide 2
addrect; set("name", "waveguide2"); set("material",material_Si);
set("y", width_ridge/2+gap/2); set("y span", width_ridge);
set("z min", 0); set("z max", thick_Si);
set("x min", Xmin); set("x max", Xmax);

# draw slab for strip-loaded ridge waveguides
addrect; set("name", "slab"); set("material",material_Si);
if (thick_Slab==0) {
   set("y min", 0); set("y max", 0);
} else {
   set("y", 0); set("y span", Y_span+1e-6);
}
set("z min", 0); set("z max", thick_Slab);
set("x min", Xmin); set("x max", Xmax);
set("alpha", 0.2);
```

代码 4.6 Lumerical MODE Solutions 中计算定向耦合器的奇偶模式：DC_modes.lsf

```
# DC_modes.lsf - Calculate directional coupler’s even and odd modes, Lumerical
    MODE Solutions

DC_wg_draw;

# define simulation parameters
wavelength = 1.55e-6;
meshsize = 10e-9; # maximum mesh size

# add 2D mode solver (waveguide cross-section)
addfde; set("solver type", "2D X normal");
set("x", 0);
set("y", 0); set("y span", Y_span);
set("z max", Zmax); set("z min", Zmin);
set("wavelength", wavelength); set("solver type","2D X normal");
set("define y mesh by","maximum mesh step"); set("dy", meshsize);
set("define z mesh by","maximum mesh step"); set("dz", meshsize);
N_modes=2; # modes to output
set("number of trial modes",10);

gap=0.5e-6; switchtolayout;
setnamed("waveguide2","y", -width_ridge/2-gap/2);
setnamed("waveguide1","y", width_ridge/2+gap/2);
```

```
n=findmodes;
z=getdata("FDE::data::mode1","z"); y=getdata("FDE::data::mode1","y");
E3=pinch(getelectric("FDE::data::mode1")); image(y,z,E3);
Ey=pinch(getdata("FDE::data::mode1","Ey")); image(y,z,real(Ey));
index=pinch(getdata("FDE::data::material","index_x"));
matlabsave("DC_mode1",y,z,E3,Ey,index);
E3=pinch(getelectric("FDE::data::mode2")); image(y,z,E3);
Ey=pinch(getdata("FDE::data::mode2","Ey")); image(y,z,real(Ey));
matlabsave("DC_mode2",y,z,Ey,E3);
```

代码 4.7 Lumerical MODE Solutions 中计算定向耦合器截面长度与间隙关系：DC_gap.lsf

```
# DC_gap.lsf - Calculate directional coupler’s gap dependence, Lumerical MODE
    Solutions

gap_list=[.1:.1:1]*1e-6; # sweep waveguide width
neff = matrix (length(gap_list), N_modes );
L_cross= matrix (length(gap_list));

for(jj=1:length(gap_list)) {
   switchtolayout;
   setnamed("waveguide2","y", -width_ridge/2-gap_list(jj)/2);
   setnamed("waveguide1","y", width_ridge/2+gap_list(jj)/2);
   n=findmodes;
   for (m=1:N_modes) { # extract mode data
      neff (jj,m) =abs( getdata ("MODE::data::mode"+num2str(m),"neff") );
   }
   L_cross(jj) = wavelength / 2 / abs( neff (jj,1)-neff (jj,2));
}
plot (gap_list*1e9, L_cross*1e6, "Gap [nm]", "Cross-over length [micron]",
    "Cross-over length versus gap");
plot (gap_list*1e9, L_cross*1e6, "Gap [nm]", "Cross-over length [micron]",
    "Cross-over length versus gap","logy");
matlabsave ("DC_gap", L_cross,neff,gap_list);
```

代码 4.8 Lumerical MODE Solutions 中计算定向耦合器的波长相关性：DC_wavelength_.lsf

```
# DC_wavelength.lsf - Calculate directional coupler’s wavelength dependence,
    Lumerical MODE Solutions

wavelength_start=1.5e-6;
wavelength_stop=1.6e-6;
wavelength_num=5;
```

```
gap=0.2e-6;

switchtolayout;
setnamed("waveguide2","y", -width_ridge/2-gap/2);
setnamed("waveguide1","y", width_ridge/2+gap/2);

setanalysis("wavelength",wavelength_start);
findmodes;
selectmode(1);
setanalysis("track selected mode",1);
setanalysis("number of test modes",3);
setanalysis("number of points",wavelength_num);
setanalysis("stop wavelength",wavelength_stop);
frequencysweep;
f=getdata("frequencysweep","f"); wavelengths=c/f;
neff1 = getdata("frequencysweep","neff");

selectmode(2);
setanalysis("track selected mode",2);
frequencysweep;
neff2= getdata("frequencysweep","neff");

plot(wavelengths*1e6,real(neff1),real(neff2), "Wavelength [micron]", "Effective
      Index","");
legend("Symmetric mode","Antisymmetric mode");
matlabsave ("DC_wavelength", neff1, neff2,wavelengths);
```

代码 4.9　Lumerical FDTD Solutions 中导入定向耦合器掩模版文件 (GDS)：DC_GDS_import.lsf

```
# DC_GDS_import.lsf - Script to import GDS for 3D FDTD simulations in Lumerical
    Solutions

newproject;
filename = "DC.gds"; cellname = "DC_0";

Material_Clad = "SiO2 (Glass) - Const";
Material_Ox = "SiO2 (Glass) - Const";
Material_Si = "Si (Silicon) - Dispersive & Lossless";
materials; # run script to add materials

Thickness_Si=0.22e-6; Etch2=130e-9;

FDTD_above=300e-9; # Extra simulation volume added
FDTD_below=300e-9;

minvxWAFER=1e9; minvyWAFER=1e9;
```

```
maxvxWAFER=-1e9; maxvyWAFER=-1e9; # design extent
maxvzWAFER=Thickness_Si;

# Waveguide Si 220nm
n = gdsimport(filename, cellname, 1, Material_Si, 0, Thickness_Si);
if (n==0) { delete; } else {
  groupscope("::model::GDS_LAYER_1");
  set("script","");
  selectall;
  set(' material' , Material_Si);
  set(' z span' ,Thickness_Si); set(' z' ,0);
  selectpartial("poly");
  minvx=1e9; minvy=1e9; maxvx=-1e9; maxvy=-1e9;
  for (i=1:getnumber) { # find the extent of this GDS layer.
     v=get("vertices",i); a=size(v);
     minvx = min ( [minvx, min( v(1:a(1), 1 ))]);
     minvy = min ( [minvy, min( v(1:a(1), 2 ))]);
     maxvx = max ( [maxvx, max( v(1:a(1), 1 ))]);
     maxvy = max ( [maxvy, max( v(1:a(1), 2 ))]);
  }
  minvxWAFER = min ( [minvx, minvxWAFER]); # save design extent
  minvyWAFER = min ( [minvy-2.25e-6, minvyWAFER]);
  maxvxWAFER = max ( [maxvx, maxvxWAFER]);
  maxvyWAFER = max ( [maxvy+2.25e-6, maxvyWAFER]);
  groupscope("::model");
}

# Waveguide âĂŞ Rib Si partial etch 2 (130~\SI{}{\nano\meter} deep)
addrect; set("name", "Slab");
set("x min", minvxWAFER); set("y min", minvyWAFER);
set("x max", maxvxWAFER); set("y max", maxvyWAFER);
set("z min", 0); set("z max", Thickness_Si-Etch2);
set("material", Material_Si);
set("alpha",0.2);

addrect; set("name", "Oxide"); # Buried Oxide
set("x min", minvxWAFER); set("y min", minvyWAFER);
set("x max", maxvxWAFER); set("y max", maxvyWAFER);
set("z min", -2e-6); set("z max", 0);
set("material", Material_Ox); set("alpha",0.2);

addrect; set("name", "Cladding"); # Cladding
set("x min", minvxWAFER); set("y min", minvyWAFER);
set("x max", maxvxWAFER); set("y max", maxvyWAFER);
set("z min", 0); set("z max", 2.3e-6);
set("material", Material_Clad); set("alpha",0.1);
set("override mesh order from material database", 1);
set("mesh order", 4); # make the cladding the background
```

```
addfdtd; # FDTD simulation volume
set("x min", minvxWAFER+2e-6); set("y min", minvyWAFER+1.5e-6);
set("x max", maxvxWAFER-2e-6); set("y max", maxvyWAFER-1.5e-6);
set("z min", -FDTD_below); set("z max", maxvzWAFER+FDTD_above);
set("mesh accuracy", 3);
set("x min bc", "PML"); set("x max bc", "PML");
set("y min bc", "metal"); set("y max bc", "PML");
set("z min bc", "metal"); set("z max bc", "metal");

addmesh; # mesh override in the coupler gap.
set("x min", minvxWAFER+2e-6); set("y min", -100e-9);
set("x max", maxvxWAFER-2e-6); set("y max", 100e-9);
set("z min", 0); set("z max", Thickness_Si);
set("override y mesh",1); set("override z mesh",0); set("override x mesh",0);
set("set equivalent index",1); set("equivalent y index",5);
```

代码 4.10 Lumerical FDTD Solutions 中的参数设置和定向耦合器仿真：DC_FDTD_sweeps.lsf

```
# Perform 3D FDTD simulations for the directional coupler

DC_GDS_import;
DC_length_list=[0:1:25]*1e-6;
#DC_length_list=[5]*1e-6;
DC_length=0;

setglobalsource("wavelength start",1500e-9);
setglobalsource("wavelength stop",1600e-9);
setglobalmonitor("use source limits",0);
setglobalmonitor("frequency points",1);
setglobalmonitor("minimum wavelength",1550e-9);
setglobalmonitor("maximum wavelength",1550e-9);

# add mode source:
addmode; set("name", "source");
set("injection axis", "x-axis");
set("direction", "forward");
set("y", 1e-6); set("y span", 1.5e-6);
set("x", -5e-6 - DC_length/2);
set("z min", -FDTD_below); set("z max", maxvzWAFER+FDTD_above);
updatesourcemode;

addpower;
set("name", "through");
set("monitor type", "2D X-normal");
set("y", 1e-6); set("y span", 1.4e-6);
```

```
set("x", 5e-6 + DC_length/2);
set("z min", -FDTD_below); set("z max", maxvzWAFER+FDTD_above);

addpower;
set("name", "cross");
set("monitor type", "2D X-normal");
set("y", -1e-6); set("y span", 1.4e-6);
set("x", 5e-6 + DC_length/2);
set("z min", -FDTD_below); set("z max", maxvzWAFER+FDTD_above);

for (i=1:length(DC_length_list))
{
   switchtolayout;
   DC_length=DC_length_list(i);
   # stretch the coupler both to the left and right (keep symmetric at x=0)
   select("source"); set("x", -5e-6 - DC_length/2);
   select("through"); set("x", 5e-6 + DC_length/2);
   select("cross"); set("x", 5e-6 + DC_length/2);
   select("Oxide");
   set("x min", minvxWAFER-DC_length/2); set("x max", maxvxWAFER+ DC_length/2);
   select("Slab");
   set("x min", minvxWAFER-DC_length/2); set("x max", maxvxWAFER+ DC_length/2);
   select("Cladding");
   set("x min", minvxWAFER-DC_length/2); set("x max", maxvxWAFER+ DC_length/2);
   select("FDTD");
   set("x min", minvxWAFER+2e-6-DC_length/2); set("x max", maxvxWAFER-2e-6+DC_
        length/2);
   groupscope("GDS_LAYER_1"); selectall;
   set("x",-DC_length/2,1); set("x",-DC_length/2,2);
   set("x", DC_length/2,3); set("x", DC_length/2,4);
   groupscope("::model");
   select("wg1");
   if (getnumber==0) { addrect; set("name", "wg1");}
   set("x min", -DC_length/2); set("y min", 0.1e-6);
   set("x max", DC_length/2); set("y max", 0.6e-6);
   set("z min", 0); set("z max", Thickness_Si);
   set("material", Material_Si);
   select("wg2");
   if (getnumber==0) { addrect; set("name", "wg2");}
     set("x min", -DC_length/2); set("y max", -0.1e-6);
     set("x max", DC_length/2); set("y min", -0.6e-6);
     set("z min", 0); set("z max", Thickness_Si);
     set("material", Material_Si);

     save("DC_"+num2str(DC_length)+"_FDTD.fsp");
     run;
}
```

```
Tthrough=matrix(length(DC_length_list));
Tcross=matrix(length(DC_length_list));
for (i=1:length(DC_length_list))
{
     DC_length=DC_length_list(i);
     load("DC_"+num2str(DC_length)+"_FDTD.fsp");
     Tthrough(i)=transmission("through");
     Tcross(i)=transmission("cross");
}
plot(DC_length_list,[Tthrough,Tcross]);
matlabsave("DC_FDTD_mesh" +num2str(MESH_ACCURACY) +".mat", DC_length_list,
    Tthrough, Tcross);
```

代码 4.11 Lumerical MODE Solutions 中计算不同波导之间的耦合；DC_DeltaBeta.lsf

```
# Calculations for coupling between dissimilar waveguides, in Lumerical MODE

new(1); clear; cleardcard;
materials;

# Simulation Parameters
meshsizex = 0.02e-6;
meshsizey = 0.02e-6;
xrange = 5e-6;
yrange = 2.75e-6;
wavelength = 1.55e-6;

# Process Parameters
material_Clad = "SiO2 (Glass) - Palik";
material_BOX = "SiO2 (Glass) - Palik";
material_Si = "Si (Silicon) - Palik";

ridge_thick = 0.22e-6;
slab_thick = 0;
wg_width1 = 0.5e-6;
wg_width2 = 0.4e-6;
gap = 0.4e-6;

# Draw Cladding
addrect; set("name","Clad");
set("material",material_Clad);
set("y",0); set("y span",yrange+1);
set("x",0); set("x span",xrange+1);

#Draw Waveguides
addrect; set("name","WG1");
```

```
set("x min",-gap/2-wg_width1);set("x max",-gap/2);
set("y min",-ridge_thick/2);set("y max",ridge_thick/2);
set("material",material_Si);

addrect; set("name","WG2");
set("x min",gap/2);set("x max",gap/2+wg_width2);
set("y min",-ridge_thick/2);set("y max",ridge_thick/2);
set("material",material_Si);

#Mode Solver
addfde; set("solver type","2D Z Normal");
set("x",0); set("y",0); set("z",0);
set("x span",xrange); set("y span",yrange);
set("wavelength",wavelength);
set("define x mesh by","maximum mesh step");
set("define y mesh by","maximum mesh step");
set("dx",meshsizex); set("dy",meshsizey);
modes = 2;
set("number of trial modes",modes);

#Find Mode of Input Waveguide (isolated)
select("WG1"); set("enabled",1);
select("WG2"); set("enabled",0);
findmodes;
copydcard( "mode1", "modeA");
BetaA = 1e-6*(2*pi/wavelength)*real(getdata("mode1","neff"));

#Find Mode of 2nd Waveguide (isolated)
switchtolayout;
select("WG1"); set("enabled",0);
select("WG2"); set("enabled",1);
findmodes;
copydcard( "mode1", "modeB");
BetaB = 1e-6*(2*pi/wavelength)*real(getdata("mode1","neff"));

#Find Supermodes and Propagation Constants of dissimilar waveguide system
switchtolayout;
select("WG1"); set("enabled",1);
select("WG2"); set("enabled",1);
findmodes;
Beta1 = 1e-6*(2*pi/wavelength)*real(getdata("mode1","neff"));
Beta2 = 1e-6*(2*pi/wavelength)*real(getdata("mode2","neff"));

#Assume two waveguides are adiabaticaly brought together (or abrupt transition?)
#Perform Overlap Integrals
AB1A = overlap("mode1","modeA");
AB2A = overlap("mode2","modeA");
```

```
coeff1 = sqrt(AB1A(2))/sqrt((AB1A(2)+AB2A(2)));
coeff2 = sqrt(AB2A(2))/sqrt((AB1A(2)+AB2A(2)));

# Power In Each Waveguide vs. Distance, Eigenmode Expansion Method
L = ((2*pi)/abs((Beta2-Beta1)))*[0:0.001:10];
ones = matrix(length(L))+1;
P1 = ones*(abs(coeff1)^4 + abs(coeff2)^4)+2*abs(coeff1)^2*abs(coeff2)^2*cos((
     Beta2-Beta1)*L);
P2 = ones-P1;
plot(L,P1,P2,"Distance (microns)","Transmission");
legend("Waveguide A (EME)","Waveguide B (EME)");

################################################
#Coupled-Mode Equation, dissimilar waveguides
C = abs(Beta2-Beta1)/2;
temp1=1 + ((BetaA-BetaB)/2/C)^2;
kappa2 = sin(C*L*sqrt(temp1))^2/temp1;
t2=1-kappa2;

plotxy(L,P1,L,P2,L,kappa2,L,t2, "Distance (microns)","Transmission");
legend("Waveguide A " +num2str(wg_width1*1e9)+" nm (EME)","Waveguide B "+
     num2str(wg_width2*1e9)+" nm (EME)","Waveguide A " +num2str(wg_width1*1e9)+"
      nm (CMT)","Waveguide B " +num2str(wg_width2*1e9)+" nm (CMT)");

####################################################
#Compare to coupling between identical waveguides:
switchtolayout;
select("WG2"); set("x max",gap/2+wg_width1);

#Find Supermodes and Propagation Constants
findmodes;
Beta1i = 1e-6*(2*pi/wavelength)*real(getdata("mode1","neff"));
Beta2i = 1e-6*(2*pi/wavelength)*real(getdata("mode2","neff"));
switchtolayout;

#Coupled-Mode Equation, dissimilar waveguides
C = abs(Beta2i-Beta1i)/2;
kappa2i = sin(C*L)^2;
t2i=1-kappa2i;

plot(L,P1,P2,kappa2,t2,kappa2i,t2i, "Distance (microns)","Transmission","Gap =
     " + num2str(gap*1e9)+" nm");
legend("Waveguide A " +num2str(wg_width1*1e9)+" nm (EME)","Waveguide B " +
    num2str(wg_width2*1e9)+" nm (EME)","Waveguide A " +num2str(wg_width1*1e9)+"
    nm (CMT)","Waveguide B " +num2str(wg_width2*1e9)+" nm (CMT)", "Waveguide A
    "+num2str(wg_width1*1e9)+" nm (CMT)","Waveguide B " +num2str(wg_width1*1e9
    )+" nm (CMT)");
matlabsave(' DeltaBeta_gap' +num2str(gap*1e9)+' _wgB' +num2str(wg_width2*1e9));
```

```
# Fig 4.19:
plot(L,P1+1e-6,P2+1e-6,kappa2i+1e-6,t2i+1e-6, "Distance (microns)","
    Transmission","Gap = " + num2str(gap*1e9)+" nm","log10y");
legend("Waveguide A " +num2str(wg_width1*1e9)+" nm (EME)","Waveguide B " +
    num2str(wg_width2*1e9)+" nm (EME)", "Waveguide A " +num2str(wg_width1*1e9)+
    " nm (CMT)","Waveguide B " +num2str(wg_width1*1e9)+" nm (CMT)");
```

代码 4.12 Lumerical MODE(2.5D FDTD) 或 FDTD Solutions 中 Y 分支器的仿真；YBranch_FDTF.lsf

```
# Script to import YBranch GDS into Lumerical MODE or FDTD and simulate

clear;
# perform four simulations:
# 1: splitter
# 2: combiner with one input
# 3: combiner with two inputs in phase
# 4: combiner with two inputs out of phase
for (r=1:4) {
   if (r==1) {
       SIM_DIRECTION = 1; # 1 = splitter, 2 = combiner
   } else {
       SIM_DIRECTION = 2; # 1 = splitter, 2 = combiner
   }
   if (r<3) {
       SOURCE2 = 0; # for combiner only. 0 = one source
   }
   if (r==3) {
       SOURCE2 = 1; # for combiner only. 1 = 2nd source in phase
   }
   if (r==4) {
       SOURCE2 = 2; # for combiner only. 2 = 2nd source pi phase
   }

newproject;

filename = "YBranch_Compact.gds";
cellname = "y";

save(' YBranch' );
fileout=filebasename(currentfilename) + ' _Dir'  + num2str(SIM_DIRECTION) + ' _
    Source2_'  + num2str(SOURCE2);
setglobalsource("wavelength start",1500e-9);
setglobalsource("wavelength stop",1600e-9);
setglobalmonitor("frequency points",100);
```

```
# define materials
Material_Clad = "SiO2 (Glass) - Palik";
Material_Ox = "SiO2 (Glass) - Palik";
Material_Si = "Si (Silicon) - Dispersive & Lossless";
materials; # run script to add materials

Thickness_Si=0.22e-6;

FDTD_above=200e-9; # Extra simulation volume added
FDTD_below=200e-9;

minvxWAFER=1e9; minvyWAFER=1e9; maxvxWAFER=-1e9; maxvyWAFER=-1e9;
maxvzWAFER=Thickness_Si;

n = gdsimport(filename, cellname, 1, Material_Si, 0, Thickness_Si);
if (n==0) { delete; } else {
   groupscope("::model::GDS_LAYER_1");
   set("script","");
   selectall;
   set(' material' , Material_Si);
   set(' z span' ,Thickness_Si);
   set(' z' ,0);
   selectpartial("poly");
   minvx=1e9; minvy=1e9; maxvx=-1e9; maxvy=-1e9;
   for (i=1:getnumber) { # find the extent of this GDS layer.
      v=get("vertices",i);
      a=size(v);
      minvx = min ( [minvx, min( v(1:a(1), 1 ))]);
      minvy = min ( [minvy, min( v(1:a(1), 2 ))]);
      maxvx = max ( [maxvx, max( v(1:a(1), 1 ))]);
      maxvy = max ( [maxvy, max( v(1:a(1), 2 ))]);
   }
   minvxWAFER = min ( [minvx, minvxWAFER]); # save the extent of overall design.
   minvyWAFER = min ( [minvy-2.25e-6, minvyWAFER]);
   maxvxWAFER = max ( [maxvx, maxvxWAFER]);
   maxvyWAFER = max ( [maxvy+2.25e-6, maxvyWAFER]);
   groupscope("::model");
   }

# Oxide
addrect; set("name", "Oxide");
set("x min", minvxWAFER); set("y min", minvyWAFER);
set("x max", maxvxWAFER); set("y max", maxvyWAFER);
set("z min", -2e-6);
set("z max", 0);
set("material", Material_Ox);
set("alpha",0.2);
```

```
# Cladding
addrect; set("name", "Cladding");
set("x min", minvxWAFER); set("y min", minvyWAFER);
set("x max", maxvxWAFER); set("y max", maxvyWAFER);
set("z min", 0);
set("z max", 2.3e-6);
set("material", Material_Clad);
set("alpha",0.1);
set("override mesh order from material database", 1);
set("mesh order", 4); # make the cladding the background, i.e., "send to back".

if (fileextension(currentfilename) == "lms") {
   addpropagator;
   set("x min", minvxWAFER+0.5e-6); set("y min", minvyWAFER+1.5e-6);
   set("x max", maxvxWAFER-0.5e-6); set("y max", maxvyWAFER-1.5e-6);
   set("z min", -FDTD_below);
   set("z max", maxvzWAFER+FDTD_above);
   set("mesh accuracy", 3);
   set(' x0' ,-get(' x span' )/2+0.1e-6);
}
else {
   addfdtd;
   set("x min", minvxWAFER+0.5e-6); set("y min", minvyWAFER+1.5e-6);
   set("x max", maxvxWAFER-0.5e-6); set("y max", maxvyWAFER-1.5e-6);
   set("z min", -FDTD_below);
   set("z max", maxvzWAFER+FDTD_above);
   set("mesh accuracy", 2);
}

PointsX=get(' mesh cells x' );
PointsY=get(' mesh cells y' );
addmovie;
set(' lock aspect ratio' ,1);
set(' horizontal resolution' ,PointsX*2);
set(' min sampling per cycle' , 2);
set(' name' ,fileout);

addmodeexpansion; set(' name' , ' expansion_v' );
if (fileextension(currentfilename) == "fsp") {
   set(' monitor type' , ' 2D X-normal' );
   set(' y' , 0); set("y span",1.5e-6);
   set("z min", -FDTD_below); set("z max", maxvzWAFER+FDTD_above);
   set(' mode selection' ,' fundamental TE mode' );
} else {
   set(' monitor type' , ' Linear Y' );
   set(' y' , 0); set("y span",1.5e-6);
   set(' mode selection' ,' fundamental mode' );
}
```

```
set("x", minvxWAFER+0.6e-6);

if (SIM_DIRECTION==1) { # simulate splitter
# add mode source:
   if (fileextension(currentfilename) == "fsp") {
       addmode;
       set("z min", -FDTD_below); set("z max", maxvzWAFER+FDTD_above);
   } else { addmodesource; }
set("name", "source");
set("injection axis", "x-axis");
set("direction", "forward");
set("y", 0e-6); set("y span", 1.5e-6);
set("x", minvxWAFER+0.6e-6);
updatesourcemode;

addpower;
set("name", "port1");
set("monitor type", "2D X-normal");
set("y", 2.75e-6); set("y span", 1.4e-6);
set("x", maxvxWAFER-0.6e-6);
if (fileextension(currentfilename) == "fsp") {
    set("z min", -FDTD_below); set("z max", maxvzWAFER+FDTD_above);
}
select(' expansion_v' );
setexpansion(' expansion_monitor' ,' port1' );
addpower;
set("name", "port2");
set("monitor type", "2D X-normal");
set("y", -2.75e-6); set("y span", 1.4e-6);
set("x", maxvxWAFER-0.6e-6);
if (fileextension(currentfilename) == "fsp") {
    set("z min", -FDTD_below); set("z max", maxvzWAFER+FDTD_above);
}
}
else { # simulate the combiner
# add mode source:
if (fileextension(currentfilename) == "fsp") {
    addmode;
    set("z min", -FDTD_below); set("z max", maxvzWAFER+FDTD_above);
} else { addmodesource; }
set("name", "source1");
set("injection axis", "x-axis");
set("direction", "backward");
set("y", 2.75e-6); set("y span", 1.4e-6);
set("x", maxvxWAFER-0.6e-6);
updatesourcemode;

if (SOURCE2>0) {
```

```
    if (fileextension(currentfilename) == "fsp") {
        addmode;
        set("z min", -FDTD_below); set("z max", maxvzWAFER+FDTD_above);
    } else { addmodesource; }
set("name", "source2");
set("injection axis", "x-axis");
set("direction", "backward");
set("y", -2.75e-6); set("y span", 1.4e-6);
set("x", maxvxWAFER-0.6e-6);
updatesourcemode;
if (SOURCE2==2) { # pi out of phase 2nd source for destructive interference
set(' phase' ,180);
}
}

addpower;
set("name", "port0");
set("monitor type", "2D X-normal");
set("y", 0e-6); set("y span", 1.5e-6);
set("x", minvxWAFER+0.6e-6);
if (fileextension(currentfilename) == "fsp") {
set("z min", -FDTD_below); set("z max", maxvzWAFER+FDTD_above);
}
select(' expansion_v' );
setexpansion(' expansion_monitor' ,' port0' );
}

addpower; # surface power monitor
set("name", "surface");
set("monitor type", "2D Z-normal");

run;

# Insertion loss vs. wavelength
Port=getresult("expansion_v","expansion for expansion_monitor");
wavelengths=c/Port.f;
T=Port.T_net;
plot(wavelengths*1e6,10*log10(abs(T)),' Wavelength [micron]' ,' Transmission [
    dB]' );

# Plot field profile in the device
x=pinch(getdata(' surface' ,' x' ));
y=pinch(getdata(' surface' ,' y' ));
z=pinch(abs(getdata(' surface' ,' Ey' )));
z=pinch(z,3,50);
image(x,y,z);
matlabsave(fileout, x,y,z,wavelengths,T);
}
```

代码 4.13　MATLAB 模型计算微环谐振腔谱：RingResonator.m

```
% RingResonator.m: Ring Resonator spectrum
% Usage, e.g.,
% lambda = (1540:0.001:1550)*1e-6
% [Ethru Edrop Qi Qc]=RingMod(lambda, ' add-drop' , 10e-6, 0 );
% plot (lambda, [abs(Ethru); abs(Edrop)])
% Wei Shi, UBC, 2012, weis@ece.ubc.ca

function [Ethru, Edrop, Qi, Qc]=RingResonator(lambda, Filter_type, r, Lc)
% lambda: wavelength (can be a 1D array) in meters
% type: "all-pass" or "add-drop"
% r: radius
% Lc: coupler length
%
k=0.2; t=sqrt(1-k^2); %coupling coefficients

neff = neff_lambda(lambda);
if lambda(1)==lambda(end)
   ng=neff - lambda(1) * (neff-neff_lambda(lambda(1)+0.1e-9)/0.1e-9);
else
   ng = neff - mean(lambda) * diff(neff)./diff(lambda); % for Q calculations
   ng = [ng(1) ng];
end

alpha_wg_dB=10; % optical loss of optical waveguide, in dB/cm
alpha_wg=-log(10^(-alpha_wg_dB/10));% converted to /cm
L_rt=Lc*2+2*pi*r;
phi_rt=(2*pi./lambda).*neff*L_rt;
A=exp(-alpha_wg*100*L_rt); % round-trip optical power attenuation
alpha_av=-log(A)/L_rt; % average loss of the cavity
Qi=2*pi*ng./lambda/alpha_av; % intrinsic quality factor

if (Filter_type==' all-pass' )
    Ethru=(-sqrt(A)+t*exp(-1i*phi_rt)) ./ (-sqrt(A)*conj(t)+exp(-1i*phi_rt));
    Edrop=zeros(1,length(lambda));
    Qc=-(pi*L_rt*ng)./(lambda*log(abs(t)));
elseif (Filter_type==' add-drop' ) % symmetrically coupled
    Ethru=(t-conj(t)*sqrt(A)*exp(1i*phi_rt)) ./ (1-sqrt(A)*conj(t)^2*exp(1i*phi
        _rt));
    Edrop=-conj(k)*k*sqrt(sqrt(A)*exp(1i*phi_rt)) ./ (1-sqrt(A)*conj(t)^2*exp(1
        i*phi_rt));
    Qc=-(pi*L_rt*ng)./(lambda*log(abs(t)))/2;
else
    error(1, ' The' ' Filter_type' ' has to be ' ' all-pass' ' or ' ' add-
        drop' ' .\n' );
end

function [neff]=neff_lambda(lambda)
```

```
neff = 2.57 - 0.85*(lambda*1e6-1.55);
```

代码 4.14 **Lumerical MODE Solutions** 中计算光波导的有效折射率的波长和宽度的相关性

```
# wg_2D_neff_sweep_wavelength_width.lsf - Calculate the wavelength and width
    dependence of waveguide' s neff

wg_2D; # draw waveguide

# define parameters to sweep
width_ridge_list=[.4:.05:.61]*1e-6; # sweep waveguide width
Nf=10; # number of wavelength points

neff = matrix (length(width_ridge_list), Nf );
ng = matrix (length(width_ridge_list), Nf );
for(ii=1:length(width_ridge_list)) {
   switchtolayout;
   setnamed("waveguide","y span", width_ridge_list(ii));

   run; mesh;
   setanalysis(' wavelength' ,1.6e-6);
   findmodes; selectmode(1); # find the fundamental mode

   setanalysis("track selected mode",1);
   setanalysis("number of test modes",5);
   setanalysis("number of points",Nf);
   setanalysis("detailed dispersion calculation",1);
   setanalysis(' stop wavelength' ,1.5e-6);
   frequencysweep; # perform sweep of wavelength and plot
   f=getdata("frequencysweep","f");
   neff1=getdata("frequencysweep","neff");
   ng1=c/getdata("frequencysweep","vg");
   wavelengths=c/f;
   for (m=1:Nf) { # extract mode data
     neff (ii,m) = abs( neff1(m) );
     ng (ii,m) = abs( ng1(m) );
   }
}
matlabsave (' wg_2D_neff_sweep_wavelength_width.mat' , f, neff, ng, wavelengths
    , width_ridge_list);
```

代码 4.15 传递矩阵法——根据物理参数定义光栅，并绘制光谱

```
function Grating
%This file is used to plot the reflection/transmission spectrum.
```

```
% Grating Parameters
Period=310e-9; % Bragg period
NG=200; % Number of grating periods
L=NG*Period; % Grating length
width0=0.5;  % mean waveguide width
dwidth=0.01; % +/- waveguide width
width1=width0 - dwidth;
width2=width0 + dwidth;
loss_dBcm=3; % waveguide loss, dB/cm
loss=log(10)*loss_dBcm/10*100;
% Simulation Parameters:
span=30e-9; % Set the wavelength span for the simultion
Npoints = 10000;

% from MODE calculations
switch 1
  case 1 % Strip waveguide; 500x220 nm
    neff_wavelength = @(w) 2.4379 - 1.1193 * (w*1e6-1.554) - 0.0350 * (w*1e6
        -1.554).^2;
       % 500x220 oxide strip waveguide
    dneff_width = @(w) 10.4285*(w-0.5).^3 - 5.2487*(w-0.5).^2 + 1.6142*(w-0.5);
  end

% Find Bragg wavelength using lambda_Bragg = Period * 2neff(lambda_bragg);
% Assume neff is for the average waveguide width.
f = @(lambda) lambda - Period*2*(neff_wavelength(lambda)+(dneff_width(width2)+
    dneff_width(width1))/2);
wavelength0 = fzero(f,1550e-9);

wavelengths=wavelength0 + linspace(-span/2, span/2, Npoints);
n1=neff_wavelength(wavelengths)+dneff_width(width1); % low index
n2=neff_wavelength(wavelengths)+dneff_width(width2); % high index

[R,T]=TMM_Grating_RT(wavelengths, Period, NG, n1, n2, loss)
figure;
plot (wavelengths*1e6,[R, T],' LineWidth' ,3); hold all
plot ([wavelength0, wavelength0]*1e6, [0,1],' --' ); % calculated bragg
    wavelength
xlabel(' Wavelength [\mum]' )
ylabel(' Response' );
axis tight;
%printfig (' PS-WBG' )

function printfig (pdf)
FONTSIZE=20;
set ( get(gca, ' XLabel' ),' FontSize' ,FONTSIZE)
set ( get(gca, ' YLabel' ),' FontSize' ,FONTSIZE)
```

```
set (gca, ' FontSize' ,FONTSIZE); box on;
print (' -dpdf' , pdf); system([ ' pdfcrop '  pdf '  '  pdf ' .pdf' ]);
```

代码 4.16 Lumerical FDTD Solutions(3D 计算) 中计算布拉格光栅; Bragg_FDTD.lsf

```
################################################
# script file: Bragg_FDTD.lsf
#
# Create and simulate a basic Bragg grating
# Copyright 2014 Lumerical Solutions
################################################

# DESIGN PARAMETERS
################################################
thick_Si = 0.22e-6;
thick_BOX = 2e-6;
width_ridge = 0.5e-6; # Waveguide width
Delta_W = 50e-9; # Corrugation width
L_pd = 324e-9; # Grating period
N_gt = 280; # Number of grating periods
L_gt = N_gt*L_pd;# Grating length
W_ox = 3e-6; L_ex = 5e-6; # simulation size margins
L_total = L_gt+2*L_ex;
material_Si = ' Si (Silicon) - Dispersive & Lossless' ;
material_BOX = ' SiO2 (Glass) - Const' ;
# Constant index materials lead to more stable simulations
# DRAW
################################################
newproject; switchtolayout;
materials;

# Oxide Substrate
addrect;
set(' x min' ,-L_ex); set(' x max' ,L_gt+L_ex);
set(' y' ,0e-6); set(' y span' ,W_ox);
set(' z min' ,-thick_BOX); set(' z max' ,-thick_Si/2);
set(' material' ,material_BOX);
set(' name' ,' oxide' );

# Input Waveguide
addrect;
set(' x min' ,-L_ex); set(' x max' ,0);
set(' y' ,0); set(' y span' ,width_ridge);
set(' z' ,0); set(' z span' ,thick_Si);
set(' material' ,material_Si);
set(' name' ,' input_wg' );
```

```
# Bragg Gratings
addrect;
set(' x min' ,0); set(' x max' ,L_pd/2);
set(' y' ,0); set(' y span' ,width_ridge+Delta_W);
set(' z' ,0); set(' z span' ,thick_Si);
set(' material' ,material_Si);
set(' name' ,' grt_big' );
addrect;
set(' x min' ,L_pd/2); set(' x max' ,L_pd);
set(' y' ,0); set(' y span' ,width_ridge-Delta_W);
set(' z' ,0); set(' z span' ,thick_Si);
set(' material' ,material_Si);
set(' name' ,' grt_small' );
selectpartial(' grt' );
addtogroup(' grt_cell' );
select(' grt_cell' );
redrawoff;
for (i=1:N_gt-1) {
  copy(L_pd);
}
selectpartial(' grt_cell' );
addtogroup(' bragg' );
redrawon;

# Output WG
addrect;
set(' x min' ,L_gt); set(' x max' ,L_gt+L_ex);
set(' y' ,0); set(' y span' ,width_ridge);
set(' z' ,0); set(' z span' ,thick_Si);
set(' material' ,material_Si);
set(' name' ,' output_wg' );

# SIMULATION SETUP
################################################
lambda_min = 1.5e-6;
lambda_max = 1.6e-6;
freq_points = 101;
sim_time = 6000e-15;
Mesh_level = 2;
mesh_override_dx = 40.5e-9; # needs to be an integer multiple of the period
mesh_override_dy = 50e-9;
mesh_override_dz = 20e-9;

# FDTD
addfdtd;
set(' dimension' ,' 3D' );
set(' simulation time' ,sim_time);
```

```
set('x min',-L_ex+1e-6); set('x max',L_gt+L_ex-1e-6);
set('y', 0e-6); set('y span',2e-6);
set('z',0); set('z span',1.8e-6);
set('mesh accuracy',Mesh_level);
set('x min bc','PML'); set('x max bc','PML');
set('y min bc','PML'); set('y max bc','PML');
set('z min bc','PML'); set('z max bc','PML');

#add symmetry planes to reduce the simulation time
#set('y min bc','Anti-Symmetric'); set('force symmetric y mesh', 1);

# Mesh Override
if (1){
    addmesh;
    set('x min',0e-6); set('x max',L_gt);
    set('y',0); set('y span',width_ridge+Delta_W);
    set('z',0); set('z span',thick_Si+2*mesh_override_dz);
    set('dx',mesh_override_dx);
    set('dy',mesh_override_dy);
    set('dz',mesh_override_dz);
}

# MODE Source
addmode;
set('injection axis','x-axis');
set('mode selection','fundamental mode');
set('x',-2e-6);
set('y',0); set('y span',2.5e-6);
set('z',0); set('z span',2e-6);
set('wavelength start',lambda_min);
set('wavelength stop',lambda_max);

# Time Monitors
addtime;
set('name','tmonitor_r');
set('monitor type','point');
set('x',-3e-6); set('y',0); set('z',0);
addtime;
set('name','tmonitor_m');
set('monitor type','point');
set('x',L_gt/2); set('y',0); set('z',0);
addtime;
set('name','tmonitor_t');
set('monitor type','point');
set('x',L_gt+3e-6); set('y',0); set('z',0);

# Frequency Monitors
addpower;
```

```
set(' name' ,' t' );
set(' monitor type' ,' 2D X-normal' );
set(' x' ,L_gt+2.5e-6);
set(' y' ,0); set(' y span' ,2.5e-6);
set(' z' ,0); set(' z span' ,2e-6);
set(' override global monitor settings' ,1);
set(' use source limits' ,1);
set(' use linear wavelength spacing' ,1);
set(' frequency points' ,freq_points);

addpower;
set(' name' ,' r' );
set(' monitor type' ,' 2D X-normal' );
set(' x' ,-2.5e-6);
set(' y' ,0); set(' y span' ,2.5e-6);
set(' z' ,0); set(' z span' ,2e-6);
set(' override global monitor settings' ,1);
set(' use source limits' ,1);
set(' use linear wavelength spacing' ,1);
set(' frequency points' ,freq_points);

#Top-view electric field profile
if (0) {addprofile;
    set(' name' ,' field' );
    set(' monitor type' ,' 2D Z-normal' );
    set(' x min' ,-2e-6); set(' x max' ,L_gt+2e-6);
    set(' y' , 0); set(' y span' ,1.2e-6);
    set(' z' , 0);
    set(' override global monitor settings' ,1);
    set(' use source limits' ,1);
    set(' use linear wavelength spacing' ,1);
    set(' frequency points' ,21);
}

# SAVE AND RUN
################################################
save(' Bragg_FDTD' );
run;

# Analysis
################################################
transmission_sim=transmission(' t' );
reflection_sim=transmission(' r' );
wavelength_sim=3e8/getdata(' t' ,' f' );
plot(wavelength_sim*1e9, 10*log10(transmission_sim), 10*log10(abs(reflection_
    sim)), ' wavelength (nm)' , ' response' );
legend(' T' ,' R' );
matlabsave(' Bragg_FDTD' );
```

参考文献

[1] Tom Baehr-Jones, Ran Ding, Ali Ayazi, et al. "A 25 Gb/s silicon photonics platform". arXiv: 1203.0767v1 (2012) (cit. on pp. 93, 101).

[2] Amnon Yariv. "Coupled-mode theory for guided-wave optics". IEEE Journal of Quantum Electronics **9**.9 (1973), pp. 919–933 (cit. on pp. 92, 108).

[3] Amnon Yariv and Pochi Yeh. Photonics: Optical Electronics in Modern Communications (The Oxford Series in Electrical and Computer Engineering). Oxford University Press, Inc., 2006 (cit. on p. 92).

[4] N. Rouger, L. Chrostowski, and R. Vafaei. "Temperature effects on silicon-on-insulator (SOI) racetrack resonators: a coupled analytic and 2-D finite difference approach". Journal of Lightwave Technology **28**.9 (2010), pp. 1380–1391. DOI: 10.1109/JLT.2010.2041-528 (cit. on p. 95).

[5] Fengnian Xia, Lidija Sekaric, and Yurii A. Vlasov. "Mode conversion losses in silicon-on-insulator photonic wire based racetrack resonators". Optics Express **14**.9 (2006), pp. 3872–3886 (cit. on p. 102).

[6] Valentina Donzella, Sahba Talebi Fard, and Lukas Chrostowski. "Study of waveguide crosstalk in silicon photonics integrated circuits". Proc. SPIE 8915, Photonics North 2013 (2013), 89150Z (cit. on p. 108).

[7] Herwig Kogelnik and R V Schmidt. "Switched directional couplers with alternating $\Delta\beta$". IEEE Journal of Quantum Electronics **12**.7 (1976), pp. 396–401 (cit. on p. 108).

[8] R. V. Schmidt and R. Alferness. "Directional coupler switches, modulators, and filters using alternating $\Delta\beta$ techniques". IEEE Transactions on Circuits and Systems **26**.12 (1979), pp. 1099–1108 (cit. on p. 108).

[9] Yi Zhang, Shuyu Yang, Andy Eu-Jin Lim, Guo-Qiang Lo, Christophe Gal-land, Tom Baehr-Jones, and Michael Hochberg. "A compact and low loss Y-junction for submicron silicon waveguide". Optics Express 21.1 (2013), pp. 1310–1316 (cit. on pp. 111, 112).

[10] W. Bogaerts, P. De Heyn, T. Van Vaerenbergh, et al. "Silicon microring resonators". Laser & Photonics Reviews (2012) (cit. on p. 115).

[11] A. Mekis, S. Gloeckner, G. Masini, et al. "A grating-coupler-enabled CMOS photonics platform". IEEE Journal of Selected Topics in Quantum Electronics **17**.3 (2011), pp. 597–608. DOI: 10.1109/JSTQE.2010.2086049 (cit. on p. 117).

[12] Peak Finding and Measurement. [Accessed 2014/04/14]. URL: http://terpconnect.umd.edu/~toh/spectrum/PeakFindingandMeasurement.htm (cit. on p. 117).

[13] Jens Buus, Markus-Christian Amann, and Daniel J. Blumenthal. Tunable Laser Diodes and Related Optical Sources, 2nd Edn. John Wiley & Sons, Inc., 2005 (cit. on pp. 119, 120).

[14] Xu Wang, Wei Shi, Michael Hochberg, et al. "Lithography simulation for the fabrication of silicon photonic devices with deep-ultraviolet lithography". IEEE International Conference on Group IV Photon. 2012, ThP 17 (cit. on pp. 120, 128, 134).

[15] L. A. Coldren, S. W. Corzine, and M. L. Mashanovitch. Diode Lasers and Photonic Integrated Circuits. Wiley Series in Microwave and Optical Engineering. John Wiley & Sons, 2012. ISBN: 9781118148181 (cit. on p. 121).

[16] Thomas Edward Murphy, Jeffrey Todd Hastings, and Henry I. Smith. "Fabrication and characterization of narrow-band Bragg-reflection filters in silicon-on-insulator ridge waveguides". Journal of Lightwave Technology **19**.12 (2001), pp. 1938–1942 (cit. on p. 126).

[17] Ivano Giuntoni, David Stolarek, Harald Richter, et al. "Deep-UV technology for the fabrication of Bragg gratings on SOI rib waveguides". IEEE Photonics Technology Letters **21**.24 (2009), pp. 1894–1896 (cit. on p. 126).

[18] Ivano Giuntoni, Andrzej Gajda, Michael Krause, et al. "Tunable Bragg reflectors on siliconon-insulator rib waveguides". Optics Express **17**.21 (2009), pp. 18518–18524 (cit. on p. 126).

[19] J. T. Hastings, Michael H. Lim, J. G. Goodberlet, and Henry I. Smith. "Optical waveguides with apodized sidewall gratings via spatial-phase-locked electron-beam lithography". Journal of Vacuum Science & Technology B **20**.6 (2002), pp. 2753–2757 (cit. on pp. 126, 129).

[20] Guomin Jiang, Ruiyi Chen, Qiang Zhou, et al. "Slab-modulated sidewall Bragg gratings in silicon-on-insulator ridge waveguides". IEEE Photonics Technology Letters **23**.1 (2011), pp. 6–9 (cit. on pp. 126, 129).

[21] Renzo Loiacono, Graham T. Reed, Goran Z. Mashanovich, et al. "Laser erasable implanted gratings for integrated silicon photonics". Optics Express **19**.11 (2011), pp. 10728–10734. DOI: 10.1364/OE.19.010728 (cit. on p. 126).

[22] Xu Wang. "Silicon photonic waveguide Bragg gratings". PhD thesis. University of British Columbia, 2013 (cit. on pp. 128, 129, 131, 135, 136, 138, 139, 140, 141, 142).

[23] D. T. H. Tan, K. Ikeda, R. E. Saperstein, B. Slutsky, and Y. Fainman. "Chip-scale dispersion engineering using chirped vertical gratings". Optics Letters **33**.24 (2008), pp. 3013–3015 (cit. on p. 127).

[24] A. S. Jugessur, J. Dou, J. S. Aitchison, R. M. De La Rue, and M. Gnan. "A photonic nano-Bragg grating device integrated with microfluidic channels for bio-sensing applications". Microelectronic Engineering **86**.4-6 (2009), pp. 1488–1490 (cit. on p. 127).

[25] Xu Wang, Wei Shi, Raha Vafaei, Nicolas A. F. Jaeger, and Lukas Chrostowski. "Uniform and sampled Bragg gratings in SOI strip waveguides with sidewall corrugations". IEEE Photonics Technology Letters **23**.5 (2011), pp. 290–292 (cit. on pp. 127, 137).

[26] D. T. H. Tan, K. Ikeda, and Y. Fainman. "Cladding-modulated Bragg gratings in silicon waveguides". Optics Letters **34**.9 (2009), pp. 1357–1359 (cit. on p. 127).

[27] XuWang,Wei Shi, Han Yun, et al. "Narrow-band waveguide Bragg gratings on SOI wafers with CMOS-compatible fabrication process". Optics Express **20**.14 (2012), pp. 15547–15558. DOI: 10.1364/OE.20.015547 (cit. on p. 129).

[28] R. J. Bojko, J. Li, L. He, et al. "Electron beam lithography writing strategies for low loss, high confinement silicon optical waveguides". Journal of Vacuum Science & Technology B: Microelectronics and Nanometer Structures **29**.6 (2011), 06F309–06F309 (cit. on p. 131).

[29] X. Wang, W. Shi, R. Vafaei, N. A. F. Jaeger, and L. Chrostowski. "Uniform and sampled Bragg gratings in SOI strip waveguides with sidewall corrugations". IEEE Photonics Technology Letters **23**.5 (2010), pp. 290–292 (cit. on p. 134).

[30] W. Bogaerts, P. Bradt, L. Vanholme, P. Bienstman, and R. Baets. "Closed-loop modeling of silicon nanophotonics from design to fabrication and back again". Optical and Quantum Electronics **40**.11 (2008), pp. 801–811 (cit. on p. 134).

[31] Calibre Computational Lithography – Mentor Graphics. [Accessed 2014/04/14]. URL: http://www.mentor.com/products/ic-manufacturing/computational-lithography (cit. on p. 134).

[32] S. K. Selvaraja, P. Jaenen, W. Bogaerts, et al. "Fabrication of photonic wire and crystal circuits in silicon-on-insulator using 193-nm optical lithography". Journal of Lightwave Technology **27**.18 (2009), pp. 4076–4083 (cit. on p. 135).

[33] Alexandre D. Simard, Guillaume Beaudin, Vincent Aimez, Yves Painchaud, and Sophie LaRochelle. "Characterization and reduction of spectral distortions in silicon-on-insulator integrated Bragg gratings". Optics Express **21**.20 (2013), pp. 23145–23159 (cit. on p. 137).

[34] Steve Zamek, Dawn T. H. Tan, Mercedeh Khajavikhan, et al. "Compact chip-scale filter based on curved waveguide Bragg gratings". Optics Letters **35**.20 (2010), pp. 3477–3479. DOI: 10.1364/OL.35.003477 (cit. on p. 137).

[35] Alexandre D. Simard, Yves Painchaud, and Sophie LaRochelle. "Integrated Bragg gratings in spiral waveguides". Optics Express **21**.7 (2013), pp. 8953–8963. DOI: 10.1364/OE.21.008953 (cit. on p. 137).

[36] Xu Wang, Han Yun, and Lukas Chrostowski. "Integrated Bragg gratings in spiral waveguides". In Conference on Lasers and Electro-Optics, San Jose, CA, paper CTh4F.8 (2013) (cit. on p. 137).

[37] Xu Wang, Samantha Grist, Jonas Flueckiger, Nicolas A. F. Jaeger, and Lukas Chrostowski. "Silicon photonic slot waveguide Bragg gratings and resonators". Optics Express **21** (2013), pp. 19029–19039 (cit. on p. 139).

[38] Y. Painchaud, M. Poulin, C. Latrasse, and M. Picard. "Bragg grating based Fabry–Perot filters for characterizing silicon-on-insulator waveguides". Group IV Photonics (GFP). IEEE. 2012, pp. 180–182 (cit. on p. 140).

[39] Wei Shi, Venkat Veerasubramanian, David V. Plant, Nicolas A. F. Jaeger, and Lukas Chrostowski. "Silicon photonic Bragg-grating couplers for optical communications".

Proc. SPIE. 2014 (cit. on pp. 142, 143).

[40] Wei Shi, Han Yun, Charlie Lin, et al. "Ultra-compact, flat-top demultiplexer using antireflection contradirectional couplers for CWDM networks on silicon". Optics Express **21**.6 (2013), pp. 6733–6738 (cit. on p. 143).

[41] Lukas Chrostowski and Krzysztof Iniewski. High-speed Photonics Interconnects, Chapter 3 Silicon Photonic Bragg Gratings. Vol. 13. CRC Press, 2013 (cit. on p. 143).

第 5 章　光输入/输出

本章介绍了两种光学输入/输出耦合技术的设计，即 5.2 节中的光纤光栅耦合和 5.3 节中的端面耦合。提出了一种创建聚焦式光栅耦合掩模版图的方法，5.4 节还讨论了偏振管理的方法。

5.1　光子芯片与光纤耦合的挑战

硅芯 (1550nm 处 $n = 3.47$) 和二氧化硅包层 (1550nm 处 $n = 1.444$) 之间的折射率差很大，因此传输模式被高度限制在波导内，其尺寸大约为几百纳米 (见 3.1 节和 3.2 节)。虽然波导的小尺寸特征对大规模集成有好处，但它带来了光纤的光学模式与波导的模式之间严重不匹配的问题。光纤纤芯 (直径为 9μm) 的横截面面积几乎是硅波导 (尺寸为 500nm×220nm) 的 600 倍，因此需要有相应的调整模场直径的元件。

目前，已经有一些方法被证实可用于解决上述模式不匹配的问题，基于模斑变换和透镜光纤的端面耦合是解决此问题的一种方法，可以得到较高的耦合效率，插入损耗低于 0.5dB [1]；另外 TE 和 TM 偏振模都可以有效地耦合。然而这种方法只能在芯片的边缘使用，且这种设计需要复杂的后处理和高分辨率的光学对准，增加了封装成本。

光栅耦合是解决模式不匹配问题的另一解决方法，与端面耦合相比，光栅耦合具有几个优点，测量期间与光栅耦合的对准要比与端面耦合的对准容易得多；光栅耦合器的制造不需要后处理，从而降低了制造成本；光栅耦合器可放置在芯片的任何位置，有助于提高设计灵活性以及实现晶圆级自动化测试。目前，一些研究院所和企业都研制出了高效光栅耦合器，插入损耗低于 1dB 是有可能实现的 [2,3]。偏振分束光栅耦合器也已得到证实 [4]。

5.2　光栅耦合器

什么是光栅耦合器？

光栅耦合器是一种周期性结构，可将波导中 (平面内) 传输的光衍射到自由空间 (平面外)。通常被用作输入/输出器件，用于光纤 (或自由空间) 和亚微米 SOI 波导之间的光耦合。图 5.1 是绝缘体上硅晶片中的浅蚀刻光栅耦合器设计的横截面图，功能性 Si 层的厚度和埋氧层 (BOX) 的厚度由晶片类型所确定 (3.1 节)，通常采用包层来保护功能性硅层以及使多层电互连的制造成为可能。在一些应用中 (如倏逝场传感器)，包层可以是空气或液体。

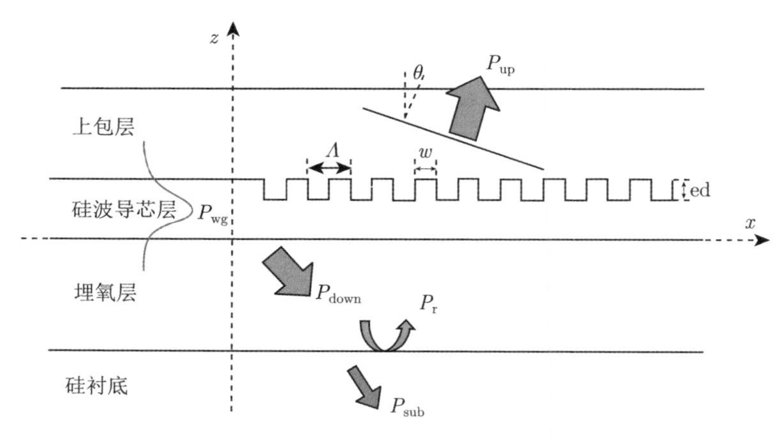

图 5.1　光栅耦合器截面示意图

图 5.1 描述了光栅耦合器的设计参数。

- 耦合器由硅波导芯层、上包层 (氧化物或空气)、下包层 (埋氧层，BOX) 和硅衬底组成。平板波导的有效折射率为 n_{eff}。
- Λ 是光栅的周期。
- W 是光栅齿的宽度 (假设是均匀光栅)。
- ff 是填充因子 (或占空比)，定义为 $\mathrm{ff} = w/\Lambda$。
- ed 是光栅的蚀刻深度。
- θ_{c} 是表面法线与包层中衍射光的传输方向之间的夹角。
- θ_{air} 是表面法线与空气中衍射光的传输方向之间的夹角。
- θ_{fibre} 是表面法线与衍射光在光纤中的传输方向之间的夹度，对应于光纤抛光角度。

对输出光栅耦合器，P_{wg} 表示入射光的光功率；P_{up} 和 P_{down} 分别表示向上传输的光功率和向下进入衬底的光功率。图中光纤及耦合到基模的光功率 P_{fibre} 未标识出。

光栅耦合器的性能可以通过以下参数来描述。

(1) 方向性：定义为向上衍射的光功率 (P_{up}) 与从波导入射到光栅耦合器的光功率 (P_{wg}) 的比值，通常以分贝 (dB) 为单位，表示为 $10\log_{10}(P_{\mathrm{up}}/P_{\mathrm{wg}})$。

(2) 插入损耗 (耦合效率)：耦合进光纤基模中的光功率 (P_{fibre}) 与从波导入射到光栅耦合器的光功率 (P_{wg}) 的比值，通常以分贝 (dB) 为单位，表示为 $\text{IL} = 10\log_{10}(P_{\text{fibre}}/P_{\text{wg}})$。

(3) 穿透损耗：硅衬底中的功率损耗 (P_{sub}) 与从波导入射到光栅耦合器的光功率 (P_{wg}) 之比，即 $10\log_{10}(P_{\text{down}}/P_{\text{wg}})$。

(4) 对波导的反射：由于硅波导和光栅之间的折射率差，来自波导的部分输入光被反射回波导。反射回波导的光功率与从波导入射到光栅耦合器的光功率的比值被称为波导的背向反射或回波损耗，通常以 dB 为单位，表示为 $10\log_{10}(P_{\text{back-wg}}/P_{\text{wg}})$。这种背向反射是不希望的，它会通过在输入和输出光栅耦合器之间来回反射而引起 Fabry-Perot 谐振 [5,6]，通常期望将回波损耗抑制在 20~30dB。

(5) 对光纤的反射：对于输入光栅耦合器，部分入射光将被反射回光纤，也被称为回波损耗 (dB)，并通过 $10\log_{10}(P_{\text{back-fiber}}/P_{\text{in-fiber}})$ 来计算。这种反射是不希望的，因为它可能会影响光源的稳定性。

(6) 1dB 或 3dB 带宽：插入损耗比峰值耦合效率低 1dB 或 3dB 的波长范围。

5.2.1 性能

学术界和工业界为提高光栅耦合器的耦合效率已做了相当多的努力 [1−3,7−12]，主要有三个因素导致光栅耦合器的耦合效率降低，即透射损耗、模式失配和背向反射。

(1) 对于浅蚀刻工艺，衬底中约有 30%的光能量损耗；而在全蚀刻工艺中，透射损耗可超过 50%。这可以通过在衬底中嵌入反射镜来加以改善 [3,12]，反射镜可以是金属层或多层分布的布拉格反射膜。

(2) 此外，光栅耦合器和光纤之间的模式不匹配导致另外 10%的能量损耗，可通过切趾光栅或啁啾光栅来改善 [8,9,11]。

(3) 对于设计良好的浅蚀刻光栅耦合器，背向反射很小 (如 −30dB)，不是损耗的主要来源。但在全蚀刻工艺中，它可高达 30%，这就需要以一定的小角度耦合以消除一阶布拉格反射 (称为“失谐光栅”，图 5.2(b))；因此光栅耦合器很少设计成完全垂直的耦合形式 (图 5.2(a))。

5.2.2 耦合理论

图 5.2 为光栅的工作原理图，可根据惠更斯–菲涅耳原理来理解，即光栅齿光衍射形成的波面产生相长干涉和相消干涉。

图 5.2(a) 给出了光栅内部光波长与其周期相匹配的情况，此时，一阶衍射垂直于波导传输方向，二阶衍射传回至波导。实际中，不希望有背向反射，背向反射会导致输入耦合器和输出耦合器之间的法布里–珀罗谐振。为避免二阶衍射返回至波导中，可使光栅失谐并使光纤与光栅表面的法线成小角度。图 5.2(b) 是光

栅内的光波长小于光栅周期的情况，输出光波将以偏离波导法线一定角度进行传输，此情况下不存在二阶反射。

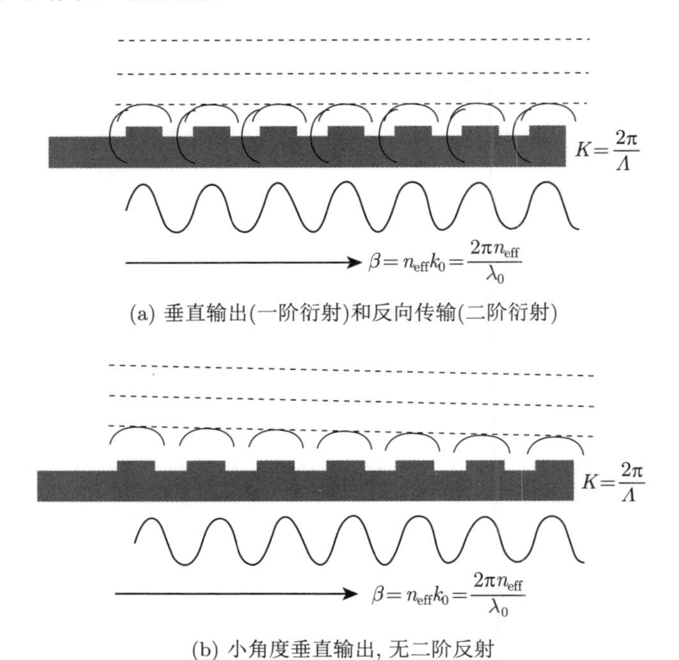

(a) 垂直输出(一阶衍射)和反向传输(二阶衍射)

(b) 小角度垂直输出, 无二阶反射

图 5.2 输出光栅耦合器原理。光从波导左边输入，向上输出 (本例为空气)

本节讨论的光栅耦合器是一维周期结构，布拉格定律对此作了详细描述，如图 5.3~图 5.5 所示。5.2.3 节中介绍的聚焦光栅耦合器也可以被认为是一维的，它具有额外的内置聚焦元件。入射到光栅上的光波在平板波导中传输 (见 3.2.2 节)，其传输方向与光栅在同一平面上，且垂直于光栅齿，如图 5.3 所示，传输常数为

$$\beta=\frac{2\pi n_{\text{eff}}}{\lambda_0} \tag{5.1}$$

式中，λ_0 是光波长，n_{eff} 是平板波导的有效折射率。

光栅的周期性由 $K=2\pi/\Lambda$ 描述，Λ 为光栅周期，如图 5.3 所示，用 $m\cdot K$ 表示高阶衍射光栅。

布拉格条件的一般形式可表示为

$$\beta-k_x=m\cdot K \tag{5.2}$$

式中，k_x 是入射波方向上衍射波波矢的分量 (图 5.4(a))。衍射波在包层中传播，

其折射率为 n_c (假设图中包层为空气)。衍射光波矢为

$$k = \frac{2\pi n_c}{\lambda} \tag{5.3}$$

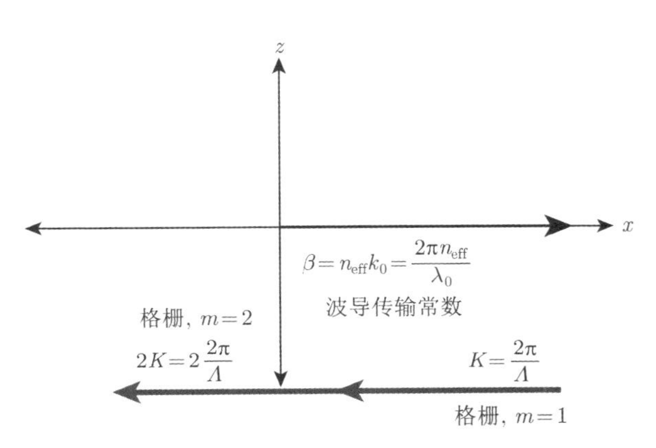

图 5.3 光栅耦合器的布拉格条件示意图 (第 1 篇)

鉴于衍射光的波矢量 k 和水平分量 k_x 之间的差异，这使得衍射角为

$$\sin\theta_c = \frac{k_x}{k} = n_{eff}\frac{\lambda}{\Lambda} \tag{5.4}$$

如图 5.4(b) 所示 (假设图中为空气，即 $k = k_0$)。据此布拉格条件可以简化为

$$n_{eff} - n_c \cdot \sin\theta_c = \frac{\lambda}{\Lambda} \tag{5.5}$$

对于在空气中的角度，θ_{air}，基于斯内尔 (Snell) 定律，可变为

$$n_{eff} - \sin\theta_{air} = \frac{\lambda}{\Lambda} \tag{5.6}$$

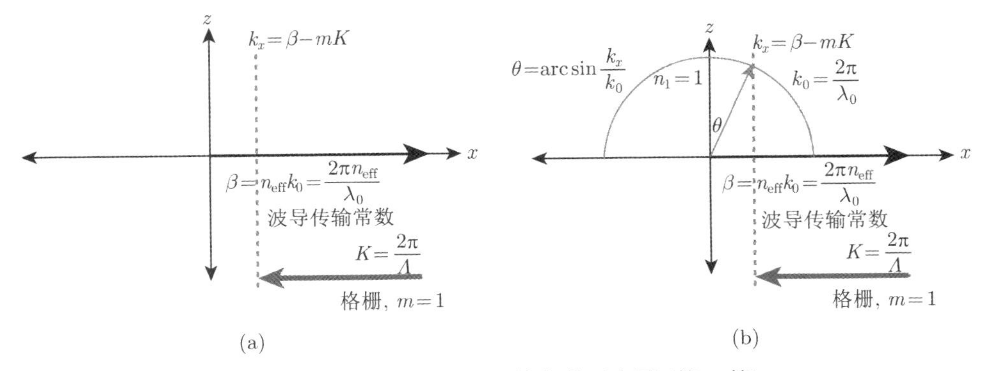

图 5.4 光栅耦合器的布拉格条件示意图 (第 2 篇)

最后，还应考虑透射到衬底中的衍射，如图 5.5 所示，可知，与空气中的光相比，氧化物中光的角度更小 (更接近垂直于表面法线)。

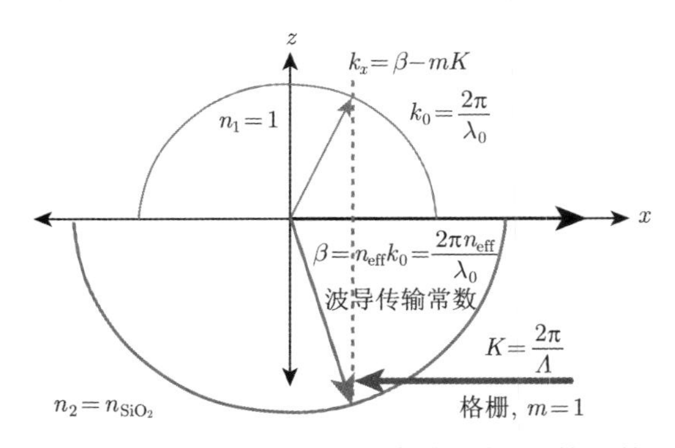

图 5.5　光栅耦合器的布拉格条件示意图 (第 2 篇)

5.2.3　设计方法

本节介绍的设计方法遵循参考文献 [13]。首先明确制造工艺的局限性并确定设计目标，之后基于 5.2.2 节介绍的布拉格条件进行分析计算，然后使用 2D 和 3D FDTD 对设计性能进行仿真及优化，最后使用物理参数生成所需光栅耦合器的掩模版图。根据 van Laere 等的观点 [14]，长光栅耦合器可以利用聚焦光栅使其结构变得紧凑，且不会造成功率的损耗。整个设计流程中，包含布拉格条件计算，已在 Mentor Graphics Pyxis 和 Lumerical FDTD 中完成。在给定确定的工艺和设计意图参数的情况下，可以在 Pyxis 中直接生成光栅耦合器的掩模版图，该脚本代码将在本节后面介绍。

在对特定光栅耦合器进行仿真之前，需要了解制造工艺的局限性并确定设计目标。对于特定的光栅耦合器设计，输入参数分为两类，即工艺参数和设计意图参数。工艺参数包括蚀刻深度、材料、各层厚度和最小特征尺寸，这些尺寸由晶圆代工厂在其制造工艺中使用的晶圆所决定。制造工艺的详细说明通常在设计规则中加以描述 (见 10.1.1 节和 10.1.6 节)。设计意图参数包括设计人员指定的中心波长 λ、入射角和光学偏振。

设计目标和优化标准如下所示。

- 入射波 (s 或 p) 的偏振态和波导中相应的偏振态 (类 TE 或类 TM)。
- 所需的中心波长。
- 3dB 带宽 (窄带宽或宽带宽光栅耦合器)。
- 所需的入射角 (如通常在 10°~30°)，还应该考虑实验装置，因为机械运动平台可能具有局限性，如角度必须小于 40° (见 12.2 节)。但是，最佳性能对应的角度通常被选用为物理装置的角度。

- 关于回波损耗的规定。

本节将介绍如何设计具有以下特性的光栅耦合器。

- 类 TE 偏振。
- 中心波长为 1550nm。
- 空气中的入射角为 20°。基于斯内尔定律，对应于 $\arcsin(\sin(20°)/1.44) = 13.7°$ 的光纤抛光角度和在氧化物包层中的角度。

对于制造工艺，假设为表 10.1 中描述的工艺，除了光栅浅蚀刻 $ed = 70\text{nm}$，其他部分是完全蚀刻以限定条形波导和聚焦元件，硅层厚度为 220nm，氧化物包层最小特征尺寸为 200nm。

1. 解析法设计光栅耦合器

基于前面描述的布拉格条件，可设计所需的光栅耦合器。使用 3.2.2 节中的方法计算两个硅层厚度的有效折射率，假设光栅具有无限宽度。这种假设是成立的，因为光栅耦合器的宽度通常为 10μm，远大于中心波长。一维耦合器的版图示例如图 5.6 所示。如果将光栅齿的有效折射率表示为 n_{eff1}，光栅槽的有效折射率表示为 n_{eff2}，则光栅区域的有效折射率可表示为

$$n_{\text{eff}} = \text{ff} \cdot n_{\text{eff1}} + (1 - \text{ff}) \cdot n_{\text{eff2}} \tag{5.7}$$

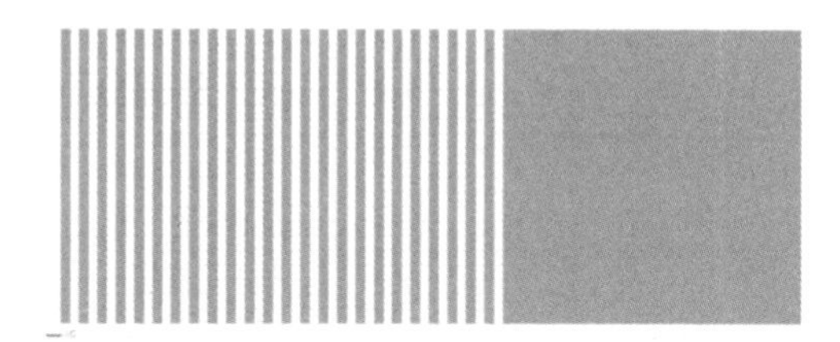

(a) 光栅耦合器掩模版图

(b) 线性锥波导光栅耦合器掩模版图

图 5.6 一维光栅耦合器和长几百微米的线性锥波导掩模版图

如中心波长 $\lambda_0 = 1550\text{nm}$ 时，220nm 厚的平板的有效折射率约为 $n_{\text{eff1}} = 2.848$，厚度为 150nm 的浅蚀刻区域的有效折射率约为 $n_{\text{eff2}} = 2.534$。作为初始设计，选择填充因子为 $\text{ff} = 50\%$。可得光栅区域的加权平均有效折射率 n_{eff} 为 2.691。

根据式 (5.6) 布拉格条件，计算得到光栅周期为

$$\Lambda = \frac{\lambda}{n_{\text{eff}} - \sin\theta_{\text{air}}} \tag{5.8}$$

对于$\theta_{\text{air}} = 20°$ 的入射角，经计算得光栅的周期 $\Lambda \approx$660nm。

如参考文献 [13] 中所述，通过分析计算得到的设计非常接近于通过 FDTD 优化的均匀光栅耦合器的最优设计，即在 FDTD 优化之后，插入损耗没有显著改善，中心波长略微偏离设计目标，距离目标 0~10nm，但这可以通过轻微改变输入波长来补偿。因此，这种方法非常适合对制造工艺、波长和偏振有特定要求的设计。这些物理设计参数可直接用于本节后面所创建的掩模版图，也可以用于下文中所进行的仿真和优化。

2. 2D FDTD 仿真设计

前面通过解析计算得出了一种设计，但其性能尚不清楚。接下来的任务是使用 FDTD 评估其性能并进行优化设计。考虑以下几个目标，① 确定解析设计的效率，包括确定最佳的输入光束位置；② 了解各种物理参数的影响规律 (埋氧层厚度、填充因子、光纤角度、蚀刻深度)；③ 评估其他性能参数，如背向反射、对工艺变化的敏感性 (如蚀刻深度)；④ 优化设计。

光栅耦合器的仿真可采用 2D FDTD 法，所需内存和仿真时间相对较少。2D 仿真设计光栅后，可用 3D 仿真来验证其性能。光栅耦合器结构如图 5.7 所示，包括 Si 衬底、2μm 埋氧层、功能性 Si 层 (位于埋氧层上) 以及起保护作用的顶部氧化层。橙色矩形定义了仿真区域，使用完美匹配层 (Perfectly Match Layer，PML) 吸收边界条件，辐射全被传输到计算区域之外，不会干扰内部的场。图中的黄线代表频域功率监视器，该监视器从仿真空间区域内的仿真结果中收集频域中的能流信息。绿色区域表示光纤。

光栅耦合器的典型仿真结构主要有两类，即图 5.7(a) 所示的输入光栅耦合器和图 5.7(b) 所示的输出光栅耦合器。经抛光的光纤位于光栅耦合器包层的顶部，浅绿色区域代表光纤纤芯，深绿色区域代表光纤的包层。对输入光栅耦合器，从光纤纤芯注入基模 TE，通过光栅耦合到波导中，功率监视器用于记录光栅耦合器的插入损耗和对光纤的反射；对输出光栅耦合器，从波导注入基模 TE，然后耦合到光纤中，模式扩展监视器用于计算进入光纤基模的功率。这对于耦合器来说是非常必要的，因为由于模式失配，并非所有功率都能耦合到基模。

该仿真计算是通过 FDTD 仿真脚本实现的，该脚本由初始设置、结构图、仿真设置和仿真运行四个部分组成。首先，设置初始参数，见代码 5.1。然后绘制仿真结构，见代码 5.2。接下来设置仿真区域、光源和监视器；提供了两种光注入方式，第一种是基于高斯光源进行自由空间耦合，见代码 5.3；第二种是将光耦合到光纤，见代码 5.4。最后，运行仿真 (包括参数扫描) 并绘制透射图，见代码 5.5。

对输入光栅耦合器的仿真如图 5.7(a) 所示。

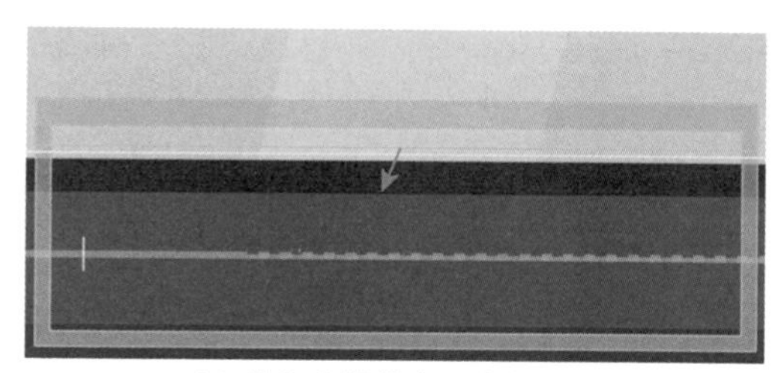

(a) 输入光栅耦合器仿真设置

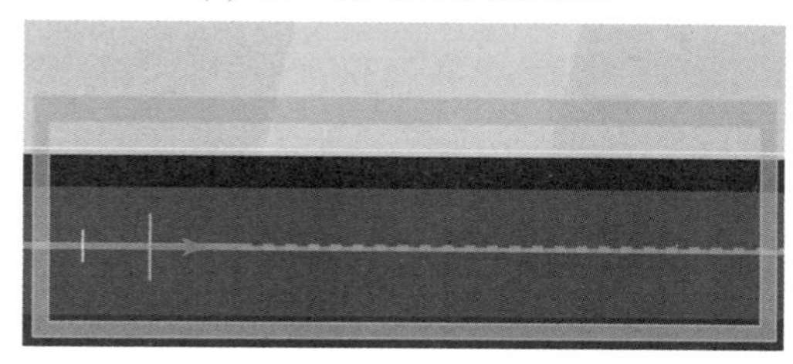

(b) 输出光栅耦合器仿真设置

图 5.7 包括光纤的光栅耦合器 2D FDTD 仿真设置，从光纤 (a) 或者波导 (b) 注入模式光源，功率和模式扩展监视器用于记录波导 (a) 和光纤 (b) 中的光功率 (后附彩图)

最后，如 9.6 节所述，在两个方向 (输入和输出耦合器) 上执行仿真，并确定背向反射。这些结果被用于确定紧凑型回路模拟的 S 参数 (请参阅 9.3.2 节)。

光束的位置介绍如下。

需要扫描入射光束的位置以找到最佳光纤位置。对于不同位置，该光栅耦合器的最大透射率如图 5.8 所示。该图表明，当光纤位于距光栅起点约 5μm 的位置

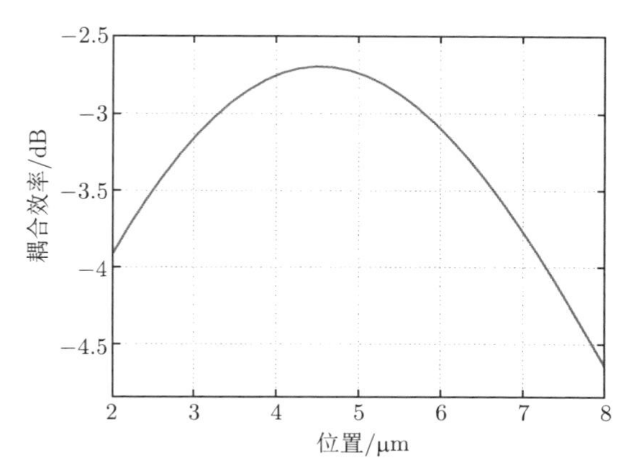

图 5.8 光栅耦合效率 (插损) 与光纤位置关系，距离是相对于光栅的起始位置 ($x = 0$ 是光纤中心相对于光栅的起始位置)

时，可获得最高耦合效率。该图还可指示对准灵敏度。在这种情况下，1dB 对准灵敏度为 ±2.3μm。

3. 结果

仿真结果如图 5.9 所示，可知，布拉格理论可以很好地预测光栅耦合器的中心波长，此设计获得了 −2.7dB 的插损 (插入损耗) 和 1548nm 的中心波长。图 5.9 还给出了光栅耦合效率 (插损) 和背向反射损耗 (回损)，光栅带宽内的回损低于 −10dB，背向反射主要产生于光纤–空气的接触界面。折射率匹配液 (如胶水) 可减少回波损耗。

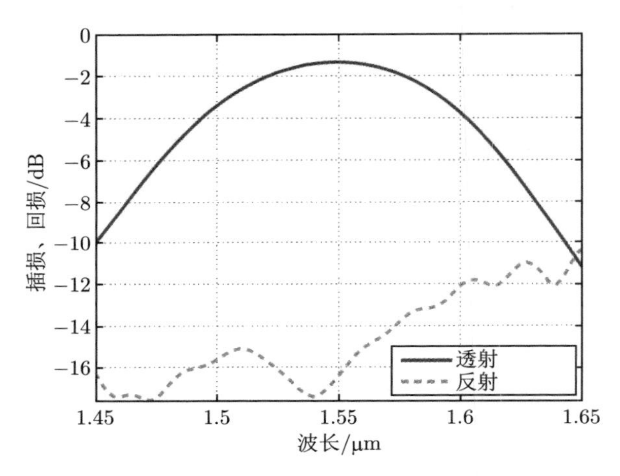

图 5.9　光栅耦合效率 (插损)、背向反射损耗 (回损) 与波长的关系

偏振介绍如下。

光栅耦合器本质上对偏振敏感，因为波导的有效折射率对 TE 和 TM 偏振模具有明显的差异，因此 TE 偏振光设计的光栅将抑制相反偏振的光，如图 5.10 所示。

4. 设计参数

决定光栅耦合器性能的参数主要有光栅周期、填充因子、入射角、入射位置、蚀刻深度、SiO_2 衬底厚度、SiO_2 包层厚度、光栅周期数量，其中蚀刻深度和 SiO_2 厚度由制造工艺决定。

这些参数的主要影响是改变光栅的中心波长，根据布拉格条件 (5.6) 可知中心波长为

$$\lambda = \Lambda(n_{\text{eff}}(\lambda) - n_{\text{c}} \cdot \sin\theta_{\text{c}}) \tag{5.9}$$

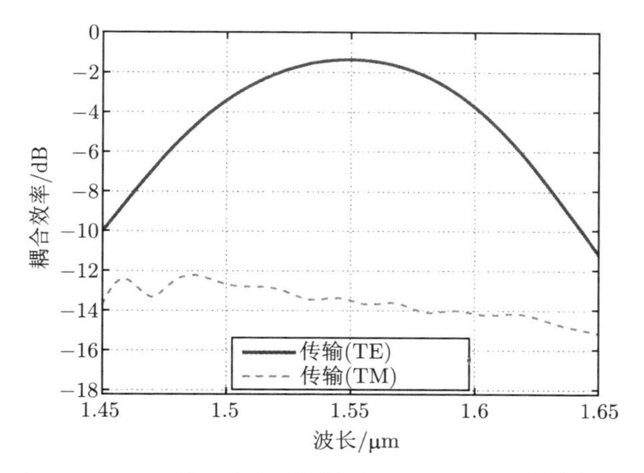

图 5.10 光栅耦合效率 (插损) 与 TE 和 TM 模的关系

应该注意的是，当光栅耦合器的中心波长改变时，有效折射率也随之变化，即具有波长相关性 (色散)$n_{\text{eff}}(\lambda)$。

1) 光栅周期

光栅周期是对光栅波长影响最大的参数，如式 (5.9) 所示。代码 5.5 中给出了参数扫描，除周期外所有参数均不变，当光栅周期从 620nm 增加到 700nm 时，光栅耦合器的中心波长从 1483nm 增加到 1608nm，如图 5.11 所示。在仿真光谱中，光栅周期的调谐系数被定义为$\delta\lambda/\delta\Lambda$，即 1.56nm/nm。

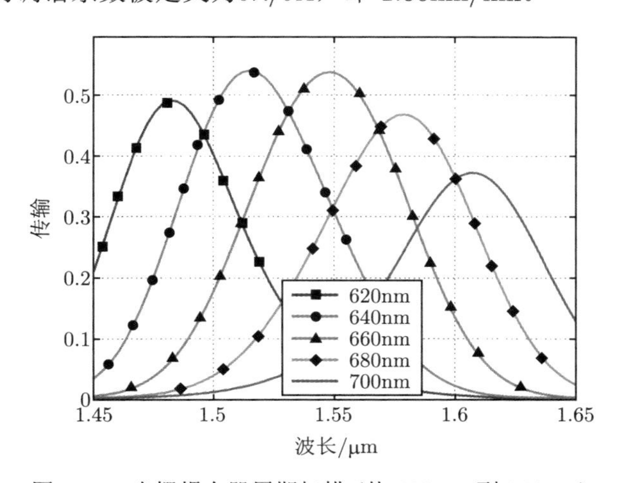

图 5.11 光栅耦合器周期扫描 (从 620nm 到 700nm)

2) 填充因子

填充因子 (或占空比) 会影响光栅耦合器的性能。根据式 (5.7) 可知，填充因子会改变其有效折射率。随着填充因子增大，有效折射率增大，根据式 (5.9) 光栅响应会移至更长的波长。图 5.12 给出了在其他所有参数保持不变的情况下，填充因子变化的仿真结果。填充因子 ff 在 0.3~0.6 变化，中心波长从 1522nm 移至 1560nm。填充因子的调谐系数定义为 $\delta\lambda/\delta W$，即 0.215nm/nm。可以注意到，光栅周期比填充因子对光栅中心波长的影响更大。

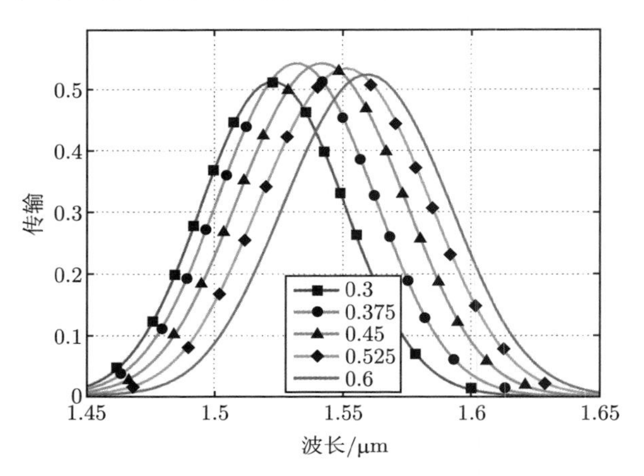

图 5.12　光栅耦合器填充因子扫描 (从 30%到 60%)

3) 刻蚀深度

光栅耦合器的刻蚀深度还可通过影响光栅耦合器的有效折射率来影响光栅耦合器的性能。随着刻蚀深度增加，浅刻蚀区域的有效折射率减小，n_{eff} 减小。根据式 (5.9)，光栅的中心波长与有效折射率成正比。因此，光栅的中心波长与刻蚀深度成反比。同样地，光栅对 SOI 硅层的厚度敏感。

图 5.13 给出了光栅刻蚀深度 (其他参数固定) 从 60~80nm 范围内的光谱仿

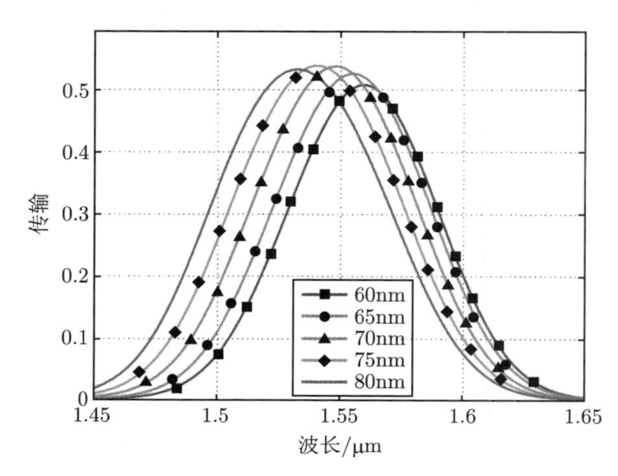

图 5.13　光栅耦合器刻蚀深度扫描 (ed 从 60nm 到 80nm)

真结果，中心波长随着刻蚀深度的增加而蓝移，这与分析计算结果一致。刻蚀深度调谐系数定义为 $\delta\lambda/\delta_{\mathrm{ed}}$，1.9nm/nm。

4) 入射角

光栅耦合器的入射角定义为入射波 (或耦合输出波) 与光栅表面法线之间的角度。正角表示波导中的入射波和耦合波在相同方向上传输，负角则表示波导中的入射波和耦合波在相反方向上传输。该角度可以定义为自由空间角度 (对自由空间测量有用，见 12.1.1 节)，或者包层 (如氧化物) 中的光角度。使用透镜光纤耦合时，空气中的光角度与光纤的角度相同；使用磨抛光纤或光纤阵列时，基于斯内尔定律光纤磨抛角度与包层中的光角度相同 (假设光纤和包层中的折射率相同)。

根据式 (5.9) 可知，入射角会影响光栅耦合器的中心波长。图 5.14 给出了在其他参数不变的情况下，仅改变入射角 (空气中的) 的仿真结果。当入射角从 15° 增加至 25° 时，中心波长从 1586nm 减小到 1512nm。入射角的调谐系数$\delta\lambda/\delta\theta$ 为每度 7nm。

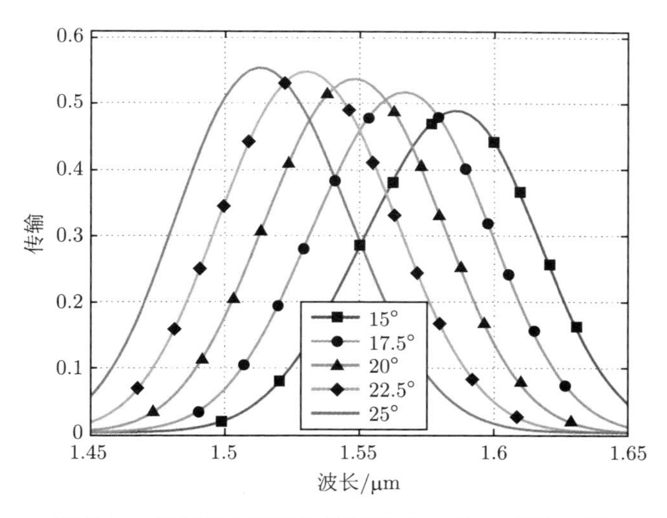

图 5.14 光栅耦合器输入角扫描 (θ_{air} 从 15° 到 25°)

5) 参数灵敏度

根据上面所示的仿真结果可知，光栅周期、填充因子 (或光栅齿的宽度)、刻蚀深度和入射角都对光栅耦合器的中心波长有影响。表 5.1 给出了这些参数的调谐或灵敏系数的比较，这些参数对于理解制造变化对光栅耦合器性能的影响也很有用，见 11.1.3 节。

表 5.1 光栅耦合器几何参数敏感度

参数	敏感系数
周期 Λ	1.56nm/nm
宽度 W	0.215nm/nm
刻蚀深度 ed	1.9nm/nm
SOI 厚度	1.82nm/nm
入射角 θ	7nm/(°)

5. 包层和埋氧层

埋氧层的厚度和包层的厚度是影响光栅耦合器的插入损耗的两个重要因素。图 5.15 给出了光栅耦合器不同界面处的反射。这些反射之间的干涉会影响光栅耦合器的插入损耗。当 $P_{\text{reflection1}}$ 和 $P_{\text{reflection2}}$ 产生相消干涉，而 $P_{\text{reflection3}}$ 和 $P_{\text{reflection4}}$ 产生相长干涉时，则可以实现最小的插入损耗。

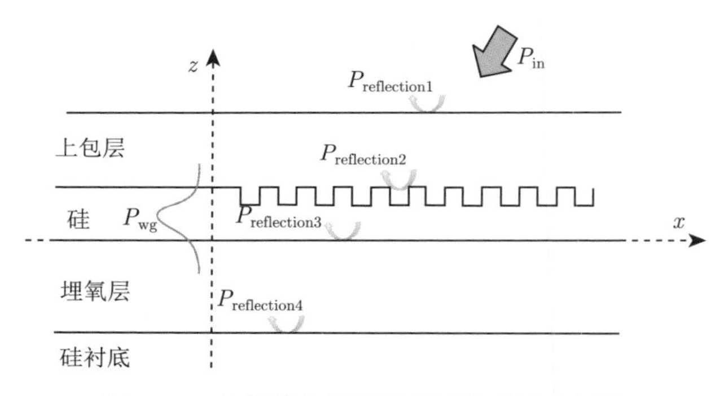

图 5.15 光栅耦合器不同界面的反射示意图

图 5.16 给出了埋氧层的厚度从 1μm 到 3μm 的仿真结果，光栅耦合器的插入损耗以正弦形式振荡，这由 $P_{\text{reflection3}}$ 和 $P_{\text{reflection4}}$ 之间的干涉决定。选择用于特定晶圆类型的埋氧层厚度以实现 $P_{\text{reflection3}}$ 和 $P_{\text{reflection4}}$ 之间的相长干涉，以获得较低的插入损耗。埋氧层厚度为 2μm 时有一个峰值。事实证明，2μm 的埋氧层可为 1310nm 和 1550nm 波长提供高耦合效率，这已成为硅光子代工厂的通用标准。

类似地，$P_{\text{reflection1}}$ 和 $P_{\text{reflection2}}$ 的相位条件会随着包层厚度的变化而变化。在这里，将包层的厚度定义为从硅层和埋氧层的界面到包层顶面的高度。图 5.17 给出了在其他条件不变的情况下，改变包层厚度的仿真结果。当发生相消干涉时，可实现插入损耗最小；当发生相长干涉时，可实现插入损耗最大。根据入射角和中心波长的不同，包层的最佳厚度会发生变化。通过对比图 5.16 和图 5.17，可注意到埋氧层的厚度相比于包层的厚度对光栅的插入损耗有更大的影响。这是因为 $P_{\text{reflection3}}$ 和 $P_{\text{reflection4}}$ 的反射系数大于 $P_{\text{reflection1}}$ 和 $P_{\text{reflection2}}$ 的反射系数。

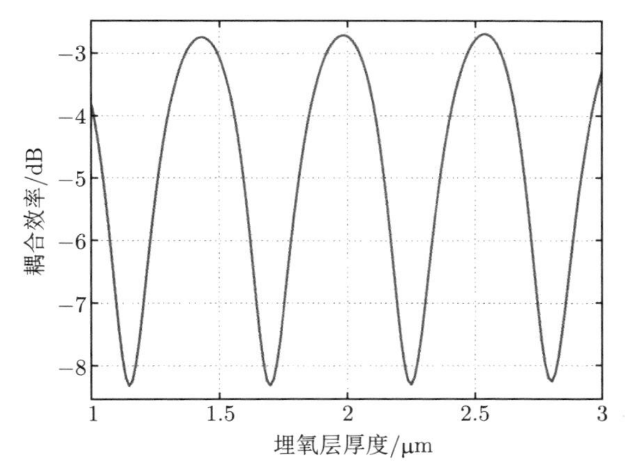

图 5.16 光栅耦合效率与埋氧层厚度

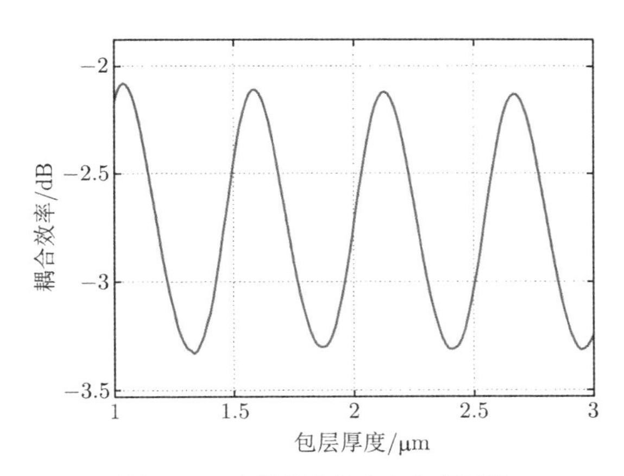

图 5.17 光栅耦合效率与包层厚度

6. 紧凑型设计——聚焦

到目前为止，已经解决了如何设计具有直光栅的光栅耦合器。使用这种方法，需要有锥形波导模式转换器将直径约为 9μm 的光纤模式转换为 0.5μm 的波导模式。为了获得高转换效率，锥形长度需要大于 100μm，这不利于实现紧凑型回路 [7,8]，可使用聚焦光栅来代替直光栅，从而使光栅耦合器结构更紧凑 [14,15]。聚焦光栅的掩模版图如图 5.18 所示，光栅线形为带有公共焦点的椭圆线，且其公共焦点与耦合器的光学焦点重合。

根据参考文献 [14]，紧凑型光栅的弯曲光栅线可以通过下式获得：

$$q \cdot \lambda_0 = n_{\text{eff}}\sqrt{y^2 + z^2} - z \cdot n_{\text{t}} \cdot \cos\theta_{\text{c}} \tag{5.10}$$

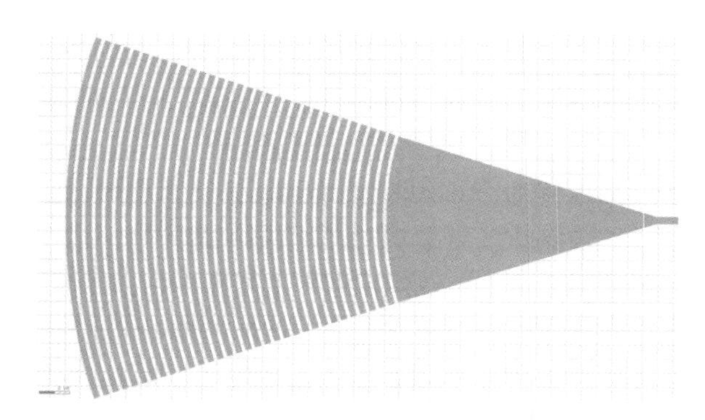

图 5.18　聚焦光栅耦合器的掩膜版图

式中，q 是光栅线数 (整数)，θ_c 是光纤与芯片表面之间的角度，n_t 是环境的折射率，λ_0 是真空波长，n_{eff} 是光栅的有效折射率。上式可以表示为 (其中 t 是极坐标系中的角度变量。译者注：原文中 n_{eff} 无平方因子，有误，此版已补上)

$$x=\sqrt{\frac{q\cdot\lambda_0\cdot n_t\cos\theta_c+q^2\cdot\lambda_0^2}{n_{eff}^2-n_t^2\cdot\cos^2\theta_c}}\cdot\cos(t)+\frac{q\cdot\lambda_0\cdot n_t\cos\theta_c}{n_{eff}^2-n_t^2\cdot\cos^2\theta_c} \tag{5.11}$$

$$y=\sqrt{\frac{q^2\cdot\lambda_0^2}{n_{eff}^2-n_t^2\cdot\cos^2\theta_c}}\cdot\sin(t) \tag{5.12}$$

弯曲光栅的布拉格条件表达式也可以转换为极坐标系的表达形式 [11]

$$n_{eff}\cdot k_0\cdot r=n_c\cdot k\cdot\sin\theta\cos\phi+2\pi N \tag{5.13}$$

式中，k_0 是自由空间中的波矢量，ϕ 表示光栅上任意点与 z 轴 (在这种情况下，是波导中的传播方向) 的包络角。

如果直线型光栅耦合器的周期和占空比与椭圆线型光栅耦合器相同，则两个耦合器的耦合效率应近乎相同。换句话说，光栅线的曲率不影响光栅耦合器的耦合效率。聚焦光栅耦合器的设计可从直线型光栅耦合器的 2D 仿真开始，对于给定的 2D 设计可以使用相同的周期和占空比绘制聚焦光栅耦合器，并使用 3D FDTD 仿真来再次确认结果，如 5.2.4 节中所述。

7. 掩模版图

基于本节的光栅方程通过脚本绘制光栅耦合器的掩模版图。该设计是在 Mentor Graphics 公司的掩模版图设计包 “Pyxis” 中以参数化单元 (PCell) 的形式实现的。掩模版图如图 5.18 所示，脚本如代码 5.8 所示。该脚本可用于生成具有不同周期和占空比的光栅耦合器，并可用于设计任何波长、偏振和入射角的光栅耦合器。该函数需要的参数有波长、周期、占空比、包层折射率、入射角 (在空气中定义)、波导宽度、平板波导有效折射率以及曲线分段数。

基于分析设计方法使用代码 5.7 实现基本的最优计算 (有效折射率)，通过代码 5.6 获得光栅耦合器的设计结果。该脚本基于物理参数 (晶圆厚度等) 以及设计意图参数 (波长、偏振、角度) 来实现光栅耦合器的设计。所需参数有波长、蚀刻深度、硅层厚度、入射角 (在空气中定义)、波导宽度、包层折射率、偏振和占空比。默认的占空比 0.5 不一定是最优值，应使用 5.2.3 节中所述的 FDTD 仿真进行优化。

8. 3D 仿真

初始优化中使用 2D 仿真可得到很好的近似值。但需要 3D 仿真来验证设计。通常与运行 2D 仿真相比，3D 仿真将需要更多的内存和时间。将 2D 仿真的结果与 3D 仿真的结果进行比较，如图 5.19 所示。通过导出掩模版图并将其导入 FDTD 求解器来执行 3D 仿真。3D 仿真结果与 2D 仿真结果非常吻合，其差异由 3D 仿真的尺寸限制所致。在 2D 仿真中，第三维被认为是无限的。

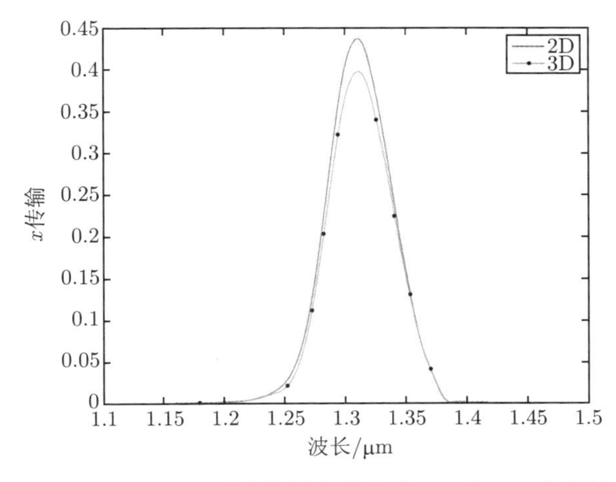

图 5.19 光栅耦合器效率与波长的关系 2D 和 3D 仿真结果

5.2.4 实验结果

光栅耦合器的优化涉及光栅周期、占空比、入射角等各种参数的仿真扫描，可以使用遗传算法等方法进行优化。图 5.20 为 OpSIS-IME 提供的光栅耦合器的仿真和测量结果 [17]。设计的光栅耦合器的光栅周期为 650nm，占空比为 350nm。仿真结果显示，插入损耗为 −2.74dB，3dB 带宽为 79.8nm；测量结果显示插入损耗为 −4.64dB，3dB 带宽为 74.9nm [16]。图 5.20 所示的仿真结果是在假设距离光纤端部和芯片之间的插入损耗忽略不计的情况下得出的。测量的插入损耗比仿真的插入损耗高。此外，测量的频谱带宽比仿真的频谱窄。这种不匹配是由光纤带和光子芯片之间的间隙造成的。

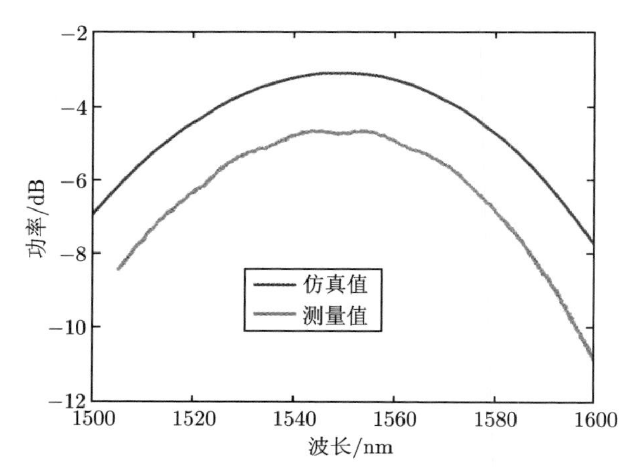

图 5.20　光栅耦合器实验和仿真结果 (OpSIS-IME) [16]

5.3　边缘耦合器

边缘耦合，也被称为端面耦合，是大多数光子器件，如 DFB 激光器、调制器和高速探测器等，与单模光纤耦合的标准技术。边缘耦合通常提供了一个非常宽的响应，并具有低插入损耗 (低于 0.5dB [18,19])，它还可以同时耦合 TE 和 TM 偏振光。边缘耦合的挑战有精密对准、磨抛/蚀刻面、光束散光和抗反射涂层等。

硅光子学中有几种实现边缘耦合器的方法，主要要求是通过模斑适配器将波导中的高度封闭模式转换为更大的光纤模式，需要解决模式大小不匹配以及光纤和波导模式的有效折射率不匹配问题。典型的方法如反锥波导，或称纳米锥波导，将波导锥度减小到非常小的尺寸，使光几乎不被波导引导，波导的倏逝场变大 [20,21]，如图 5.21 所示。这种方法也可以通过亚波长结构 [22] 或刀边结构 [23] 来实现。这两种方法都会导致模场直径在锥体中放大。关于边缘耦合器测试和封装的更多讨论在 12.1.1 节中介绍。另一种技术也是在平面内和平面外两个方向上扩展波导，如通过沉积聚合物覆盖层 [21,24]。

本节首先讨论了纳米锥波导 (氧化物覆盖)，然后介绍了聚合物覆盖层法。提出了三种建模方法：① 简单仿真计算，② 3D FDTD 仿真，③ 特征模扩展法。

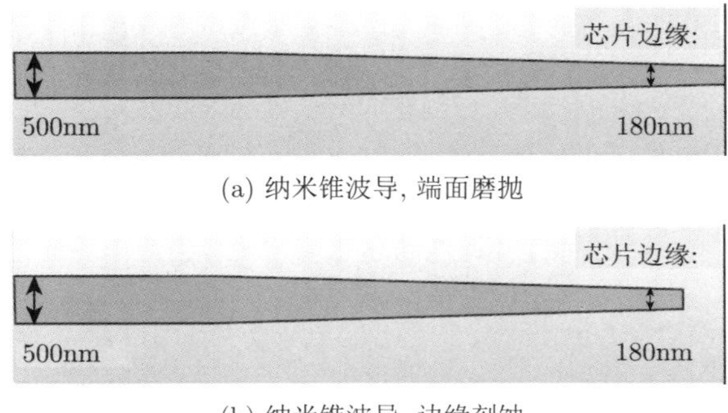

图 5.21 纳米锥波导边缘耦合器，光从左边注入，右边芯片边缘为输出端

5.3.1 纳米锥波导边缘耦合器

本节讨论图 5.21(b) 中的纳米锥波导边缘耦合器几何形状的设计和建模。

1. 模式重叠法

确定耦合效率的第一种方法是使用纳米锥波导的模式计算来估计它。纳米锥波导是绝热的，这是合理的假设，且锥尖端的模式将代表锥波导向下传输后的模式轮廓。具体来说，找到一个 180nm 宽、220nm 厚的波导，被氧化物包围的模式轮廓，仿真的纳米锥波导模式剖面如图 5.22 所示。考虑从边缘耦合器到高斯光束的耦合 (如带光栅的光纤、连接光纤的透镜组件、高数值孔径透镜)，仿真中通过具有不同数值孔径 NA 的理想透镜创建高斯光束。NA = 0.4 的高斯光束的轮廓如图 5.23 所示，纳米锥波导和高斯光束的模式轮廓不匹配，预计会有模式不匹配损失。

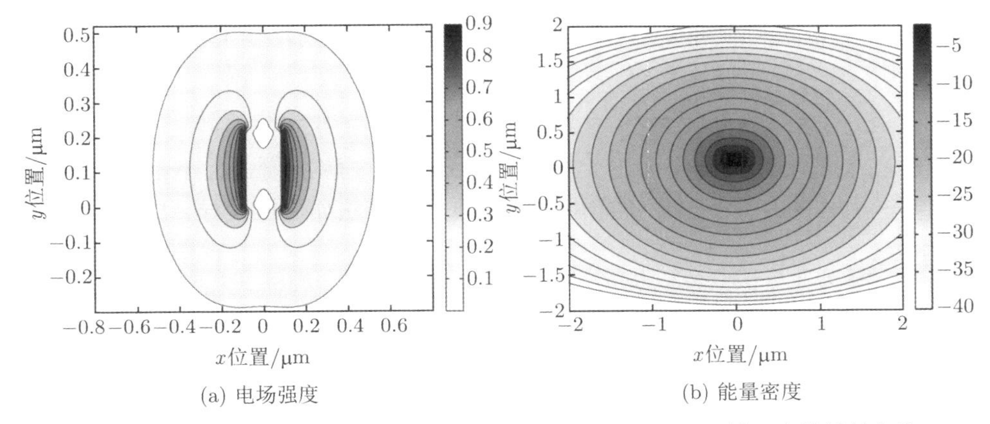

图 5.22 180nm×220nm 纳米锥波导模场分布，$\lambda = 1.55\mu m$，TE 模，有效折射率为 1.46 (后附彩图)

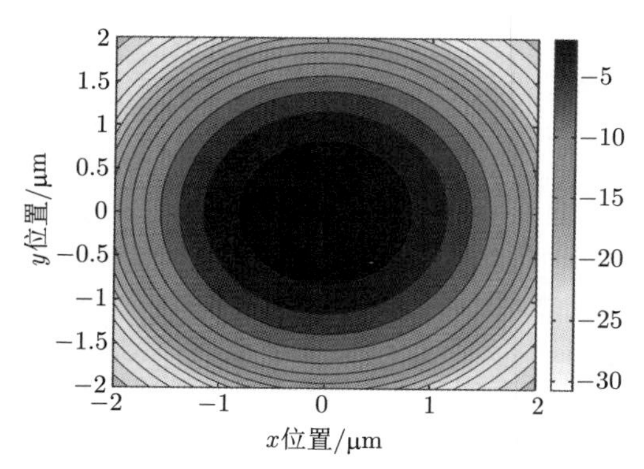

图 5.23　基于优化的数值孔径 0.4 的透镜耦合 TE 模得到的高斯光束模式分布 (后附彩图)

然后用不同数值孔径的高斯光束进行重叠积分，见代码 5.9。叠加积分能够确定纳米锥波导和高斯光束之间的最佳耦合效率，并为该光束找到最佳数值孔径。在相对较大的数值孔径 (TE 为 0.4，TM 为 0.55)，特别是与传统的单模光纤 (NA = 0.14) 相比，获得了最佳的耦合效率，如图 5.24 所示。具有这些值的光纤是可用的，被称为高 NA 光纤。

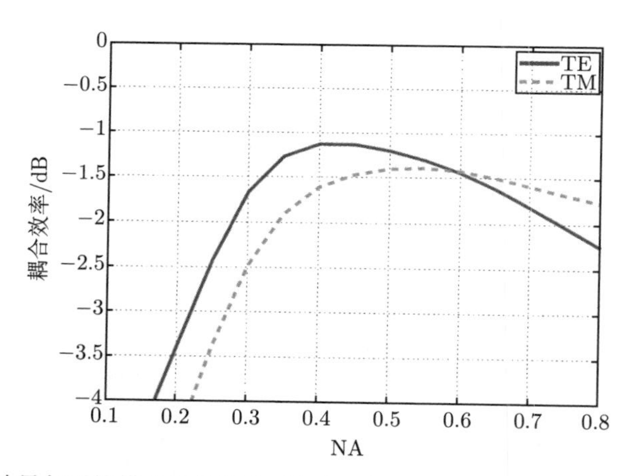

图 5.24　锥波导与透镜模式重叠积分 (耦合效率) 和透镜 NA 的关系，$\lambda = 1.55\mu m$

基于模式重叠积分可以仿真对准灵敏度，通过将一种模式相对于另一种模式进行平移，并进行重叠积分。图 5.25 给出了两个维度 (x，y) 上错位的结果，0.6μm 的错位对准时，会产生 1dB 的附加损耗。

模式重叠积分法有其局限性，也即它忽略了：

- 波导–氧化物和氧化物–空气界面的反射；
- 场在尖端和蚀刻的氧化物刻面之间的短氧化物区域的传输；

- 场在刻面和光纤之间的间隙中的传输；
- 锥体本身，需要足够长的长度，以确保它是绝热和无损耗的。

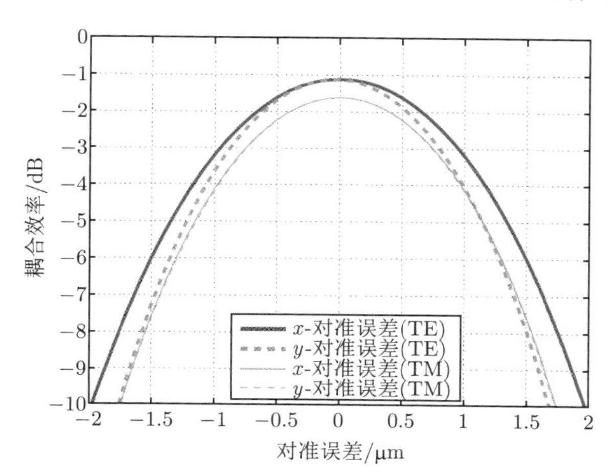

图 5.25 锥波导与透镜模式重叠积分 (耦合效率) 和对准误差的关系，$\lambda = 1.55\mu m$

2. FDTD 法

第二种确定耦合效率的方法是 3D FDTD 计算 (图 5.26 和图 5.27)。具体来说，在 FDTD 中建模绝热锥、尖端、氧化物和空气，见代码 5.10。然后执行通过不同数值孔径的理想透镜创建的高斯光束重叠积分，见代码 5.11。如前述方法，能够确定最佳的耦合效率和最佳的数值孔径，这种仿真计算可以扩展到包括光纤本身。

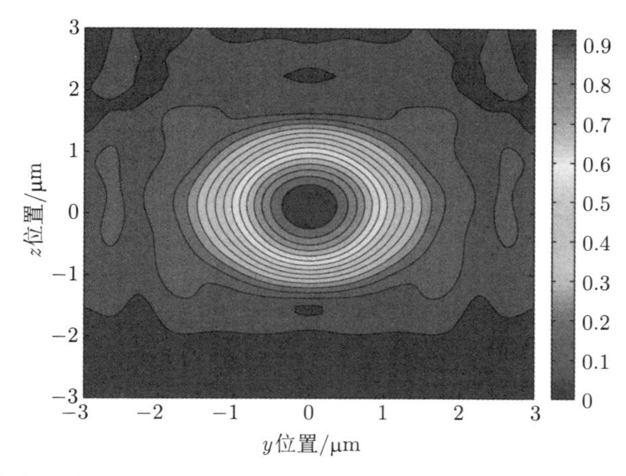

图 5.26 纳米锥波导边缘耦合器输出端空气中的 FDTD 模场分布，纳米锥波导长 20μm，$\lambda = 1.55\mu m$，TE 模 (后附彩图)

图 5.27 给出了场沿锥体向下传输的顶视和横截面视图仿真结果。仿真中氧化层–空气界面位于 $y = 0$，结果中出现了一些空间振荡，这是由氧化层–空气界面多次反射造成的。可以看到，当它从左向右传播时，场分布面会扩大。

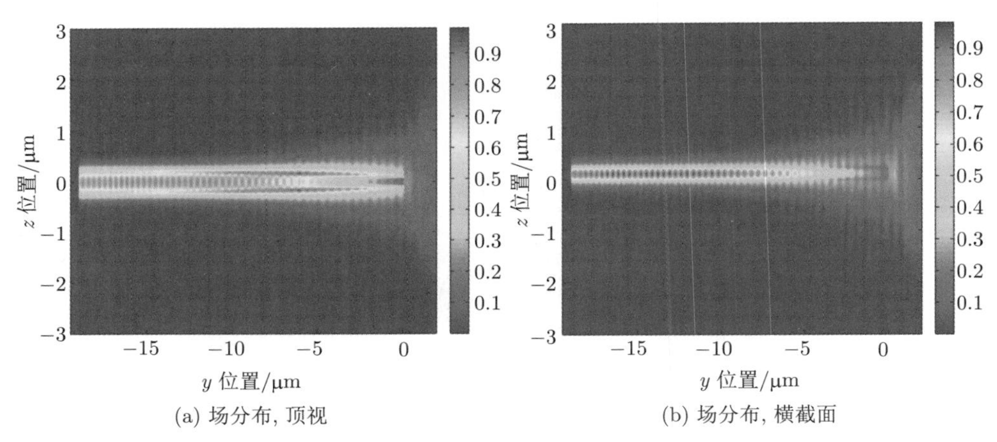

(a) 场分布, 顶视　　(b) 场分布, 横截面

图 5.27　纳米锥波导边缘耦合器 FDTD 场分布，纳米锥波导长 20μm，TE 模 (后附彩图)

图 5.26 所示为锥体输出处的场分布 (在空气中)，这是近场分布，如直接接触 (或非常接近) 芯片的光纤所看到的近场分布。

对耦合到透镜，远场分布也很重要，如图 5.28(a) 所示。从远场图中，可以判断出锥体的发散角。远场沿一维方向的分布如图 5.28(b) 所示，半峰全宽远场强度约 40°。

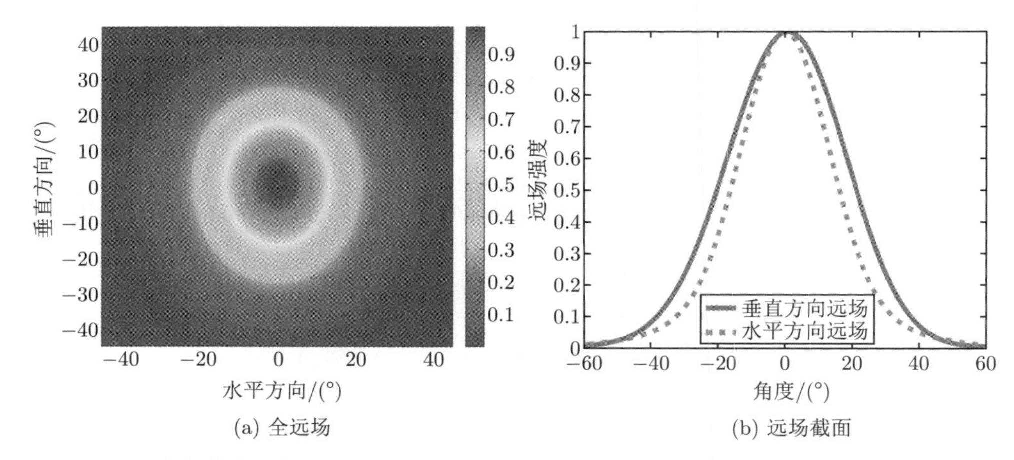

(a) 全远场　　(b) 远场截面

图 5.28　纳米锥波导边缘耦合器输出端远场 FDTD 仿真场分布，纳米锥波导长 200μm，$\lambda = 1.55$μm，TE 模 (后附彩图)

最后，在 FDTD 计算的近场轮廓和理想透镜的高斯光束之间进行重叠积分，计算结果如图 5.29 所示。对几种长度的纳米锥波导都进行了计算。可以看出，锥波导需要至少 100μm 长，以避免引入锥波导本身的损耗。仿真的插入损耗最佳值达到了 1dB。

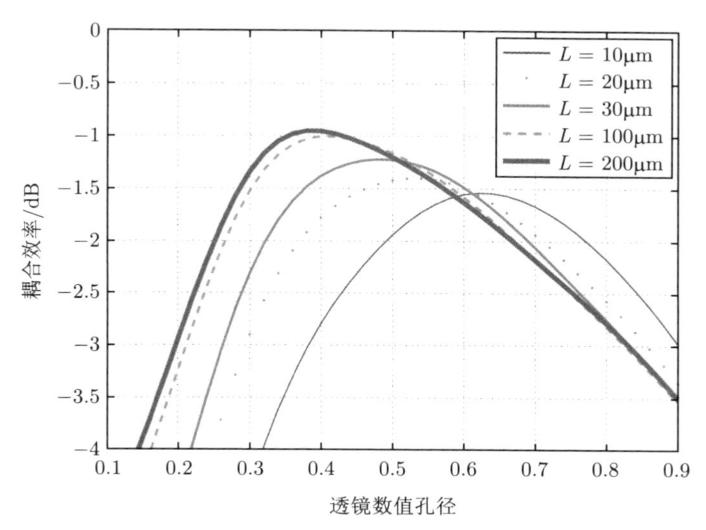

图 5.29 纳米锥波导边缘耦合器模式重叠积分 (耦合效率) 与透镜数值孔径的关系，$\lambda = 1.55\mu\text{m}$，TE 模

5.3.2 层叠波导边缘耦合器

本节考虑的边缘耦合器由一个纳米锥波导连接到一个更大的波导，然后再连接到光纤上，这种波导可以用聚合物或无机材料如 SiON [24] 或氧化物 [21] 等制成。

本征模扩展法

基于本征模扩展法对纳米锥波导与层叠波导进行了仿真，该结构由一个 400nm 宽的波导锥度降至 80nm 的锥形波导组成。在波导的上方沉积了一个 3μm 的正方形波导，如参考文献 [24] 中描述的那样，具有 3%的折射率差，并持续到芯片的边缘。通过改变纳米锥波导的长度来进行参数扫描，以确定高效耦合所需的长度。最后耦合到数值孔径为 0.4 的高斯光束，以仿真计算高 NA 光纤的插入损耗，见仿真代码 5.12，结果如图 5.30 所示。结果表明，在 200μm 的长度上，几乎 100%的功率传输到层叠波导中；大部分损失来自光纤和层叠波导之间的模态不匹配。通过模式重叠和 3D FDTD 仿真计算，之前考虑的纳米锥波导也可得出类似的结论。

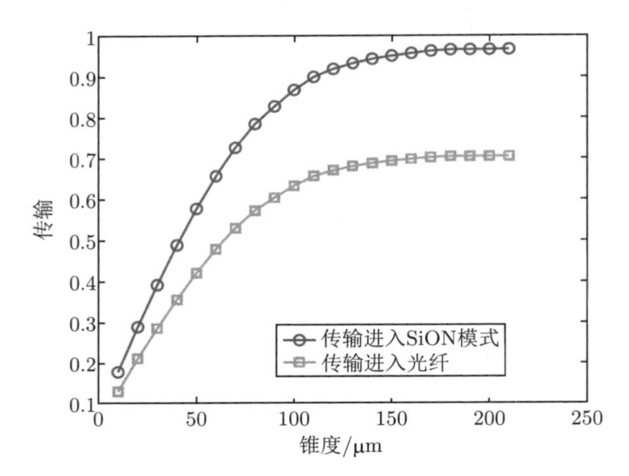

图 5.30 基于本征模扩展法仿真层叠纳米锥波导边缘耦合器与光纤的耦合效率，$\lambda = 1.55\mu m$，TE 模

5.4 偏 振

硅光子波导，特别是基于 220nm 厚度平台的硅光子波导，具有高度的偏振依赖性 (双折射)。理论上可以使波导对偏振不敏感，然而由于这些高对比度波导的灵敏度达到纳米级，技术上和经济上都不可行 [25]。另一种选择是使用更厚的硅层，如 1.5μm，如 Kotura 等所开发的那样，在硅层中构建极化不敏感元件。

鉴于 220nm 厚度平台的挑战，这意味着光子回路通常需要设计成单极化工作。对于像发射器这样的应用，激光器与回路紧密结合在一起 (见第 8 章)，光源的极化可以保持为单极化，输出可以有效地耦合到单模光纤上。但对于接收端来说，光通常会经过单模光纤，这里由于光纤的温度和应变变化，光的极化不会被保留，而且通常是缓慢的时间变化。这是因为光纤的弯曲和应变会导致相干串扰和偏振模式之间的耦合，光纤具有随机的双折射 (其中轴也是随机的空间变化)。因此，接收端回路需要对极化不敏感。有几种可能的方法，第一种是通过使用保偏光纤来解决光纤中的偏振问题 [26]；另一种方法是有一种数据格式，允许有一个对偏振不敏感的接收器。这对于使用通断调制的单波长通信系统来说尤其直接，在这种情况下光只需要直接耦合到光电探测器上就可以了。在一种方法中，使用一个偏振分光光栅耦合器 (PSGC) 将光纤中的 s 和 p 偏振光分离至两个波导，每个波导都是 TE 偏振 [27]，如图 5.31 所示，一个具有两个输入端口的探测器用于收集来自两个波导的光，这可以用边缘耦合器或光栅耦合器来实现。

1) 偏振分集

对需要多个探测器的应用，如波分复用 (WDM) 或相干检测，常用的方法是将

s 和 p 偏振光分至两个独立的波导，均 TE 极化。然后采用两个相同的回路。如果有必要，可以将光重新组合至光纤。这可以使用偏振分光光栅耦合器 (PSGC) [28] 或使用带片上偏振分光器——旋转器 (PSR) 的边缘耦合器 [25] 来实现。这两种光接口类型的偏振分集方法如图 5.32 所示。需要两个完全相同的回路的缺点是增加了芯片面积，而且需要两个回路的匹配 (如环形谐振器或滤波器)，可通过热调谐来实现，但这样会增加功耗。对某些回路 (如无源滤波器)，可采用双向传输的方式来重复使用相同的回路，而不是有两个相同的拷贝 [28]。

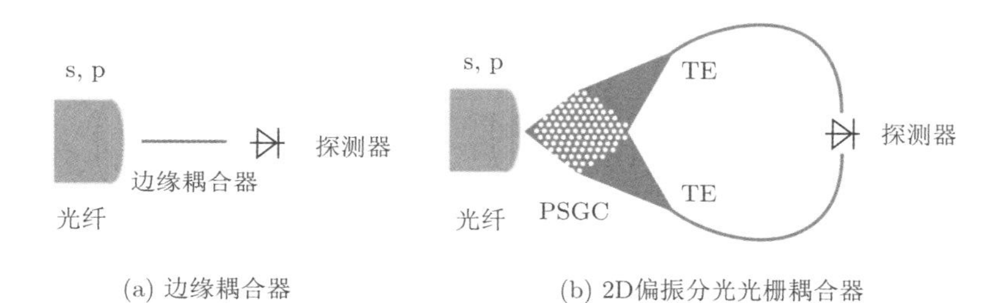

(a) 边缘耦合器　　(b) 2D偏振分光光栅耦合器

图 5.31 偏振光探测

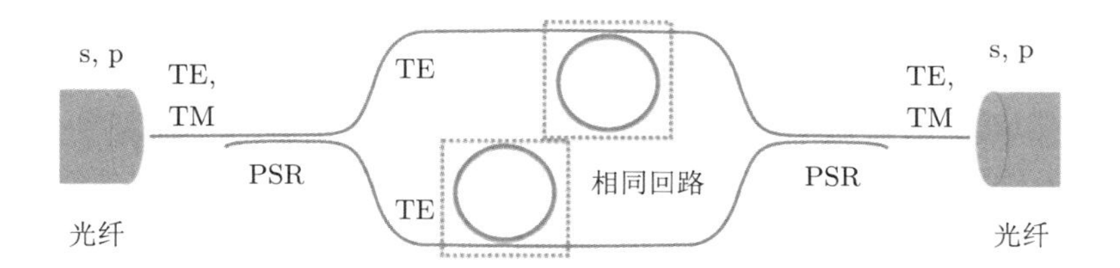

(a) 通过边缘耦合器、偏振分光器和偏振旋转器实现偏振分集

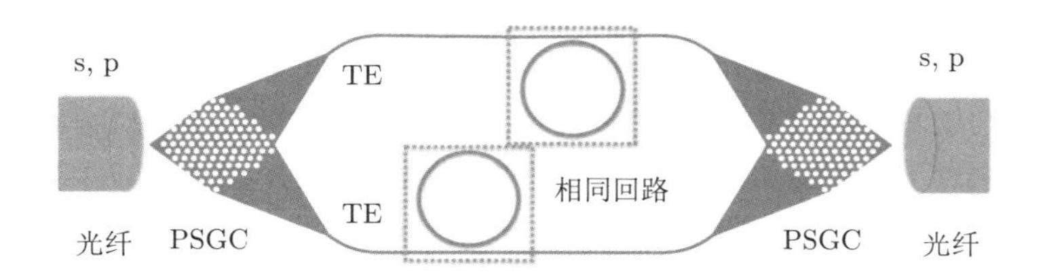

(b) 通过2D偏振分光光栅耦合器实现偏振分束

图 5.32 偏振分束

2) 有源极化管理

处理偏振挑战的一种替代方法是基于主动偏振管理。在这种方法中，线性光学变换 [29] 被用于将光纤的任意偏振光在波导中转换为单一的 TE 偏振，优点

是只需要一个光子回路，而在偏振分集方案中则需要两个。这种方法需要一个带两个移相器的有源偏振控制器 (见 6.5 节) 来调整 s 和 p 光纤极化之间的相位，并使它们的振幅相匹配。这一点最近已经通过两种方法来实现：第一种是基于极化分光光栅耦合器 [30]，第二种是使用带有极化分光器旋转器的边缘耦合器 [31]。使用光栅耦合器的 (PSGC) 控制器概念的实现如图 5.33 所示，2D 光栅耦合器偏振将两个光纤极化状态转换为两个独立的硅波导的 TE 模式；此时两个波导的光具有不同的相位和振幅。两个移相器被用来构造消除所有进入输出端顶部的波导。这些光可用于光子回路 (如波分复用滤波器、相干接收机、光开关)，并可选择耦合回光纤。底部输出端口用于监测和实现偏振控制器的反馈控制回路，调整相位偏移器以使检测到的信号最小化，从而确保所有的功率被耦合到顶部波导。

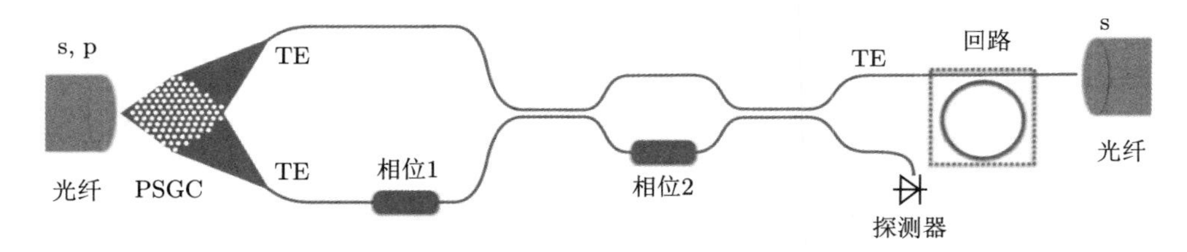

图 5.33　基于两相移器的有源偏振管理

这种有源极化控制器也可以用来测量极化状态，也可以用在相反的方向上产生任意的极化输出状态。

5.5 问　　题

5.1　设计一个 1310nm 波长 TM 模式的直栅光栅耦合器，入射角为 10°。

5.2　设计一个 1310nm 波长 TM 模式的聚焦光栅耦合器。

5.3　设计并优化一个 1310nm 波长 TE 模式的边缘耦合器，耦合进入一个理想的透镜。

5.6 仿 真 代 码

代码 5.1　光栅耦合器 2D FDTD 仿真计算参数：GC_init.lsf

```
# define grating coupler parameters
period=0.66e-6; # grating period
```

```
ff=0.5; # fill factor
gc_number=50; # number of gratings

# define wafer and waveguide structure
thick_Si=0.22e-6; # thickness of the top silicon layer
etch_depth=0.07e-6; # etch depth;
thick_BOX=2e-6; # thickness of the oxide cladding
thick_Clad=2e-6; # thickness of the cladding material
Si_substrate=4e-6; # thickness of the silicon substrate
materials; # creates a dispersive Si material model
material=' Si (Silicon) - Dispersive & Lossless' ;
width_wg=0.5e-6; # width of the waveguide

# define input optical source parameters
theta0=20; # incident angle
polarization=' TE' ; # TE or TM
lambda=1.55e-6; # desired central wavelength
Position=4.5e-6; # position of the optical source on GC

# define simulation parameters
wl_span=0.3e-6; # wavelength span
mesh_accuracy=3; # FDTD simulation mesh accuracy
frequency_points=100; # global frequency points
simulation_time=1000e-15; # maximum simulation time [s]

# define optical fibre parameters
core_index=1.4682;
cladding_index=1.4629;
core_diameter=8.2e-6;
cladding_diameter=100e-6;
```

代码 5.2 光栅耦合器 2D FDTD 仿真计算结构；
http://siepic.ubc.ca/files/GC_draw.lsf

```
# 2D Grating Coupler Model

# Draw GC
redrawoff;
gap=period*(1-ff); # etched region of the grating

# add GC base
addrect;
set(' name' ,' GC_base' );
set(' material' ,material);
set(' x max' ,(gc_number+1)*period);
set(' x min' ,0);
set(' y' ,0.5*(thick_Si-etch_depth));
```

```
set(' y span' ,thick_Si-etch_depth);

# add GC teeth;
for(i=0:gc_number)
{
 addrect;
 set(' name' ,' GC_tooth' );
 set(' material' ,material);
 set(' y' ,0.5*thick_Si);
 set(' y span' ,thick_Si);
 set(' x min' ,gap+i*period);
 set(' x max' ,period+i*period);
}
selectpartial(' GC' );
addtogroup(' GC' );

# draw silicon substrate;
addrect;
set(' name' ,' Si_sub' );
set(' material' ,' Si (Silicon) - Dispersive & Lossless' );
set(' x max' ,30e-6);
set(' x min' , -20e-6);
set(' y' ,-1*(thick_BOX+0.5*Si_substrate));
set(' y span' ,Si_substrate);
set(' alpha' ,0.2);

#draw burried oxide;
addrect;
set(' name' ,' BOX' );
set(' material' ,' SiO2 (Glass) - Const' );
set(' x max' ,30e-6);
set(' x min' ,-20e-6);
set(' y min' ,-thick_BOX);
set(' y max' ,thick_Clad);
set(' override mesh order from material database' ,true);
set(' mesh order' ,3);
set(' alpha' ,0.3);

#draw waveguide;
addrect;
set(' name' ,' WG' );
set(' material' ,' Si (Silicon) - Dispersive & Lossless' );
set(' x min' ,-20e-6);
set(' x max' , 0);
set(' y' ,0.11e-6);
set(' y span' ,0.22e-6);
```

代码 5.3 光栅耦合器 2D FDTD 仿真计算的高斯光束设置;GC_setup_Gaussian.lsf

```
# 2D Grating Coupler Model with Gaussian input

GC_draw; # Draw GC

# add simulation region;
addfdtd;
set(' dimension' ,' 2D' );
set(' x max' ,15e-6);
set(' x min' ,-6e-6);
set(' y min' ,-(thick_BOX+0.2e-6));
set(' y max' ,thick_Clad+2e-6);
set(' mesh accuracy' ,mesh_accuracy);
set(' simulation time' ,simulation_time);

# add monitor;
addpower;
set(' name' ,' T' );
set(' monitor type' ,' 2D X-normal' );
set(' x' ,-5e-6);
set(' y' ,0.5*thick_Si);
set(' y span' ,1e-6);

# add waveguide mode expansion monitor
addmodeexpansion;
set(' name' ,' waveguide' );
set(' monitor type' ,' 2D X-normal' );
setexpansion(' T' ,' T' );
set(' x' ,-5e-6);
set(' y' ,0.5*thick_Si);
set(' y span' ,1e-6);

# add Gaussian mode
addgaussian;
set(' name' ,' fibre' );
set(' injection axis' ,' y' );
set(' x' ,Position);
set(' x span' , 16e-6);
set(' direction' ,' Backward' );
set(' y' ,thick_Clad+1e-6);

if(polarization==' TE' ){
   set(' polarization angle' ,90);
}
else{
   set(' polarization angle' ,0);
}
```

```
set(' angle theta' ,-theta0);
set(' center wavelength' ,lambda);
set(' wavelength span' ,wl_span);
set(' waist radius w0' ,4.5e-6);
set(' distance from waist' ,10e-6);

# global properties
setglobalmonitor(' frequency points' ,frequency_points);
setglobalmonitor(' use linear wavelength spacing' ,1);
setglobalmonitor(' use source limits' ,1);
setglobalsource(' center wavelength' ,lambda);
setglobalsource(' wavelength span' ,wl_span);

save(' GC_Gaussian' );
```

代码 5.4　光栅耦合器 2D FDTD 仿真计算的光纤设置：GC_setup_fibre.lsf

```
# 2D Grating Coupler Model with Fibre

GC_draw; # Draw GC

# add simulation region;
addfdtd;
set(' dimension' ,' 2D' );
set(' x max' ,15e-6);
set(' x min' ,-3.5e-6);
set(' y min' ,-(thick_BOX+0.2e-6));
set(' y max' ,thick_Clad+2e-6);
set(' mesh accuracy' ,mesh_accuracy);
set(' simulation time' ,simulation_time);

#add waveguide mode source;
addmode;
set(' name' ,' waveguide_source' );
set(' x' ,-3e-6);
set(' y' ,0.5*thick_Si);
set(' y span' ,2e-6);
set(' direction' ,' Forward' );
set(' use global source settings' ,true);
set(' enabled' ,false);

#add fibre;
theta=asin(sin(theta0*pi/180)/core_index)*180/pi;
r1 = core_diameter/2;
r2 = cladding_diameter/2;
if(theta > 89) { theta = 89; }
if(theta < -89) { theta = -89; }
```

```
thetarad = theta*pi/180;
L = 20e-6/cos(thetarad);

V1 = [ -r1/cos(thetarad), 0; r1/cos(thetarad), 0; r1/cos(thetarad)+L*sin(
    thetarad), L*cos(thetarad); -r1/cos(thetarad)+L*sin(thetarad), L*cos(
    thetarad) ];

V2 = [ -r2/cos(thetarad), 0; r2/cos(thetarad), 0; r2/cos(thetarad)+L*sin(
    thetarad), L*cos(thetarad); -r2/cos(thetarad)+L*sin(thetarad), L*cos(
    thetarad) ];

addpoly;
set(' name' ,' fibre_core' );
set(' x' ,0); set(' y' ,0);
set(' vertices' ,V1);
set(' index' ,core_index);

addpoly;
set(' name' ,' fibre_cladding' );
set(' override mesh order from material database' ,1);
set(' mesh order' ,3);
set(' x' ,0); set(' y' ,0);
set(' vertices' ,V2);
set(' index' ,cladding_index);

addmode;
set(' name' ,' fibre_mode' );
set(' injection axis' ,' y-axis' );
set(' direction' ,' Backward' );
set(' use global source settings' ,1);
set(' theta' ,-theta);
span = 15*r1;
set(' x span' ,span);
d = 0.4e-6;
set(' x' ,d*sin(thetarad));
set(' y' ,d*cos(thetarad));
set(' rotation offset' ,abs(span/2*tan(thetarad)));

addpower;
set(' name' ,' fibre_top' );
set(' x span' ,span);
d = 0.2e-6;
set(' x' ,d*sin(thetarad));
set(' y' ,d*cos(thetarad));

addmodeexpansion;
set(' name' ,' fibre_modeExpansion' );
```

```
set(' monitor type' ,' 2D Y-normal' );
setexpansion(' fibre_top' ,' fibre_top' );
set(' x span' ,span);
set(' x' ,d*sin(thetarad));
set(' y' ,d*cos(thetarad));
set(' theta' ,-theta);
set(' rotation offset' ,abs(span/2*tan(thetarad)));
set(' override global monitor settings' ,false);

selectpartial(' fibre' );
addtogroup(' fibre' );
selectpartial(' ::fibre_modeExpansion' );
setexpansion(' fibre_top' ,' ::model::fibre::fibre_top' );

unselectall;
select(' fibre' );
set(' x' ,Position);
set(' y' ,thick_Clad+1e-6);

# add monitor;
addpower;
set(' name' ,' T' );
set(' monitor type' ,' 2D X-normal' );
set(' x' ,-2.8e-6);
set(' y' ,0.5*thick_Si);
set(' y span' ,1e-6);

# add waveguide mode expansion monitor
addmodeexpansion;
set(' name' ,' waveguide' );
set(' monitor type' ,' 2D X-normal' );
setexpansion(' T' ,' T' );
set(' x' ,-2.9e-6);
set(' y' ,0.5*thick_Si);
set(' y span' ,1e-6);

if (polarization==' TE' ){
    select(' fibre::fibre_mode' ); set(' mode selection' ,' fundamental TM' );
    select(' fibre::fibre_modeExpansion' ); set(' mode selection' ,'
        fundamental TM' );
    select(' waveguide_source' ); set(' mode selection' ,' fundamental TM' );
    select(' waveguide' ); set(' mode selection' ,' fundamental TM' );
} else {
    select(' fibre::fibre_mode' ); set(' mode selection' ,' fundamental TE' );
    select(' fibre::fibre_modeExpansion' ); set(' mode selection' ,'
        fundamental TE' );
    select(' waveguide_source' ); set(' mode selection' ,' fundamental TE' );
    select(' waveguide' ); set(' mode selection' ,' fundamental TE' );
```

```
}

# global properties
setglobalmonitor(' frequency points' ,frequency_points);
setglobalmonitor(' use linear wavelength spacing' ,1);
setglobalmonitor(' use source limits' ,1);
setglobalsource(' center wavelength' ,lambda);
setglobalsource(' wavelength span' ,wl_span);

save(' GC_fibre' );
```

代码 5.5 光栅耦合器 2D FDTD 仿真计算参数扫描：GC_sweeps.lsf

```
# Sweep various parameters of the grating coupler

newproject;

# Choose one of the following:
Sweep_type = ' Period' ; # Period of the grating
#Sweep_type = ' FillFactor' ; # Fill factor of the grating
#Sweep_type = ' Position' ; # Position of the optical source on the grating
#Sweep_type = ' Angle' ; # Angle of the gaussian beam
#Sweep_type = ' BOX' ; # Thickness of the buried oxide
#Sweep_type = ' Cladding' ; # Thickness of the cladding
#Sweep_type = ' EtchDepth' ; # Etch depth on the silicon grating

GC_init;

if (Sweep_type == ' Period' ) {
    sweep_start = 0.62e-6; sweep_end = 0.7e-6; loop = 5;
}
if (Sweep_type == ' FillFactor' ) {
    sweep_start = 0.3; sweep_end = 0.6; loop = 5;
}
if (Sweep_type == ' Position' ) {
    sweep_start = 2e-6; sweep_end = 8e-6; loop = 10;
}
if (Sweep_type == ' Angle' ) {
    sweep_start = 15; sweep_end = 25; loop = 5;
}
if (Sweep_type == ' BOX' ) {
    sweep_start = 1e-6; sweep_end = 3e-6; loop = 50;
}
if (Sweep_type == ' Cladding' ) {
    sweep_start = 1e-6; sweep_end = 3e-6; loop = 50;
}
if (Sweep_type == ' EtchDepth' ) {
    sweep_start = 0.06e-6; sweep_end = 0.08e-6; loop = 5;
```

```
}

M_sweep = linspace(sweep_start, sweep_end, loop);
M_Tlambda = matrix(loop,1); # matrix to store transmission at central wavelength
M_T = matrix(frequency_points,loop); # matrix to store transmission for all
     wavelengths

for(ii=1:loop)
{
   ? ii;
   if (Sweep_type == ' Period' ) {
       period = M_sweep(ii,1);
   }
   if (Sweep_type == ' FillFactor' ) {
       ff = M_sweep(ii,1);
   }
   if (Sweep_type == ' Position' ) {
       Position = M_sweep(ii,1);
   }
   if (Sweep_type == ' Angle' ) {
       theta0 = M_sweep(ii,1);
   }
   if (Sweep_type == ' BOX' ) {
       thick_BOX = M_sweep(ii,1);
   }
   if (Sweep_type == ' Cladding' ) {
       thick_Clad = M_sweep(ii,1);
   }
   if (Sweep_type == ' EtchDepth' ) {
       etch_depth = M_sweep(ii,1);
   }

   switchtolayout; selectall; delete; redrawoff;

   #GC_setup_Gaussian;
   # or:
   GC_setup_fibre;

   run;
   T = transmission(' T' );
   M_T(1:frequency_points,ii) = T;
   M_Tlambda(ii,1) = T(floor(frequency_points/2));
   switchtolayout;
}

WL=linspace(lambda-0.5*wl_span,lambda+0.5*wl_span,frequency_points);
for(jj=1:loop)
{
```

```
    plot(WL, abs(M_T(1:frequency_points,jj)));
    holdon;
}
?10*log10(max(abs(M_T))); # lowest insertion loss
holdoff;
plot(M_sweep, abs(M_Tlambda));

matlabsave(' GC_sweep_' +Sweep_type);
```

代码 5.6 聚焦光栅耦合器在 Mentor Graphics Pyxis 中的设计与布板：UGC.ample

```
// Design a grating coupler using analytic equations, effective index
    calculations
// Create the layout for the grating coupler
function UGC(query: optional boolean {default = false}),INVISIBLE
{
  if(query) { return[@point, @block, []] }
  local device = $get_device_iobj();
  local wl = $get_property_value(device,"wl"); // wavelength
  local etch_depth = $get_property_value(device,"etch_depth");
  local Si_thickness = $get_property_value(device,"Si_thickness");
  local incident_angle = $get_property_value(device,"incident_angle");
  local wg_width = $get_property_value(device,"wg_width");
  local n_cladd = $get_property_value(device,"n_cladd");
  local pl = $get_property_value(device,"pl"); // polarization "TE" or "TM"
  local ff = $get_property_value(device,"ff"); // fill factor
  build_UGC(wl,etch_depth,Si_thickness,incident_angle,wg_width,n_cladd,pl, ff);
}

function build_UGC(wl, etch_depth, Si_thickness, incident_angle, wg_width, n_
    cladd, pl, ff)
{
  local neff=effective_index(wl, etch_depth, Si_thickness, n_cladd, pl, ff);
  local ne_fiber=1; // effective index of the mode in the air
  local period= wl/ (neff- sin(rad(incident_angle)) *ne_fiber);
  $writes_file($stdout,"Grating_Period is:", period, "\n");
  $add_point_device("Draw_GC", @block, [], [@to, [0, 0], @rotation, 0.0, @flip,
      "none"], [["ff", ff], ["incident_angle", incident_angle], ["n_clad", n_
      cladd], ["neff", neff], ["period", period], ["segnum", "100"], ["wg_width
      ", wg_width], ["wl", wl]], @placed);
  //output port
  $unselect_all(@nofilter);
  $add_shape([[-1, -wg_width/2], [0, wg_width/2]], "Si", @both);
  $make_port(@signal, @bidirectional,"opt_in");
}
```

```
function UGC_parameters(
  layer:optional number {default=1},
  wl:optional number {default=1.55},
  etch_depth:optional number {default=0.07},
  Si_thickness:optional number {default=0.22},
  incident_angle:optional number {default=20},
  wg_width:optional number {default=0.5},
  n_cladd:optional number {default=1.44},
  pl:optional string {default="TE"},
  ff:optional number {default=0.5} )
{ return [ ["wl",$g(wl)], ["etch_depth",$g(etch_depth)], ["Si_thickness",$g(Si_
    thickness)], ["incident_angle",$g(incident_angle)], ["wg_width",$g(wg_width
    )], ["n_cladd",$g(n_cladd)], ["pl",pl], ["ff",$g(ff)] ];
}
```

代码 5.7　Mentor Graphics Pyxis 中有效折射率的计算；Effective_Index.ample

```
// calculate the effective index (neff) of a grating coupler
function Effective_index(
  wl:number {default=1.55},
  etch_depth:number {default=0.07},
  Si_thickness:number {default=0.22},
  n_cladd:number {default=1.444},
  pl:string {default="TE"},
  ff:number {default=0.5} )
{
  local point=1001, ii=0, jj=0, kk=0, mm=0, nn=0, n0=n_cladd, n1=0, n3=1.444;
  // Silicon wavelength-dependant index of refraction:
  local n2=sqrt(7.9874+(3.68*pow(3.9328,2)*pow(10,30)) / ((pow(3.9328,2)*pow
      (10,30)-pow(2*3.14*3*pow(10,8) /(wl*pow(10,-6)),2))));
  local delta=n0-n3, t=Si_thickness, t_slot=t-etch_depth;
  local k0 = 2*3.14159/wl;
  local b0 = $create_vector(point-1), te0 = $create_vector(point-1), te1 =
        $create_vector(point-1), tm0 = $create_vector(point-1), tm1 =
        $create_vector(point-1), h0 = $create_vector(point-1), q0 =
        $create_vector(point-1), p0 = $create_vector(point-1), qbar0 =
        $create_vector(point-1), pbar0 = $create_vector(point-1);
  local mini_TE=0, index_TE=0, mini_TE1=0, index_TE1=0, mini_TM=0, index_TM=0,
      mini_TM1=0, index_TM1=0, nTE=0, nTE1=0, nTM=0, nTM1=0, ne=0;

//------ calculating neff for the silicon layer ----
  if( delta<0) {
     n1=n3;
  } else {
     n1=n0;
  }
```

```
  for(ii=0;ii<point-1;ii=ii+1) {
     b0[ii]= n1*k0+(n2-n1)*k0/(point-10)*ii;
  }

  for(jj=0;jj<point-1;jj=jj+1) {
     h0[jj] = sqrt( abs(pow(n2*k0,2) - pow(b0[jj],2)));
     q0[jj] = sqrt( abs(pow(b0[jj],2) - pow(n0*k0,2)));
     p0[jj] = sqrt( abs(pow(b0[jj],2) - pow(n3*k0,2)));
  }

for(kk=0; kk<point-1; kk=kk+1) {
   pbar0[kk] = pow(n2/n3,2)*p0[kk];
   qbar0[kk] = pow(n2/n0,2)*q0[kk];
  }

  //----calculating neff for TE mode--------

  if (pl=="TE") {
     for (nn=0;nn<point-1;nn=nn+1) {
          te0[nn] = tan( h0[nn]*t )-(p0[nn]+q0[nn])/h0[nn]/(1-p0[nn]*q0[nn]/pow
              (h0[nn],2));
          te1[nn] = tan( h0[nn]*t_slot)-(p0[nn]+q0[nn])/h0[nn]/(1-p0[nn]*q0[nn]
              /pow(h0[nn],2));
  }

  local abs_te0=abs(te0);
  local abs_te1=abs(te1);
  mini_TE=$vector_min(abs_te0);
  mini_TE1=$vector_min(abs_te1);
  index_TE=$vector_search(mini_TE,abs(te0),0);
  index_TE1=$vector_search(mini_TE1,abs(te1),0);
  nTE=b0[index_TE]/k0;
  nTE1=b0[index_TE1]/k0;

  do {
    abs_te0[index_TE]=100;
    mini_TE=$vector_min(abs_te0);
    index_TE=$vector_search(mini_TE,abs(te0),0);
    nTE=b0[index_TE]/k0;
  }
  while ( nTE<2 || nTE>3); // && is logic and || is logic or

  do {
    abs_te1[index_TE1]=100;
    mini_TE1=$vector_min(abs_te1);
    index_TE1=$vector_search(mini_TE1,abs(te1),0);
    nTE1=b0[index_TE1]/k0;
  }
```

```
  while ( nTE1<2 || nTE1>3);

  ne=ff*nTE+(1-ff)*nTE1;
}

//-----calculating neff for TM mode----

else if (pl=="TM") {
   for (mm=0;mm<point-1;mm=mm+1) {
        tm0[mm] = tan(h0[mm]*t)- h0[mm]*(pbar0[mm]+qbar0[mm]) / (pow(h0[mm],2)-
             pbar0[mm]*qbar0[mm]);
        tm1[mm] = tan(h0[mm]*t_slot)- h0[mm]*(pbar0[mm]+qbar0[mm]) / (pow(h0[mm
             ],2)-pbar0[mm]*qbar0[mm]);
   }

   local abs_tm0=abs(tm0);
   local abs_tm1=abs(tm1);
   mini_TM=$vector_min(abs(tm0));
   mini_TM1=$vector_min(abs(tm1));
   index_TM=$vector_search(mini_TM,abs(tm0),0);
   index_TM1=$vector_search(mini_TM1,abs(tm1),0);
   nTM=b0[index_TM]/k0;
   nTM1=b0[index_TM1]/k0;

   do {
     abs_tm0[index_TM]=100;
     mini_TM=$vector_min(abs_tm0);
     index_TM=$vector_search(mini_TM,abs(tm0),0);
     nTM=b0[index_TM]/k0;
   }
   while ( nTM<1.5 || nTM>3);

   do {
     abs_tm1[index_TM1]=100;
     mini_TM1=$vector_min(abs_tm1);
     index_TM1=$vector_search(mini_TM1,abs(tm1),0);
     nTM1=b0[index_TM1]/k0;
   }
   while ( nTM1<1.5 || nTM1>3);

   ne=ff*nTM+(1-ff)*nTM1;
   } else {
     $writes_file("Please type TE or TM for pl(polarization)");
   }

   $writes_file($stdout,"ne=",ne,"\n");
   return ne;
}
```

代码 5.8 Mentor Graphics Pyxis 中光栅耦合器淹没版图生成脚本：Draw_GC.ample

```
// Create the layout for the grating coupler
function Draw_GC(query: optional boolean {default = false}),INVISIBLE
{
 if(query) { return[@point, @block, []] }
 local device = $get_device_iobj();
 local wl = $get_property_value(device,"wl"); // wavelength
 local period = $get_property_value(device,"period");
 local ff = $get_property_value(device,"ff"); // fill factor
 local n_clad = $get_property_value(device,"n_clad");
 local incident_angle = $get_property_value(device,"incident_angle");
 local wg_width = $get_property_value(device,"wg_width");
 local neff = $get_property_value(device,"neff");
 local segnum = $get_property_value(device,"segnum"); // number of points in
     the curves
 build_Draw_GC(wl, period, ff, n_clad, incident_angle, wg_width, neff, segnum);
}

 function build_Draw_GC( wl,period,ff, n_clad, incident_angle, wg_width, neff,
     segnum)
{
 //Save Original user settings
 local selectable_types_orig = $get_selectable_types();
 local selectable_layers_orig = $get_selectable_layers();
 local autoselect_orig = $get_autoselect();

  //Set up selection settings
  $set_selectable_types(@replace, [@shape, @path, @pin, @overflow,@row,
      @property_text, @instance, @array, @device, @via_object, @text, @region,
      @bisector, @channel, @slice], @both);
  $set_selectable_layers(@replace, ["0-4096"]);
  $set_autoselect(@true);

  local seg_points = segnum+1;
  local arc_vec = $create_vector(2*seg_points),taper_vec = $create_vector(seg_
      points+2);
  local nf=1.44, e =nf*sin(rad(incident_angle))/neff,angle_e=38,
  gc_number=$round(18/period);
  local i=0,j=0,k=0,x_r=0,y_r=0,x_l=0,y_l=0,t_lx=0,t_ly=0,phi0=0,phi1=0,phi2=0,
      r=0, r_taper=0;
  local grating_width=period*ff;
  local N=$round((18+period-grating_width)*(1+e)*neff/wl);

  for(k=0;k<seg_points;k=k+1)
  {
   phi0=rad(180-angle_e/2+angle_e/segnum*k);
   r_taper=(N*wl/neff)/(1-e*cos(phi0));
```

```
  t_lx=r_taper*cos(phi0);
  t_ly=r_taper*sin(phi0);

  taper_vec[k] = [t_lx,t_ly];
  taper_vec[seg_points] = [0,0-1/2*wg_width];
  taper_vec[seg_points+1] = [0,0+1/2*wg_width];
 }
 $add_shape(taper_vec,"Si");

 for(j=0;j<gc_number;j=j+1)
 {
  for(i=0;i<seg_points;i=i+1)
    {
      phi1=rad(180-angle_e/2+angle_e/segnum*i);
      r=(N*wl/neff)/(1-e*cos(phi1));
      x_r=(r-grating_width+(j+1)*period)*cos(phi1);
      y_r=(r-grating_width+(j+1)*period)*sin(phi1);
      arc_vec[i] = [x_r,y_r];
      phi2=rad(180+angle_e/2-angle_e/segnum*i);
      x_l=(r+(j+1)*period)*cos(phi2);
      y_l=(r+(j+1)*period)*sin(phi2);
      arc_vec[seg_points+i] = [x_l,y_l];
     }
     $add_shape(arc_vec,"Si");
  }

  // generate the shallow etch area
  $add_shape([[-42,15],[-12,15],[-12,-15],[-42,-15]],' SiEtch1' );

  //output port
  $unselect_all(@nofilter);
  $add_shape([[-1, -wg_width/2], [0, wg_width/2]], "Si", @both);
  $make_port(@signal, @bidirectional,"opt_in");

  //Restore original user settings
  $set_selectable_types(@replace,
  (selectable_types_orig[0]==void)?[]:selectable_types_orig[0],
  selectable_types_orig[1]);
  $set_selectable_layers(@replace, selectable_layers_orig);
  $set_autoselect(autoselect_orig);
}
function Draw_GC_parameters(
 layer:optional number {default=1},
 wl:optional number {default=1.55},
 period:optional number {default=0.66},
 ff:optional number {default=0.5},
 n_clad:optional number {default=1.44},
 incident_angle:optional number {default=20},
```

```
  wg_width:optional number {default=0.5},
  neff:optional string {default=2.8},
  segnum:optional string {default=100})
{ return [ ["wl",$g(wl)], ["period",$g(period)], ["ff",$g(ff)], ["n_clad",$g(n_
    clad)], ["incident_angle",$g(incident_angle)], ["wg_width",$g(wg_width)], [
    "neff",$g(neff)], ["segnum",$g(segnum)] ]; }
```

代码 5.9 Lumerical MODE 中边缘耦合与高速光束的重叠积分计算; edgecoupler_mode.lsf

```
# Lumerical MODE script to estimate edge coupling efficiency for the nanotaper
    with different gaussian beams
cleardcard;
closeall; redrawoff;

wg_list=[180e-9];
t_list=[220e-9];
lambda_list=[1.31e-6, 1.55e-6];
NA_list=0.1:0.02:0.8;
PLOT_misalignment = 1;
PLOT_modeprofiles = 1;

write ('edgecoupler_mode.txt','WG_w, WG_t, Wavelength, Best NA TE, Best
    coupling TE, Best NA TM, Best coupling TM');
for (l=1:length(t_list)) {
  for (k=1:length(wg_list)) {
      switchtolayout; new;

      # Draw the silicon nano-taper
      addrect; set('name','Si waveguide');
      set('x span',wg_list(k));
      set('y min',0); set('y max',t_list(l));
      set('material','Si (Silicon) - Palik');

      addrect; set('name','Oxide');
      set('x span',10e-6);
      set('y min',-2e-6); set('y max',2e-6);
      set('material','SiO2 (Glass) - Palik');
      set('override mesh order from material database',1);
      set('mesh order',3);

      addmode; # create simulate mesh
      set('x span',6e-6); set('y span',4e-6);
      set('mesh cells x',100); set('mesh cells y',200);

      addmesh; # mesh override, higher resolution in the waveguide.
      set('x span',0.5e-6); set('y min',-0.1e-6); set('y max',t_list(l)
          +0.1e-6);
```

```
set(' dx' ,10e-9); set(' dy' ,10e-9);

run;

for (j=1:length(lambda_list)) {

    # for energy density calculation
    # find the material dispersion (using 2 frequency points)
    switchtolayout; select(' MODE' );
    set("wavelength", lambda_list(j)*(1 + .001) );
    run; mesh;
    f1 = getdata("MODE::data::material","f");
    eps1 = pinch(getdata("MODE::data::material","index_x"))^2;
    switchtolayout; set("wavelength", lambda_list(j)*(1 - .001) );
    run; mesh;
    f3 = getdata("MODE::data::material","f");
    eps3 = pinch(getdata("MODE::data::material","index_x"))^2;
    re_dwepsdw = real((f3*eps3-f1*eps1)/(f3-f1));

  FILE=' EdgeCoupling_' +num2str(lambda_list(j)*1e9) +' nm_W=' + num2str
      (wg_list(k)*1e9) + ' nm_t=' +num2str(t_list(1)*1e9)+' nm' ;

    setanalysis(' wavelength' ,lambda_list(j) );
    setanalysis(' search' ,1);
    setanalysis(' use max index' ,0);
    setanalysis(' n' ,1.45);
    setanalysis(' number of trial modes' ,20);

    n=findmodes;

    # find out which mode is TE and which is TM
    pol1=getdata(' mode1' ,' TE polarization fraction' );
    pol2=getdata(' mode2' ,' TE polarization fraction' );
    if (pol1 > 0.8) { TEmode=' mode1' ; } if (pol2 > 0.8) { TEmode='
        mode2' ; }
    if (pol1 < 0.2) { TMmode=' mode1' ; } if (pol2 < 0.2) { TMmode='
        mode2' ; }

    # save the mode profiles
    if (PLOT_modeprofiles) {
    x = getdata(TEmode,"x"); y=getdata(TEmode,"y");
    E1_TE = pinch(getelectric(TEmode)); H1 = pinch(getmagnetic(TEmode));
    W_TE = 0.5*(re_dwepsdw*eps0*E1_TE+mu0*H1);
    E1_TM = pinch(getelectric(TMmode)); H1 = pinch(getmagnetic(TMmode));
    W_TM = 0.5*(re_dwepsdw*eps0*E1_TM+mu0*H1);
  }
  setanalysis(' sample span' ,6e-6);
  edge_coupling_TE=matrix(length(NA_list),1);
```

```
edge_coupling_TM=matrix(length(NA_list),1);
gaussianbeams=matrix(length(NA_list)*2,1);

setanalysis(' polarization angle' ,0); # TE
for (i=1:length(NA_list)) {
      setanalysis(' NA' ,NA_list(i));
      beam_name=createbeam;
      cou=overlap(TEmode,' gaussian' +num2str(i),0,t_list(1)/2,0);
      ?edge_coupling_TE(i)=cou(2); # power coupling
}

setanalysis(' polarization angle' ,90); # TM
for (i=1:length(NA_list)) {
      setanalysis(' NA' ,NA_list(i));
      beam_name=createbeam;
      cou=overlap(TMmode,' gaussian' +num2str(i+length(NA_list)), 0,t_
          list(1)/2,0);
      ?edge_coupling_TM(i)=cou(2); # power coupling
}

plot(NA_list, edge_coupling_TE, edge_coupling_TM, ' Lens NA' , '
    Coupling efficiency' , num2str(lambda_list(j)*1e6)+ ' um,W=' +
    num2str(wg_list(k)*1e9)+' nm,t=' + num2str(t_list(1)*1e9)+' nm' );
legend(' TE' ,' TM' );
setplot (' y min' , max ([ min( [edge_coupling_TE, edge_coupling_TM]),
     0.2] ) );
setplot (' y max' ,1);
exportfigure(FILE+' (linear).jpg' );
plot(NA_list, 10*log10(edge_coupling_TE), 10*log10(edge_coupling_TM),
    ' Lens NA' , ' Coupling efficiency (dB)' , num2str(lambda_list(j)*
    1e6)+' um,W=' + num2str(wg_list(k)*1e9)+' nm,t=' + num2str(t_list(
    1)*1e9)+' nm' );
legend(' TE' ,' TM' );
setplot (' y min' , max ([ min( 10*log10([edge_coupling_TE, edge_
    coupling_TM])), -4] ));
setplot (' y max' ,0);
exportfigure(FILE+' (dB).jpg' );

best_coupling_TE = max(10*log10(edge_coupling_TE));
   posTE=find(10*log10(edge_coupling_TE), best_coupling_TE); best_NA_
       TE = NA_list(posTE);
best_coupling_TM = max(10*log10(edge_coupling_TM));
   posTM=find(10*log10(edge_coupling_TM), best_coupling_TM); best_NA_
       TM = NA_list(posTM);

# save the gaussian mode profiles
if (PLOT_modeprofiles) {
    x_g = getdata(' gaussian' +num2str(posTE),"x");
```

```
            y_g=getdata(' gaussian' +num2str(posTE),"y");
            E1 = pinch(getelectric(' gaussian'  +num2str(posTE)));
            H1 = pinch(getmagnetic(' gaussian'  +num2str(posTE)));
            W_g_TE = 0.5*(1*eps0*E1+mu0*H1);
            E1 = pinch(getelectric(' gaussian'  +num2str(posTM+length(NA_list)
                )));
            H1 = pinch(getmagnetic(' gaussian'  +num2str(posTM+length(NA_list)
                )));
            W_g_TM = 0.5*(1*eps0*E1+mu0*H1);
        }

        # calculate the fibre misalignment sensitivity
        if (PLOT_misalignment) {
            xlist=[-2:.1:2]*1e-6;
            xTE_misalign=matrix(length(xlist)); xTM_misalign=matrix(length(
                xlist));
            yTE_misalign=matrix(length(xlist)); yTM_misalign=matrix(length(
                xlist));
            for (m=1:length(xlist)) {
                cou=overlap(TEmode,' gaussian' +num2str(i), xlist(m), t_
                    list(1)/2,0); xTE_misalign(m)=cou(2);
                cou=overlap(TMmode,' gaussian' +num2str(i+length(NA_list))
                    , xlist(m),t_list(1)/2,0); xTM_misalign(m)=cou(2);
                cou=overlap(TEmode,' gaussian' +num2str(i), 0, t_list(1)/
                    2+xlist(m),0); yTE_misalign(m)=cou(2);
                cou=overlap(TMmode,' gaussian' +num2str(i+length(NA_list))
                    , 0, t_list(1)/2+xlist(m),0); yTM_misalign(m)=cou(2);
            }
            plot (xlist, xTE_misalign, yTE_misalign, xTM_misalign, yTM_
                misalign);
            legend(' xTE_misalign' , ' yTE_misalign' , ' xTM_misalign' , '
                yTM_misalign' );
        }
        matlabsave ( FILE + ' .mat' );
        write (' edgecoupler_mode.txt' , num2str(wg_list(k)*1e9)+' , ' +
            num2str(t_list(1)*1e9)+' , ' + num2str(lambda_list(j)*1e6) +
                ' , '  +num2str(best_NA_TE)+' , ' + num2str(best_coupling_TE
                    ) +' , ' + num2str(best_NA_TM)+' , ' + num2str(best_
                    coupling_TM) );
        }
    }
}
```

代码 5.10　Lumerical FDTD 计算纳米锥边缘耦合器：nanotaper_fdtd.lsf

```
# FDTD Solutions script
# Draw the silicon nano-taper, setup 3D FDTD simulations
```

```
# inputs example:
wg_w1=500e-9; wg_w2=180e-9; wg_t=220e-9; wg_l=20e-6;
BC=' Metal' ; # Metal is faster than PML, error introduced is < 0.02 dB in
    coupling.
Wavelength=1.55e-6;
PLOT_FIELD=1;
MESH=2;
# Mesh coupling dB (convergence test at 1550nm, L=10um)
# 1 -1.62
# 2 -1.55
# 3 -1.55

newproject; redrawoff;

addpyramid; set(' name' ,' Si taper' );
set(' x span bottom' ,wg_t); set(' x span top' ,wg_t);
set(' y span bottom' ,wg_w1); set(' y span top' ,wg_w2);
set(' z span' ,wg_l);
set(' first axis' ,' y' ); set(' rotation 1' ,90);
set(' x' ,-wg_l/2); set(' z' ,wg_t/2); set(' y' ,0);
set(' material' ,' Si (Silicon) - Palik' );

addrect; set(' name' ,' Oxide' );
set(' x min' ,-wg_l); set(' x max' ,1e-6);
set(' z min' ,-2e-6); set(' z max' ,2.1e-6);
set(' y span' , 10e-6);
set(' material' ,' SiO2 (Glass) - Palik' );
set(' override mesh order from material database' ,1);
set(' mesh order' ,3); set(' alpha' ,0.2);

addrect; set(' name' ,' SiSubstrate' );
set(' x min' ,-wg_l); set(' x max' ,1e-6);
set(' z min' ,-3e-6); set(' z max' ,-2e-6);
set(' y span' , 10e-6);
set(' material' ,' Si (Silicon) - Palik' );
set(' override mesh order from material database' ,1);
set(' mesh order' ,3); set(' alpha' ,0.2);

addfdtd; # create simulate mesh
set(' x min' ,-wg_l+0.5e-6); set(' x max' ,2e-6);
set(' z span' ,6e-6); set(' y span' , 6e-6);
set(' simulation time' , 200e-15+wg_l/c*4.5);
set(' mesh type' ,' auto non-uniform' ); set(' mesh accuracy' ,MESH);
set(' x min bc' , ' PML' ); set(' x max bc' , ' PML' );
#set(' y min bc' , ' Anti-Symmetric' ); set(' y max bc' , BC); # problem with
    field import into MODE
set(' y min bc' , BC); set(' y max bc' , BC);
set(' z min bc' , BC); set(' z max bc' , BC);
```

```
if(1) {
  addmesh; # mesh override, higher resolution in the waveguide.
  set('y span',wg_w1); set('x span',0); set('z span', wg_t*2); set('z',
      wg_t/2);
  set('set equivalent index', 1);
  set('override y mesh',1); set('equivalent y index',5);
  set('override z mesh',1); set('equivalent z index',5);
}

addmode;
set('injection axis','x-axis'); set('set wavelength',1);
set('center wavelength', Wavelength); set('wavelength span', 200e-9);
set('x', -wg_l+1e-6); set('y',0); set('y span', 2e-6);
set('z', wg_t/2); set('z span', 2e-6);
updatesourcemode;

if (PLOT_FIELD) {
  addpower; set('name','XY');
  set('override global monitor settings',1);
  set('use source limits',0); set('frequency points',1);
  set('wavelength center', Wavelength);
  set('monitor type', '2D Z-normal');
  set('x min',-wg_l+0.5e-6); set('x max',2e-6);
  set('y span', 6e-6); set('z',wg_t/2);

  addpower; set('name','XZ');
  set('override global monitor settings',1);
  set('use source limits',0); set('frequency points',1);
  set('wavelength center', Wavelength);
  set('monitor type', '2D Y-normal');
  set('x min',-wg_l+0.5e-6); set('x max',2e-6);
  set('z span', 6e-6);

  addpower; set('name','reflected'); # about 5% reflection observed from the
        nano-tip & oxide.
  set('monitor type', '2D X-normal');
  set('x', -wg_l+0.8e-6); set('z span',6e-6); set('y span', 6e-6);
  set('override global monitor settings',1);
  set('use source limits',0); set('frequency points',1);
  set('wavelength center', Wavelength);
}

addpower; set('name','output');
set('monitor type', '2D X-normal');
set('x', 1.05e-6); set('z span',6e-6); set('y span', 6e-6);
# Necessary to export only one wavelength point; difficult in multi-wavelength
    overlap integrals
```

```
set(' override global monitor settings' ,1);
set(' use source limits' ,0); set(' frequency points' ,1);
set(' wavelength center' , Wavelength);

save(' nanotaper' );
run;

if (PLOT_FIELD) {
  Exy=sqrt(abs(getdata(' XY' ,' Ex' ))^2 + abs(getdata(' XY' ,' Ey' ))^2 + abs(
       getdata(' XY' ,' Ez' ))^2);
  x=getdata(' XY' ,' x' ); y=getdata(' XY' ,' y' );
  image(x,y,Exy/max(Exy)); # plot |E|
  Exz=sqrt(abs(getdata(' XZ' ,' Ex' ))^2 + abs(getdata(' XZ' ,' Ey' ))^2 + abs(
       getdata(' XZ' ,' Ez' ))^2);
  z=getdata(' XZ' ,' z' );
  image(x,z,Exz/max(Exz)); # plot |E|
  Eo=sqrt(abs(getdata(' output' ,' Ex' ))^2 + abs(getdata(' output' ,' Ey' ))^2
       + abs(getdata(' output' ,' Ez' ))^2);
  y=getdata(' output' ,' y' ); z=getdata(' output' ,' z' );
  image(y,z,Eo/max(Eo)); # plot |E|
  Eff = farfield3d("output",1);
  ux = farfieldux("output",1); uy = farfielduy("output",1);
  image(ux,uy,Eff,"","","Far field of output","polar");
  plot(ux*90, Eff(75,1:150)/max(Eff(75,1:150)),
  Eff(1:150,75)/max(Eff(1:150,75)),"Angle","Far field intensity");
  legend (' Vertical far-field' ,' Horizontal far-field' );
}

savedcard("nanotaper","::model::output");
matlabsave ("nanotaper_output");
```

代码 5.11 Lumerical MODE 计算纳米锥边缘耦合器模式重叠积分：nanotaper_overlap.lsf

```
# MODE Solutions script
# do mode overlap calculations of gaussian beams with FDTD field

new; cleardcard;
FILE = "nanotaper";
loaddata(FILE);
addfde;

NA_list=0.1:0.02:0.9;
PLOT_misalignment = 0;
PLOT_modeprofiles = 0;
Polarization = 0; # 0=TE, 90=TM;
```

```
wg_list=[180e-9];
t_list=[220e-9];
lambda_list=c/getdata(' output' ,' f' );

write (' edgecoupler_FDTD.txt' ,' FILE, WG_w, WG_t, Wavelength, Best NA, Best
     coupling' );
for (l=1:length(t_list)) {
 for (k=1:length(wg_list)) {
  for (j=1:length(lambda_list)) {
    setanalysis(' wavelength' ,lambda_list(j) );
    setanalysis(' sample span' ,6e-6);
    setanalysis(' number of plane waves' , 200);
    edge_coupling=matrix(length(NA_list),1);
    gaussianbeams=matrix(length(NA_list)*2,1);
    setanalysis(' polarization angle' ,Polarization);
    setanalysis(' beam direction' ,' 2D X normal' );
    for (i=1:length(NA_list)) {
     setanalysis(' NA' ,NA_list(i));
     beam_name=createbeam;
     cou=overlap(' output' ,' gaussian' +num2str(i),0,t_list(l)/2,0);
     ?edge_coupling(i)=cou(2); # power coupling
  }
  plot(NA_list, 10*log10(edge_coupling),' Lens NA' , ' Coupling efficiency (dB)
      ' , FILE);
  setplot (' y min' , max ([ min( 10*log10(edge_coupling)), -4] ) );
  setplot (' y max' ,0);
  exportfigure(FILE+' (dB).jpg' );

  best_coupling = max(10*log10(edge_coupling)); pos=find(10*log10(edge_coupling
      ),
  best_coupling); best_NA = NA_list(pos);

  # calculate the fibre misalignment sensitivity
  if (PLOT_misalignment) {
    xlist=[-2:.1:2]*1e-6;
    x_misalign=matrix(length(xlist));
    y_misalign=matrix(length(xlist));
    for (m=1:length(xlist)) {
       cou=overlap(' output' ,' gaussian' +num2str(i), xlist(m), t_list(l)/2,0)
           ; x_misalign(m)=cou(2);
       cou=overlap(' output' ,' gaussian' +num2str(i), 0, t_list(l)/2+xlist(m)
           ,0); y_misalign(m)=cou(2);
    }
    plot (xlist, x_misalign,y_misalign);
    legend(' x_misalign' ,' y_misalign' );
   }
    matlabsave ( FILE + ' .mat'  );
   write (FILE+' .txt' ,FILE+ ' , ' +num2str(wg_list(k)*1e9)+' , ' +num2str(t_
```

```
        list(l)*1e9)+' , ' + num2str(lambda_list(j)*1e6) +' , '  + num2str(best_
        NA)+' , ' +num2str(best_coupling) );
      }
    }
}
```

代码 5.12 Lumerical MODE 中使用本征模展开法求解纳米锥边缘耦合器与光纤的重叠积分；spot_size_converter.lsf

```
########################################################################
#
# spot size converter
#
# Copyright 2014 Lumerical Solutions
########################################################################
switchtolayout; newproject;
clear; deleteall; cleardcard;

filename = "spot_size_converter";

#Define materials ##################################################
mat_sub = "SiO2 (Glass) - Palik" ;
mat_Si = "Si (Silicon) - Palik";
mat_Ox = "SiO2 (Glass) - Palik";
SiON_index = 1.5;

# ***********************************************************************************
    **
## Geometry
# x-axis: propagation
# y-z: cross section of wg
# ***********************************************************************************
    **
#add substrate
addrect;
select("rectangle");
set("name","substrate");
set("x span",20e-6);
set("x",0); #period on either side.
set("y", 0);
set("y span", 10e-6);
set("z",-2.5e-6);
set("z span", 5e-6);
set("material", mat_sub);
unselectall;

#add input waveguide
```

```
addrect;
select("rectangle");
set("name","input");
set("x span",5e-6);
set("x",-7.5e-6);
set("y", 0);
set("y span",0.4e-6);
set("z",0.1e-6);
set("z span", 0.2e-6);
set("material",mat_Si);
unselectall;

#add taper
lx_top = 0.4e-6;
lx_base = 0.08e-6;
y_span = 10e-6;
z_span = 0.2e-6;
z = 0.1e-6;
x = 0;
y = 0;

V=matrix(4,2);
V(1,1:2)=[-lx_base/2,-y_span/2];
V(2,1:2)=[-lx_top/2,y_span/2];
V(3,1:2)=[lx_top/2,y_span/2];
V(4,1:2)=[lx_base/2,-y_span/2];
addpoly;
  set("x",0);
  set("y",0);
  set("z",0.1e-6);
  set("z span",z_span);
  set("vertices",V);
  set("material",mat_Si);
  set("name","taper");
  set("first axis", "z");
  set("rotation 1", 90);

#add low index polymer
addrect;
select("rectangle");
set("name","SiON");
set("x span",15e-6);
set("x",2.5e-6);
set("y", 0);
set("y span",3e-6);
set("z",1.5e-6);
set("z span", 3e-6);
set("index",SiON_index);
```

```
set("override mesh order from material database",1);
set("mesh order",3);
unselectall;

# ************************************************************************************
    **
# Add EME solver
# ************************************************************************************
    **
addeme;
set("solver type", "3D: X Prop");
set("background index", 1.465);
set("wavelength", 1.5e-6);
set("z", 0.5e-6);
set("z span", 7e-6);
set("y",0);
set("y span",5.5e-6);
set("x min", -8e-6);
set("number of cell groups", 3);
set("display cells", 1);
set("number of modes for all cell groups", 20);
set("number of periodic groups", 1);
set("energy conservation", "make passive"); # or "none", "conserve energy"
set("subcell method", [0;1;0]);
set("cells", [1;19; 1]);
set("group spans",[3e-6; 10e-6; 3e-6]);

#update port configuration
setnamed("EME::Ports::port_1", "y", 0);
setnamed("EME::Ports::port_1", "y span", 5.5e-6);
setnamed("EME::Ports::port_1", "z", 0);
setnamed("EME::Ports::port_1", "z span", 7e-6);
setnamed("EME::Ports::port_1", "mode selection", "fundamental mode");

setnamed("EME::Ports::port_2", "y", 0);
setnamed("EME::Ports::port_2", "y span", 5.5e-6);
setnamed("EME::Ports::port_2", "z", 0);
setnamed("EME::Ports::port_2", "z span", 7e-6);
setnamed("EME::Ports::port_2", "mode selection", "fundamental mode");

addmesh; #mesh override.
set("x",0); set("x span", 10e-6);
set("y", 0); set("y span", 0.45e-6);
set("z", 0.1e-6); set("z span", 0.2e-6);
set("set mesh multiplier",1);
set("y mesh multiplier",5);
set("z mesh multiplier",5);
```

```
addemeindex;
set("name", "index");
set("x",0); set("x span", 20e-6);
set("y", 0); set("y span", 6e-6);
set("z", 0.1e-6);

addemeprofile;
set("name", "profile");
set("monitor type", "2D Y-normal");
set("x",0); set("x span", 20e-6);
set("y", 0);
set("z", 0.5e-6);set("z span",8e-6);

# ***************************************************************************
    **
# Run: calculate modes
# ***************************************************************************
    **
save(filename);
run;

# ***************************************************************************
    **
# Propagate fields
# ***************************************************************************
    **

setemeanalysis("source port", "port 1");

setemeanalysis("Propagation sweep", 1);
setemeanalysis("parameter", "group span 2");
setemeanalysis("start", 10e-6);
setemeanalysis("stop", 200e-6);

step=10;
setemeanalysis("interval", step);

emesweep;
S = getemesweep(' S' );

# ***************************************************************************
    **
# Account for fiber overlap
# ***************************************************************************
    **
switchtolayout;
cleardcard;
addfde;
```

```
set("solver type","2D X normal");
set("background index", 1.465);
set("z", 0.5e-6);
set("z span", 7e-6);
set("y",0);
set("y span",5.5e-6);
set("x", 8e-6);

setanalysis("wavelength", 1.5e-6);
findmodes;

# Create fiber mode
setanalysis("NA",0.4);
setanalysis("beam direction","2D X normal");
createbeam;

setanalysis("shift d-card center",1);
out = overlap("mode1","gaussian1",0,0,getnamed("SiON","z"));
power = out(2);

# ********************************************************************************
    **
# Plot result
# ********************************************************************************
    **
plot(S.group_span_2,abs(S.s21)^2,(abs(S.s21)^2)*out(2),"taper length (um)","
    Transmission");
legend(' Transmission into SiON mode' , ' Transmission into fibre' );
```

参考文献

[1] Sharee McNab, Nikolaj Moll, and Yurii Vlasov. “Ultra-low loss photonic integrated circuit with membrane-type photonic crystal waveguides”. Optics Express **11**.22 (2003), pp. 2927–2939 (cit. on pp. 162, 164).

[2] A. Mekis, S. Abdalla, D. Foltz, et al. “A CMOS photonics platform for high-speed optical interconnects”. Photonics Conference (IPC). IEEE. 2012, pp. 356–357 (cit. on pp. 162, 164).

[3] Wissem Sfar Zaoui, Andreas Kunze, Wolfgang Vogel, et al. “Bridging the gap between optical fibers and silicon photonic integrated circuits”. Optics Express **22**.2 (2014), pp. 1277–1286. DOI: 10.1364/OE.22.001277 (cit. on pp. 162, 164).

[4] Dirk Taillaert, Harold Chong, Peter I. Borel, et al. “A compact two-dimensional grating coupler used as a polarization splitter”. IEEE Photonics Technology Letters **15**.9 (2003), pp. 1249–1251 (cit. on p. 162).

[5] N. Na, H. Frish, I.W. Hsieh, et al. “Efficient broadband silicon-on-insulator grating coupler with low back-reflection”. Optics Letters **36**.11 (2011), pp. 2101–2103 (cit. on

p. 164).

[6] D. Vermeulen, Y. De Koninck, Y. Li, et al. "Reflectionless grating coupling for silicon-on-insulator integrated circuits". Group IV Photonics (GFP). IEEE. 2011, pp. 74–76 (cit. on p. 164).

[7] D. Taillaert, F. Van Laere, M. Ayre, et al. "Grating couplers for coupling between optical fibers and nanophotonic waveguides". Japanese Journal of Applied Physics **45**.8A (2006), pp. 6071–6077 (cit. on pp. 164, 179).

[8] D. Vermeulen, S. Selvaraja, P. Verheyen, et al. "High-efficiency fiber-to-chip grating couplers realized using an advanced CMOS-compatible silicon-on-insulator platform". Optics Express **18**.17 (2010), pp. 18278–18283 (cit. on pp. 164, 179).

[9] X. Chen, C. Li, C. K. Y. Fung, S. M. G. Lo, and H. K. Tsang. "Apodized waveguide grating couplers for efficient coupling to optical fibers". Photonics Technology Letters, IEEE **22**.15 (2010), pp. 1156–1158 (cit. on p. 164).

[10] G. Roelkens, D. Vermeulen, S. Selvaraja, et al. "Grating-based optical fiber interfaces for silicon-on-insulator photonic integrated circuits". IEEE Journal of Selected Topics in Quantum Electronics **99** (2011), pp. 1–10 (cit. on p. 164).

[11] A. Mekis, S. Gloeckner, G. Masini, et al. "A grating-coupler-enabled CMOS photonics platform". IEEE Journal of Selected Topics in Quantum Electronics **17**.3 (2011), pp. 597–608. DOI: 10.1109/JSTQE.2010.2086049 (cit. on pp. 164, 180).

[12] Attila Mekis, Sherif Abdalla, Peter M. De Dobbelaere, et al. "Scaling CMOS photonics transceivers beyond 100 Gb/s". SPIE OPTO. International Society for Optics and Photonics. 2012, 82650A–82650A (cit. on p. 164).

[13] Yun Wang, Jonas Flueckiger, Charlie Lin, and Lukas Chrostowski. "Universal grating coupler design". Proc. SPIE 8915 (2013), 89150Y. DOI: 10. 1117/12.2042185 (cit. on pp. 168, 170).

[14] F. Van Laere, T. Claes, J. Schrauwen, et al. "Compact focusing grating couplers for silicon-on-insulator integrated circuits". IEEE Photonics Technology Letters **19**.23 (2007), pp. 1919–1921 (cit. on pp. 168, 179).

[15] R. Waldhusl, B. Schnabel, P. Dannberg, et al. "Efficient coupling into polymer waveguides by gratings". Applied Optics **36**.36 (1997), pp. 9383–9390 (cit. on p. 179).

[16] Yun Wang. "Grating coupler design based on silicon-on-insulator". MA thesis. University of British Columbia, 2013 (cit. on p. 182).

[17] Tom Baehr-Jones, Ran Ding, Ali Ayazi, et al. "A 25 Gb/s silicon photonics platform". arXiv:1203.0767v1 (2012) (cit. on p. 182).

[18] Na Fang, Zhifeng Yang, Aimin Wu, et al. "Three-dimensional tapered spot-size converter based on (111) silicon-on-insulator". IEEE Photonics Technology Letters **21**.12 (2009), pp. 820–822 (cit. on p. 182).

[19] Minhao Pu, Liu Liu, Haiyan Ou, Kresten Yvind, and JornMHvam. "Ultra-low-loss inverted taper coupler for silicon-on-insulator ridge waveguide". Optics Communications **283**.19 (2010), pp. 3678–3682 (cit. on p. 182).

[20] V. R. Almeida, R. R. Panepucci, and M. Lipson. “Nanotaper for compact mode conversion”. Optics Letters **28**.15 (2003), pp. 1302–1304 (cit. on p. 183).

[21] B. Ben Bakir, A. V. de Gyves, R. Orobtchouk, et al. “Low-loss (<1dB) and polarization-insensitive edge fiber couplers fabricated on 200-mm silicon-on-insulator wafers”. IEEE Photonics Technology Letters **22**.11 (2010), pp. 739–741. DOI: 10.1109/LPT.2010.2044992 (cit. on pp. 183, 189).

[22] Jens H. Schmid, Przemek J. Bock, Pavel Cheben, et al. “Applications of subwavelength grating structures in silicon-on-insulator waveguides”. OPTO. International Society for Optics and Photonics. 2010, 76060F–76060F (cit. on p. 183).

[23] R. Takei, M. Suzuki, E. Omoda, et al. “Silicon knife-edge taper waveguide for ultralow-loss spot-size converter fabricated by photolithography”. Applied Physics Letters **102**.10 (2013), p. 101108 (cit. on p. 183).

[24] Tai Tsuchizawa, Koji Yamada, Hiroshi Fukuda, et al. “Microphotonics devices based on silicon microfabrication technology”. IEEE Journal of Selected Topics in Quantum Electronics, **11**.1 (2005), pp. 232–240 (cit. on pp. 183, 189, 190).

[25] Tymon Barwicz, Michael R. Watts, Milos A. Popovi, et al. “Polarization-transparent microphotonic devices in the strong confinement limit”. Nature Photonics **1**.1 (2007), pp. 57–60 (cit. on pp. 190, 191).

[26] Thierry Pinguet, Steffen Gloeckner, Gianlorenzo Masini, and Attila Mekis. “CMOS photonics: a platform for optoelectronics integration”. In Silicon Photonics II. Ed. David J. Lockwood and Lorenzo Pavesi. Vol. 119. Topics in Applied Physics. Springer Berlin Heidelberg, 2011, pp. 187–216. ISBN: 978-3-642-10505-0. DOI: 10.1007/978-3-642-10506-7_8 (cit. on p. 191).

[27] Daniel Kucharski, Drew Guckenberger, Gianlorenzo Masini, et al. “10Gb/s 15mW optical receiver with integrated Germanium photodetector and hybrid inductor peaking in 0.13μm SOI CMOS technology”. Solid-State Circuits Conference Digest of Technical Papers (ISSCC), 2010 IEEE International. IEEE. 2010, pp. 360–361 (cit. on p. 191).

[28] Wim Bogaerts, Dirk Taillaert, Pieter Dumon, et al. “A polarization-diversity wavelength duplexer circuit in silicon-on-insulator photonic wires”. Optics Express **15**.4 (2007), pp. 1567–1578 (cit. on p. 191).

[29] David A. B. Miller. “Self-configuring universal linear optical component”. Photonics Research **1**.1 (2013), pp. 1–15 (cit. on p. 191).

[30] Jan Niklas Caspers, Yun Wang, Lukas Chrostowski, and Mohammad Mo-jahedi. “Active polarization independent coupling to silicon photonics circuit”. Proc. SPIE. 2014, pp. 9133–9217 (cit. on p. 192).

[31] Wesley D. Sacher, Tymon Barwicz, Benjamin J. F. Taylor, and Joyce K. S. Poon. “Polarization rotator-splitters in standard active silicon photonics platforms”. Optics Express **22**.4 (2014), pp. 3777–3786 (cit. on p. 192).

第 3 篇

光有源器件

第 6 章 光 调 制 器

本章介绍如何利用 pn 结中的载流子耗尽、pin 结中的载流子注入和热光效应来实现光调制和光调谐，讨论微环调制器、可调光衰减器 (Variable Optical Attenuator，VOA)、有源调谐技术和热光开关的建模和设计注意事项。

6.1 等离子体色散效应

6.1.1 硅的载流子浓度相关性

1987 年，Soref 和 Bennett 预测了载流子浓度与硅的折射率的变化规律 [1]。这一规律被称为等离子体色散效应，通过在器件中注入或减少载流子浓度以实现光的调制。基于硅的等离子色散效应可设计出高速 pn 结光调制器 (6.2 节)、pin 相移器和可调光衰减器 (6.4 节)。经验公式 (如文献 [2]) 表达如下。

折射率变化的经验公式为

$$\begin{aligned}\Delta n(1550\text{nm}) &= -8.8\times10^{-22}\Delta N - 8.5\times10^{-18}\Delta P^{0.8}\\ \Delta n(1310\text{nm}) &= -6.2\times10^{-22}\Delta N - 6\times10^{-18}\Delta P^{0.8}\end{aligned} \tag{6.1}$$

吸收率变化的经验公式为

$$\begin{aligned}\Delta \alpha(1550\text{nm}) &= 8.5\times10^{-18}\Delta N + 6\times10^{-18}\Delta P\\ \Delta \alpha(1310\text{nm}) &= 6\times10^{-18}\Delta N + 4\times10^{-18}\Delta P\end{aligned} \tag{6.2}$$

式中，ΔN、ΔP 分别是电子和空穴的浓度 (cm^{-3})。

需要注意的是，与电子相比，空穴的吸收率较小，而空穴会引起较大的折射率改变。因此，空穴在最小吸收率下有最佳的折射率改变。因此光调制器通常利用空穴来进行偏置结设计 (如马赫–曾德尔或微环调制器)。

式 (6.1) 和式 (6.2) 于 2011 年使用最新的实验数据进行了更新，如下 [3]：

$$\begin{aligned}\Delta n(1550\text{nm}) &= -5.4\times10^{-22}\Delta N^{1.011} - 1.53\times10^{-18}\Delta P^{0.838}\\ \Delta n(1310\text{nm}) &= -2.98\times10^{-22}\Delta N^{1.016} - 1.25\times10^{-18}\Delta P^{0.835}\end{aligned} \tag{6.3}$$

吸收率变化可被描述为

$$
\begin{aligned}
\Delta\alpha(1550\text{nm}) &= 8.88\times10^{-21}\Delta N^{1.167}+5.84\times10^{-20}\Delta P^{1.109}\\
\Delta\alpha(1310\text{nm}) &= 3.48\times10^{-22}\Delta N^{1.229}+1.02\times10^{-19}\Delta P^{1.089}
\end{aligned}
\tag{6.4}
$$

考虑自由载流子理论模型 (Drude 模型)，可以引入波长相关性，模型中折射率和吸收率都会随着 λ^2 的变化而变化，如图 6.1 和图 6.2 所示。考虑到波长相关性，式 (6.1) 和式 (6.2) 可被扩展为与波长相关的参数拟合：

$$
\begin{aligned}
\Delta n(\lambda) &= -3.64\times10^{-10}\lambda^2\Delta N-3.51\times10^{-6}\lambda^2\Delta P^{0.8}\\
\Delta\alpha(\lambda) &= 3.52\times10^{-6}\lambda^2\Delta N+2.4\times10^{-6}\lambda^2\Delta P
\end{aligned}
\tag{6.5}
$$

式中，λ 为波长 (m)。波长相关性如图 6.3 所示。

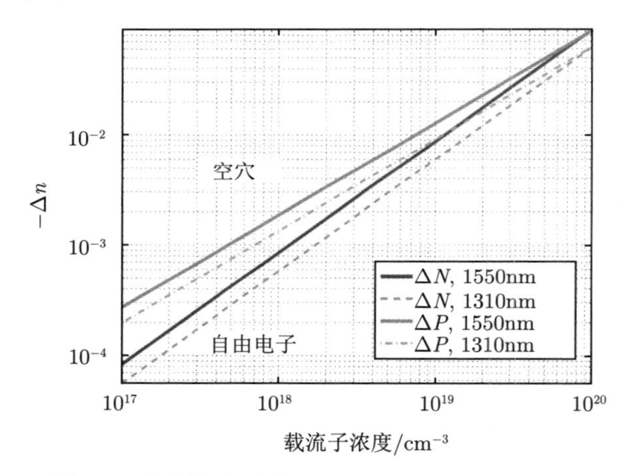

图 6.1　折射率与载流子浓度变化关系，式 (6.3)

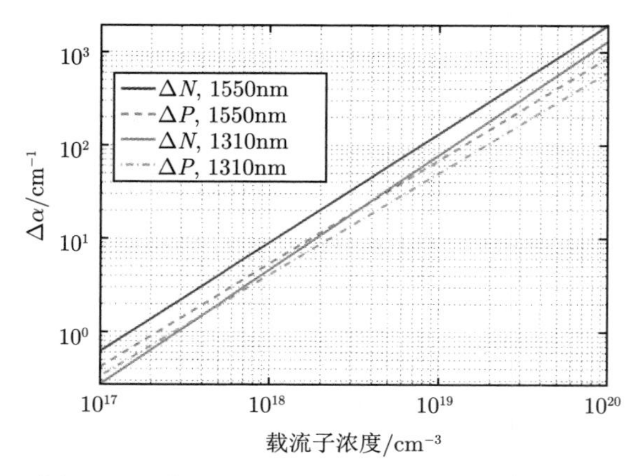

图 6.2　吸收率与载流子浓度变化关系，式 (6.4)

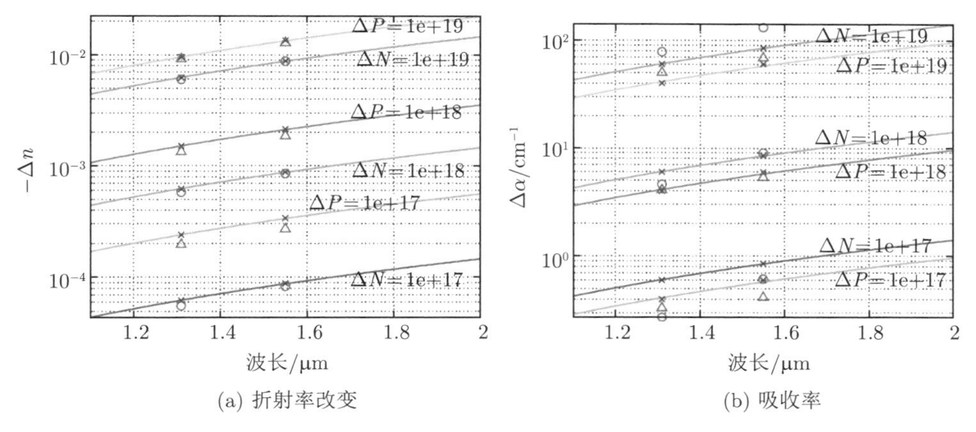

(a) 折射率改变 (b) 吸收率

图 6.3 (a) 折射率改变与波长关系；(b) 吸收率与波长关系 [3]

6.2 pn 结相移器

6.2.1 pn 结载流子分布

在载流子耗尽相位调制器中的杂质和载流子分布如图 6.4 所示，对 pn 结有以下假设或近似：

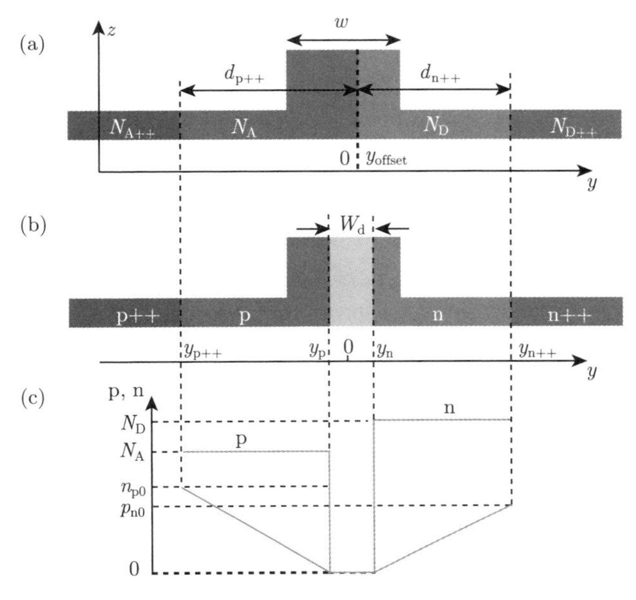

图 6.4 脊形波导中的 pn 结：(a) 突发结模型中假设的杂质横截面分布图；(b) 载流子分布横截面图；(c) 1D 自由载流子分布

• 扩散的 pn 结可被近似为阶跃结或突发结，即在掩模定义的掺杂边界上杂质分布突变。

• pn 结的宽度比扩散长度要短得多，因此在耗尽区和重度掺杂区之间假设少数载流子浓度呈线性分布。

耗尽区的宽度 W_{d}，由杂质浓度 (N_{A} 和 N_{D}) 以及施加的电压 (V) 决定，由下式给出：

$$W_{\mathrm{d}}=\sqrt{\frac{2\varepsilon_0\varepsilon_{\mathrm{s}}(N_{\mathrm{A}}+N_{\mathrm{D}})(V_{\mathrm{bi}}-V)}{qN_{\mathrm{A}}N_{\mathrm{D}}}} \tag{6.6}$$

式中，ε_{s} 为相对介电常数，V_{bi} 是结点的内置或扩散电势，由下式给出：

$$V_{\mathrm{bi}}=\frac{k_{\mathrm{B}}T}{q}\ln\frac{N_{\mathrm{A}}N_{\mathrm{D}}}{n_{\mathrm{i}}^2} \tag{6.7}$$

耗尽区边界：

$$y_{\mathrm{p}}=y_{\mathrm{offset}}-\frac{W_{\mathrm{d}}}{1+N_{\mathrm{A}}/N_{\mathrm{D}}} \tag{6.8a}$$

$$y_{\mathrm{n}}=y_{\mathrm{offset}}+\frac{W_{\mathrm{d}}}{1+N_{\mathrm{D}}/N_{\mathrm{A}}} \tag{6.8b}$$

$$n(y,V)=\begin{cases} n_{\mathrm{p0}}\left[1+\left(1-\dfrac{y_{\mathrm{p}}-y}{y_{\mathrm{p}}-y_{\mathrm{p++}}}\right)\mathrm{e}^{\left(\frac{qV}{k_{\mathrm{B}}T}-1\right)}\right], & y_{\mathrm{p++}}<y<y_{\mathrm{p}} \\ 0, & y_{\mathrm{p}}<y<y_{\mathrm{n}} \\ N_{\mathrm{D}}, & y_{\mathrm{n++}}>y>y_{\mathrm{n}} \end{cases} \tag{6.9}$$

$$p(y,V)=\begin{cases} N_{\mathrm{A}}, & y_{\mathrm{p++}}<y<y_{\mathrm{p}} \\ 0, & y_{\mathrm{p}}<y<y_{\mathrm{n}} \\ p_{\mathrm{p0}}\left[1+\left(1-\dfrac{y-y_{\mathrm{n}}}{y_{\mathrm{p++}}-y_{\mathrm{p}}}\right)\mathrm{e}^{\left(\frac{qV}{k_{\mathrm{B}}T}-1\right)}\right], & y_{\mathrm{n++}}>y>y_{\mathrm{n}} \end{cases} \tag{6.10}$$

载流子密度 $\Delta N=n(y,V)$ 和 $\Delta P=p(y,V)$ 由式 (6.9) 和式 (6.10) 给出，式中 n_{p0} 和 p_{n0} 由下式给出：

$$n_{\mathrm{p0}}=\frac{n_{\mathrm{i}}^2}{N_{\mathrm{A}}} \tag{6.11a}$$

$$p_{\mathrm{n0}}=\frac{n_{\mathrm{i}}^2}{N_{\mathrm{D}}} \tag{6.11b}$$

可以用 MATLAB 对上述方程求解光波导中的载流子分布，见 MATLAB 代码 6.1。

6.2.2 光相位响应

在波长 $\lambda = 1.55\mu\text{m}$ 时，自由载流子引起的硅折射率 n_{co} 变化和光传输损耗分别由式 (6.1) 和式 (6.2) 给出。

有效折射率 n_{eff} 和由自由载流子吸收引起的光传输损耗 α_{pn} 是所施加电压的函数，即

$$\begin{aligned} n_{\text{eff}}(V) &= n_{\text{eff},i} + \frac{\displaystyle\int E^*(y)\cdot\Delta n(y,V)E(y)\text{d}y}{\displaystyle\int E^*(y)\cdot E(y)\text{d}y}\cdot\frac{\text{d}n_{\text{eff}}}{\text{d}n_{\text{co}}} \\ \alpha_{\text{pn}}(V) &= \frac{\displaystyle\int E^*(y)\cdot\Delta\alpha(y,V)E(y)\text{d}y}{\displaystyle\int E^*(y)\cdot E(y)\text{d}y} \end{aligned} \tag{6.12}$$

式中，$n_{\text{eff},i}$ 是没有掺杂的光波导的有效折射率，$\text{d}n_{\text{eff}}/\text{d}n_{\text{co}}$ (模式有效折射率的改变与光波导芯层折射率的改变比) 通常非常接近于 1 (包括条形波导与脊形波导)，$E(y)$ 是通过有效折射率法获得的 1D 电场分布图，见 MATLAB 函数代码 3.11。有效折射率和相位随电压的变化关系由下式给出：

$$\begin{aligned} \Delta n_{\text{eff}}(V) &= n_{\text{eff}}(V) - n_{\text{eff}}(0) \\ \Delta\phi(V)[\pi/\text{cm}] &= \frac{0.02\Delta n_{\text{eff}}(V)}{\lambda} \end{aligned} \tag{6.13}$$

使用上述方程 (MATLAB 代码 6.2) 计算得到了由自由载流子吸收引起的有效折射率和光传输损耗的变化，设计的波导参数如下：脊宽 $w = 500\text{nm}$，脊厚 $t = 220\text{nm}$，平板厚 $t_{\text{slab}} = 90\text{nm}$。由式 (6.1) 可知，空穴对有效折射率的影响比电子更强，因此 pn 结与波导中心的偏移可以用来优化调制效率，计算中使用的偏移量为 50nm。

计算结果如图 6.5 所示 (MATLAB 代码 6.3)。随着电压增加，有效折射率增加，而光传输损耗降低。因为载流子通过施加在光波导上的电压而被移除。相位的变化如图 6.6 所示。对于 1cm 长的相移器，需要 1.6V 的电压才能使相位偏移 π，即 1cm 长的相移器的 $V_\pi \cdot L$ 乘积为 1.6V·cm。

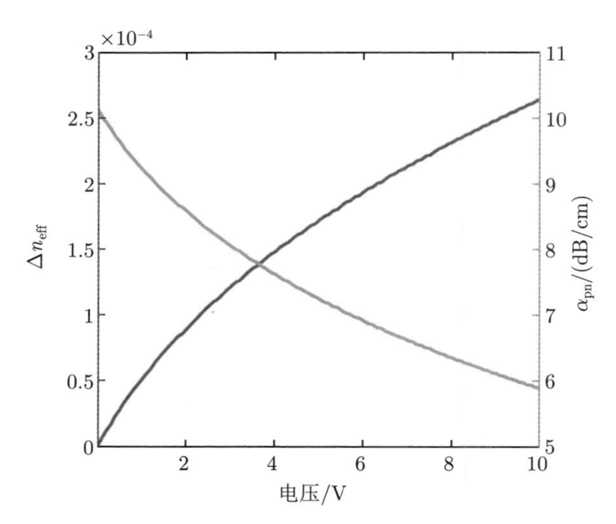

图 6.5　偏置电压引起自由载流子变化进而引起有效折射率、光传输损耗的变化 (反向偏置)

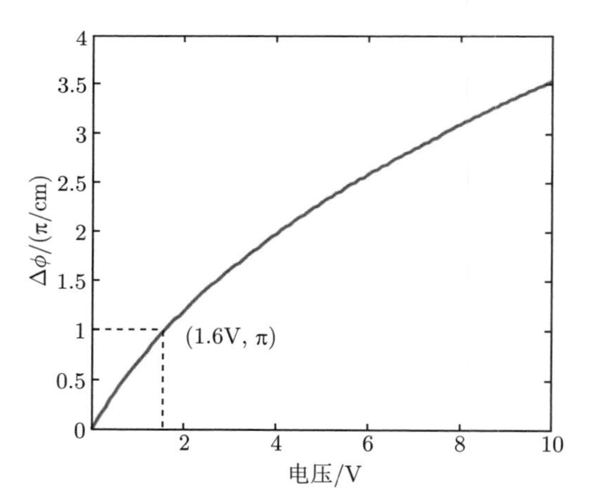

图 6.6　相位与偏置电压的关系 (反向偏置)

6.2.3　小信号响应

pn 结的电阻和电容可由下式给出：

$$\begin{aligned} R_j[\Omega\cdot\mathrm{m}] = &\left(\frac{w}{2}+y_{\mathrm{p}}\right)R_{\mathrm{srp}}+\left(\frac{w}{2}-y_{\mathrm{n}}\right)R_{\mathrm{srn}} \\ &-\left(\frac{w}{2}+y_{\mathrm{p++}}\right)R_{\mathrm{ssp}}+\left(y_{\mathrm{n++}}-\frac{w}{2}\right)R_{\mathrm{ssn}} \end{aligned} \tag{6.14}$$

$$C_j[\mathrm{F/m}] = t_{\mathrm{rib}}\sqrt{\frac{q\varepsilon_0\varepsilon}{2(1/N_{\mathrm{D}}+1/N_{\mathrm{A}})(V_{\mathrm{bi}}-V)}}$$

式中，R_{srn} 、R_{srp}、R_{ssn}、R_{ssp} 分别为 n-掺杂脊形波导、p-掺杂脊形波导、n-掺杂平板波导、p-掺杂平板波导的薄层电阻。

3dB 截止频率由 RC 时间常数确定：

$$f_{\mathrm{c}}=\frac{1}{2\pi R_jC_j} \tag{6.15}$$

使用上面给定的参数，可计算出在 0V 和 1V 时 3dB 截止频率 f_{c} 分别为 35GHz 和 51GHz。由于 R_j 和 C_j 同时减小，耗尽区扩大，f_{c} 随着施加的直流电压的增加而增加，如图 6.7 所示，可知 pn 结的频率响应可以很容易超过几十 GHz，因此 pn 结的本征 RC 通常不是硅光子调制器的限制因素。在使用长 pn 结 (电容较大) 和大的源阻抗 (如 50Ω) 的情况下，RC 就会成为限制因素。这是马赫–曾德尔调制器或相移器的基本原理；为了避免 RC 限制，需要采用诸如行波电极等结构。

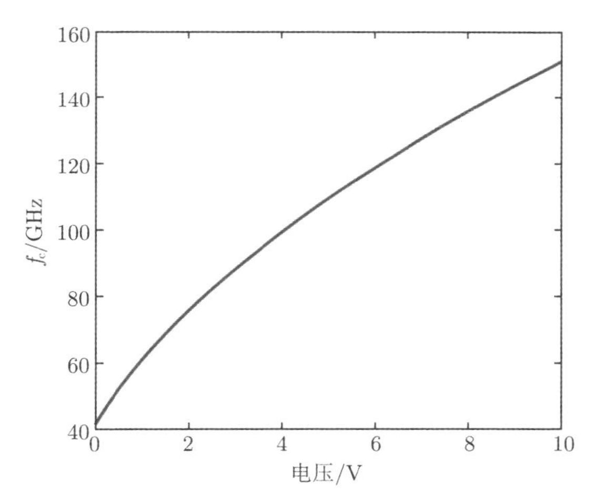

图 6.7 截止频率与电压的函数关系 (反向偏置)

pn 结的电阻是一个重要参数，可以通过优化掺杂浓度和掺杂剂与结的距离来降低。具体来说，最大限度地减少从接触点到结的距离将导致 RC 时间常数的减少。然而，需要考虑到掺杂接触的光传输损耗。这将在 6.4 节中的 pin 结中详细讨论，结果如图 6.16 所示。对于 pn 结也可以得到类似的结果。

6.2.4 pn 结 TCAD 数值仿真

在前面的章节中，特别是在 6.2.1 节中，假设了一个 1D 的 pn 结模型，并使用 6.2.2 节中的有效折射率法来分析计算模场。该 1D 模型计算效率高，可以很好地理解相位调制器的功能。但是，该模型做了几个近似 (如忽略了载流子在垂直维度上的分布)，并需依赖多个参数 (如片电阻、接触电阻)。本节中提出使用 TCAD 工具对 pn 结和光模式进行二维仿真，这些模型预计会更准确。

下面的例子中，波导的尺寸采用了 T. Baehr-Jones 等 [4] 出版物中的结构，该结构是一个中心有 pn 结的脊形波导，文献中用掺杂浓度峰值和掺杂分布尺寸来定义波导的 pn 结截面。分析模型用于构建掺杂分布，掺杂分布也可以通过过程仿真来确定。为了准确建立仿真和测量结果之间的对应关系，可通过设置波导中的 pn 结截面来拟合测量的电容与电压特性，调整分析模型的大小和位置，直到仿真和实验结果吻合为止。

仿真过程与 6.2.1 节和 6.2.2 节中介绍的类似，具体如下。

(1) 参数定义。包括波导的几何形状、掺杂参数、接触和仿真区域，见代码 6.8。

(2) 电仿真。电仿真是用来计算从 -0.4V 到 4V 电压作用下电子和空穴的分布响应，可导出每个步长电压下空间电荷密度 (2D 分布)，见代码 6.9。

(3) 额外电学仿真：结电容与电压的关系。通过计算数值导数 ($C = \mathrm{d}Q/\mathrm{d}V$)，模拟出直流时的结电容，总电荷可以用电荷监视器计算。在偏置电压 V 和 $V+\Delta V$ 时，通过监视器积分获得仿真区域的载流子密度 (电子和空穴)，进而可估算出结电容为

$$C_{\mathrm{n,p}} = \frac{Q_{\mathrm{n,p}}(V+\Delta V) - Q_{\mathrm{n,p}}(V)}{\Delta V}$$

其中，$C_{\mathrm{n,p}}$ 和 $Q_{\mathrm{n,p}}$ 分别是在电场 V 作用下电子 (n)、空穴 (p) 的电容和电荷。仿真计算结果收敛，这两个值在数值上应该是相等的。在这个例子中，结电容为 ~2pF。根据式 (6.6) 可知，耗尽区与电压有关，如图 6.8 所示。

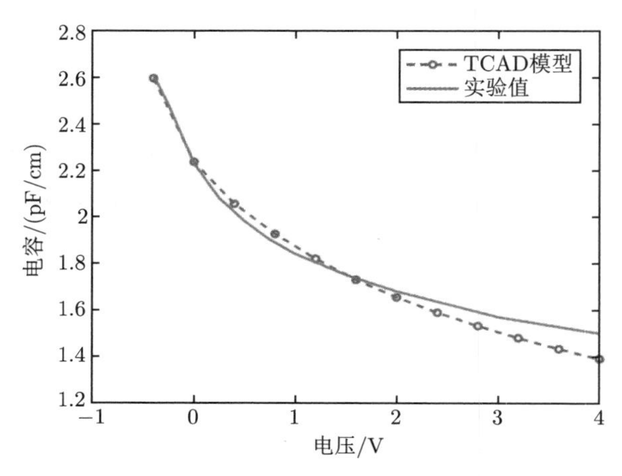

图 6.8　相位调制器 pn 结电容 [4]

总电荷积分对网格密度很敏感，特别是在包含 pn 结的区域。因此，为了提高仿真精度，在结区域采用了网格全覆盖的方法。

(4) 额外电学仿真：n 侧和 p 侧电阻。具体做法是在 pn 结区放一个金属触点，将仿真分为两部分。分别仿真计算，测量得到电压响应下的电流，以确定每侧的电阻。本例中总串联电阻为 2Ω。

(5) 光学仿真。仿真加载来自电学仿真的载流子密度，利用式 (6.5) (或类似方法) 计算相应的等离子体色散效应，对每个电压进行光学仿真计算以确定 n_{eff} 与电压的关系，类似于图 6.5 中的结果；代码 6.10。结果包括折射率变化的实部和虚部。

(6) 结果导出。这些结果用于创建一个紧促模型的相位调制器，然后可以用于光子回路建模，如图 6.9 (译者注：原文中为图 9.13，错误) 所示的环形调制器或行波调制器。紧促模型创建见代码 9.3。

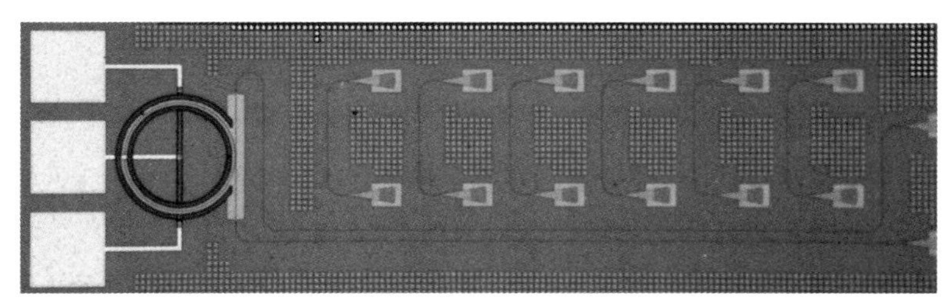

图 6.9 环形调制器的显微图像 [6]。图中左侧为三个焊盘，为地–信号–地 (GSG)；环形相邻；在最右侧用两个光栅耦合器对其进行光学表征。耦合器与微波探针相隔 0.5mm，便于测试。额外的一对光栅耦合器作为表征测试结构亦包含其中

6.3 微环调制

一个高品质因子 Q 光谐振器，如 4.4 节中介绍的环形谐振器，具有很强的波长选择性，可作为窄带宽滤波器。谐振波长是由谐振器的往返相位决定的。因此，当工作在接近光谐振器的谐振波长时，传输对腔体的相位变化非常敏感。基于这种效应，可以通过将 pn 结集成到谐振腔中，通过 6.2 节中介绍的等离子体效应来调节相位，进而得到一种非常有效的调制器，实物如图 6.9 所示。读者也可以参考其他有关环形调制器的论文，如 [5, 6] 以及两篇综述论文 [7, 8]。

环形谐振腔的形式，如全通滤波器和上下载滤波器，常见的器件为微环调制器，如图 6.10 所示。微环形腔具有赛道形状，由两个 180°C 圆环波导和两个直波导 (用于定向耦合) 组成。

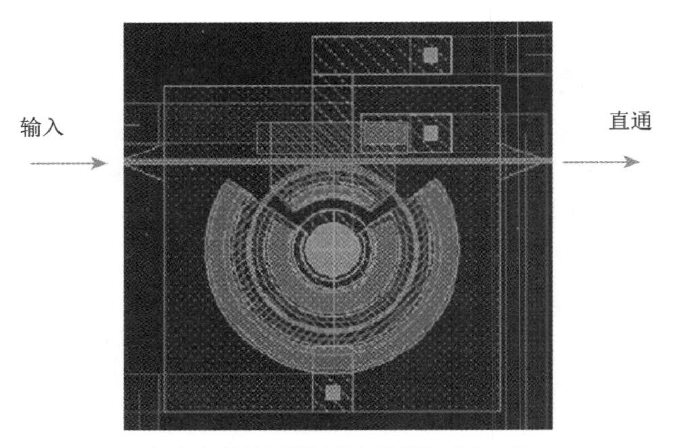

(a) 全通(与波长调谐用的加热器集成在一起)

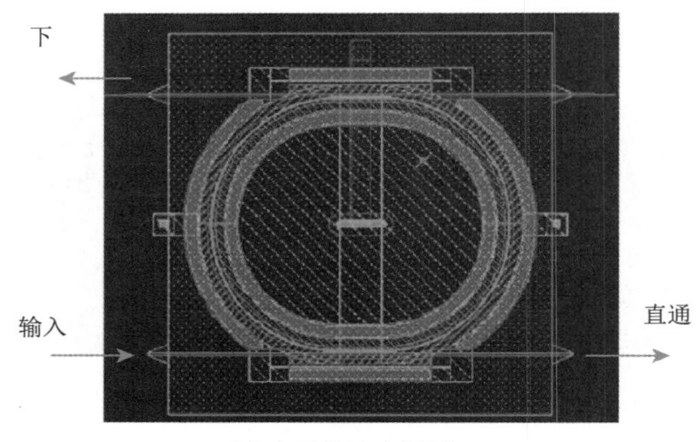

(b) 上下载(完全调制)

图 6.10　微环调制器的掩模版图

微环调制器只能在其谐振波长范围的狭窄光谱窗口内工作，因此在实际应用中需要波长稳定。四分之一的光学谐振腔 (在定向耦合区域) 与电阻加热器集成在一起，用于热调谐和波长稳定，如图 6.10(a) 所示，作为这种折中的结果，与完全调制腔体相比，调制效率较低。

微环调制器的光传输功能实现见 MATLAB 代码 6.4。

6.3.1　微环可调性

本节讨论了具有反向偏压 pn 结的微环调制器。结合 pn 结模型 (MATLAB 代码 6.2 和 6.1) 与微环电阻传递函数 (式 (4.24) 和式 (4.25))，可以模拟其频谱作为施加电压的函数关系 (MATLAB 代码 6.6 和 6.7)。本例微环调制器基于图 6.11 所示的结构实现。

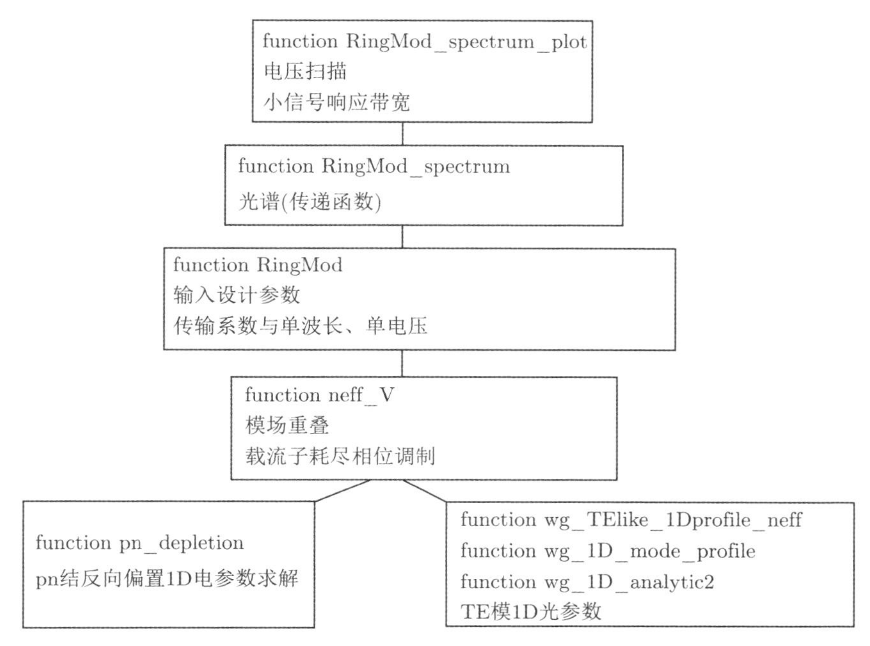

图 6.11 微环调制器的 1D 分析模型

考虑一个点耦合 (即 $L_c = 0$)、$r = 10\mu m$、全调制的上下载微环调制器，其他参数默认，见 MATLAB 代码 6.7。直通道和下载通道的响应如图 6.12 所示，可知直通道的传输系数对回路相位变化比较敏感，应作为调制器输出；中心波长偏移量 0.016nm/V。由于品质因子 Q 较高 (约 10 000)，这种相对较小的光谱偏移导致光功率传输发生了相当大的变化。如在零偏 (~1540.9nm) 施加电压 (反向偏置) 从 0V 变为 4V 时，3dB 插损波长传输损耗下降约 8dB。为了提高调制效

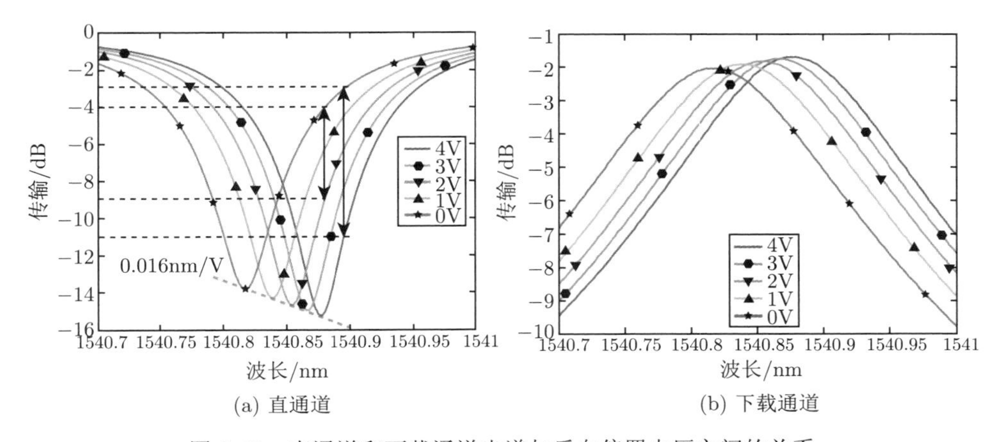

(a) 直通道　(b) 下载通道

图 6.12 直通道和下载通道光谱与反向偏置电压之间的关系

率，可以提高品质因子 Q，如通过降低耦合 (即降低 κ) 使传输缺口变窄。然而，较高的 Q 意味着更长的光子寿命，将限制调制器的频率响应，后面继续讨论。

6.3.2　小信号调制响应

微环调制器的小信号响应的截止频率 (3dB) f_c，由 pn 结反向偏压时的 RC 常数和光学谐振腔的光子寿命 τ_p 决定：

$$\frac{1}{f_\text{c}^2}=\frac{1}{f_{\tau_\text{p}}^2}+\frac{1}{f_{RC}^2} \tag{6.16}$$

τ_p 由截止频率确定，

$$f_{\tau_\text{p}}=\frac{1}{2\pi\tau_\text{p}} \tag{6.17}$$

式中，τ_p 与光学谐振腔的总品质因子 Q_t 有关，由下式给出：

$$\tau_\text{p}=\frac{Q_\text{t}}{\omega_\text{o}} \tag{6.18}$$

式中，ω_o 为光频率，Q_t 由耦合损耗和传播损耗确定：

$$\frac{1}{Q_\text{t}}=\frac{1}{Q_\text{c}}+\frac{1}{Q_\text{i}} \tag{6.19}$$

式中，本征质量系数 Q_i 见参考文献 [9]，

$$Q_\text{i}=\frac{2\pi n_\text{g}}{\lambda\alpha} \tag{6.20}$$

对于全通滤波器，耦合确定的品质因子 Q_c 由下式给出：

$$Q_\text{c}=-\frac{\pi L_\text{rt}n_\text{g}}{\lambda\ln|t|} \tag{6.21}$$

如果是上下载路配置，此时有 2 个耦合器，耦合确定的品质因子应除以 2。

对于相同的直流性能的设计，可以用上述方程来预测微环调制器的截止频率。计算结果如图 6.13 所示，pn 结 RC 常数的截止频率 (即 f_{RC}) 超过 40GHz，此时 τ_p 确定的截止频率 (即 f_{τ_p}) 约为 20GHz。因此，在 1V 的偏压下，受光子寿命的限制，总截止频率 f_c 为 15GHz。

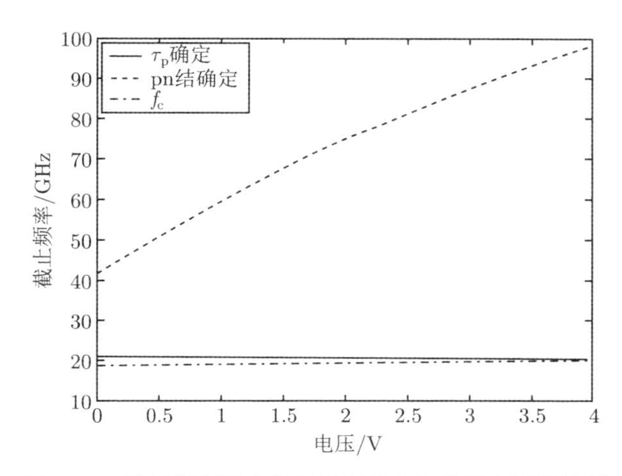

图 6.13 微环调制器小信号调制带宽与偏置电压的关系

6.3.3 环形调制器设计

本节提供了一个环形调制器的设计简介。首先确定所设计调制器的性能参数，包括调制带宽、FSR (Free Spectral Range，自由谱宽)、消光比、驱动电压、双总线还是单总线方案、工作在下载通道还是直通道。

一个常见的设计目标是设计环形的临界耦合，此种情况下可以获得最高的消光比，谐振时的传输为 0(即所有的光在环内被吸收，或进入下载通道)，完全破坏了干涉条件。当输入耦合器与谐振器的其他损耗 (环内损耗、输出耦合器损耗) 相匹配时，就可以得到临界耦合。

双总线环形调制器之所以有用，是因为第二个波导被用来“加载”谐振器 (增加额外损耗)，这会平衡损耗，使临界耦合和高消光比成为可能。这种方法在事先不知道掺杂剂损耗的情况下是特别有用的，可以调控 Q，进而调控调制带宽。这种方法的缺点是其设计是次优的，也就是说，如果调制器要求降低 Q，最好的方法就是增加 pn 结的传输损耗，进而提高结效率 (pm/V)。

双总线环形调制器的一个重要考虑因素是 pn 结的移相器填充因子，决定了环形周长中包含 pn 结的比例，如图 6.10(a) 的环形调制器中所示。填充因子小于 100%的可用于包括环中的热调谐，填充因子也是由掩模版图和制造限制决定的。

然后确定制造参数：波导传输损耗 (由于散射、掺杂吸收、金属吸收、弯曲辐射以及失配损耗，对于具有大的 FSR 的较小器件来说，这些损耗较大)，以及平板波导的脊厚 (如 150nm、90nm 和 50nm)、pn 结特性，特别是时间常数 RC，以及制造工艺偏差和需求的制造偏差。pn 结自身也可以进行优化 (如掺杂浓度、波导中的结偏移等)。

然后计算出目标调制带宽的环品质因子，计算与 Q 和 FSR 匹配的设计参数，包括半径和耦合系数。此时，可以对光的传输函数进行验证和优化，并构建一个时域模型，见 9.5 节。这个模型可以用来预测眼图、消光比、能效率，还可研究偏置点的影响。

最后，计算物理结构，具体来说是计算所需定向耦合器的耦合系数 (即定向耦合器间距)，一般情况下，可通过 3D FDTD 来计算。只有定向耦合器自身需要在 3D FDTD 中进行仿真计算，见 4.1.4 节和 9.4.2 节。所有物理参数确认后，就可以进行掩模布版。

6.4　前向偏置 pin 结

与上面考虑的反向偏置的 pn 结类似，有源硅光子器件可以使用正向偏置来构造。此时，通过在 p 区和 n 区之间引入一个非掺杂 (本征) 区域来增加结的尺寸是非常有用的，如图 6.14 所示。当器件无偏置时，这可以消除波导中多余的光损耗 (图 6.2)，因此，该器件的功能就像传统的脊形波导一样。施加正向偏压，载流子被注入，进而改变折射率 (图 6.1)，并引入光吸收 (图 6.2)。因此，这对于利用吸收特性来构建可调光衰减器以及利用折射率变化调控相位的调谐器是非常有用的。需要注意的是 pn 结和 pin 结的工作原理相同，即等离子体色散效应、折射率的实部和虚部同时发生变化，也即幅度调制与相位调制同时发生。一个重要的区别是，pin 结的时间常数要长得多，这是由本征区的载流子复合寿命所决定的，例如，参考文献 [10] 中的器件测得的寿命为 90MHz，这与在 pin 结中获得的几十 GHz 的寿命形成了鲜明的对比 (见 6.2.3 节)。

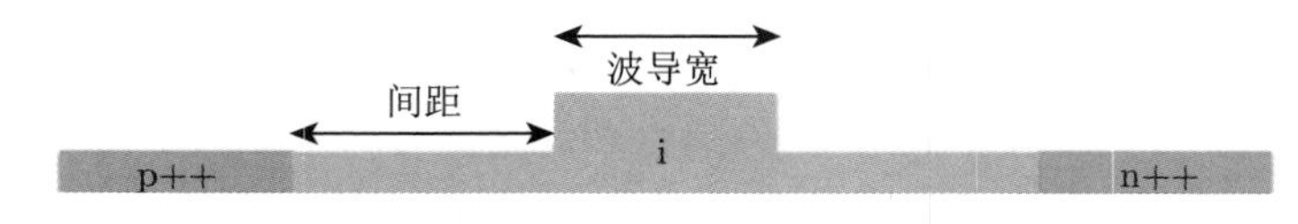

图 6.14　脊形波导中 pin 结的横截面图

6.4.1　可调光衰减器

1cm 长 pin 结波导构成的可调光衰减器的实验结果如图 6.15 所示，波导的几何形状如图 6.14 所示，波导的宽度为 500nm，间距为 800nm。可调光衰减器的实验效率约为 0.35dB/mA。该器件在恒流模式下工作时，最容易建模和理解。假设每一个注入的电子和空穴在本征区域复合，主要机制是具有时间常数 τ_{n} 的非辐射复合，器件中的载流子密度的简单模型为

$$N=\frac{I\tau_{\mathrm{n}}}{qV} \tag{6.22}$$

考虑到本征区域的体积，通过式 (6.2) 和式 (3.9) 可知载流子寿命 $\tau_{\mathrm{n}}=1/2\pi f_{3\mathrm{dB}}=1.8\mathrm{ns}$，电流为 90mA，对应的传输损耗为 25dB/cm，接近图 6.15 中的结果。

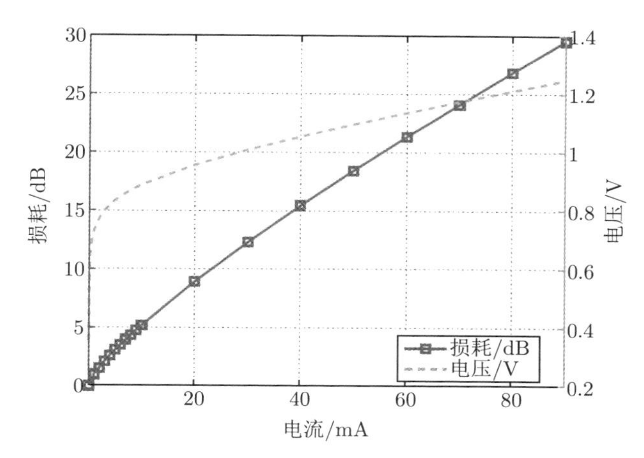

图 6.15 1cm 长 pin 结波导构成的可调光衰减器的性能

pin 结波导器件的主要设计考虑因素之一是掺杂区域之间的距离，这里称为“掺杂偏移”或“间距”，图 6.14 中掺杂间距是 2.1μm。为了优化器件的效率，需要根据式 (6.22) 来减小器件的体积，这可以通过使掺杂剂更接近波导来实现，从而在给定电流下获得更大的载流子密度。然而掺杂剂会引入附加光损耗，这可以根据式 (6.5) 用模式求解器来仿真计算掺杂区域复折射率的吸收率。仿真代码 6.11 中定义了两个掺杂区域，并对几个掺杂偏移距离进行了重复模式计算，结果如图 6.16 所示，这些器件通常采用高掺杂密度，在这种情况下，掺杂偏移需要大于 1.6μm，以确保由掺杂剂引起的附加损耗小于 1dB/cm，掺杂偏移为 2.1μm 时则能确保附加损耗小于 0.1dB/cm。

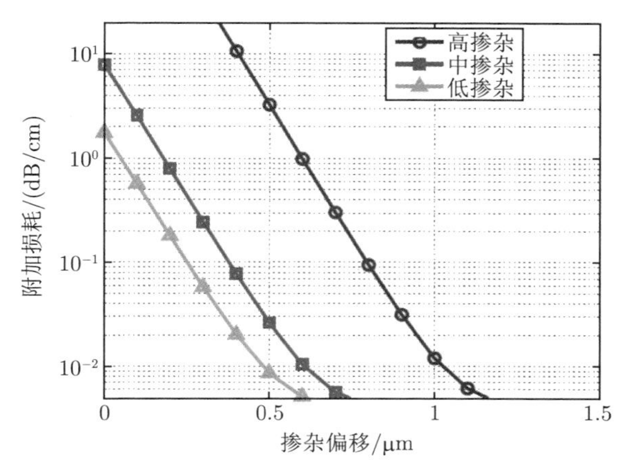

图 6.16 pin 结脊形波导的 p 和 n 掺杂引起的附加损耗 [6,11]

二极管的电流–电压 (I-V) 关系也应该考虑，根据具有理想因子 n 的肖克利二极管方程有

$$I = I_{\mathrm{s}}(\mathrm{e}^{V/nV_{\mathrm{T}}} - 1) \tag{6.23}$$

式中，$V_{\mathrm{T}} = kT/q$，I_{s} 为反偏置饱和电流，I 为偏置电流。考虑测试探针、接触等因素，串接电阻，加载电流后可观察到的电压为

$$V = \mathrm{In}\frac{I}{I_{\mathrm{s}}}nV_{\mathrm{T}} + nV_{\mathrm{T}} + IR \tag{6.24}$$

对于图 6.15 中的器件，I-V 数据拟合参数 $n = 2.1$、$I_{\mathrm{s}} = 3.8\times10^{-9}$、$R = 3\Omega$。该测量中，通常会看到电阻的变化 (如从 3Ω 到 15Ω)，主要是由探针接触引起的变化。

根据 I-V 曲线，可以计算出器件的功耗。这样就可以确定光吸收与功率消耗的关系。对于需要最小化功耗的应用，可以调整长度这一重要的几何参数，还需额外考虑二极管的非线性行为和测量的吸收数据。对于超长的器件，传输损耗 (散射，如 3dB/cm) 将占主导，对插入损耗产生负面影响。对于很短的器件，需要很大的电压，从而产生很大的电流；在这种情况下，很大一部分电流被“浪费”，根据式 (6.22) 可知载流子密度不再随电流线性增加，效率就会降低。考虑到这些因素，典型的 pin 结器件的长度一般在 0.1～10mm。

二极管行为、接触、器件长度、波导几何形状等因素，可以使用 TCAD 进行更详细的计算和优化，与之类似的方法见 6.2.4 节。

6.5 有 源 可 调

本节介绍两种常见的通过引入电控相位来调谐光子回路的方法:第一种是 pin 结波导，调制速率和效率适中，插损可调；第二种是热式移相器，纯粹的移相，幅值没有变化，但工作调制速率较低。

6.5.1 pin 相移

6.4 节中的前向偏置 pin 结波导也可用作移相器，这对调整马赫–曾德尔调制器或其他需要调相的回路中的调制相位是很有用的。当将这种波导置于马赫–曾德尔干涉器中时，可以测量相位偏移。图 6.17 为内置 pin 结的不平衡干涉器的实验结果，其波导宽度为 500nm、间距为 800nm，自由光谱范围为 55nm。该测量是使用光栅耦合器进行的，因此光谱插损近似高斯函数。在 0 偏置时，干涉仪的消光比很大 (40dB)，这表明 pin 结波导中没有附加损耗；在 5mA 电流下，得到 π 相位偏移，注意到频谱偏移了 FSR 的一半。pin 结相位调谐器的优质系数可用 mA/FSR 来表示，这种情况下，优质系数约为 10mA/FSR。还可以观察到，pin

结波导中存在附加光损耗，导致非平衡干涉器的消光比下降 (约 15dB)；90mA 的大电流时，损耗非常大以至于不能观察到干涉现象。鉴于干涉器单臂中的衰减接近 30dB，如图 6.15 所示，相当于光只在干涉器的一个臂中传输。

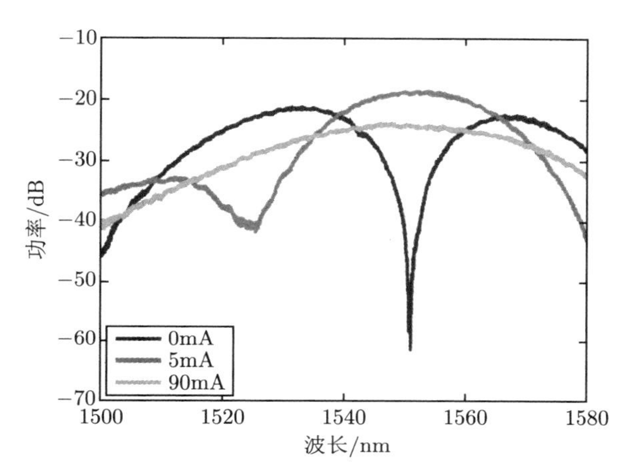

图 6.17 马赫–曾德尔透射光谱，每臂由 3mm 长的 pin 结波导构成

6.5.2 热相移

本节考虑使用热式加热器来实现一个移相器。热式移相器的实现方法有很多。

- 一个 (金属) 电阻位于光波导上方，这样加热器产生的热量就会经过波导向着基板传导。该金属通常位于波导上方足够远的位置，以避免引入光损耗，通常在波导上方 1 ~ 2μm 处。
- 将电阻置于波导内部，使其直接产生热量更有效，但是会造成来自掺杂的光损耗。典型结构为 n++/n/n++，两个 n++ 区域与硅接触，置于波导的相对两侧，如图 6.18 所示，电流流过波导，垂直于光的传播方向。其限制之一是需要跨过波导的两边，即需要一个脊形波导，这个方法在 13.1.3 节介绍的系统中有使用。
- 将电阻放在波导的一侧，电流平行于波导的一侧，这既可在硅平板脊形波导中实现，也可在附近的金属中实现。

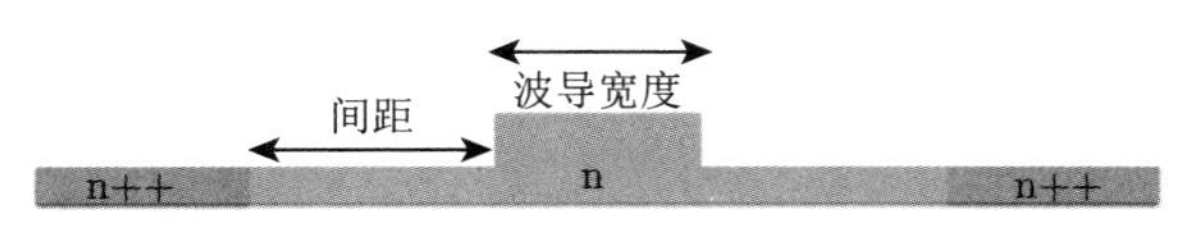

图 6.18 脊形波导中的 n++/n/n++ 电阻的横截面图

加热器效率是硅光子系统的一个重要因素，其优点是调谐效率，以 mW/FSR 表示，即在波导中获得 2π 光学移相器所需的功率。这个数值表明，效率几乎与光移相器的长度无关。一个短的热移相器需要较高的工作温度才能获得与长的移相器相同的相位，但是消耗的功率是相同的。这种长度上的独立性对于直式移相器波导是真实的，本节中考虑的是直式移相器波导，其结构可被视为 2D 截面。简化的加热器结构 (如折叠波导)，需要 3D 热建模，由于热量更多地集中在波导上，因此可以实现加热器效率的提高。其他改进热相移器的技术包括通过去除材料来减少热传导途径，如有选择地在加热器下的基体背面进行底切 [12] (3.9mW/FSR)、在热相移器旁边蚀刻垂直沟槽 [13] (0.8mW/FSR) 或者通过底蚀来提高波导的热隔离度 [14] (0.49mW/FSR)。

热移相器的热建模采用稳态热方程 (泊松方程)：

$$-\nabla \cdot (k\nabla T) = Q \tag{6.25}$$

式中，k 是热传导系数，Q 是热源 (W/m^3)，T 是温度。

代码 6.12 中的例子是由 MATLAB 偏微分方程 (PDE) 工具箱 [15] 图形用户界面生成的。对其进行修改，提取相关信息。使用 PDE 工具箱，按照列出的顺序绘制，以确保波导和金属在氧化物的“顶部”。

- 定义 $y=0$ 为波导的底部；
- 氧化层从 $y=-2\sim 2$，$x=-50\sim 50$；
- 金属在波导上方 1μm，即从 $y=1.22\sim 1.72$，$x=-0.5\sim 0.5$；
- 条状波导 500nm×220nm，即从 $y=0\sim 0.22$ 的范围内延伸，$x=-0.25\sim 0.25$；
- 硅衬底的厚度为 100μm，即从 $y=0\sim -100$，$x=-50\sim 50$。

采用如下两种边界条件。

(1) 狄利克雷 (Dirichlet) 边界，边界上的温度是指定的，假设基板底部在热沉上。将温度设为 0℃，并将结果相对于该热沉温度绘制成图。

(2) 诺伊曼 (Neumann) 边界，指定热流密度，$-n\cdot(k\nabla T)$，假设它们是绝缘的，用于所有的其他边界，也即没有热量通过。忽略热对流和热辐射。

波导上方的金属导体中产生热量。假设金属的厚度为 500nm，宽 1000nm，长 100μm，这个电阻式加热器的耗散功率为 $Q_{\text{tot}}=10\text{mW}$，有

$$Q=\frac{Q_{\text{tot}}}{V}=\frac{0.01\text{W}}{0.5\times 1\times 100\times 10^{-18}\text{m}^3}$$

材料的属性：

- $k_{\text{Si}}=149$，Si 的热导率 [W/(m·K)]；

- k_{SiO_2}=1.4，SiO_2 的热导率 [W/(m·K)]；
- k_{Al} = 250，Al 的热导率 [W/(m·K)]；

为了与以微米为单位的几何定义一致，热导率也以微米为单位表示，即 k_{Si} = 149×10^{-6}W/(μm·K)。

图 6.19(a) 为波导和加热器附近的横截面放大热分布图，可知：

- 硅和金属的热导率远高于周围的氧化物 (100×)，所以金属和波导内的温度是均匀的。
- 同理，硅的热导率明显高于氧化物 (100×)，因此基底的温度几乎是均匀的 (硅–氧化物界面处比热沉处的温度高 1.1℃)，热梯度几乎完全在氧化物处。虽然硅衬底相对于氧化物和波导来说是非常厚的 (如 700μm 与 2μm 和 0.22μm)，但衬底的厚度对热分布无显著影响，即厚度为 10μm 或 700μm 的衬底得到的结果非常相似。
- 仿真预测，金属中的温升为 44℃，波导中的温升为 23℃。

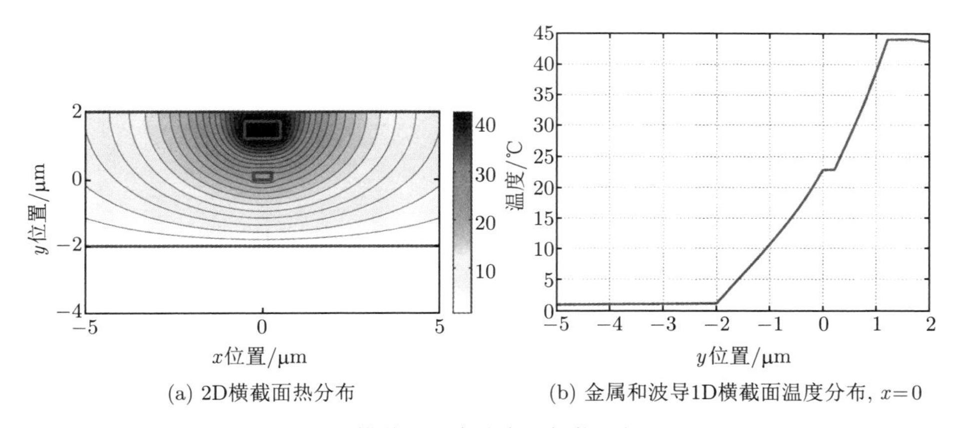

(a) 2D横截面热分布　　(b) 金属和波导1D横截面温度分布, $x=0$

图 6.19　晶圆横截面温度分布，加热器位置 (0, 1.5)

通过仿真可计算得到热调谐效率。根据式 (6.25) 以及 FSR 等于 2π 相移的定义，有

$$效率\ (\mathrm{mW/FSR}) = \frac{Q_{\mathrm{tot}}\lambda}{\dfrac{\mathrm{d}n}{\mathrm{d}T}\Delta T} \tag{6.26}$$

计算得到效率为 36mW/FSR。

对于波导侧面的加热器也可以进行类似的计算。距离条状波导 2μm 处的金属加热器的结果如图 6.20 所示，效率为 83mW/FSR。

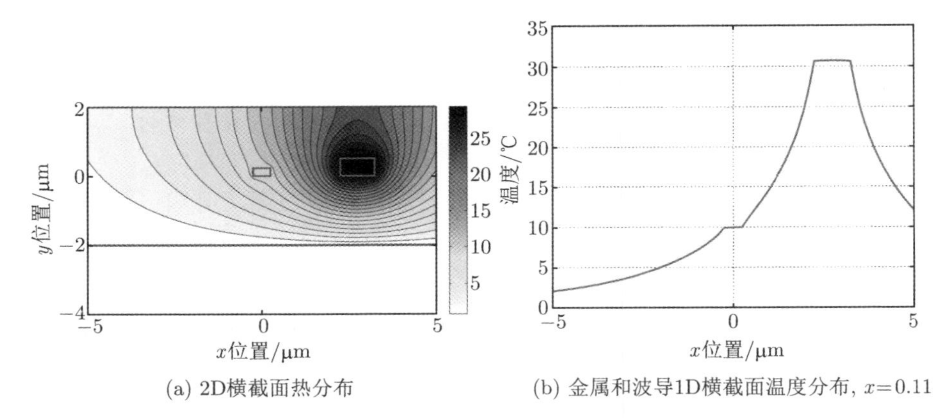

(a) 2D横截面热分布　　(b) 金属和波导1D横截面温度分布, $x=0.11$

图 6.20　晶圆横截面温度分布，加热器位置 (2.75, 0.25)

6.6　热 光 开 关

4.3 节中介绍了马赫–曾德尔干涉器 (Mach-Zehnder inteferometer，MZI)，如果在两个臂之间施加温差，则可作为一个热光开关 [13,16]。这可通过在其中一个臂上使用一个电阻式加热器来实现 [17]。考虑在下臂上施加一个热光系数为 $\mathrm{d}n/\mathrm{d}T = 1.87\times10^{-4}\mathrm{K}^{-1}$ 的热光开关来增加温度 (见 3.1.1 节)。下臂的传输系数为

$$\beta_2 = \frac{2\pi\left(n_2 + \dfrac{\mathrm{d}n}{\mathrm{d}T}\Delta T\right)}{\lambda} \tag{6.27}$$

代入式 (4.19)，输出光与温度之间的关系为

$$I_\mathrm{o}(\Delta T) = \frac{I_\mathrm{i}}{2}\left[1 + \cos\left(\beta_1 L_1 - \frac{2\pi\left(n_2 + \dfrac{\mathrm{d}n}{\mathrm{d}T}\Delta T\right)}{\lambda}L_2\right)\right] \tag{6.28a}$$

对于相同的波导横截面 ($n_1 = n_2$)，有

$$I_\mathrm{o}(\Delta T) = \frac{I_\mathrm{i}}{2}\left[1 + \cos\left(\frac{2\pi n}{\lambda}\Delta L - \frac{2\pi\left(\dfrac{\mathrm{d}n}{\mathrm{d}T}\Delta T\right)}{\lambda}L_2\right)\right] \tag{6.28b}$$

根据图 6.21 和图 6.22 可知，干涉器的输出是温度随波长的变化，呈正弦函数变化 (包括损耗)。

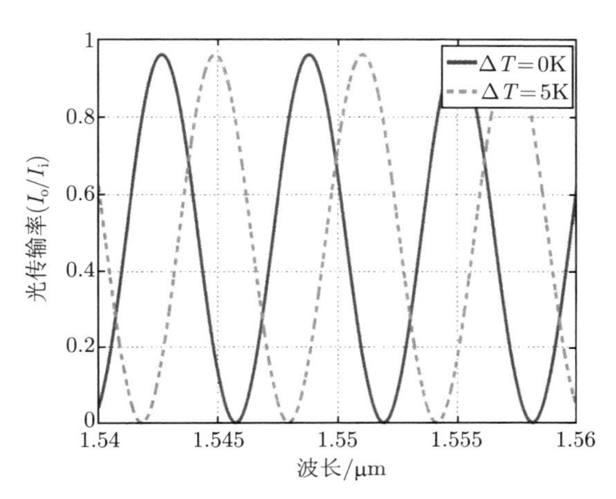

图 6.21 MZI 第二臂上施加不同温度时的光传输谱 ($L_1=500\mu m$、$\Delta L=100\mu m$，Y 分支无损)

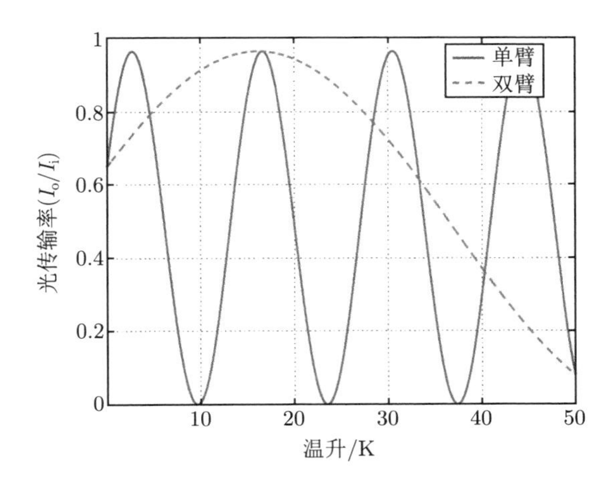

图 6.22 图 6.21 中 MZI 的光传输率与温升的关系

6.7 问 题

6.1 确定一个热相位变换器的热调谐效率，加热器通过 n++/n/n++ 区域嵌入波导中。假设波导为脊形波导，平板宽 10μm、平板厚 90nm、脊宽 0.5μm、脊高 220nm。

6.2 考虑一个均匀加热的 220nm×500nm 条形波导环形谐振器。确定 1550nm 波长下的波长与温度变化关系表达式，即 $\mathrm{d}\lambda/\mathrm{d}T$。该变化与环形谐振器的半径有什么关系？

6.8 仿真代码

代码 6.1 pn 结耗尽，MATLAB 模型；pn_depletion.m

```
% pn_depletion.m: 1D pn junction model for carrier-depletion phase modulation
% Wei Shi, UBC, Nov. 2012
%
% usage, e.g.:
% [n, p, x, xn, xp, Rj, Cj]=pn_depletion(500e-9, 50e-9, 1e-6, 1e-6, 25, -1,
     100)
%
function [n, p, x, xn, xp, Rj, Cj]=pn_depletion(wg_width, pn_offset, ds_npp,
     ds_ppp, T, V, pts)
%
% N_D, N_A: doping densities
% V: applied voltage; positive for forward bias; negative for reverse bias
% ds_npp: distance of the n++ boundary to the pn junction centre
% ds_ppp: distance of the p++ boundary to the pn junction centre
% Rj: junction resistance in ohms
% Cj: junction capacitance in F/m

epsilon0 = 8.854187817620e-12; % [F/m]
epsilon_s = 11.8; % relative dielectric constant for Si
q = 1.60217646e-19; % electronic charge [Coulumbs]
kB = 1.3806503e-23; % Boltzmann constant in J/K
T=T+273.15; % Temperature [K]
VT=kB*T/q;

%material constants
NA_plus=4.4e20*1e6;% cm^-3*1e6
ND_plus=4.4e20*1e6;
NA=5e17*1e6;% cm^-3*1e6
ND=3e17*1e6;

Rs_rib_n=2.5e3;
Rs_rib_p=4.0e3;
Rs_slab_n=0.6e4;
Rs_slab_p=1e4;

% waveguide height
h_rib=220e-9; h_slab=90e-9;

h=4.135e-15; % Plank’s constant [eV-s]
```

```
m_0=9.11e-31; % electron mass [kg]
m_n=1.08*m_0; % Density-of-states effective mass for electrons
m_p=1.15*m_0; % Density-of-states effective mass for holes
Nc=2*(2*pi*m_n*(kB/q)*T/h^2)^(3/2)/(q)^(3/2); % Effective Density of states for
      Conduction Band
Nv=2*(2*pi*m_p*(kB/q)*T/h^2)^(3/2)/(q)^(3/2); % Effective Density of states for
      Valence Band
Eg=1.1242; % band gap for Si [eV]
% ni=1e10*1e6;
ni=sqrt(Nc*Nv).*exp(-Eg/(2*(kB/q)*T)); % intrinsict charge carriers in m^-3

Vbi=VT*log(NA*ND/ni^2); % built-in or diffusion potential
Wd=sqrt(2*epsilon0*epsilon_s*(NA+ND) / (q*NA*ND) *(Vbi-V)); % depletion width
xp=-Wd/(1+NA/ND)+pn_offset;
xn=Wd/(1+ND/NA)+pn_offset;
del_x=wg_width/(pts-1);
x_ppp=-ds_ppp+pn_offset; x_npp=ds_npp+pn_offset;
x_min=x_ppp-500e-9; x_max=x_npp+500e-9;
%
x_NA_plus=x_min:del_x:x_ppp-del_x;
x_NA=x_ppp:del_x:xp-del_x;
x_dep=xp:del_x:xn;% for the depletion region
x_ND=xn+del_x:del_x:x_npp;
x_ND_plus=x_npp+del_x:del_x:x_max;
x=[x_NA_plus, x_NA, x_dep, x_ND, x_ND_plus];

n0_NA=ni^2/NA; p0_ND=ni^2/ND;
n0_NA_plus=ni^2/NA_plus; p0_ND_plus=ni^2/ND_plus;

% Long-base assumption
% Lp=sqrt(Dp*tau_p);
% Ln=sqrt(Dn*tau_n);
% del_n_NA=n0_NA*(exp(q*V/(kB*T))-1)* exp(-abs(x_NA-xp)/Ln); % minority
     electron density in p(NA) region
% del_p_ND=p0_ND*(exp(q*V/(kB*T))-1)* exp(-abs(x_ND-xn)/Lp); % minority hole
     density in n(ND) region

% Short-base assumption
del_n_NA=n0_NA*(exp(q*V/(kB*T))-1)* (1-abs((x_NA-xp)/(xp-x_ppp))); % minority
     electron
   density in p(NA) region
del_p_ND=p0_ND*(exp(q*V/(kB*T))-1)* (1-abs((x_ND-xn)/(x_npp-xn))); % minority
     hole density
   in n(ND) region
n_NA=n0_NA+del_n_NA; p_ND=p0_ND+del_p_ND;
p_dep=zeros(1, length(x_dep)); n_dep=zeros(1, length(x_dep));
p_NA=ones(1, length(x_NA))*NA; % majority holes in p(NA) region
n_ND=ones(1, length(x_ND))*ND; % majority electrons in n(ND) region
```

```
n_NA_plus=ones(1, length(x_NA_plus))*n0_NA_plus;% assumption of uniform
     electrons in p++
p_ND_plus=ones(1, length(x_ND_plus))*p0_ND_plus;% assumption of uniform holes
     in n++
p_NA_plus=ones(1, length(x_NA_plus))*NA_plus; % majority holes in p++ region
n_ND_plus=ones(1, length(x_ND_plus))*ND_plus; % majority electrons in n++
     region

n=[n_NA_plus, n_NA, n_dep, n_ND, n_ND_plus]; p=[p_NA_plus, p_NA, p_dep, p_ND,
p_ND_plus];

Rj=(wg_width/2-xn)* Rs_rib_n+(wg_width/2+xp)* Rs_rib_p+(-wg_width/2-x_ppp)*
     Rs_slab_p+(x_npp-wg_width/2)* Rs_slab_n;
Cj=sqrt(q*epsilon0*epsilon_s/2/ (1/ND+1/NA)/(Vbi-V))*h_rib;
```

代码 6.2　pn 结有效折射率和传输损耗，MATLAB 模型：neff_V.m

```
% neff_V.m: effective index as a function of voltage for carrier-depletion
     phase modulation
% Wei Shi, UBC, 2012
% Usage, e.g.:
%     [del_neff alpha Rj Cj]=neff_V(1.55e-6, 220e-9, 500e-9, 90e-9, 3.47, 1.44,
     1.44, 50e-9, 1e-6, 1e-6, 500, 25, -1)
function [neff alpha Rj Cj]=neff_V(lambda, t, w, t_slab, n_core, n_clad,
     n_oxide, pn_offset, ds_n_plus, ds_p_plus, pts, T, V)
[n, p, xdoping, xn, xp, Rj, Cj]=pn_depletion(w, pn_offset, ds_n_plus, ds_p_plus
     , T, V, pts);

M=min(ds_n_plus-pn_offset+0.5e-6, ds_p_plus+pn_offset+0.5e-6)/w-0.5;

[xwg, TM_E_TEwg, neff0]=wg_TElike_1Dprofile_neff(lambda, t, w, t_slab, n_core,
     n_clad, n_oxide, pts, M);
Ewg=TM_E_TEwg(:,1)' ;

pts_x=length(xwg);
dxwg=zeros(1, pts_x);
dxwg(1)=xwg(2)-xwg(1); dxwg(pts_x)=xwg(pts_x)-xwg(pts_x-1);
for i=2:pts_x-1
    dxwg(i)=xwg(i+1)/2-xwg(i-1)/2;
end
n_wg=interp1(xdoping, n, xwg);
p_wg=interp1(xdoping, p, xwg);

del_ne=-3.64e-10*lambda^2*sum(conj(Ewg).*(n_wg*1e-6).*Ewg.*dxwg)/sum(conj(Ewg)
     .*Ewg.*dxwg);
del_nh=-3.51e-6*lambda^2*sum(conj(Ewg).*(p_wg*1e-6).^0.8.*Ewg.*dxwg)/sum(conj(
     Ewg). *Ewg.*dxwg);
del_neff=del_ne+del_nh;
```

```
neff=neff0+del_neff;

del_alpha_e=3.52e-6*lambda^2*sum(conj(Ewg).*(n_wg*1e-6).*Ewg.*dxwg)/sum(conj(
     Ewg). *Ewg.*dxwg);
del_alpha_h=2.4e-6*lambda^2*sum(conj(Ewg).*(p_wg*1e-6).*Ewg.*dxwg)/sum(conj(Ewg
     ). *Ewg.*dxwg);
alpha=del_alpha_e+del_alpha_h;
```

代码 6.3 pn 结耗尽，MATLAB 模型：neff_V_plot.m

```
% example:
% [neff alpha delta_neff delta_phi fc]=neff_V_plot(1.5e-6, 220e-9, 500e-9, 90e
     -9, 3.47, 1.44, 1.44, 50e-9, 10e-6, 10e-6, 500, 25, -(1:5));

function [neff alpha delta_neff delta_phi fc]=neff_V_plot(lambda, t, w, t_slab,
      n_core, n_clad, n_oxide, pn_offset, ds_n_plus, ds_p_plus, pts, T, V);

neff=zeros(1, length(V)); alpha=zeros(1, length(V));
Rj=zeros(1, length(V)); Cj=zeros(1, length(V));
for i=1:length(V);
    [neff(i) alpha(i) Rj(i) Cj(i)]=neff_V(lambda, t, w, t_slab, n_core, n_clad,
           n_oxide,
    pn_offset, ds_n_plus, ds_p_plus, pts, T, V(i))
end

[neff_v0 alpha_v0]=neff_V(lambda, t, w, t_slab, n_core, n_clad, n_oxide,
     pn_offset, ds_n_plus, ds_p_plus, pts, T, 0);

delta_neff=neff-neff_v0;
alpha_dB=-10*log10(exp(-alpha));

figure; plot(-V, delta_neff)
figure; plot(-V, alpha_dB);

% Phase shift per cm
delta_phi=2*pi/lambda*delta_neff*1e-2/pi;% per cm
figure; plot(-V, delta_phi, 'linewidth', 2);

% Cut-off frequency
fc=1./(2*pi*Rj.*Cj)*1e-9;% in GHz
figure; plot(-V, fc, 'linewidth', 2);
```

代码 6.4 微环调制器，MATLAB 模型：RingMod.m

```
% RingMod.m: Ring modulator 1D model
% Usage, e.g.,
%   [Ethru Edrop Qi Qc Rj Cj]=RingMod(1.55e-6, 'all-pass', 10e-6, 0, 2*pi*10e
     -6, 500e-9, 0, 1e-6, 1e-6, 25, 0);
```

```
%
% Wei Shi, UBC, 2012
% weis@ece.ubc.ca
%
function [Ethru Edrop Qi Qc tau_rt Rj Cj]=RingMod(lambda, Filter_type, r, Lc,
    L_pn, w, pn_offset, ds_n_plus, ds_p_plus, T, V);
%
% type: all-pass or add-drop
% r: radius
% Lc: coupler length
% Lh: heater length
%
% neff_pn, alpha_pn: effective index and free-carrier obsorption of the phase
    modulator
% Rj, Cj: junction resistance and capacitance of the phase modulator
%
% predetermined parameters
t=220e-9; t_slab=90e-9; n_core=3.47; n_clad=1.44; n_oxide=1.44; pts=200;
%
[neff_pn alpha_pn Rj Cj]=neff_V(lambda, t, w, t_slab, n_core, n_clad, n_oxide,
    pn_offset, ds_n_plus, ds_p_plus, pts, T, V);
%
% undoped waveguide mode and effective index
[xwg0 TM_E_TEwg0 neff0]=wg_TElike_1Dprofile_neff(lambda, t, w, t_slab, n_core,
    n_clad, n_oxide, pts, 2);
neff_exc=neff0;
del_lambda=0.1e-9;
[xwg1 TM_E_TEwg1 neff0_1]=wg_TElike_1Dprofile_neff(lambda+del_lambda, t, w,
    t_slab, n_core, n_clad, n_oxide, pts, 2);
ng=neff0-(neff0_1-neff0)/del_lambda*lambda;

alpha_wg_dB=5; % optical loss of intrinsic optical waveguide, in dB/cm
alpha_wg=-log(10^(-alpha_wg_dB/10));% converted to /cm
alpha_pn=alpha_wg+alpha_pn;
alpha_exc=alpha_wg; % optical loss of the ring cavity excluding the phase
    modulator

L_rt=Lc*2+2*pi*r;
L_exc=L_rt-L_pn;
phi_pn=(2*pi/lambda)*neff_pn*L_pn;
phi_exc=(2*pi/lambda)*neff_exc*L_exc;
phi_rt=phi_pn+phi_exc;

c=299792458;
vg=c/ng;
tau_rt=L_rt/vg;% round-trip time

A_pn=exp(-alpha_pn*100*L_pn); % attunation due to pn junciton
```

```
A_exc=exp(-alpha_exc*100*L_exc); % attunation over L_exc
A=A_pn*A_exc; % round-trip optical power attenuation

alpha_av=-log(A)/L_rt;% average loss of the cavity
Qi=2*pi*ng/lambda/alpha_av;

%coupling coefficients
k=0.2;
if (Filter_type==' all-pass' )
   t=sqrt(1-k^2);
   Ethru=(-sqrt(A)+t*exp(-1i*phi_rt))/(-sqrt(A)*conj(t)+exp(-1i*phi_rt));
   Edrop=0;
   Qc=-(pi*L_rt*ng)/(lambda*log(abs(t)));
elseif (Filter_type==' add-drop' )
   k1=k; k2=k1;
   t1=sqrt(1-k1^2); t2=sqrt(1-k2^2);
   Ethru=(t1-conj(t2)*sqrt(A)*exp(1i*phi_rt))/(1-sqrt(A)*conj(t1)*conj(t2)*exp
        (1i*phi_rt));
   Edrop=-conj(k1)*k2*sqrt(sqrt(A))*exp(1i*phi_rt/2)/(1-sqrt(A)*conj(t1)*conj(
        t2)*exp(1i*phi_rt));
   Qc1=-(pi*L_rt*ng)/(lambda*log(abs(t1)));
   Qc2=-(pi*L_rt*ng)/(lambda*log(abs(t2)));
   Qc=1/(1/Qc1+1/Qc2);
else
   error(1, ' The' ' Filter_type' '  has to be ' ' all-pass' '  or ' ' add-drop
        ' ' .\n' );
end
```

代码 6.5 光波导模式与有效折射率，MATLAB 模型：wg_TElike_1Dprofile_neff.m

```
% wg_TElike_1Dprofile.m - Effective Index Method - 1D mode profile
% Lukas Chrostowski, 2012
% modified by Wei Shi, 2012

% usage, e.g.:
% [xwg, TM_E_TEwg]=wg_TElike_1Dprofile_neff (1.55e-6, 0.22e-6, 0.5e-6, 90e
     -9,3.47, 1, 1.44, 100, 2);
% figure; plot(xwg, TM_E_TEwg(:,1))

function [xwg, TM_E_TEwg, neff_TEwg_1st]=wg_TElike_1Dprofile_neff (lambda, t,
     w, t_slab, n_core, n_clad, n_oxide, pts, M)

% TE (TM) modes of slab waveguide (core and slab portions):
[nTE,nTM]=wg_1D_analytic (lambda, t, n_oxide, n_core, n_clad);
if t_slab>0
   [nTE_slab,nTM_slab] = wg_1D_analytic (lambda, t_slab, n_oxide, n_core,
        n_clad);
```

```
else
   nTE_slab=n_clad; nTM_slab=n_clad;
end
[xslab, TE_Eslab, TE_Hslab, TM_Eslab, TM_Hslab]= wg_1D_mode_profile (lambda, t,
      n_oxide, n_core, n_clad, pts, M);

% TE-like modes of the etched waveguide (for fundamental slab mode):
[nTE,nTM]=wg_1D_analytic (lambda, w, nTE_slab(1), nTE(1), nTE_slab(1));
neff_TEwg_1st=nTM(1);
[xwg, TE_E_TEwg, TE_H_TEwg, TM_E_TEwg, TM_H_TEwg]= wg_1D_mode_profile (lambda,
     w, nTE_slab(1), nTE(1), nTE_slab(1), pts, M);
```

代码 6.6 微环调制器光谱，MATLAB 模型；RingMod_spectrum.m

```
% calculate the ring modulator spectrum
% Wei Shi UBC, 2012
% weis@ece.ucb.ca

function [Ethru Edrop Qi Qc tau_rt Rj Cj]=RingMod_spectrum(lambda, Filter_type,
      r, Lc, L_pn, w, pn_offset, ds_n_plus, ds_p_plus, T, V);
%
Ethru=zeros(1, length(lambda));
Edrop=zeros(1, length(lambda));
Qi=zeros(1, length(lambda));
Qc=zeros(1, length(lambda));
tau_rt=zeros(1, length(lambda));
%
for i=1:length(lambda)
[Ethru(i) Edrop(i) Qi(i) Qc(i) tau_rt(i) Rj Cj]=RingMod(lambda(i), Filter_type,
      r, Lc, L_pn, w, pn_offset, ds_n_plus, ds_p_plus, T, V);
end
```

代码 6.7 微环调制器光谱绘图，MATLAB 模型；RingMod_spectrum_plot.m

```
% Plot the ring modulator spectrum
% Wei Shi, UBC, 2012
% weis@ece.ubc.ca
%
% RingMod_spectrum_plot;

c=299792458;
lambda=1e-9*(1530:0.1:1560);
Filter_type=' add-drop' ;
pn_angle=2*pi; %
r=10e-6; Lc=0; L_pn=2*pi*r*pn_angle/(2*pi); w=500e-9; % WG parameters
pn_offset=0; ds_n_plus=1e-6; ds_p_plus=1e-6; % pn-junction design
T=25; V0=0; % temperature and voltage
```

```
[Ethru0 Edrop0 Qi0 Qc0 tau_rt0 Rj0 Cj0] = RingMod_spectrum (lambda, Filter_type
    , r, Lc, L_pn, w, pn_offset, ds_n_plus, ds_p_plus, T, V0);

figure;
plot(lambda*1e9, [10*log10(abs(Ethru0).^2); 10*log10(abs(Edrop0).^2)], '
    linewidth' , 2);
xlim([min(lambda) max(lambda)]*1e9);
set(gca, ' fontsize' , 14);
xlabel({' \lambda (nm)' }, ' fontsize' , 14);
ylabel({' Transmission (dB)' }, ' fontsize' , 14);
legend(' Through' , ' Drop' );
% zoom at one peak wavelength
lambda_zoom=1e-9*(1540.7:0.0025:1541);
V=-4:1:0;
lenV = length(V); lenLZ = length(lambda_zoom);
Ethru=zeros(lenV, lenLZ); Edrop=zeros(lenV, lenLZ);
A=zeros(lenV, lenLZ);
Qi=zeros(lenV, lenLZ); Qc=zeros(lenV, lenLZ);
Cj=zeros(lenV,1);      Rj=zeros(lenV,1);
for i=1:lenV
[Ethru(i,:) Edrop(i,:) Qi(i,:) Qc(i,:) tau_rt(i,:) Rj(i,:)
       Cj(i,:)]=RingMod_spectrum(lambda_zoom, Filter_type, r, Lc, L_pn, w,
           pn_offset,
       ds_n_plus, ds_p_plus, T, V(i));
end

Qt=1./(1./Qi+1./Qc);% total Q
tp=Qt./(c/1541e-9*2*pi); % photon lifetime
tp_av=sum(tp, 2)/(length(lambda_zoom)); % average photon lifetime across over
    the spectrum
fcq=1./(2*pi*tp_av);
fcj=1./(2*pi*Rj.*Cj);
fc=1./(1./fcq+1./fcj);

figure; plot(lambda_zoom*1e9, 10*log10(abs(Ethru).^2), ' linewidth' , 2);
set(gca, ' fontsize' , 14);
xlabel({' \lambda (nm)' }, ' fontsize' , 14);
ylabel({' Transmission (dB)' }, ' fontsize' , 14);
legend({cat(2, num2str(-V' ), char(ones(length(V),1)*' V' ))}, ' Location' , '
    best' , ' fontsize' , 14);

if strcmp(Filter_type,' add-drop' )
   figure;
   plot(lambda_zoom*1e9, 10*log10(abs(Edrop).^2), ' linewidth' , 2);
   set(gca, ' fontsize' , 14);
   xlabel({' \lambda (nm)' }, ' fontsize' , 14);
   ylabel({' Transmission (dB)' }, ' fontsize' , 14);
```

```
    legend({cat(2, num2str(-V' ), char(ones(length(V),1)*' V' ))}, ' Location' ,
        ' best' , ' fontsize' , 14);
end

figure;
plot(-V, [fcq fcj fc]*1e-9, ' linewidth' , 2);
set(gca, ' fontsize' , 14);
xlabel({' Voltage (V)' }, ' fontsize' , 14);
ylabel({' Cutoff frequency (GHz)' }, ' fontsize' , 14);
legend({' \tau_p determined' ,' p-n junction determined' ,' f_c' }, ' Location
    ' , ' NorthWest' , ' fontsize' , 14);
```

代码 6.8　DEVICE 计算 pn 结相位调制器的电参数 (代码 4.10) 和 MODE 中光参数计算 (代码 6.10) 参数定义

```
# Parameter definitions for the modulator, used for electrical calculations in
     DEVICE and optical calculations in MODE

# define wafer and waveguide structure
thick_rib = 0.13e-6;
width_rib = 0.5e-6;
thick_slab = 0.09e-6;
width_slab = 5e-6;
center_plateau = 3.75e-6;
width_plateau = 2.5e-6;

# define doping
center_pepi = 0.1e-6; # pepi
thick_pepi = 0.3e-6;

x_center_p = -3.075e-6; # implant
x_span_p = 5.85e-6;
z_center_p = -0.105e-6;
z_span_p = 0.39e-6;
diff_dist_fcn = 1; # 0 for erfc, 1 for gaussian
face_p = 5; # upper z
width_junction_p = 0.1e-6;
surface_conc_p = 7e17*1e6;
reference_conc_p = 1e6*1e6;
x_center_n = 3.075e-6;
x_span_n = 5.85e-6;
z_center_n = -0.105e-6;
z_span_n = 0.39e-6;
face_n = 5; # upper z
width_junction_n = 0.1e-6;
surface_conc_n = 5e17*1e6;
reference_conc_n = 1e6*1e6;
```

```
x_center_p_contact = -4e-6; # contact
x_span_p_contact = 4e-6;
z_center_p_contact = -0.04e-6;
z_span_p_contact = 0.52e-6;
diff_dist_fcn_contact = 1; # 0 for erfc, 1 for gaussian
face_p_contact = 5; # upper z
width_junction_p_contact = 0.1e-6;
surface_conc_p_contact = 1e19*1e6;
reference_conc_p_contact = 1e6*1e6;
x_center_n_contact = 4e-6;
x_span_n_contact = 4e-6;
z_center_n_contact = -0.04e-6;
z_span_n_contact = 0.52e-6;
face_n_contact = 5; # upper z
width_junction_n_contact = 0.1e-6;
surface_conc_n_contact = 1e19*1e6;
reference_conc_n_contact = 1e6*1e6;

x_center_p_rib = -0.12e-6; # waveguide
x_span_p_rib = 0.36e-6;
z_center_p_rib = 0.1275e-6;
z_span_p_rib = 0.255e-6;
diff_dist_fcn_rib = 1; # 0 for erfc, 1 for gaussian
face_p_rib = 0; # lower x
width_junction_p_rib = 0.12e-6;
surface_conc_p_rib = 5e17*1e6;
reference_conc_p_rib = 1e6*1e6;
x_center_n_rib = 0.095e-6;
x_span_n_rib = 0.31e-6;
z_center_n_rib = 0.14e-6;
z_span_n_rib = 0.24e-6;
face_n_rib = 1; # upper x
width_junction_n_rib = 0.11e-6;
surface_conc_n_rib = 7e17*1e6;
reference_conc_n_rib = 1e6*1e6;

# define contacts
center_contact = 4.4e-6;
width_contact = 1.2e-6;
thick_contact = 0.5e-6;
voltage_start = -0.5;
voltage_stop = 4;
voltage_interval = 0.25;

# define simulation region
min_edge_length = 0.004e-6;
max_edge_length = 0.6e-6;
max_edge_length_override = 0.007e-6; # mesh override region
```

```
x_center = 0; x_span = 2*center_contact + width_contact;
y_center = 0; y_span = 1e-6; # irrelevant for 2D cross section
z_center = 0; z_span = 5e-6;

# define monitors
filename_mzi = ' mzi_carrier.mat' ;
```

代码 6.9　Lumerical DEVICE 中 pn 结相位调制器的电学模拟，该脚本用来计算空间电荷密度、结电容与电压的关系。器件与仿真参数定义见代码 6.8; modulator_setup_device.lsf

```
# Electrical simulation of the pn-junction phase shifter
# Step 1: in Lumerical DEVICE; this script accomplishes:
# 1) Simulate the DC characteristics of the junction,
#    to export the spatial charge density, for different voltages
# 2) Calculates the junction capacitance versus voltage.
# 3) Calculates the resistance in each slab

newproject; redrawoff;

# modulator geometry variables defined:

modulator_setup_parameters;

# draw geometry
addrect;     # rib
set(' name' ,' rib' );
set(' material' ,' Si (Silicon)' );
set(' x' ,x_center); set(' x span' , width_rib);
set(' y' ,y_center); set(' y span' ,y_span);
set(' z min' ,thick_slab); set(' z max' ,thick_slab+thick_rib);

addrect;     # slab
set(' name' ,' slab' );
set(' material' ,' Si (Silicon)' );
set(' x' ,x_center); set(' x span' , width_slab);
set(' y' ,y_center); set(' y span' ,y_span);
set(' z min' ,z_center); set(' z max' ,thick_slab);

addrect;     # plateau
set(' name' ,' plateau_left' );
set(' material' ,' Si (Silicon)' );
set(' x' ,-center_plateau); set(' x span' , width_plateau);
set(' y' ,y_center); set(' y span' ,y_span);
set(' z min' ,z_center); set(' z max' ,thick_slab+thick_rib);
copy;
set(' name' ,' plateau_right' );
```

```
set('x',center_plateau);

addrect;    # contacts
set('name','anode');
set('material','Al (Aluminium) - CRC');
set('x',-center_contact); set('x span', width_contact);
set('y',y_center); set('y span',y_span);
set('z min',thick_slab+thick_rib); set('z max',thick_slab+thick_rib+
    thick_contact);
copy;
set('name','cathode');
set('x',center_contact);

addrect;    # oxide
set('name','oxide');
set('material','SiO2 (Glass) - Sze');
set('override mesh order from material database',1); set('mesh order',5);
set('override color opacity from material database',1); set('alpha',0.3);
set('x',x_center); set('x span',x_span);
set('y',y_center); set('y span',y_span);
set('z',z_center); set('z span',z_span);

# draw simulation region
adddevice;
set('min edge length',min_edge_length);
set('max edge length',max_edge_length);
set('x',x_center); set('x span',x_span-0.1e-6);
set('y',y_center); set('y span',y_span);
set('z',z_center); set('z span',z_span);

addmesh;
set('name','wg mesh');
set('max edge length',max_edge_length_override);
set('x',x_center); set('x span', width_rib);
set('y',y_center); set('y span',y_span);
set('z min',0); set('z max',thick_slab+thick_rib);
set('enabled',0);

# draw doping regions
adddope;
set('name','pepi');
set('dopant type','p'); # p type
set('x',x_center); set('x span',x_span);
set('y',y_center); set('y span',y_span);
set('z',center_pepi); set('z span',thick_pepi);

adddiffusion;
set('name','p implant');
```

```
set('x',x_center_p); set('x span',x_span_p);
set('y',y_center); set('y span',y_span);
set('z',z_center_p); set('z span',z_span_p);
set('dopant type','p');
set('face type',face_p);
set('junction width',width_junction_p);
set('distribution index',diff_dist_fcn);
set('concentration',surface_conc_p);
set('ref concentration',reference_conc_p);

adddiffusion;
set('name','n implant');
set('x',x_center_n); set('x span',x_span_n);
set('y',y_center); set('y span',y_span);
set('z',z_center_n); set('z span',z_span_n);
set('dopant type','n');
set('face type',face_n);
set('junction width',width_junction_n);
set('distribution index',diff_dist_fcn);
set('concentration',surface_conc_n);
set('ref concentration',reference_conc_n);

adddiffusion;
set('name','p++');
set('x',x_center_p_contact); set('x span',x_span_p_contact);
set('y',y_center); set('y span',y_span);
set('z',z_center_p_contact); set('z span',z_span_p_contact);
set('dopant type','p');
set('face type',face_p_contact);
set('junction width',width_junction_p_contact);
set('distribution index',diff_dist_fcn_contact);
set('concentration',surface_conc_p_contact);
set('ref concentration',reference_conc_p_contact);

adddiffusion;
set('name','n++');
set('x',x_center_n_contact); set('x span',x_span_n_contact);
set('y',y_center); set('y span',y_span);
set('z',z_center_n_contact); set('z span',z_span_n_contact);
set('dopant type','n');
set('face type',face_n_contact);
set('junction width',width_junction_n_contact);
set('distribution index',diff_dist_fcn_contact);
set('concentration',surface_conc_n_contact);
set('ref concentration',reference_conc_n_contact);

adddiffusion;
set('name','p wg implant');
```

```
set('x',x_center_p_rib); set('x span',x_span_p_rib);
set('y',y_center); set('y span',y_span);
set('z',z_center_p_rib); set('z span',z_span_p_rib);
set('dopant type','p');
set('face type',face_p_rib);
set('junction width',width_junction_p_rib);
set('distribution index',diff_dist_fcn_rib);
set('concentration',surface_conc_p_rib);
set('ref concentration',reference_conc_p_rib);

adddiffusion;
set('name','n wg implant');
set('x',x_center_n_rib); set('x span',x_span_n_rib);
set('y',y_center); set('y span',y_span);
set('z',z_center_n_rib); set('z span',z_span_n_rib);
set('dopant type','n');
set('face type',face_n_rib);
set('junction width',width_junction_n_rib);
set('distribution index',diff_dist_fcn_rib);
set('concentration',surface_conc_n_rib);
set('ref concentration',reference_conc_n_rib);

# draw monitors
addchargemonitor; # capacitance
set('monitor type',6); # 2D y-normal
set('integrate total charge',1);
set('x',x_center); set('x span',x_span);
set('z min',0); set('z max',thick_slab+thick_rib);
set('save data',1);
set('filename',filename_mzi);

# set contacts
addcontact; # anode
setcontact('new_contact','name','anode');
setcontact('anode','geometry','anode');
addcontact; # cathode
setcontact('new_contact','name','cathode');
setcontact('cathode','geometry','cathode');
setcontact('cathode','dc','fixed contact',0);
setcontact('cathode','dc','range start',voltage_start);
setcontact('cathode','dc','range stop',voltage_stop);
setcontact('cathode','dc','range interval',voltage_interval);

# 1) Simulate the DC characteristics of the junction,
#    export the spatial charge density, for different voltages
save('pn_wg_dcsweep.ldev');
run;
```

```
# 2) Calculates the junction capacitance versus voltage.
#    compare with experimental results
CV_baehrjones = [-0.4, 0.261; -0.25, 0.248; 0, 0.223; 0.25, 0.208; 0.5, 0.198;
     0.75, 0.190; 1.0, 0.184; 1.5, 0.175; 2.0, 0.168; 3.0, 0.157; 4.0, 0.150];

# perform two simulations, separated by ’ dv’ , for each voltage step.
# this is used to determine the change in charge for the small voltage change,
# to find the capacitance.
vmin = -0.4; vmax = 4; N = 12;
dv = 0.025;
vdv = matrix(2*N,1);
vdv(1:2:(2*N)) = linspace(vmin,vmax,N);
vdv(2:2:(2*N)) = vdv(1:2:(2*N)) + sign(vmax)*dv;

switchtolayout;

# set contact bias
setcontact(’ cathode’ ,’ dc’ ,’ voltage table’ ,vdv);
setcontact(’ cathode’ ,’ dc’ ,’ dc mode’ ,2);
setcontact(’ cathode’ ,’ dc’ ,’ fixed contact’ ,0);

# refine mesh for C calculation
setnamed(’ wg mesh’ ,’ enabled’ ,1);

# don’ t save this result to file
setnamed(’ monitor’ ,’ save data’ ,0);
save(’ pn_wg_cvanalysis.ldev’ );
run;

total_charge = getresult(’ monitor’ ,’ total_charge’ );
Qn = e*pinch(total_charge.n);
Qp = e*pinch(total_charge.p);

Cn = abs(Qn(2:2:(2*N))-Qn(1:2:(2*N)))/dv;
Cp = abs(Qp(2:2:(2*N))-Qp(1:2:(2*N)))/dv;
V = vdv(1:2:(2*N));

# User should check for convergence; Cn and Cp should be equal:
#plotxy(V,Cn*1e15*1e-6,V,Cp*1e15*1e-6,"Voltage (V)","Capacitance (fF/um)");

# Final result:
plotxy(V,0.5*(Cn+Cp)*1e15*1e-6,CV_baehrjones(1:11,1),CV_baehrjones(1:11,2),"
     Voltage (V)","Capacitance (fF/um)");

#
# 3) Calculate the resistance in each slab
#    Add a contact in the middle then adjust simulation region
switchtolayout;
```

```
addrect;   # rib contact
set('name','r_contact');
set('material','Al (Aluminium) - CRC');
set('x',x_center); set('x span', 0.5*width_rib);
set('y',y_center); set('y span',y_span);
set('z min',z_center); set('z max',thick_slab+thick_rib+thick_contact);
set('override mesh order from material database',1);
set('mesh order',1);

vtest_max = 0.5;
addcontact;
setcontact('new_contact','name','r_test');
setcontact('r_test','geometry','r_contact');
setcontact('r_test','dc','fixed contact',0);
setcontact('r_test','dc','range start',0);
setcontact('r_test','dc','range stop',vtest_max);
setcontact('r_test','dc','range interval',0.1);

setcontact('anode','dc','fixed contact',1);
setcontact('cathode','dc','fixed contact',1);

setnamed('Device region','x',x_center);
setnamed('Device region','x span',x_span-0.1e-6);
setnamed('Device region','solver type','newton');
setnamed('Device region','x min',x_center);

save('pn_wg_R.ldev');
run;

test_result = getresult('Device region','r_test');
Itest = pinch(test_result.I);
Itest_max = abs(Itest(length(Itest)));
?"R_cathode = " + num2str(vtest_max/Itest_max * getnamed('Device region','
     norm length')/0.01) + " Ohm-cm";

switchtolayout;
setnamed('Device region','x',x_center);
setnamed('Device region','x span',x_span-0.1e-6);
setnamed('Device region','x max',x_center);

run;

test_result = getresult('Device region','r_test');
Itest = pinch(test_result.I);
Itest_max = abs(Itest(length(Itest)));
?"R_anode = " + num2str(vtest_max/Itest_max * getnamed('Device region','norm
      length')/0.01) + " Ohm-cm";
```

代码 6.10　Lumerical MODE 中 pn 结相位调制器光学模拟，脚本用于计算相应等离子色散效应；modulaotr_setup_mode.lsf

```
# Optical simulation of the pn-junction phase modulator
# Step 2: in Lumerical MODE; this script accomplishes:
# 1) Loads the carrier density from electrical simulations, and
#    calculates the neff vs voltage
# 2) Exports the results for INTERCONNECT compact modelling.

newproject; redrawoff;

# modulator geometry variables defined:
modulator_setup_parameters;

# add material
np_material_name = ' silicon with carriers' ;
new_mat = addmaterial(' np Density' );
setmaterial(new_mat,' name' ,np_material_name);
setmaterial(np_material_name,' use soref and bennet model' ,1);
setmaterial(np_material_name,' Base Material' ,' Si (Silicon) - Palik' );

# add data source (np density grid attribute)
matlabload(filename_mzi); # read in charge dataset
addgridattribute(' np Density' );
importdataset(charge); # attach to grid attribute
set(' name' ,filename_mzi);

# define simulation region for MODE calculations
x_span = width_slab - 1e-6; # truncate the contact regions
z_span = 3e-6;
override_mesh_size = 0.01e-6;

# draw geometry
addrect;     # oxide
set(' name' ,' oxide' );
set(' material' ,' SiO2 (Glass) - Palik' );
set(' override mesh order from material database' ,1); set(' mesh order' ,5);
set(' override color opacity from material database' ,1); set(' alpha' ,0.3);
set(' x' ,x_center); set(' x span' ,width_slab);
set(' y' ,y_center); set(' y span' ,y_span);
set(' z' ,0); set(' z span' ,z_span);

addrect;    # rib
set(' name' ,' rib' );
set(' material' ,np_material_name);
set(' x' ,x_center); set(' x span' , width_rib);
set(' y' ,y_center); set(' y span' ,y_span);
set(' z min' ,thick_slab); set(' z max' ,thick_slab+thick_rib);
```

```
addrect;    # slab
set('name','slab');
set('material',np_material_name);
set('x',x_center); set('x span', width_slab);
set('y',y_center); set('y span',y_span);
set('z min',z_center); set('z max',thick_slab);

# simulation region
addfde;
set('solver type','2D Y normal');
set('x',x_center); set('x span',x_span);
set('z',0);

addmesh;
set('name','wg mesh');
set('dx',override_mesh_size);
set('dz',override_mesh_size);
set('override y mesh',0);
set('x',x_center); set('x span', width_rib);
set('z min',0); set('z max',thick_slab+thick_rib);

# run simulation
V = voltage_start:voltage_interval:voltage_stop;
neff = matrix(length(V));

for (i=1:length(V)){
    switchtolayout;
    setnamed(filename_mzi,'V_cathode_index',i);
    findmodes;
    neff(i) = getdata('mode1','neff');
}

# write out
dneff = real(neff - neff(find(V>=0,1))); # relative change in index

la0 = getnamed("FDE","wavelength"); # central wavelength
rel_phase = 2*pi*dneff/la0*1e-2; # phase change /cm
alpha_dB_cm = -0.2*log10(exp(1))*(-2*pi*imag(neff)/la0);

plot(V,rel_phase, "Voltage (V)", "Relative phase (rad./cm)");
plot(V,alpha_dB_cm, "Voltage (V)", "loss (dB/cm)");

data = [V,dneff,imag(neff)];
write("modulator_neff_V.dat",num2str(data)); # for INTERCONNECT
```

代码 6.11 Lumerical Mode Solutions 中计算掺杂偏移量对 pin 光波导附件损耗影响曲线；wg__PIN.lsf

```
# wg_PIN.lsf - draw the PIN waveguide geometry in Lumerical MODE
new(1);
wg_2D_draw;

wavelength=1550e-9;

#N=5e20; P=1.9e20; # N++/ P++
#N=3e18; P=2e18; # N+ / P+
N=5e17; P=7e17; # N / P
alphaN_m = 3.52e-6*wavelength^2*N*100;
alphaP_m = 2.4e-6*wavelength^2*P*100;
k_P = wavelength * alphaP_m /4/pi;
k_N = wavelength * alphaN_m /4/pi;

matP = "P++";
temp = addmaterial("(n,k) Material");
setmaterial(temp, "name",matP);
setmaterial(matP, "Refractive Index", 3.47);
setmaterial(matP, "Imaginary Refractive Index", k_P);

matN = "N++";
temp = addmaterial("(n,k) Material");
setmaterial(temp, "name",matN);
setmaterial(matN, "Refractive Index", 3.47);
setmaterial(matN, "Imaginary Refractive Index", k_N);

# draw P++ doping
addrect; set("name", "P++"); set("material", matP);
set("y min", 0.8e-6);    set("y max", Ymax);
set("z min", 0); set("z max", thick_Slab);
set("x min", Xmin); set("x max", Xmax);

# draw N++ doping
addrect; set("name", "N++"); set("material", matN);
set("y max", -0.8e-6);   set("y min", -Ymax);
set("z min", 0); set("z max", thick_Slab);
set("x min", Xmin); set("x max", Xmax);

# define simulation parameters
meshsize    = 20e-9; # maximum mesh size

# add 2D mode solver (waveguide cross-section)
addfde; set("solver type", "2D X normal");
set("x", 0);
set("y", 0); set("y span", Y_span);
```

```
set("z max", Zmax); set("z min", Zmin);
set("wavelength", wavelength); set("solver type","2D X normal");
set("define y mesh by","maximum mesh step"); set("dy", meshsize);
set("define z mesh by","maximum mesh step"); set("dz", meshsize);
set("number of trial modes",1);

# define parameters to sweep
doping_offset_list=[0:.1:1.5]*1e-6; # sweep doping offset

select("FDE"); set("solver type","2D X normal"); # 2D mode solver
loss = matrix (length(doping_offset_list) );

for(ii=1:length(doping_offset_list)) {
   switchtolayout;
   setnamed("P++","y min", doping_offset_list(ii)+width_ridge/2);
   setnamed("N++","y max", -doping_offset_list(ii)-width_ridge/2);
   n=findmodes;
   loss(ii) =( getdata ("FDE::data::mode1","loss") ); # dB/m
}

plot (doping_offset_list, loss/100,"Doping offset","Excess Loss [dB/cm]", "","
     log10y");
matlabsave (' wg_PIN_low' , doping_offset_list, loss);
```

代码 6.12 利用 MATLAB PDE 对脊形波导上面金属加热器进行热建模：Thermal_Waveguide.m

```
function pdemodel

% Geometry and parameter definitions
Width=50; % in unit microns
MetalWidth=1;
MetalThickness=0.5;
MetalLength=100;
MetalWGDistance=1;
WGWidth=0.5;
WGHeight=0.22;
kSi = 149e-6; % Thermal conductivity, W / (micron.K)
kSiO2 = 1.4e-6;
kAl = 250e-6;
Qsource=0.01; % Heat source in the metal [W]
Q = Qsource / MetalThickness / MetalWGDistance / MetalLength; % unit of W /
micron^3;

%%%%%%%%%%%%%
% code generated by Matlab PDE ToolBox:
%%%%%%%%%%%%%
[pde_fig,ax]=pdeinit;
```

```
pdetool(' appl_cb' ,9);
set(ax,' DataAspectRatio' ,[1 1 1]);
set(ax,' PlotBoxAspectRatio' ,[10 6 1]);
set(ax,' XLim' ,[-10 10]);
set(ax,' YLim' ,[-10 2]);
set(ax,' XTickMode' ,' auto' );
set(ax,' YTickMode' ,' auto' );

% Geometry description:
pderect([-50 50 2 -2],' Oxide' );
pderect([-0.5 0.5 1.22 1.72],' Metal' );
pderect([-0.25 0.25 0 0.22],' Si' );
pderect([-50 50 -2 -100],' SiSubstrate' );
set(findobj(get(pde_fig,' Children' ),' Tag' ,' PDEEval' ),' String' ,' Oxide+
     Metal+Si+SiSubstrate' )

% Boundary conditions:
pdetool(' changemode' ,0)
pdesetbd(14, ' neu' , 1, ' 0' ,' 0' )
pdesetbd(13, ' neu' , 1, ' 0' ,' 0' )
pdesetbd(10, ' neu' , 1, ' 0' ,' 0' )
pdesetbd(7, ' neu' , 1, ' 0' ,' 0' )
pdesetbd(6, ' neu' , 1, ' 0' ,' 0' )
pdesetbd(4, ' dir' , 1, ' 1' ,' 0' )

% Mesh generation:
setappdata(pde_fig,' Hgrad' ,1.3);
setappdata(pde_fig,' refinemethod' ,' regular' );
setappdata(pde_fig,' jiggle' ,char(' on' ,' mean' ,' ' ));
setappdata(pde_fig,' MesherVersion' ,' preR2013a' );
pdetool(' initmesh' )
pdetool(' refine' )
pdetool(' refine' )

% PDE coefficients:
pdeseteq(1,
' 1.4e-6!149e-6!250e-6!149e-6' ,
' 0!0!0!0' ,
' (0)+(0).*(0.0)!(0)+(0).*(0.0)!(0.0002)+(0).*(0.0)!(0)+
(0).*(0.0)' ,...
           ' (1.0).*(1.0)!(1.0).*(1.0)!(1.0).*(1.0)!(1.0).*(1.0)'
           ' 0:10' ,
           ' 0.0' ,
           ' 0.0' ,
           ' [0 100]' )
setappdata(pde_fig,' currparam' ,
[' 1.0!1.0!1.0!1.0 ' ;
' 1.0!1.0!1.0!1.0 ' ;
```

```
' 1.4e-6!149e-6!250e-6!149e-6' ;
' 0!0!0.002!0 ' ;
' 0!0!0!0 ' ;...
' 0.0!0.0!0.0!0.0 ' ])

% Solve parameters:
setappdata(pde_fig,' solveparam' ,
  char(' 0' ,' 22368' ,' 10' ,' pdeadworst' , ' 0.5' ,' longest' ,' 0' ,' 1E-4
      ' ,' ' ,' fixed' ,' Inf' ))
% Plotflags and user data strings:
setappdata(pde_fig,' plotflags' ,[1 1 1 1 1 1 7 1 0 0 0 1 1 1 0 0 0 1]);
setappdata(pde_fig,' colstring' ,' ' );
setappdata(pde_fig,' arrowstring' ,' ' );
setappdata(pde_fig,' deformstring' ,' ' );
setappdata(pde_fig,' heightstring' ,' ' );

% Solve PDE:
pdetool(' solve' )

%%% End of PDE ToolBox code.

%%%%%%%%%%%%%%
% Extract data from PDE ToolBox and plot
%%%%%%%%%%%%%%

pde_fig=findobj(allchild(0),' flat' ,' Tag' ,' PDETool' );
u = get(findobj(pde_fig,' Tag' ,' PDEPlotMenu' ),' UserData' );
h=findobj(get(pde_fig,' Children' ),' flat' ,' Tag' ,' PDEMeshMenu' );
hp=findobj(get(h,' Children' ),' flat' ,' Tag' ,' PDEInitMesh' );
he=findobj(get(h,' Children' ),' flat' ,' Tag' ,' PDERefine' );
ht=findobj(get(h,' Children' ),' flat' ,' Tag' ,' PDEMeshParam' );
p=get(hp,' UserData' );
t=get(ht,' UserData' );

% get geometry to overlay on plot
pdetool(' export' ,2);
pause

g=evalin(' base' ,' g' );
fid = wgeom(g, ' geom' );

% Plot 2D data:
xlist =[-5:.05:5];
ylist =[-4:.05:2];
[X,Y] = meshgrid(xlist, ylist);
UXY=tri2grid(p,t,u,xlist,ylist);
figure; [c, h] = contourf(X,Y,UXY,20); colorbar;
c=colormap(' hot' ); c=c(end:-1:1,:); colormap(c)
```

```
hold all; h=pdegplot(' geom' );
set(h,' LineWidth' ,3,' Color' ,' b' );
global FONTSIZE
FONTSIZE=20;
xlabel (' x Position [\mum]' ,' FontSize' ,FONTSIZE)
ylabel (' y Position [\mum]' ,' FontSize' ,FONTSIZE)
pbaspect([ (xlist(end)-xlist(1))/(ylist(end)-ylist(1)) 1 1])
printfig (' thermal1' );

% plot 1D
xlist =[0]; ylist =[-5:.01:2];
[X,Y] = meshgrid(xlist, ylist);
UXY=tri2grid(p,t,u,xlist,ylist);
figure; plot (Y, UXY,' LineWidth' ,3);
xlabel (' y Position [\mum]' ,' FontSize' ,FONTSIZE)
ylabel (' Temperature' ,' FontSize' ,FONTSIZE)
yl=ylim;ylim([0 yl(2)]); grid on
xlim([ylist(1) ylist(end)]);
printfig (' thermal2' );

% Temperature inside waveguide
q=find(ylist>.09);
T_wg=UXY(q(1))

% Temperature inside metal
q=find(ylist>1.4);
T_metal=UXY(q(1))

% Thermal tuning efficiency calculations:
dndT = 1.87e-4;
FSR_fraction = dndT*T_wg*MetalLength / 1.55
mW_per_FSR = Qsource*1e3 / FSR_fraction

function printfig (file)
global FONTSIZE
set (gca, ' FontSize' ,FONTSIZE)
pdf = [ file ' .pdf' ];
print (' -dpdf' , pdf); system([ ' pdfcrop ' pdf ' ' pdf ]);
```

参考文献

[1] R. Soref and B. Bennett. "Electrooptical effects in silicon". IEEE Journal of Quantum Electronics **23**.1 (1987), pp. 123–129 (cit. on p. 217).

[2] G. T. Reed, G.Mashanovich, F. Y. Gardes, and D. J. Thomson. "Silicon optical modulators". Nature Photonics **4**.8 (2010), pp. 518–526 (cit. on p. 217).

[3] M. Nedeljkovic, R. Soref, and G. Z. Mashanovich. "Free-carrier electro-refraction and electroabsorption modulation predictions for silicon over the 1–14 micron infrared wave-

length range". IEEE Photonics Journal **3**.6 (2011), pp. 1171–1180. DOI: 10.1109/JPHOT.2011.2171930 (cit. on pp. 217, 219).

[4] T. Baehr-Jones, R. Ding, Y. Liu, et al. "Ultralow drive voltage silicon traveling-wave modulator". Optics Express **20**.11 (2012), pp. 12014–12020 (cit. on pp. 224, 225).

[5] Xi Xiao, Hao Xu, Xianyao Li, et al. "25 Gbit/s silicon microring modulator based on misalignment-tolerant interleaved PN junctions". Optics Express **20**.3 (2012), pp. 2507–2515. DOI: 10.1364/OE.20.002507 (cit. on p. 226).

[6] Tom Baehr-Jones, Ran Ding, Ali Ayazi, et al. "A 25 Gb/s silicon photonics platform". arXiv:1203.0767v1 (2012) (cit. on pp. 226, 234).

[7] W. Bogaerts, P. De Heyn, T. Van Vaerenbergh, et al. "Silicon microring resonators". Laser & Photonics Reviews **6**.1 (2012), pp. 43–73. (cit. on p. 226).

[8] Guoliang Li, Ashok V. Krishnamoorthy, Ivan Shubin, et al. "Ring resonator modulators in silicon for interchip photonic links". IEEE Journal of Selected Topics in Quantum Electronics **19**.6 (2013), p. 3401819(cit. on p. 226).

[9] Lukas Chrostowski, Samantha Grist, Jonas Flueckiger, et al. "Silicon photonic resonator sensors and devices". Proceedings of SPIE Volume 8236; Laser Resonators, Microresonators, and Beam Control XIV (Jan. 2012) (cit. on p. 230).

[10] Wei Shi, Xu Wang, Charlie Lin, et al. "Silicon photonic grating-assisted, contra-directional couplers". Optics Express **21**.3 (2013), pp. 3633–3650 (cit. on p. 232).

[11] Matthew Streshinsky, Ran Ding, Yang Liu, et al. "Low power 50 Gb/s silicon traveling wave Mach-Zehnder modulator near 1300 nm". Optics Express **21**.25 (2013), pp. 30350–30357 (cit. on p. 234).

[12] John E. Cunningham, Ivan Shubin, Xuezhe Zheng, et al. "Highly-efficient thermally-tuned resonant optical filters". Optics Express **18**.18 (2010), pp. 19055–19063 (cit. on p. 236).

[13] Tsung-Yang Liow, JunFeng Song, Xiaoguang Tu, et al. "Silicon optical interconnect device technologies for 40 Gb/s and beyond". IEEE JSTQE **19**.2 (2013), p. 8200312. DOI: 10.1109/JSTQE.2012.2218580 (cit. on pp. 236, 240).

[14] Qing Fang, Jun Feng Song, Tsung-Yang Liow, et al. "Ultralow power silicon photonics thermo-optic switch with suspended phase arms". IEEE Photonics Technology Letters **23**.8 (2011), pp. 525–527 (cit. on p. 236).

[15] PDE – Partial Differential Equation Toolbox – MATLAB. [Accessed 2014/04/14]. URL: http://www.mathworks.com/products/pde/ (cit. on p. 237).

[16] Michael R. Watts, Jie Sun, Christopher DeRose, et al. "Adiabatic thermo-optic Mach–Zehnder switch". Optics Letters **38**.5 (2013), pp. 733–735 (cit. on p. 240).

[17] T. Chu, H. Yamada, S. Ishida, and Y. Arakawa. "Compact 1 × N thermo-optic switches based on silicon photonic wire waveguides". Optics Express **13**.25 (2005), pp. 10109–10114 (cit. on p. 240).

第 7 章　光电探测器

光电探测器可将光信号转换为电信号，是单片集成硅光子的关键器件。但在标准通信波长 (1310nm 和 1550nm) 下，硅不是有效的光吸收材料。目前在硅材料上构建光电探测器的技术已开发出了许多，包括外延生长锗 [1]、III-V 族键合 [2]、等离子吸收 [3,4]、亚带隙硅探测 [5−10] 及表面态吸收 [11] 等。外延生长锗探测器以其 CMOS 兼容性、较高的响应速度、较低的尺寸和较高的速率成为最实用的探测器技术 [12−14]。本章将介绍锗硅光子电探测器的设计和性能 (图 7.1)，实验结果基于新加坡 IME 通过 OpSIS 制造的探测器 [12]。

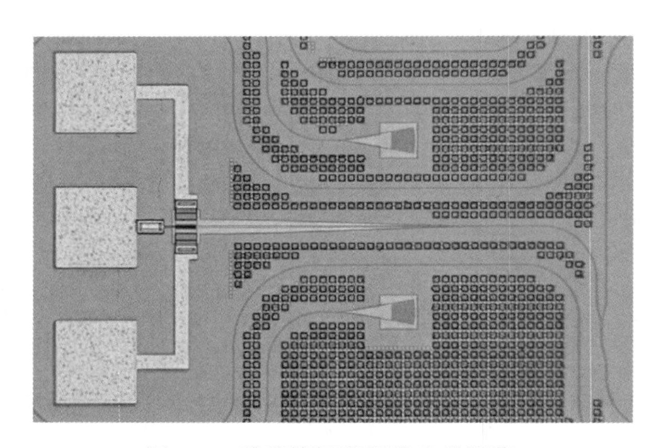

图 7.1　硅基锗探测器的光学图像

7.1　性 能 参 数

表征光电探测器的性能指标有三个重要的参数：第一个参数是响应度，是衡量每单位光功率入射到探测器上所产生的电流，与波长有关；第二个参数为带宽，它表示探测器对不同级别的光信号的响应速率；第三个参数是暗电流，指探测器在没有入射光功率时的电流，高的暗电流会对探测器的噪声产生影响。

7.1.1　响应度

响应度是光功率转换为电流的关键特征，简单定义响应度 R 为入射光功率 P 与电流 I 的比值，单位为 A/W，即

$$R = \frac{I}{P} \tag{7.1}$$

另一个与响应度相似的参数是量子效率 η，同样表示光功率和电功率之间的转换效率，但它与最大可能电流有关。量子效率为 1 表示每个光子产生一个被探测器捕获的电子空穴对，可通过以下关系将量子效率转换为响应度：

$$R = \eta \frac{q\lambda}{hc} \tag{7.2}$$

式中 η 为量子效率，q 为电子电荷，λ 为光波长，h 为普朗克常量，c 为光速。式 (7.2) 表明当量子效率为 1 时，探测器在 1550nm 波长处最大响应率为 1.25A/W、在 1310nm 处最大响应率为 1.06A/W。量子效率可通过测得响应度除以特定波长下的最大响应率得出，例如，1550nm 下探测器响应度为 0.5A/W，则其量子效率为 40%。通过使用诸如雪崩放大的技术，可以将量子效率提高到大于 1。

7.1.2 带宽

光电探测器的带宽决定其对调制光输入的响应速率，影响光电探测器带宽的主要因素有两个，即渡越时间 (Transit Time) 和 RC 寄生响应。

1. 渡越时间

渡越时间就是光生载流子渡越光电探测器有源区域的时间，但并不是所有的载流子都能同时到达电极，相反，入射光脉冲产生的载流子到达探测器电极的时间是有一定范围的，关于该影响的详细介绍可参考文献 [15]。载流子的速率为

$$v = \mu E \tag{7.3}$$

式中 μ 为载流子迁移率，E 为电场。需要说明的是电子和空穴具有不同的迁移率 (具体数值见 7.5.2 节)。当有足够高的偏置电场时，载流子将达到一个饱和速度 v_{sat} (见表 7.1)，迁移率被修正为

$$\mu_{\text{sat}} = \frac{\mu}{\sqrt{1 + \left(\frac{\mu E}{v_{\text{sat}}}\right)^2}} \tag{7.4}$$

表 7.1 硅和锗的迁移率及饱和速度参数 [16]

	e^-(Si)	h^+(Si)	e^-(Ge)	h^+(Ge)
迁移率/(cm^2/(V·s))	1400	500	3900	1900
饱和速度/(m/s)	1×10^5	0.7×10^5	0.7×10^5	0.63×10^5

如考虑一个 0.5μm 高的锗探测器，均匀产生电荷。瞬时光脉冲打在检测器上，形成载流子。为了收集全部电荷，空穴和电子必须都以全高度 (h) 移动。带宽根据参考文献 [17] 有

$$f_{\text{transit}} = 0.38\frac{v_{\text{sat}}}{h} = 60\text{GHz} \tag{7.5}$$

2. RC 响应

光电探测器电路的阻抗特性是决定探测器带宽的第二个因素。寄生电效应常被简化为 RC 电路模型，如图 7.2 所示。光电探测器本身在虚线框中显示为带有并联电容器 C_{pd} 和单电阻器 R_{pd} 的电流源，探测器上的负载由第二个电阻 R_{load} 给出。考虑结电容为 40fF、探测器电阻为 150Ω、负载为 50Ω 的电路，则 RC 时间常数 τ_{RC} 为 2ps。RC 限制而产生的带宽为

$$f_{RC} = \frac{1}{2\pi RC} = 20\text{GHz} \tag{7.6}$$

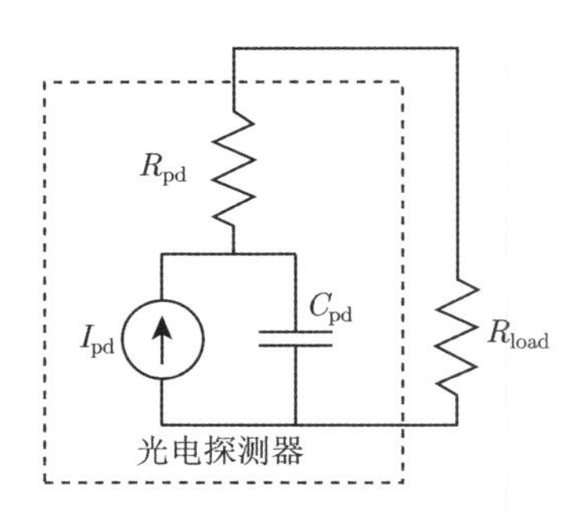

图 7.2　光电探测器电路等效电路

包含 RC 和渡越时间效应的总带宽为

$$f = \left(\frac{1}{f_{RC}^2} + \frac{1}{f_{\text{transit}}^2}\right)^{-1/2} \tag{7.7}$$

锗探测器已经在非常高的带宽下进行了测试，如 20~40GHz，最快的探测器可以达到 120GHz[18]，图 7.3 为锗探测器的频率响应。

3. 暗电流

作为直流电流偏移，可以从总电流中减去暗电流来计算光电流信号，但是过多的暗电流会引起探测器的噪声。体生成和表面生成是影响总暗电流的两个因素。

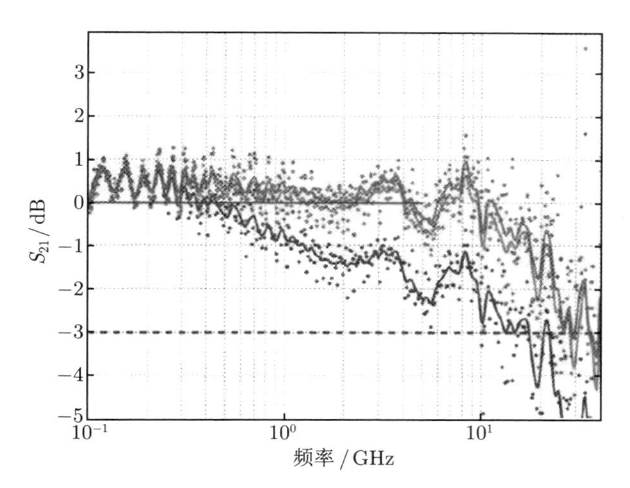

图 7.3 电压为 0、2V 和 4 V 时宽度为 8μm、长 10μm 的光电探测器小信号调制响应

体生成是一种与体积有关的机制,该机制主要来自 Shockley-Read-Hall (SRH) 过程 [19]。硅和锗之间的较大晶格失配导致了位错，从而允许中间带隙态的存在。低电场条件下，体电流密度相对恒定。随着电场的增加，带隙弯曲导致更高的体电流密度且随外加电场呈指数增加，如图 7.4 所示。

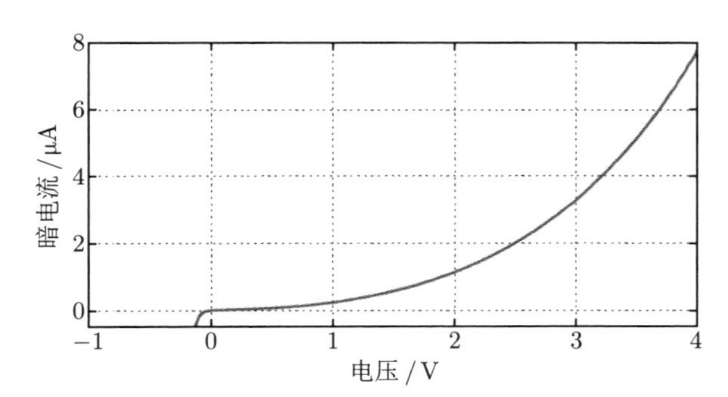

图 7.4 pin 光电探测器的暗电流随偏置电压增加而增加

表面生成是暗电流产生的第二个原因，是表面缺陷的结果，如悬空键。锗的表面钝化比硅更难以被氧化硅完全钝化，其他材料 (如氧化锗) 被用于钝化，并取得成功 [20]。

总暗电流根据参考文献 [20] 有

$$I_{\text{dark}} = J_{\text{bulk}} \cdot A + J_{\text{surf}}\sqrt{4\pi}\sqrt{A} \tag{7.8}$$

假设体电流占主导地位，暗电流会随着探测器的面积变化而变化。锗探测器的实验结果如图 7.5 所示，暗电流随探测器面积呈近似线性增加。

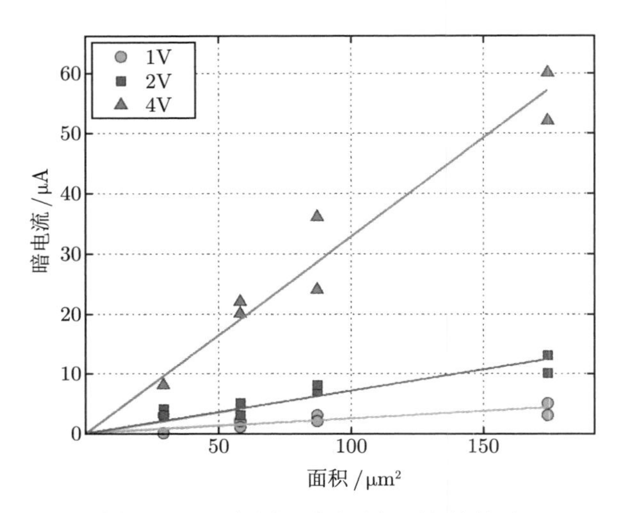

图 7.5　pin 探测器暗电流与面积的关系

散粒噪声通常是硅光子电探测器中锗的主要噪声因素。暗电流产生的散粒噪声由下式得出：

$$I_n = \sqrt{2qI_{\text{dark}}\text{BW}} \tag{7.9}$$

式中 I_{dark} 是暗电流。暗电流为 10μA、带宽为 BW = 10GHz 的硅基锗探测器，对应的散粒噪声为 180nA。

本例中，更快的带宽对暗电流有更高的要求，以提供相同的信噪比。然而，接收器中的电放大通常会造成接收器中的大部分噪声。因此根据应用情况，暗电流感应噪声可忽略不计。

7.2　光电探测器制造

有多种不同的材料可用来制造光电探测器，本节重点介绍在 1310nm 和 1550nm 常见电信波长下工作的探测器。硅具有相对较大的带隙 1.12eV (1107nm)，整体上是一种低效的吸收材料。表 7.2 列出了三种可替代体硅的吸收材料，特别是锗材料，其吸收参数与波长的关系如图 7.6 所示。

表 7.2　用于硅平台上构建通信波长段的探测器材料选择

材料	硅	锗	III-V 族
带隙	亚带隙	非直接带隙	直接带隙
波长	可变	可达 1570nm	可变
工艺	易	中	难
性能	低	高	高

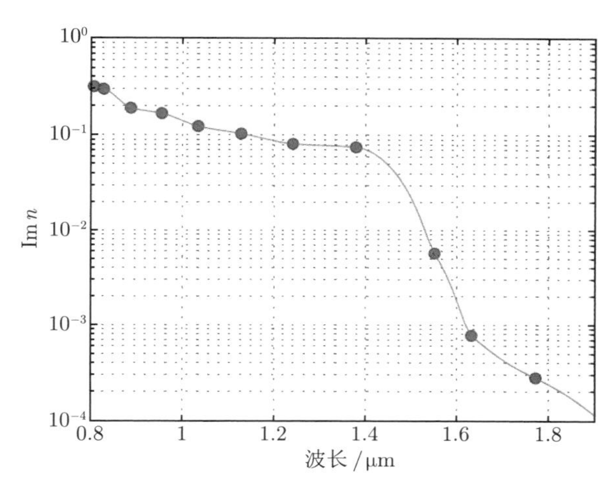

图 7.6 体锗材料的光吸收系数，1550nm 波长下其虚部折射率为 0.00567[21]

为了简化制造，用硅作为探测器的吸收材料是最理想的。体硅是不能用作电信波长下的光吸收材料，但已经开发了许多技术来实现基于硅的探测器，包括基于损伤的探测器 [5−10,22]、等离子肖特基探测器 [3,4]。但这些硅基探测器都存在响应度低、暗电流大、高热预算和较差带宽等问题。混合 III-V 族集成硅探测器解决了上述问题，具有非常高的性能 [23]，但是将 III-V 族材料键合到硅上大大增加了工艺复杂性。

锗可以通过化学气相沉积法 (CVD) 在 CMOS 晶圆厂沉积，称为“CMOS 工艺兼容”，但硅上外延生长锗却面临着巨大的挑战 (图 7.7)。因为硅和锗之间有较大的晶格失配 (超过 4%)，限制了锗薄膜的质量 [1]。此外，制造过程中锗的低热预算也有很大的限制。制造缺陷会导致探测器性能下降，包括较高的暗电流。科研人员一直致力于解决以上问题，特别是晶格失配。目前常用的技术是生长一层较薄的低温锗或硅锗缓冲层，然后在上面生长一层较厚的锗层 [1]。图 7.8 为该缓冲层的横截面，缓冲层将缺陷限制在一个小区域内，并提供一个大区域低缺陷的顶层。图 7.9 为该锗探测器的响应度与波长的关系。

(a) 光学显微镜图像

(b) 电子显微镜图像

图 7.7 外延后锗硅探测器的光学和电子显微镜图像

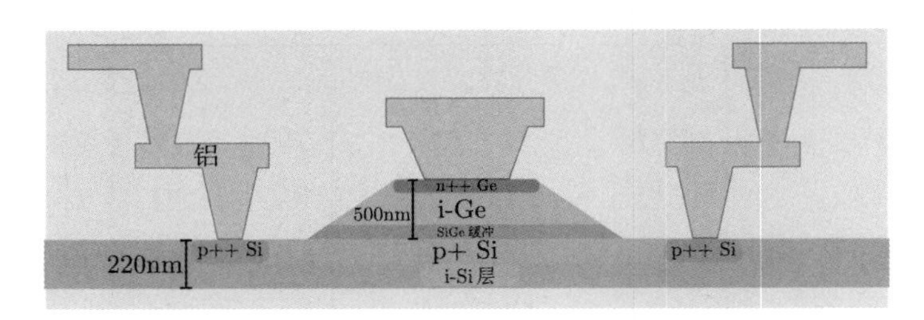

图 7.8 垂直 pin 硅上锗探测器的横截面

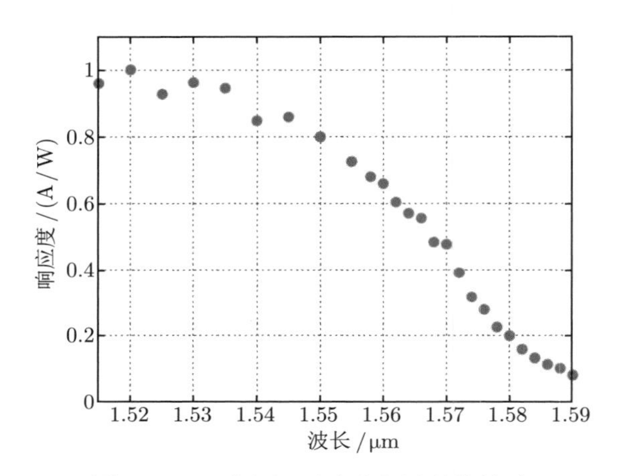

图 7.9 pin 探测器响应度与波长的关系

7.3 光电探测器类型

硅基锗材料系统可用于设计许多不同类型的光电探测器，不同类型的探测器有各自的优缺点，本节讨论三种在硅光子中具有潜在应用的探测器，包括光导探测器、PIN 探测器和雪崩光电探测器。

7.3.1 光导探测器

由于对线性度和速度的要求，硅光子探测器通常采用光导模式，而不是光伏模式。光导探测器也许是最简单的探测器设计，因为除了接触外，它是不掺杂的。当在探测器两端施加电压时，入射光子会产生电荷载流子，这些载流子被施加的电场输运至器件电极。

金属–半导体–金属 (Metal-Semiconductor-Metal，MSM) 探测器是光导探测器的变体，该探测器在每个 MSM 上都有两个肖特基结接触，限制了低偏置电流。此类探测器的低电容可实现高达 300GHz 的极高速率 [24]。

7.3.2 pin 探测器

pin 探测器是目前在硅光子器件中最常见的一种探测器 [25−27]。探测器的一侧为 p 型，另一侧为 n 型，在中心本征区域中形成内建电场，如图 7.10 所示。光在本征区被吸收，产生的载流子被结电场输运，结电场可以通过施加电压来增强。低偏置电压或 0V 偏压下，响应度高，电容小，从而实现较高的速率；与光导探测器不同，pin 探测器在 0V 时具有响应度，但通常会施加反向偏压以最大限度提高响应度，如图 7.11 所示。

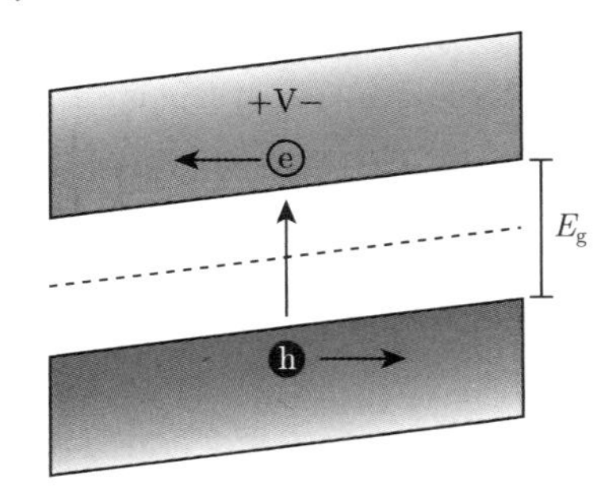

图 7.10 pin 光电探测器带

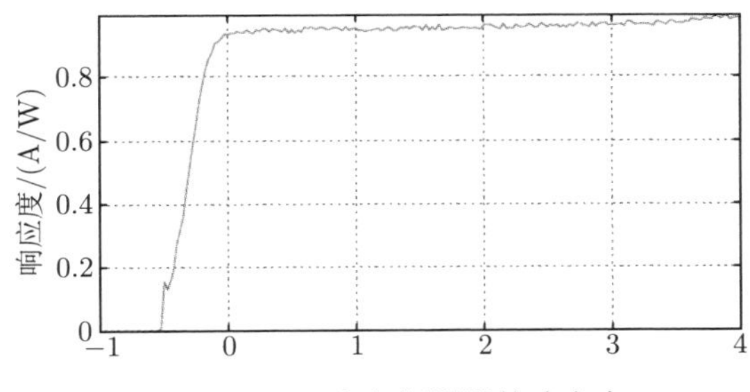

图 7.11 pin 光电探测器的响应度

7.3.3 雪崩光电探测器

光导探测器和 pin 探测器均受限于由吸收介质的带隙定义的最大响应度。由式 (7.1) 定义的最大响应度或量子效率为 1，表示每个光子都转换为在探测器接触处聚集的电子–空穴对。实际上，由于载流子的寿命有限、金属吸收以及其他因素会降低探测器的性能，因此该类型探测器的量子效率总是小于 1。

实现量子效率大于 1 的一种方法是利用雪崩增益。载流子雪崩是一种现象，当载流子以高能量输运时会产生碰撞，碰撞电离过程中产生额外的电子–空穴对，如图 7.12 所示。雪崩光电探测器中，光生载流子的电流贡献可通过雪崩产生的载流子成倍增加。电子和空穴发生碰撞电离的趋势分别由电子的电离系数 α_e 和空穴的电离系数 α_h 来表示。

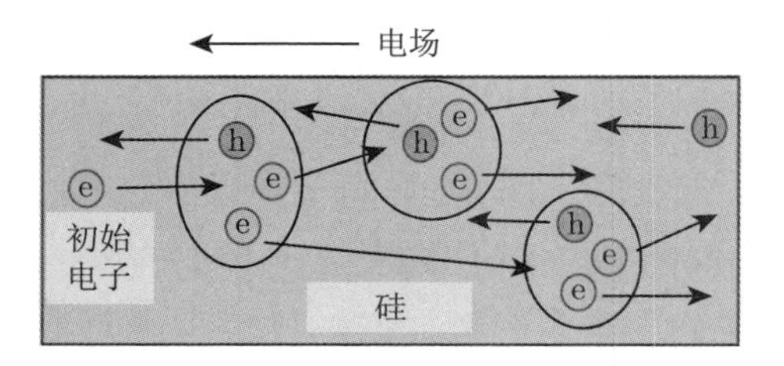

图 7.12　电子雪崩倍增示意图

单载流子系统中，电离系数 α 与 x 方向的载流子浓度 $J(x)$ 有关 [15]：

$$\frac{\partial J(x)}{\partial x} = \alpha J(x) \tag{7.10}$$

因此，单载流子系统中，电流密度随距离呈指数级增加。同时考虑空穴和电子的碰撞电离，会出现复杂的问题。用于表征空穴和电子雪崩的参数是电离比 k：

$$k = \frac{\alpha_{\mathrm{e}}}{\alpha_{\mathrm{h}}} \tag{7.11}$$

式中 α_{e} 和 α_{h} 分别是电子和空穴的电离系数。

倍增因子 M 为探测器电流的增加幅度。对于双载流子雪崩系统，有

$$M = \frac{\alpha_{\mathrm{e}} - \alpha_{\mathrm{h}}}{\alpha_{\mathrm{e}} \mathrm{e}^{-(\alpha_{\mathrm{e}} - \alpha_{\mathrm{h}})w} - \alpha_{\mathrm{h}}} \tag{7.12}$$

式中，w 是雪崩区域的宽度。

优先选择单个载流子的雪崩光电探测器，两载流子会同时引起冲击电离产生一些不良后果。当雪崩沿两个方向进行时，两载流子雪崩倍增会加剧探测器的噪声。同理，冲击离子化效应也将花费更多的时间，同时降低了器件的带宽。雪崩光电探测器的噪声通常由附加噪声因子 (F) 给出 (图 7.13)。附加噪声因子的一般表达式和电子注入的简化形式如下：

$$F(M) = \frac{\langle M^2 \rangle}{\langle M \rangle^2} \tag{7.13}$$

$$= M\left(1 - (1-k)\left(\frac{M-1}{M}\right)^2\right) \tag{7.14}$$

$$\approx kM + \left(2 - \frac{1}{M}\right)(1-k) \tag{7.15}$$

雪崩光电探测器可设计成多种几何形状。非常简单的几何结构包括吸收介质和通过反向偏置 pin 结施加的高电场。但在该几何结构中，每个载流子可用的雪

崩宽度 (w) 取决于吸收位置。因此，必须施加较高的电场才能实现有意义的雪崩探测，并且达到相对较快的击穿速度。

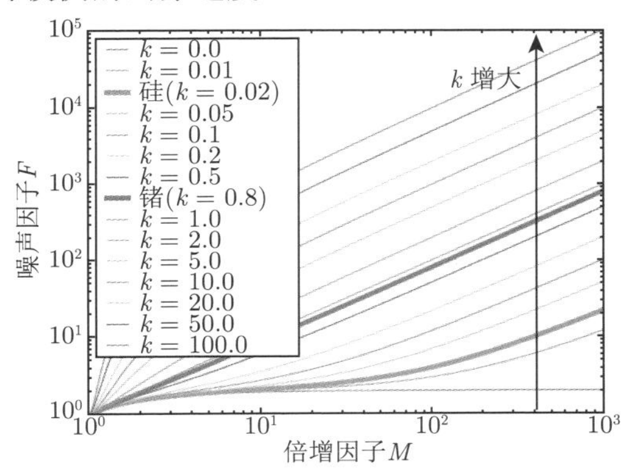

图 7.13 电子输入下噪声因子与倍增因数的关系

透射式 (拉通型) 探测器是一种更复杂的雪崩光电探测器，如图 7.14(a) 所示。这种探测器有一个称为电荷区的二次掺杂区域，用于产生两个电场区域：第一个区域具有适度的电场可促进载流子漂移，第二个区域具有高电场可产生碰撞电离和增益。

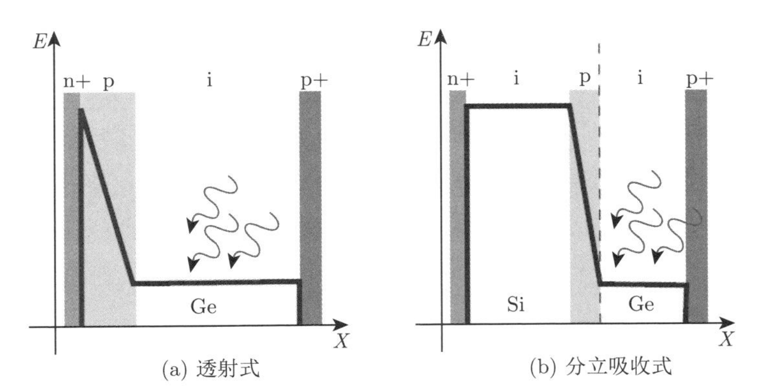

(a) 透射式 (b) 分立吸收式

图 7.14 透射式和分立吸收式雪崩光电探测器

锗中的附加噪声明显高于硅，许多雪崩光电探测器尝试用锗材料来吸收，用硅材料来作增益，如图 7.13 所示。该类探测器被恰当地命名为分立吸收 (电荷) 倍增探测器，如图 7.14(b) 所示。

电荷区域设计

雪崩光电探测器设计的重要组成部分是电荷区大小和掺杂浓度，设计目标是减少电场，使吸收区有低电场，雪崩区有高电场。可用简单的线性分析来近似电荷区的宽度和掺杂浓度 (可用 TCAD 软件进行复杂结构的模拟设计)，必须注意击穿发生之前的最大电场，如表 7.3 所示。

表 7.3　硅电子和锗电子击穿电场

	硅电子	锗电子
击穿电场/(kV/cm)	300	100

例如，一个透射式 APD (Avalanche Photo Diode，雪崩光电二极管)，目标电荷区的峰值电场为 300kV/cm，本征区的最大电场为 100kV/cm。实际上，由于边缘效应，本征区域中的最大场必须进一步降低，假设锗中的电场恒定为 50kV/cm，电荷区的平均电场为 200kV/cm。总电压为

$$V_{\text{BD}} = E_{\text{avg,charge}} \cdot w_{\text{charge}} + E_{\text{intrinsic}} \cdot w_{\text{intrinsic}} \tag{7.16}$$

我们可以为探测器选择 10μm 的固有宽度，并将电荷宽度固定为 2μm，可得到所需的电压为 90V。然后计算产生正确电场的电荷掺杂浓度：

$$\frac{\mathrm{d}E}{\mathrm{d}x} = \frac{200\text{kV/cm}}{2\mu\text{m}} = 1\text{GV/cm}^2 = \frac{N \cdot q}{\varepsilon_{\text{Ge}}\varepsilon_0} \tag{7.17}$$

求解得到掺杂浓度 N 约为 $9\times10^{17}\text{cm}^{-2}$。透射式探测器的所有参数都需要计算，但具体的制造几何尺寸需要通过仿真来预测。

7.4　光电探测器设计要素

光电探测器制造时需要考虑许多重要的设计选项，本节将对其设计参数的选择及其优点进行讨论。

7.4.1　pin 结方向

pin 结方向主要是垂直 (图 7.15(a)) 和横向 (图 7.15(b))。垂直方向上，电流必须穿过硅/锗界面，界面缺陷会产生较高的暗电流和较低的响应度；而横向则避免了界面区域，但因为接触都在锗的顶部，需要更高的电压才能将载流子及时输运出本征区域。本节重点介绍垂直结光电探测器。

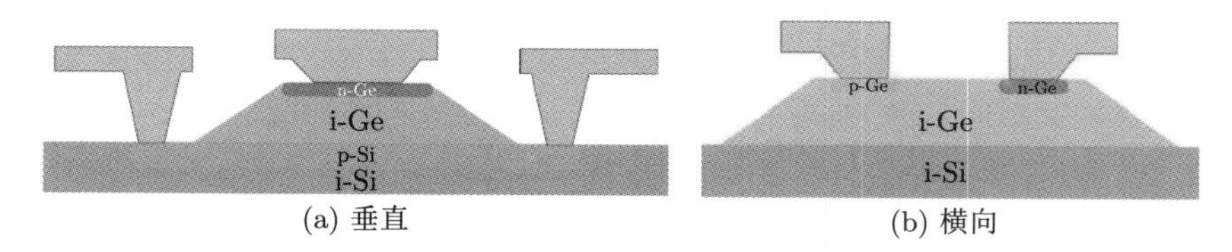

(a) 垂直　　(b) 横向

图 7.15　硅基锗光电探测器

7.4.2 光电探测器几何尺寸

探测器的几何形状设计对性能有决定性的影响。假定设计的矩形探测器具有确定的长度、宽度和高度，虽然锗探测器已经在蚀刻硅上生长 [18]，但制造方面仍存在一些困难。本节将重点讨论在未蚀刻硅上的外延生长锗。

1. 探测器的长度

考虑光入射到吸收介质上，该介质在入射方向没有几何变化，该器件接收的光功率为

$$P_{\mathrm{tr}} = P_{\mathrm{in}} \mathrm{e}^{-\alpha L} \tag{7.18}$$

式中 P_{in} 为入射功率，α 为吸收系数，L 为器件的长度。吸收光为

$$P_{\mathrm{abs}} = P_{\mathrm{in}} - P_{\mathrm{tr}} = P_{\mathrm{in}} \left(1 - \mathrm{e}^{-\alpha L}\right) \tag{7.19}$$

从上式可知，探测器的吸收功率，也即响应速率随长度增加而增加，但长度的增加会使接收光功率呈指数递减。如果考虑固定宽度且单位长度电容 C_l 的 pin 探测器，则探测器的总电容为

$$C = C_l \cdot L \tag{7.20}$$

可知，增加探测器的长度会增加电容，并降低带宽，暗电流也会随长度的增加线性增加。

不同长度下，宽 5.8μm 的锗探测器实验数据如图 7.16 所示，指数函数的拟合式 (7.19)，2V 反向偏置电压下的吸收系数为 $0.22\mu\mathrm{m}^{-1}$，4V 偏置电压下为 $0.12\mu\mathrm{m}^{-1}$。RC 限制产生的近似带宽也在图中有所显示，带宽近似值是基于 20GHz、长 10μm 的器件，详细讨论见 7.1.2 节。

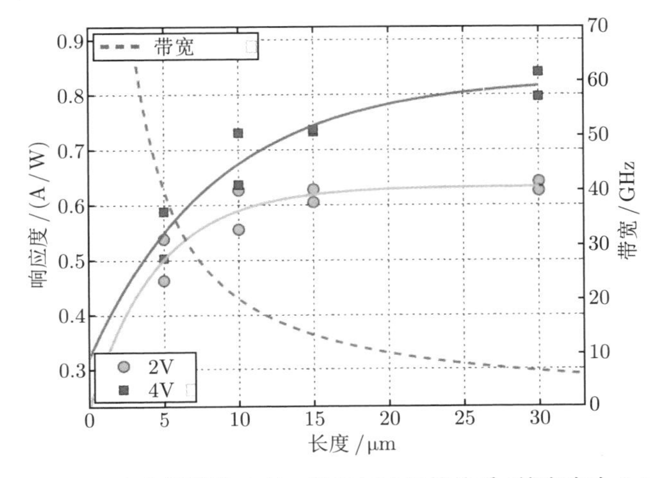

图 7.16 pin 光电探测器响应、带宽与波长的关系 (锗宽度为 5.8μm)

2. 探测器宽度

通常来说，较小的宽度会降低探测器的电容，增加探测器的带宽。暗电流也会随着体积和表面率的降低而下降。但是一旦探测器尺寸变得足够小，会发生两种效应。首先，随着光在锗中的停留时间减少，吸收长度将增加；其次，与硅接触需要减小结构尺寸，且接触电阻可能会抵消带宽的增加。

3. 探测器的高度

使用 CVD 技术在硅上外延生长锗的高度有两个具体界限。下限来自硅和锗的晶格失配，需要设计缓冲区域来弥补，该缓冲区高度通常为 20~50nm。由于缓冲区有大量缺陷，缓冲区应控制在整个探测器很小的一部分。假设缓冲区限制在探测器体积的 20%，探测器高度的下限可以设定在 200nm 左右。探测器高度的上限由可以合理生长的锗的厚度决定，与生长技术相关，但在实际应用中，上限通常为 2μm。

探测器高度设计时还要考虑对光电探测器带宽的影响，较小高度的探测器载流子的输运时间较短，但 RC 限制较高；较高的探测器载流子输运时间较长，RC 限制较低。假设具有薄的 p 和 n 触点的垂直 pin 光电探测器，可折中考虑载流子输运时间和 RC 限制，如图 7.17 所示。

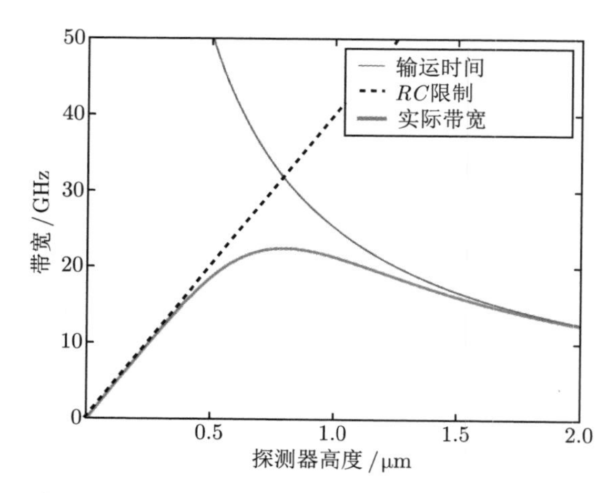

图 7.17　垂直 pin 光电探测器的输运时间、RC 限制与探测器高度的关系

7.4.3　接触

接触的位置和类型是探测器设计的关键部分。下面将对探测器接触的重要考虑因素进行定性讨论，更多的定量分析需要结合仿真结果和实验结果。

1. 接触材料

接触层的材料性能非常重要。近年来，研究人员对硅的接触进行了深入的研究，提出了针对 p 型和 n 型硅的低电阻欧姆解决方案，但对锗接触的研究较少，特别是费米能级的钉扎效应给 n 型锗接触带来了许多困难，如图 7.18 所示，这种钉扎效应给电子流动造成了很大的障碍，结果是产生了高的非欧姆级接触电阻的肖特基接触。

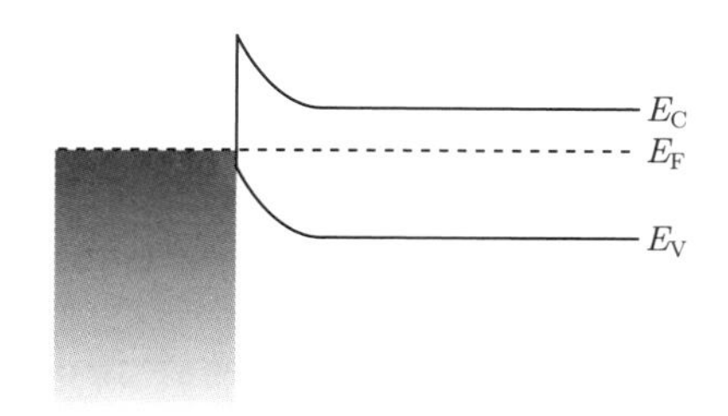

图 7.18 n 型锗的费米能级钉扎效应 [28]

减小费米能级钉扎效应的技术有很多。可以选择金属接触，如钛或镍来降低费米能级钉扎效应 [29]，也可在接触金属和锗之间插入薄绝缘体 [29]，用很薄的绝缘物可去除费米能级的钉扎效应，其导通电阻可以忽略不计。构建锗–锗–金属混合物也被证明可以有效地降低接触电阻 [30]。

2. 接触几何形状

选择探测器接触的几何形状有许多注意事项。垂直 pin 锗探测器接触几何形状有两个重要参数，即接触间距和接触面积。

接触间距是指硅接触与锗的距离，在带宽和响应度之间存在一个平衡点。太靠近锗的接触会吸收光并减少带宽；如果硅接触距离锗太远，硅中的电阻会降低器件带宽。比较好的设计是在锗探测器中找到光学模式，将接触放置在足够远的地方，使模式的电场强度至少比峰值电场小 100 倍。根据锗宽度的不同，距离会在几微米范围内浮动。

接触面积即锗顶部的接触面大小。接触面越大，金属吸收率越高；如果接触太小，接触电阻可能增加。可通过实验找到最佳接触尺寸和位置。

不同接触几何形状的实验结果研究可参考文献 [31]。

7.4.4 外部负载

探测器的设计和性能评估需考虑探测器的负载问题。可采用电感增益峰值法来提高锗光电探测器的性能 [14]，如图 7.19 所示，将一个电感连接到探测器上，增大了频率响应，可实现 60GHz 的带宽。

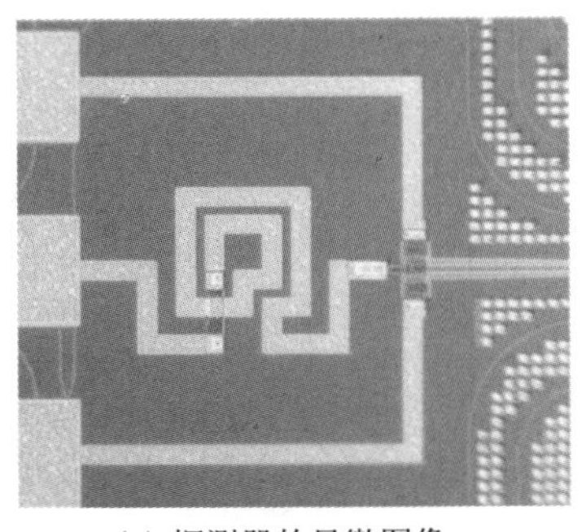

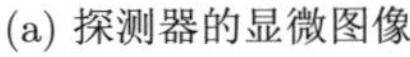
(a) 探测器的显微图像

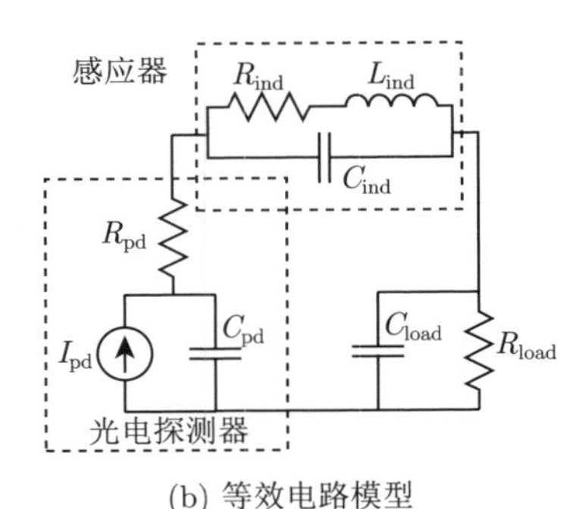

(b) 等效电路模型

图 7.19　具有电感增益峰值的锗硅探测器的显微图像和等效电路模型 [14]

7.5　光电探测器建模

本节使用 TCAD 数值软件对锗探测器建模，探测器长 50μm、宽 8μm、厚 500nm。该模型是基于 IME 制造的探测器 [12]。3D FDTD 仿真硅和锗材料，光通过锥形波导入射到探测器上。考虑到锗中的光吸收，计算光生电荷载流子生成率，并导入到电子器件求解器中，仿真确定暗电流、响应度和调制带宽等特性。

7.5.1　3D FDTD 光学仿真

通过代码 7.1 和代码 7.2 中定义的参数，基于 3D FDTD 建立探测器的几何结构模型并进行仿真。仿真中在硅中注入模式光源，同时考虑硅波导和锗探测器之间的耦合效率。倒锥波导锥度足够长且绝热，插入损耗可以忽略不计。模式光源从倒锥末端输入，3D 仿真计算电场 E 和磁场 H。利用图 7.6 中的吸收系数，仿真计算得到中心波长处单位体积的吸收功率为

$$L=-\frac{1}{2}\omega\left|E\right|^{2}\operatorname{Im}\left(\varepsilon\right) \tag{7.21}$$

吸收功率的横截面图 (与生成率成正比) 如图 7.20～图 7.23 所示。仿真计算中，y 为传播方向 (探测器长度)，z 为晶圆厚度方向，x 为探测器宽度方向。

图 7.20 为沿垂直方向及探测器长度方向的生成速率横截面，大部分光被前几微米的锗吸收。图 7.21 为各探测器横截面上的生成率总和与长度的关系，当光沿探测器向下传输时，场强呈指数衰减。将图从 0 到 y 的积分，可得长度为 y 的探测器的总生成率近似值。从图中可以确定探测器吸收光大约需要多长时间，如吸收 90%的光，大约需要设计探测器长度为 40μm。应该注意以上仿真是基于锗吸收模型的 (图 7.6)，特别是对于锗薄膜，该模型还需要实验验证。从图 7.16 的实验数据来看，锗模型吸收似乎被低估了。

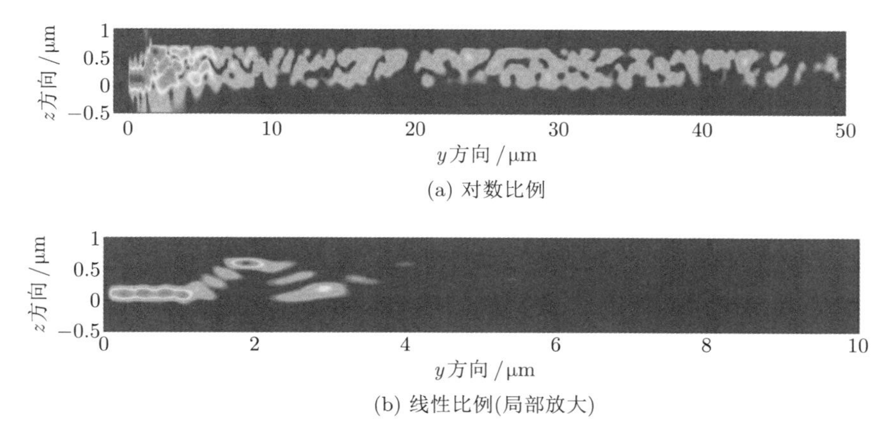

(a) 对数比例

(b) 线性比例(局部放大)

图 7.20 探测器侧面的生成率横截面

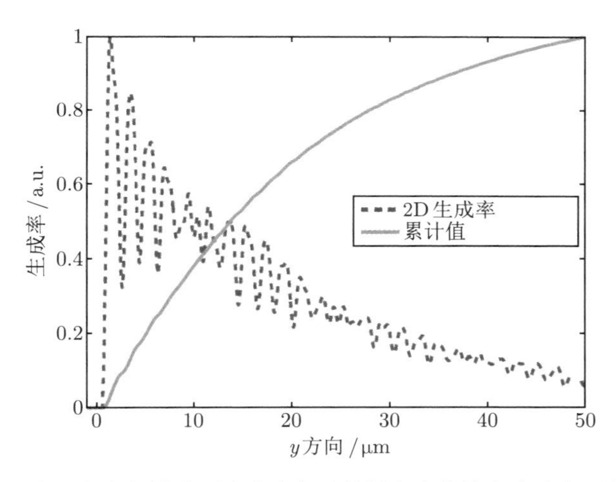

图 7.21 探测器长度方向上各横截面生成率与沿传播方向和综合生成率 (从 0 到 y) 的关系

该探测器尺寸大，支持数百种模式，因此显然是高度多模的。因此，光在锗和硅区域上下反射，从 3D FDTD 仿真中提取探测器开始时的场轮廓，分解模式。该仿真得出大约 50%的光功率包含在基模中，20%在第三阶模式中，其余的分布在几个高阶模式中 (如模式 5，39，41 等)。由于入射到探测器中的光来自硅波导的基模 (对称)，因此仅激发了对称模式 (在 x 轴上)。这些模式受锗吸收影响，传输损耗约为 2000dB/cm。

图 7.22 为生成率的俯视图，图 7.22(a) 为探测器底部靠近锗–硅界面的位置，图 7.22(b) 位于金属锗界面的正下方，图中证实了光源的损耗因素，即金属接触旁边的光。需要注意的是，可在有金属和没有金属的情况下进行重复仿真，以确定金属吸收对响应度的影响规律。

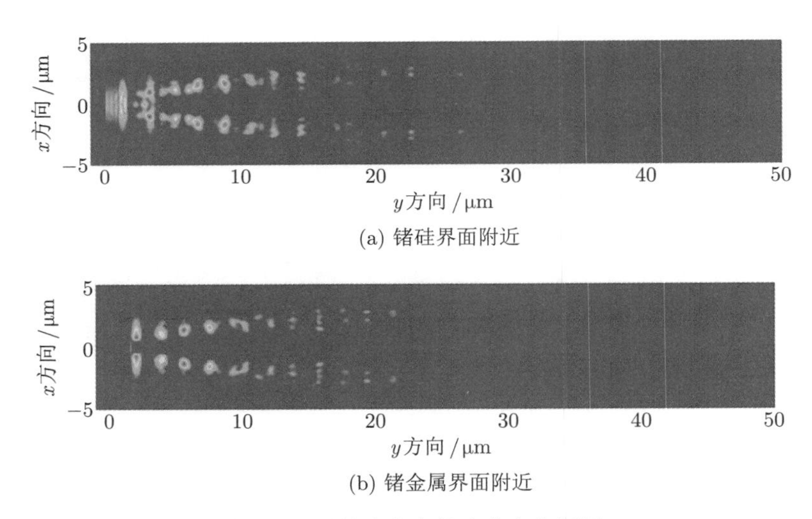

(a) 锗硅界面附近

(b) 锗金属界面附近

图 7.22　沿长度方向的生成率俯视图

另外，也可以在有金属接触和没有金属接触的情况下对探测器进行本征模计算，以确定金属接触的影响。对于前两种对称模式 (TE 偏振)，吸收平均增加 220dB/cm，计算结果表明，金属接触占光损耗大约 10%，也即由金属导致的响应度降低了约 10%。

假设锗吸收的每个光子贡献一个电子–空穴对，计算 3D 生成率。假定光源为单一波长，输出用于后续的电子学仿真。图 7.23(a) 为探测器开始时的生成率横截面 (xy 平面)，由于后续电子学仿真是在 2D 模式下进行的，因此在探测器的整个长度上对生成速率进行积分，即将 3D 生成率在长度方向上取平均值得出 2D 生成率，如图 7.23(b) 所示，电学求解时要考虑器件的长度。

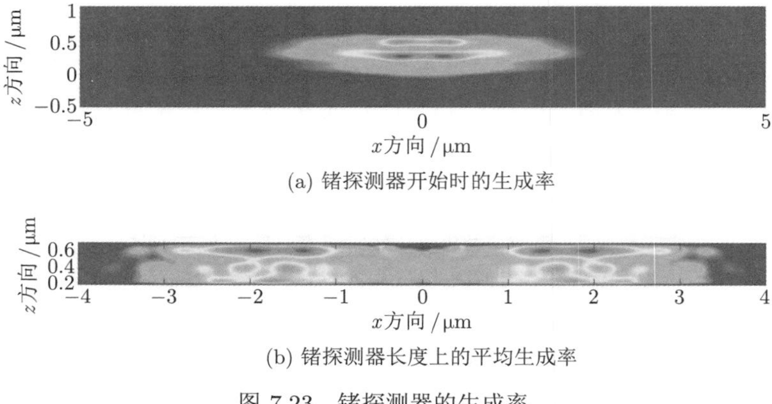

(a) 锗探测器开始时的生成率

(b) 锗探测器长度上的平均生成率

图 7.23　锗探测器的生成率

7.5.2 电学仿真

电学仿真方法如下，首先根据代码 7.2 定义器件和仿真参数构建二维横截面，长度为 50μm，实现见代码 7.3，包括掺杂剖面图。

仿真第一步为定义材料参数，主要来自文献，同时根据实验数据进行调整。假设暗电流主要来自 Ge-SiO_2 界面，修正 Ge-SiO_2 界面的表面复合速率，以适应 1V 反向偏压下被测器件的暗电流响应。

1. 锗模型

- 类型：半导体
- 相对介电常数：16
- 工作电压：4.46eV
- 有效质量 (m^*/m_0)：电子为 0.56；空穴为 0.39
- 带隙模型：$E_G(T) = E_G(0) - \alpha T^2/(T+\beta)$，其中 $\alpha = 0.0004774$，$\beta = 235$，$E_G(0) = 0.74$，对应 300K 时结果为 0.65969
- 本征载流子浓度，n_i：$2.30605\times10^{13}\mathrm{cm}^{-3}$
- 迁移率：电子 $3900\mathrm{cm}^2/(\mathrm{V{\cdot}s})$；空穴 $1900\mathrm{cm}^2/(\mathrm{V{\cdot}s})$
- 速率饱和：电子 $6\times10^6\mathrm{cm/s}$；空穴 $5.6\times10^6\mathrm{cm/s}$
- 陷阱辅助 (Shockley-Read-Hall) 复合模型：$A(T) = A(300)(T/300)^\eta$，其中 $A(300) = 1\times10^{-6}$，$\eta = -1.05$，与 Ge 材料一样，假定载流子寿命较长
- 辐射复合率：$6.41\times10^{-14}\mathrm{cm}^3/\mathrm{s}$
- 俄歇复合速率：电子和空穴均为 $1\times10^{-30}\mathrm{cm}^6/\mathrm{s}$
- 锗硅接触模型表面复合速率 (SRV)：$A(T) = A(300)(T/300)^\eta$，其中 $A(300) = 100000$，$\eta = -2$；只适用于少数载流子
- 表面复合速率 (SRV) Ge-SiO_2：少数和多数载流子；$A(300) = 200000$，$\eta = -5$
- 没有带间隧道/陷阱辅助隧道模型

2. 硅接触模型

- 类型：导体
- 工作电压：4.2eV

3. 电学仿真–设置

- 所有仿真都使用牛顿求解器
- 对称减少了仿真时间 (器件沿 $x = 0$ 对称)。

- 根据参考文献，使用两种不同的光功率。响应度模拟为 0.9mW (理想光电流为 1mA)，瞬态响应度模拟为 0.09mW (稳态光电流为 0.1mA)
- 响应度仿真温度设置为 300K
- 所有计算均为无负载器件
- 传输方向上求光生成率的平均值

稳态电学仿真见代码 7.4，设置接触电压 (1V) 并测量 26~86℃ 温度范围内的电流，仿真结果如图 7.24 所示，图中也包含与参考文献 [12] 中的实验结果的对比。接下来，在不同电压下进行重复仿真，得出暗电流与温度、电压的分布关系，如图 7.25 所示。

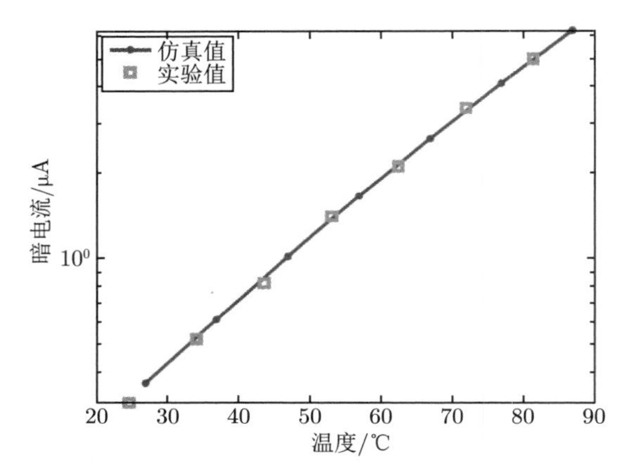

图 7.24　pin 探测器暗电流与温度的 TCAD 仿真结果，对比参考文献 [12] 的实验结果

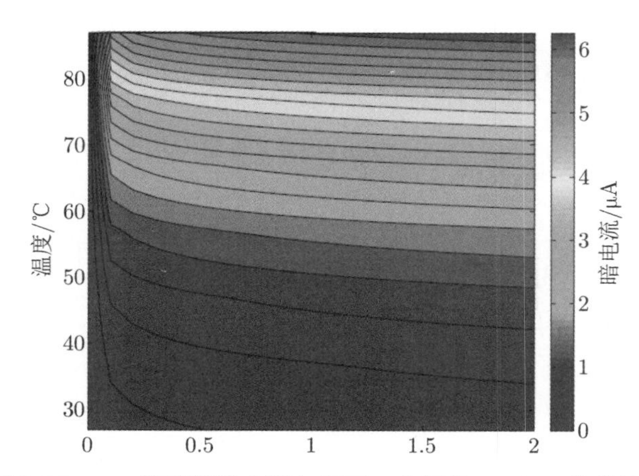

图 7.25　pin 探测器暗电流与温度、电压的 TCAD 仿真结果

然后从 FDTD 导入光生成，进行响应度仿真，得到 300K 温度下一定电压范围内的响应度，如图 7.26 所示。

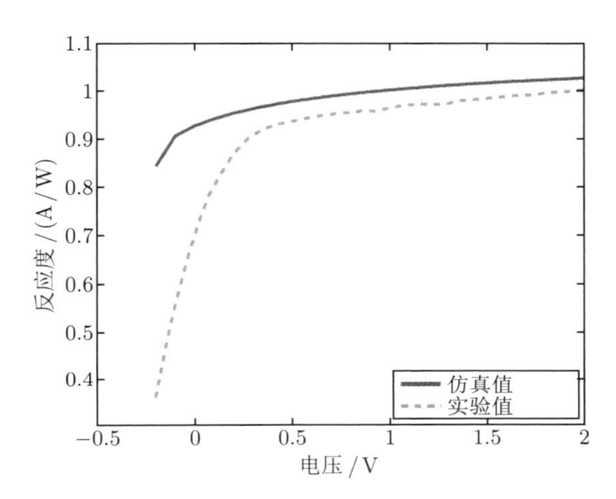

图 7.26 pin 探测器响应度与电压的 TCAD 仿真结果，对比参考文献 [12] 的实验结果

然后进行瞬态仿真计算，以确定通光时的阶跃响应，见仿真代码 7.5 和 7.6，结果如图 7.27 所示。在不同电压下重复仿真，发现响应变化很小，带宽为几千兆赫。将仿真结果与式 (7.5) 计算得到的渡越时间进行对比，发现该器件不受渡越时间影响，但受 RC 时间常数的限制。

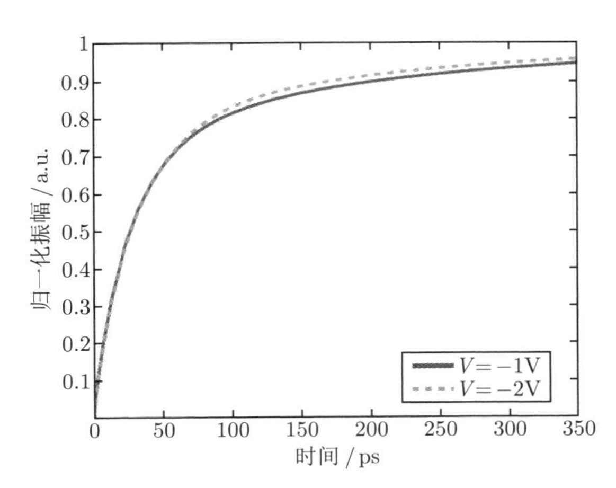

图 7.27 pin 探测器 $V = -1\text{V}$ 和 -2V 时瞬态阶跃响应的 TCAD 仿真结果

7.6 问 题

7.1 响应度为 0.7A/W 的锗探测器的量子效率是多少？如果吸收率与长度是恒定的，且不存在散射、金属和所有光生载流子引起的电流损耗，那么长度增加一倍后量子效率是多少？

7.2 锗探测器的本征区域宽 1μm，偏压至速率饱和，探测器的串联电阻为 300Ω，电容为 50fF。探测器是受渡越时间限制还是 RC 限制？对几何结构进行哪些修正可以提高探测器的带宽？

7.3 给出宽度为 1μm 的硅雪崩区，电荷区宽度为 100nm，锗宽度为 2μm，计算出图 7.14(b) 所示的 SACM (吸收区–电荷区–倍增区分离) APD 所需的近似电压和掺杂量 (单位：原子/cm^2)。要求锗的电场处于饱和状态，而硅雪崩区的电场处于击穿状态。

7.4 将锗金属电极一分为二减少光吸收，对探测器进行仿真计算，性能预期可提高多少？

7.7 仿 真 代 码

代码 7.1 锗探测器 3D FDTD 性能仿真，

Lumerical FDTD Solutions；deteror_FDTD.lsf

```
# Optical simulation of detector
# Step 1: in Lumerical FDTD; this script accomplishes:
# 1) calculates the generation rate of eh pairs in Ge
# 2) Exports the results to DEVICE for the electrical modelling.

newproject; redrawoff;

# modulator geometry variables defined:
detector_setup_parameters;

# define simulation region for FDTD calculations

override_mesh_size = 0.025e-6;
override_mesh_size_smaller=0.02e-6;

# draw geometry
addrect; # oxide
set('name','oxide');
set('material','SiO2 (Glass) - Palik');
set('override mesh order from material database',1); set('mesh order',5);
set('override color opacity from material database',1); set('alpha',0.3);
```

```
set(' x' ,x_center); set(' x span' ,oxide_width_x);
set(' y' ,y_center); set(' y span' ,oxide_width_y);
set(' z' ,0); set(' z span' ,oxide_thickness);

addrect;
set(' name' ,' silicon' ); #silicon1
set(' material' ,' Si (Silicon) - Palik' );
set(' override mesh order from material database' ,1); set(' mesh order' ,2);
set(' x' ,x_center); set(' x span' ,si_1_width_x);
set(' y min' ,si_1_width_y_min); set(' y max' ,si_1_width_y_max);
set(' z' ,si_z); set(' z span' ,si_1_thickness);

addrect;
set(' name' ,' silicon' ); #silicon2
set(' material' ,' Si (Silicon) - Palik' );
set(' override mesh order from material database' ,1); set(' mesh order' ,2);
set(' x' ,x_center); set(' x span' ,si_2_width_x);
set(' y min' ,si_2_width_y_min); set(' y max' ,si_2_width_y_max);
set(' z' ,si_z); set(' z span' ,si_2_thickness);

addpyramid;
set(' name' ,' Ge' ); #germanium
set(' material' ,' Ge (Germanium) - Palik' );
set(' override mesh order from material database' ,1); set(' mesh order' ,2);
set(' x' ,x_center); set(' x span bottom' ,ge_width_x_bottom); set(' x span top
    ' ,ge_width_x_top);
set(' y' ,ge_y); set(' y span bottom' ,ge_width_y_bottom); set(' y span top' ,
    ge_width_y_top);
z_ge=(si_z+ge_thickness/2+si_1_thickness/2);
set(' z span' ,ge_thickness); set(' z' ,z_ge);

addpyramid;
set(' name' ,' cathode' ); #PEC (
set(' material' ,' PEC (Perfect Electrical Conductor)' );
set(' override mesh order from material database' ,1); set(' mesh order' ,2);
set(' x' ,x_center); set(' x span bottom' ,contact_width_x_bottom); set(' x
    span top' ,contact_width_x_top);
set(' y' ,contact_y); set(' y span bottom' ,contact_width_y_bottom); set(' y
    span top' ,contact_width_y_top);
z_pec=z_ge+ge_thickness/2+contact_thickness/2;
set(' z' ,z_pec); set(' z span' ,contact_thickness);
# simulation region
addfdtd;
set(' x' ,x_center); set(' x span' ,x_span);
set(' y' ,y_center_region); set(' y span' ,y_span);
set(' z' ,z_center); set(' z span' ,z_span);
set(' x min bc' , ' Anti-Symmetric' );
set("mesh accuracy", 1);
```

```
set("simulation time", 4000e-15);

addmesh;
set(' dz' ,override_mesh_size_smaller);
set(' override y mesh' ,0);
set(' override x mesh' ,0);
set(' z' ,0.46e-6); set(' z span' ,0.48e-6);

addmesh;
set(' dz' ,override_mesh_size);
set(' override y mesh' ,0);
set(' override x mesh' ,0);
set(' z' ,0.75e-6); set(' z span' ,0.1e-6);

addmesh;
set(' dz' ,override_mesh_size);
set(' override y mesh' ,0);
set(' override x mesh' ,0);
set(' z' ,0.17e-6); set(' z span' ,0.1e-6);

#source

addmode;
set("injection axis", "y-axis");
set(' x' ,x_center); set(' x span' ,x_span);
set(' y' ,0);
set(' z' ,z_center); set(' z span' ,z_span);
set("wavelength start", lambda);
set("wavelength stop", lambda);
updatesourcemode;

setglobalmonitor("frequency points",1);

addprofile;
set(' name' ,' xy' ); # top view
set("monitor type","2D Z-normal");
set(' x' ,x_center); set(' x span' ,x_span*1.5);
set(' y' ,y_center_region); set(' y span' ,y_span*1.5);
set(' z' ,z_center);

addprofile;
set(' name' ,' xy2' ); # top view, at the Ge-metal interface
set("monitor type","2D Z-normal");
set(' x' ,x_center); set(' x span' ,x_span*1.5);
set(' y' ,y_center_region); set(' y span' ,y_span*1.5);
set(' z' ,si_1_thickness+ge_thickness-10e-9);

addprofile;
```

```
set(' name' ,' yz' ); # cross-section along the direction of propagation
set("monitor type","2D X-normal");
set(' x' ,x_center);
set(' y' ,y_center_region); set(' y span' ,y_span*1.5);
set(' z' ,z_center); set(' z span' ,z_span*1.5);

addprofile;
set(' name' ,' xz' ); # cross-section perpendicular to the direction of
     propagation
set("monitor type","2D Y-normal");
set(' x' ,x_center); set(' x span' ,x_span*1.5);
set(' y' ,ge_y-ge_width_y_top/2); # cross-section at the beginning of the Ge
set(' z' ,z_center); set(' z span' ,z_span*1.5);

addobject("CW_generation");
set(' name' ,' generation_rate' );
set(' x span' ,ge_width_x_bottom+0.04e-6); set("x",0);
set(' y span' ,y_span+4e-6); set("y", y_center_region);
set(' z span' ,ge_thickness+0.04e-6); # generation rate, slightly larger than
     Ge
set(' z' , z_ge);
set("export filename", generation_filename);
set("periods", 1);
set("average dimension", "y");
set("source intensity", 6e7); # power*sourceintensity(f)/sourcepower(f)
set("make plots", 1);
set("down sample x", 1);
set("down sample y", 1);
set("down sample z", 1);

# run simulation
save("vpd");
run;

runanalysis;

# Field profiles:
xy_x=pinch(getdata(' xy' ,' x' ));
xy_y=pinch(getdata(' xy' ,' y' ));
xy_E=pinch(abs(getdata(' xy' ,' Ex' )));
image(xy_x,xy_y,xy_E);

xy2_x=pinch(getdata(' xy2' ,' x' ));
xy2_y=pinch(getdata(' xy2' ,' y' ));
xy2_E=pinch(abs(getdata(' xy2' ,' Ex' )));
image(xy2_x,xy2_y,xy2_E);

yz_y=pinch(getdata(' yz' ,' y' ));
```

```
yz_z=pinch(getdata(' yz' ,' z' ));
yz_E=pinch(abs(getdata(' yz' ,' Ex' )));
image(yz_y,yz_z,yz_E);

xz_x=pinch(getdata(' xz' ,' x' ));
xz_z=pinch(getdata(' xz' ,' z' ));
xz_E=pinch(abs(getdata(' xz' ,' Ex' )));
image(xz_x,xz_z,xz_E);

matlabsave(' vpd' );
```

代码 7.2　锗探测器仿真参数设置，Lumerical DEVICE 和 FDTD Solutions; detector_setup_parameters.lsf

```
# Parameter definitions for the detector, used for electrical calculations in
    DEVICE and
optical calculations in FDTD
clear;

unfold_sim = 1;

# define the structure including the contacts
si_1_thickness = 0.22e-6;
si_1_width_y_min = 1e-6;
si_1_width_y_max = 70e-6;
si_1_width_x = 20e-6;
si_z=0.11e-6;

si_2_thickness = 0.22e-6;
si_2_width_y_min = -2e-6;
si_2_width_y_max = 1e-6;
si_2_width_x = 7e-6;

ge_thickness = 0.5e-6;
ge_width_y_top = 52.65e-6;
ge_width_y_bottom = 53.65e-6;
ge_width_x_top = 7e-6;
ge_width_x_bottom = 8e-6;
ge_y=27.825e-6;
oxide_thickness = 10e-6;
oxide_width_y = 75e-6;
oxide_width_x = 20e-6;
contact_thickness = 0.1e-6;
contact_width_y_top = 72e-6;
contact_width_y_bottom = 72e-6;
contact_width_x_top = 1.4e-6;
contact_width_x_bottom = 1e-6;
contact_y=37.625e-6;
```

```
# define doping
center_pepi = 0.35e-6; # pepi doping
thick_pepi = 0.9e-6;
pepi_concentration= 1e+016;

x_center_p_contact = 0e-6; # contact doping
x_span_p_contact = 10e-6;
z_center_p_contact = 0.24495e-6;
z_span_p_contact = 0.0501e-6;
diff_dist_fcn_contact = 1; # 0 for erfc, 1 for gaussian
face_p_contact = 4; # lower z
width_junction_p_contact = 0.05e-6;
surface_conc_p_contact = 3.2e15*1e6;
reference_conc_p_contact = 1e8*1e6;

x_center_n_contact = 0e-6;
x_span_n_contact = 2e-6;
z_center_n_contact = 0.67e-6;
z_span_n_contact = 0.100001e-6;
face_n_contact = 5; # upper z
width_junction_n_contact = 0.1e-6;
surface_conc_n_contact = 1e18*1e6;
reference_conc_n_contact = 1e3*1e6;

# define simulation region
min_edge_length = 0.02e-6;
max_edge_length = 4e-6;
x_center = 0; x_span = 10e-6;
y_center = 35e-6; y_span = 51e-6; # irrelevant for 2D cross section
z_center = 0.25e-6; z_span = 1.5e-6;
y_center_region=24.5e-6;
x_center_region=x_center;
z_min_region=0.1e-6;
z_max_region=1e-6;

#simulation parameters
norm_length= 50e-6;
abs_lte_limit= 0.001;
rel_lte_limit= 0.001;
transient_max_time_step= 10e-12;
transient_min_time_step= 100e-15;
transient_sim_time_max=1e-9;
shutter_mode = "step on";
shutter_ton=transient_min_time_step;
shutter_tslew= 0;
solver_type = "newton";
generation_filename="Vpd_generation.mat";
```

```
generation_filename_transient="Vpd_generation_100uA.mat";
generation_filename_responsivity="Vpd_generation_1mA.mat";
lambda= 1.55e-6;
```

代码 7.3　锗探测器电稳态仿真配置，Lumerical DEVICE; detercor_setup_DEVICE_steadystate.lsf

```
# Steady State electrical simulation of the detector
# setup script

newproject; redrawoff;

load ('vpd_materials2'); # thin film materials for Ge
redrawoff;

# modulator geometry variables defined:
detector_setup_parameters;
solver_mode=1; #DC

# draw geometry
addrect; # oxide
set('name','oxide');
set('material', 'SiO2 (Glass) - Sze');
set('override mesh order from material database',1); set('mesh order',5);
set('override color opacity from material database',1); set('alpha',0.3);
set('x',x_center); set('x span',oxide_width_x);
set('y',y_center); set('y span',oxide_width_y);
set('z',0); set('z span',oxide_thickness);

addrect;
set('name','silicon'); #silicon1
set('material','Si (Silicon) [CONTACT]');
set('override mesh order from material database',1); set('mesh order',2);
set('x',x_center); set('x span',si_1_width_x);
set('y min',si_1_width_y_min); set('y max',si_1_width_y_max);
set('z',si_z); set('z span',si_1_thickness);

addrect;
set('name','silicon'); #silicon2
set('material','Si (Silicon) [CONTACT]');
set('override mesh order from material database',1); set('mesh order',2);
set('x',x_center); set('x span',si_2_width_x);
set('y min',si_2_width_y_min); set('y max',si_2_width_y_max);
set('z',si_z); set('z span',si_2_thickness);

addpyramid;
set('name','Ge'); #germanium
set('material','Ge (Germanium) thin film 2um');
```

```
set(' override mesh order from material database' ,1); set(' mesh order' ,2);
set(' x' ,x_center); set(' x span bottom' ,ge_width_x_bottom); set(' x span top
     ' ,ge_width_x_top);
set(' y' ,ge_y); set(' y span bottom' ,ge_width_y_bottom); set(' y span top' ,
     ge_width_y_top);
z_ge=(si_z+ge_thickness/2+si_1_thickness/2);
set(' z span' ,ge_thickness); set(' z' ,z_ge);

addpyramid;
set(' name' ,' cathode' ); #Al
set(' material' ,' Al (Aluminium) - CRC' );
set(' override mesh order from material database' ,1); set(' mesh order' ,2);
set(' x' ,x_center); set(' x span bottom' ,contact_width_x_bottom); set(' x
     span top' ,contact_width_x_top);
set(' y' ,contact_y); set(' y span bottom' ,contact_width_y_bottom); set(' y
     span top' ,contact_width_y_top);
z_pec=z_ge+ge_thickness/2+(4*contact_thickness)/2;
set(' z' ,z_pec); set(' z span' ,4*contact_thickness);

# draw simulation region
adddevice;
set(' min edge length' ,min_edge_length);
set(' max edge length' ,max_edge_length);
if (unfold_sim) {
set(' x min' ,x_center);
} else {
set(' x min' ,x_center - 0.5*x_span+0.1e-6);
}
set(' x max' ,x_center + 0.5*x_span-0.1e-6);
set(' y' ,y_center);
set(' z min' ,z_min_region); set(' z max' ,z_max_region);
set(' norm length' , norm_length);
set(' solver mode' , solver_mode);
set(' solver type' , solver_type);
set(' rel lte limit' ,rel_lte_limit);
set(' abs lte limit' ,abs_lte_limit);
set(' transient min time step' ,transient_min_time_step);
set(' transient max time step' ,transient_max_time_step);

addimportgen;
matlabload(generation_filename_responsivity);
igen = rectilineardataset(x,y,z);
igen.addparameter(' v' ,0); #dummy
igen.addattribute(' G' ,G);
importdataset(igen);
set ("enabled", 0);
set("name", "pulse");
```

```
# draw doping regions
adddope;
set(' name' ,' pepi' );
set(' dopant type' ,' p' ); # p type
set(' x' ,x_center); set(' x span' ,x_span);
set(' y' ,y_center); set(' y span' ,y_span);
set(' z' ,center_pepi); set(' z span' ,thick_pepi);
set(' concentration' ,pepi_concentration );

adddiffusion;
set(' name' ,' p-' );
set(' x' ,x_center_p_contact); set(' x span' ,x_span_p_contact);
set(' y' ,y_center); set(' y span' ,y_span);
set(' z' ,z_center_p_contact); set(' z span' ,z_span_p_contact);
set(' dopant type' ,' p' );
set(' face type' ,face_p_contact);
set(' junction width' ,width_junction_p_contact);
set(' distribution index' ,diff_dist_fcn_contact);
set(' concentration' ,surface_conc_p_contact);
set(' ref concentration' ,reference_conc_p_contact);

adddiffusion;
set(' name' ,' n++' );
set(' x' ,x_center_n_contact); set(' x span' ,x_span_n_contact);
set(' y' ,y_center); set(' y span' ,y_span);
set(' z' ,z_center_n_contact); set(' z span' ,z_span_n_contact);
set(' dopant type' ,"n");
set(' face type' ,face_n_contact);
set(' junction width' ,width_junction_n_contact);
set(' distribution index' ,diff_dist_fcn_contact);
set(' concentration' ,surface_conc_n_contact);
set(' ref concentration' ,reference_conc_n_contact);

# set contacts

addcontact; # anode
setcontact(' new_contact' ,' dc' ,' name' ,' anode' );
setcontact(' anode' ,' geometry' ,' silicon' );
addcontact; # cathode
setcontact(' new_contact' ,' dc' ,' name' ,' cathode' );
setcontact(' cathode' ,' geometry' ,' cathode' );
setcontact(' cathode' ,' dc' ,' fixed contact' ,0);

save(' vpd' );
```

代码 7.4 运行锗探测器电稳态仿真和分析结果，**Lumerical DEVICE;**
detertor_run_DEVICE_steadystate.lsf

```
# Steady State electrical simulation of the detector
# Step 2a: in Lumerical DEVICE; this script accomplishes:
# 1) import generation rate data from FDTD
# 2) Calculate the dark current and temperature dependance of it
# 3) Calculate responsivity of the steady state simulation

# First run this to configure:
# detector_setup_DEVICE_steadystate;
# then check parameters

# 1) Simulate the dark current temperature dependance of the device at v=1 volt

if (0) {
   setcontact(' anode ',' dc ',' fixed contact ',1);
   setcontact(' anode ',' dc ',' voltage ',-1);
   setcontact(' cathode ',' dc ',' fixed contact ',1);
   setcontact(' cathode ',' dc ',' voltage ',0);
   save("vpd");

   Tmin=300;
   Tmax=360;
   T=linspace(Tmin, Tmax,7);
   cathode_I= matrix(length(T));
   for (i=1:length(T)){
       switchtolayout;
       setnamed(' Device region ',' simulation temperature ',T(i));
       run;
       cathode_I(i) = getdata("Device region", "cathode.I");
   }
   T=T-273.15;

   liow_fig13a_uA = [
   24.599056603773583,0.3131313106003993;
   34.009433962264154,0.5223345074266843;
   43.490566037735846,0.8213531263060052;
   52.971698113207545,1.3973305213983964;
   62.382075471698116,2.1124494476604796;
   71.86320754716981,3.387774774440254;
   81.34433962264151,5.021745520652797];
   liow_fig13a_uA = [ 24.599,0.31313; 34.009,0.52233; 43.490,0.82135;
   52.971,1.39733; 62.382,2.11244; 71.863,3.38777; 81.344,5.02174];
   nfig13a = size(liow_fig13a_uA); nfig13a = nfig13a(1);

   refdataT = liow_fig13a_uA(1:nfig13a,1);
   refdataIuA = liow_fig13a_uA(1:nfig13a,2);
   refdataIuA_interp=interp(refdataIuA,refdataT,T);
```

```
    if (unfold_sim) {
        cathode_I = 2*cathode_I;
    }

    plot(T,cathode_I*1e6,(refdataIuA_interp), "Temperature in degrees Celsius",
         "Dark current in uA at V=-1(v)");
    legend("DEVICE simulation","Reference, p+ Si w/ anneal");

    matlabsave (' vpd_darkcurrent_1' );
}

# 2) Dark current versus temperature and versus bias voltage
if (0) {
    vmin=0;
    vmax=2;
    vnum=21;
    switchtolayout;
    setcontact(' anode' ,' dc' ,' fixed contact' ,0);
    setcontact(' anode' ,' dc' ,' range start' ,vmin);
    setcontact(' anode' ,' dc' ,' range stop' ,-vmax);
    setcontact(' anode' ,' dc' ,' range num points' ,vnum);
    setcontact(' cathode' ,' dc' ,' fixed contact' ,1);
    setcontact(' cathode' ,' dc' ,' voltage' ,0);
    save("vpd");

    Tmin=300;
    Tmax=360;
    T=linspace(Tmin, Tmax,7);
    cathode_I_image= matrix(vnum,length(T));
    for (i=1:length(T)){
        switchtolayout;
        setnamed(' Device region' ,' simulation temperature' ,T(i));
        run;
        cathode_I_image(1:vnum,i) = getdata("Device region", "cathode.I");
    }

    if (unfold_sim) {
       cathode_I_image = 2*cathode_I_image;
    }

    T=T-273.15;
    V=linspace(vmin,vmax,vnum);

    T2=linspace(min(T),max(T),100);
    V2=linspace(min(V),max(V),200);
    Ik2=interp(cathode_I_image,V,T,V2,T2);
    image(V2,T2,1e6*Ik2,"photodetector bias voltage (V)","Temperature in degrees
          Celsius", "Dark Current (uA)");
```

```
   matlabsave (' vpd_darkcurrent_2' );
}

# 3) Simulate the responsivity under illumination
if (1) {
   switchtolayout;
   select("pulse");
   set("enabled", 1);
   vmin=-0.2;
   vmax=2;
   vnum=23;

   setcontact(' anode' ,' dc' ,' fixed contact' ,0);
   setcontact(' anode' ,' dc' ,' range start' ,-vmin);
   setcontact(' anode' ,' dc' ,' range stop' ,-vmax);
   setcontact(' anode' ,' dc' ,' range num points' ,vnum);
   setcontact(' cathode' ,' dc' ,' fixed contact' ,1);
   setcontact(' cathode' ,' dc' ,' voltage' ,0);
   save("vpd");

   Pin=0.9e-3; # Watts
   switchtolayout;
   setnamed(' Device region' ,' simulation temperature' ,300);
   run;

   liow_fig15_pvpd = [ -0.2027,0.3591; -0.1748,0.4163;
   -0.1503,0.4701; -0.1258,0.5157; -0.09895,0.5621;
   -0.04545,0.6428; -0.005244,0.6965; 0.03146,0.7407;
   0.07342,0.7845; 0.1282,0.8245; 0.1958,0.8687;
   0.2692,0.9002; 0.3426,0.9195; 0.4160,0.9307;
   0.4895,0.9357; 0.5629,0.9429; 0.6363,0.9482;
   0.7097,0.9522; 0.7832,0.9550; 0.8566,0.9586;
   0.9300,0.9585; 1.0034,0.9654; 1.0769,0.9700;
   1.1503,0.9732; 1.2237,0.9719; 1.2944,0.9736;
   1.3706,0.9805; 1.4440,0.9828; 1.5174,0.9856;
   1.5909,0.9887; 1.6643,0.9914; 1.7377,0.9924;
   1.8111,0.9972; 1.8846,0.9987; 1.9580,1.0005;
   1.9982,1.0030];
   nliowR = size(liow_fig15_pvpd); nliowR = nliowR(1);
   I=-getdata("Device region", "anode.I");
   if (unfold_sim) {
      I = 2*I;
   }
   I_norm=I/max(I);
   V=linspace(vmin,vmax,vnum);
   Resp=I/Pin;
   plotxy(V,I_norm,
```

```
    liow_fig15_pvpd(1:nliowR,1),liow_fig15_pvpd(1:nliowR,2), "photo detector
         bias voltage(v)","I_(photo,norm)=I_(photo)/I_(norm) a.u ");
    plot(V,Resp,"photo detector bias voltage(v)","Responsivity (A/W) ");
    matlabsave(' vpd_responsivity' );
}
```

代码 7.5　锗探测器电瞬态仿真配置，Lumerical DEVICE;
detector_setup_DEVICE_transient.lsf

```
# Trransient electrical simulation of the detector
# setup script

detector_setup_DEVICE_steadystate;

solver_mode=2; #Transient

select(' Device region' );
set(' solver mode' , solver_mode);
set(' solver type' , solver_type);
set("abs lte limit", abs_lte_limit);
set("rel lte limit", rel_lte_limit);
set("shutter mode",shutter_mode);
set("shutter ton", shutter_ton);
set("shutter tslew", shutter_tslew);
set("transient max time step", transient_max_time_step);
set("transient min time step", transient_min_time_step);

select(' pulse' );
matlabload(generation_filename_transient);
igen = rectilineardataset(x,y,z);
igen.addparameter(' v' ,0); #dummy
igen.addattribute(' G' ,G);
importdataset(igen);
set ("enabled", 1);

voltage_table = [0,0];
time_table= [0, transient_sim_time_max];

setcontact(' anode' ,' transient' ,' fixed contact' ,1);
setcontact(' anode' ,' transient' ,' voltage' ,-0);
setcontact(' cathode' ,' transient' ,' fixed contact' ,0);
setcontact("cathode","transient", "voltage table", voltage_table );
setcontact("cathode","transient", "voltage time steps", time_table);

save("vpd_transient");
```

代码 7.6 运行锗探测器电瞬态仿真和结果分析，Lumerical DEVICE; detector_run_DEVICE_transient.lsf

```
# Trransient electrical simulation of the detector
# Step 2b: in Lumerical DEVICE; this script accomplishes:
# 1) Set up and calculate normalized response of the transient simulation

# First run this to configure:
# detector_setup_DEVICE_transient;
# then check parameters

v_list = [0, -0.5, -1, -2];
for (i=1:length(v_list)) {

   switchtolayout;
   setcontact(' anode' ,' transient' ,' voltage' , v_list(i));
   ?V=getcontact(' anode' ,' transient' ,' voltage' );

   run;

   I=getdata("Device region", "cathode.I");
   t=getdata("Device region", "cathode.t");

   if (unfold_sim) {
      I = 2*I;
   }

   # Take the central derivative of the step to get the impulse response
   N= length(t);
   th = t(2:(N-1));
   Nh = N-2;
   dI = I(3:N) - I(1:Nh);
   dt = t(3:N) - t(1:Nh);
   dIdt = dI/dt;

   # Interpolate the impulse response to plot it on the same figure as the step
   t_interp = th(1):0.1e-12:th(Nh); #uniform time grid
   dIdt_interp = interp(dIdt, th,t_interp);
   plotxy(t_interp*1e12,dIdt_interp/max(dIdt_interp),t*1e12,I/max(I),"time (ps)
        ","Normalized amplitude (a.u) ");

   # take fft of the original impulse response to get the frequency response
   H = fft(dIdt_interp,2,1);
   w = fftw(t_interp - t_interp(1),2,1);
   Nw = length(w);
   three_dB=w>0;
   three_dB=three_dB*0.001;
   plot(1e-9*w(2:Nw)/2/pi,20*log10(abs(H(2:Nw))/max(abs(H))) , log10(three_dB
```

```
        (2:Nw)), "Frequency (GHz)", " Normalized response (dB)");
    legend(num2str(V), "3dB line ");

    matlabsave(' vpd_transient' + num2str(V));
}
```

参考文献

[1] L. Colace, G. Masini, F. Galluzzi, et al. "Metal–semiconductor–metal near-infrared light detector based on epitaxial Ge/Si". Applied Physics Letters **72.**24 (1998), pp. 3175–3177 (cit. on pp. 259, 264, 265).

[2] Hsu-Hao Chang, Ying-hao Kuo, Richard Jones, Assia Barkai, and John E. Bowers. "Integrated hybrid silicon triplexer". Optics Express **18.**23 (2010), pp. 23891–23899 (cit. on p. 259).

[3] Ilya Goykhman, Boris Desiatov, Jacob Khurgin, Joseph Shappir, and Uriel Levy. "Locally oxidized silicon surface-plasmon Schottky detector for telecom regime". Nano Letters **11.**6 (2011), pp. 2219–2224 (cit. on pp. 259, 264).

[4] Ilya Goykhman, Boris Desiatov, Jacob Khurgin, Joseph Shappir, and Uriel Levy. "Waveguide based compact silicon Schottky photodetector with enhanced responsivity in the telecom spectral band". Optics Express **20.**27 (2012), pp. 28594–28602 (cit. on pp. 259, 264).

[5] J. D. B Bradley, P. E. Jessop, and A. P. Knights. "Silicon waveguide-integrated optical power monitor with enhanced sensitivity at 1550 nm". Applied Physics Letters **86.**24 (2005), pp. 241103–241103 (cit. on pp. 259, 264).

[6] A. P. Knights, J. D. B. Bradley, S. H. Gou, and P. E. Jessop. "Silicon-on-insulator waveguide photodetector with self-ion-implantation-engineered-enhanced infrared response". Journal of Vacuum Science & Technology A **24.**3 (2006), pp. 783–786 (cit. on pp. 259, 264).

[7] M. W. Geis, S. J. Spector, M. E. Grein, et al. "Silicon waveguide infrared photodiodes with >35 GHz bandwidth and phototransistors with 50 AW-1 response". Optics Express **17.**7 (2009), pp. 5193–5204. DOI: 10.1364/OE.17.005193 (cit. on pp. 259, 264).

[8] J. K. Doylend, P. E. Jessop, and A. P. Knights. "Silicon photonic resonator-enhanced defectmediated photodiode for sub-bandgap detection". Optics Express **18.**14 (2010), pp. 14671–14678 (cit. on pp. 259, 264).

[9] Jason J. Ackert, Abdullah S. Karar, Dixon J. Paez, et al. "10 Gbps silicon waveguideintegrated infrared avalanche photodiode". Optics Express **21.**17 (2013), pp. 19530–19537. DOI: 10.1364/OE.21.019530 (cit. on pp. 259, 264).

[10] Richard R. Grote, Kishore Padmaraju, Brian Souhan, et al. "10 Gb/s Error-free operation of all-silicon ion-implanted-waveguide photodiodes at 1.55". IEEE Photonics Technology Letters **25.**1 (2013), pp. 67–70 (cit. on pp. 259, 264).

[11] Jason J. Ackert, Abdullah S. Karar, John C. Cartledge, Paul E. Jessop, and Andrew P. Knights. "Monolithic silicon waveguide photodiode utilizing surface-state absorption and operating at 10 Gb/s". Optics Express **22**.9 (2014), pp. 10710–10715 (cit. on p. 259).

[12] Tsung-Yang Liow, Kah-Wee Ang, Qing Fang, et al. "Silicon modulators and germanium photodetectors on SOI: monolithic integration, compatibility, and performance optimization". IEEE Journal of Selected Topics in Quantum Electronics **16**.1 (2010), pp. 307–315 (cit. on pp. 259, 276, 280, 281).

[13] R. Ichikawa, S. Takita, Y. Ishikawa, and K. Wada. "Germanium as a material to enable silicon photonics". Silicon Photonics II. Ed. by David J. Lockwood and Lorenzo Pavesi. Vol. 119. Topics in Applied Physics. Springer Berlin Heidelberg, 2011, pp. 131–141. ISBN: 978-3-642-10505-0. DOI: 10.1007/978-3-642-10506-7_5 (cit. on p. 259).

[14] Ari Novack, Mike Gould, Yisu Yang, et al. "Germanium photodetector with 60GHz bandwidth using inductive gain peaking". Optics Express **21**.23 (2013), pp. 28387–28393. DOI: 10.1364/OE.21.028387 (cit. on pp. 259, 275).

[15] M. C. Teich and B. E. A. Saleh. Fundamentals of Photonics. Canada, Wiley Interscience (1991), p. 3 (cit. on pp. 260, 268).

[16] S. M. Sze and K. K. Ng. Physics of Semiconductor Devices. Wiley Interscience, 2006 (cit. on p. 261).

[17] Sheila Prasad, Hermann Schumacher, and Anand Gopinath. High-speed Electronics and Optoelectronics: Devices and Circuits. Cambridge University Press, 2009 (cit. on p. 261).

[18] L. Vivien, A. Polzer, D. Marris-Morini, et al. "Zero-bias 40Gbit/s germanium waveguide photodetector on silicon". Optics Express **20** (2012), pp. 1096–1101. DOI: 10.1364/OE.20.001096 (cit. on pp. 262, 272).

[19] Kah-Wee Ang, Joseph Weisheng Ng, Guo-Qiang Lo, and Dim-Lee Kwong. "Impact of field-enhanced band-traps-band tunneling on the dark current generation in germanium pin photodetector". Applied Physics Letters **94**.22 (2009), p. 223515 (cit. on p. 262).

[20] Mitsuru Takenaka, Kiyohito Morii, Masakazu Sugiyama, Yoshiaki Nakano, and Shinichi Takagi. "Dark current reduction of Ge photodetector by GeO2 surface passivation and gasphase doping". Optics Express **20**.8 (2012), pp. 8718–8725 (cit. on p. 263).

[21] Edward Palik. Handbook of Optical Constants of Solids. Elsevier, 1998 (cit. on p. 265).

[22] A. P. Knights, D. F. Logan, P. E. Jessop, et al. "Deep-levels in silicon waveguides: a route to monolithic integration". Photonics Conference (PHO), 2011 IEEE. IEEE. 2011, pp. 461–462 (cit. on p. 264).

[23] Alexander W. Fang, Richard Jones, Hyundai Park, et al. "Integrated AlGaInAs-silicon evanescent racetrack laser and photodetector". Optics East 2007. International Society for Optics and Photonics. 2007, 67750P (cit. on p. 264).

[24] Govind P Agrawal. Fiber-optic Communication Systems. Vol. 1. 1997 (cit. on p. 267).

[25] Tom Baehr-Jones, Ran Ding, Ali Ayazi, et al. "A 25 Gb/s silicon photonics platform". arXiv:1203.0767v1 (2012) (cit. on p. 267).

[26] Amit Khanna, Youssef Drissi, Pieter Dumon, et al. "ePIX-fab: the silicon photonics platform". SPIE Microtechnologies. International Society for Optics and Photonics. 2013, 87670H (cit. on p. 267).

[27] A. Mekis, S. Abdalla, D. Foltz, et al. "A CMOS photonics platform for high-speed optical interconnects". Photonics Conference (IPC). IEEE. 2012, pp. 356–357 (cit. on p. 267).

[28] Yi Zhou, Masaaki Ogawa, Xinhai Han, and Kang L. Wang. "Alleviation of Fermi-level pinning effect on metal/germanium interface by insertion of an ultrathin aluminum oxide". Applied Physics Letters **93**.20 (2008), p. 202105 (cit. on p. 274).

[29] A. Dimoulas, P. Tsipas, A. Sotiropoulos, and E. K. Evangelou. "Fermi-level pinning and charge neutrality level in germanium". Applied Physics Letters **89**.25 (2006), p. 252110 (cit. on p. 274).

[30] R. R. Lieten, V. V. Afanasev, N. H. Thoan, et al. "Mechanisms of Schottky barrier control on n-type germanium using Ge3N4 interlayers". Journal of the Electrochemical Society **158**.4 (2011), H358–H362 (cit. on p. 274).

[31] Y. Painchaud, M. Poulin, F. Pelletier, et al. "Silicon-based products and solutions". Proc. SPIE. 2014 (cit. on p. 275).

第 8 章　激　光　器

本章讨论硅光子中最具挑战的一个方面，即激光器。光源 (激光器、发光二极管) 和片上光放大器非常需要一种与硅兼容的材料能提供发光和光增益。硅是一种间接带隙半导体材料，发光效率很低。硅透明 (> 1.1μm) 波长下，制造激光器常用的半导体材料，例如，InP 基化合物晶格常数远大于硅，且很难在硅上生长。锗是最接近硅的材料，带隙比硅小，但也是一种间接带隙半导体材料。

目前多项目晶圆 (MPW) 代工厂 (见 1.5.5 节) 不再提供单片或混合集成激光器，用户需添加外部激光器。虽然边缘耦合和光栅耦合在耦合效率上都有所提升，但片上光源的缺乏限制了这些芯片的应用。激光集成尚不广泛，因此用于硅光子的激光器设计是一个潜在发展的研究领域。本节虽然介绍了各种激光器集成的设计方法，但都基于方法的类型，因此硅光子激光器设计不是典型的“教科书式”主题。

本章介绍硅光子平台上集成激光器和光放大器面临的挑战。基于最简单的片上发光方法，即引入外部激光器，然后根据难度进一步讨论可行的方法，即协同封装、外延键合 (混合激光器)、单片生长和锗激光器。

8.1　外部激光器

硅光子系统集成的一种方法是将激光器视为与电源类似的光功率源 [1]，两者均具有恒定振幅。外接激光器有以下优点。

(1) 外接激光器可简化热管理。激光器的效率通常为 10%~30%，片上激光器作为热源其热输出是激光器自身光功率的 3~10 倍。激光器需要稳定的温度，特别是在特定的波长下，因此需要对整个硅光子芯片冷却，这将会进一步增加热量和功率预算。

(2) 芯片外接激光器时，热沉可更有效提高激光器性能。硅光子芯片的一个特殊挑战就是掩埋氧化硅层是隔热的。

(3) 成熟的 III-V 族激光器制造可提供高效的商业激光器，输出功率高，良率高。

(4) CMOS 代工厂需要关注 III-V 族材料和激光器的可制造性和兼容性问题，以及良率和可靠性问题。

(5) 多波长激光源可作为外部组件直接用于 WDM 硅光子系统，如 13.1.2 节所述。

(6) 可在激光器封装中内置光学隔离器，以确保稳定运行。对于片上激光器来说，无论是内建片上光学隔离器，还是使激光反馈不敏感并最小化光反馈都是一个挑战。

(7) 可利用保偏光纤将激光耦合至硅光子芯片中。

选择方案时，需进行成本对比分析：① 将激光器和硅光子芯片分别优化制造，再进行集成；② 拥有可同时制造这两个组件的设施。

激光器可通过光纤与硅光子系统进行集成，也可以采用协同封装的方式 (8.3 节)，如图 8.1 所示。光纤连接的方法已用于商业产品的开发，如 TeraXion 公司的相干接收器使用外部激光器作为本地谐振器去混合接收到的光信号 [2]。

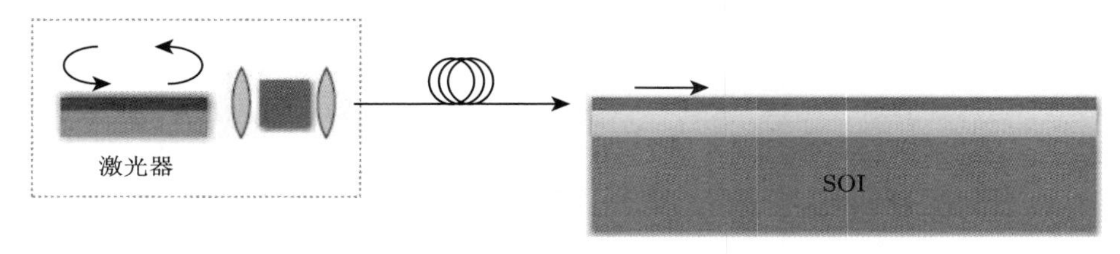

图 8.1 外部封装的半导体激光器。激光经过光隔离器、透镜、保偏光纤耦合至硅光子芯片，耦合方式可采用边缘耦合或光栅耦合

8.2 激光器建模

本节讨论常用的半导体激光器建模方法——唯象激光速率方程，同时讨论其关键性能参数。

构建激光器需要一个谐振器 (空腔)，如用布拉格光栅 (见 4.5.6 节) 或环形谐振器 (见 4.4 节) 形成法布里–珀罗腔 (Fabry-Perot，FP)。腔体可以用品质因子或光子寿命来描述其性能，腔体的光子寿命与其总损耗 α_{tot} 和腔体品质因数 Q 有关：

$$\tau_{\mathrm{p}} = \frac{n_{\mathrm{g}}}{\alpha_{\mathrm{tot}} c} = \frac{Q}{\omega} \tag{8.1}$$

式中，ω 为光频率。

要求有一种机制，使光能够逃逸 (如镜面反射率小于 100%)，这必然会为光增益材料带来额外的损耗。因此，腔体总损耗有两个影响因素 $\alpha_{\mathrm{tot}} = \alpha_{\mathrm{m}} + \alpha_{\mathrm{i}}$，$\alpha_{\mathrm{m}}$ 为输出耦合损耗 (通过反射镜传输)，α_{i} 为内部损耗。

设计时的主要考虑因素是确定获得激光器所需的光增益，即材料阈值增益 g_{th}。通过腔体 (法布里–珀罗腔) 的往返模式光学增益等于 1，简单地说即增益

= 损耗:

$$r_1 r_2 \mathrm{e}^{\left(\Gamma_{g_{\mathrm{th}}}-\alpha_{\mathrm{tot}}\right)^L}=1 \tag{8.2}$$

式中，r_1, r_2 是镜面反射率，L 为腔体长度，Γ 是约束因子，描述光在光学增益材料中的比例。典型的半导体激光器腔的模态阈值增益要求为 $\Gamma_{g_{\mathrm{th}}}=10\sim100\mathrm{cm}^{-1}$。

激光速率方程通过耦合光子和载流子 (通常是电子 N) 的微分方程描述了激光器内部光子数 S 与注入电流 I 的关系。对于稳态光功率输出，方程可用分析或数值方法求解，也可以在电流直接调制的时域内求解:

$$\frac{\mathrm{d}N}{\mathrm{d}t}=\frac{1}{q}-\frac{N}{\tau_{\mathrm{p}}}-G\cdot S \tag{8.3}$$

$$\frac{\mathrm{d}S}{\mathrm{d}t}=\left(G-\frac{1}{\tau_{\mathrm{p}}}\right)\cdot S+\beta\frac{N}{\tau_{\mathrm{s}}} \tag{8.4}$$

式中，$\tau_{\mathrm{p}}, \gamma_2$ 为激光腔的光子寿命，τ_{s} 为载流子在激光器有源区的寿命，G 为光学增益，β 为自发辐射被耦合到激光器光学模式中的一小部分，q 为电子的电荷。方程即可表示为 S 和 N 的数量 (如腔内 10^5 个光子)，也可以表示为浓度 (如参考文献 [3])。

单模激光器光学增益的简单唯象模型 G 为

$$G=\frac{G_0\left(N-N_0\right)}{1+\varepsilon S}=\frac{B\Gamma c}{V n_{\mathrm{g}}}\frac{N-N_0}{1+\varepsilon S} \tag{8.5}$$

式中，B 为材料微分增益，N_0 为透明时载流子浓度，$\Gamma=V_{\mathrm{active}}/V_{\mathrm{cavity}}$ 为光约束因子，$V=V_{\mathrm{active}}$ 为激光器有效体积，V_{cavity} 为光模式体积，n_{g} 为群速度；ε 为增益压缩系数 (高光功率时光增益降低)。不同半导体的增益参数通常可在教材和期刊出版物中找到。

激光器的光输出功率为

$$P_{\mathrm{out}}=\frac{SV_{\mathrm{cavity}}h\nu}{\tau_{\mathrm{p}}}\frac{\alpha_{\mathrm{m}}}{\alpha+\alpha_{\mathrm{m}}}=\eta_{\mathrm{i}}\frac{\alpha_{\mathrm{m}}}{\alpha+\alpha_{\mathrm{m}}}\frac{h\nu}{q}\left(I-I_{\mathrm{th}}\right) \tag{8.6}$$

外部量子斜率效率为

$$\eta_{\mathrm{ext}}=\eta_{\mathrm{i}}\frac{\alpha_{\mathrm{m}}}{\alpha+\alpha_{\mathrm{m}}} \tag{8.7}$$

电功率转化为光功率的效率为

$$\eta_{\text{wall-plug}}=\frac{\text{输入光功率}}{\text{输入电功率}}=\frac{P_{\mathrm{out}}}{I\cdot V} \tag{8.8}$$

外部量子效率，即光子输出率与载流子注入率的比值:

$$\eta=\frac{P}{I}\frac{q}{h\nu} \tag{8.9}$$

目前典型的 III-V 半导体激光器的效率为 10%~30%。

先进模型

上述的简单模型假定激光器为光学隔离的零维物体，即用载流子和光子浓度的单一量来描述，该模型局限较多，需要较为复杂的模型来仿真集成硅光子系统的激光行为。以下为建模需考虑的重要因素，其中大部分可通过商业光电 TCAD 软件解决 (见 2.3 节)。

- 热：激光器工作在较高的载流子浓度下，需要足够低的温度来确保其使用寿命，因此需要进行热场建模确保足够散热。激光器的特性高度依赖温度、光学增益 (在高温下增益通常降低) 和折射率 (导致激光波长随温度变化) 等参数。
- 光反馈：激光器对光反馈很敏感，通常需用光隔离器隔离。为了实现激光功率和波长的稳定，必须保持小于 −30dB 的光反馈 [4−6]。设计对光反馈不太敏感的硅光子专用激光器以降低反馈灵敏度进而实现无隔离器是目前的研究热点 [7]。建模需要考虑光子回路的光反馈，以及存在光反馈时的激光行为。
- 腔内多个光接口：接口多导致空间分布不均匀，影响载流子浓度和增益分布。
- 长腔：特别是对于反射镜位于硅中的外腔激光器，为了激光器的稳定性和噪声需考虑动力学 (时域)。
- 激光线宽和噪声：特定应用 (如相干通信) 需要窄线宽激光器。如果存在光反馈需要对其进行仿真计算。
- 多光模式：外部腔用于稳定激光器波长，需要在模型中考虑，以确保激光器在单个光波长下工作 (而不是多模式)。
- 也可考虑光学注入锁模 [8]。

8.3 协同封装

8.3.1 预制激光器

Luxtera 公司开发了一种激光器微封装技术并已商业化，采用光栅耦合主动对准并连接至硅光子芯片 [9]。在硅晶圆上基于 MEMS 工艺制造多个微封装激光器，在切割前即可对激光器进行晶圆级测试。激光器的微型封装包含激光二极管、球形透镜、光隔离器、角反射器和电接触。光栅耦合器的作用是将光耦合到硅光子芯片，如图 8.2(a) 所示。

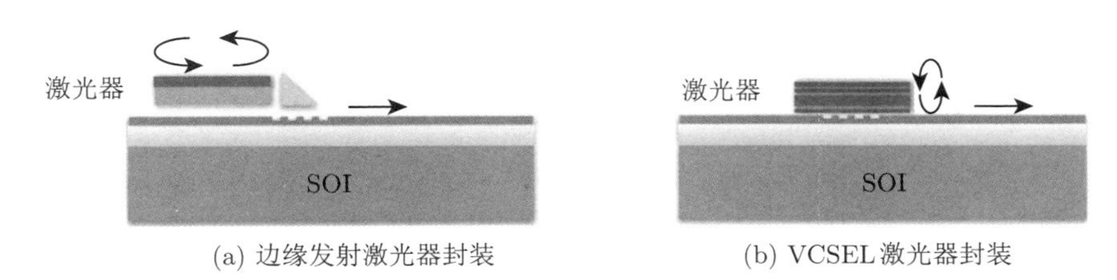

(a) 边缘发射激光器封装　　(b) VCSEL 激光器封装

图 8.2 基于光栅耦合器的硅光子芯片与激光器协同封装，边缘耦合与 VCSEL 耦合

最近有文献报道了一种采用自对准结构的无源对准方法实现了陶瓷贴装激光器与硅光子光栅耦合器的微封装 [10]。

另一种方法是将激光器通过端面耦合到硅芯片，如图 8.3(a) 所示。

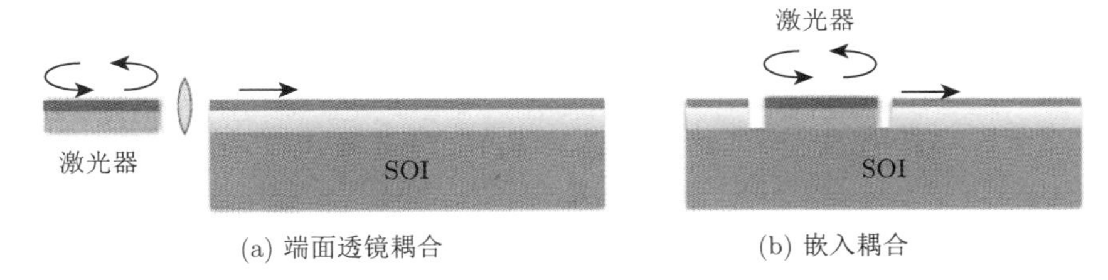

(a) 端面透镜耦合　　(b) 嵌入耦合

图 8.3 基于光栅耦合器的硅光子芯片与激光器协同封装，端面透镜耦合和嵌入耦合

8.3.2 外部谐振腔激光器

该方法为 III-V 族增益芯片耦合至硅光子芯片的反射器上 [11,12,14−17]，形成了外腔结构，包括片上增益 (反射型半导体光放大器，RSOA)、硅光子芯片上光反馈。优点是硅光子芯片可通过片上电控来控制激光器的特性 (如波长)。由于光反馈在片上提供，光已经存在于芯片上，可用于其他有益功能。由于损耗是腔体的一部分，较大损耗会增加激光器阈值并降低效率，因此要求从增益介质到硅芯片的插损必须很低。1dB 的端面耦合插损与混合激光器中使用的倒锥激光器效果相当，每个激光器只需一个耦合器，而混合激光器需要两个倒锥耦合器。光反馈可通过环形谐振器 [11,12] 或布拉格光栅来实现，如图 8.4(a) 所示。

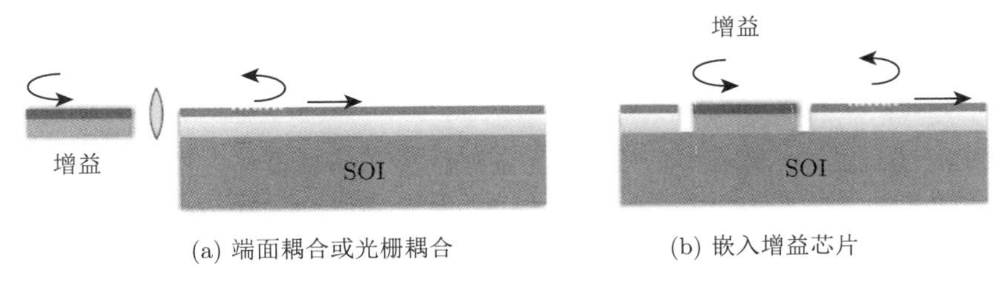

(a) 端面耦合或光栅耦合　　(b) 嵌入增益芯片

图 8.4 外腔激光器与硅光子芯片的协同封装

RSOA 也可倒装键合到硅光子芯片上，形成外腔 [16]。文献 [16] 去除氧化物并在硅上沉积金属接触，提高了散热能力。该激光器通过端面耦合至硅光子波导上。

8.3.3 刻蚀嵌入式外延

Skorpios 开发了一种有趣的技术，采用未处理的 III-V 族外延材料，并整合到 SOI 晶圆上的蚀刻位置 [18]，最终形成一个嵌入 III-V 族材料的平面硅片，设计人员能够灵活地在 InP 和 SOI 材料中定义一种或两种光腔和波导，如图 8.3(b) 和图 8.4(b) 所示。制造过程包括标准的硅光子前道制造流程来定义波导和调制器；在硅衬底上刻蚀嵌入 III-V 族外延的凹坑；去除氧化物，目的是提高热导率并使 III-V 族增益区的高度与硅波导相匹配；金属键合 III-V 族材料，并除去 InP 衬底。金属键合具有以下优点：更高的热导率、底部电接触，以及缓解了硅和 III-V 族材料之间的晶格和热膨胀系数的不匹配。为了填充 III-V 族材料和 SOI 晶圆之间的区域，在 III-V 族材料中定义 III-V 族-SOI 耦合区域波导，并使用二氧化硅对晶圆进行密封。电气互连采用标准的后道处理工艺。该激光器在 250mA 电流下输出功率为 8mW，根据式 (8.9) 的定义可知其效率为 4%。

在硅光子芯片上刻蚀一个凹坑以容纳另一个芯片，也被用于 CMOS 电子集成 [19]，平面化的表面有利于后续金属互连的光刻，以实现光回路与电回路连接在独立的芯片上。

8.4 混合集成激光器

混合集成激光器是一种将 III-V 族材料如 InP 等键合到硅光子平台上的异质集成方法 [19−21]，该方法可使 III-V 族材料设计激光器、半导体光放大器、探测器以及振幅和相位调制器等集成在一起。混合集成是目前在硅上集成激光器的最成功方法，两种材料的结合为硅平台带来了 III-V 族材料的高光增益和高效发光的优势。

制造过程从典型的 SOI 制造开始，包括波导蚀刻、可选的调制器掺杂 [22,23] 和锗探测器的生长。随后将未处理的 III-V 族材料 (芯片或晶圆) 键合到硅光子芯片或晶圆上。该部分在 CMOS 铸造的后端工艺中完成，即在键合前对硅光子进行高温处理 (如退火)。最后为 III-V 族和硅接触添加金属互连。键合方法有很多，如分子晶圆键合 [19,24]、粘结等 [25−28]。

硅和 III-V 族材料之间耦合的混合波导主要有两种设计方法。第一种方法如图 8.5(a) 所示，基于倏逝场耦合，其中大部分光被硅波导传导，少量光则以倏逝方式耦合至 III-V 族材料。此结构中，硅中的谐振腔使用各种反射结构 (如布拉格光栅和环形谐振器) 来实现。第二种方法是在 III-V 族材料中构建腔体，并将激光器以倏逝方式耦合到硅波导中，如图 8.5(b) 所示。该结构可将光主要限制在 III-V 族材料中，使用锥形波导与硅中的空腔进行耦合 [27]。另一种方法是将光主要限制在 III-V 族材料中，将光以倏逝方式与硅光子布拉格光栅波导进行耦合，从而形成分布式反馈 (DFB) 激光器 [25]。

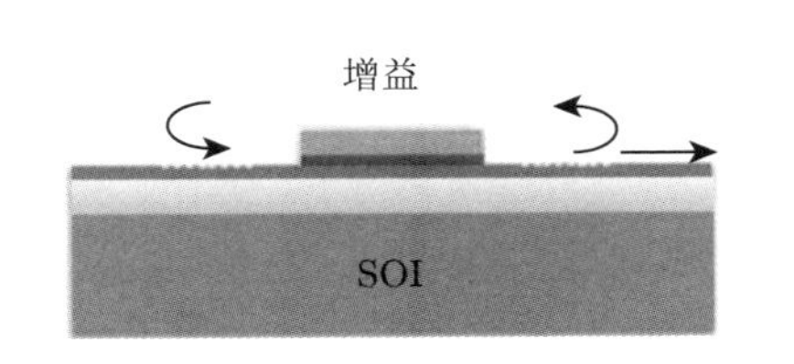

(a) 腔外混合集成激光器

激光器

SOI

(b) 腔内混合集成激光器[29]

图 8.5 腔外腔内混合集成硅激光器

倏逝耦合的主要优点是激光腔的定义与光子回路其余部分所用的掩模和光刻相同，从而保证了激光腔与电路之间的对准。此外，III-V 族材料是未经加工的晶圆，不需要与硅精确对准。面临的挑战是 III-V 族材料的图形化，以定义混合波导和硅波导之间过渡区域的锥度，确保低的光传输损耗。利用 3D FDTD 可以仿真计算 InP-Si 混合波导向硅波导的过渡设计。实现的耦合锥波导损耗范围从每锥度 0.3dB(仅无源材料) 到 1~2dB (有源材料)。其中一个难题是部分耦合锥波导是用 III-V 材料制成的，这些材料可能存在泵浦不足或表面复合的问题；另一个问题就是关于 III-V 族蚀刻的分辨率和对准，III-V 族材料相对较厚会导致锥形尖端相对较大 (如参考文献 [27] 中为 400nm)，从而增大 III-V 族硅与纯硅区域间的插损，需要精确对准以最大程度地减少插损。

8.5 单片集成激光器

与键合集成方法相比，光增益材料如 III-V 族 (InP、GaAs) 或 Ge 材料的单片集成在高密度、系统可靠性、性能增强以及使用成熟的低成本硅制造技术等方面具有极大优势 (图 8.6)。本节讨论了几种单片集成的方法，但其成熟度尚未达到与 8.4 节方法相同的水平。

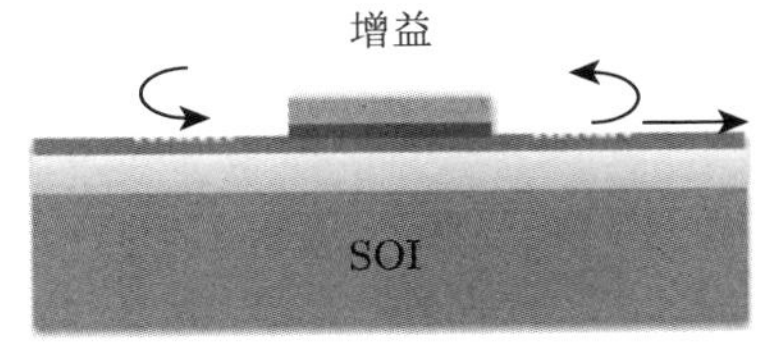

(a) 硅波导顶部的增益材料

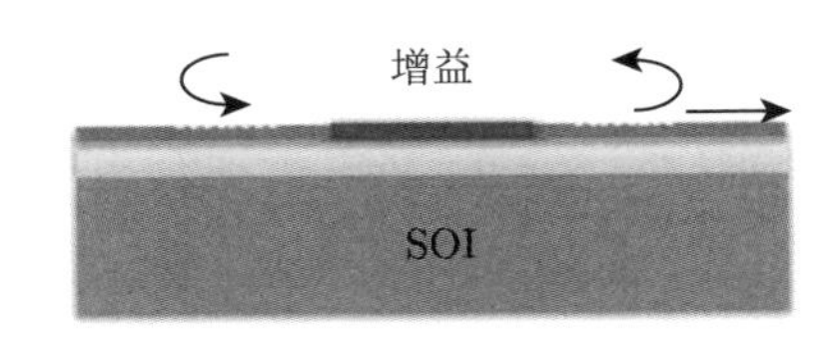

(b) 嵌入硅波导内的增益材料

图 8.6 单片集成激光器，增益材料 (如 InP、Ge 等) 直接外延生长在 SOI 片上

回顾 III-V 族半导体激光器的发展历史 [30]，特别是在阈值电流密度方面。20 世纪 60 年代，在双异质结构激光器出现前，半导体激光器的阈值电流密度在 10~100kA/cm^2。双异质结构提供了一种纯粹通过电子和空穴注入两种更宽的带隙材料产生粒子数反转的方法，光增益材料不需要掺杂即可减少光吸收。由于载流子在薄增益区的限制，体积也显著减小，因此需要较低的电流来维持光学增益所需的载流子浓度。经过多年发展，在 20 世纪 60 年代末，室温下阈值电流密度达到 4300A/cm^2。20 世纪 80 年代，由于使用分子束外延技术的半导体生长技术的进步，量子阱技术可进一步降低阈值电流密度到 160A/cm^2[31]，甚至更低。后来制造了更小的增益材料，即量子点，进一步降低了阈值电流密度，如 2000 年的阈值电流密度为 16A/cm^2[32]。为了将半导体激光器发展成一种实用高效的器件，半导体激光器的阈值电流密度从大于 105A/cm^2 和相应电流 (安培) 稳定降低至小于 103A/cm^2 及具有毫安电流的超小型器件。

8.5.1 III-V 族单片生长

在硅上直接外延生长 III-V 族材料是近 20 多年来人们感兴趣的课题 [33]，目前仍存在许多挑战。在硅片上外延生长 III-V 族材料的例子有很多，包括 Si 基激光器 [34–37]。

面临的挑战在于不同材料间的性能不匹配，如晶格常数和热膨胀系数不匹配，导致高密度缺陷、裂纹和分层。最大的挑战在于硅和 III-V 族材料之间存在较大的晶格常数失配，会在 III-V 族材料中引入位错。减少位错和提高材料质量有以下几种方法。一种方法就是使用锗，锗与硅完全相容，是 GaAs(重要的 III-V 族材料) 和硅之间的理想中间材料，室温下锗和 GaAs 之间的晶格常数非常接近。锗目前常用于 CMOS 处理器和硅光子，与 CMOS 兼容。第一步是在硅上构建虚拟锗衬底，方法包括直接沉积锗层 [38]、渐变缓冲层 [34,39]、锗凝结 [40] 和深宽比 (Aspect Ratio Trapping，ART) 技术 [36]。ART 技术中，位错被限制在 400nm 宽的沟槽薄层垂直侧壁上，实现了具有 3kA/cm^2 阈值电流密度的激光器 [36]。

减少位错的另一种方法是使用量子点作为有源材料 [35]，可实现 900A/cm^2 阈值电流密度的激光器。量子点由于体积小，对材料缺陷敏感性低 [41]。此外，AlAs 可作为成核层进一步提高硅衬底上 GaAs 缓冲层的生长质量，以用于后续量子点生长。在 1.3μm 的硅中外延生长的 InAs/GaAs 量子点激光器的阈值电流密度可达 650A/cm^2[37]。

这些研究成果令人印象深刻，并提供了一种将 III-V 族材料集成到硅上的方法。但该方法的一大挑战就是与 CMOS 工艺的兼容性问题。首先，采用分子束外延 (MBE) 或金属有机化学气相沉积 (MOCVD) 技术进行外延生长，通常需要较高的温度，参考文献 [37] 给出的温度范围为 400~600℃。原则上，如果材料相容，可以在 CMOS 前道工艺处理之前在 SOI 晶圆上进行外延。或者，如果生长温度可以保持足够低，选择性区域生长可在后道工艺上的晶圆上进行，最有可能在前道工艺处理之后进行。

8.5.2 锗激光器

锗被认为是 CMOS 兼容的增益介质，尽管其光发射效率受间接带隙的影响。最近，第一个在硅上使用锗增益介质制造的电驱动激光器得到了证实 [42]。本节将详细介绍这种方法。

尽管锗是一种间接带隙半导体材料 (图 8.7(a))，但其可在直接带隙中跃迁，从而实现了受激发射。该方法在拉伸应变 [43] 下实现，拉伸应变导致导带最小值 (带隙结构中的 Γ 点) 相对于间接导带最小值 (L 点) 还要小，见图 8.7(b)。尽管在可实现拉伸应变 (如 $< 2\%$) 下仍然是间接的，但 n 型掺杂材料会填充导致最低导带 (L)，使得直接带隙 (Γ) 可用于直接受激辐射跃迁，这是激光粒子数反转必要的条件 (图 8.7(c))。

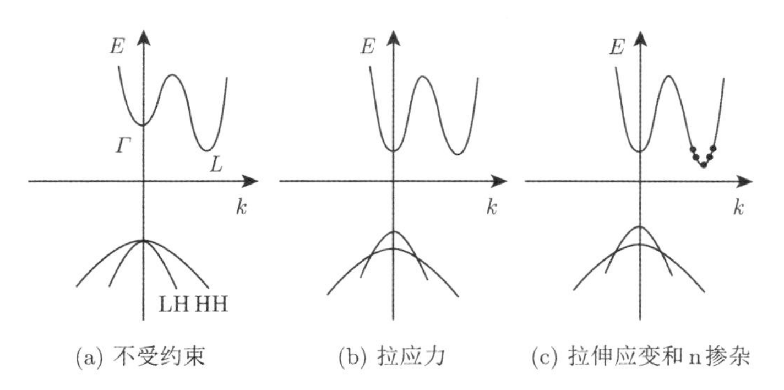

图 8.7 锗的能带结构图 [44]，能带结构电子和空穴能量 (E) 以及晶格动量 (k)。直接带隙 (Γ) 和间接带隙 (L)，价带具有重空穴 (HH) 带和轻空穴 (LH) 带

理解锗获得光学增益的必要条件对指导实验和激光设计至关重要 [43−45]。W. W. Chow 提出了一个复杂的锗光学增益模型 [44]，该模型是半经典模型，包括载流子动能、载流子–光相互作用机制、载流子间的库仑力作用机制、多体效应和自由载流子的光吸收等。仿真结果预测了给定载流子浓度下不同应变和掺杂浓度的光学增益谱。如 0.2%的拉伸应变、$2.5\times10^{19}\text{cm}^{-3}$ 的掺杂浓度和 $8\times10^{18}\text{cm}^{-3}$ 的载流子浓度下，预测增益为 300cm^{-1}。相比之下，在载流子浓度低 1/3~1/2 的情况下未掺杂的未拉伸应变的体 GaAs 材料增益可达到光材料增益的相似值，类似条件下的典型半导体量子阱光学增益也很小，如 GaAs 中的量子阱光学增益为 3000cm^{-1}。然后，通过减去自由载流子光吸收损耗得到净光学增益。最后，对于特定载流子浓度，由于自发辐射、Schockley-Read-Hall 和俄歇散射引起电流密度

的变化，可得净光学增益与电流密度之间的关系。结果预测在不同的情况下可实现每厘米的净增益为几百。对于 0.2%的拉伸应变和 $4\times10^{19}\text{cm}^{-3}$ 的掺杂浓度，正增益的载流子浓度约为 1000A/cm^2，与典型的半导体激光器相似。仿真结果还预测到在增加应变时，载流子浓度可进一步降低 10 倍，如 1.8%的应变可降低到小于 100A/cm^2。这些仿真计算结果为在足够大的应变和合理的电流密度下获得显著的光学放大提供了指导。最近，有研究人员证明了 3.1%的应变 [46]。

典型的半导体激光腔阈值增益要求为 $10\sim100\text{cm}^{-1}$。当考虑体锗增益材料时，光限制系数应较大，以便如上述模型所预测的结果那样，材料增益要求保持较小。然而，锗的光学增益与典型的 III-V 族半导体材料完全不同，最新研究表明，低损耗腔体并不是降低激光器阈值电流和效率的可行路径，较大的腔体损耗对于高斜率效率是可取的 [45]。随着时间推移，激光器设计和几何结构优化将随着材料和光学增益的改善而不断发展。

给定特定光学谐振器所需的材料增益，且知道材料增益与电流密度的关系，就可以预测激光器的阈值电流密度。对于半导体激光器来说，重要的数值就是阈值电流密度 J_{th}，用 A/cm^2 表示。如文献 [42]，电泵浦锗激光器的阈值电流密度为 300000A/cm^2，比典型的半导体激光器的阈值电流密度高几个数量级。对于给定的激光器尺寸，0.81A 的电流，输出功率达到 1mW，对应的斜率效率为 1mW/0.81A = 0.0012W/A。利用式 (8.9) 计算外部量子效率：

$$\eta=\frac{P}{I}\frac{q}{hv}=\frac{1\text{mW}}{0.81\text{A}}\frac{1}{0.8\text{eV}}=0.0015=0.15\% \tag{8.10}$$

目前典型的 III-V 族半导体激光器的效率为 10%～30%，比上述高出两个数量级。

迄今为止的仿真计算结果与已发表的实验结果对比表明，锗激光器的性能还有很大的改进空间，很期待锗激光器的未来发展，通过类似的方法是否会有类似于 III-V 族激光器在历史上类似的改进，如探索不同的异质结构材料、更大的应变 [45,46]、量子阱 [47] 和量子点 [48] 等量子约束效应。还应该注意，高应变器件的效率预计会更高，尽管也可在更长的波长下工作 [45]，如 2～3μm，这种较长的波长可能适合于短距离光互连。

8.6　其他类型激光光源

光源集成方面的一些其他技术方案：① 光泵浦拉曼激光器 [49]；② 硅纳米晶体作为嵌入硅波导中的增益材料 [50]；③ 黑体辐射 [51]，也即发热的硅波导会发出光，对于典型的片上温度来说，其峰值发射波长超过 2μm，可用于光谱应用，尤其是长波集成光子学 [52]。另一个与主题相关的是表面等离子体激元 [53]，可能有助于硅激光器的集成开发。

8.7 问　题

8.1 仿真计算混合集成半导体激光器的模场，并计算其光限制因子。

参 考 文 献

[1] Yurii A Vlasov. “Silicon CMOS-integrated nano-photonics for computer and data communications beyond 100G”. IEEE Communications Magazine, IEEE **50**.2 (2012), s67–s72 (cit. on p. 295).

[2] Y. Painchaud, M. Poulin, F. Pelletier, et al. “Silicon-based products and solutions”. Proc. SPIE. 2014 (cit. on p. 296).

[3] L.A. Coldren, S.W. Corzine, and M. L. Mashanovitch. Diode Lasers and Photonic Integrated Circuits. Wiley Series in Microwave and Optical Engineering. John Wiley & Sons, 2012. ISBN: 9781118148181 (cit. on p. 297).

[4] Roy Lang and Kohroh Kobayashi. “External optical feedback effects on semiconductor injection laser properties”. IEEE Journal of Quantum Electronics **16**.3 (1980), pp. 347–355 (cit. on p. 298).

[5] R.W. Tkach and Andrew R. Chraplyvy. “Regimes of feedback effects in 1.5-μm distributed feedback lasers”. Journal of Lightwave Technology **4**.11 (1986), pp. 1655–1661 (cit. on p. 298).

[6] P. Bala Subrahmanyam, Y. Zhou, L. Chrostowski, and C. J. Chang-Hasnain. “VCSEL tolerance to optical feedback”. Electronics Letters **41**.21 (2005), pp. 1178–1179 (cit. on p. 298).

[7] Laurent Schares, Yoon H. Lee, Daniel Kuchta, Uzi Koren, and Len Ketelsen. “An 8-wavelength laser array with high back reflection tolerance for high-speed silicon photonic transmitters”. Optical Fiber Communication Conference. Optical Society of America. 2014, Th1C–3 (cit. on p. 298).

[8] Chih-Hao Chang, Lukas Chrostowski, and Connie J. Chang-Hasnain. “Injection locking of VCSELs”. IEEE Journal of Selected Topics in Quantum Electronics **9**.5 (2003), pp. 1386–1393 (cit. on p. 299).

[9] Peter De Dobbelaere, Ali Ayazi, Yuemeng Chi, et al. “Packaging of silicon photonics systems”. Optical Fiber Communication Conference. Optical Society of America. 2014, W3I–2 (cit. on p. 299).

[10] Bradley Snyder, Brian Corbett, and Peter OBrien. “Hybrid integration of the wavelengthtunable laser with a silicon photonic integrated circuit”. Journal of Lightwave Technology **31**.24 (2013), pp. 3934–3942 (cit. on p. 299).

[11] Tao Chu, Nobuhide Fujioka, and Masashige Ishizaka. “Compact, lower-power-consumption wavelength tunable laser fabricated with silicon photonic-wire waveguide micro-ring resonators”. Optics Express **17**.16 (2009), pp. 14063–14068 (cit. on p. 300).

[12] Shuyu Yang, Yi Zhang, David W. Grund, et al. "A single adiabatic microring-based laser in 220 nm silicon-on-insulator". Optics Express **22**.1 (2014), pp. 1172–1180 (cit. on p. 300).

[13] Wei Shi, Han Yun, Wen Zhang, et al. "Ultra-compact, high-Q silicon microdisk reflectors". Optics Express **20**.20 (2012), pp. 21840–21846. DOI: 10.1364/OE.20.021840 (cit. on p. 300).

[14] Nobuhide Fujioka, Tao Chu, and Masashige Ishizaka. "Compact and low power consumption hybrid integrated wavelength tunable laser module using silicon waveguide resonators". Journal of Lightwave Technology **28**.21 (2010), pp. 3115–3120 (cit. on p. 300).

[15] Keita Nemoto, Tomohiro Kita, and Hirohito Yamada. "Narrow-spectral-linewidth wavelength-tunable laser diode with Si wire waveguide ring resonators". Applied Physics Express **5**.8 (2012), p. 082701 (cit. on p. 300).

[16] Shinsuke Tanaka, Seok-Hwan Jeong, Shigeaki Sekiguchi, et al. "High-output-power, single-wavelength silicon hybrid laser using precise flip-chip bonding technology". Optics Express **20**.27 (2012), pp. 28057–28069 (cit. on p. 300).

[17] A. J. Zilkie, P. Seddighian, B. J. Bijlani, et al. "Power-efficient III-V/silicon external cavity DBR lasers". Optics Express **20**.21 (2012), pp. 23456–23462 (cit. on p. 300).

[18] Timothy Creazzo, Elton Marchena, Stephen B. Krasulick, et al. "Integrated tunable CMOS laser". Optics Express **21**.23 (2013), pp. 28048–28053 (cit. on p. 301).

[19] M. J. R. Heck, J. F. Bauters, M. L. Davenport, et al. "Hybrid silicon photonic integrated circuit technology". IEEE Journal of Selected Topics in Quantum Electronics, **19**.4 (2013), p. 6100117. DOI: 10.1109/JSTQE.2012.2235413 (cit. on pp. 301, 302).

[20] A. Fang, H. Park, O. Cohen, et al. "Electrically pumped hybrid AlGaInAs–silicon evanescent laser". Optics Express **14** (2006), pp. 9203–9210 (cit. on p. 301).

[21] B. Ben Bakir, A. Descos, N. Olivier, et al. "Electrically driven hybrid Si/III-V Fabry-Perot lasers based on adiabatic mode transformers". Optics Express **19** (2011), pp. 10317–10325 (cit. on p. 301).

[22] Guang-Hua Duan, Jean-Marc Fedeli, Shahram Keyvaninia, and Dave Thomson. "10 Gb/s integrated tunable hybrid III-V/si laser and silicon mach-zehnder modulator". European Conference and Exhibition on Optical Communication. Optical Society of America. 2012, Tu–4 (cit. on p. 301).

[23] Andrew Alduino, Ling Liao, Richard Jones, et al. "Demonstration of a high speed 4-channel integrated silicon photonics WDM link with hybrid silicon lasers". Integrated Photonics Research, Silicon and Nanophotonics. Optical Society of America. 2010, PDIWI5 (cit. on p. 301).

[24] Di Liang, Gunther Roelkens, Roel Baets, and John E. Bowers. "Hybrid integrated platforms for silicon photonics". Materials **3**.3 (2010), pp. 1782–1802. DOI: 10.3390/ma 3031782 (cit. on p. 302).

[25] S. Keyvaninia, S. Verstuyft, L. Van Landschoot, et al. "Heterogeneously integrated

IIIV/silicon distributed feedback lasers". Optics Letters **38**.24 (2013), pp. 5434–5437. DOI: 10.1364/OL.38.005434. URL: http://ol.osa.org/abstract.cfm?URI=ol-38-24-5434 (cit. on p. 302).

[26] Stevan Stankovic, Richard Jones, Matthew N. Sysak, et al. "1310-nm hybrid III–V/Si Fabry–Perot laser based on adhesive bonding". IEEE Photonics Technology Letters **23**.23 (2011), pp. 1781–1783 (cit. on p. 302).

[27] Shahram Keyvaninia, Gunther Roelkens, Dries Van Thourhout, et al. "Demonstration of a heterogeneously integrated III-V/SOI single wavelength tunable laser". Optics Express **21**.3 (2013), pp. 3784–3792 (cit. on p. 302).

[28] S. Keyvaninia, S. Verstuyft, S. Pathak, et al. "III-V-on-silicon multi-frequency lasers". Optics Express **21**.11 (2013), pp. 13 675–13 683. DOI: 10.1364/OE.21.013675. URL: http://www.opticsexpress.org/abstract.cfm?URI=oe-21-11-13675 (cit. on p. 302).

[29] Joris Van Campenhout, Pedro Rojo Romeo, Philippe Regreny, et al. "Electrically pumped InP-based microdisk lasers integrated with a nanophotonic silicon-on-insulator waveguide circuit". Optics Express **15**.11 (2007), pp. 6744–6749 (cit. on p. 302).

[30] Zhores Alferov. "Double heterostructure lasers: early days and future perspectives". IEEE Journal of Selected Topics in Quantum Electronics **6**.6 (2000), pp. 832–840 (cit. on p. 303).

[31] W. T. Tsang. "Extremely low threshold (AlGa) As graded-index waveguide separate-confinement heterostructure lasers grown by molecular beam epitaxy". Applied Physics Letters **40**.3 (1982), pp. 217–219 (cit. on p. 303).

[32] Gyoungwon Park, Oleg B. Shchekin, Diana L. Huffaker, and Dennis G. Deppe. "Lowthreshold oxide-confined 1.3-μm quantum-dot laser". IEEE Photonics Technology Letters **12**.3 (2000), pp. 230–232 (cit. on p. 303).

[33] R. Fischer, H. Morkoc, D. A. Neumann, et al. "Material properties of high-quality GaAs epitaxial layers grown on Si substrates". Journal of Applied Physics **60**.5 (1986), pp. 1640–1647 (cit. on p. 303).

[34] O. Kwon, J. J. Boeckl, M. L. Lee, et al. "Monolithic integration of AlGaInP laser diodes on SiGe/Si substrates by molecular beam epitaxy". Journal of Applied Physics **100** (2006), p. 013103 (cit. on p. 304).

[35] Z. Mi, J. Yang, P. Bhattacharya, and D. L. Huffaker. "Self-organised quantum dots as dislocation filters: the case of GaAs-based lasers on silicon". Electronics Letters **42**.2 (2006), pp. 121–123 (cit. on p. 304).

[36] J. Z. Li, J. M. Hydrick, J. S. Park, et al. "Monolithic integration of GaAs/InGaAs lasers on virtual Ge substrates via aspect-ratio trapping". Journal of the Electrochemical Society **156**.7 (2009), H574–H578 (cit. on p. 304).

[37] A. D. Lee, Qi Jiang, Mingchu Tang, et al. "InAs/GaAs quantum-dot lasers monolithically grown on Si, Ge, and Ge-on-Si substrates". IEEE Journal of Selected Topics in Quantum Electronics **19**.4 (2013), p. 1901107. DOI: 10.1109/JSTQE.2013.2247979 (cit. on p. 304).

[38] D. Choi, E. Kim, P. C. McIntyre, and J. S. Harris. "Molecular-beam epitaxial growth of III–V semiconductors on Ge/Si for metal-oxide-semiconductor device fabrication". Applied Physics Letters **92** (2008), p. 203502 (cit. on p. 304).

[39] M. T. Currie, S. B. Samavedam, T. A. Langdo, C.W. Leitz, and E. A. Fitzgerald. "Controlling threading dislocation densities in Ge on Si using graded SiGe layers and chemicalmechanical polishing". Applied Physics Letters **72** (1998), p. 1718 (cit. on p. 304).

[40] H. J. Oh, K. J. Choi, W.Y. Loh, et al. "Integration of GaAs epitaxial layer to Si-based substrate using Ge condensation and low-temperature migration enhanced epitaxy techniques". Journal of Applied Physics **102** (2007), p. 054306 (cit. on p. 304).

[41] Zetian Mi, Jun Yang, Pallab Bhattacharya, Guoxuan Qin, and Zhenqiang Ma. "High-performance quantum dot lasers and integrated optoelectronics on Si". Proceedings of the IEEE **97**.7 (2009), pp. 1239–1249 (cit. on p. 304).

[42] R. Camacho-Aguilera, Y. Cai, N. Patel, et al. "An electrically pumped germanium laser". Optics Express **20** (2012), pp. 11316–11320 (cit. on pp. 304, 306).

[43] J. Liu, X. Sun, D. Pan, et al. "Tensile-strained, n-type Ge as a gain medium for monolithic laser integration on Si". Optics Express **15** (2007), pp. 11272–11277 (cit. on pp. 304, 305).

[44] Weng W. Chow. "Model for direct-transition gain in a Ge-on-Si laser". Applied Physics Letters **100**.19 (2012), 191113. DOI: http://dx.doi.org/10.1063/1.4714540 (cit. on p. 305).

[45] Birendra Dutt, Devanand S. Sukhdeo, Donguk Nam, et al. "Roadmap to an efficient germanium-on-silicon laser: strain vs. n-type doping". IEEE Photonics Journal, IEEE **4**.5 (2012), pp. 2002–2009 (cit. on pp. 305, 306).

[46] M. J. Sess, R. Geiger, R. A. Minamisawa, et al. "Analysis of enhanced light emission from highly strained germanium microbridges". Nature Photonics **7**.6 (2013), pp. 466–472 (cit. on pp. 305, 306).

[47] Yan Cai, Zhaohong Han, Xiaoxin Wang, et al. "Analysis of threshold current behavior for bulk and quantum well germanium laser structures". IEEE Journal of Selected Topics in Quantum Electronics **19**.4 (2013), 1901009 (cit. on p. 306).

[48] Xuejun Xu, Sho Narusawa, Taichi Chiba, et al. "Silicon-based light emitting devices based on Ge self-assembled quantum dots embedded in optical cavities". IEEE Journal of Selected Topics in Quantum Electronics **18**.6 (2012), pp. 1830–1838 (cit. on p. 306).

[49] Ozdal Boyraz and Bahram Jalali. "Demonstration of a silicon Raman laser". Optics Express **12**.21 (2004), pp. 5269–5273 (cit. on p. 306).

[50] L. Pavesi, L. Dal Negro, Ca. Mazzoleni, G. Franzo, and F. Priolo. "Optical gain in silicon nanocrystals". Nature **408**.6811 (2000), pp. 440–444 (cit. on p. 306).

[51] M. U. Pralle, N. Moelders, M. P. McNeal, et al. "Photonic crystal enhanced narrow-band infrared emitters". Applied Physics Letters **81**.25 (2002), pp. 4685–4687 (cit. on p. 306).

[52] Richard Soref. "Toward silicon-based longwave integrated optoelectronics (LIO)". Integrated Optoelectronic Devices 2008. International Society for Optics and Photonics. 2008, p. 689809 (cit. on p. 306).

[53] Pierre Berini and Israel De Leon. "Surface plasmon-polariton amplifiers and lasers". Nature Photonics **6**.1 (2012), pp. 16–24 (cit. on p. 306).

第 4 篇
系 统 设 计

第 9 章 硅光子回路建模

本章从元器件的几何参数出发，介绍光电参数提取的过程，以及它们在电路仿真中的应用。所描述的技术可用于波导、耦合器、Y 型结、光栅耦合器、边缘耦合器、波导耦合器、环形谐振器、调制器、滤波器和光电探测器等元件，如第 2 篇和第 3 篇所述。对于固定单元的设计，可以使用合适的物理求解器一次仿真计算，并提取光电参数供后续使用；对于参数化的单元设计，有必要对一系列可能的几何形状进行参数扫描，以创建查找表或经验证的唯象模型。最后举例说明如何将这些提取的光电参数用于光子回路的模拟。

9.1 光子回路建模的必要性

硅光子技术是一种能够将光子元器件大规模集成到光子回路中的技术。人们对硅系统中的光子集成回路应用越来越感兴趣，包括片上和片间通信等。回路中广泛采用硅光子技术，其系统要求设计流程标准化，类似于电路设计。本章介绍光回路的建模方法，是集成在设计方法中的一部分，利用商业电子设计自动化 (Electronic-design Automation，EDA) 工具进行回路设计和布版，见第 10 章所述。

FDTD 和本征模式求解器等数值方法与光电子学方程的求解相结合，是硅光子元器件级设计的主要方法。不幸的是，随着光子回路中元器件数量增加，这些方法不能很好地扩展。因此，在回路模拟中需要采用计算效率高且能准确表示复杂的纳米光子器件的建模方法。此外，物理布版也会影响回路的响应，需要考虑。CMOS 微电子行业已经解决了这些问题，并开始融入到硅光子设计中。2.6 节讨论了几种光子回路建模和设计的方法。

回路建模工具是利用物理级光电仿真和/或实验数据来构建光学元件的紧促模型，这种统一的方法使设计人员能够在考虑物理版图的前提下研究如光栅耦合器等元件的光反馈对光回路的响应，对理解未来复杂的硅光子系统的性能和设计至关重要。

这个过程中的主要问题之一是如何将从 EDA 工具中提取的几何参数和光子回路仿真所需的光电参数进行转换。如设计和布版后波导宽度、弯曲半径、波导耦合器的间距、电接触位置等属性，都可以很容易地从 EDA 工具中提取出来。但是光子回路仿真需要光电子参数，如有效/群折射率、色散、S 参数，以及关于有效折射率与外加电压或温度关系的信息，这些数据不能根据版图的几何参数直接获得，需要结合物理学的求解器获得，如本征模式求解器、FDTD 和电器件求解器等。

9.2 系统设计中的器件

系统设计人员可用的元器件设计流程主要有两个。

(1) 自上而下的方法是面向系统设计人员的。设计人员指定高级别的回路参数，称为基于设计意图的参数，如图 9.1 所示。在光回路中，包括目标工作波长、调制带宽等参数。该设计方法通过提供合适的紧促模型及基于这些设计意图参数的元器件物理实现 (版图) 来实现高级别设计方法，这些元器件可以是离散的，也可以是参数化的。

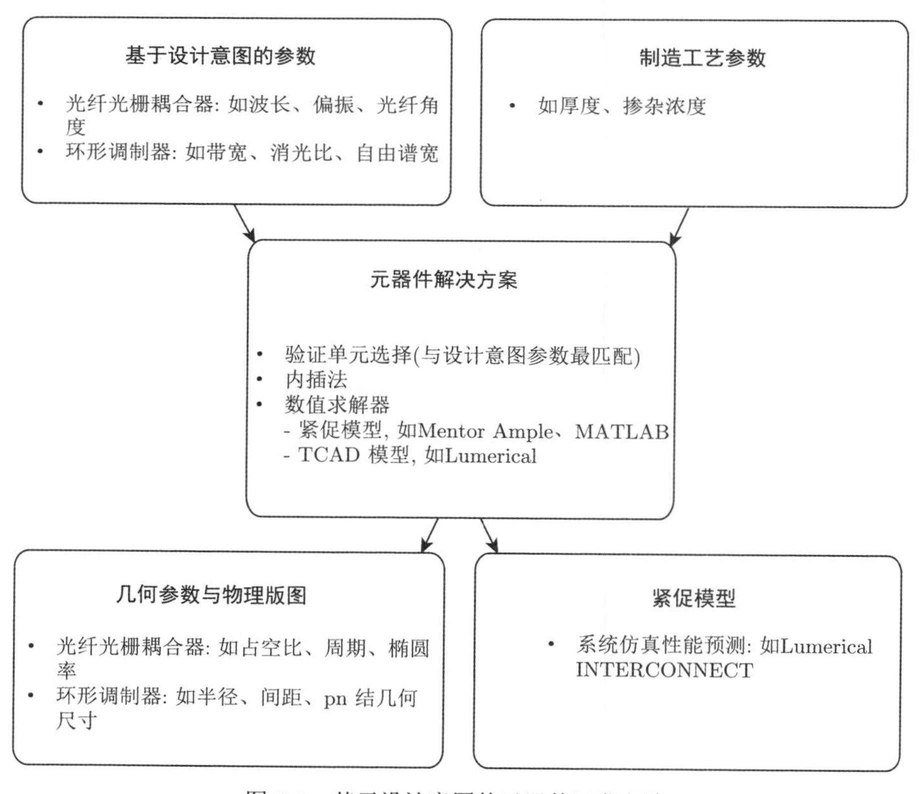

图 9.1 基于设计意图的元器件开发方法

(2) 自下而上的方法是面向元器件开发人员的。元器件由设计人员基于各种物理参数 (如宽度、长度) 来设计，包括性能参数 (工作波长、带宽)，系统设计人员可从中选择，也可采用实验设计 (DOE) 的方法 [1,2]，元器件开发流程如图 9.2 所示，这些元器件具有紧促模型和物理布版。

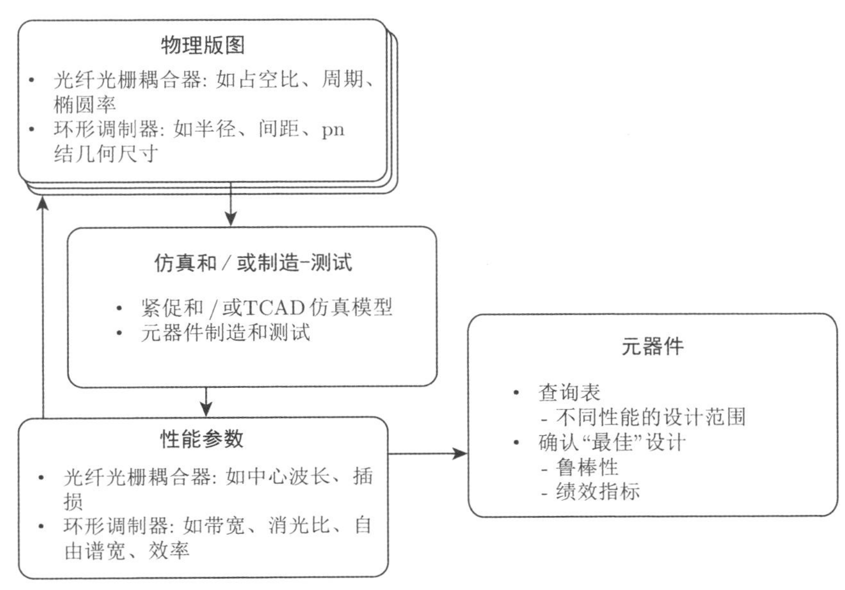

图 9.2 基于实验设计方法进行元器件开发

这些设计流可以协同，其中一些元器件是库中的固定单元，而其他元器件则使用基于设计意图的参数进行参数化。

9.3 紧促模型

元器件在仿真回路中有多种表示方式，紧促型模型所需的属性包括以下内容。

(1) 精度：虽然紧促模型可以极大地节省计算复杂度，但回路模型需要有足够的精度。

(2) 波长相关性：在需要的波长范围内对回路进行建模。许多情况下，波长的相关性是不能忽略的，如对环形谐振器中的波导来说，群折射率决定自由谱宽，见式 (3.5) 和式 (4.27)。

(3) 几何结构参数化：为研究回路对物理参数的依赖性，如波导的厚度、宽度等物理参数，有必要建立一个覆盖一定范围的模型，可通过一个查询表 (可能还有插值) 访问紧促单元模型的集合来实现，也可以通过多维参数化模型来实现。

需要注意的是，不同的应用可能需要不同级别的模型复杂度。对一个简单的 10/90 的光功率分配器而言，可能只需要定向耦合器的系数 $|t|$ 和 $|\kappa|$，如 4.1 节

中所述；对环形谐振器而言，需要包括相位，如 4.1.2 节所述，定向耦合器可以看作是 4.4.1 节中环形模型的“点–耦合器”。这些参数可以是常数，也可以根据仿真要求，根据波长的不同而不同。最后，可能还需要考虑到反射问题。

下面，将介绍两种常用的构建紧促模型的方法，重点是获得多波长下完整的线性光学系统分析所需的所有必要信息。

9.3.1 经验回路或等效回路

经验模型是电子设计中使用的标准方法，如晶体管的 SPICE 模型在一个合适函数中有 100 多个参数用于实验数据拟合 (或仿真)。电子工业中，从实验数据中提取并创建紧促模型是很常见的。许多工具可以为一组测量数据建立等效回路模型，如频率响应 (如 Agilent 先进设计系统 (ADS))，其他工具可以将频率响应曲线拟合成经验模型，如多项式或有理函数 [3,4](如 MATLAB 射频工具箱)。这种紧促模型的优点在于它们特别紧凑，特别是与原始测量数据相比时更是如此。通过选择合适的函数，曲线拟合可以有效地平滑测量噪声，进而实现良好的系统仿真。因此，这些紧促模型非常适用于大规模系统仿真。主要的挑战是确定合适的模型方程，并跟踪其有效性范围 (如有效频率范围)。

一些经验模型不合适的原因之一是它们有太多的参数，这导致曲线拟合会捕获测量误差 (如系统标定误差、测量噪声)。一般来说，对预期的变化有一定的了解并使用尽可能简单的模型是有用的，如一个 (线性) 电阻通常是由单个参数 R 来建模的，如果用 N 次多项式拟合实验数据，拟合会捕获一些测量误差，可能会导致模型不正确。

在 9.4 节中，我们将使用多项式函数 (式 (9.2)) 和有理函数 (式 (9.4)) 来建立经验紧促型模型。

9.3.2 S 参数

散射参数 (S 参数) 用于描述线性时间不变量的网络行为。传统意义上，这个概念是用来描述电子器件的频率响应函数的。S 参数对使用矢量网络分析仪 (VNA) 的电子器件的实验表征特别有用，还可用光矢量网络分析仪 (ONA) 表征光器件。这两种情况下，测量都是在一定的频率范围内进行的——通常在 GHz 频率的射频段和 THz 频率的光频段。S 参数通常是复杂的，包括幅度响应和相位响应。第 2 篇和第 3 篇中考虑的大多数例子中，关注的主要是振幅响应，忽略了相位。在构建回路 (如环形谐振器、干涉器) 时，需要将相位响应包括在紧促模型中。

一个双光端口器件 (如矩形波导、锥波导、弯曲波导、光纤光栅耦合器) 可以用矩阵来表示 (图 4.32(a))

$$\begin{pmatrix} b_1 \\ b_2 \end{pmatrix} = \begin{pmatrix} S_{11} & S_{12} \\ S_{21} & S_{22} \end{pmatrix} \begin{pmatrix} a_1 \\ a_2 \end{pmatrix} = S \begin{pmatrix} a_1 \\ a_2 \end{pmatrix} \tag{9.1}$$

式中，a_1 表示器件端口 1 上入射的光，b_1 表示反射光，b_2 表示透射光，S_{11} 是反射系数，S_{21} 是透射系数。端口 2 上入射光的参数也是类似定义的，特别地，光可以同时从两个端口上入射。光器件常用的描述参数是回波损耗 $\mathrm{RL} = -20 \log 10 |S_{11}|$ (dB) 和插入损耗 (插损) $\mathrm{IL} = 20 \log 10 |S_{21}|$ (dB)。无源光器件的光路是可逆的，因此入射光在端口 2 上也可得到相同的传输结果，即 $S_{12} = S_{21}$。

S 参数常用于模拟电子设计中，设计人员希望在电路设计中加入元器件的 S 参数，如引线键合和光调制器之类的元器件的 S 参数可用于设计驱动器和探测器的跨阻放大器，这些参数可以直接被 EDA 工具使用。S 参数也可以用于系统级仿真，可将多个元器件进行级联，并可以非常方便地确定系统的整体响应。

S 参数非常适合于实验数据，但测量数据包括噪声和其他误差，这些误差会被含在后续的系统分析中，且参数是在许多频点 (如 10000) 上测量的。系统建模中使用这些参数有两个主要的挑战，即测量误差和计算复杂性。对非常大的系统建模 (如成千上万的光学元器件)，特别是在进行时域仿真时，计算低效是非常麻烦的，因为这需要将频域 S 参数转换为脉冲响应 (如有限或无限脉冲响应)。

正如实验数据一样，S 参数可以从 FDTD 仿真中提取。从数值仿真中构建的紧促模型与实验导出的紧促模型具有相同的优点——作为一种有效的数据减少技术，可以实现更稳定和快速的系统级仿真。但是与实验结果类似，FDTD 仿真并不是 100%准确，原因是有限的网格大小、仿真边界的虚假反射等，总存在残留的数值误差。

9.4 定向耦合器——紧促模型

本节介绍从 FDTD 仿真、S 参数确定、参数曲线拟合开始到建立一个紧促的经验模型的过程。这个例子与定向耦合器有关，重点是参数 t 和κ (振幅和相位) 的紧促模型。该经验模型可以用回路建模工具 (如 Lumerical INTERCONNECT) 来构建一个紧促模型。

然后在回路仿真中直接使用 S 参数，解决在无源器件中使用 S 参数的一些挑战，即需要确保参数是无源的。最后，使用这些 S 参数来构建一个环形调制器。

9.4.1 FDTD 仿真

使用 FDTD 仿真 S 参数，首先需要构建几何结构，如图 9.3 所示。本例考虑采用脊形波导的环形调制器中的定向耦合器。上波导最终可以用来形成环形谐振器，下波导是耦合器。

四端口器件通常需要四次仿真：第一次仿真是端口 1 输入，端口 1、2、3、4 测量；第二次仿真是端口 2 输入；第三次仿真是端口 3 输入；第四次仿真是端口

4 输入。不过可利用对称性来简化测量或仿真，原因是器件在垂直轴上是对称的，因此在端口 3 输入光的结果与端口 1 输入的结果相同。

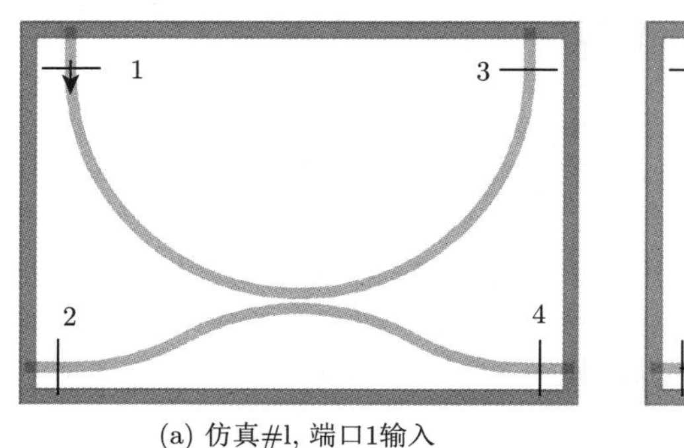

(a) 仿真#1, 端口1输入

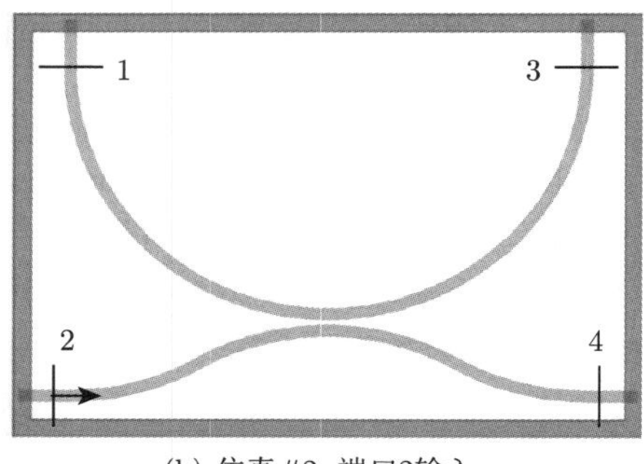

(b) 仿真#2, 端口2输入

图 9.3　定向耦合器及其仿真。半径 10μm，间距 180nm[5]

第一次仿真如图 9.3(a) 所示，模式源 (图中方向向下) 从端口 1 入射，在四个波导处设置四个场监视器。此外，模式扩展监视器用于隔离沿特定方向传播的场的分量，并确保测量仅考虑波导的基模光。例如，为了找到 S_{11} 参数，场监测器在光源下方，测量反射光 (图中向上传输的光)，然后将每个监测器中的数据通过输入波导中的光功率进行归一化，从而得到复杂的 S 参数。这些参数可以写成幅值和相位。第一次仿真可得到四个 S 参数，即 S_{11}、S_{21}、S_{31} 和 S_{41}。

第二次仿真如图 9.3(b) 所示，光从端口 2 入射 (图中方法向右)，进行类似的测量和计算，可得到四个 S 参数，即 S_{12}、S_{22}、S_{32} 和 S_{42}。

器件是对称的，因此其余 8 个参数不需要仿真计算。

9.4.2　FDTD S 参数

从光波导器件的 FDTD 仿真结果中提取 S 参数时，需要考虑以下几个重要因素：① 波导模式不一定是功率正交的；② 与电压等标量相比，电磁场的矢量性质带来了额外的复杂性；③ S 矩阵中的小数值误差可能会导致其破坏无源性，特别是对于具有极低插损的器件，如定向耦合器。这可通过多种方法来修正，参考文献 [5] 和 9.4.4 节对此进行了讨论。

1) 波导功率正交性

功率正交性是指波导中的总功率是每个单独存在的模式的功率之和。幸运的是，在非吸收型波导中，波导模式是功率正交的，这大大简化了分析。虽然在实际的波导中总是会有一些吸收，但在大多数实际回路中，吸收量足够小，因此可以近似地认为波导模式是功率正交的。正交性的含义是，S 参数可以在逐一模态的基础上构造，系统可以一次激发一个模态 (或任意线性组合)。当此近似值无效时，如在吸收能力强的光电探测器中，应格外小心。此情况下，模态分析是不准确的，必须考虑进行全波仿真计算，如 7.5 节所述。

2) 波导模态的矢量性质

元件所有端口通常采用标准前向和后向传输模式的 E 场和 H 场的标准符号和相位约定。通常情况下，在非吸收波导中，横向 E 场和 H 场被选择为实值；后向传输模式具有相同的场分布，但切向 H 场和法向 E 场分量的符号相反。一旦所有模式被归一化以携带相同的功率，S 参数就是前向和后向传输模式的复系数，这意味着 S 参数可能会有额外的负号，而这些负号可能不是预期的。例如，180° U 形弯波导中的 S_{21} 系数对于 TE 模会有一个额外的负号，但对于 TM 模则没有，如图 9.4 所示。原因是波导中的物理场是 S 参数系数乘以波导的 (全矢量) 模态场，180° 的旋转将使一些场分量的方向发生反转。另外，在考虑模式场对称性以减少需要进行的模拟或测量的数量时，必须小心。

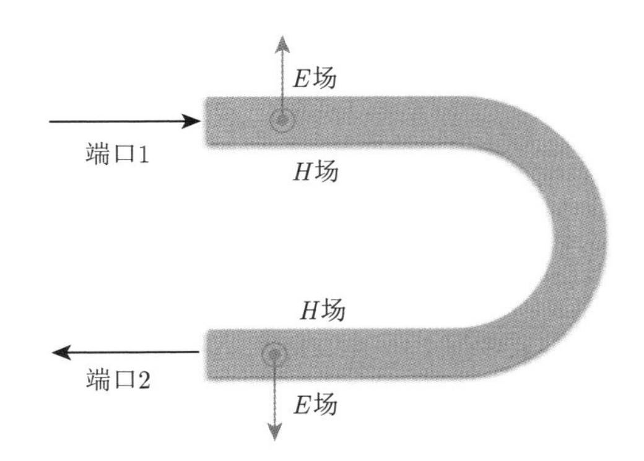

图 9.4 电磁场仿真时 S 参数定义的考虑

对定向耦合器，基于对称性、互易性和上述考虑，可以得到 8 个额外的 S 参数，即 $S_{13} = S_{31}$，$S_{23} = -S_{41}$，$S_{33} = S_{11}$，$S_{43} = -S_{21}$，$S_{14} = S_{41}$，$S_{24} = S_{42}$，$S_{34} = -S_{12}$ 和 $S_{44} = S_{22}$。

1. 定向耦合器的 S 参数

定向耦合器从端口 1 和端口 2 入射光，仿真计算得到的 S 参数如图 9.5(幅值响应) 和图 9.6(相位响应) 所示。通常用于描述耦合器的参数是直通耦合系数 t 和交叉耦合系数κ，由式 (4.2) 和式 (4.1) 分别定义，分别等同于 S 参数的幅值，如图 9.5(a) 和图 9.5(b) 所示。本例中，中心波长处 t=0.933079，κ=0.347666，这些参数与波长相关，如图 4.8 所示。注意 $t^2+\kappa^2$=0.9915，表示耦合器的功率损耗为 0.85%。

4.1 节中只考虑了 t 和 κ，这里还考虑了器件的反射 (S_{11} 和 S_{22}，即回波

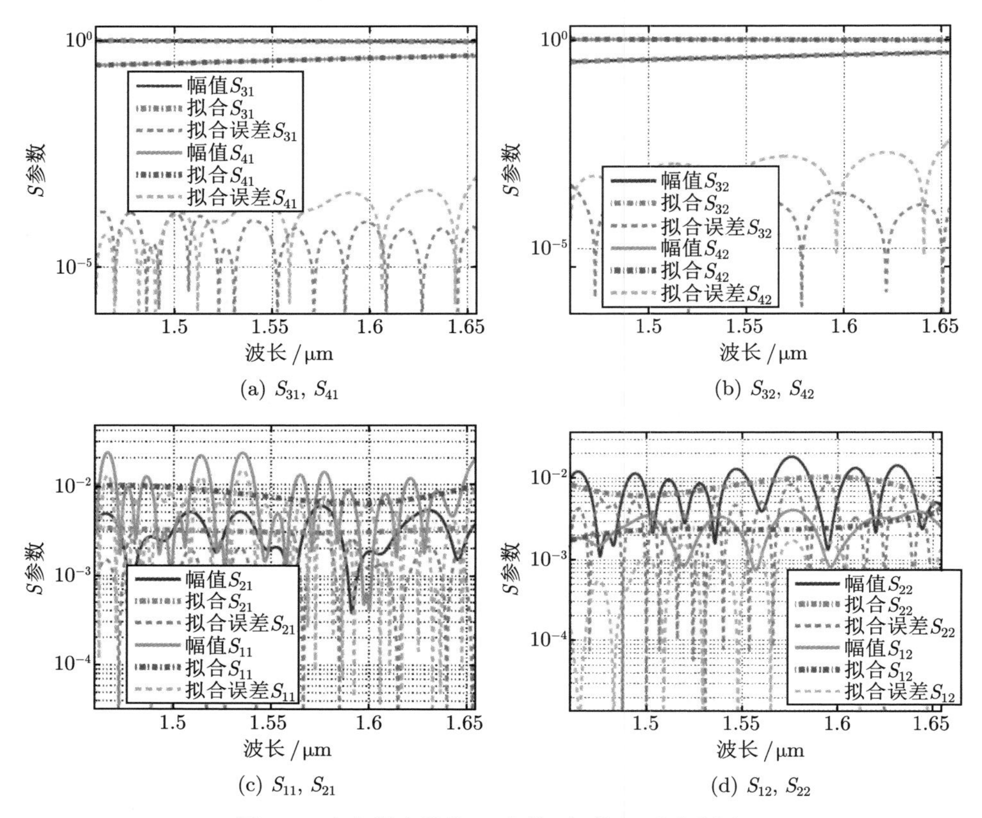

(a) S_{31}, S_{41}　　(b) S_{32}, S_{42}

(c) S_{11}, S_{21}　　(d) S_{12}, S_{22}

图 9.5　定向耦合器的 S 参数 (幅值) (后附彩图)

损耗)，以及从输入到其相邻波导的寄生耦合 (S_{21} 和 S_{12}，即反向耦合)，结果如图 9.5(c) 和图 9.5(d) 所示，可知 S 参数对波长有很强的振荡依赖性，表明器件中有多个反射和散射位点存在，从而产生法布里–珀罗模 (Fabry-Perot mode) 和驻波。然而，这些都是非常小的，场耦合系数在 0.001~0.01 的范围内，意味着回波损耗通常优于 40dB。

S 参数很复杂，其相位如图 9.6 所示。注意，本例中相位包括光在波导中的传输，因此考虑了时延和色散。如在干涉器或谐振器中使用此耦合器，则此相位信息在系统建模中至关重要。正如预期的一样，直通和交叉耦合 S 参数的相位表现良好，类似于光通过波导传输；但是，反射光的相位表现出许多典型的谐振结构的相位转变。

总共有 16 个 S 参数 (见表 9.1)，每个参数都是一个复数值矩阵，每个波长有一个点。本例中，光谱包含 1001 个点，因此有 4×4×1001 个复数值，共 32032 个实数。

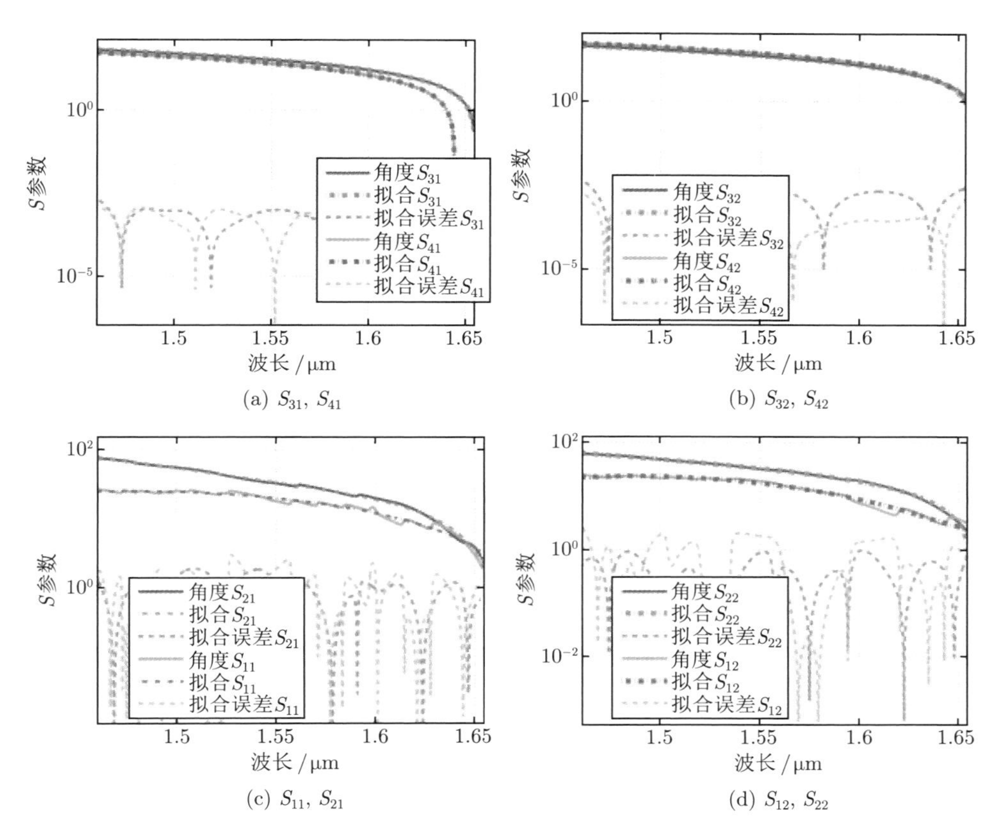

图 9.6 定向耦合器的 S 参数 (相位) (后附彩图)

表 9.1 四端口器件的 S 参数

S	1	2	3	4
1	S_{11}	S_{12}	S_{13}	S_{14}
2	S_{21}	S_{22}	S_{23}	S_{24}
3	S_{31}	S_{32}	S_{33}	S_{34}
4	S_{41}	S_{42}	S_{43}	S_{44}

9.4.3 经验模型——多项式

为减少数据量，降低计算复杂度，可用四阶多项式对每个 S 参数进行曲线拟合：

$$y = a_0 + a_1(x - \lambda_0) + a_2(x - \lambda_0)^2 + a_3(x - \lambda_0)^3 \tag{9.2}$$

也即作为光谱中点 λ_0 的泰勒展开。对于曲线拟合，最好是所有的值都在一个相似的范围内，波长的单位是 μm 而不是 m。拟合函数的选择对最小化误差是很重要的，本例中将数据绘制为波长的函数而不是频率的函数，以及绘制为场耦合系数而不是功率耦合系数，拟合误差是最小的。这很方便，因为场耦合系数与 S 参数的值相等。对于直和交叉 S 耦合参数，拟合误差通常在 10^{-4}～10^{-3}。

但是，对反射和寄生耦合，在 S 参数处于振荡状态时，低阶多项式不能很好地拟合数据。此种情况下，该函数最好提供一个平均 S 参数，从而忽略幅值和相位响应在波长上的振荡。该拟合消除了由器件内部反射引起的频谱中的波纹。一方面，简化了模型；另一方面，失去了关于器件的细微信息。为了捕捉这些振荡，可以对拟合函数使用更多的参数，也可以使用傅里叶级数。本例中，为了得到一个合理的拟合，需要多于 100 个参数。通过对比系统中的定向耦合器是由紧促回路模型来建模还是 S 参数来建模，可以确定这些小振荡对系统性能是否重要。如果差异对系统仿真不重要，则利用该方法得到的紧促模型可以紧促和加快仿真速度。本例中，紧促模型总共包含了 65 个实数，而原来为 32032 个，可节省大量资源。

9.3 节中基于式 (9.2) 的定向耦合器紧促模型系数见表 9.2(幅值) 和表 9.3(相位)，参数的约定见表 9.1，根据式 (9.2)，表中的值分别为 a_0、a_1、a_2、a_3，λ_0=1.5511μm。根据对称性，端口 3 和 4 中入射的光的参数取自端口 1 和 2 入射的光。

表 9.2　定向耦合器的紧促模型 (幅值)

S	1	2	3	4
1	0.00727，−0.0393，0.217，3.93	0.00236，−0.00152，0.0234，1.28	S_{31}	S_{32}
2	0.00301，−0.00193，0.0356，0.216	0.00854，0.0634，−0.0139，−8.89	S_{41}	S_{42}
3	0.933，−0.341，−0.729，−0.804	0.347，0.862，0.522，−1.56	S_{11}	S_{12}
4	0.348，0.857，0.495，−1.18	0.900，−0.379，−0.286，6.24	S_{21}	S_{22}

表 9.3　定向耦合器的紧促模型 (相位)

S	1	2	3	4
1	19.1，−132，−539，3168	17.2，−168，−553，7643	S_{31}	S_{32}
2	33.1，−333，1011，−6975	32.6，−286，200，−3440	S_{41}	S_{42}
3	31.4，−325，238，−155	23.1，−228，167，−100	S_{11}	S_{12}
4	24.1，−276，202，−137	27.3，−276，202，−132	S_{21}	S_{22}

9.4.4　S 参数模型的无源性

有效回路仿真可以通过直接使用 S 参数来实现，这对使用具有已知 S 参数的元器件来构建的光回路传输响应来说尤其简单。对时域仿真，回路建模工具需要将 S 参数转换为时域再现。本节回路中使用 Lumerical INTERCONNECT 的 FDTD 仿真结果。

1. 无源性评估

为了在回路仿真中使用无源光器件的 S 参数，首先要确保参数有效，即满足无源性要求。一个无源模型要有因果关系 ($t<0$ 时，脉冲响应为 0)、稳定 (脉冲响应随时间衰减)、无源 (无放大) 和互换性四个特性。可以应用于 S 参数的一种测试方法是规范-2 测试 [6]，可以验证系统是否是无源的，即

$$\|S(\mathrm{j}w)\|_2 \leqslant 1 \tag{9.3}$$

对于图 9.5 和 9.6 所示的 S 参数，对每个波长的 4×4 复数 S 参数矩阵进行无源性测试，结果如图 9.7 所示，可知，对于某些波长，其结果大于 1，即该模型不是无源的。因此这些参数的使用要谨慎，尤其是在构造环形谐振器等谐振结构时，更要注意。由于误差，无论是测量误差，还是在本例中的数值误差，S 参数往往不是无源的。

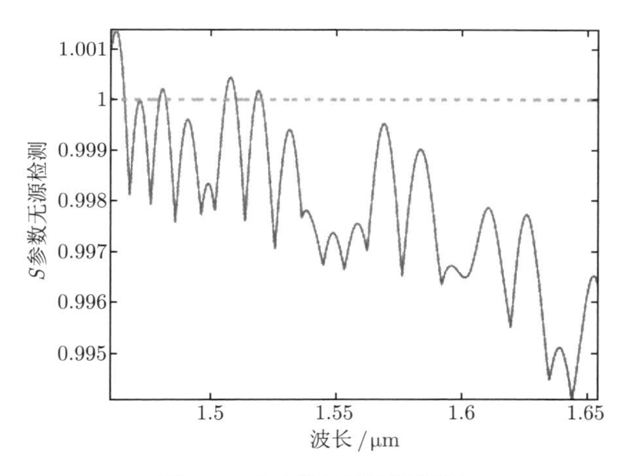

图 9.7 S 参数的无源性测试

2. 无源增强

在导入 S 参数进行系统仿真时，必须确保参数是无源的，即模型不产生能量。这对于环形谐振器等结构来说显然是有问题的，并且会给出在仿真中观察到增益的非物理结果。

本节采用 B. Gustavsen[8] 提供的开源的合理建模技术来调控 S 参数，方法如下。

(1) 评估 S 参数的无源性 [8]。如果不是无源的，则进行步骤 (2)。

(2) 用矢量拟合技术 [3,9,10] 将 S 参数曲线拟合为具有一系列极点的有理函数，

而不是多项式。

$$\boldsymbol{S}(s)=\sum_{m=1}^{N}\frac{\boldsymbol{R}_m}{s-a_m} \tag{9.4}$$

式中，$\boldsymbol{S}(s)$ 为 S 参数，$s=\mathrm{j}2\pi f$ 为复频率，f 为光频率；a_m 为极值，$\boldsymbol{R}_m$ 为残差矩阵。

(3) 通过扰动模型直到它变为无源来获得极差函数的无源式 [11]。

(4) 极差紧促模型可直接用于回路仿真，可以转换为集总等效回路模型 [12]，也可以生成并导出 S 参数。如何选择则取决于工具的首选项。本节将导出用于回路建模的 S 参数。

代码 9.2 给出的代码中使用了开源函数 [7]，具体如下。

(1) 根据两个 FDTD 仿真数据构建 S 参数矩阵。S 参数矩阵应满足互易性，即 $S=S'$。器件的对称性意味着 $S_{14}=S_{32}$ 和 $S_{23}=S_{41}$，互易性和对称性意味着 $S_{41}=S_{32}$ 和 $S_{14}=S_{23}$。这使得四端口光器件的 S 参数减少到只有 6 个唯一的 S 参数 (而不是 4×4 矩阵中的 16 个 S 参数)。仿真结果是 8 个 S 参数，将两个冗余的 S 参数进行平均，即 S_{12} 与 S_{21}，以及 S_{41} 和 S_{32}。

(2) 评估 S 参数的无源性。如果它们是无源的，则停止并导出 S 参数矩阵。

(3) 根据式 (9.4) 在 N 个值的范围内进行循环。

- 执行矢量拟合。
- 无源增强，并检查是否成功。
- 计算原始 S 参数和上述两个结果之间的均方根 (rms) 误差。
- 当均方根误差小于阈值且 S 参数为无源时，终止。

(4) 绘制 N 值的扫描结果，收敛情况如图 9.8(a) 所示，残差 $\boldsymbol{R}_m$ 如图 9.8(b) 所示。

(5) 绘制 S 参数和无源强化矢量拟合函数图，如图 9.8 ~ 图 9.10 所示。

(6) 绘制 S 参数的无源性，如图 9.11 所示。

(7) 导出新的 S 参数。

通过目测，S 参数谱中的峰值总数约 36 个，假设每个峰值需要一对复共轭极点，可知获得一个良好的拟合所需的参数数量约为 72。根据图 9.9(b) 的收敛结果，可知使用 63 个参数可获得小于 10^{-4} 的误差。残差 $\boldsymbol{R}_m$ 的曲线如图 9.9(b) 所示，在确保函数拟合所有峰值时，最重要的参数是前 50 个，除了这 50 个参数外，其他极点的幅值系数 $\boldsymbol{R}_m$ 非常小，对拟合形状的影响很小，仅均方根误差减小。

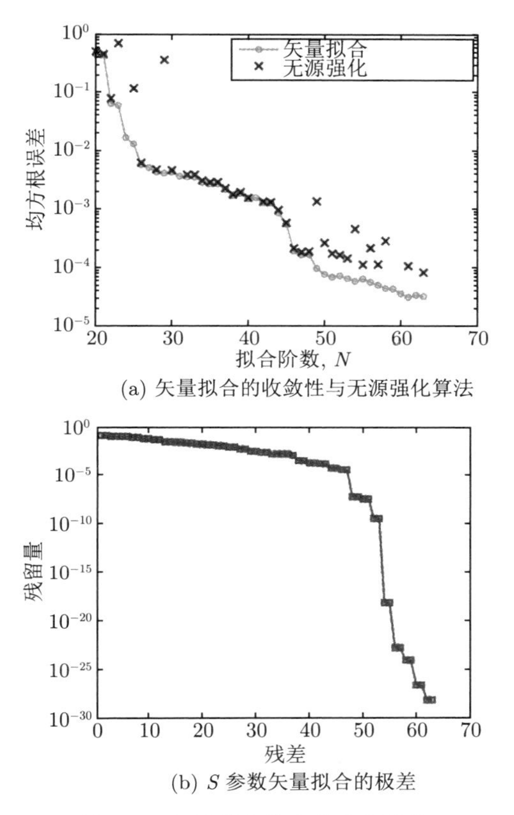

(a) 矢量拟合的收敛性与无源强化算法

(b) S 参数矢量拟合的极差

图 9.8 矢量拟合的收敛性和残差

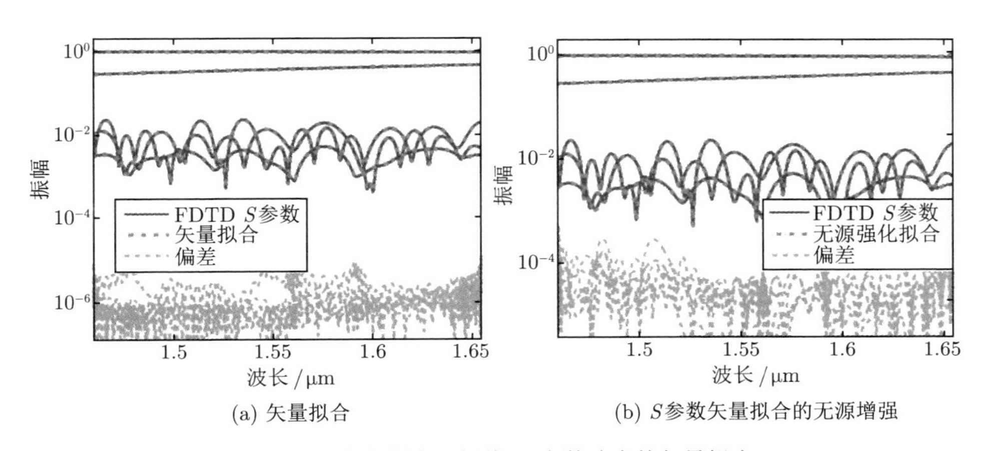

(a) 矢量拟合

(b) S参数矢量拟合的无源增强

图 9.9 定向耦合器幅值 S 参数响应的矢量拟合

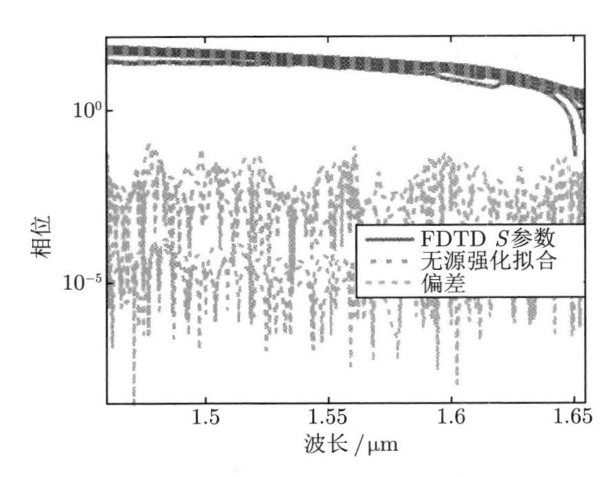

图 9.10　定向耦合器相位 S 参数响应的无源强化矢量拟合结果

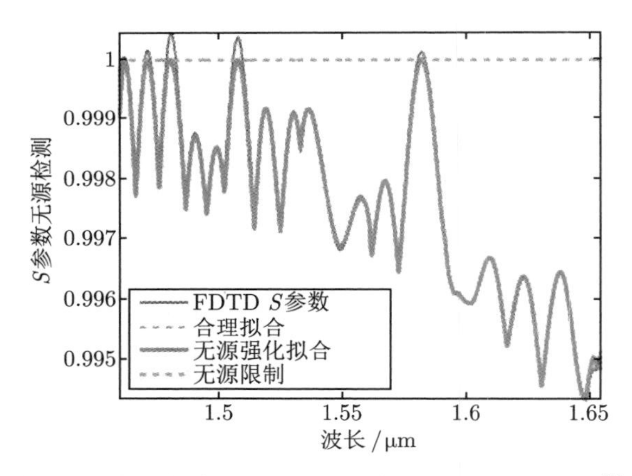

图 9.11　矢量拟合和无源强化后的 S 参数无源检验 [5]

9.5　环形调制器——回路模型

在 Lumerical INTERCONNECT 中，紧促模型可以用来建立子回路，如图 9.12 所示。本节使用 9.4 节确定的定向耦合器的紧促模型 (无源强化 S 参数) 来建立一个环形谐振器，如图 9.12(b) 所示。将 S 参数加载到光端口 N 的 S 参数导入对象中，加入波导损耗 (3dB/cm)，加入相位调制器，并按图所示连接回路，形成环形调制器。具体实现方式见代码 9.3。直通端口和下行端口的光传输谱如图 9.13 所示，图中还标出了每个谐振的品质系数。

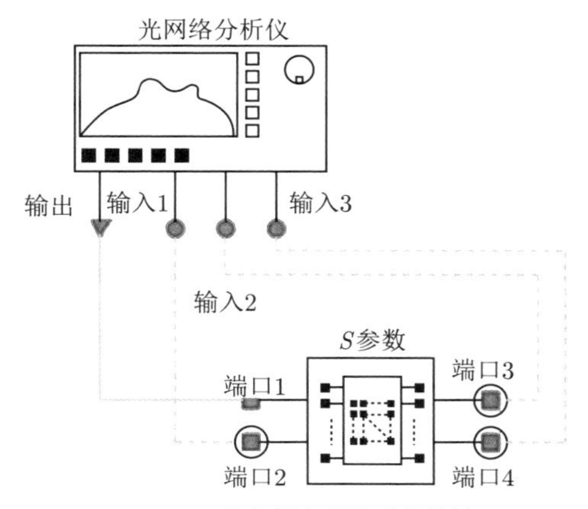

(a) 定向耦合器模型的特性

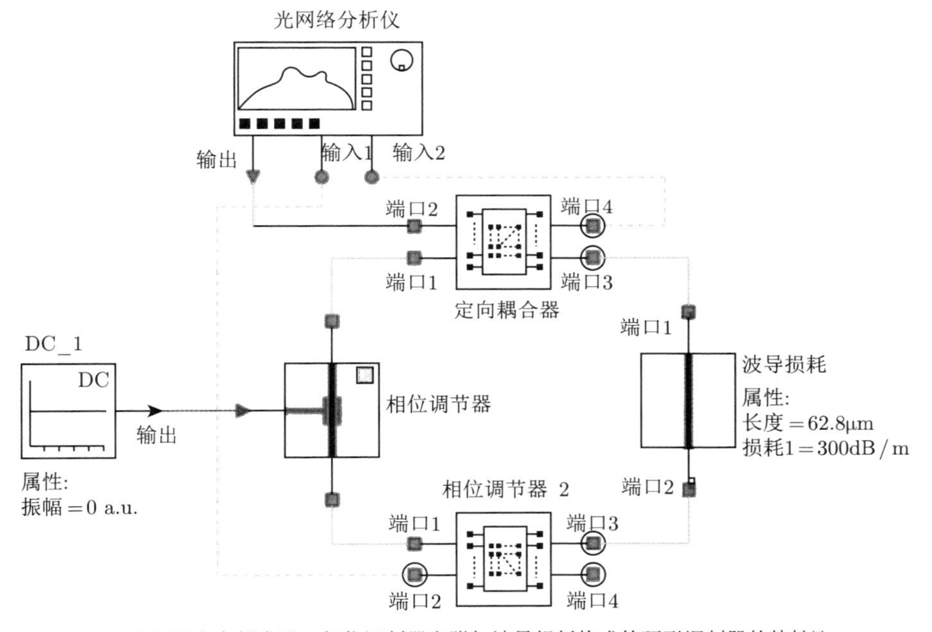

(b) 两定向耦合器、相位调制器和附加波导损耗构成的环形调制器的特性[5]

图 9.12 Lumerical INTERCONNECT 中的回路建模原理图。定向耦合器的 S 参数用于建立模拟器所使用的模型。光网络分析仪用于测量光传输光谱

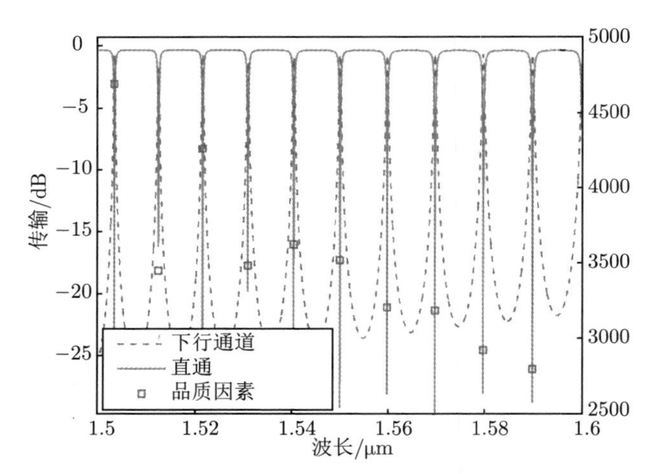

图 9.13 图 9.12 回路的光谱，定向耦合器的 S 参数见图 9.8 ~ 图 9.10 所示 [5]

9.6 光栅耦合器——S 参数

本节介绍光纤光栅耦合器的 S 参数仿真计算方法，见代码 9.4。仿真有 2 个：① 输出光栅耦合器，光从波导 (端口 1) 输入，见图 5.7(b)；② 输入光栅耦合器，光从光纤 (端口 2) 输入，见图 5.7(a)。模式扩展监视器用于隔离在特定方向上传输场的分量，并确保测量仅考虑波导基模中的光。每个监视器中的数据通过输入端口的光功率进行归一化，从而 S 参数为复数 (注意归一化是至关重要的，特别是在波导具有不同几何结构的情况下)。然后计算、绘制四个 S 参数，如图 9.14 所示，并记录。注意：由于数值仿真存在误差，对远离中心波长的波长仿真结果有 $S_{12} \neq S_{21}$。

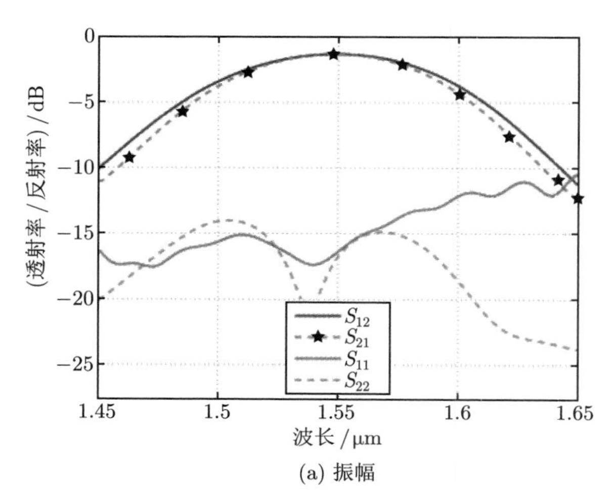

(a) 振幅

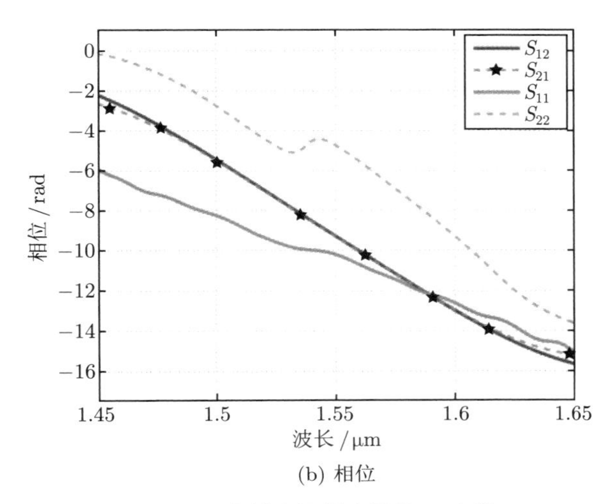

(b) 相位

图 9.14 光纤光栅耦合器的 S 参数

9.6.1 光栅耦合器回路

S 参数用于创建一个可用于光子回路的元器件，如图 9.15 所示，回路由两个光栅耦合器以及 500μm 长的条形波导连接构成，两个耦合器的光传输光谱如图 9.16 所示。由于波导中的光栅耦合器的反射 (S_{11} 参数)，在该回路中形成了一个弱法布里–珀罗腔，这一点在传输光谱中可见的小波纹中就可以看出。

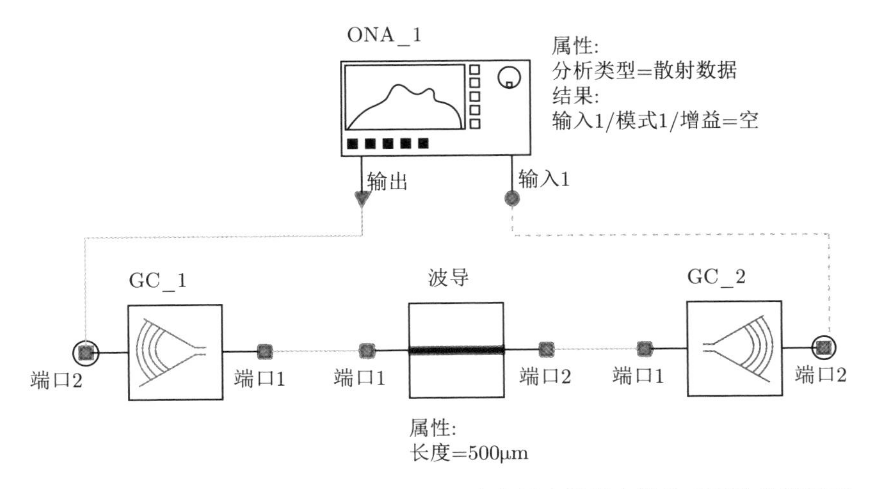

图 9.15 Lumerical INTERCONNECT 中光纤光栅耦合器仿真回路建模原理

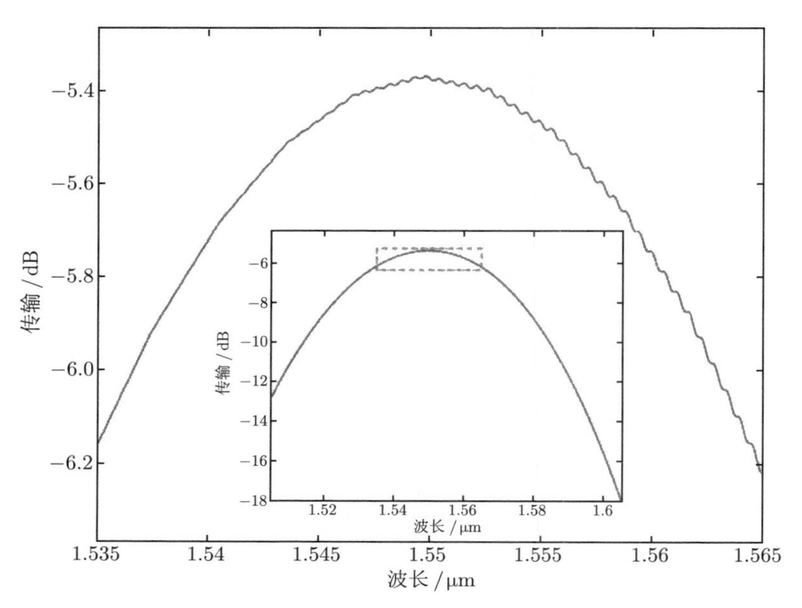

图 9.16 Lumerical INTERCONNECT 中图 9.15 所示的回路光谱

9.7 仿真代码

代码 9.1 方向耦合器 FDTD 仿真代码，含 *S* 参数导入 MATLAB 的代码

```
# Directional coupler simulations
# Lumerical, Jonas Flueckiger, 2014

# based on script provided by Lukas Chrostowski, Miguel Angel Guillen Torres
# inputs:
# radius: radius, centre of waveguide
# DC_angle: angle for the bottom coupler (typical 30 degrees)
# gap: directional coupler gap
# Lc: coupler length, 0=point coupling
# wavelength: centre wavelength, e.g., 1550e-9
# wg_width: width of waveguide, e.g,. 500e-9;

figs = 1; # 1: plots s params, Norm, and abs(S-S*); 0: no plots

# Define data export
xml_filename="directional_coupler_map.xml";
table = "directional_coupler";
# open file to write table
lookupopen(xml_filename,table);
# prepare data structure
design = cell(6);
```

```
extracted = cell(4);
design{1} = struct; design{1}.name = "gap";
design{2} = struct; design{2}.name = "radius";
design{3} = struct; design{3}.name = "wg_width";
design{4} = struct; design{4}.name = "wg_height";
design{5} = struct; design{5}.name = "Lc";
design{6} = struct; design{6}.name = "SiEtch2";
extracted{1} = struct; extracted{1}.name = "s-param";
extracted{2} = struct; extracted{2}.name = "transmission_coeff";
extracted{3} = struct; extracted{3}.name = "coupling_coeff";
extracted{4} = struct; extracted{4}.name = "insertion_loss";

# Variables definition
num_wg_width = 1; # numer of data points for wg width;
num_gap = 1; # number of data points for gap.
num_Lc = 1; # number of data points coupling length.
num_radius = 1; # number of data points radius
num_wg_height = 1;
num_SiEtch2 = 1; # number of Etch thicknesses
lambda_min = 1.5e-6; # [m]
lambda_max = 1.6e-6; # [m]

# Design parameters to sweep
if (num_wg_width ==1){wg_width = [0.5e-6];}
else{wg_width = linspace(0.40e-6, 0.6e-6,num_wg_width);}

if (num_radius==1){radius = [5e-6];}
else {radius = linspace(5e-6,50e-6,num_radius);}

if (num_gap==1){gap =[200e-9];}
else{gap = linspace(180e-9,220e-9,num_gap);}

if (num_Lc==1){Lc=[0];}
else {Lc = linspace(0,15,num_Lc);}

if (num_wg_height==1){si_thickness = [220e-9];}
else {si_thickness = linspace(210e-9,230e-9,num_wg_heigth);}

if (num_SiEtch2==1){Etch2=[130e-9];}
# Etch2=[130e-9]; # i.e., the slab thickness is 220-130 = 90 nm

dc_angle=30;

newproject; # Creates new layout environment

# Define materials
materials; # creates a dispersive material model.
Material_Si = "Si (Silicon) - Dispersive & Lossless";
```

```
Material_Ox ="SiO2 (Glass) - Const";

MESH = 1; # test,
MESH = 3;
# MESH = 4; # final
SIM_TIME = 3000e-15; # Simulation time.

# Set global source parameters.
FREQ_PTS = 1001;
FREQ_CENTRE = c/1.55e-6;
setglobalsource("set frequency",1);
setglobalsource("center wavelength", 1.55e-6);
setglobalsource("center frequency",FREQ_CENTRE);
# setglobalsource("frequency span",c/(lambda_max-lambda_min));
setglobalsource("frequency span",10000e9);

# Set global monitor parameters
setglobalmonitor("frequency center", FREQ_CENTRE);
setglobalmonitor("frequency span", 10000e9);
setglobalmonitor("frequency points",FREQ_PTS); # Must be odd, so that the
     centre frequency is actually amongst the selected values.

FDTD_above=800e-9; # Extra simulation volume added, 0.8 um on top and bottom
FDTD_below=800e-9;

maxvzWAFER=si_thickness(1)+FDTD_above; minvzWAFER=-FDTD_below;

redrawoff;

# ******************************************************************************
## WAVEGUIDE FOR COUPLER:
# ******************************************************************************
for (rr=1:length(radius))
{
for (gg=1:length(gap)){
     switchtolayout;
     groupscope("::model");
     deleteall;
     addgroup; set("name","wg");
     set("x",0);set("y",0);
     groupscope("wg");

     # straight part of DC:
     addrect;
     set("y span",wg_width(1));
     set("x span",Lc(1));
     set("y",-radius(rr));
```

```
copy(0,-wg_width(1)-gap(gg)); #copy of selected object and move in dy
#set("y",-radius-wg_width-gap);

# extra waveguide above ring
addrect;
set("x span", wg_width(1));
set("x",-radius(rr)-Lc(1)/2);
set("y min",0);
set("y max", 2e-6+4e-6);

copy;
set("x",-get("x"));

# Ring
addring;
set("theta start",-90);
set("theta stop",0);
set("inner radius",radius(rr)-wg_width(1)/2);
set("outer radius",radius(rr)+wg_width(1)/2);
set("x",Lc(1)/2);
set("y", 0);

copy;
set("theta start",180);
set("theta stop",270);
set("x",-Lc(1)/2);

# bottom Directional coupler
copy;
set("theta start", 90-dc_angle);
set("theta stop", 90);
set("x",Lc(1)/2);
set("y",-2*radius(rr)-wg_width(1)-gap(gg));

copy;
set("theta start", 90);
set("theta stop", 90+dc_angle);
set("x",-Lc(1)/2);

copy;
set("theta start", -90);
set("theta stop", -90+dc_angle);
set("x",-Lc(1)/2-2*sin(dc_angle/360*2*pi)*radius(rr));
set("y",-2*(1-cos(dc_angle/360*2*pi))*radius(rr)-wg_width(1)-gap(gg));

copy;
set("theta start", -90-dc_angle);
set("theta stop", -90);
```

```
    set("x",-get("x"));

    addrect;
    set("y span",wg_width(1));
    wg_bottom_input_y=-2*(1-cos(dc_angle/360*2*pi))*radius(rr)-radius(rr)-
        wg_width(1)-gap(gg);
    set("y",wg_bottom_input_y);
    wg_bottom_input_x=-Lc(1)/2-2*sin(dc_angle/360*2*pi)*radius(rr);
    set("x max",wg_bottom_input_x);
    set("x min",get("x max")-2e-6-3e-6);

    copy;
    set("x",-get("x"));

    selectall;
    set("material",Material_Si);
    set("z min",0);
    set("z max",si_thickness(1));
# ***********************************************************************
# Waveguide slab Si partial etch 2 (130 nm deep) 3;0
# ***********************************************************************
maxvxWAFER = Lc(1)/2+2*sin(dc_angle/360*2*pi)*radius(rr)+2e-6;
minvxWAFER = -maxvxWAFER;
minvy=-2*(1-cos(dc_angle/360*2*pi))*radius(rr)-radius(rr)-4*wg_width(1)-gap(gg)
    ;
maxvy=0.5e-6;
addrect; set("name","slab");
set("y max",maxvy+4e-6);
set("y min",minvy-4e-6);
set("x span",2*maxvxWAFER+8e-6);set(' x' , 0);
set(' material' , Material_Si);
set(' z max' ,si_thickness(1)-Etch2(1));
set(' z min' ,0);
set("alpha",0.5); # transparency of the object.

# buried Oxide
addrect; set("name", "Oxide");
set("x min", minvxWAFER-3e-6); set("y min", minvy-4e-6);
set("x max", maxvxWAFER+3e-6); set("y max", maxvy+4e-6);
set("z min", -2e-6); set("z max", 0);
set("material", Material_Ox);
set("alpha",0.52);

# Cladding oxide
addrect; set("name", "Cladding");
set("x min", minvxWAFER-3e-6); set("y min", minvy-4e-6);
set("x max", maxvxWAFER+3e-6); set("y max", maxvy+4e-6);
set("z min", 0); set("z max", 2.3e-6);
```

```
set("material", Material_Ox);
set("alpha",0.5);
set("override mesh order from material database", 1);
set("mesh order", 4); # make the cladding the background, i.e., "send to back".

# ****************************************************************************
# Add the simulation area
# ****************************************************************************
groupscope("::model"); #f you want to delete all objects in the simulation, set
       the group
     scope the root level (i.e. ::model).

MonitorSpanY=3e-6+wg_width(1);
SimMarginX=0.0e-6;
SimMarginY=0.5e-6;
SourceMarginX=2e-6;
MonitorMarginX=2e-6;

addfdtd; #Add simulation area
set("x min", minvxWAFER-SimMarginX); set("x max", maxvxWAFER+SimMarginX);
set("y min", minvy-SimMarginY); set("y max", maxvy);
set("z min", minvzWAFER); set("z max", maxvzWAFER);
set("mesh accuracy", MESH);
set("simulation time",SIM_TIME);
if (MESH<3) {
     set("z min bc","Metal"); set("z max bc","Metal");
     set("y min bc","Metal");
}

addmode; set("name","simulation_port2");
# Add source to the simulation environment.
# set("override global source settings",0);
set("injection axis","x-axis"); set("direction","Forward");
set("x", wg_bottom_input_x-1000e-9); # simulate up to the layout port (wg_width
       x wg_width
     box)
set("y span",MonitorSpanY);
set("y", wg_bottom_input_y);
set("z min", minvzWAFER); set("z max", maxvzWAFER);
set(' override global source settings' , 0);
set(' mode selection' , ' fundamental TE mode' );
set("enabled",0);

# set("center frequency",FREQ_CENTRE);
# set("frequency span",c/(lambda_max-lambda_min));

addmode; set("name","simulation_port1");
# Adds source to the simulation environment.
```

```
# set("override global source settings",0);
set("injection axis","y-axis"); set("direction","Backward");
set("x", -radius(rr)-Lc(1)/2); set("x span",MonitorSpanY);
set("y", 200e-9);
set("z min", minvzWAFER); set("z max", maxvzWAFER);
set(' override global source settings' , 0);
set(' mode selection' , ' fundamental TE mode' );

# set("center frequency",FREQ_CENTRE);
# set("frequency span",c/(lambda_max-lambda_min));
# ********************************************************
# Monitors
# ********************************************************

XcoordPort2=wg_bottom_input_x; # bottom left input

addpower; set("name", "Port2");# Add power monitor for Port 2
set(' monitor type' , ' 2D X-normal' );
set(' y' , wg_bottom_input_y);
set("y span",MonitorSpanY);
set("z min", minvzWAFER); set("z max", maxvzWAFER);
set("x", XcoordPort2);
set(' override global monitor settings' , 0);
addmesh; #To avoid phase error. force monitor on mesh
set(' y' , wg_bottom_input_y);
set("z min", minvzWAFER); set("z max", maxvzWAFER);
set(' x' , XcoordPort2);
set(' y span' , 0);
set(' x span' , 0);
set(' y span' ,0);
set("set maximum mesh step", 1); set("override y mesh", 1); set("dy", 20e-9);
set("override x mesh", 1); set("dx", 20e-9);
set("override z mesh", 1); set("dz", 20e-9);

addpower; set("name", "Port1");# Add power monitor for Port 1
set(' monitor type' , ' 2D Y-normal' );
set(' y' , 0); # unfortunately, monitor cannot overlap source
set("x",-radius(rr)-Lc(1)/2);
set("x span",MonitorSpanY);
set("z min", minvzWAFER); set("z max", maxvzWAFER);
set(' override global monitor settings' , 0);
addmesh; #To avoid phase error. force monitor on mesh
set(' y' , 0);
set(' y span' , 0);
set(' x span' , 0);
set(' y span' ,0);
set("z min", minvzWAFER); set("z max", maxvzWAFER);
set(' x' ,-radius(rr)-Lc(1)/2);
```

```
set("set maximum mesh step", 1); set("override x mesh", 1); set("dx", 20e-9);
set("override y mesh", 1); set("dy", 20e-9);
set("override z mesh", 1); set("dz", 40e-9);

addpower; set("name", "Port4");
set(' monitor type' , ' 2D X-normal' );
set(' y' , wg_bottom_input_y);
set("y span",MonitorSpanY);
set("z min", minvzWAFER); set("z max", maxvzWAFER);
set("x", -XcoordPort2);
set(' override global monitor settings' , 0);
addmesh; #To avoid phase error. force monitor on mesh
set(' y' , wg_bottom_input_y);
set("z min", minvzWAFER); set("z max", maxvzWAFER);
set(' x' , -XcoordPort2);
set(' y span' , 0);
set(' x span' , 0);
set(' y span' ,0);
set("set maximum mesh step", 1); set("override y mesh", 1); set("dy", 20e-9);
set("override x mesh", 1); set("dx", 20e-9);
set("override z mesh", 1); set("dz", 40e-9);

# Add power monitor for Port 3
addpower; set("name", "Port3");
set(' monitor type' , ' 2D Y-normal' );
set(' y' , 0);
set("x",radius(rr)+Lc(1)/2);
set("x span",MonitorSpanY);
set("z min", minvzWAFER); set("z max", maxvzWAFER);
set(' override global monitor settings' , 0);
addmesh; #To avoid phase error. force monitor on mesh
set(' y' , 0);
set("z min", minvzWAFER); set("z max", maxvzWAFER);
set(' x' ,radius(rr)+Lc(1)/2);
set(' y span' , 0);
set(' x span' , 0);
set(' y span' ,0);
set("set maximum mesh step", 1); set("override x mesh", 1); set("dx", 20e-9);
set("override y mesh", 1); set("dy", 20e-9);
set("override z mesh", 1); set("dz", 40e-9);

addmodeexpansion; # the fraction of power transmitted into any modes
set(' name' , ' expansion_v' );
set(' monitor type' , ' 2D X-normal' );
set(' y' , wg_bottom_input_y);
set("y span",MonitorSpanY);
set("z min", minvzWAFER); set("z max", maxvzWAFER);
set("x", -XcoordPort2);
```

```
set(' frequency points' ,1);
Mode_Selection = ' fundamental TE mode' ;
set(' mode selection' , Mode_Selection);
setexpansion(' Port2expa' ,' Port2' );
setexpansion(' Port4expa' ,' Port4' );

addmodeexpansion;
set(' name' , ' expansion_h' );
set(' monitor type' , ' 2D Y-normal' );
set(' y' , 0);
set("x",radius(rr)+Lc(1)/2);
set("x span",MonitorSpanY);
set("z min", minvzWAFER); set("z max", maxvzWAFER);
set(' frequency points' ,1);
set(' mode selection' , Mode_Selection);
setexpansion(' Port1expa' ,' Port1' );
setexpansion(' Port3expa' ,' Port3' );

select("FDTD"); setview("extent"); # zoom to extent

# refine mesh in coupling region
if (MESH>2) {
    mesh_span = 1e-6;
    addmesh;
    set(' y' , -radius(rr)-wg_width(1)/2-gap(gg)/2);
    set(' y span' , mesh_span);
    set(' x' , 0);
    set(' x span' , 5e-6);
    set(' z' ,si_thickness(1)/2);
    set(' z span' , 500e-9);
    set("set maximum mesh step", 1);
    set("override x mesh", 1); set("dx", 30e-9);
    set("override y mesh", 1); set("dy", 30e-9);
    set("override z mesh", 1); set("dz", 40e-9);
}

######
# RUN
######
save(' DC_Sparam' );
run;

Port1=getresult("expansion_h","expansion for Port1expa");
Port2=getresult("expansion_v","expansion for Port2expa");
Port3=getresult("expansion_h","expansion for Port3expa");
Port4=getresult("expansion_v","expansion for Port4expa");
#for substracting phase of wag
neff = getresult("expansion_h", "neff");
```

```
f=neff.f;
neff = pinch(neff.neff,2,1);
k = neff*2*pi*f/c;
L1=radius(rr)*pi/2;
L2=radius(rr)*pi*2*dc_angle/360*2;
f=Port1.f;

S11=Port1.a/Port1.b; S21=Port2.b/Port1.b;
S31=Port3.a/Port1.b; S41=Port4.a/Port1.b;

if (figs==1){
    plot (c/f*1e6, 10*log10(abs(S11)^2), 10*log10(abs(S21)^2), 10*log10(abs(S31
         )^2),
10*log10(abs(S41)^2), ' Wavelength (um)' , ' Transmission (dB)' , ' Input Port1
     ; g=' +num2str(gap(gg)*1e9) + ' nm r=' + num2str(radius(rr)*1e6) + ' um
     ' );
legend (' S11 (backreflection)' ,' S21 (cross backreflection)' , ' S31 (through
     )' , ' S41
(cross)' );
}
?"Center wavelength: "+num2str( c/f(length(f)/2+0.5) );
?"Through power at center wavelength (Input1): " +
     num2str(abs(S31(length(f)/2+0.5))^2*100) + "%.";
?" Cross power at center wavelength (Input1): " +
     num2str(abs(S41(length(f)/2+0.5))^2*100) + "%.";
?"                          Loss (Input1): " +
num2str(100-abs(S31(length(f)/2+0.5))^2*100-abs(S41(length(f)/2+0.5))^2*100) +
     "%.";

############################################################

# Input on Port 2:
switchtolayout;
select("simulation_port1"); set("enabled",0);
select("simulation_port2"); set("enabled",1);
run;

Port1=getresult("expansion_h","expansion for Port1expa");
Port2=getresult("expansion_v","expansion for Port2expa");
Port3=getresult("expansion_h","expansion for Port3expa");
Port4=getresult("expansion_v","expansion for Port4expa");
#for substracting phase of wg
neff = getresult("expansion_v", "neff");
f=neff.f;
neff = pinch(neff.neff,2,1);
k = neff*2*pi*f/c;
L1=radius(rr)*pi/2;
L2=radius(rr)*pi*2*dc_angle/360*2;
```

```
f=Port2.f;
S12=Port1.a/Port2.a; S22=Port2.b/Port2.a;
S32=Port3.a/Port2.a; S42=Port4.a/Port2.a;

if (figs==1){
plot (c/f*1e6, 10*log10(abs(S12)^2), 10*log10(abs(S22)^2), 10*log10(abs(S32)^2)
     ,
10*log10(abs(S42)^2), ' Wavelength (um)' , ' Transmission (dB)' , ' Input Port2
     ; g=' +
num2str(gap(gg)*1e9) +' nm r=' + num2str(radius(rr)*1e6) + ' um' );
legend (' S12 (cross backreflection)' ,' S22 (backreflection)' , ' S32 (cross)
     ' , ' S42
(through)' );
}
?"Through power at center wavelength (Input2): "+
num2str(abs(S42(length(f)/2+0.5))^2*100) + "%.";
?" Cross power at center wavelength (Input2): " +
num2str(abs(S32(length(f)/2+0.5))^2*100) + "%.";
?" Loss (Input2): " +
num2str(100-abs(S42(length(f)/2+0.5))^2*100-abs(S32(length(f)/2+0.5))^2*100) +
     "%.";

#############################################################
#Export data
############################################################

#export .xml and .sparam (individual file for s-params)
n_ports = 4;
mode_label = "TE";
mode_ID = "1";
input_type = "transmission";
filename = "dc_R=" + num2str(radius(rr)*1e6) + ",gap=" + num2str(gap(gg)*1e9) +
      ",Lc="
     +num2str(Lc(1)*1e6) + ",wg="+num2str(wg_width(1)*1e9) ;

if(fileexists(filename)) {rm(filename);} # old files with same name get
     deleted.
system(' mkdir -p sparam_files' ); file1="sparam_files/" + filename+".sparam";
system(' mkdir -p txt_files' ); file2="txt_files/" + filename+".txt";
if (fileexists(file1)) { rm(file1);} # delete Sparam file if it already exists
if (fileexists(file2)) { rm(file2);} # delete text file if it already exists

write(file2,"Center wavelength: " + num2str( c/f(length(f)/2+0.5) ));
write(file2,"Mesh accuracy: " + num2str(MESH));
write(file2,"Through power at center wavelength (Input1): " +
      num2str(abs(S31(length(f)/2+0.5))^2*100) + "%.");
write(file2," Cross power at center wavelength (Input1): " +
```

```
      num2str(abs(S41(length(f)/2+0.5))^2*100) + "%.");
write(file2," Loss (Input1): " +
      num2str(100-abs(S31(length(f)/2+0.5))^2*100-abs(S41(length(f)/2+0.5))
          ^2*100) + "%.");
write(file2,"Through power at center wavelength (Input2): " +
      num2str(abs(S42(length(f)/2+0.5))^2*100) + "%.");
write(file2," Cross power at center wavelength (Input2): " +
      num2str(abs(S32(length(f)/2+0.5))^2*100) + "%.");
write(file2," Loss (Input2): " +
      num2str(100-abs(S42(length(f)/2+0.5))^2*100-abs(S32(length(f)/2+0.5))
          ^2*100) + "%.");

# Symmetry note: due to sign convention (in FDTD) and vectorial nature of E
     there is a sign
      change
S13=S31; S23=-S41; S33=S11; S43=-S21;
S14=-S32; S24=S42; S34=-S12; S44=S22;

# Sx1 Input on port 1
S11_data=[f,abs(S11),unwrap(angle(S11))];
write(file1,"(' port 1' ,' TE' ,1,' port 1' ,1,' transmission' )"
      +endl+"("
      +num2str(length(f))
      +",3)"
      +endl+num2str(S11_data)
      );
S21_data=[f,abs(S21),unwrap(angle(S21))];
write(file1,"(' port 2' ,' TE' ,1,' port 1' ,1,' transmission' )"
      +endl+"("
      +num2str(length(f))
      +",3)"
      +endl+num2str(S21_data)
      );
S31_data=[f,abs(S31),unwrap(angle(S31))];
write(file1,"(' port 3' ,' TE' ,1,' port 1' ,1,' transmission' )"
      +endl+"("
      +num2str(length(f))
      +",3)"
      +endl+num2str(S31_data)
      );
S41_data=[f,abs(S41),unwrap(angle(S41))];
write(file1,"(' port 4' ,' TE' ,1,' port 1' ,1,' transmission' )"
      +endl+"("
      +num2str(length(f))
      +",3)"
      +endl+num2str(S41_data)
      );
```

```
# Sx2 Input on port 2
S12_data=[f,abs(S12),unwrap(angle(S12))];
write(file1,"(' port 1' ,' TE' ,1,' port 2' ,1,' transmission' )"+endl+"("+
     num2str(length(f))+",3)"+endl+num2str(S12_data));
S22_data=[f,abs(S22),unwrap(angle(S22))];
write(file1,"(' port 2' ,' TE' ,1,' port 2' ,1,' transmission' )"+endl+"("+
     num2str(length(f))+",3)"+endl+num2str(S22_data));
S32_data=[f,abs(S32),unwrap(angle(S32))];
write(file1,"(' port 3' ,' TE' ,1,' port 2' ,1,' transmission' )"+endl+"("+
     num2str(length(f))+",3)"+endl+num2str(S32_data));
S42_data=[f,abs(S42),unwrap(angle(S42))];
write(file1,"(' port 4' ,' TE' ,1,' port 2' ,1,' transmission' )"+endl+"("+
     num2str(length(f))+",3)"+endl+num2str(S42_data));

# Sx3 Input on port 1
S13_data=[f,abs(S13),unwrap(angle(S13))];
write(file1,"(' port 1' ,' TE' ,1,' port 3' ,1,' transmission' )"+endl+"("+
     num2str(length(f))+",3)"+endl+num2str(S13_data));
S23_data=[f,abs(S23),unwrap(angle(S23))];
write(file1,"(' port 2' ,' TE' ,1,' port 3' ,1,' transmission' )"+endl+"("+
     num2str(length(f))+",3)"+endl+num2str(S23_data));
S33_data=[f,abs(S33),unwrap(angle(S33))];
write(file1,"(' port 3' ,' TE' ,1,' port 3' ,1,' transmission' )"+endl+"("+
     num2str(length(f))+",3)"+endl+num2str(S33_data)
);
S43_data=[f,abs(S43),unwrap(angle(S43))];
write(file1,"(' port 4' ,' TE' ,1,' port 3' ,1,' transmission' )"
       +endl+"("
       +num2str(length(f))
       +",3)"
       +endl+num2str(S43_data)
       );

# Sx4 Input on port 4
S14_data=[f,abs(S14),unwrap(angle(S14))];
write(file1,"(' port 1' ,' TE' ,1,' port 4' ,1,' transmission' )"
       +endl+"("
       +num2str(length(f))
       +",3)"
       +endl+num2str(S14_data)
       );
S24_data=[f,abs(S24),unwrap(angle(S24))];
write(file1,"(' port 2' ,' TE' ,1,' port 4' ,1,' transmission' )"
       +endl+"("
       +num2str(length(f))
       +",3)"
       +endl+num2str(S24_data)
       );
```

```
S34_data=[f,abs(S34),unwrap(angle(S34))];
write(file1,"('port 3','TE',1,'port 4',1,'transmission')"
      +endl+"("
      +num2str(length(f))
      +",3)"
      +endl+num2str(S34_data)
      );
S44_data=[f,abs(S44),unwrap(angle(S44))];
write(file1,"('port 4','TE',1,'port 4',1,'transmission')"
      +endl+"("
      +num2str(length(f))
      +",3)"
      +endl+num2str(S44_data)
      );

# test passivity of Smatrix
S_norm = matrix(1,FREQ_PTS);
S_err = S_norm;
for (ff=1:FREQ_PTS)
{
S=[S11(ff),S12(ff),S13(ff),S14(ff);
   S21(ff),S22(ff),S23(ff),S24(ff);
   S31(ff),S32(ff),S33(ff),S34(ff);
   S41(ff),S42(ff),S43(ff),S44(ff)];

S_norm(ff)=norm(S);
       S_err(ff) = max(abs( S-transpose(S)));
}

if (max(S_err) > 0.05){
   ? '******* Warning: S parameters violate reciprocity by more than 5%
         *********';
}
if (max(S_norm) > 1.01){
   ? '******* Warning: S parameters not passive *********';
}
else {if (max(S_norm) <1){
   ? '******* S parameters are passive ********';
}}
if (figs ==1 ){
    plot (f, S_norm, 'Wavelength (um)', 'Norm |S|', 'g=' + num2str(gap(gg
         )*1e9) + 'nm r=' +
num2str(radius(rr)*1e6) + 'um');
plot(c/f*1e6, S_err, 'Wavelength (um)', 'abs(s-transpose(S))','Reciprocity
     ');
}

#XML export
```

```
#if coupling coeff frequency then loop over frequency. for now it is at 1550e
     -9;

design{1}.value = gap(gg);
design{2}.value = radius(rr);
design{3}.value = wg_width(1);
design{4}.value = si_thickness(1);
design{5}.value = Lc(1);
design{6}.value = Etch2(1);
extracted{1}.value = file1;
extracted{2}.value = num2str(abs(S42(length(f)/2+0.5))^2);
extracted{3}.value = num2str(abs(S32(length(f)/2+0.5))^2);
extracted{4}.value = num2str(1-abs(S42(length(f)/2+0.5))^2 - abs(S32(length(f)
     /2+0.5))^2);

#write design/extracted pair
lookupwrite( xml_filename, design, extracted );
?"radius loop: " + num2str(rr/length(radius)*100) + "% complete";
}
?"gap loop: "+num2str(gg/length(gap)*100) +
"% complete";
}
?"Simulation - complete ";
lookupclose( filename );
```

代码 9.2　基于极差–残差模型和矢量拟合技术对 S 参数进行拟合，以实现无源增强

```
function VectorFitting_Sparam ()
clear; close all; FONTSIZE=20;

file=' ../DC_ringmod_type1_R=10,gap=180,Lc=0,wg=500,lambda=1550,mesh=2,angle
     =30.mat' ;
load (file)

c=3e8; wavelength=c./f*1e6;
fSCALING = 1e14; f=f/fSCALING; s=1i*2*pi*f; Np=length(f);
hwait = waitbar(0,' Please wait...' );

% average the S parameters for the symmetric parameters that were simulated
     twice,
% by considering amplitude and phase separately
S1221 = (abs(S12)+abs(S21))/2 .* exp ( 1i * (unwrap(angle(S12)) + unwrap(angle(
     S21)) ) /2
      );
S12=S1221; S21 = S1221;
S4132 = (abs(S41)+abs(S32))/2 .* exp ( 1i * (unwrap(angle(S41)) + unwrap(angle(
     S32)) ) /2
      );
```

```
S41=S4132; S32 = S4132;
S13=S31; S23=S41; S33=S11; S43=S21; S14=S32; S24=S42; S34=S12; S44=S22;

for i=1:Np
  Sparam = [ [ S11(i),S12(i),S13(i),S14(i)];
    [ S21(i),S22(i),S23(i),S24(i)];
    [ S31(i),S32(i),S33(i),S34(i)];
    [ S41(i),S42(i),S43(i),S44(i)] ] ;
  Test1(i) = norm(Sparam);
  Sparam_w (:,:,i)=Sparam;
end

% Check if S-Parameters are already passive; if not, perform Vector Fit,
% otherwise, export.
if ~isempty(find(Test1>1))

% rational fit, sweep number of parameters, N:
optsN=20:1:100;
opts.poletype=' lincmplx' ; opts.parametertype=' S' ; opts.stable=0; opts.
     Niter_out=10;
Npassive=[]; rms3passive=[];
for i=1:length(optsN)
%%%%%%%%%%%%%%%%%%%%%%%%%%%%%%%%%%%%%%%%%%%%%%%%%%%%%
opts.N=optsN(i); % Vector Fit:
[SER,rmserr,Hfit,opts2]=VFdriver(Sparam_w,s,[],opts);

%%%%%%%%%%%%%%%%%%%%%% Enforce Passivity:
[SER,H_passive,opts3,wintervals]=RPdriver(SER,s,opts);
% Note: added output parameter wintervals to RPdriver.

% Find rms error:
tell=0; Nc=length(SER.D);
for col=1:Nc
  for row=col:Nc % makes assumption that S = S'
    tell=tell+1; % make a single vector:
    Sparam10(tell,:)= squeeze(Sparam_w(row,col,:)).' ;
    fit10(tell,:)= squeeze(Hfit(row,col,:)).' ;
    fitP(tell,:)= squeeze(H_passive(row,col,:)).' ;
  end
end
rms2(i) = sqrt(sum(sum(abs((Sparam10-fit10).^2))))/sqrt(4*Np);
rms3(i) = sqrt(sum(sum(abs((Sparam10-fitP).^2))))/sqrt(4*Np);
% Determine if the Passivity Enforcement was successful.
if (rms3(i) < 1) && isempty(wintervals)
  Npassive=[Npassive optsN(i)]; rms3passive = [rms3passive rms3(i)];
end

waitbar (i/length(optsN), hwait);
```

```
if (rms3(i) < 1e-4) && isempty(wintervals) ; break; end
end
close (hwait);

% Plot error versus number of fitting parameters:
figure;
semilogy(optsN(1:i),rms2,' ro-' , ' LineWidth' ,2, ' MarkerSize' ,7); hold all;
labels={}; labels{end+1} = ' Vector Fit, rms' ;
plot (Npassive, rms3passive, ' kx' , ' MarkerSize' ,14, ' LineWidth' ,3);
labels{end+1} = ' Passivity-Enforced Fit, rms' ;
xlabel(' Fitting order, N' ); ylabel(' rms error' );
for ii=1:length(labels); labels{ii}=[labels{ii} '  ' char(31) ]; end;
legend (labels,' Location' ,' NorthEast' );
printfig(file,' convergence' );

% Plot residue values:
figure;
residues=sort(squeeze(prod(prod(abs(SER.R),1),2).^(1/4)), 1, ' descend' );
semilogy(residues,' -s' , ' LineWidth' ,3, ' MarkerSize' ,8);
xlabel(' Residue index' ); ylabel(' Residue magnitude' );
printfig(file,' residues' );

%%%%%%%%%%%%%%%%%%%%%%%%%%%%%%%%%%%%%%%%%%%
% Plot S-Parameters + fit functions:
figure;
Nc=length(SER.D);
for row=1:Nc
for col= row:Nc
  dum1=squeeze(Sparam_w(row,col,:));
  dum2=squeeze(H_passive(row,col,:));
  h1=semilogy(wavelength,abs(dum1),' b' ,' LineWidth' ,3); hold on
  h2=semilogy(wavelength,abs(dum2),' r-.' ,' LineWidth' ,4);
  h3=semilogy(wavelength,abs(dum2-dum1),' g--' ,' LineWidth' ,3);
end
end
hold off
xlabel(' Wavelength' ); ylabel(' Amplitude [S]' );
axis tight; Yl =ylim; ylim ([Yl(1)*10 Yl(2)*2]);
labels={}; labels{end+1} = ' FDTD S-Parameters' ;
labels{end+1} = ' Passivity-enforced Fit' ; labels{end+1}=' Deviation' ;
for i=1:length(labels); labels{i}=[labels{i} '  ' char(31)]; end;
legend (labels,' Location' ,' Best' );
printfig(file,' VF2a' );

figure;
Nc=length(SER.D);
for row= 1:Nc %1
for col= row:Nc %3
```

```
  dum1=squeeze(Sparam_w(row,col,:));
  dum2=squeeze(H_passive(row,col,:));
  h1=semilogy(wavelength,unwrap(angle(dum1)),' b' ,' LineWidth' ,3); hold on
  h2=plot(wavelength,unwrap(angle(dum2)),' r-.' ,' LineWidth' ,4);
  h3=plot(wavelength,abs(unwrap(angle(dum2))-unwrap(angle(dum1))),' g--' ,'
      LineWidth' ,3);
end
end
hold off
xlabel(' Wavelength' ); ylabel(' Phase [S]' );
axis tight; Yl =ylim; ylim ([Yl(1)*10 Yl(2)*2]);
labels={}; labels{end+1} = ' FDTD S-Parameters' ;
labels{end+1} = ' Passivity-enforced Fit' ; labels{end+1}=' Deviation' ;
for i=1:length(labels); labels{i}=[labels{i} '  ' char(31)]; end;
legend (labels,' Location' ,' Best' );
printfig(file,' VF2p' );

%%%%%%%%%%%%%%%%%%%%%%%%%%%%
% Passivity test results:
for i=1:length(f)
  Test0(i) = norm(Sparam_w(:,:,i));
  Test1(i) = norm(Hfit(:,:,i));
  Test2(i) = norm(H_passive(:,:,i));
end
figure;
plot (wavelength,Test0,' LineWidth' ,2); hold all;
plot (wavelength,Test1,' --' ,' LineWidth' ,2)
plot (wavelength,Test2,' LineWidth' ,4)
plot(wavelength,ones(length(f),1),' --' ,' LineWidth' ,3);
labels={}; labels{1} = ' FDTD S-Parameters' ; labels{2} = ' Rational Fit' ;
     labels{3} =
     ' Passivity-enforced Fit' ; labels{4}=' Passivity limit' ;
for i=1:length(labels); labels{i}=[labels{i} '  ' char(31)]; end; legend
    (labels,' Location' ,' Best' );
  axis tight
  xlabel (' Wavelength [\mum]' );
  ylabel (' S-Parameter Passivity Test' );
  printfig(file,' passivitytest3' );
end

%%%%%%%%%%%%%%%%%%%%%%%%%%%%%%%%%%%%%
% export S parameters to INTERCONNECT
fid = fopen([file ' .sparam' ],' w' ); Nc=4;
for row= 1:Nc
for col= 1:Nc
fprintf(fid,' %s\n' ,[ ' (' ' port '  num2str(col) ' ' ' ,' ' TE' ' ,1,' ' port
      '  num2str(row)
      ' ' ' ,1,' ' transmission' ' )'  ] );
```

```
fprintf(fid,' %s\n' ,[ ' (' num2str(Np) ' ,3)' ] );
dum2=squeeze(H_passive(row,col,:));
mag = abs(dum2);
phase = unwrap (angle(dum2)); % figure; plot (wavelength, phase);
for i=1:Np
  fprintf(fid,' %g %g %g\n' , f(i)*1e14, mag(i), phase(i));
   end
  end
end
fclose(fid);

function printfig (file, b)
global PRINT_titles;
PRINT_titles=0;
FONTSIZE=20;
set(get(gca,' xlabel' ),' FontSize' ,FONTSIZE);
set(get(gca,' ylabel' ),' FontSize' ,FONTSIZE);
set(get(gca,' title' ),' FontSize' ,FONTSIZE-5);
set(gca,' FontSize' ,FONTSIZE-2);
if PRINT_titles==0
   delete(get(gca,' title' ))
end
%a=strfind(file,' .' ); file(a)=' ,' ;
pdf = [file(1:end-4) ' _' b ' .pdf' ];
print (' -dpdf' ,' -r300' , pdf);
system([ ' pdfcrop ' pdf ' ' pdf ' &' ]);
% system([' acroread ' pdf ' .pdf &' ]);
```

代码 9.3　INTERCONECT 中利用脚本构建环形调制器的紧促模型，包括定向耦合器的 S 参数，pn 结相位与电压的关系

```
# Script to build a ring modulator compact model in INTERCONNECT
# Uses:
#      S-Parameters for Directional Coupler
#      Phase vs. voltage data from PN junction
# by Jonas Flueckiger
switchtolayout;
deleteall;

R=15e-6;

# Add Optical Network Analyser
elementName = addelement(' Optical Network Analyzer' );
setnamed(elementName, ' x position' , 200);
setnamed(elementName,' y position' ,100);
setnamed(elementName, ' input parameter' , ' center and range' );
setnamed(elementName, ' center frequency' , 193.1e12);
setnamed(elementName, ' frequency range' , 10000e9);
```

```
setnamed(elementName, ' plot kind' , ' wavelength' );
setnamed(elementName, ' relative to center' , false);
setnamed(elementName, ' number of input ports' , 2);
setnamed(elementName, ' name' , ' Optical Network Analyzer' );

# Add directional couplers
# Add N-port S-parameter element
?elementName = addelement(' Optical N Port S-Parameter' );
setnamed(elementName,' x position' ,300);
setnamed(elementName,' y position' ,400);
setnamed(elementName, ' passivity' ,' test' ); # make sure s-param file gets
    tested
setnamed(elementName, ' reciprocity' ,' test' );
setnamed(elementName, ' load from file' ,' true' );
setnamed(elementName, ' s parameters filename' , ' dc_R=5,gap=200,Lc=0,wg=500.
    sparam' );
setnamed(elementName, ' name' , ' Directional Coupler 1' );

copy(0,200);
set(' name' ,' Directional Coupler 2' );

# Add waveguide to make ring
elementName = addelement(' Straight Waveguide' );
setnamed(elementName, ' x position' , 500);
setnamed(elementName, ' y position' ,500);
rotateelement(elementName);
setnamed(elementName, ' length' , pi*R);
setnamed(elementName, ' loss 1' , 300);
# Waveguide is here only to provide loss; propagation is taken into account by
    the
    directional coupler
setnamed(elementName, ' effective index 1' , 0);
setnamed(elementName, ' group index 1' , 0);
setnamed(elementName, ' name' ,' WG' );

#Add phase modulator
elementName = addelement(' Optical Modulator Measured' );
setnamed(elementName, ' x position' , 150);
setnamed(elementName, ' y position' ,500);
flipelement(elementName);
rotateelement(elementName);
setnamed(elementName, ' operating frequency' , ' user defined' );
setnamed(elementName, ' frequency' , 193.1e12);
setnamed(elementName, ' length' , pi*30e-6);
setnamed(elementName, ' load from file' , false);
setnamed(elementName, ' measurement type' ,' effective index' );
setnamed(elementName, ' name' ,' Phase Modulator' );
```

```
# Add DC source
elementName = addelement(' DC Source' );
setnamed(elementName, ' x position' , 5);
setnamed(elementName, ' y position' ,500);
setnamed(elementName, ' amplitude' , 0);
setnamed(elementName, ' name' , ' DC Source' );

connect(' WG' , 0, ' Directional Coupler 1' , 3);
connect(' WG' , 1, ' Directional Coupler 2' , 2);
connect(' Phase Modulator' , 0, ' Directional Coupler 1' , 1);
connect(' Phase Modulator' , 2, ' Directional Coupler 2' , 0);
connect(' DC Source' , 0, ' Phase Modulator' , 1);
connect(' Optical Network Analyzer' , 1, ' Directional Coupler 1' , 2);
connect(' Optical Network Analyzer' , 0, ' Directional Coupler 1' , 0);
connect(' Optical Network Analyzer' , 2, ' Directional Coupler 2' , 1);

run;

t1=getresult("Optical Network Analyzer", "input 1/mode 1/gain");
q2=getresult("Optical Network Analyzer", "input 2/mode 1/peak/quality factor");
t2=getresult("Optical Network Analyzer", "input 2/mode 1/gain");
wvl1= t1.getparameter(' wavelength' );
t1= t1.getattribute("' TE'  gain (dB)");
t2= t2.getattribute("' TE'  gain (dB)");
q2wvl = q2.getparameter(' wavelength' );
q2 = q2.getattribute("' TE'  quality factor");
angle1=getresult("Optical Network Analyzer", ' input 1/mode 1/angle' );
angle1=angle1.getattribute("' TE'  angle (rad)");

plot(wvl1*1e6,t1,t2,' wavelength [micron]' ,' Amplitude [dB]' ,' Ring Modulator
      Spectrum' );
legend(' through' ,' drop' );

plot(wvl1*1e6,unwrap(angle1),' wavelength [micron]' ,' Phase [rad]' ,' Ring
     Modulator
     Spectrum' );
legend(' through' );

#switchtolayout;
```

代码 9.4　从光栅耦合器的 2D FDTD 仿真结构中提取 *S* 参数，http://siepic. ubc.ca/files/GC_S_extraction.lsf

```
# S Parameter extraction for the grating coupler
# Port 1 = fibre
# Port 2 = waveguide

newproject;
```

```
redrawoff;

GC_init;
GC_setup_fibre;

# from waveguide to fibre
select("waveguide_source"); set("enabled",1);
select("fibre::fibre_mode"); set("enabled",0);
run;

T = getresult("waveguide","expansion for T");
fibre = getresult("fibre::fibre_modeExpansion","expansion for fibre_top");
f = T.f;
S22 = T.b / T.a;
S12 = fibre.a*sqrt(fibre.N) / (T.a*sqrt(T.N));

# from fibre to waveguide
switchtolayout;
select("waveguide_source"); set("enabled",0);
select("fibre::fibre_mode"); set("enabled",1);
run;

T = getresult("waveguide","expansion for T");
fibre = getresult("fibre::fibre_modeExpansion","expansion for fibre_top");
S11 = fibre.a / fibre.b;
S21 = T.b*sqrt(T.N) / (fibre.b*sqrt(fibre.N));

plot(c/f*1e6,10*log10(abs([S12, S21,S11,S22])),' Wavelength
      (micron)' ,' Transmission/Reflection (dB)' );
legend(' S12' ,' S21' ,' S11' ,' S22' );
plot(c/f*1e6,unwrap(angle([S12, S21,S11,S22])),' Wavelength (micron)' ,' Phase
     (rad)' );
legend(' S12' ,' S21' ,' S11' ,' S22' );

# export S parameters for INTERCONNECT
Sdata = [ f, abs(S11), unwrap(angle(S11)), abs(S21), unwrap(angle(S21)), abs(
     S12),
      unwrap(angle(S12)), abs(S22), unwrap(angle(S22)) ];

filename = "GC_Sparam.dat";
rm(filename);
format long;
write(filename,num2str(Sdata));
format short;

matlabsave ("GC_Sparam");
```

参 考 文 献

[1] Gyung-Jin Park. “Design of experiments”. Analytic Methods for Design Practice. Springer, 2007, pp. 309–391 (cit. on p. 314).

[2] Design of Experiments (DOE) with JMP. [Accessed 2014/04/14]. URL: http://www.jmp.com/applications/doe (cit. on p. 314).

[3] Bjorn Gustavsen and Adam Semlyen. “Rational approximation of frequency domain responses by vector fitting”. IEEE Transactions on Power Delivery **14**.3 (1999), pp. 1052–1061 (cit. on pp. 316, 325).

[4] Robert X. Zeng and Jeffery H. Sinsky. “Modified rational function modeling technique for high speed circuits”. Microwave Symposium Digest, 2006. IEEE MTT-S International (2006), pp. 1951–1954 (cit. on p. 316).

[5] Lukas Chrostowski, Jonas Flueckiger, Charlie Lin, et al. “Design methodologies for silicon photonic integrated circuits”. Proc. SPIE, Smart Photonic and Optoelectronic Integrated Circuits XVI 8989 (2014), 15 pages (cit. on pp. 319, 320, 328, 329, 330).

[6] Enforce passivity of S-parameters – MATLAB makepassive. [Accessed 2014/04/14]. URL: http://www.mathworks.com/help/rf/makepassive.html (cit. on p. 324).

[7] The Vector Fitting Web Site. [Accessed 2014/04/14]. URL: http://www.sintef.no/Projectweb/VECTFIT (cit. on pp. 325, 326).

[8] Bjorn Gustavsen and Adam Semlyen. “Fast passivity assessment for S-parameter rational models via a half-size test matrix”. IEEE Transactions on Microwave Theory and Techniques **56**.12 (2008), p. 2701 (cit. on p. 325).

[9] Bjorn Gustavsen. “Improving the pole relocating properties of vector fitting”. IEEE Transactions on Power Delivery **21**.3 (2006), pp. 1587–1592 (cit. on p. 325).

[10] Dirk Deschrijver, Michal Mrozowski, Tom Dhaene, and Daniel De Zutter. “Macromodeling of multiport systems using a fast implementation of the vector fitting method”. IEEE Microwave and Wireless Components Letters **18**.6 (2008), pp. 383–385 (cit. on p. 325).

[11] Bjorn Gustavsen. “Fast passivity enforcement for S-parameter models by perturbation of residue matrix eigenvalues”. IEEE Transactions on Advanced Packaging **33**.1 (2010), p. 257 (cit. on p. 325).

[12] Bjorn Gustavsen. “Computer code for rational approximation of frequency dependent admittance matrices”. IEEE Transactions on Power Delivery **17**.4 (2002), pp. 1093–1098 (cit. on p. 325).

第 10 章　硅光子设计工具和技术

本章介绍光子集成电路设计人员使用的工具，特别是那些专注于物理后端设计的人员。首先，讨论制造厂商提供的工艺设计套件 (PDK)；接下来，讨论电子设计自动化 (EDA) 工具所提供的功能，包括元器件库、原理图绘制、版图 (原理图生成) 设计和设计规则检查；最后，还提供了关于空间效率的光子掩模版图设计的建议。

10.1　工艺设计套件

PDK 是一组描述半导体代工厂制造工艺的文档和数据文件，使用户能够自行完成设计。一个典型的 PDK 包括：技术细节、掩模版图指导和设计规则的文档；调制器、探测器等单元库；元器件模型和/或实验数据；以及设计验证工具。PDK 通常包含晶圆厂的专有信息和商业机密，因此并不总是公开的。

本节介绍一个通用的硅光子 (GSiP)PDK，它可在 Mentor Graphics(Pyxis 和 Calibre) 和 Lumerical INTERCONNECT 工具中实现，并可供下载。该设计套件的目的是展示硅光子设计流程，其分发不受任何限制。该设计套件可适用于不同的制造工艺，同时也提供了对目前可用的 PDK 和设计套件的内涵 [1,2]。

GSiP PDK 的组件包括以下内容：

- 制造工艺参数、掩模层表。
- 库：元器件示例库，包括光纤光栅耦合器；波导、弯曲波导和分束器；环形调制器；电键合焊盘。
    - 原理图绘制的元件符号：使用提供的元器件和/或用户自己的元器件，可以在原理图层面设计回路。
    - 器件模型：库中的元器件包括在 Lumerical INTERCONNECT 中实现的回路模型。
    - 器件物理版图：由固定的元器件掩模版图 (如 GDS，Y 分束器) 和参数化元器件掩模版图 (如 PCell，环形调制器) 实现。
- 原理图绘制：该功能允许设计者创建一个他自己系统的原理图。这个阶段的设计套件包括分析元器件之间的连接 (网表)，给元器件和端口贴上标签，以及选择 PCell 的参数。

- 回路仿真：将原理图以网表的形式导出，并加载到 Lumerical INTERCONNECT 的回路仿真工具。元器件模型从 PDK 中加载，连接从网表中导入。创建一个仿真测试平台来进行特定的仿真模拟，如光传输频谱、时域表征等。该工具还可以对系统的功能进行仿真和验证。
- 原理图生成版图 (SDL)：在现代 EDA 工具出现之前，设计的重点是在物理版图中绘制多边形。此方法中，元器件和连接已经定义好了，任务就是使用已经定义好的连接 (位置和路线) 来放置元器件和规定路线。元器件和连接从原理图中导入并 (自动) 实例化。连接以图形化的方式表示。交互式 (或自动) 布线工具用于完成电和光的布线。
- 波导布线：在 EDA 工具中，电气布线已基本实现了自动化。而在光子学设计中，该工具需要额外考虑平滑波导弯曲、不同类型的波导、长距离布线的宽–低损耗波导、波导耦合等问题。
- 设计规则检查 (DRC)：晶圆厂提供的规则包括最小特征尺寸、最小间距和容斥规则。本 PDK 中包含了典型的最小特征尺寸的基本规则。这些规则主要关注的是晶圆厂所允许的可制造性设计。
- 版图与回路图对比 (LVS)：DRC 虽然可以识别违反制造规则产生的错误，但不能识别出回路和结构设计错误，而 LVS 可以通过比较回路图和物理版图做到这点。它在版图上进行操作，识别元器件和连接，创建一个网表，并将网表与原始设计原理图进行比较，通过观察回路的差异以排除错误，如连接错误 (波导或金属互连断裂、光电端口断开、互连线意外交叉等)，以及元器件错误 (元器件缺失、元器件放置不正确、PCell 参数错误 (如环形谐振器半径大小不当) 等)。
- 铺叠 (Dummy 图案)：图案密集度是可制造性设计规则之一。为满足最小的图案密集度，在版图中增加 Dummy 图案，通常是在硅层和金属层。这对于确保化学机械抛光 (CMP) 制造后的平整度是必要的，同时也是为了使蚀刻尽可能均匀，从而减少工艺变化。该 GSiP 不包括 Dummy 图案铺叠脚本，因为它使用的是一种专用语言。
- 子系统设计实例及教程：使用环形调制器的双通道波分复用 (WDM) 光发射器。子系统设计实例包括原理图、回路仿真 (包括光谱图和眼图)、原理图生成版图、设计规则检查、版图与回路图比较以及布版后的提取。
- 电/光协同设计：GSiP PDK 包括了电/光协同设计的通用技术，可实现两个独立的芯片协同设计。该工具提供了光和电仿真之间的数据交换，即可以设计一个 CMOS 调制器驱动器，所得到的波形可以用来驱动调制器。同样地，探测器接收到的光被转换为光电流，进而驱动跨阻抗放大器。通过这种方法，可以设计出一个完整的 CMOS 到光子再到 CMOS 发射器/接收器。在这个流程中，光子和电子通用的 PDK 都可以用实际的代工厂提供的 PDK 来替换，这为设计者选择用哪家代工厂制造芯片提供了灵活性。目前这种设计流程是基于数据交换的，因此不能提供电和光的协同仿真，也不需要锁步自洽仿真，如微波光子电光振荡器等，图 10.1 是电学设计实例。

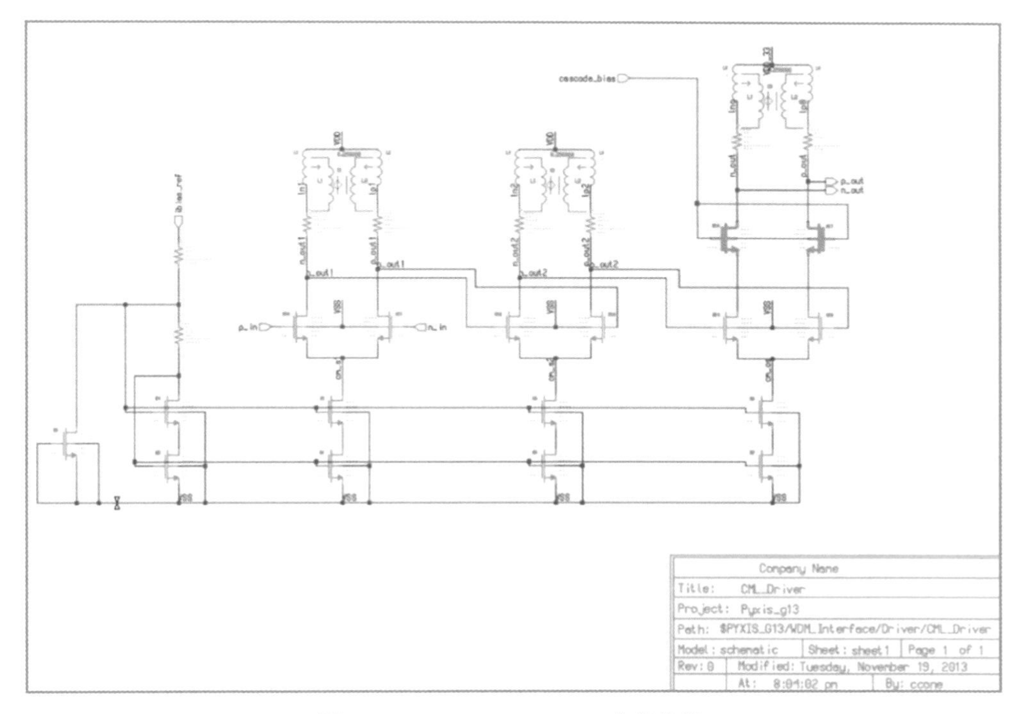

图 10.1 Mentor Graphics-电学设计

10.1.1 制造工艺参数

1. 顶层硅厚度和蚀刻

研究人员和工业界使用的顶层硅厚度有多种，包括 3μm (如 Kotura[3])、300nm (如 Luxtera)、260nm (如加拿大国家研究委员会) 和 220nm (如 IMEC[4]、LETI[5]、OpSIS[1]、IME[6])。GSiP PDK 采用 220nm 的标准，参数如表 10.1 所示，在这个厚度下，蚀刻深度可以有多种。

(1) 光栅耦合器蚀刻。60nm[1] 至 70nm[4] 的浅蚀刻是光栅耦合器的最佳蚀刻深度。

(2) 脊形波导蚀刻。可对脊形波导进行单独蚀刻 [1]，这种情况下，蚀刻深度的选择是以下两方面的折中：①减少脊形波导的弯曲损耗，采用较深的蚀刻；②减少 pn 结调制器的电阻，采用较浅的蚀刻。

表 10.1 常用硅光子 PDK 的制造工艺参数

参数	目标值	参考文献
硅厚度	220nm	[4-7]
硅蚀刻 1	60nm	[1]
硅蚀刻 2	130nm	[1]
埋氧层厚度	2000nm	[4-7]
锗厚度	500nm	[1]
掺杂 (n)	$5 \times 10^{17}\text{cm}^{-3}$	[1]
掺杂 (p)	$7 \times 10^{17}\text{cm}^{-3}$	[1]
掺杂 (n++)	$5 \times 10^{20}\text{cm}^{-3}$	[1]
掺杂 (p++)	$1.9 \times 10^{20}\text{cm}^{-3}$	[1]

2. GDS 图层

表 10.2 列出了硅光子技术中常用的掩模图层。掩模图层包括蚀刻和沉积 (用于硅和锗)、有源器件的离子注入和金属化，当然为了辅助设计，还包括其他图层。

表 10.2 通用硅光子 PDK-GDS 图层

名称	描述	GDS#
	材料和蚀刻	
Si	全厚硅；用于波导和有源器件	1
SiEtch1	硅浅蚀刻；用于定义光栅耦合器	2
SiEtch2	硅浅蚀刻；用于定义脊形波导	3
SiEtch3	硅深蚀刻；边缘耦合或解理用的沟槽	4
Ge	探测器锗生长	5
OxEtch	氧化层蚀刻；接触硅波导	6
	注入	
N	掺杂 (n)	20
P	掺杂 (p)	21
N+	掺杂 (n+)	22
P+	掺杂 (p+)	23
Npp	掺杂 (n++)	24
Ppp	掺杂 (p++)	25
GeN	锗 n 掺杂；用于锗探测器	26
GeP	锗 p 掺杂；用于锗探测器	27
Defect1	Si 缺损 1；对于离子注入缺陷介导探测器	28

续表

名称	描述	GDS#
	金属	
VC	n++/p++ 层和金属 1 之间的金属过孔	40
M1	M1 金属互连	41
V1	金属 1 上过孔 1	42
M2	M2 金属互连	43
VL	最后的过孔，连接 M1(或 M2) 与最后金属层过孔	44
ML	最后的金属层，用于互连和电测试/焊盘	45
MLO	最后的开口金属；用于电测试	46
	杂项	
M1KO	M1 禁止层	60
M2KO	M2 禁止层	61
MLKO	ML 禁止层	62
SiKO	Si 禁止层	63
Fp	用于错误检查和平面规划的设计概要	64
Dicing	划片道	65
Text	文本注释，不会打印；用于自动测量	66
DRCex	DRC 检查层	67
devrec	LVS：元器件识别层	68
pinrec	LVS：引脚识别层	69
fbrtgt	LVS：光纤探针层	81
bndtgt	LVS：电焊盘层	82

3. 设计规则

设计规则介绍了版图设计中几何图形之间的规则，包括最小特征尺寸等，将在 10.1.6 节中作进一步介绍。

10.1.2 元器件库

元器件库中的元器件原理示例如图 10.2 所示。例如，元器件库包括一个参数化的双路径调制器 (可以是点耦合环形调制器)，其物理掩模版图如图 6.10 所示，该元器件的参数包括：半径、定向耦合器间隙和长度、波导宽度、控制掺杂区域尺寸的参数，以及相对于波导中心的 pn 结偏移量。

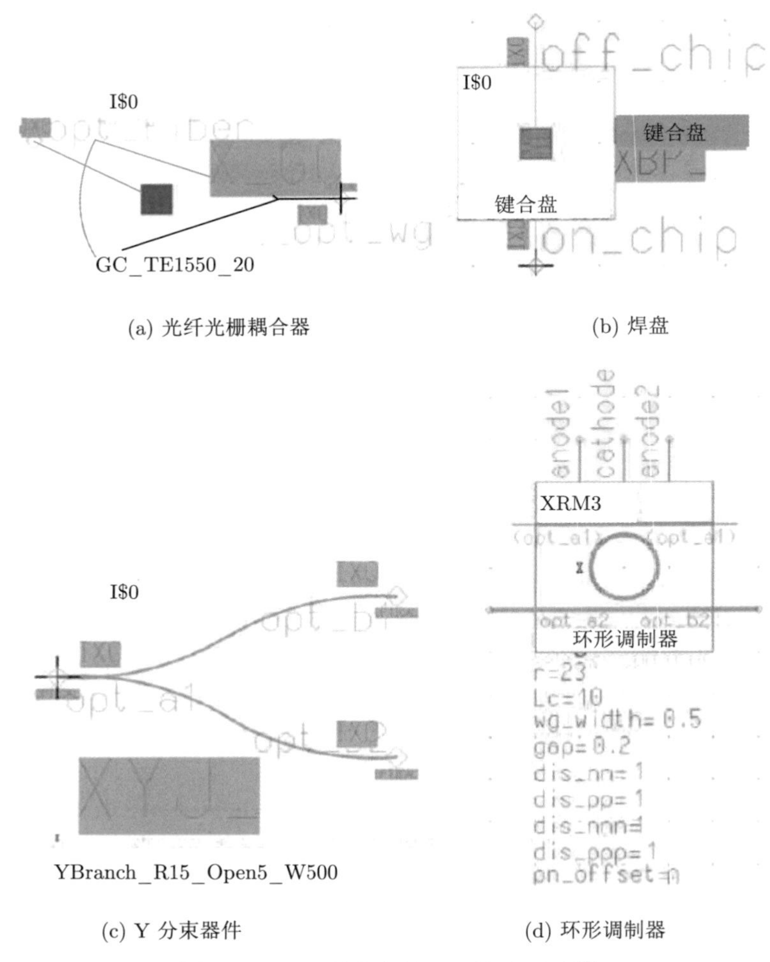

(a) 光纤光栅耦合器　　(b) 焊盘

(c) Y 分束器件　　(d) 环形调制器

图 10.2　元器件库中的元器件原理图 [8]

10.1.3　原理图绘制

双通道光发射器原理图如图 10.3 所示。通过符号选择器或在库中搜索来实例化元器件；元器件互连 (包括光互连和电互连)；标记引脚并添加输入/输出端口以建立与芯片的信号互连 (键合焊盘、光栅耦合器)。

在元器件之间插入 “pwg” 波导元件，以帮助追踪版图中的总布线波导长度。“pwg” 元器件在版图中用于波导互连和后版图提取，该功能可用于施加互连约束或初始波导长度估算。

检查原理图是否有误并保存。光信号被注释为不同的颜色以区别于电信号。此外，规则检查确保光信号是点对点表示，并且只在光引脚之间。

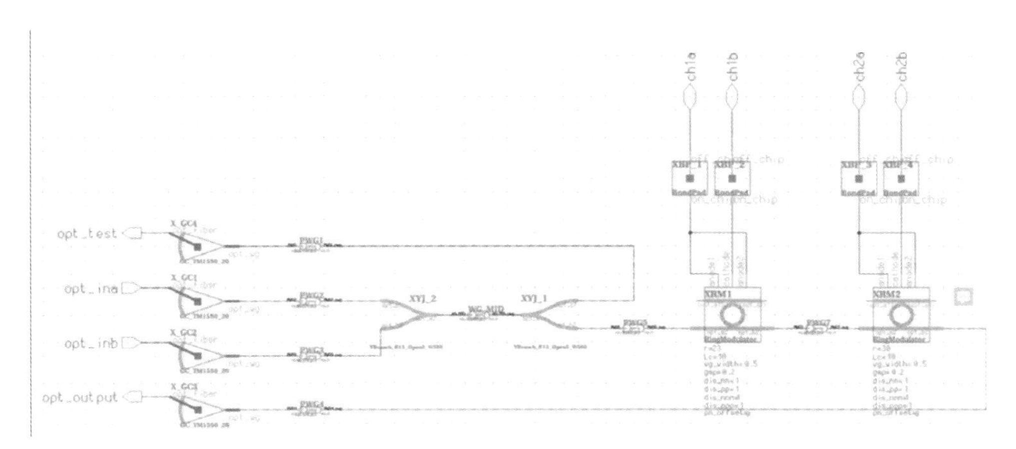

图 10.3 双通道光发射器原理图 [8]

10.1.4 回路输出

Pyxis 输出回路仿真原理图的网表 (代码 10.1)。输出的网表显示如下，网表格式的选择基于 SPICE，原理图被表示为一个子回路 (.subckt 命令)，并定义了输入/输出端口。然后，通过包含唯一格式标签 (如 XYJ_2)、系列网表互连以及库元件名称 (如 YBranch_R15_Open5_W500) 对每个元器件进行实例化。其中，库元件名称在整个库中是通用的 (符号、仿真简易模型、版图)。参数化单元 (如 RingModulator) 列出了其他参数和值 (如 $r = 30$)。

代码 10.1 回路原理图的网表导出

```
.CONNECT GROUND 0
*
* MAIN CELL: Component pathname : $PYXIS_GSIP/FbrTx/wdm2
*
.subckt WDM2 OPT_OUTPUT OPT_INB OPT_INA OPT_TEST CH2B CH2A CH1B CH1A
  XYJ_1 WG_MID PWG1 PWG5 YBranch_R15_Open5_W500
  XBP_4 CH2B N$30 BondPad
  XBP_3 CH2A N$28 BondPad
  XBP_2 CH1B N$20 BondPad
  XBP_1 CH1A N$22 BondPad
  X_GC3 OPT_OUTPUT PWG4 GC_TM1550_20
  X_GC4 OPT_TEST PWG1 GC_TM1550_20
  X_GC2 OPT_INB PWG3 GC_TM1550_20
  X_GC1 OPT_INA PWG2 GC_TM1550_20
  XYJ_2 WG_MID PWG2 PWG3 YBranch_R15_Open5_W500
  XRM2 PWG7 PWG4 N$28 N$28 N$30 RingModulator r=30 w=0.5 gap=0.2 Lc=10
  XRM1 PWG5 PWG7 N$22 N$22 N$20 RingModulator r=23 w=0.5 gap=0.2 Lc=10
.ends WDM2
```

对于回路仿真，其原理图被导入 Lumerical INTERCONNECT。为了使原理图具有相同的表示方法，其位置也一起导出 (如代码 10.2 所示)。

代码 10.2 回路原理图的实例位置

```
###Instance positions for : $PYXIS_GSIP/FbrTx/wdm2
portin opt_ina -11.0 1.0 0 @false
portin opt_inb -11.0 0.0 0 @false
portout opt_test -11.0 2.0 0 @true
portout opt_output -11.0 -1.0 0 @true
portbi ch1a -1.25 4.25 90 @false
portbi ch1b -0.5 4.25 90 @false
portbi ch2a 1.75 4.25 90 @false
portbi ch2b 2.5 4.25 90 @false
RingModulator XRM1 -1.25 0.25 0 @false
RingModulator XRM2 1.75 0.25 0 @false
YBranch_R15_Open5_W500 XYJ_2 -5.75 0.5 0 @true
GC_TM1550_20 X_GC1 -9.25 0.75 0 @false
GC_TM1550_20 X_GC2 -9.25 -0.25 0 @false
GC_TM1550_20 X_GC3 -9.25 -1.25 0 @false
GC_TM1550_20 X_GC4 -9.25 1.75 0 @false
BondPad XBP_1 -1.25 2.5 0 @false
BondPad XBP_2 -0.5 2.5 0 @false
BondPad XBP_3 1.75 2.5 0 @false
BondPad XBP_4 2.5 2.5 0 @false
YBranch_R15_Open5_W500 XYJ_1 -4.25 0.5 0 @false
```

注意，上面的网表不包括 “pwg” 波导元器件。如果仿真需要这些元器件，可以在导出时选中它。

10.1.5 原理图生成版图

本节使用元器件原理图的连接来创建一个新的版图。这种模式下，版图和原理图同时可见，且原理图元器件在版图中被半自动实例。实例化通常是成组完成的(首先是所有的调制器，然后是所有的焊盘，最后是所有的光栅耦合器)。“AutoInst” 功能保留原理图中所有单元格的相对位置和方向。版图设计过程中，使用对准工具来确保波导端口在水平和垂直方向上保持一致，以最大程度减少 S 弯的数量并保持波导平直。版图如图 10.4 所示。

在版图设计的这一阶段，元器件的摆放需要考虑测试的问题 (为测试而设计，见 12.3 节)，特别是光学输入/输出的位置，以及它们相对于电气元件的相对位置，另见代码 10.3。

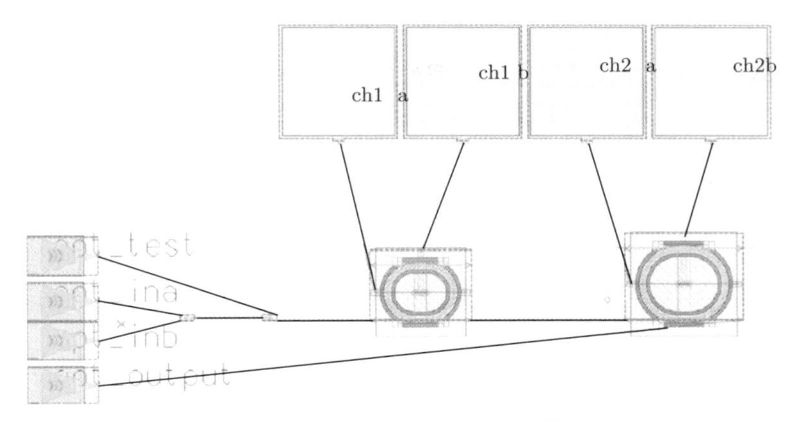

图 10.4 示例版图，布线前 [8]

代码 10.3 回路原理图的 Netlist 导出，布版后增加连接波导

```
.CONNECT GROUND 0
*
* MAIN CELL: Component pathname : $PYXIS_GSIP/FbrTx/wdm2
*
.subckt WDM2 OPT_OUTPUT OPT_INB OPT_INA OPT_TEST CH2B CH2A CH1B CH1A
  X_PWG5 PWG5 PWG5_PWG pwg wg_length=36.95 wg_width=0.5
  XYJ_1 WG_MID_PWG PWG1_PWG PWG5 YBranch_R15_Open5_W500
  X_WG_MID WG_MID WG_MID_PWG pwg wg_length=36.95 wg_width=0.5
  X_PWG4 PWG4 PWG4_PWG pwg wg_length=727.516 wg_width=0.5
  X_PWG3 PWG3 PWG3_PWG pwg wg_length=96.279 wg_width=0.5
  X_PWG2 PWG2 PWG2_PWG pwg wg_length=96.279 wg_width=0.5
  X_PWG1 PWG1 PWG1_PWG pwg wg_length=314.716 wg_width=0.5
  XBP_4 CH2B N$30 BondPad
  XBP_3 CH2A N$28 BondPad
  XBP_2 CH1B N$20 BondPad
  XBP_1 CH1A N$22 BondPad
  X_GC3 OPT_OUTPUT PWG4 GC_TM1550_20
  X_GC4 OPT_TEST PWG1 GC_TM1550_20
  X_GC2 OPT_INB PWG3 GC_TM1550_20
  X_GC1 OPT_INA PWG2 GC_TM1550_20
  XYJ_2 WG_MID PWG2_PWG PWG3_PWG YBranch_R15_Open5_W500
  X_PWG7 PWG7 PWG7_PWG pwg wg_length=121.25 wg_width=0.5
  XRM2 PWG7_PWG PWG4_PWG N$28 N$28 N$30 RingModulator r=30 w=0.5 gap=0.2 Lc=10
  XRM1 PWG5_PWG PWG7 N$22 N$22 N$20 RingModulator r=23 w=0.5 gap=0.2 Lc=10
.ends WDM2
```

接下来，通过使用 Pyxis “IRoute” 交互式路由工具进行电气和光学互连，为电路和光路创建路径对象，并且光路中含有 90° 直角，如图 10.5 所示。

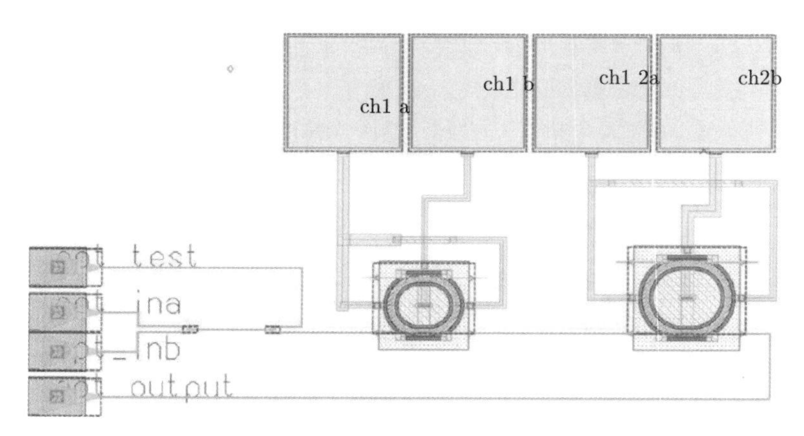

图 10.5　示例版图，布线后 [8]

然后将光路转换为光波导，这是用“Make PWGs”函数来完成的，该函数实现了以下功能。

- 波导弯曲：不同于金属互连中可以存在 90° 直角 (图 10.6(a))，光波导需要平滑的弯曲，可以是弧形弯曲 (圆，图 10.6(b))，或其他绝热曲线形式 [9,10](图 10.6(c))。弯曲参数的选择取决于性能要求 (插入损耗、背反射)、波导类型、波长和偏振 (如 TM 模需要较大的弯曲半径)。PDK 为设计人员提供了半径和弯曲类型 (径向和任意) 的选择，并对不同类型的波导 (条形、脊形) 进行了定义。

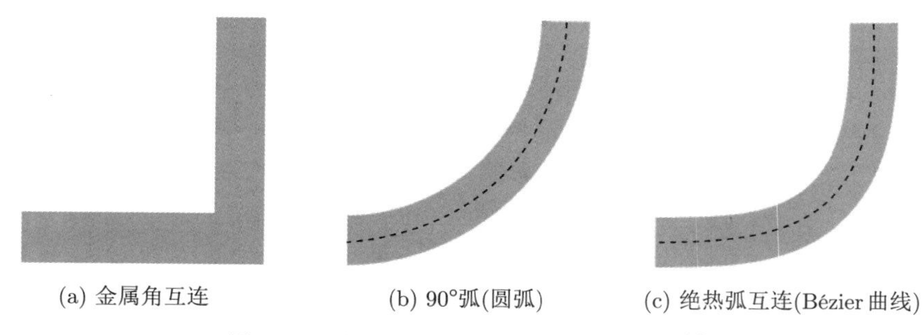

(a) 金属角互连　　(b) 90°弧(圆弧)　　(c) 绝热弧互连(Bézier 曲线)

图 10.6　金属与光互连可能的 90° 弯曲 [8]

如 3.3 节所述，条形波导中最主要的损耗机制 (对 TE 偏振光) 是模式不匹配损耗，可通过连续变曲率来减少这种损耗。基于 Bézier(贝塞尔) 曲线的 90° 绝热弧波导比曲率半径恒定的传统弧形波导具有更低的光插入损耗。通过使用 3.3.1 节中描述的方法，这种结构可用于 1550nm 波长下 TE 偏振模的条形波导。Bézier 参数描述了从恒定半径 (Bézier = 0.45) 到自然 Bézier 曲线 (Bézier = 0.45) 的变化，如图 10.7 所示。基于 Bézier 曲线的绝热弧波导的损失要低得多，如图 10.8 所示。

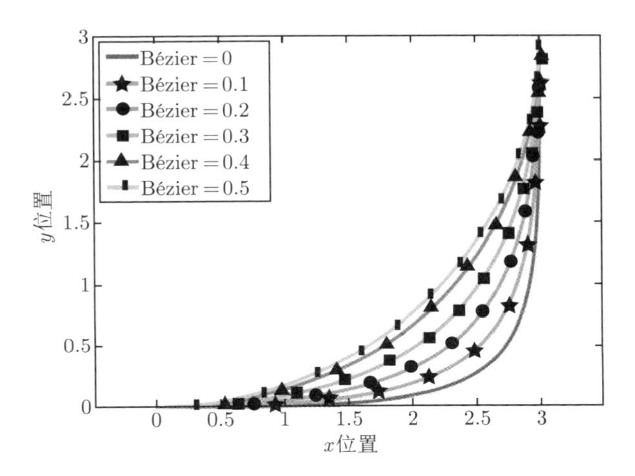

图 10.7　Bézier 弯曲波导 L = 3μm

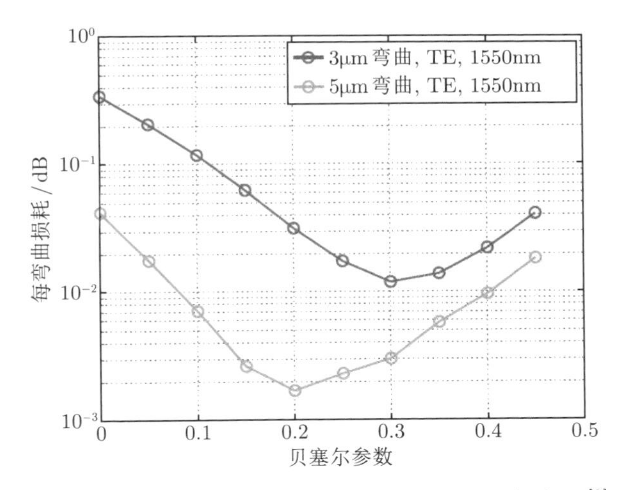

图 10.8　Bézier 弯曲波导 L =3μm 和 L =5μm 的 3D FDTD 仿真结果 [8]，Bézier=0.45 时，近似为半径是常数的圆弧

最好的 5μm Bézier 弯曲波导与半径为 20μm 的圆弧波导性能相同，而最好的 3μm Bézier 弯曲波导与半径为 6μm 的圆弧波导性能相同 (与图 3.28(a) 比较)。因此，在允许的插入损耗相同的情况下，Bézier 弯曲波导更为紧凑。设计人员须根据波导的工作情况选择合适的参数。需要注意的

是，使用绝热弯曲波导用于 TM 偏振光的时候，主要的损耗机理是辐射损耗，而不是模式失配损耗，所以并没有什么改进。

- S 弯曲：这种结构是用来平滑地连接两个不相连和偏移直波导的，必要时可选择自动插入。
- 自动增强型波导：对于长距离光互连，需要低损耗波导的，通过将弯曲区域的条形波导转换为宽脊形波导来实现 [9,11]。宽脊形波导可以是单模 (700nm 宽，损耗为 0.27dB/cm，参考文献 [9])，也可以是多模 (3μm 宽，无源工艺中损耗为 0.026dB/cm；全流式工艺中损耗为 0.75dB/cm，见参考文献 [11])。实验结果表明，在全流式工艺中，IME 制造的器件的传输损耗小于 0.06dB/cm，波导脊宽 3μm，平板厚 5μm。

该 PDK 实现了可选的自动增强型波导，参数包括一个长度阈值，用于何时使用扩增锥度长度和波导宽度 (见图 10.9)。

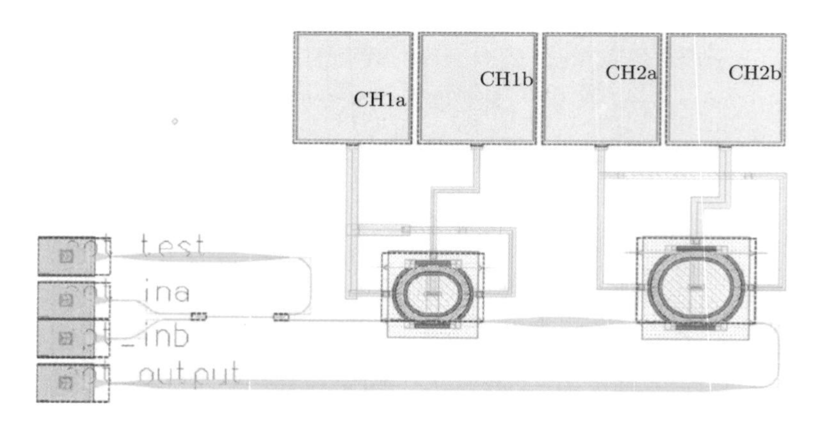

图 10.9 光路转换为光波导 [8]

- 波导耦合：与电子互连不同，光子可以相互耦合而不相互作用。这虽然简化了制造过程，但因为它需要多层布线 (如同微电子学一样)，所以创建多层光子回路也是具有挑战性的。低损耗和低串扰波导分路已经被设计和制造出来 [12,13]，且被用于布线中，并被集成到环形谐振器等器件中 [12]。波导耦合由设计人员添加，与其他元器件类似。

10.1.6 设计规则检查

设计规则主要有三种类型，即最小特征尺寸、最小间距、最小包容度，如图 10.10 所示。除这三种规则外，需要考虑的其他规则还包括密度规则。

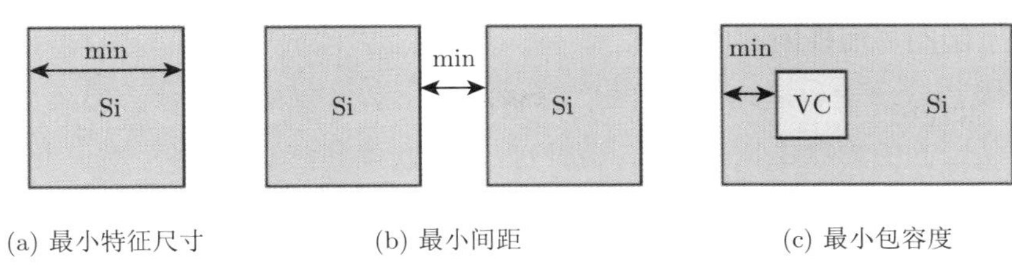

(a) 最小特征尺寸　(b) 最小间距　(c) 最小包容度

图 10.10 典型设计规则检查 (DRC)

代码 10.4 中列出了两个规则示例，此示例中硅层的最小特征尺寸和最小间距被定义为 200nm。DRC 排除允许设计人员在 “DRCex” 层定义的区域内跳过这些规则。一个代工厂的 DRC 文件可能由数百个规则组成。

代码 10.4 Mentor Graphics Calibre DRC 示例

```
Si.Width {
  @ Si layer: Width, minimum: 0.2
  OUTSIDE ( INT Si < 0.2 REGION) DRCex
}
Si.Space {
  @ Silicon: Space, minimum: 0.2
  OUTSIDE (EXT Si < 0.2 REGION) DRCex
}
```

规则检查器以两种模式运行：① 交互式——版图构建时，该工具以图形方式报告错误，使得设计人员可在版图设计过程中立即纠正错误，如图 10.11 所示，交互式检查只对布版的小部分进行操作，即编辑和查看中的版图部分；② 签字验证——导出完整的版图并检查错误，错误报告以图形和列表的形式提供。

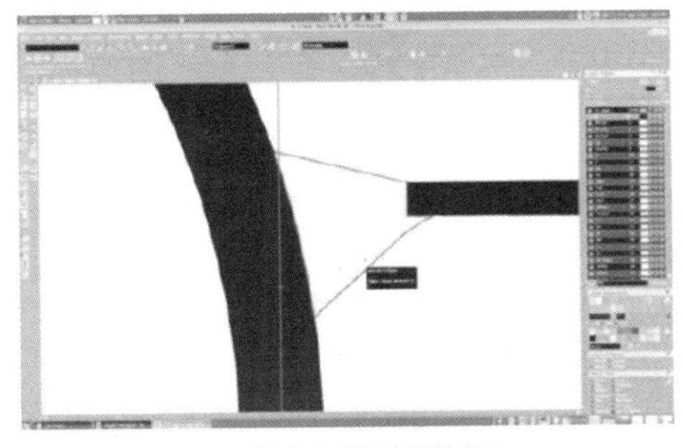

(a) 最小间距错误标记

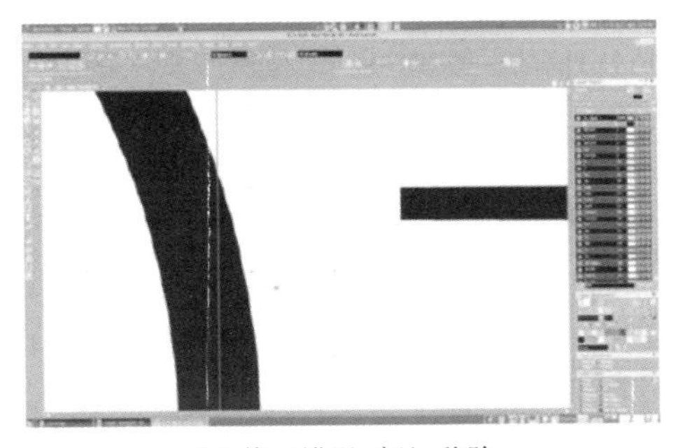

(b) 修正错误，标记移除

图 10.11 交互式 DRC，用户在编辑时的错误标记

10.1.7 版图与原理图对照检查

版图与原理图对照检查 (LVS) 中的首要任务是软件对掩模版图文件进行解析，并从绘制的形状中识别结构。软件首先提取找到已知的器件 (如环形调制器、光栅耦合器等)，然后确定它们的连接性，再根据版图创建一个网表，并将其与原始原理图网表进行比较，见代码 10.5。

代码 10.5 LVS 从掩模版图中提取网表

```
* SPICE NETLIST
***************************************
.SUBCKT RingModulator opt_a2 opt_b2 anode1 anode2 cathode
.ENDS
***************************************
.SUBCKT YBranch_R15_Open5_W500 opt_a1 opt_b1 opt_b2
.ENDS
***************************************
.SUBCKT BondPad off_chip on_chip
.ENDS
***************************************
.SUBCKT GC_TM1550_20 opt_fiber opt_wg
.ENDS
***************************************
.SUBCKT GC_TE1550_20 opt_fiber opt_wg
.ENDS
***************************************
.SUBCKT wdm2tx_routed ch1a ch1b ch2a ch2b opt_output opt_inb opt_ina opt_test
** N=71 EP=8 IP=0 FDC=12
X0 4 7 56 56 57 RingModulator $X=288250 $Y=79700 $D=0
X1 7 10 58 58 59 RingModulator $X=504000 $Y=79700 $D=0
X2 3 2 1 YBranch_R15_Open5_W500 $X=127800 $Y=79700 $D=1
X3 3 5 4 YBranch_R15_Open5_W500 $X=197150 $Y=79700 $D=1
X4 ch1a 56 BondPad $X=212300 $Y=237000 $D=2
X5 ch1b 57 BondPad $X=317400 $Y=237000 $D=2
X6 ch2a 58 BondPad $X=422500 $Y=237000 $D=2
X7 ch2b 59 BondPad $X=527600 $Y=237000 $D=2
X8 opt_output 10 GC_TM1550_20 $X=-1700 $Y=7800 $D=3
X9 opt_inb 1 GC_TM1550_20 $X=-1700 $Y=46900 $D=3
X10 opt_ina 2 GC_TM1550_20 $X=-1700 $Y=80400 $D=3
X11 opt_test 5 GC_TM1550_20 $X=-1700 $Y=119500 $D=3
.ENDS
***************************************
```

提取步骤利用器件识别层来简化过程。第一层 (“devrec”) 用多边形标记特定器件的范围，识别器件名称的文本标签 (如 “环形调制器”) 并标记该区域；第二层 (“pinrec”) 标记引脚的位置和名称，包括电端 (如阳极 1、阳极 2、阴极) 和光端 (如 opt_a2、opt_b2)。通过一系列的逻辑运算来找到器件识别层内的几何形状，然后进行测量以提取器件的参数 (如定向耦合器中的间距大小)，另外，它还能通过执行其他操作来分析元件之间的连接性。

10.2 掩模版图

本节中进一步讨论如何生成掩模版图。

10.2.1 元器件

为创建光子回路版图，如 10.1.5 节所述，需要一个器件版图库。这些版图可以在各种软件包中使用不同的方法创建。版图可以使用多边形等原始元素手动绘制，也可以使用精心设计的脚本创建参数化版图。手动版图非常适用于具有简单几何形状的设计元件，如图 5.6 中的边缘耦合器等。对于复杂结构，如聚焦光栅耦合器、环形谐振器等，则需要使用脚本版图。

使用 Mentor Graphics 掩模版图 Pyxis 工具和 AMPLE 脚本语言，可以创建参数化的元器件。5.2.3 节介绍了一个通过脚本构建光栅耦合器的例子。设计人员对这些元器件进行实例化，并对参数进行选择，如图 10.12 所示。

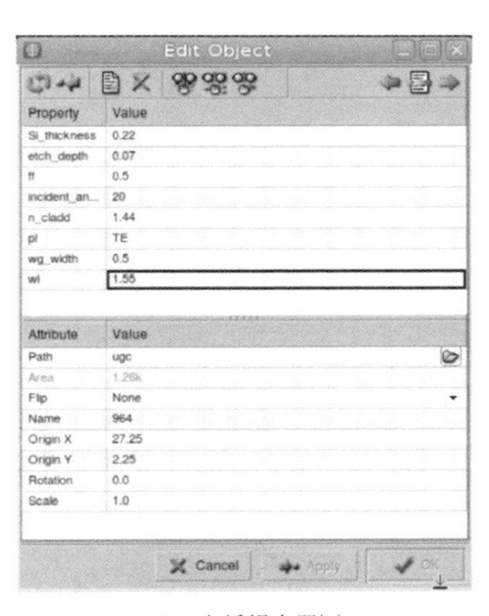

(a) 光纤耦合器[14]

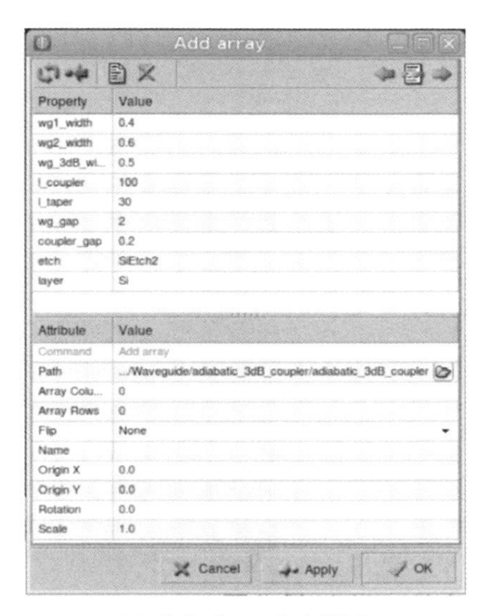

(b) 绝热式2×2分束器[15]

图 10.12 参数化的单元版图

10.2.2 光电测试版图

图 10.13(a) 为一个器件版图示例，该设计包含用于电气测试的 GS 探针焊盘，该器件通过阵列光纤连接到远端的一对光栅耦合器，实现光输入和光输出，如图 10.13(b) 所示。器件测试的完整版图包括电焊盘和光接口，如图 10.14 所示，所考虑的最大器件的尺寸约为 2.8 mm×0.4 mm=1.12 mm^2，受限于：①器件 (或阵列光纤) 的尺寸，这里指高度；②光、电探头和相关力学的最小间距，这里指宽度。

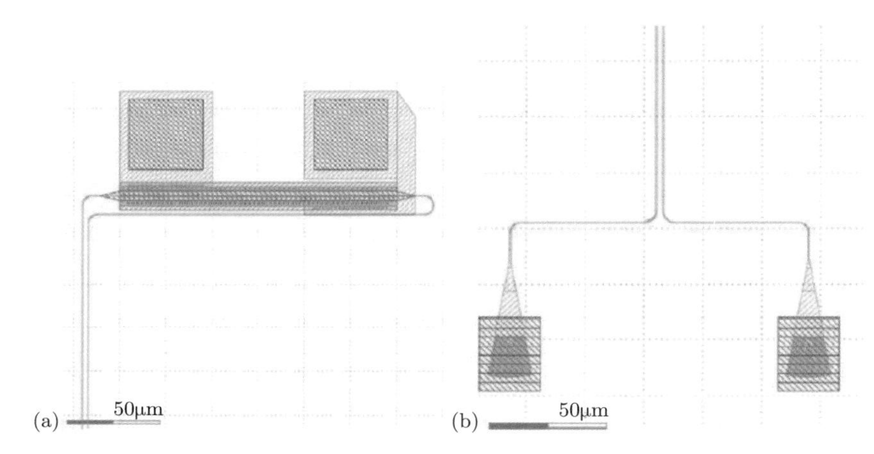

图 10.13 (a) 单个器件测试，含 GS 电测试盘；(b) 一对光栅耦合器 (输入、输出)

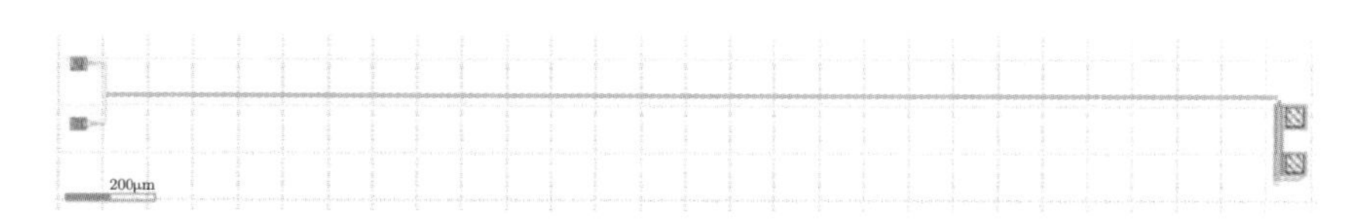

图 10.14 含电和光接口的测试器件版图

电和光探针之间的距离是需要考虑的关键因素，这取决于所实施的物理设置。对 12.2 节中介绍的实验设置，1mm 是足够的距离。进一步的“测试设计”考虑因素在 12.3 节中介绍。

10.2.3 快速 GDS 版图布版方法

器件布版最快的方法是平铺，即将器件并排放在一起。此方法中，每个器件都是单独绘制的，多个器件合并成一个 GDS 设计。当设计人员在时间上受到限制，需要在大面积内设计大量的器件时，这种方法特别有用。

通过改变器件的尺寸 (如器件的整体长度)，将其排列成 L 形，可以提高空间效率。

10.2.4 有效空间的 GDS 版图布版方法

为节省空间，设计人员可以找到布置器件和波导布线的方法，以尽量减少“空白”或未使用的空间。但是，这会额外增加波导互连的复杂性，这种方法可以通过编写脚本创建互连波导来实现。

节省空间的布局有明显的经济效益，但伴随着的潜在风险也需要考虑。

- 光串扰：光波导之间会发生交叉干扰，见 4.1.7 节。这就要求波导之间的间距足够远。对于条形波导，3μm 被认为是足够安全的，可以忽略串扰。设计人员应考虑必要的串扰容忍度，并进行定向耦合器仿真计算。另一个串扰的来源是光纤光栅耦合器之间的串扰，它们之间需要有足够的间距，以便光纤之间的光不会进入相邻的耦合器。对于单模光纤，这不是问题；但对于多模光纤，耦合器的间距应大于光纤芯尺寸 (如大于 50μm)。
- 电气串扰：微波设计时需要考虑仔细，以确保相邻器件之间没有串扰，并抑制微波在频响中可能会引入的振荡的谐振。
- 测量挑战：可能会出现意想不到的测量问题，如光机设备的限制可能会限制光纤与电子探针的距离。

下面的例子介绍了一种用于器件密集封装的方法。在一个典型的硅光子器件设计周期中，通常会考虑到器件的许多变化，并伴有适当的参数变化。此示例中，优化封装了 26 个器件，如图 10.15 所示，增加器件封装密度的方法由阵列光纤探针接口阵列组成，耦合器之间通过波导互连。这种互连方法可以扩展到 16 对阵列光纤探针，如图 10.16 所示，耦合器之间通过波导互连。这种设计使用了 3μm 的波导间距，足以避免相邻波导之间的串扰，这就形成了一个波导束，可以将器件连接到该波导束上。如果需要超过 16 个以上的器件，可以在光栅耦合器的外侧布置额外的波导 (图 10.17)。

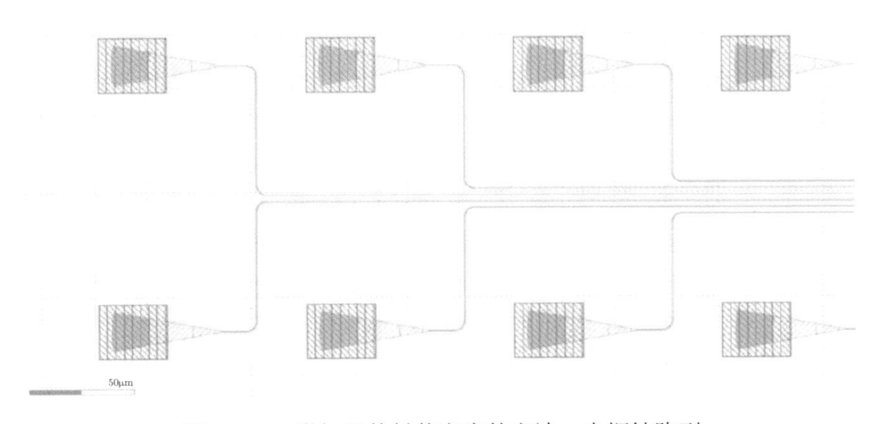

图 10.15 增加器件封装密度的方法：光探针阵列

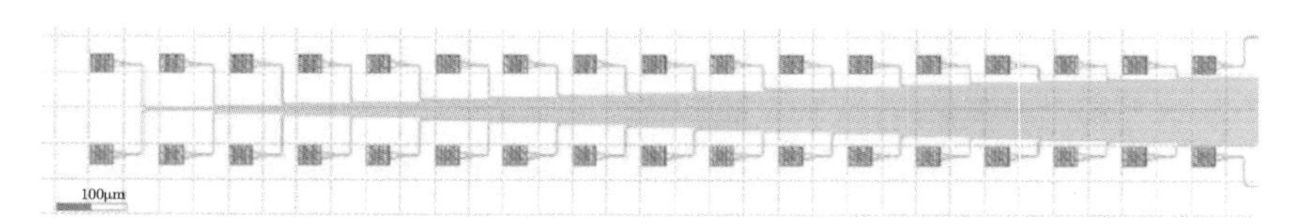

图 10.16　增加器件封装密度的方法：16 对阵列光纤光探针

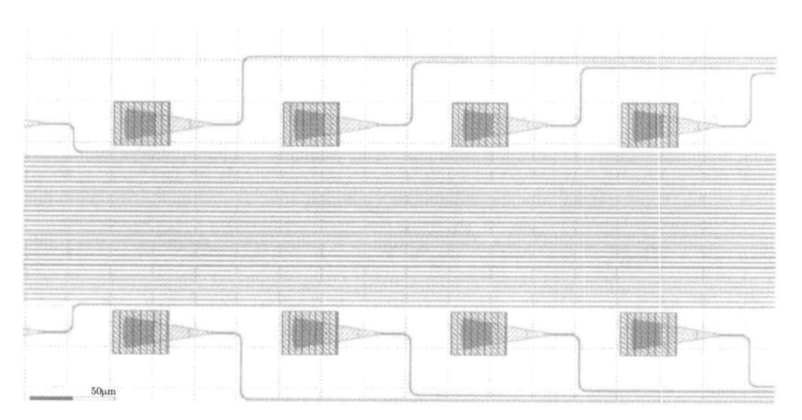

图 10.17　增加器件封装密度的方法：额外器件，在外侧布置波导

接下来，将器件连接到波导束上 (图 10.18)。最左边的器件连接到最左边的光纤光栅耦合器，以确保光和电探针之间有足够的间距。在整体版图中，如图 10.19

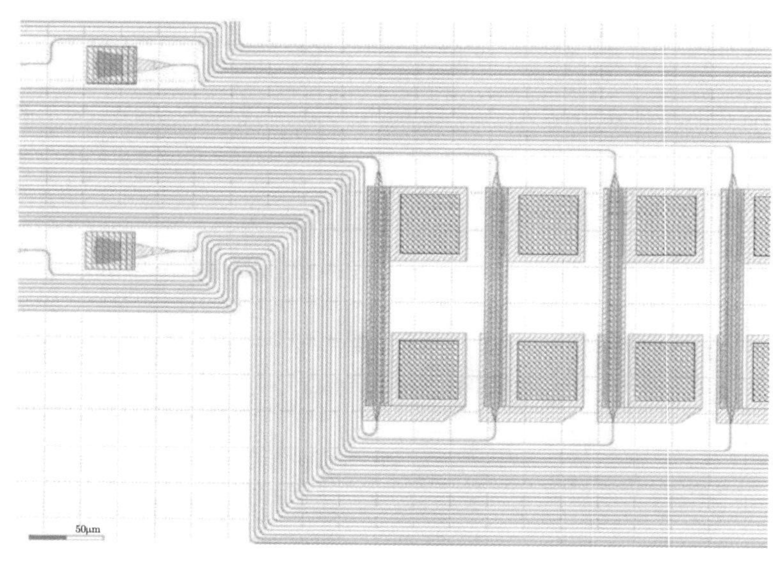

图 10.18　增加器件封装密度的方法：将器件被连接到波导束上，电、光探针间距足够

所示，26 个器件 (在右侧) 与 26 对光栅耦合器 (在左侧) 的波导束相连，整个面积为 4.7 mm×0.4 mm=1.88 mm^2。如果不采用这种布版方式，将这些器件并排放置，总面积为 20.7 mm^2。这种封装设计比简单的器件平铺方式压缩了约 9%。

图 10.19 增加器件封装密度的方法：26 个器件 (右侧) 与 26 对光栅耦合器 (左侧) 的波导束连接在一起，整个面积为 4.7mm×0.4mm = 1.88mm^2

参 考 文 献

[1] Tom Baehr-Jones, Ran Ding, Ali Ayazi, et al. "A 25 Gb/s silicon photonics platform". arXiv:1203.0767v1 (2012) (cit. on pp. 349, 352).

[2] NSERC CREATE Silicon Electronic Photonic Integrated Circuits (Si-EPIC) program. [Accessed 2014/04/14]. URL: http://www.siepic.ubc.ca (cit. on p. 349).

[3] D. Feng, S. Liao, P. Dong, et al. "High-speed Ge photodetector monolithically integrated with large cross-section silicon-on-insulator waveguide". Applied Physics Letters **95** (2009), p. 261105 (cit. on p. 352).

[4] ePIXfab – The silicon photonics platform – IMEC Standard Passives. [Accessed 2014/04/14]. URL: http://www.epixfab.eu/technologies/49-imecpassive-general (cit. on p. 352).

[5] ePIXfab – The silicon photonics platform – LETI Full Platform. [Accessed 2014/04/14]. URL: http://www.epixfab.eu/technologies/fullplatformleti (cit. on p. 352).

[6] Agency for Science, Technology and Research (A *STAR) Institute of Microelectronics (IME). [Accessed 2014/07/21]. URL: http://www.a-star.edu.sg/ime/ (cit. on p. 352).

[7] Europractice Imec-ePIXfab SiPhotonics Passives technology. [Accessed 2014/04/14]. URL: http://www.europractice-ic.com/SiPhotonics_technology_passives.php (cit. on p. 352).

[8] Lukas Chrostowski, Jonas Flueckiger, Charlie Lin, et al. "Design methodologies for silicon photonic integrated circuits". Proc. SPIE, Smart Photonic and Optoelectronic Integrated Circuits XVI 8989 (2014), pp. 8989–9015 (cit. on pp. 354, 356, 357, 358, 359, 361).

[9] Wim Bogaerts and S. K. Selvaraja. "Compact single-mode silicon hybrid rib/strip waveguide with adiabatic bends". IEEE Photonics Journal **3**.3 (2011), pp. 422–432 (cit. on pp. 357, 359).

[10] Matteo Cherchi, Sami Ylinen, Mikko Harjanne, Markku Kapulainen, and Timo Aalto. "Dramatic size reduction of waveguide bends on a micron-scale silicon photonic platform". Optics Express **21**.15 (2013), pp. 17814–17823 (cit. on p. 357).

[11] Guoliang Li, Jin Yao, Hiren Thacker, et al. "Ultralow-loss, high-density SOI optical waveguide routing for macrochip interconnects". Optics Express **20.**11 (May 2012), pp. 12035–12039. DOI: 10.1364/OE.20.012035 (cit. on p. 359).

[12] W. Bogaerts, P. Dumon, D. Thourhout, and R. Baets. "Low-loss, low-crosstalk crossings for silicon-on-insulator nanophotonic waveguides". Optics Letters **32** (2007), pp. 2801–2803 (cit. on p. 359).

[13] Yi Zhang, Shuyu Yang, Andy Eu-Jin Lim, et al. "A CMOS-compatible, low-loss, and low-crosstalk silicon waveguide crossing". IEEE Photonics Technology Letters **25** (2013), pp. 422–425 (cit. on p. 359).

[14] Yun Wang, Jonas Flueckiger, Charlie Lin, and Lukas Chrostowski. "Universal grating coupler design". Proc. SPIE **8915** (2013), 89150Y. DOI: 10.1117/12.2042185 (cit. on p. 363).

[15] Han Yun,Wei Shi, YunWang, Lukas Chrostowski, and Nicolas A. F. Jaeger. "2×2 adiabatic 3-dB coupler on silicon-on-insulator rib waveguides". Proc. SPIE, Photonics North 2013 **8915** (2013), p. 89150V (cit. on p. 363).

第 11 章　硅光子晶圆制造

本章讨论硅光子集成回路制造误差的影响。在硅光子中，最主要的误差是硅厚度及特征尺寸。这些误差会出现在不同的晶圆上，也会出现在单个光子的集成回路上。因光刻所产生的平滑性也是需要重点考虑的。本章讨论了在设计过程中考虑这些误差的方法。最后，介绍一些片上测试设备的实验结果，以说明硅光子的可制造性和非均匀性挑战。

11.1　制造非均匀性

光子集成回路 (PIC) 通常需要精确匹配芯片上各元件 (如环形调制器、光滤波器) 之间的中心波长和波导传播常数，特别是对于波分复用。了解制造误差对于开发系统所实施的策略 (如热调)，以及明确这种补偿策略的成本影响 (如功耗) 是至关重要。

目前，已经有一些关于制造非均匀性的研究，包括器件内的均匀性 (如 CROW [1])、晶圆内、晶圆与晶圆之间以及批次与批次之间的差异 [2−5]。导致器件误差的主要制造参数已被确定为硅厚度误差，其次是光刻误差 (如波导宽度)。

Zortman 等 [2] 发现，10nm(译者注：原文 368 页为 10cm，笔误) 的厚度误差可导致微碟谐振器 TE 波有 ±1000GHz 的偏差，宽度误差可导致 ±200GHz 的偏差。通过对微碟谐振器的 TE 和 TM 波的测量，厚度和波导宽度 (或直径) 的尺寸误差均为 ±5nm。读者也可参考文献 [3,5]，在文献 [5] 中，使用了条形和脊形波导的 TE 偏振布拉格光栅，厚度误差近似为 ±5nm，这导致了高达 10nm 的共振偏移；这些结果与参考文献 [2] 一致。

图 11.1 是一个制造不均匀性及其对器件性能影响的例子。器件为布拉格光栅，长度从 325μm 到 4.9mm 不等。理论上，随着长度的增加，带宽应该保持不变；或耦合较弱，则带宽应该减少，如式 (4.33) 所示。相反，在实验中观察到，当光栅变长时，阻带变宽，如图 11.1 所示。这是由于波导几何误差随芯片长度改变是变化的。同时也可以看出，图示的四种器件的中心波长是有偏差的。

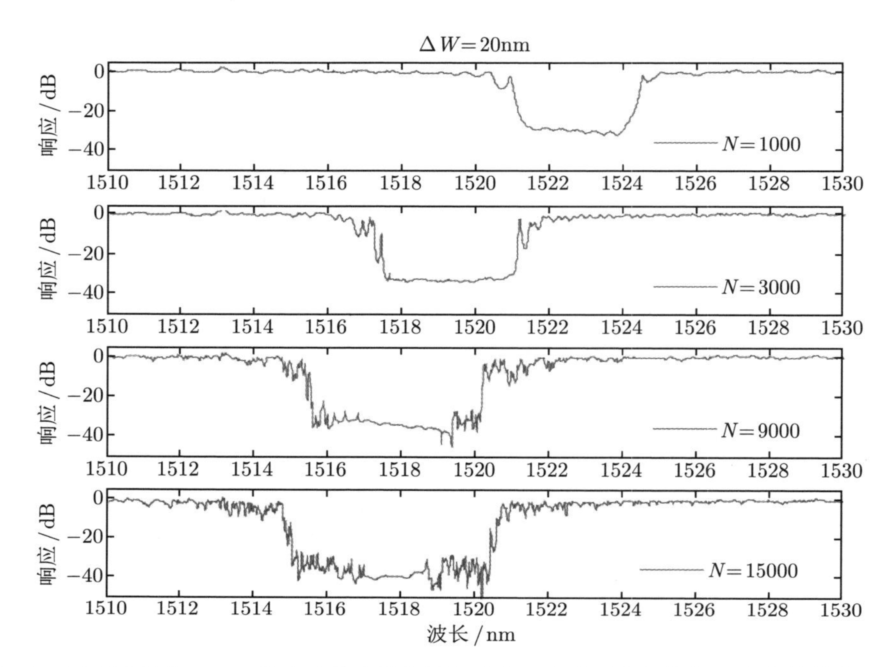

图 11.1　不同长度的 20nm 宽布拉格光栅的透射光谱，随着长度的增加而产生的带宽扩展效应，以及由于制造误差而产生的波长偏差。器件：空气作包层的条形波导，W=500nm，Λ=325nm

11.1.1　光刻轮廓

4.5.4 节中描述的计算光刻模型不仅可以生成预期结构的模拟，而且还可以产生与特征尺寸预期范围相对应的多个输出，如波导宽度的误差。如图 11.2 所示，三条线分别对应的是标准器件的几何形状，以及两个最小和最大的工艺轮廓 (如对应于曝光过度和曝光不足)。这些模拟的几何形状可加深对预期误差的理解，以

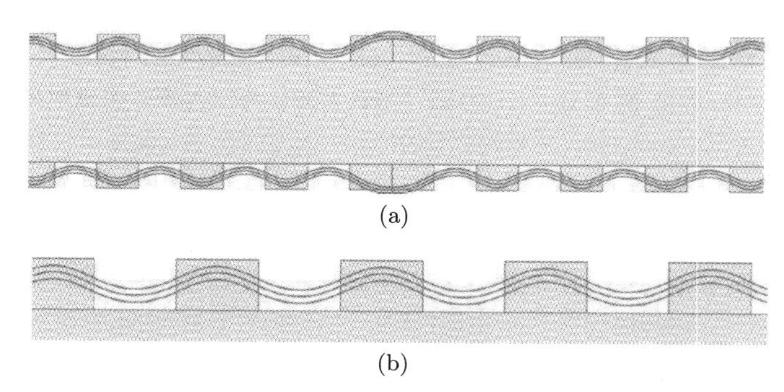

图 11.2　4.5.6 节中布拉格光栅的制造工艺轮廓的计算光刻模型

验证具有制造难度的设计 (如间隙非常小的定向耦合器、槽型波导)，或者光刻模拟结构可以导出用于光学模拟 (如 4.5.4 节)。

11.1.2 角分析

制造工艺角是一种简单的实验设计 (DOE) 技术，它考虑了每个参数的典型工艺误差。通常考虑的是 $\pm 3\sigma$ 误差。例如，SOI 层的厚度被指定为 220nm，有着 $\pm$10nm 的 3σ 误差。同样，其他制造参数也会有误差，如光刻线宽、蚀刻深度、掩模叠加 (两个掩模之间的对准误差)、掺杂浓度和沉积材料的厚度。此外，激励和环境参数也可以包括在这个分析中，包括温度、电压等。

在电子设计中，每个工艺参数都有一个名称：典型 (T)、慢 (S) 和快 (F)。因此，对于两个工艺参数，可以考虑一个标准设计 (TT)、四个工艺角 (SS、FF、SF、FS) 和四个边缘 (TS、TF、ST、FT)，共九种可能。对每一个点都进行一次模拟；整理所有的模拟，以了解制造的敏感性。这种方法可以扩展到多工艺维度。

首先，考虑一个条形波导的二维工艺角。如图 11.3(a) 所示，将 500nm×220nm 的波导视为一个标准设计。工艺误差包括了厚度 (220±10)nm，以及波导宽度 (500±10)nm。工艺角用交叉点来表示。

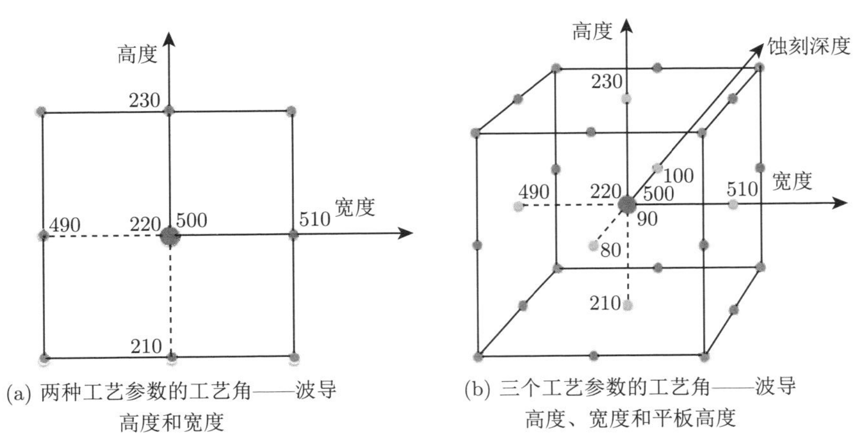

(a) 两种工艺参数的工艺角——波导高度和宽度

(b) 三个工艺参数的工艺角——波导高度、宽度和平板高度

图 11.3 工艺角，方框表示工艺所产生的器件范围，交叉点表示要模拟的工艺条件

接下来，考虑对脊形波导进行三维工艺角分析，其中包括波导高度 (标准为 220nm)、波导宽度 (标准为 500nm) 和平板高度 (标准为 90nm)。假定每个工艺参数有 $\pm$10nm 的 3σ 误差。模拟的工艺角如图 11.3(b) 所示，改变了以下参数：波导宽度 (490nm、500nm、510nm)、总高度 (210nm、220nm、230nm) 和平板高度 (80nm、90nm、100nm)。图 11.4(a) 和 (b) 分别显示了波导有效折射率和群折射率的模拟结果。需要注意的是，在脊形波导中，平板高度误差不仅与刻蚀误

差有关，还与 SOI 的厚度有关。因此，由于原始 SOI 厚度既影响波导高度，又影响平板高度，故平板高度与波导厚度是部分相关的。在这种情况下，可以将工艺效应之间的相关性考虑其中。然而，这里提出的分析将产生最坏情况下的预测。图 11.4(b) 的结果应与图 3.21(b) 中的实验结果进行比较，可以看出，制造误差导致的实验结果均在预测范围内。

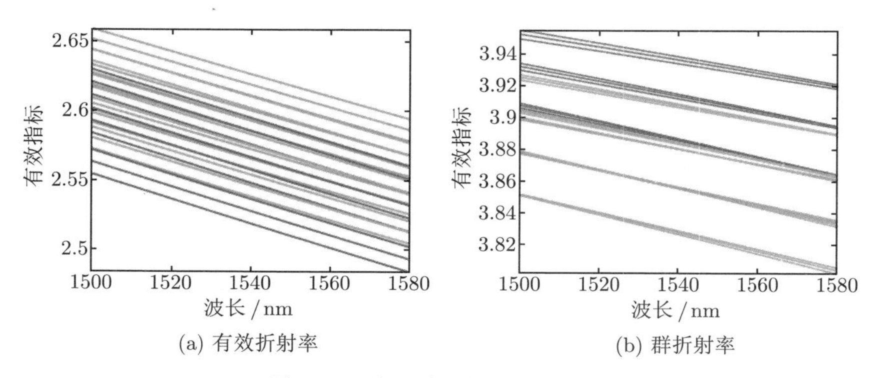

(a) 有效折射率　　(b) 群折射率

图 11.4　脊形波导角分析的光谱

对于多维工艺角，工艺角的模拟次数为 3^N(即图 11.4(a) 和 (b) 中的 27 次模拟)。为了简化分析，减少仿真时间，可以将工艺角分析减少到只对标准器件和角进行分析，共进行 2^N+1 次模拟，其中 N 为维数 (即对于三维：TTT、SSSSS、SSF、SSF、SFSF、SFF、FSF、FSF、FFS)。

11.1.3　芯片上非均匀性与实验结果 ①

本节介绍说明芯片上器件之间偏差的实验结果。首先，绘制了整个芯片上器件的偏差图。然后，分析了这些偏差作为 PIC 中常见器件之间的距离函数，即从数百微米到毫米不等。与 11.1.2 节相反，在 11.1.2 节中一次只考虑一个孤立器件的工艺误差，而没有考虑相邻器件，本节发现多个器件的偏差与距离密切相关。因此，工艺角分析给出了在绝对尺度上观察到的偏差 (即晶圆与晶圆之间，批次与批次之间)，但忽略了芯片工艺参数的相关性，导致芯片上器件偏差减少。这就意味着当需要匹配元件时，紧凑布局是十分重要的，这会降低 (但不能消除) 修整成本。

本节介绍的结果是基于 IME A*STAR 硅光子代工厂制造的 16mm×9mm 芯片上 371 个相同的微环 (跑道形) 谐振器的制造、测试和分析。被测芯片位于晶圆中心附近位置。测试用的单元如图 11.5 所示，由包括 2 个 1550nm 波长下准

① 本节的一个版本已经发表，见文献 [6]：Chrostowski L, Wang X, Flueckiger J, Wu Y, Wang Y, Fard S. T. Impact of fabrication non-uniformity on chip-scale silicon photonic integrated circuits. OSA Optical Fiber Communication Conference, 2014, Th2A-37, 经授权转载。

TE 模工作的光纤光栅耦合器 (GC)[7]、厚 220nm 且宽 500nm 的 SOI(绝缘体上硅) 条形波导，以及连接至半径为 12μm 的 TE 偏振微环 (跑道形) 谐振器 [8] 和一个长度为 4.5μm、间隙为 200nm 的定向耦合器组成。器件与器件的垂直距离和水平距离分别为 60μm 和 18mm。为了深入了解波长变化的统计数据，将 371 个谐振器与芯片上的其他谐振器进行比较，总共有 68635 个组合 (371 选 2)。这些距离的直方图如图 11.5 所示。需要注意的是，对于间距小于 200μm 的谐振器，进行了超过 1300 次比较。

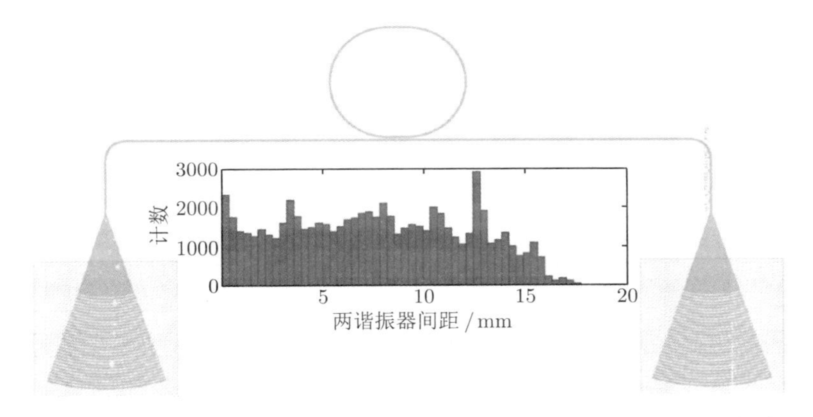

图 11.5 用于自动光学测试的带一对 127μm 间距的光纤光栅耦合器的微环 (跑道形) 谐振器掩模布局。插图：68635 种组合的器件间距离分布直方图 [6]

所有的器件均进行了自动化测量。为了进行快速扫描，光谱的采样分辨率为 10pm。这就限制了本研究的精度为 10pm 或更小，并且由于欠采样，光谱中的消光比受到限制。谐振器的典型品质因数是 10000~30000。为了更安全地进行自动探测，芯片与光栅耦合器之间的距离较大，从而光纤的插损通常为 11dB。数据分析采用的是寻峰算法。典型的光谱如图 11.6 所示，其中自由光谱范围 (Free Spectral Range，FSR) 为 ~7nm。

1. 环形谐振器

研究发现，整个芯片的波长变化大于器件的 FSR。通过检测不能从光谱中知道哪种模式是哪种模式，因此无法直接确定谐振波长的变化。解决的方法如下。

(1) 根据峰值位置信息，并在已知谐振腔长度的情况下，用下式计算环形波导的群折射率 ($n_{\rm g}$)：

$$\mathrm{FSR} = \frac{c}{n_{\rm g} L} \tag{11.1}$$

(2) 绘制所有谐振器和所有峰值的 $n_{\rm g}$ 和波长，如图 11.7 所示。一个明显的关系是，每个向下的对角线对应于一个谐振器的方位模 m。该关系源于两方面：

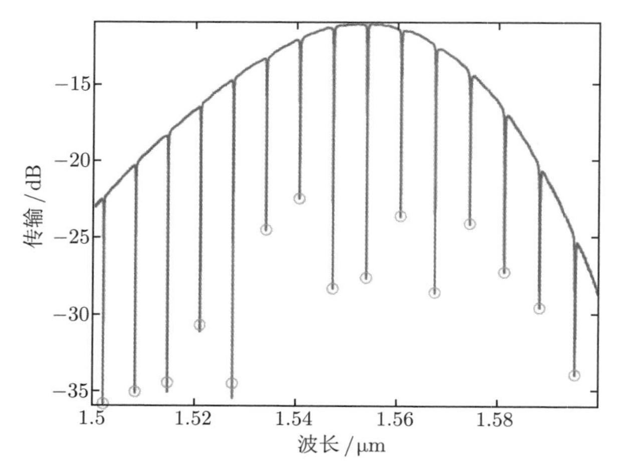

图 11.6　典型谐振器的光谱 [6]

① 根据 $m\lambda_m = n_{\text{eff}}(\lambda_m)L$，谐振器波长与波导有效折射率相关；② 物理参数变化 (如厚度、宽度) 改变波导有效折射率 n_{eff} 并同时影响群折射率。

(3) 利用这种相关性，可以通过寻找最接近于所选线的点来选择属于一种模式的所有数据点，如图 11.7 所示。

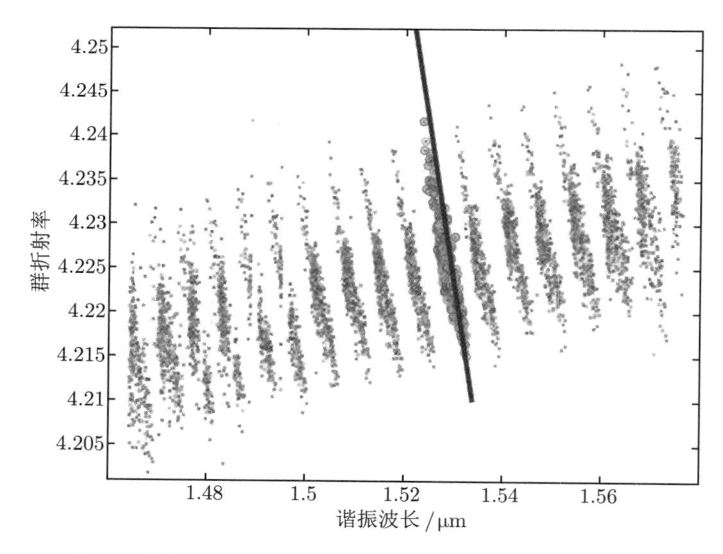

图 11.7　对 371 个谐振器所测得的 15 个模的群折射率与谐振波长的关系 [6]

可以看出，整个芯片上谐振器波长的最大偏差约为 10nm。图 11.8 显示了谐振器波长与位置的关系图。

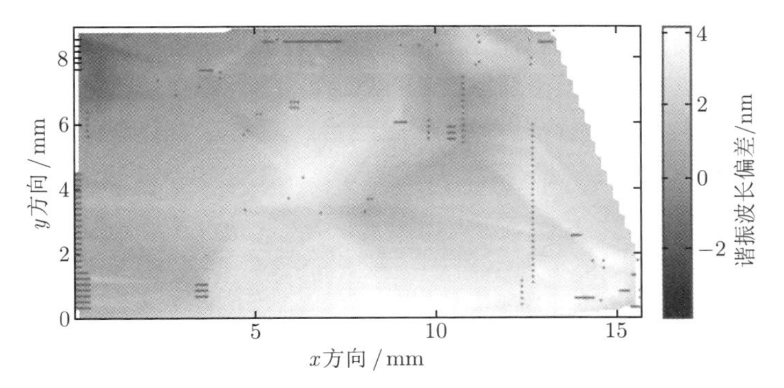

图 11.8 谐振波长偏差等值线 (单位：nm) 与芯片上物理位置的关系。谐振是从图 11.7 中的直线所选模中选择的。“0” 等值线对应于平均波长 [6]

为了深入了解波长偏差的统计量，将 371 个谐振器中的每个谐振器与芯片上的其他谐振器进行了比较，共计 $C_{371}^2 = 68635$ 次比较。计算谐振器波长差 (y 轴)，与每对器件之间的距离 (x 轴) 的关系，如图 11.9 中的散点图所示。这清楚地表

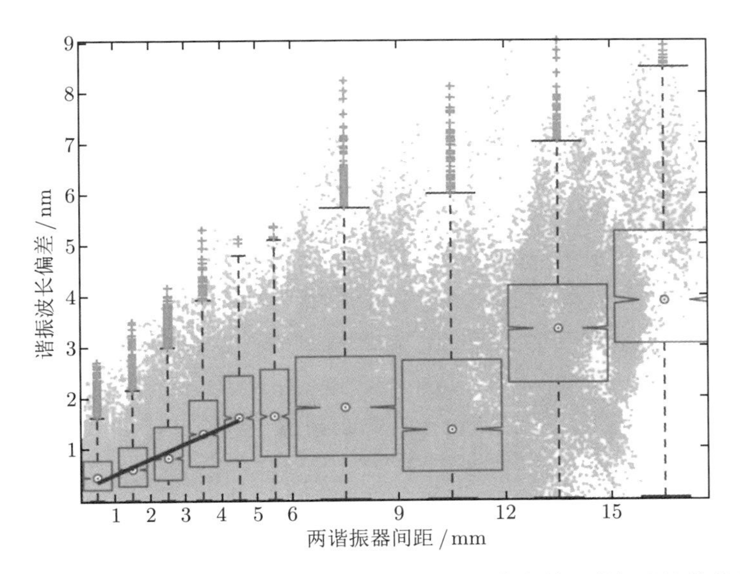

图 11.9 谐振器波长不匹配，与整个芯片上器件之间的距离有关。谐振器波长偏差与两谐振器间距的散点图 (68635 个数据点)。叠加的方块图用于统计距离范围为 0~1mm，1~2mm、2~3mm、4~5mm、5~6mm、6~9mm、9~12mm、12~15mm 和 15~18mm 的分组。方框代表数据的中心 50% 。下边界线和上边界线位于 25%/ 75%的分位数处。中间的圆圈表示中值。两条垂直线最大延伸到框高度的 1.5 倍，但不超出数据范围。超出此范围的数据点被视为离群值，并标记为“+”。缺口是 95%的置信区间 [6]

明，两个谐振器之间的最坏情况下的偏差与它们之间的距离近似呈线性关系。如两个相距 1mm 的谐振器最多显示出 2~3nm 的波长差；但当它们相距 4mm 时，差值增加到 5nm。对这些点进行统计学分析，并在图 11.9 中用方块图表示，这是通过对点的距离进行分组来实现的 (前几毫米为每 1mm 分组，距离越长分组越长)。

波长不匹配的概率分布函数如图 11.10 所示。波长不匹配的概率分布函数 (p.d.f.) 并不遵循高斯分布。这一点从方块图和 p.d.f. 图中可以清楚地看出，在方块图中出现了大量的离散值。奇怪的是，在足够大的距离范围内 (如 4~5mm)，分布变得近乎一致且具有最大的截止值。

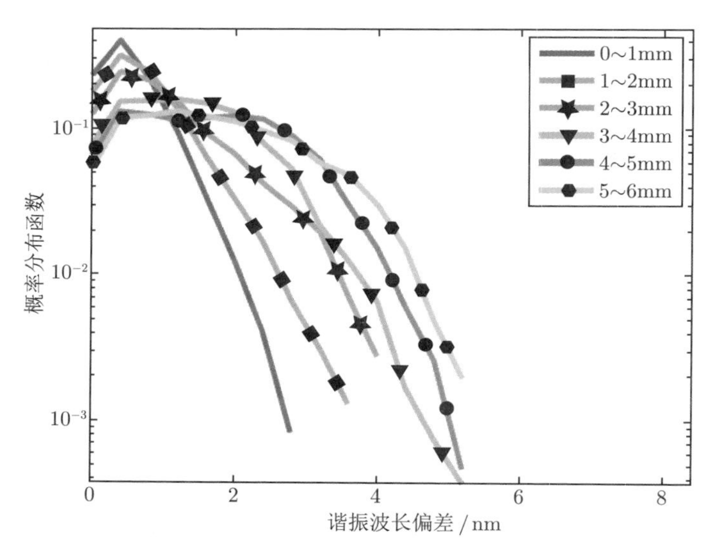

图 11.10 谐振器波长的不匹配，其与芯片上器件之间的距离有关。距离为 0~1mm 的谐振器之间预期波长差的概率分布函数，数据来自图 11.9[6]

当芯片上器件距离 ⩾ 6mm 时，其偏差呈现出“聚束状”趋势，这很可能是由于谐振器在布局上的布置和样本量有限所致。这些谐振器在密集 PIC 版图上的位置并不是按照随机均匀分布函数分布的，而是放置在与其他元件之间允许的间距位置。

数据还表明，芯片上任何两个器件的波长偏差都小于 9nm，但这仅是对于相距至少 6mm 的谐振器而言的。更重要的是，该偏差对于较长的分组距离会出现饱和，达到最坏情况下的不相关统计。

如图 11.11 所示，通过观察较小距离范围内的数据，即 0~3mm 的数据，可以进一步验证。从此分析中得到的重要信息包括中值，该中值在 5mm 的距离内呈线性增长。这表明，在短距离尺度上制造误差是相关的。如图 11.10 所示，在短距离内，波长偏差的中值与距离的最佳拟合线为

$$\bar{\lambda}_{\text{ring}} = 0.20\text{nm/mm} \cdot d + 0.37\text{nm} \tag{11.2}$$

式 (11.2) 给出了芯片上两个谐振器之间偏差的预期值 (均值)，该值是距离的函数。

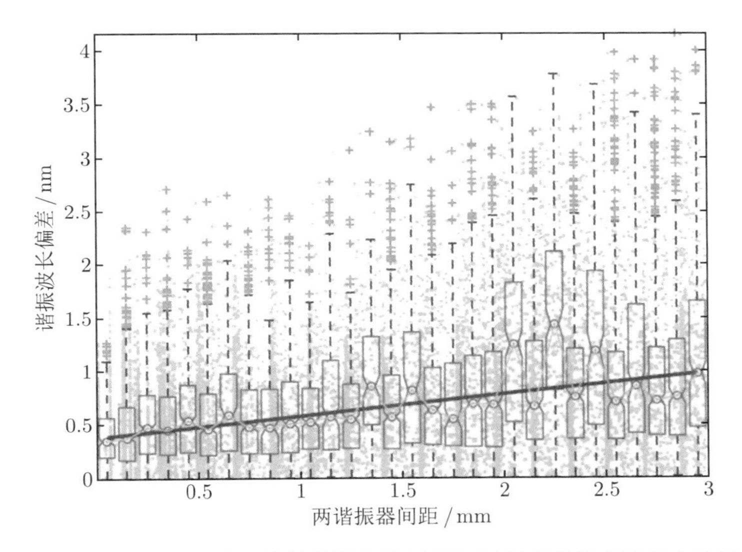

图 11.11 图 11.9 的放大图——谐振波长偏差与谐振器之间距离的散点图和方块图，其距离范围为 0~3mm，方块步长为 100μm [6]

式 (11.2) 中的截距还预示着两个非常接近的谐振器将有 0.37nm 的平均波长失配。由于 FSR 为 7nm，对应于该谐振器的本征变化为 0.1π。假设加热器效率为 0.8 mW/FSR[9]，表明匹配每对谐振器的功耗为 0.37nm/7nm FSR·0.8 mW/FSR =0.04 mW。这个值对于预测所需的典型调谐功率是有很用的，如双环 Vernier 滤波器 [10]。需要注意的是，对于位于芯片相对侧的谐振器，最坏情况下的调谐要求将是完整的 FSR。

2. 光栅耦合器

使用同样的方法对光栅耦合器的峰值波长 (图 11.6 中 $\lambda_{\text{FGC}} = 1.555\mu\text{m}$) 和插入损耗 (图 11.6 中两个耦合器的插入损耗为 11dB) 进行了分析。对于光栅耦合器的中心波长、等值线图和偏差统计数据如图 11.12 和图 11.13 所示。波长误差同样是随器件距离从 0 到 5mm 线性增加，且预期的平均误差为

$$\bar{\lambda}_{\text{FGC}} = 0.10\text{nm/mm} \cdot d + 0.80\text{nm} \tag{11.3}$$

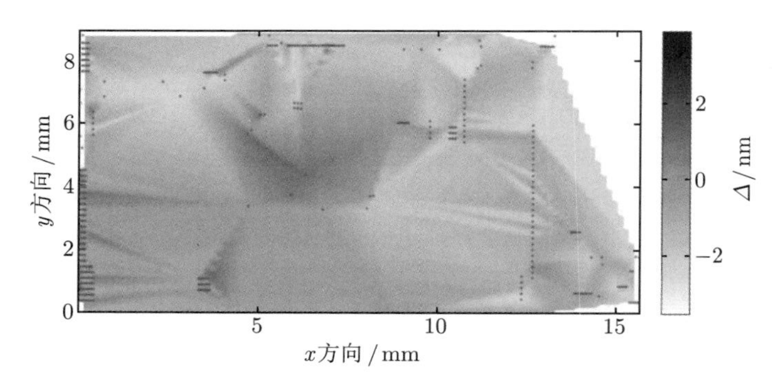

图 11.12　光纤光栅耦合器中心波长偏差等值线 (单位：nm) 与芯片上物理位置的关系。“0”等值线对应的是平均波长

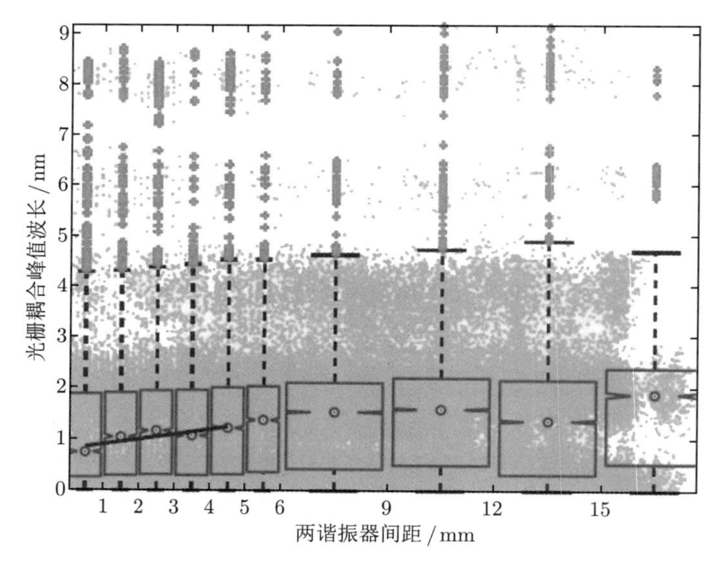

图 11.13　光纤光栅耦合器的中心波长与芯片上器件之间的距离关系。类似于图 11.9

注意到，谐振器和光栅耦合器波长的偏差具有不同的空间分布和统计分布，表明它们具有不同的物理机制。除了 SOI 厚度外，光栅耦合器主要对蚀刻的深度很敏感。基于 FDTD 模拟，光栅耦合器的中心波长对几何参数的敏感度如下：对于 SOI 厚度为 1.82nm/nm，对于蚀刻深度为 1.9nm/nm，对于光栅缝隙宽度为 0.215nm/nm。

图 11.14 所示为光栅耦合器的插入损耗的变化情况。该研究结果对光子集成回路系统优化具有一定的参考价值。具体来说，这些结果可用于估算大型阵列微环谐振器或马赫–曾德尔开关的调谐所需的功耗。这些结果还提供了版图布局指

导原则，即需要波长匹配的器件应紧密放置在一起。例如，在一个由环形调制器和环形谐振器组成的发射组件中，环形谐振器应放置在尽可能近的位置，以便它们的波长尽可能匹配，最大限度地减少调谐功耗，如 13.1 节所述。

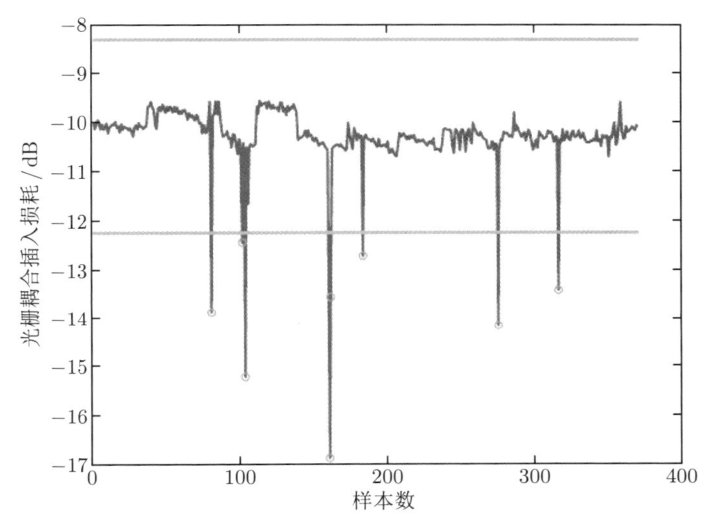

(a) 所有被测的光纤光栅耦合器的插入损耗。数据点说明了损耗的典型变化，并表示出了3σ线以外的离群值数量

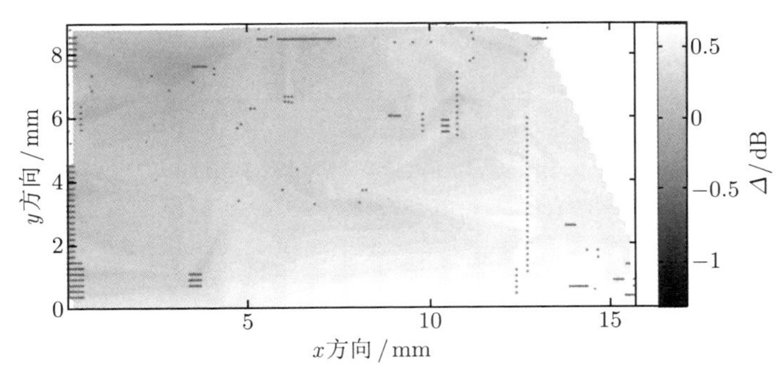

(b) 光纤光栅耦合器插入损耗偏差等值线(单位: dB)与芯片上物理位置的关系

图 11.14　光纤光栅耦合器波长和插入损耗偏差等值线图

谐振器和光栅耦合器的误差参数对工艺监测和工艺优化也很有用，还有助于选择哪些芯片用于实验，以及根据预期性能在封装前对芯片进行筛选。

11.2　问　　题

11.1　考虑这样一个制造工艺：一个由串联环形谐振器组成的波分复用系统

将用于传感器应用，其中需要能够区分每个环。预计 500nm×220nm 的条形波导的宽度和厚度变化达 1nm，工作在 1550nm 附近的谐振器所需的最小自由光谱范围和最大环形半径是多少？

11.2 考虑一个用于片上激光器的粗波分复用 (CWDM) 通信系统，波长由布拉格光栅确定。假设每个制造参数的最大误差可达 10nm，那么波长偏差是多少？为 CWDM 系统和必要的光复用器确定合适的参数，特别是通道间距和带宽。

参 考 文 献

[1] Michael L. Cooper, Greeshma Gupta, WilliamM. Green, et al. “235-Ring coupled-resonator optical waveguides”. Conf. Lasers and Electro-Optics (2010) (cit. on p. 368).

[2] W. A. Zortman, D. C. Trotter, and M. R. Watts. “Silicon photonics manufacturing”. Optics Express **18**.23 (2010), pp. 23598–23607 (cit. on p. 368).

[3] A. V. Krishnamoorthy, Xuezhe Zheng, Guoliang Li, et al. “Exploiting CMOSmanufacturing to reduce tuning requirements for resonant optical devices”. IEEE Photonics Journal **3**.3 (2011), pp. 567–579. DOI: 10.1109/JPHOT.2011.2140367 (cit. on p. 368).

[4] Shankar Kumar Selvaraja, Wim Bogaerts, Pieter Dumon, Dries Van Thourhout, and Roel Baets. “Subnanometer linewidth uniformity in silicon nanophotonic waveguide devices using CMOS fabrication technology”. IEEE Journal of Selected Topics in Quantum Electronics **16**.1 (2010), pp. 316–324 (cit. on p. 368).

[5] XuWang, Wei Shi, Han Yun, et al. “Narrow-band waveguide Bragg gratings on SOI wafers with CMOS-compatible fabrication process”. Optics Express **20**.14 (2012), pp. 15 547–15 558. DOI: 10.1364/OE.20.015547 (cit. on p. 368).

[6] L. Chrostowski, X. Wang, J. Flueckiger, et al. “Impact of fabrication non-uniformity on chip-scale silicon photonic integrated circuits”. OSA Optical Fiber Communication Conference (2014), Th2A–37 (cit. on pp. 372, 373, 374, 375, 376, 377).

[7] Yun Wang, Jonas Flueckiger, Charlie Lin, and Lukas Chrostowski. “Universal grating coupler design”. Proc. SPIE 8915 (2013), 89150Y. DOI: 10. 1117/12.2042185 (cit. on p. 372).

[8] N. Rouger, L. Chrostowski, and R. Vafaei. “Temperature effects on silicon-on-insulator (SOI) racetrack resonators: a coupled analytic and 2-D finite difference approach”. Journal of Lightwave Technology **28**.9 (2010), pp. 1380–1391. DOI: 10.1109/JLT.2010. 2041528 (cit. on p. 372).

[9] Tsung-Yang Liow, JunFeng Song, Xiaoguang Tu, et al. “Silicon optical interconnect device technologies for 40 Gb/s and beyond”. IEEE JSTQE **19**.2 (2013), p. 8200312. DOI: 10.1109/JSTQE.2012.2218580 (cit. on p. 376).

[10] R. Boeck, W. Shi, L. Chrostowski, and N. A. F. Jaeger. “FSR-eliminated Vernier racetrack resonators using grating-assisted couplers”. IEEE Photonics Journal **5**.5 (2013), p. 2202511. DOI: 10.1109/JPHOT.2013.2280342 (cit. on p. 377).

第 12 章　硅光子测试与封装

本章讨论硅光子芯片的测试和封装技术。介绍一台自动化的探针测试台，其软件是开源的。为保证设计的可测试性，在设计阶段就需要考虑到测试。

12.1　电互连和光互连

在硅光子芯片测试和封装时，首要考虑的是电/光与芯片互连的方法，这涉及光–光和电–电互连。本节将介绍输入–输出 (I/O) 互连的常用方法。

12.1.1　光互连

常用的两种硅光子芯片光互连方法有：光栅耦合器的垂直耦合 (图 1.5(a)) 和边缘耦合 (图 1.5(b)、(c))。这些方法可用于测试，包括自动化测试 (12.2 节) 和封装。另外的两种实验方法也很有意义，即自由空间耦合和锥形光纤耦合。

本节介绍硅光子片上芯片所需的光耦合进出要求，以及所需要的组件。图 12.1 给出了几种将光耦合至硅光子芯片上的结构。

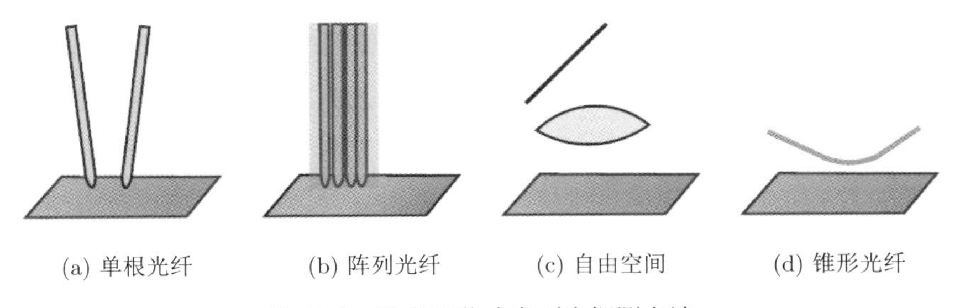

(a) 单根光纤　(b) 阵列光纤　(c) 自由空间　(d) 锥形光纤

图 12.1　硅光子芯片表面光探测方法

1. 光栅耦合

光栅耦合已在 5.2 节中介绍，用于将硅光子芯片外的激光以接近法向的方向耦合至芯片上。光栅耦合有许多优点，包括晶圆和单粒芯片尺度的测试、易于自动化对准且对准敏感度减小。

光栅耦合的缺点包括光带宽小、较高的插入损耗 (可小于 1dB[1,2])，以及偏振态和封装带来的挑战。一维光栅耦合器只能耦合一个偏振态。偏振态的分配可以通过偏振分束光栅耦合器 [3,4] 来实现，插入损耗较大。光栅耦合的封装挑战主要有：① 要求光纤以接近法线方向入射，是非平面封装；② 光从芯片表面耦合进入，增加了倒装芯片与其他电芯片键合的难度。这些挑战已被 Luxtera、TeraXion、Tyndall[5]、PLC Connections 等公司的封装方法解决了，本节将会详细介绍这部分内容。

2. 边缘耦合

边缘耦合，已在 5.3 节中介绍，用于将硅光子芯片外的激光以从芯片的端面耦合至芯片。边缘耦合是封装光子器件最常用的方法，如激光器、半导体光放大器和探测器等，因此在工业上具有通用性。其优点包括宽的光带宽，低插入损耗 (低于 0.5dB[6,7])，能够同时耦合 TE 和 TM 两种偏振态。如果与偏振分束–旋转器一起使用，可实现两种偏振态的分配 [8,9]。

边缘耦合所面临的挑战包括硅光子芯片与光纤的对准，原因是该对准对参数非常敏感 (图 5.25)。边缘耦合器的制造比较复杂：① 需要使用锥波导、模式转换器、透镜或透镜光纤 (图 12.2) 来匹配来自高度受限的 SOI 波导光束至光纤，② 需要对硅光子芯片端面进行切割、抛光或蚀刻，并且可能需要抗反射涂层。

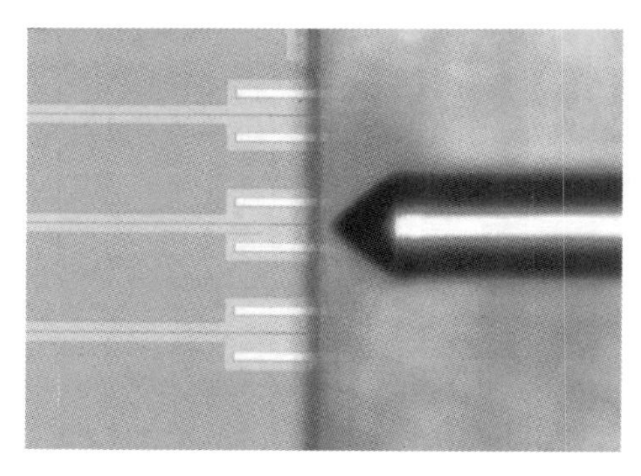

图 12.2　PLC Connections 公司的基于透镜光纤的硅光子芯片边缘耦合 [12]

3. 单根光纤

在这种方法中，对于光栅耦合，单根光纤被定位在芯片上方；对于边缘耦合，单根光纤被定位在芯片端面。使用步进电机或压电驱动微定位器来独立控制光纤位置，允许自由放置。这样可以方便地测试一个 $1-N$ ($N=2,4,8,16,32,\cdots$) 的器件，如 WDM(波分复用) 器件、单输入多输出 (如 20 个) 的阵列波导光栅。只需定位输出光纤即可测试各个光通道。这些光纤可以是解理光纤或透镜光纤 (图 12.2)；可以是单模光纤、保偏光纤，甚至是偏振光纤。参考文献 [10,11] 中详细介绍了一种使用光栅耦合的自动化光学探针系统，其缺点是，它不能扩展到多根光纤 (即使是四根光纤也很难构建)；布局紧凑的效率可能不如使用光纤阵列的效率高，主要是光纤光栅耦合的物理限制，使光纤光栅耦合的位置距离较近；另外，光纤中的不稳定性和振动也带来了挑战。

单根光纤可用于硅光子芯片的封装 [5]。光纤被粘接在光栅耦合器上，垂直于芯片；也可以通过抛光光纤端面引入反射，从而使光纤近乎水平安装，后者适用于紧凑的封装 [13]。同样，对于边缘耦合，可以将它们对准并安装在载体上；可以使用折射率匹配的胶水将光纤无空气气隙地粘接在芯片上，也可以留有空气间隙。

4. 模斑转换器

对于边缘耦合，硅光子光通道的模场直径和数值孔径通常与标准单模光纤不匹配，这时需要一种方法来减小从光纤到芯片的模场尺寸。这种方法常用于通过自由空间透镜来实现 InP 激光器、调制器等器件的封装。透镜也可以位于光纤的尖端，因此被命名为透镜光纤。也可以使用高数值孔径的光纤，即解理光纤 (5.3.1 节)，但这就把问题转移到高 NA(数值孔径) 光纤和单模光纤之间的界面耦合上了 (如果需要使用单模光纤)。

模斑转换器可以很好地将单模光纤中的大模场转换为硅光子边缘耦合器的小模场。模斑转换可以在锥形光纤中实现，既可以是单根光纤，也可以是与边缘耦合器 1D 阵列连接的多根光纤 [14]，也可以使用平面光波导 (Planar Lightwave Circuit，PLC) 芯片 [12] 实现模斑转换，如图 12.3 所示。

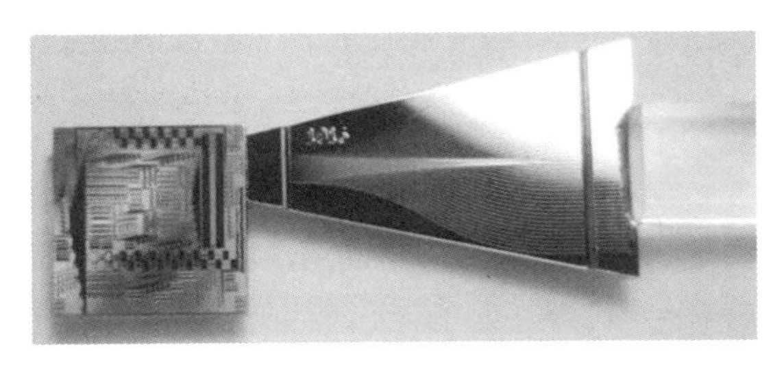

图 12.3 PLC Connections 用于硅光子芯片边缘耦合封装的扇入形平面光波导 [12]

IBM 公司提出了一种改进的方法将光波渐变耦合到硅光子波导，而不是耦合到它们的边缘。它使用具有模场匹配的聚合物波导芯片，将光纤模场渐变耦合到硅光子波导 [15]。该结构类似于边缘耦合的模斑转换器，将聚合物波导芯片置于硅光子芯片的顶部而不是侧面，这种结构提高了耦合效率，降低了对准耦合容差。

5. 阵列光纤

将光纤置于 V 形槽形成一个阵列，即阵列光纤。典型阵列是 4 个或 8 个通道，目前市场上有 64 个及以上通道的阵列，这些阵列光纤可从制造商处购买，如 PLC Connections(图 12.4)、OZ Optics 和 Corning 等。

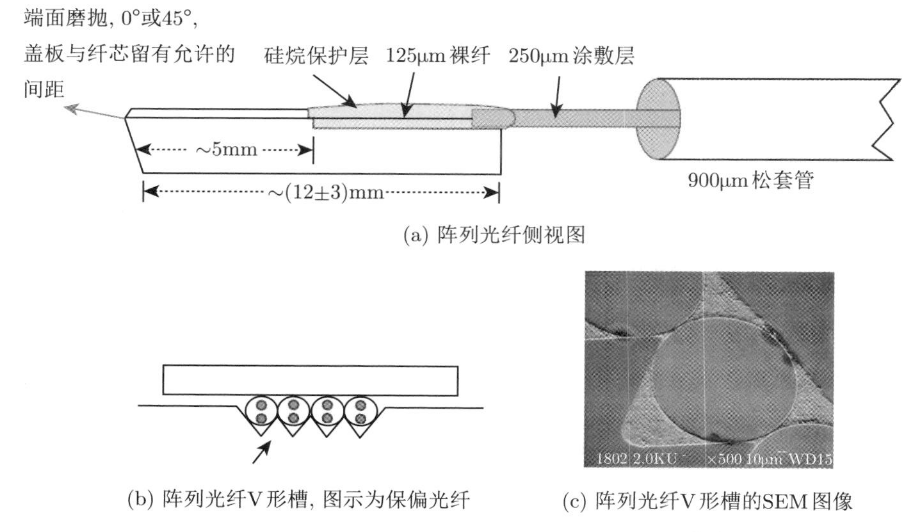

(a) 阵列光纤侧视图

(b) 阵列光纤V形槽, 图示为保偏光纤

(c) 阵列光纤V形槽的SEM图像

图 12.4　PLC Connections 阵列光纤的示意图 [12]

阵列光纤可用于光波导芯片自动化测试或封装。测试时，芯片被放置在自动微定位平台上，阵列光纤在测量过程中被固定 (反之亦然)。采用这种方法，所有的光纤同时对准，从而加快了对准过程。阵列光纤是一个相对较大的物体 (毫米级)，因此不容易出现振动问题，从而使测量非常稳定和可重复；这对于需要长期稳定的误码率测试 (如测量到 1×12^{-12} 的误码率) 特别重要。然而，阵列光纤的布局会限制光输入/输出的固接模式，但这种限制可简化布局任务。阵列光纤没有单根光纤那么脆弱，因此更不容易断裂或损坏。一旦发生损坏，阵列光纤可以很容易地重新磨抛。这种方法可以很好地利用 Luxtera 公司 [4] 和 OpSIS 代工服务 [16] 所提供的自动化晶圆级测试。这种方法也可以用于芯片规模级的测试，详见参考文献 [11]。12.2 节将介绍使用阵列光纤的自动化探针台的实现和注意事项。

阵列光纤可以被粘在硅光子芯片上，并用于封装 [5,12,17]，如图 12.5 所示，阵列光纤可以垂直或水平连接到光栅耦合器上。

6. 自由空间耦合

有些硅光子的应用需要光纤与芯片在一定距离上进行光耦合，这可通过自由空间光学来实现 [18]。这种方法要求有：将样品放置在真空中以用于低温应用，将样品完全浸泡在溶剂中，需要对多个器件进行高速扫描，如 Genalyte 系统 [19] 中使用的生物传感器或使用红外相机同时测量多个输出的性能，即一个输入被多路复用到多个器件和输出端 (如 128 通道 [20])。

芯片的自动化测量可以使用自由空间光学技术来实现：一种方法是使用安装

(a) 垂直封装

(b) 带反射面的水平封装

图 12.5 PLC Connections 阵列光纤与光栅耦合器对准，并粘在硅光子芯片的表面 [12]

在检流计上的反射镜来扫描芯片的入射光和反射光 [19]；另一种方法是捕捉离开芯片的光的图像，用于高度复用的应用 [20]，但使用摄像头会将操作频率限制在成像设备的扫描率范围内。

7. 锥形光纤耦合

另一种将光从光纤耦合到硅光子芯片的技术是使用锥形光纤 [21,22]。锥形光纤的制作方法是用火焰加热光纤并同时拉伸光纤，直到光纤的直径从 125μm 减少到 1μm 左右。对于这种小尺寸，玻璃纤维成为波导的芯层，而周围的空气则是包层，如图 12.6 所示，模场的消逝尾部靠近被测器件，如微环、碟形或光子晶体谐振器等。

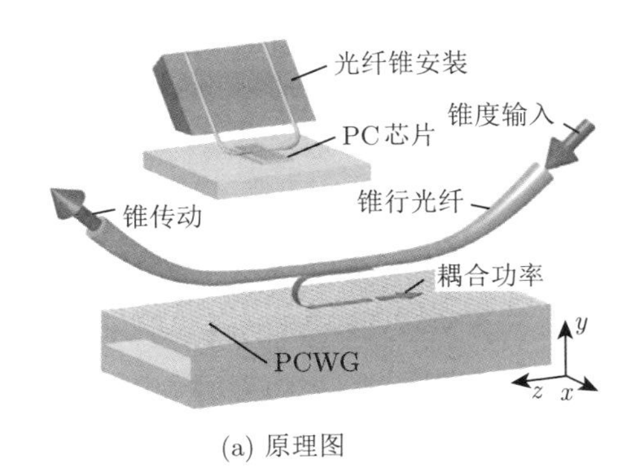

(a) 原理图

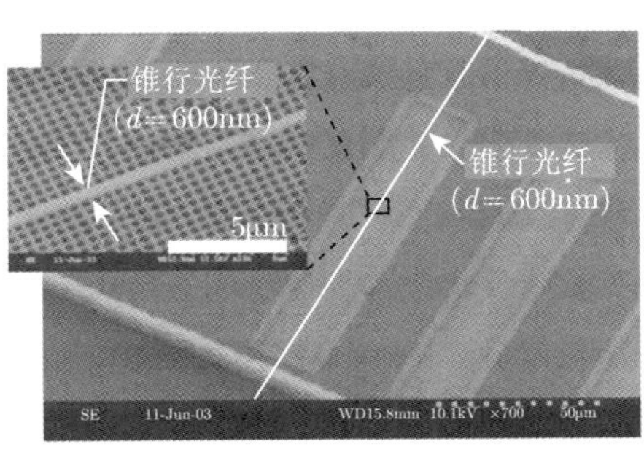

(b) 芯片和锥形光纤探针的SEM图像

图 12.6 Paul Barclay 锥形光纤探针技术 [21]

这种技术可用于在晶圆尺度上测试多个器件，优势是密度很高 [23]。但是，它要求硅光子器件必须以空气作为包层，而典型的硅光子代工工艺是用氧化物作为包层。通过 IME 代工可以选择性地去除氧化物，因此这种方法可以用于测量特定测试点的光。它允许设计者在光回路中插入多个测试点，而不会产生明显的附加光损耗，这在检测时是很有用的。这与光栅耦合不同，光栅耦合需要一个分支器 (如 10%的定向耦合器) 来永久地将部分光从回路中分出去。

12.1.2　电互连

电连接可以是测试时的临时连接 (如探针)，或是系统集成时的永久性连接 (如引线键合)。

1. 焊盘

与电路的连接是通过焊盘来实现的，焊盘是芯片表面的金属化区域。焊盘一般是长方形的，位于芯片上表面钝化层开口处的最后一层金属上。焊盘的尺寸范围为 25~100μm。焊盘大小必须根据互连技术来选择，对于探针测试，焊盘大小和片上间距必须与探针相匹配；对于倒装芯片键合，则必须在整个芯片上使用相同的焊盘尺寸。焊盘通常由铝材料制成。焊盘相当于一个电容，尽管通常较小 (如 30fF)，但在电路建模时必须考虑到这一点。

2. 探针

与芯片进行电接触测试的探针有多种选择，主要考虑的因素有：① 频率要求，如低频与高频；② 触点数量；③ 探针尖端低接触电阻，如铝焊盘采用镍合金或钨材料探针 (钨很强；铍铜的电阻率较低，适合大电流)[24]。探针由微运动平台固定，放置在芯片上方，然后下移；当探针与焊盘接触时，探针在焊盘垂直方向上继续下移，轻微地刺穿焊盘表面氧化物，实现探针与焊盘的完全接触。

1) 针式探针

对于触点较少的的低频 (<MHz) 器件，如两个触点，可以使用微运动平台固定单个探针进行测试，这些设备可以从多个供应商处获得 [24,25]，任意尺寸 (50μm 的尺寸就很方便) 和位置的焊盘均可使用，不会与其他测试 (如光) 产生物理干扰，具有很好的灵活性。

2) 多触点探针

测试硅光子回路时，测试人员往往需要进行很多直流连接，包括马赫–曾德尔调制器中移相器偏置电压或电流、微环调制器的热调谐、低频光电流测量等。当连接数量太多时，无法用单独的探针进行有效测试，多触点探针可以减少所需的占用面积，并可简化对准。探针触电的数量和间距可以自定义 (如 150μm 间距的 12 个触电便于快速手动测试)。这样的探针可在多个供应商处买到 [26,27]。多触点探针较大，需要考虑物理测试的限制，可与射频 (RF) 和直流 (DC) 探针组成复合探针。

3) 射频探头

高速互连需要慎重考虑。通常将信号发射到芯片的微波传输线上，测试设备、探针和芯片的阻抗需要很好地匹配，以减少反射和损耗。对于单个小器件，如微环调制器或探测器等，可采用地–信号 (GS) 探针进行接触，地–信号–地 (GSG) 探头用于微波共面波导，如行波调制器使用的微波共面波导，如图 12.7 所示。

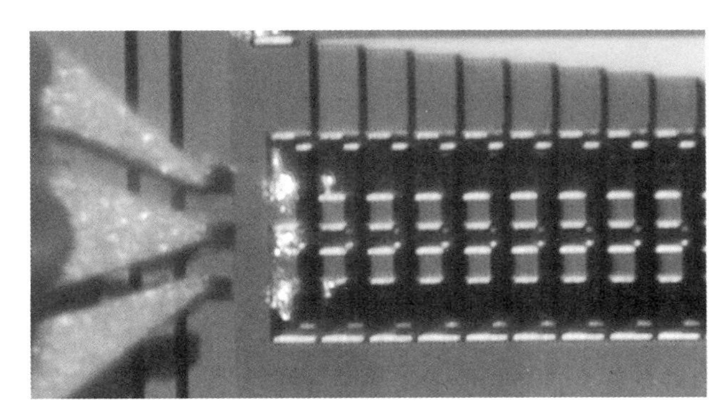

图 12.7 GSG RF 探针在硅光子器件电特性测试中的显微图像

探针制造商为探针的选择提供了电探针设计规则，在设计直流和射频探针焊盘时需要考虑这些规则。例如，Cascade Infinity 探针要求最小的焊盘为 25μm×35μm(最佳手动测试)；自动或半自动测试的最小焊盘建议为 50μm×50μm[28]。探针的间距一般在 50∼150μm。需确保射频探针焊盘和光 I/O 之间有足够的距离，同时要考虑到光纤和射频探针的尺寸。

3. 引线键合

引线键合是实现芯片与外部或系统连接的最常见的方法。芯片置于封装基板之上，采用金属丝将芯片 I/O 端与基板引脚或布线焊区之间的电信号互连。引线键合机可从众多的供应商那里获得 [29]，可以是手动或自动的。

引线键合使用的金属线有多种类型，包括金线、铜线和铝线。两种常见的键合方式是楔形键合和球形键合。引线键合机有其自身的设计规则，如键合焊盘的大小和间距等。焊盘位于芯片的外边缘，以尽量减少引线的长度，原因是引线的长度与电感有关。通常情况下，一根 25μm 的导线每毫米长度的电感为 1nH。引线键合可以通过电磁数值软件包进行建模仿真，如 Agilent ADS[30]。引线键合通常会给系统引入低通滤波器特性，降低系统带宽。

4. 倒装键合

倒装键合，顾名思义，是一种将光子或电子集成电路翻转并键合到另一个芯片、晶圆或封装上的技术。这两个元件之间的连接是通过一个阵列的焊盘和焊料凸点来实现的，而这些凸点是沉积在焊盘上的；将元件对齐、加热、加压后形成键合，最后填充下层材料，以实现机械和环境的稳定性。

与其他封装技术 (如引线键合) 相比，倒装键合在降低寄生电容方面有很大的优势。具体来说，电感显著降低 (为 0.18nH，文献 [31] 中的引线键合的电感为 1.6nH)，消除了可忽略不计的电阻 (文献 [31] 中为 1mΩ)，相邻焊球之间引入了一些电容 ([31] 中为 50 fF，比 177 fF 的凸块电容小)。因此，倒装键合对高频应用非常有吸引力，当连接数量非常多 (如 1000 个) 时，倒装键合是非常有吸引力的。最后，倒装键合可减小封装尺寸。倒装键合也存在着挑战，即成本、良率以及测试和维修方面的挑战。

不同的倒装键合技术有其不同的制造设计规则。通常情况下，焊盘尺寸 (和位置) 应该匹配，且在整个设计中应使用相同的尺寸。例如，需要对两个元件的布局进行验证和模拟 [32]，以确保焊盘与所需的连接相匹配。关于最小和最大的芯片尺寸、最大焊点数量和最小焊盘 (如 50μm) 有其相应规则。

感兴趣的读者可参考有关封装的教材了解更多信息。如 [33，34]，以及最近关于硅光子封装的文献，如 [5，13，35]。

12.2　光探针自动化测试台

自动化测量在多个应用中至关重要。

- 自动化的晶圆级别测试、切割和封装，对于提高大规模制造中的良率至关重要。对元件进行测量，只选择符合规格的芯片进行后续封装步骤 [4]。
- 自动化测量对于器件和元件研究、器件库开发也是很重要的，特别是需要考虑大范围的参数变化时，自动化测量更是至关重要的 [4]。
- 自动化测量可以对大量来自晶圆和芯片的器件进行测量，以评估器件的制造工艺、稳定性、器件良率等 [4]。
- 自动化光学对准和探测对于系统实验很有用，特别是在封装之前就进行实验。

接下来，介绍使用阵列光纤的自动化对准探针台的硬件和软件，更多的细节和源代码在网上发布 [36]。ThorLabs 和 PI miCos 等供应商采用不同的硬件构建了不同的探针台，如图 12.8 所示，其 CAD 设计如图 12.9 和图 12.10 所示。

这样设计的探针台有几个重要的优点：① 提供了自动化的光学对准，可实现高速测试 (每天超过 2000 个器件)；② 可实现有源硅光子和电子学实验测试；③ 设计方案成本很低且不会影响性能 (插入损耗、稳定性、重复性)。

图 12.8 晶圆级自动化探针台

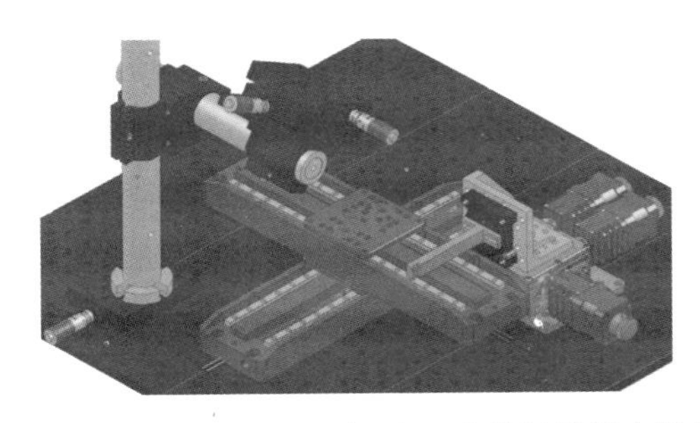

图 12.9 自动化光学探针台机械结构 CAD。上/左：光学显微镜支架和微定位台；下/右：定制的阵列光纤夹具，压电–纳米定位台和步进电机 (ThorLabs)；中间：样品台，微步进电机 (ThorLabs)；未图示：带温控和真空夹头的定制芯片夹具、显微镜、微定位台和压电控制器、计算机、显示器、电缆

图 12.10 自动化光学探针台机械结构 CAD。前/左：光学显微镜、夹具、微定位台；后/左：射频探针 (GGB 工业公司) 和夹具 (Signatone)；后/右：阵列光纤 (PLC 连接)、定制阵列光纤夹具和手动定位台 (ThorLabs)，角度为 20°；前/中：样品台、微步进电机和压电执行器 (ThorLabs)；未显示：带温度控制和真空夹头的定制芯片夹具、微定位台和压电控制器、计算机、显示器、电缆

探针台由样品台构成，样品台通过微步进电机实现硅光子样品和阵列光纤对准 (包括光输入和输出)。该系统可对样品台上的任一器件进行表征——光栅耦合器的坐标位置可从掩模版布局文件中提取。然后，用户可对选定的器件进行电参数测量。该系统可以连接到其他设备，包括温度控制器、可调激光器和光电探测器以测量器件的光学响应、光矢量网络分析仪、高速电测设备，如误码仪 (BERT)、高速矢量网络分析仪 (VNA) 等。

12.2.1　光探针自动化测试台构成

芯片级自动化测试设备构成部件详情如下所述。

1. 样品台

(1) 使用 XY 步进电机的自动化定位 (图 12.11-x, y)：这些部件用于将硅光子芯片相对于阵列光纤定位。选择 100mm 的行程的定位平台可以轻松容纳硅光子芯片代工厂通常使用的最大芯片尺寸 (25mm×32mm)，更大行程级的定位平台可用于晶圆级测试。为实现光纤与硅光子芯片的精确对准，定位平台的分辨率和重复性定位精度要求优于 1μm。不需要纳米级精度的压电驱动定位平台，基于 XY 步进电机驱动的定位平台就足够了，步进电机控制器利用光学编码器来提高精度。

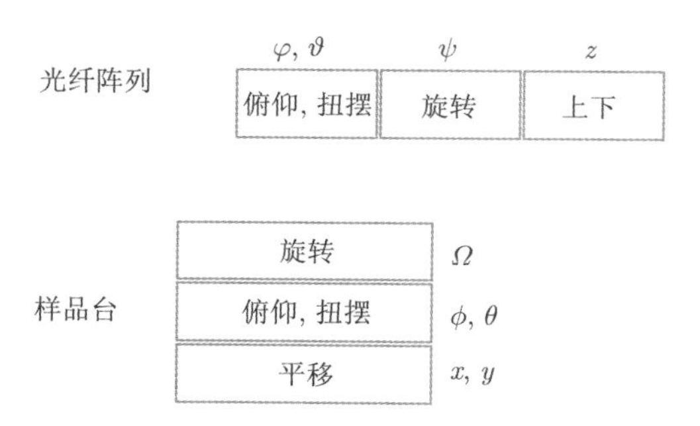

图 12.11　自动化测试台自由度设置：样品台有 5 个自由度，阵列光纤有 4 个自由度

(2) 运动控制：步进电机由微控制器控制，通过 USB 或 RS-232 接口与计算机连接。

(3) 高精度旋转支架：用于硅光子样品相对于阵列光纤的精确旋转 (图 12.11-Ω)。

(4) 尖端/倾斜台：用于确保芯片相对于 XY 平台台面是平行的 (图 12.11-ϕ、θ)，以确保硅光子芯片与阵列光纤之间的距离在整个运动范围内保持恒定。

(5) 客户芯片安装：带有热电模块的真空吸附样品夹具，可通过热敏电阻进行温度控制。

2. 阵列光纤探针

(1) 阵列光纤用于将光耦合进或耦合出硅光子芯片。阵列光纤的配置有多种选择，常见的阵列光纤间距标准为 127μm(也有 250μm 和 81μm)。考虑到硅光子的偏振特性，测试时需要使用偏振控制器或保偏元件，如 PM 1550 PANDA 等保偏光纤。FC/APC 等光连接器可减少反射。阵列光纤的端面抛光角度由光栅耦合器决定，通常为 8°；也可以根据制造工艺要求自定义抛光角度。

(2) 尖端/倾斜台：阵列光纤安装在两轴定位台上，要求阵列光纤在两个自由度内相对于硅光子芯片是平行的 (图 12.11-φ、ϑ)。

(3) 阵列光纤夹具材料为铝，定制加工。

(4) Z 轴定位台用于控制阵列光纤和芯片之间的距离 (图 12.11-z)，可以是手动定位台 (如 25mm 行程) 或电控定位台。硅光子芯片和阵列光纤间的调整距离通常在 5~50μm。

(5) 旋转台用于改变光纤相对于光栅耦合器的角度 (图 12.11-ψ)，以确保阵列光纤与硅光子芯片表面平行，且两者之间的间距最小。另一个有用的功能是，由于光栅耦合器对波长敏感，所以可以通过改变角度来调节光谱响应，如从 10° 到 40°。如果需要该功能，阵列光纤的抛光角度要大于最佳抛光角度，以允许对中心波长进行正/负控制。这对光栅耦合器设计实验或制造过程不稳定也是很有用的。

3. 电探针

(1) 四轴微定位平台用于对器件进行电测试。电探针可用螺栓固定在系统上，也可以方便地用磁性表座固定。三个轴用于定位 (XYZ)。电探针有多种电引脚，旋转平台 (θ) 用于保证所有的引脚同时接触到样品。

(2) 探针的选择具体取决于所需测试的频率响应和配置，包括直流、射频 (如 10GHz、40GHz、67GHz) 或组合探针，配置包括 GS、GSG 等。探针可以手动操作，也可以通过垂直运动的电动平台进行自动测试。电和电光元件的静电放电 (ESD) 保护也包括在内。

4. 显微镜

显微镜用于对阵列光纤和硅光子芯片进行观察 (图 12.12)，以找到光栅耦合器和焊盘位置。有较长工作距离的显微镜有利于减少对其他元件 (电和光探针) 的物理干扰，视野范围为 0.5~2mm，而且要有对焦功能。在显微镜上安装摄像头，可将对准过程实时显示在显示器上。平移定位台用于相机的定位。

系统中两个摄像头的用途：一个摄像头用于近水平成像，以查看阵列光纤和芯片之间的间隙，并找到正确的光栅耦合器；另一个摄像头是近乎垂直的摄像头，用于对电气连接成像。

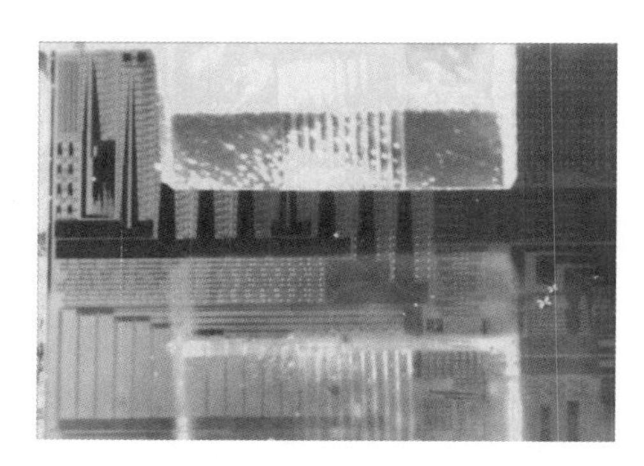

图 12.12 显微镜捕获的图像。八根光纤组成的阵列光纤，光栅耦合器与阵列中的光纤对准

12.2.2 测试软件

本节介绍一个典型的自动化软件设置要求、实现开源自动化设置软件 [36] 的方法，以及如何进行实验。

仪器控制软件采用 MATLAB 的仪器控制工具箱编写，该软件包括：

- 光机和测试仪器通信；
- 实验配置 (波长范围、采样点数、积分时间、温度等)；
- 显微镜视频显示；
- 粗搜索：移动定位平台 (图 12.11-x、y) 获得光耦合 2D 强度分布图，也称“热图”，用于确定光栅耦合器和光对准结构的大致位置，范围通常在 100～500μm 的距离上。也可选择性地进行扫描，达到阈值光功率即表明找到了初始光；
- 精确对准，以优化光纤耦合效率；
- 配准芯片，将掩模布局 (GDS) 与电机位置相关联，通过计算变换矩阵和估计误差来完成；
- 读取由光纤光栅耦合器位置和器件名称 (从 GDS 布局文件提取) 组成的输入文件，它会自动将芯片定位到用户选择的器件上，并执行精确对准；
- 使用激光器和光电探测器对光谱进行扫描测量，并记录输出功率与波长的对比；
- 使用附加仪器进行电参数测量。

12.2.3 操作流程

光学测量的第一步是将硅光子芯片和阵列光纤对准，分两部分完成：① 硅光子芯片与三个平移定位台方向定义的“绝对”坐标轴对齐 (图 12.11-x，y，z)，② 阵列光纤同硅光子芯片一样对齐坐标轴。对准分两个部分进行，当改变一个部

分 (如新的晶圆或新的阵列光纤) 时，仅需执行其中一个对准过程。下面是手动对准 (图 12.11-x、y、z、ϕ、ψ、θ、Ω、φ、ϑ) 和计算机控制的粗、精对准 (图 12.11-x、y) 的步骤。

1. 芯片/晶圆的上料和对准

样品上料和对准步骤如下。

(1) 将样品装夹在平台上，通过眼睛或平台进行粗对准。然后打开真空，固定样品。

(2) 将阵列光纤靠近硅光子芯片 (图 12.11-z)，且处于显微镜的视野中，并将显微镜聚焦在芯片的表面。

(3) 将硅光子芯片置于“绝对”水平。

(i) 移动硅光子芯片 (图 12.11-x, y)，使阵列光纤定位在芯片的一个角上，或对准光栅耦合器等光学对准标记，或对准芯片的边缘。

(ii) 估计并记录硅光子芯片和阵列光纤在 z 方向上的间距 (高度差)。

(iii) 沿 x 的一个方向移动硅光子芯片 (图 12.11-x, y)，到达另一个角，再次到达对准结构。

(iv) 估计并记录硅光子芯片和阵列光纤在 z 方向上的间距 (高度差)。注意阵列光纤和对准结构在 y 方向上的间距。

(v) 调整样品端/倾斜台 (图 12.11-ϕ 或 θ，视情况而定)，以减少两个高度差估计值间的不匹配。

(vi) 调整硅光子芯片旋转台 (图 12.11-Ω)，以减少 y 方向的失配。

(vii) 重复上述步骤，直到在 x 方向将阵列光纤平移到芯片的两端时，z 和 y 方向不存在不匹配。

(viii) 除了 y 平移之外，执行与上面相同的步骤，同时观察 x 方向的不匹配。

2. 阵列光纤对准

更换阵列光纤或首次安装阵列光纤时，阵列光纤需要与晶圆对齐并平行。

(1) 移动阵列光纤至硅光子芯片附近 (图 12.11-z)，并在显微镜视野内。将显微镜聚焦在阵列光纤的边缘。

(2) 估计阵列光纤与硅光子芯片两侧的距离。显微镜水平放置，即平行于样品并垂直于阵列光纤很容易实现。

(3) 调整阵列光纤端/倾斜台 (图 12.11-φ, ϑ)，直到阵列光纤与硅光子芯片平行。

(4) 计算机控制运动平台实现光栅耦合器与测试结构的粗对准，然后精对准以实现最大化光功率。

(5) 调整阵列光纤尖端/倾斜台 (图 12.11-φ，ϑ) 控制阵列光纤到硅光子芯片的距离 (图 12.11-z) 和阵列光纤旋转 (图 12.11-ψ)，以实现最大化光功率。对于所做的每一次调整，需要精对准来实现最大化光功率。

3. 芯片记录

对于自动化测量，系统需要能够与所有已知器件对准。通过 GDS 掩模图查看器 (kLayout) 的脚本可以导出 GDS 设计文件中光纤光栅耦合器的位置 (仅限输入)，如图 12.13 所示。用户需要物理定位硅光子芯片上的对准结构，如图 12.13 所示，执行精对准，并记录对准结构的 GDS 坐标。通常这是在硅光子芯片的角完成的，如图 12.14 中的示例布局所示，生成一个矩阵 T，如图 12.15 所示，该矩阵可用于自动化测量。

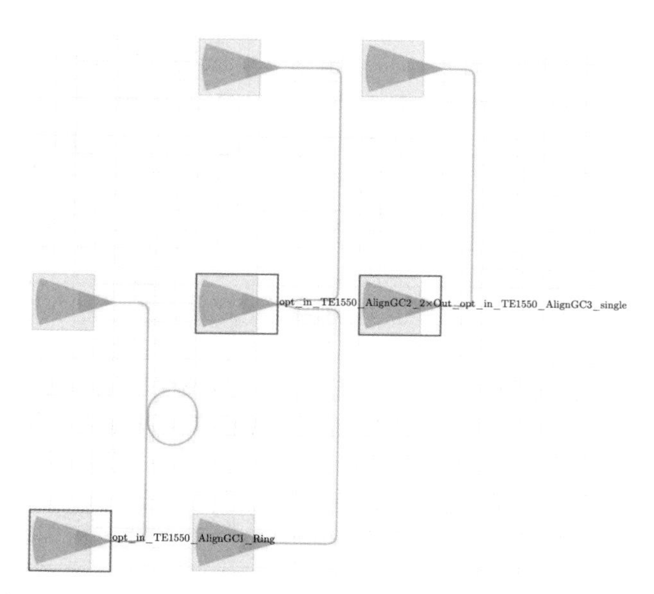

图 12.13　用于自动化测量的光纤光栅耦合器对准结构。对准结构可以包括不同偏振和波长的对准，还可以包括基本表征——在本例中为环形谐振器。光输入被高亮显示，并以文本字段标记，供自动化软件读取

4. 自动化器件测试

根据测试器件列表，系统自动将每个芯片与阵列光纤逐个对准，然后使用可调谐激光光源和光电探测器执行测量，如获得光谱，还可以执行温度扫描。

电气测试可以手动完成，即光系统对准器件和用户手动对准探针。或自动化系统将首先执行光对准，然后电探针下降，形式接触，并执行自动测量。

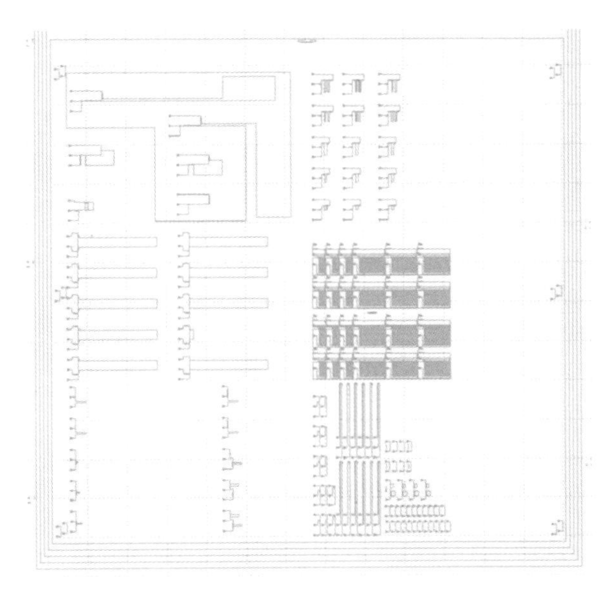

图 12.14 用于自动化测量的置于芯片角和边缘的光纤光栅耦合器对准结构 (图 12.13)

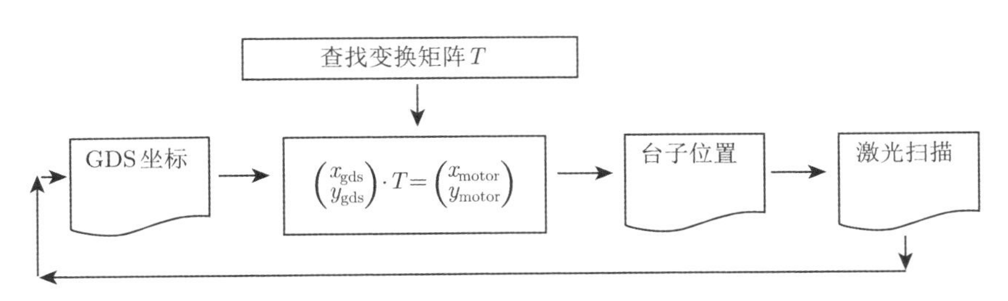

图 12.15 用于自动化测量的芯片/晶圆与阵列光纤对准记录

12.2.4 光测试仪器

用于测试硅光子器件和系统的激光光源有很多。测量谐振器必须要有一个低线宽、稳定性好的激光光源，这样才能很好地解决谐振器线宽问题。对于需要高消光比的测量，如大于 20dB，激光噪声会成为一个限制因素。具有高输出功率的激光器通常具有较高的激光相对强度、噪声和自发辐射，如图 12.16 所示。这种在激光器线宽之外的光会通过器件传输并被检测到，它会导致噪声底线，限制了可测量的最大消光比。可以使用可调谐滤波器来降低这种噪声，或者使用光源自发辐射规格较低的激光器，如图 12.16 所示，波导布拉格光栅的消光比为 40dB。对于高速扫描测量，激光光源和光电探测器之间需要同步，以便于同步数据采集。

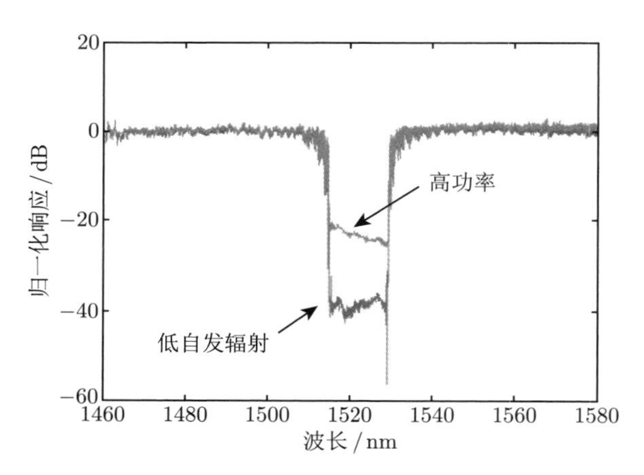

图 12.16　可调谐激光光源自发辐射 (或相对强度噪声) 对测量精度的影响

波长扫描测量可在被称为光矢量网络分析仪的仪器中进行。这些仪器使用便利，可提供完整的器件特性，包括被测器件传输和反射的振幅和相位。

光放大器也可用于器件和系统特性分析。光放大器会引入噪声，因此也需要使用光学滤波器来过滤带外噪声。

测试电光器件需要额外的仪器，如低噪声直流电源等。高速测量可通过使用电矢量网络分析仪、信号和模式发生器、示波器和误码率测试仪来进行。

12.3　测 试 设 计

可测试性设计 (DFT) 包括添加功能以简化或启用设计测试的设计方法：一种方法是在 CMOS 电子学中，芯片设计者可以使用数字芯片功能测试的方法，通常通过应用测试向量来测试；另一种方法是在电路中使用一个探针点，如在特定的节点上测量电压，或改变电路的运行方式。对于前沿半导体工艺，DFT 关注的是制造工艺性能和良率的诊断，以及调试。如果出现故障，通过调试可以进行失效分析。

在硅光子学及光子学集成回路中，有几个重要因素需考虑，下面分别进行介绍。

1) 测试方法

每个设计都需要有一个明确的测试计划。如果要在产品中使用，封装必须考虑。

2) 测试结构

测试结构包含局部材料性能 (厚度、成分、粗糙度)、单器件测试 (环形谐振器间隙耦合系数、波导损耗、波导弯曲损耗、波导群折射率)、子回路 (马赫–曾德尔) 等，这些结构中的一部分可能可以作为代工厂的一部分。

制造环节中所有可能的结构测试实例如下。

- 关键尺寸 (CD) 光刻测试结构：如隔离线、线对；晶圆级均匀性数据。这些数据是用 SEM 测量的。
- 波导损耗：不同宽度的条形波导和脊形波导；含 pn 结的掺杂波导；弯曲损耗。
- 电阻：掺杂硅；金属互连；接触孔。
- 光纤光栅耦合器的插入损耗。
- 定向耦合器：耦合系数。

有些测试结构用于库元件开发，制造过程中无需每次都要严格监控。

- 光纤边缘耦合器。
- 加热器：n++/n/n++ 波导；n++/n/n++ 旁边的波导；波导上方的金属。
- 分路器：Y 分支、MMI。
- 耦合波导：插入损耗和串扰。
- 带掺杂的环形/圆盘谐振器，如为调制和滤波寻找临界耦合。
- 波导间串扰。
- 布拉格光栅；光刻效应。
- 光刻预测测试结构。
- 光子晶体。
- 波分复用器：刻蚀光栅；阵列波导光栅；环形谐振器。
- 热调环/盘调制器。
- 带 pn 结和不带 pn 结的微波传输线 (GS、GSG)。
- 探测器。

子回路测试，如马赫–曾德尔调制器，如图 1.7(a) 和参考文献 [37] 所示，在两臂之间加入一个光路长度不匹配的光路，有助于表征波导特性和简化测试。本例中，100μm 的路径长度失配会产生大约 6nm 的自由光谱范围。这种有意的不平衡简化了确定调制器调谐系数的任务，通过观察光谱中的边沿移动来确定热调谐器和载流子耗尽相移器的调谐系数，它还可以用来确定波导的群折射率。

3) 微调

由于制造的不均匀性和硅的温度敏感性，通常需要在相位敏感回路中加入相位调整，包括马赫–曾德尔调制、环形调制器和滤波器等。微调可以通过热调谐或载流子注入等方式在片上实现 (见 6.5 节)。也可以作为后处理工艺来实现，如通过离子注入 [38] 产生的深层缺陷的选择性退火，可实现高达 0.02 的折射率变化。

12.3.1 光功率预算

硅光子回路测试需要了解可用的光功率、系统传输的功率以及检测系统的灵敏度。

光功率预算需要包括所有的光损耗源，包括光接口损耗、实验测量的波导损耗、片上器件的插入损耗等。一个功率预算分析的例子如下所示。

0dBm(1mW)	激光输出
−6dB	光栅耦合器输入
−10dB	回路损耗
−6dB	光栅耦合器输出
= −22dBm	光纤耦合功率

了解应用所需的功率是很重要的。对数字通信应用而言，这就是所谓的接收机的灵敏度，如对 10Gbit/s 的接收器来说为 −20dBm。对器件特性而言，特别是在低频下，探测器的灵敏度越高，就可以测量小到 −80dBm 的信号。光放大器可以改善功率预算，但要考虑其可用性、增益、频谱响应和噪声等问题。例如，一个典型的掺铒光纤放大器 (EDFA) 可以在 1530nm 附近的波长提供 20~30dB 的增益。

12.3.2 布版注意事项

硅光子芯片设计布版时，需要考虑到光电探针、微定位平台、引线键合等带来的空间限制。将所需测量的器件 (探针、阵列光纤) 绘制在掩模版图上，以确保器件不会重叠，这会带来许多便利，如图 12.17 所示。测试只需要单个电探针时，如对单个高速元件进行表征时，布局可以很紧凑。光栅耦合器和键与键之间的最小间距取决于阵列光纤的尺寸，如图 12.17(b) 所示。对于图 12.4 中的阵列，建议最小空间为 500μm。两个射频探针需要面对面测试时，如测试高速行波调制器时，可以考虑采用不同的配置。阵列光纤和微定位平台放置在北侧，两个射频探针和微定位平台分别放置在东西两侧，如图 12.17(c) 所示。在这种情况下，光栅耦合器和射频探头焊盘之间的距离至少需要 1000μm，也可以在这种配置的南侧增加一个直流多触点探针，如图 12.17(d) 所示。

硅光子芯片可以用引线键合到基板上，并使用阵列光纤进行光学探测。在这种情况下，需要小心地完成引线键合，以便为阵列光纤留出空间，如图 12.18 所示。上述设计规则需要根据设计者的具体测试情况进行评估和修改。

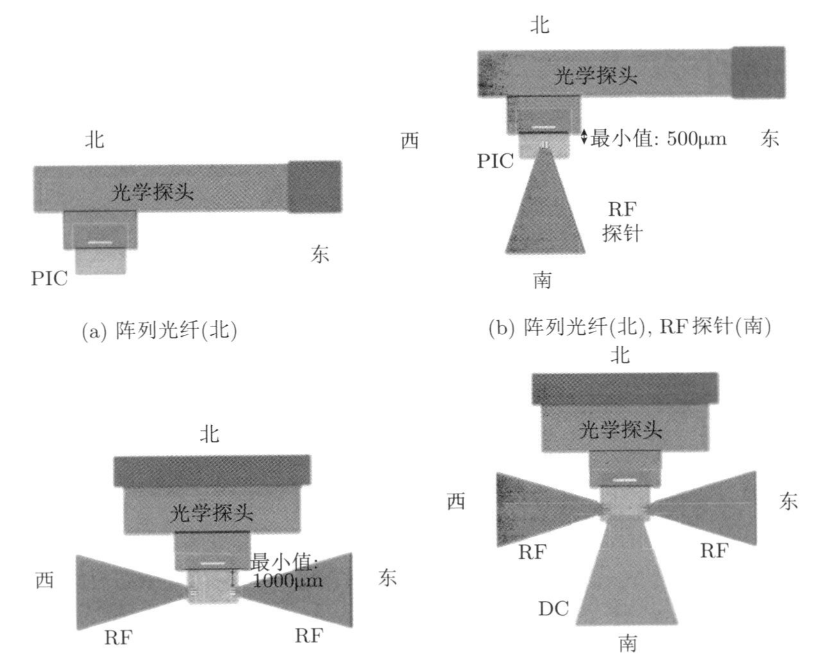

图 12.17 硅光子芯电光测试配置。PIC：光子集成电路；东、西、北、南：探针相对于芯片位置法。图按比例绘制，其中 PIC 为 2.5mm×2.5mm；阵列光纤为 3.75mm×2.0mm，包含 10 根 127μm 间距的光纤；RF 探针为 150μm 间距的 GSG 探头；直流探针为 150μm 间距的多触点探头，包含 12 个触点

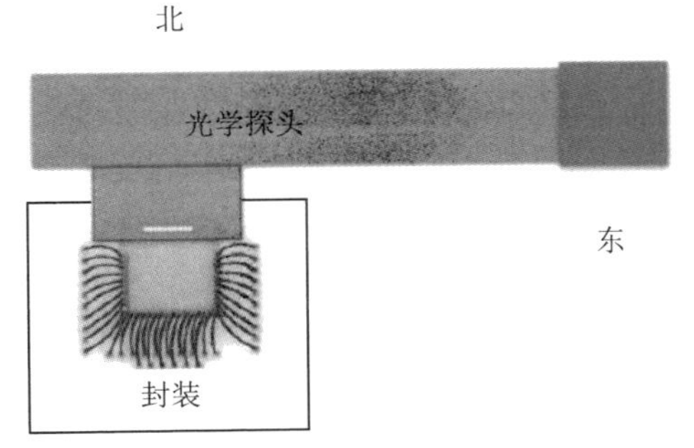

图 12.18 阵列光纤与硅光芯片光互连，引线键合电互连

12.3.3 设计审查和核对表

硅光芯片设计版图送去制造之前，标准的做法是对设计进行审查，核对表对考虑所有要点是很有用的，包括可制造性和可测试性。

下面提供了一份有源硅光子学设计的审查表。

1) 可制造性

☐ 设计的 DRC(设计规则检查)(错误) 是否清除 (包括解释和 DRC-排除不会修正的部分)?

☐ 设计是否经过了仿真?

☐ 该结构是否能适用于已知的工艺偏差 (包括不同参数的设计)?

☐ 从可制造性的角度来看，布版是否被认为是“安全”的，即布版是否避免使用大量的最小特征尺寸?

☐ 是否有备用设计或子系统?

2) 掩模布版

☐ 所有的波导是否都连接起来了? 所有的波导路径是否都转换为具有合适半径的波导? 布版是否节省空间?

☐ 布版中的波导和光学结构是否设计得有足够低的光损耗 (如其他结构是否离得足够远)?

☐ .gds 文件中的所有单元格名称是否正确?

3) 后处理

☐ 布版是否包括任何后续光刻所需的对准标记?

☐ 是否为悬空结构的脱模步骤预留了足够的空间?

4) 光接口

☐ 边缘耦合波导，波导是否是锥形的?

☐ 耦合方式是否确定 (边缘耦合还是垂直耦合)?

☐ 是阵列光纤还是单纤? 阵列光纤或单纤间距是否确定?

☐ 光 I/O 之间是否相互干扰和/或与电 I/O 相互干扰?

☐ 是否能够用显微镜观察到对准情况 (光纤或探针是否会遮挡视线或遮挡需要看的部分)?

5) 电接口

☐ 哪些 I/O 是 RF，哪些是 DC? 它们的阻抗、线程长度等是否合适?

☐ 这些 I/O 仅被用于探测或用于引线键合吗? 还是两者都有? 焊盘间距/面积是否合适?

6) 测试

☐ 芯片是否可以独立测试? 是否需要与另一台仪器进行接线连接才能进行测量 (如 TIA)? 所有的信号是否都可以被探测到? (要有可以被探测的结构)。

☐ 如果 DC 焊盘使用引线键合且 RF 焊盘被探测，探针是否有可能落在结合线上?

☐ 是否包含可以被自动探针台测量的光学测试结构?

7) 封装

□ 是否可以封装？是否满足封装的 I/O 间距要求？

□ 设计是否遵循现有的封装规则 (如芯片边缘的偏移、间距等)？

设计评审验收日期：

设计者：

签字：

参 考 文 献

[1] A. Mekis, S. Abdalla, D. Foltz, et al. "A CMOS photonics platform for high-speed optical interconnects". Photonics Conference (IPC). IEEE. 2012, pp. 356–357 (cit. on p. 381).

[2] Wissem Sfar Zaoui, Andreas Kunze, Wolfgang Vogel, et al. "Bridging the gap between optical fibers and silicon photonic integrated circuits". Optics Express **22**.2 (2014), pp. 1277–1286. DOI: 10.1364/OE.22.001277 (cit. on p. 381).

[3] Dirk Taillaert, Harold Chong, Peter I. Borel, et al. "A compact two-dimensional grating coupler used as a polarization splitter". IEEE Photonics Technology Letters **15**.9 (2003), pp. 1249–1251 (cit. on p. 381).

[4] A. Mekis, S. Gloeckner, G. Masini, et al. "A grating-coupler-enabled CMOS photonics platform". IEEE Journal of Selected Topics in Quantum Electronics **17**.3 (2011), pp. 597–608. DOI: 10.1109/JSTQE.2010.2086049 (cit. on pp. 381, 385, 389).

[5] Bradley W. Snyder and Peter A. O'Brien. "Developments in packaging and integration for silicon photonics". Proc. SPIE. Vol. **8614**. 2013, pp. 86140D–86140D–9. DOI: 10.1117/12.2012735 (cit. on pp. 382, 383, 385, 389).

[6] Na Fang, Zhifeng Yang, Aimin Wu, et al. "Three-dimensional tapered spot-size converter based on (111) silicon-on-insulator". IEEE Photonics Technology Letters **21**.12 (2009), pp. 820–822 (cit. on p. 382).

[7] Minhao Pu, Liu Liu, Haiyan Ou, Kresten Yvind, and Jorn M. Hvam. "Ultra-low-loss inverted taper coupler for silicon-on-insulator ridge waveguide". Optics Communications **283**.19 (2010), pp. 3678–3682 (cit. on p. 382).

[8] M. R. Watts, H. A. Haus, and E. P. Ippen. "Integrated mode-evolution-based polarization splitter". Optics Letters **30**.9 (2005), pp. 967–969 (cit. on p. 382).

[9] Daoxin Dai and John E. Bowers. "Novel concept for ultracompact polarization splitterrotator based on silicon nanowires". Optics Express **19**.11 (2011), pp. 10940–10949 (cit. on p. 382).

[10] Han Yun. "Design and characterization of a dumbbell micro-ring resonator reflector". MA thesis. 2013. URL: https://circle.ubc.ca/handle/2429/44535 (cit. on p. 382).

[11] Charlie Lin. "Photonic device design flow: from mask layout to device measurement". MA thesis. 2012. URL: https://circle.ubc.ca/handle/2429/43510 (cit. on pp. 382, 385).

[12] PLC Connections PLCC – Silicon Photonics. [Accessed 2014/04/14]. URL: http://www.plcconnections.com/silicon.html (cit. on pp. 383, 384, 385).

[13] Y. Painchaud, M. Poulin, F. Pelletier, et al. "Silicon-based products and solutions". Proc. SPIE. 2014 (cit. on pp. 383, 389).

[14] F. E. Doany, B. G. Lee, et al. IEEE Journal of Lightwave Technology **29**.475 (2011) (cit. on p. 383).

[15] T. Barwicz, Y. Taira, "Low-Cost Interfacing of Fibers to NanophotonicWaveguides: Design for Fabrication and Assembly Tolerances", IEEE Photonics Journal, Vol. **6**, no. 4, 6600818, 2014, DOI: 10.1109/JPHOT.2014.2331251 (cit. on p. 383).

[16] Tom Baehr-Jones, Ran Ding, Ali Ayazi, et al. "A 25 Gb/s silicon photonics platform". arXiv:1203.0767v1 (2012) (cit. on p. 385).

[17] Amit Khanna, Youssef Drissi, Pieter Dumon, et al. "ePIX-fab: the silicon photonics platform". SPIE Microtechnologies. International Society for Optics and Photonics. 2013, 87670H (cit. on p. 385).

[18] Ellen Schelew, Georg W. Rieger, and Jeff F. Young. "Characterization of integrated planar photonic crystal circuits fabricated by a CMOS foundry". Journal of Lightwave Technology **31**.2 (2013), pp. 239–248 (cit. on p. 385).

[19] Muzammil Iqbal, Martin A Gleeson, Bradley Spaugh, et al. "Label-free biosensor arrays based on silicon ring resonators and high-speed optical scanning instrumentation". IEEE Journal of Selected Topics in Quantum Electronics **16**.3 (2010), pp. 654–661 (cit. on p. 385).

[20] S. Janz, D.-X. Xu, M. Vachon, et al. "Photonic wire biosensor microarray chip and instrumentation with application to serotyping of Escherichia coli isolates". Optics Express **21**.4 (2013), pp. 4623–4637 (cit. on p. 385).

[21] Paul E. Barclay, Kartik Srinivasan, Matthew Borselli, and Oskar Painter. "Probing the dispersive and spatial properties of photonic crystal waveguides via highly efficient coupling from fiber tapers". Applied Physics Letters **85**.1 (2004), pp. 4–6 (cit. on p. 386).

[22] J. C. Knight, G. Cheung, F. Jacques, and T. A. Birks. "Phase-matched excitation of whispering-gallery-mode resonances by a fiber taper". Optics Letters **22**.15 (1997), pp. 1129–1131 (cit. on p. 386).

[23] C. P. Michael, M. Borselli, T. J. Johnson, C. Chrystal, and O. Painter. "An optical fiber-taper probe for wafer-scale microphotonic device characterization". arXiv preprint physics/0702079 (2007) (cit. on p. 386).

[24] Probe Tips – Signatone. [Accessed 2014/04/14]. URL: http://www.signatone.com/products/tips_holders/ (cit. on p. 387).

[25] S-725 Micropositioner – Signatone. [Accessed 2014/04/14]. URL: http://www.signatone.com/products/micropositioners/s725.asp (cit. on p. 387).

[26] Welcome to Cascade Microtech: Cascade Microtech Inc. [Accessed 2014/04/14]. URL: http://www.cmicro.com (cit. on p. 387).

[27] Technoprobe – Advanced Wafer Probe Cards. [Accessed 2014/04/14]. URL: http://www.technoprobe.com (cit. on p. 387).

[28] Cascade Microtech. Application Note: Mechanical Layout Rules for Infinity Probes. [Accessed 2014/04/14]. URL: http://www.cmicro.com/file/mechanical-layout-rules-forinfinity-probes (cit. on p. 388).

[29] West-Bond, Inc., Home Page – Wire Bonders, Wire Bonding. [Accessed 2014/04/14]. URL: http://www.westbond.com/ (cit. on p. 388).

[30] Advanced Design System (ADS) – Agilent. [Accessed 2014/04/14]. URL: http://www.home.agilent.com/en/pc-1297113/advanced-design-system-ads (cit. on p. 388).

[31] Fu-Yi Han, Kung-Chung Lu, Tzyy-Sheng Horng, et al. "Packaging effects on the figure of merit of a CMOS cascode low-noise amplifier: flip-chip versus wire-bond". Microwave Symposium Digest, 2009. MTT'09. IEEE MTT-S International. IEEE. 2009, pp. 601–604 (cit. on p. 389).

[32] 3D-IC Design and Test Solutions – Mentor Graphics. [Accessed 2014/04/14]. URL: http://www.mentor.com/solutions/3d-ic-design (cit. on p. 389).

[33] Richard K. Ulrich and William D. Brown. Advanced Electronic Packaging. Wiley-Interscience/IEEE, 2006 (cit. on p. 389).

[34] Andrea Chen and Randy Lo. Semiconductor Packaging: Materials Interaction and Reliability. CRC Press, 2012 (cit. on p. 389).

[35] Peter De Dobbelaere, Ali Ayazi, Yuemeng Chi, et al. "Packaging of silicon photonics systems". Optical Fiber Communication Conference. Optical Society of America. 2014, W3I–2 (cit. on p. 389).

[36] Automated Probe Station – siepic.ubc.ca. [Accessed 2014/04/14]. URL: http://siepic.ubc.ca/probestation (cit. on pp. 389, 393).

[37] T. Baehr-Jones, R. Ding, Y. Liu, et al. "Ultralow drive voltage silicon traveling-wave modulator". Optics Express **20**.11 (2012), pp. 12014–12020 (cit. on p. 400).

[38] J. J. Ackert, J. K. Doylend, D. F. Logan, et al. "Defect-mediated resonance shift of siliconon-insulator racetrack resonators". Optics Express **19**.13 (2011), pp. 11969–11976. DOI: 10.1364/OE.19.011969 (cit. on p. 400).

第 13 章　硅光子系统实例

如 1.3 节所述，由硅光子制造的光子集成回路可用于构建各种系统应用。本章介绍一个应用于光通信系统的硅光子设计实例。

13.1　基于波分复用的光发射器 ①

波分复用 (WDM) 系统被广泛用于长距离光通信，藉此可在单根光纤上传输极高的数据传输速率 (Tbit/s)。最近，它们被考虑用于构建超高数据传输速率光网络和光互连。鉴于互连被认为是下一代计算系统的主要瓶颈 [2]，微环 WDM 由于体积小、电容小、功耗低，对光互连具有很大吸引力。近十年来，基于微环的调制器、滤波器、光开关和激光器等的设计已经取得了很大的进展 [2−5]。

本节介绍基于微环调制器和基于微环的光插滤波器 (复用器) 的两类紧凑型波分复用 (WDM) 发射器的实现过程 [1]。所演示的系统是：① 采用传统共总线架构的八通道发射器 320Gbit/s，② 采用 “Mod-Mux”(调制-复用) 架构的四通道发射器 160Gbit/s。对这两种设计进行了讨论和比较，并强调了它们的互补优势。两种设计都表现出 32fJ/bit 的调制功效，且在不包含驱动焊盘的情况下，芯片面积不到 0.04mm^2。

13.1.1　基于硅微环 WDM 的光发射器原理

常用的基于硅微环的 WDM 光发射器原理如图 13.1(a) 所示，多个硅微环调制器共用一条总线波导，称为 “共总线” 结构。这种配置不要求每个微环调制器都与 WDM 中的特定波长相关联；相反，它可以灵活地将微环分配给最近的波长，从而将整体调谐功率降至最低 [6]。这样，则在公共输入端需要用梳状激光器或预复用激光源。另一个问题是，由于总线波导中的光通过多个微环调制器 [7]，可能会引入串扰和耦合调制。最后，总线波导总是存在多个波长，并与每个微环调制器相互作用，自动热稳定是一个很大的挑战。监测光电探测器本质上对波长是不敏感的。

① 本节的一个版本已经发表，见文献 [2]：Yang Liu, Ran Ding, Qi Li, Zhe Xuan, Y unchu Li, Yisu Yang, Andy Eu-Jin Lim, Patrick Guo-Qiang Lo, Keren Bergman, Tom Baehr-Jones, Michael Hochberg. ”Ultra-compact 320 Gb/s and 160 Gb/s WDM transmitters based on silicon microrings”, OSA Optical Fiber Communication Conference, p. Th4G-6，2014, 经授权转载。

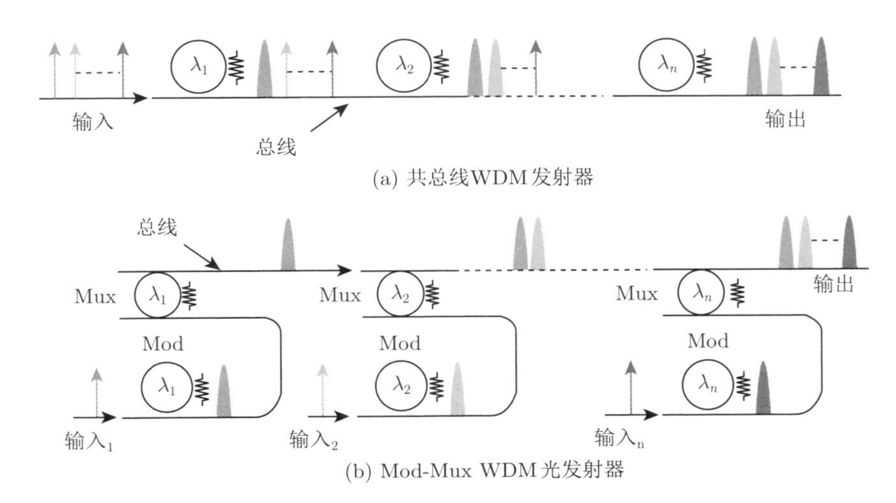

(a) 共总线WDM发射器

(b) Mod-Mux WDM光发射器

图 13.1 双微环调制光发射器结构示意图

另一方法 “Mod-Mux” 则克服了共总线设计的挑战。如图 13.1(b) 所示，每个通道的激光首先被送入一个微环调制器 (Mod)，然后通过微环光插滤波器 (Mux) 将调制后的光复用到总线波导上。这种架构具有以下几个主要优点：① 由于每个激光器只通过一个微环调制器，避免了耦合调制；② 每个 Mod-Mux 分支只有激光波长工作，因此与共总线架构相比，Mod-Mux 可以实现更简单的热稳定方案；并且可以加入监控光电探测器，对系统中的每个通道进行闭环控制 [8]；③ 由于调制器和复用器是独立的元件，因此可以分别对它们进行优化。这种设计使微环调制器具有最佳的可调谐性和最大允许的品质因数，并使滤波器具有最佳带宽、低损耗和低串扰。

这两种方法的主要区别在于激光的传输。共总线方法要求所有波长的激光已经复用在总线波导上了 (原文表述拗口，采用的是连续可调激光光源)[9]。如此，可使用最少的元件数量来实现：一个激光器和 N 个调制器。尽管这给激光器的设计提出了挑战，但只需要对单个激光器进行单波长稳定。相反，Mod-Mux 方法使用 N 个激光器，每个激光器可能都需要进行波长稳定。它还需要 N 个调制器，以及 N 个光滤波器。但是，其激光器的设计更简单，且系统与以前实现的硅光子集成激光器兼容 (见第 8 章)。这种方法的挑战之一是激光器、调制器和滤波器需要进行波长匹配。

这两种设计都是通过 OpSIS-IME 的多项目晶圆运行制造的 [10]。光栅耦合器用于将激光耦合到芯片上和芯片外。在硅芯片上连接了一个阵列光纤，在测试过程中可使光耦合更加稳定，类似于图 12.5 中的插图。

13.1.2 共总线 WDM 光发射器

如图 13.2 所示，共总线设计有 8 个通道。微环调制器采用的是脊形波导设计的，波导宽 500nm，平板高度 90nm，半径 7.5μm，可实现 FSR 为 12.8nm。pn 结光波导掺杂浓度约为 75%，以实现高速调制；0V 偏置电压时微环调制器可调性为 28pm/V。低电容 (~25fF) 和高质量因数 Q(5000)，可实现 35GHz 的超高电光带宽。通过使用双总线架构来降低质量因数。通过在微环上掺杂 15%的 n 型掺杂剂，形成了具有 620Ω 的集成加热器。经测量，其热可调性为 150pm/mW。微环的周长设计的略有不同，以使相邻两个环的谐振峰之间的间距为 1.6nm，即 FSR 的 1/8，从而实现以最小的调谐功率进行循环工作。

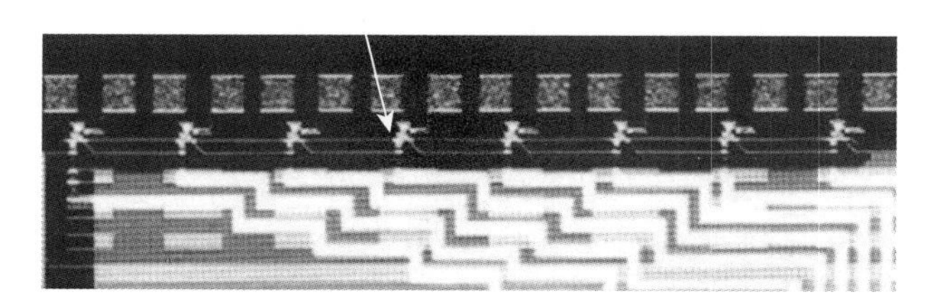

图 13.2 基于传统共总线设计的八个微环调制器的光发射器 [1]

总的片上插入损耗为 12dB，其中包括来自每个环形调制器的 0.9dB，还有 5dB 是由于金属互连覆盖的 2mm 长的路由波导带来的额外损耗。在测试中，首先对 8 个环形调制器进行了调谐，使其谐振峰均匀分布，通道间距为 1.6nm (图 13.3)。总的调谐功率为 17mW。为了操作每个通道，一个可调谐的 CW 激光器对准每个谐振峰。调制光由 EDFA 增强，由 u2t DPRV2022A 接收模块进行检测，然后连接到 Agilent 数字通信分析仪 (DCA)。Centellax TG1P4A 模式发生器连接至

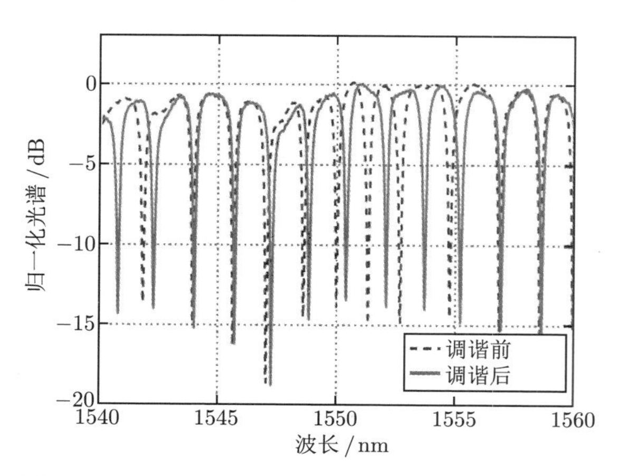

图 13.3 热调谐前后的共总线八环收发器光谱图 [1]

Centellax 调制器驱动放大器、6dB 射频衰减器和 40GHz 偏置三通产生一个 40 Gbit/s 2^{31} - 1 PRBS 信号，该信号峰值为 2.27V，中心为 0.8V(反向偏置 pn 结)，以驱动微环调制器。为了避免射频反射，使用了一个 50Ω 的终端探针来接触微环。由于接收器的交流耦合特性，眼图的消光比不能直接由 DCA 测量。相反，测量了调制光的平均光功率，激光波长设置为非谐振时的光功率以及眼图的振幅。分别计算了光眼的消光比和导通损耗。八个通道都观察到了清晰的眼图，消光比为 3dB，导通损耗为 6dB。每个通道的功耗估计为 32fJ/bit(图 13.4)。

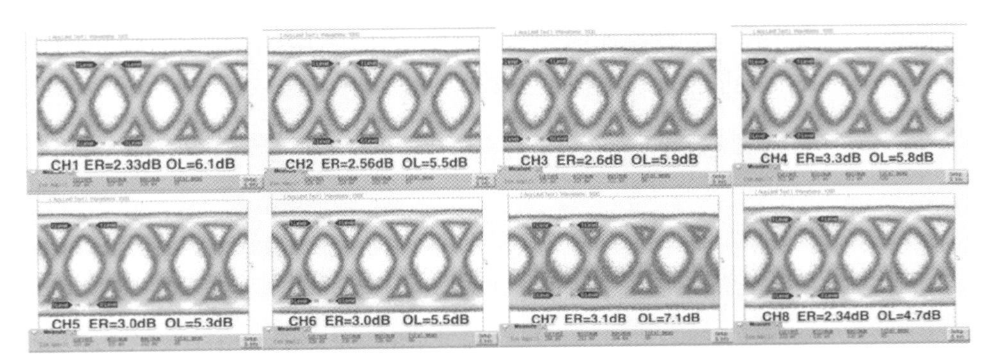

图 13.4 共总线八环收发器的 40Gbit/s 眼图 [1]。ER：消光比。OL：导通损耗

13.1.3 调制–复用 WDM 光发射器

在 Mod-Mux 设计中，每个微环调制器后面都有一个微环光插滤波器 [11]，该滤波器将微环调制器的输出复用到总线波导上。如图 13.5 所示，基于此原理实现了一个四通道原型，可以扩展到更多的通道数。该发射器中的微环调制器与 13.1.2 节中描述的微环调制器类似，其 FSR 是相同的，但其通道间距为 3.2nm。滤波器的尺寸与调制器一致。滤波器的热调谐是通过由 n 型掺杂的脊形波导 (图 6.18) 形成的 200Ω 电阻来实现的，覆盖微环周长的 60%。热调谐性平均为 250pm/mW，相当于 51.2mW/FSR(见 6.5.2 节)。该光插滤波器的插入损耗小于 1dB，光带宽为 0.8nm(100GHz)。在信道间隔正确的情况下，串扰优于 −20dB。

测试设置与 13.1.2 节中的设置一致。测试过程中，将可调谐的 CW 激光送入每个输入端，同时监测总线输出端的光功率，如图 13.1(b) 所示。对滤波器进行了调谐，以达到目标的通道间距；然后对调制器进行调谐，使其与滤波器大致对齐。每个通道调谐前后的光谱如图 13.6 所示。为了达到最佳性能，系统需要进行如下调谐：① 激光波长应在光滤波器的峰值处，以最大限度地减少传输损耗和信号畸变 (原文表述为数据流)；② 调制器的谐振应与激光波长稍有偏离，如同在单环调制器中一样，以产生所要求的消光比 (ER)(图 6.12)。这就导致了微环滤波器透射光谱峰值附近的衰减，如图 13.7 所示。

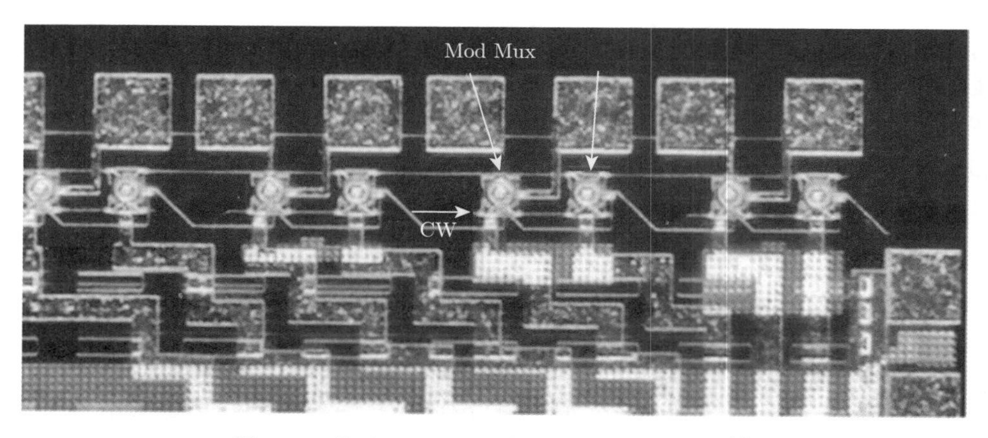

图 13.5 基于 Mod-Mux 架构的四微环光发射 [1]

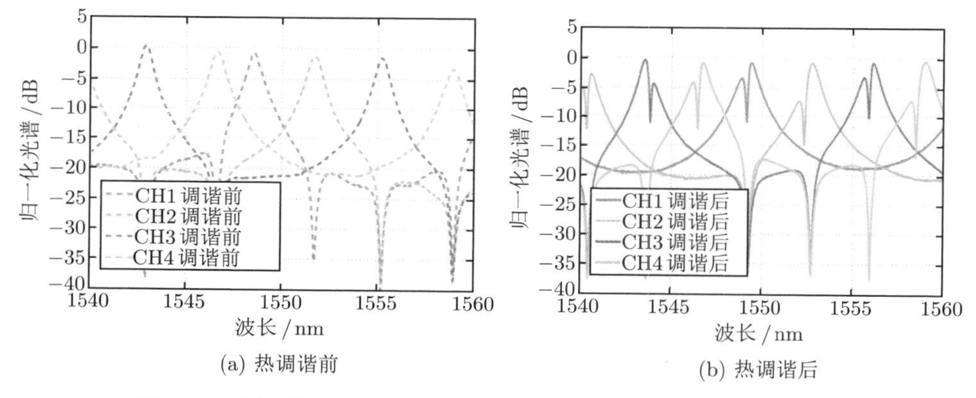

(a) 热调谐前 (b) 热调谐后

图 13.6 热调谐前后 Mod-Mux 四通道光发射器光谱 [1](后附彩图)

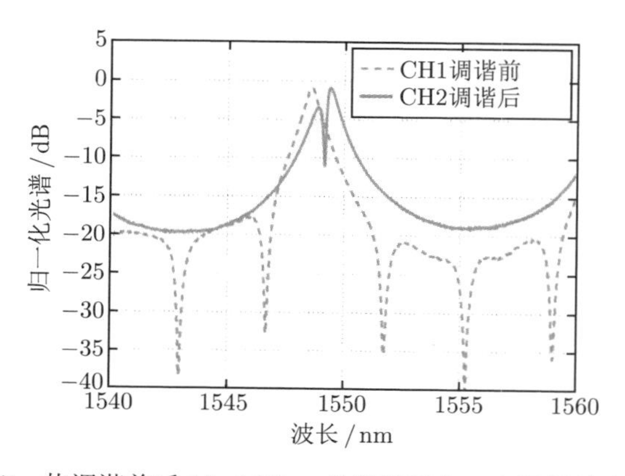

图 13.7 热调谐前后 Mod-Mux 光发射器中一个通道的光谱 [1]

传输实验是在 40Gbit/s 的速率下进行的。四个通道的功率调制效率为 32fJ/bit，眼图如图 13.8 所示。可以看到，在开眼清晰的情况下，ER 为 2dB，导通损耗为 4dB。需要注意的是，由于微环调制器上的射频功率耗散会引起调制器谐振漂移，因此在测量中，要求调制器谐振和激光波长必须匹配 (译者注：原文表述为对准)。

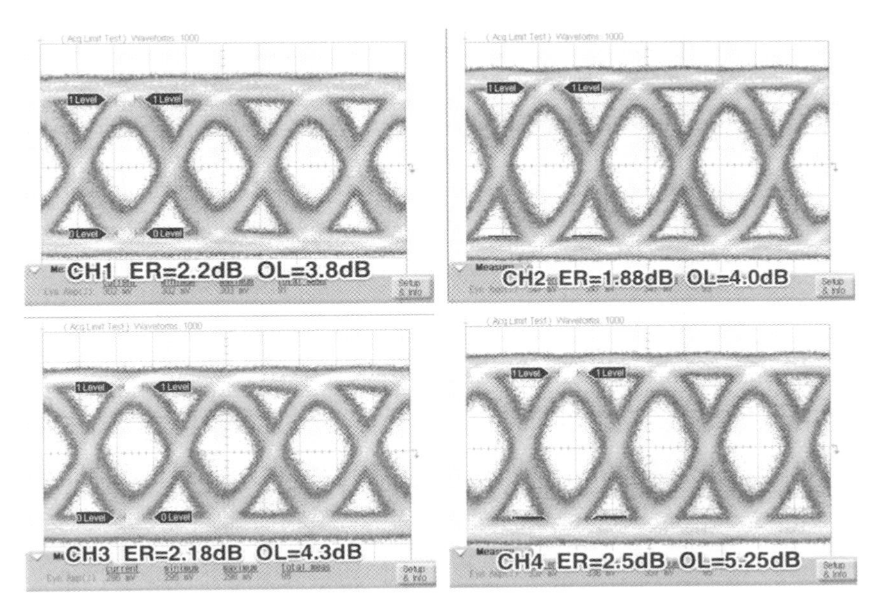

图 13.8 Mod-Mux 四通道收发器的 40Gbit/s 眼图 [1]。ER：消光比。OL：导通损耗

13.1.4 结论

本章介绍了超高传输速率的波分复用发射器。考虑了两种方法，这两种设计都实现了每通道 32fJ/bit 的 40Gbit/s 传输速率，适用于节能的高数据传输速率应用。这两种方法具有互补的特点：传统的共总线设计允许灵活的波长分配，使用最少的元件数量，并能最大限度地降低整体热调整功率。而 Mod-Mux 方法完全避免了耦合调制，且不需要光梳源，因此它是实现高度密集波分复用以及便于与单波长激光器集成的一种很有吸引力的方法。

参 考 文 献

[1] Yang Liu, Ran Ding, Qi Li, et al. “Ultra-compact 320 Gb/s and 160 Gb/s WDM transmitters based on silicon microrings”. OSA Optical Fiber Communication Conference. 2014, Th4G–6 (cit. on pp. 406, 407, 408, 409, 410, 411, 412).

[2] Guoliang Li, Ashok V. Krishnamoorthy, Ivan Shubin, et al. "Ring resonator modulators in silicon for interchip photonic links". IEEE Journal of Selected Topics in Quantum Electronics **19**.6 (2013), p. 3401819 (cit. on p. 406).

[3] Chao Li, Linjie Zhou, and Andrew W. Poon. "Silicon microring carrier-injection-based modulators/switches with tunable extinction ratios and OR-logic switching by using waveguide cross-coupling". Optics Express **15**.8 (2007), pp. 5069–5076 (cit. on p. 406).

[4] Chen Chen, Paul O. Leisher, Daniel M. Kuchta, and Kent D. Choquette. "High-speed modulation of index-guided implant-confined vertical-cavity surface-emitting lasers". IEEE Journal of Selected Topics in Quantum Electronics **15**.3 (2009), pp. 673–678 (cit. on p. 406).

[5] S. Akiyama, T. Kurahashi, T. Baba, et al. "1-V pp 10-Gb/s operation of slow-light silicon Mach-Zehnder modulator in wavelength range of 1nm". Group IV Photonics (GFP). IEEE. 2010, pp. 45–47 (cit. on p. 406).

[6] Ivan Shubin, Guoliang Li, Xuezhe Zheng, et al. "Integration, processing and performance of low power thermally tunable CMOS-SOI WDM resonators". Optical and Quantum Electronics 44.12-13 (2012), pp. 589–604 (cit. on p. 407).

[7] Xuezhe Zheng, Eric Chang, Ivan Shubin, et al. "A 33-mW 100Gbps CMOS silicon photonic WDM transmitter using off-chip laser sources". National Fiber Optic Engineers Conference. Optical Society of America. 2013, PDP5C–9 (cit. on p. 407).

[8] Kishore Padmaraju, Dylan F. Logan, Xiaoliang Zhu, et al. "Integrated thermal stabilization of a microring modulator". Optics Express **21**.12 (2013), pp. 14342–14350 (cit. on p. 407).

[9] Andrew P. Knights, Edgar Huante-Ceron, Jason Ackert, et al. "Comb-laser driven WDM for short reach silicon photonic based optical interconnection". Group IV Photonics (GFP). IEEE. 2012, pp. 210–212 (cit. on p. 407).

[10] Tom Baehr-Jones, Ran Ding, Ali Ayazi, et al. "A 25 Gb/s Silicon Photonics Platform". arXiv:1203.0767v1(2012) (cit. on p. 408).

[11] Xuezhe Zheng, Ivan Shubin, Guoliang Li, et al. "A tunable 1x4 silicon CMOS photonic wavelength multiplexer/demultiplexer for dense optical interconnects". Optics Express **18**.5 (2010), pp. 5151–5160 (cit. on p. 410).

彩　　图

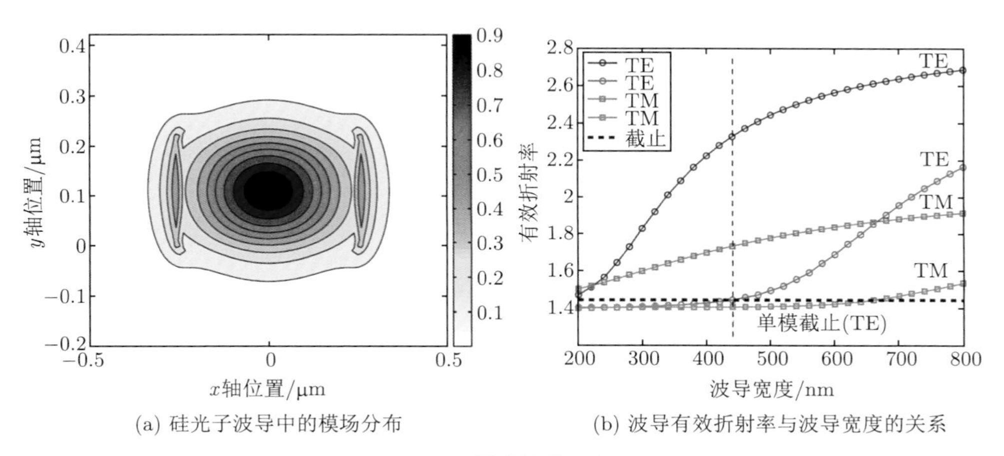

(a) 硅光子波导中的模场分布　　(b) 波导有效折射率与波导宽度的关系

图 2.2　模式计算示例

译者注: TE. 横电模；TM. 横磁模。TE 和 TM 各自对应的两条曲线代表不同阶次的模式，后文同

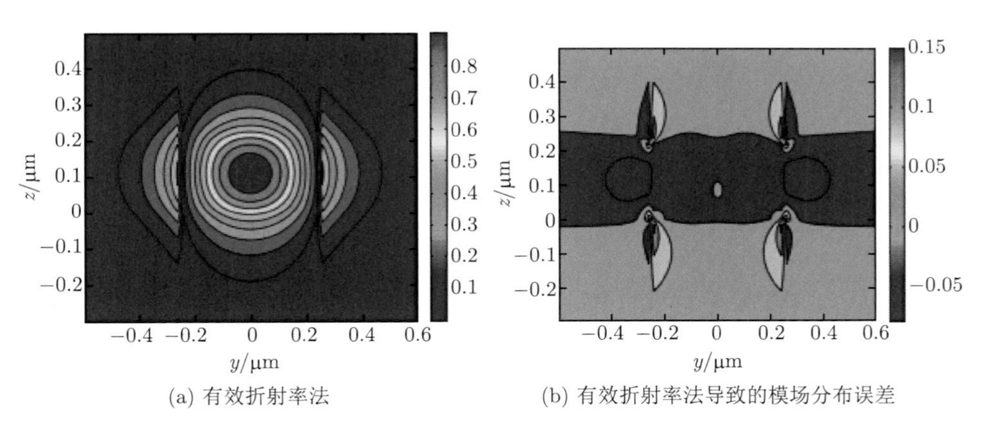

(a) 有效折射率法　　(b) 有效折射率法导致的模场分布误差

图 3.12　条形波导有效折射率法重建场分布与 2D 全矢量计算的对比

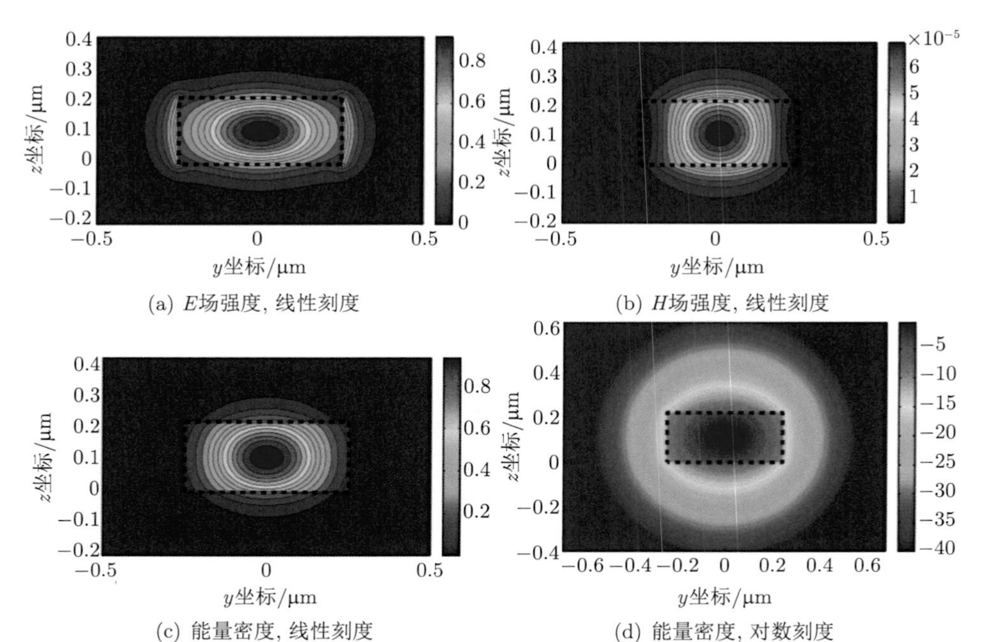

(a) E场强度, 线性刻度　　(b) H场强度, 线性刻度

(c) 能量密度, 线性刻度　　(d) 能量密度, 对数刻度

图 3.14　波长为 1550nm 时，500nm×220nm 条形波导 TE(一阶模) 模场分布，有效折射率为 $n_{\mathrm{eff}} = 2.443$

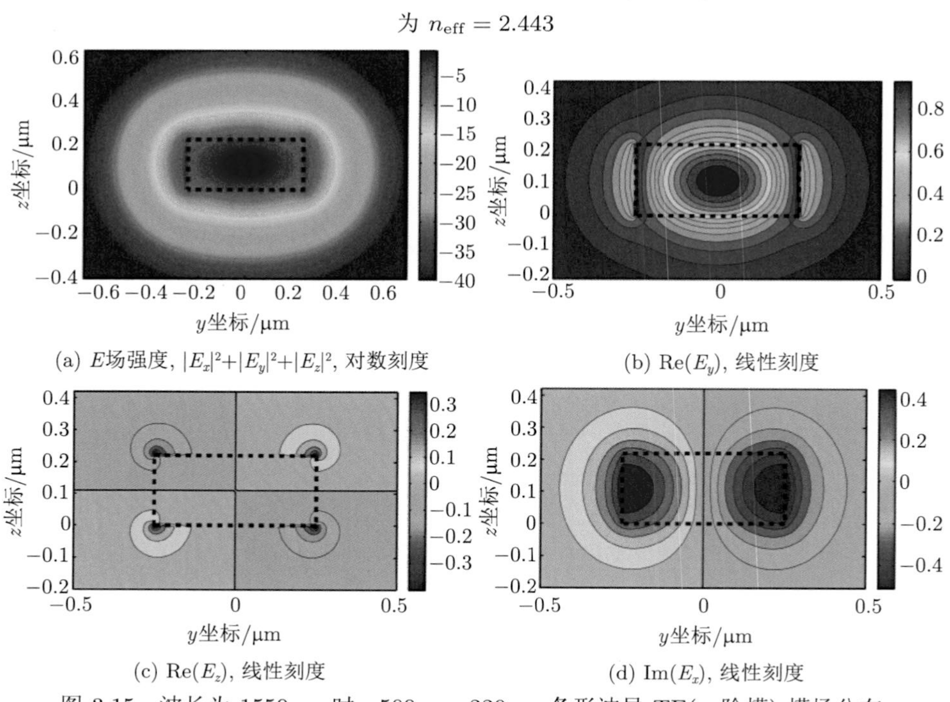

(a) E场强度, $|E_x|^2+|E_y|^2+|E_z|^2$, 对数刻度　　(b) $\mathrm{Re}(E_y)$, 线性刻度

(c) $\mathrm{Re}(E_z)$, 线性刻度　　(d) $\mathrm{Im}(E_x)$, 线性刻度

图 3.15　波长为 1550nm 时，500nm×220nm 条形波导 TE(一阶模) 模场分布

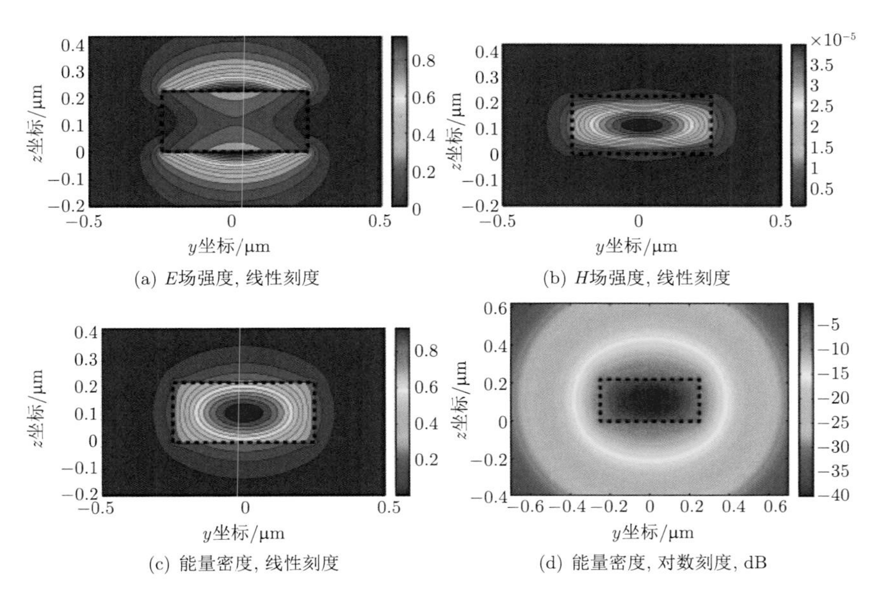

(a) E场强度, 线性刻度　(b) H场强度, 线性刻度

(c) 能量密度, 线性刻度　(d) 能量密度, 对数刻度, dB

图 3.16　波长为 1550nm 时，500nm×220nm 条形波导 TM(二阶模) 模场分布，有效折射率为 $n_{\mathrm{eff}}=1.771$

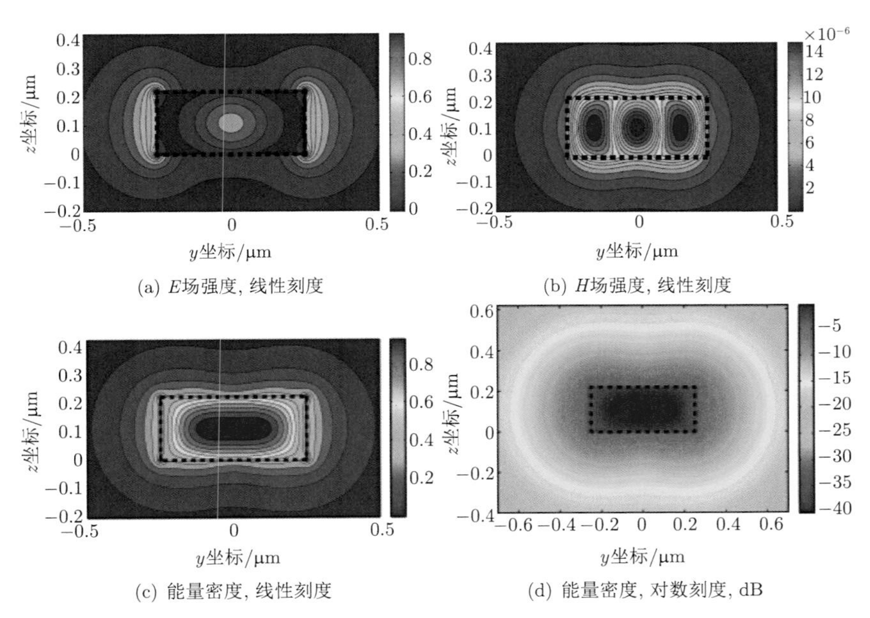

(a) E场强度, 线性刻度　(b) H场强度, 线性刻度

(c) 能量密度, 线性刻度　(d) 能量密度, 对数刻度, dB

图 3.17　波长为 1550nm 时，500nm×220nm 条形波导 TE(三阶模) 模场分布，有效折射率为 $n_{\mathrm{eff}}=1.493$。该模几乎没有被引导，有效折射率接近氧化硅折射率。由于侧壁散射，有很高的光学损耗

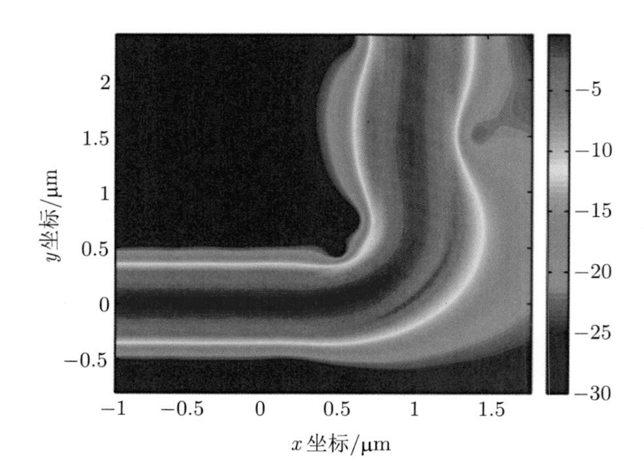

图 3.26　半径为 1μm 的 90° 弯曲的场时间积分，网格精度为 3

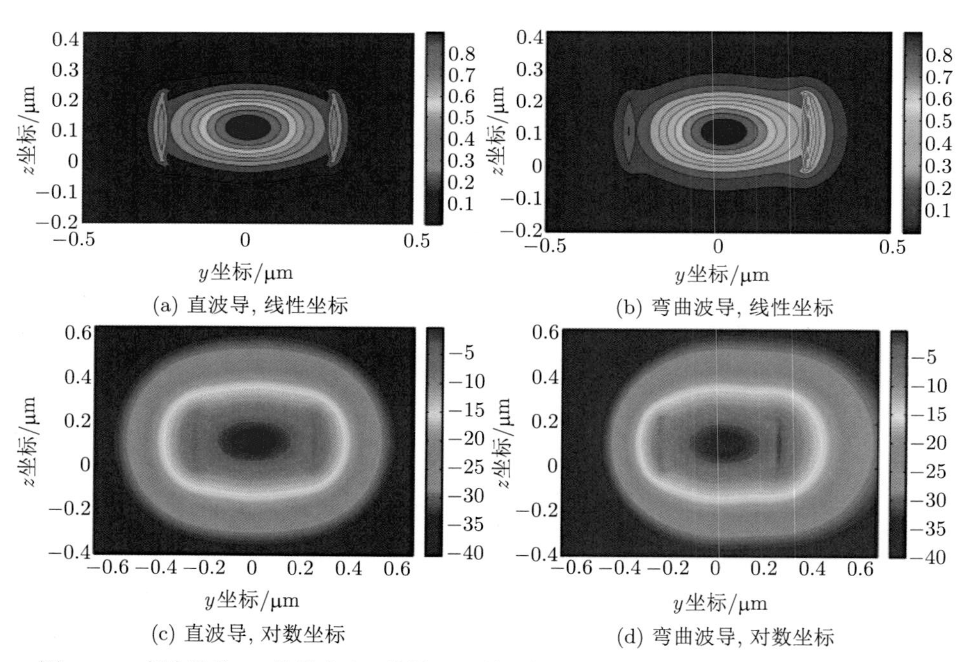

图 3.27　直波导的 E 场模分布 (线性、对数坐标)，500nm×220nm 条形波导 (a)(c) 和弯曲半径为 2μm 的相同波导 (b)(d)

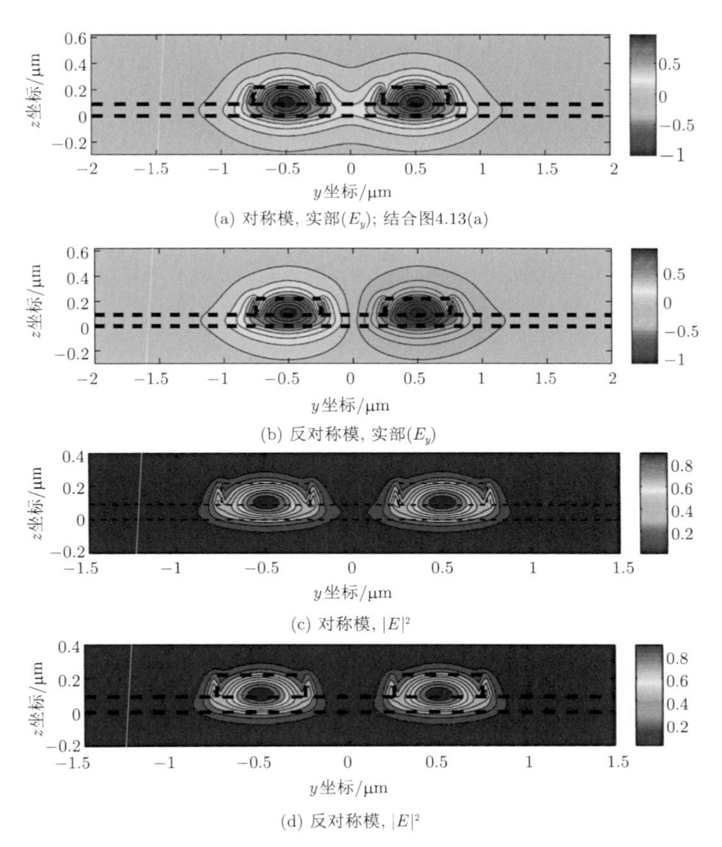

(a) 对称模, 实部(E_y); 结合图4.13(a)

(b) 反对称模, 实部(E_y)

(c) 对称模, $|E|^2$

(d) 反对称模, $|E|^2$

图 4.2　定向耦合器的两基模。实部 (E_y) 和电场强度 ($\lambda = 1550$nm，耦合间距 $g =$ 200nm，90nm 厚平板的 500nm×220nm 波导)

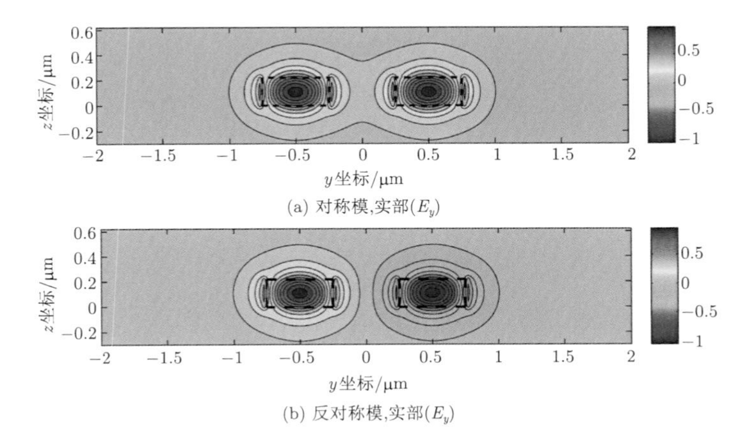

(a) 对称模,实部(E_y)

(b) 反对称模,实部(E_y)

图 4.13　500nm×220nm 的条形波导定向耦合器的两基模，参见图 4.2(a)

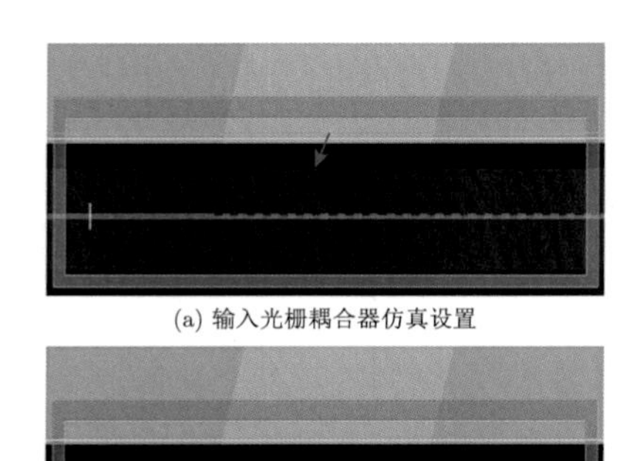

(a) 输入光栅耦合器仿真设置

(b) 输出光栅耦合器仿真设置

图 5.7　包括光纤的光栅耦合器 2D FDTD 仿真设置，从光纤 (a) 或者波导 (b) 注入模式光源，功率和模式扩展监视器用于记录波导 (a) 和光纤 (b) 中的光功率

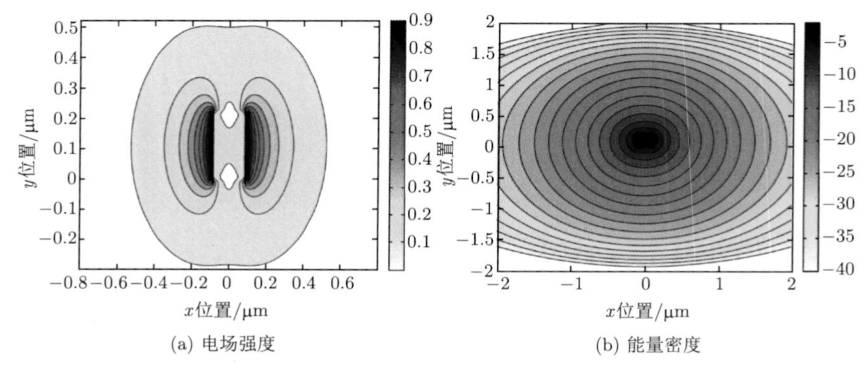

(a) 电场强度

(b) 能量密度

图 5.22　180nm×220nm 纳米锥波导模场分布，$\lambda = 1.55\mu m$，TE 模，有效折射率为 1.46

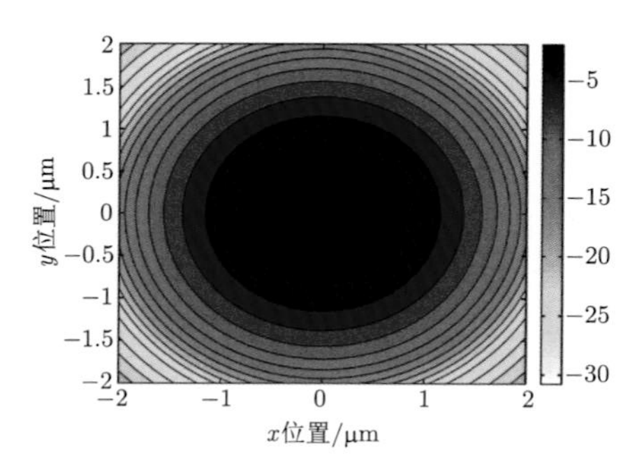

图 5.23　基于优化的数值孔径 0.4 的透镜耦合 TE 模得到的高斯光束模式分布

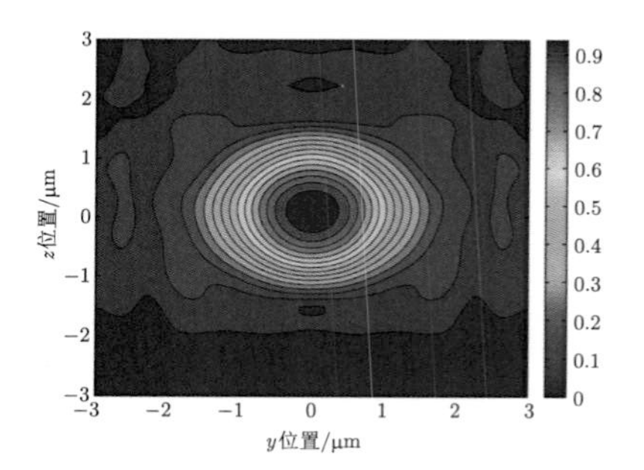

图 5.26　纳米锥波导边缘耦合器输出端空气中的 FDTD 模场分布，纳米锥波导长 20μm，$\lambda = 1.55\mu m$，TE 模

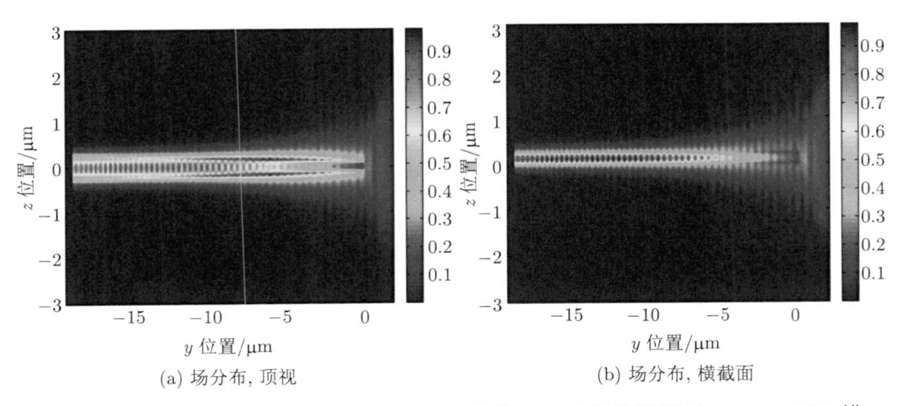

(a) 场分布, 顶视　　(b) 场分布, 横截面

图 5.27　纳米锥波导边缘耦合器 FDTD 场分布，纳米锥波导长 20μm，TE 模

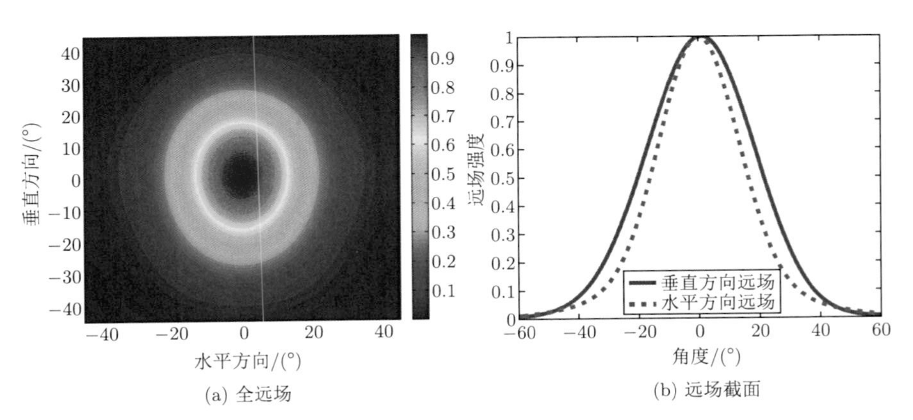

(a) 全远场　　(b) 远场截面

图 5.28　纳米锥波导边缘耦合器输出端远场 FDTD 仿真场分布，纳米锥波导长 200μm，$\lambda = 1.55\mu\mathrm{m}$，TE 模

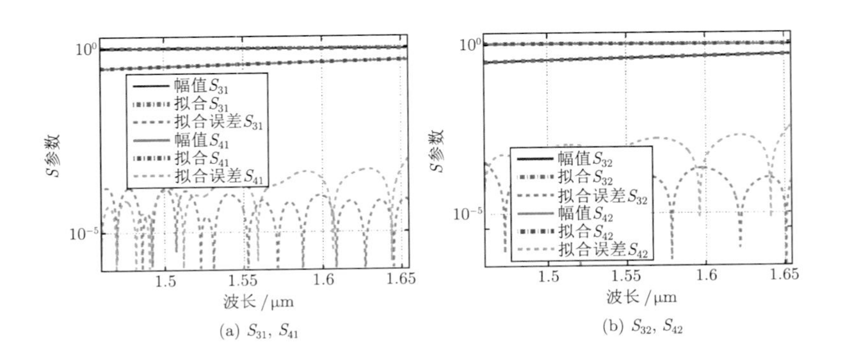

(a) S_{31}, S_{41}　　(b) S_{32}, S_{42}

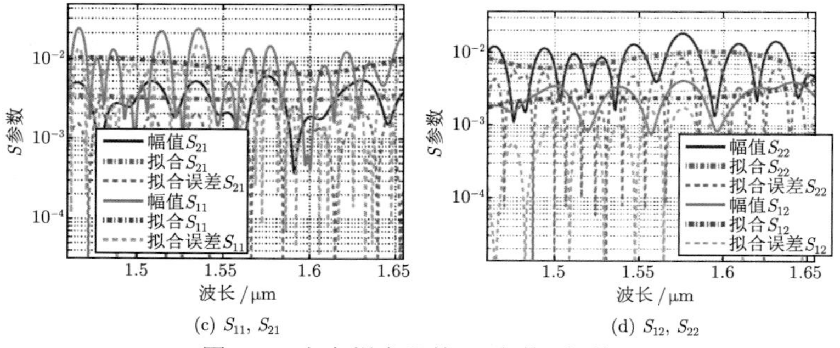

(c) S_{11}, S_{21}　　(d) S_{12}, S_{22}

图 9.5　定向耦合器的 S 参数 (幅值)

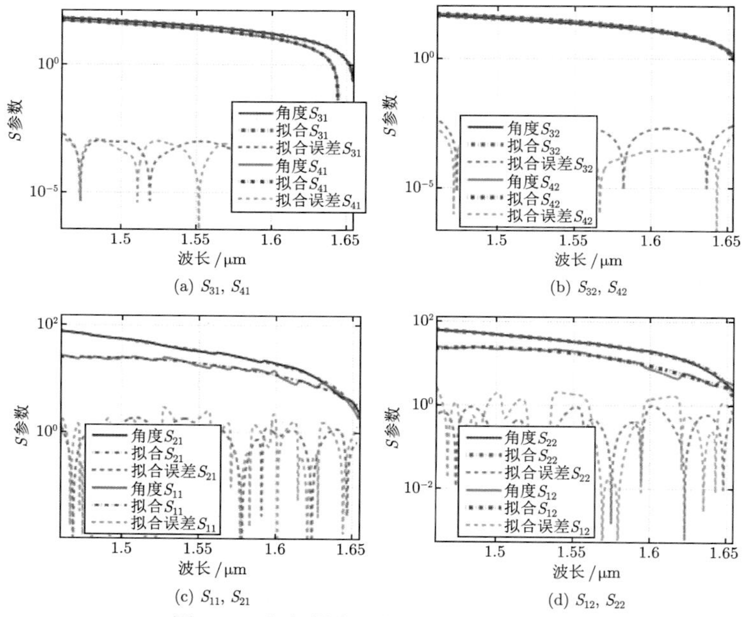

(a) S_{31}, S_{41}　　(b) S_{32}, S_{42}

(c) S_{11}, S_{21}　　(d) S_{12}, S_{22}

图 9.6　定向耦合器的 S 参数 (相位)

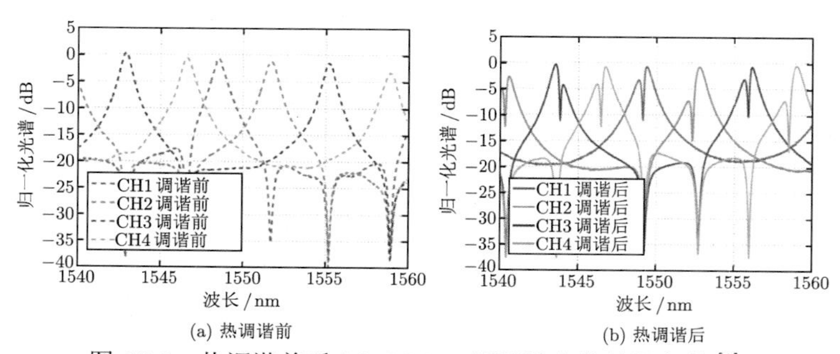

(a) 热调谐前　　(b) 热调谐后

图 13.6　热调谐前后 Mod-Mux 四通道光发射器光谱 [1]